SolidWorks 2013 宝典

北京兆迪科技有限公司　编著

中国水利水电出版社
www.waterpub.com.cn

内 容 提 要

本书是全面、系统学习和运用 SolidWorks 2013 软件的宝典类书籍，内容包括 SolidWorks 软件简介与安装、使用前的准备与配置、二维草图的绘制、零件设计、曲面设计、装配设计、测量与分析、工程图的创建、扫描特征、放样特征、动画、焊件、管道线缆、渲染、结构分析、振动分析和大型装配技术等。

本书是根据北京兆迪科技有限公司给国内外众多著名公司培训时的教案整理而成的，这些公司覆盖了工程机械、电子、家电、汽车等不同行业，具有很强的实用性和广泛的适用性。本书附带 2 张多媒体 DVD 学习光盘，制作了 353 个设计技巧和具有针对性实例的教学视频并进行了详细的语音讲解，时间长达 14.3 小时（860 分钟）；另外，光盘还包含本书所有的教案文件、范例文件、练习素材文件及 SolidWorks 2013 软件的配置文件（2 张 DVD 光盘教学文件容量共计 6.7GB）；另外，为方便 SolidWorks 低版本用户和读者的学习，光盘中特提供了 SolidWorks 2012 版本的素材源文件。

本书章节的安排次序采用由浅入深、循序渐进的原则。在内容安排上，书中结合大量的实例来对 SolidWorks 2013 软件各个模块中的一些抽象的概念、命令和功能进行讲解，通俗易懂，化深奥为简易；书中以范例的形式讲述了一些实际生产一线产品的设计过程，能使读者较快地进入产品设计实战状态；在写作方式上，本书紧贴 SolidWorks 的实际操作界面，初学者能够直观、准确地操作软件进行学习，提高学习效率。读者在系统学习本书后，能够迅速地运用 SolidWorks 软件来完成复杂产品的设计、运动与结构分析和模具设计等工作。本书可作为机械工程设计人员的 SolidWorks 完全自学教程和参考书籍，也可供高等院校机械专业师生参考。

图书在版编目（C I P）数据

SolidWorks 2013宝典 / 北京兆迪科技有限公司编著
. -- 北京 : 中国水利水电出版社，2013.5
　ISBN 978-7-5170-0909-2

　Ⅰ . ①S··· Ⅱ . ①北··· Ⅲ . ①计算机辅助设计－应用
软件 Ⅳ . ①TP391.72

中国版本图书馆CIP数据核字(2013)第110067号

策划编辑：杨庆川/杨元泓　　责任编辑：宋俊娥　　封面设计：李　佳

书　　　名	SolidWorks 2013 宝典
作　　　者	北京兆迪科技有限公司　编著
出版发行	中国水利水电出版社
	（北京市海淀区玉渊潭南路 1 号 D 座　　100038）
	网址：www.waterpub.com.cn
	E-mail: mchannel@263.net（万水）
	sales@waterpub.com.cn
	电话：（010）68367658（发行部）、82562819（万水）
经　　　售	北京科水图书销售中心（零售）
	电话：（010）88383994、63202643、68545874
	全国各地新华书店和相关出版物销售网点
排　　　版	北京万水电子信息有限公司
印　　　刷	三河市铭浩彩色印装有限公司印刷
规　　　格	184mm×260mm　　16 开本　　51 印张　　950 千字
版　　　次	2013 年 5 月第 1 版　　2013 年 5 月第 1 次印刷
印　　　数	0001—3000 册
定　　　价	99.80 元（附 2DVD）

本书导读

为了能更好地学习本书的知识，请您仔细阅读下面的内容。

读者对象

本书是学习 SolidWorks 2013 的宝典类书籍，可作为工程技术人员进一步学习 SolidWorks 的自学教程和参考书，也可作为高等院校学生和各类培训学校学员的 SolidWorks 课程上课或上机练习的教材。

写作环境

本书使用的操作系统为 Windows 7 专业版，系统主题采用 Windows 经典主题，对于 Windows 2000 Server/XP 操作系统，本书的内容和范例也同样适用。

本书采用的写作蓝本是 SolidWorks 2013 中文版。

光盘使用

为方便读者练习，特将本书所用到的实例、视频文件等按顺序放入随书所附的光盘中，读者在学习过程中可以打开这些实例文件进行操作和练习。

本书附 DVD 光盘两张，建议读者在学习本书前，先将两张 DVD 光盘中的所有文件复制到计算机硬盘的 D 盘中，然后再将第二张光盘 sw13-video2 文件夹中的所有文件复制到第一张光盘的 video 文件夹中。在 D 盘上 sw13 目录下共有 4 个子目录：

（1）sw13_system_file 子目录：包含 SolidWorks 2013 配置文件。

（2）work 子目录：包含本书中所有的实例文件。

（3）video 子目录：包含本书中全程视频操作录像文件（含语音讲解）。读者学习时，可在该子目录中按章节顺序查找所需的操作录像文件。

（4）before 子目录：包含 SolidWorks 2012 版本的素材源文件，以方便 SolidWorks 低版本用户和读者的学习。

光盘中带有"ok"扩展名的文件或文件夹表示已完成的实例。

本书约定

● 本书中有关鼠标操作的简略表述说明如下：

☑ 单击：将鼠标指针移至某位置处，然后按一下鼠标的左键。

☑ 双击：将鼠标指针移至某位置处，然后连续快速地按两次鼠标的左键。

☑ 右击：将鼠标指针移至某位置处，然后按一下鼠标的右键。

- ☑ 单击中键：将鼠标指针移至某位置处，然后按一下鼠标的中键。
- ☑ 滚动中键：只是滚动鼠标的中键，而不能按中键。
- ☑ 选择（选取）某对象：将鼠标指针移至某对象上，单击以选取该对象。
- ☑ 拖移某对象：将鼠标指针移至某对象上，然后按下鼠标的左键不放，同时移动鼠标，将该对象移动到指定的位置后再松开鼠标的左键。

- 本书中的操作步骤分为 Task、Stage 和 Step 三个级别，说明如下：
  - ☑ 对于一般的软件操作，每个操作步骤以 Step 字符开始。
  - ☑ 每个 Step 操作视其复杂程度，其下面可含有多级子操作，例如 Step1 下可能包含（1）、（2）、（3）等子操作，（1）子操作下可能包含①、②、③等子操作，①子操作下可能包含 a）、b）、c）等子操作。
  - ☑ 如果操作较复杂，需要几个大的操作步骤才能完成，则每个大的操作冠以 Stage1、Stage2、Stage3 等，Stage 级别的操作下再分 Step1、Step2、Step3 等操作。
  - ☑ 对于多个任务的操作，每个任务冠以 Task1、Task2、Task3 等，每个 Task 操作下则可包含 Stage 和 Step 级别的操作。

- 由于已建议读者将随书光盘中的所有文件复制到计算机硬盘的 D 盘中，所以书中在要求设置工作目录或打开光盘文件时，所述的路径均以 "D:" 开始。

技术支持

本书是根据北京兆迪科技有限公司给国内外一些著名公司（含国外独资和合资公司）培训时的教案整理而成的，具有很强的实用性，其主编和参编人员均来自北京兆迪科技有限公司，该公司专门从事 CAD/CAM/CAE 技术的研究、开发、咨询及产品设计与制造服务，并提供 SolidWorks、ANSYS、Adams 等软件的专业培训及技术咨询，读者在学习本书的过程中如果遇到问题，可通过访问该公司的网站 http://www.zalldy.com 来获得技术支持。咨询电话：010-82176248，010-82176249。

前　　言

SolidWorks 是由美国 SolidWorks 公司推出的功能强大的三维机械设计软件系统，自 1995 年问世以来，以其优异的性能、易用性和创新性，极大地提高了机械工程师的设计效率，在与同类软件的激烈竞争中已经确立了其市场地位，成为三维机械设计软件的标准，其应用范围涉及航空航天、汽车、机械、造船、通用机械、医疗器械和电子等诸多领域。

功能强大、易学易用和技术创新是 SolidWorks 的三大特点，这些特点使得 SolidWorks 成为领先的、主流的三维 CAD 解决方案。SolidWorks 2013 版本在设计创新、易学易用性和提高整体性能等方面都得到了显著的加强，包括增强了大型装配处理能力、复杂曲面设计能力，以及专门为中国市场的需要而进一步增强的中国国标（GB）内容等。本书是系统、全面学习 SolidWorks 2013 软件的宝典类书籍，其特色如下：

- 内容全面、丰富。除包含 SolidWorks 一些常用模块外，还涉及众多的 SolidWorks 高级模块，图书的性价比很高。
- 范例丰富。对软件中的主要命令和功能，先结合简单的范例进行讲解，然后安排一些较复杂的综合范例帮助读者深入理解、灵活运用。
- 讲解详细，条理清晰。保证自学的读者能独立学习和运用 SolidWorks 2013 软件。
- 写法独特。采用 SolidWorks 2013 中文版中真实的对话框和按钮等进行讲解，使初学者能够直观、准确地操作软件，从而大大地提高学习效率。
- 附加值高。本书附带 2 张多媒体 DVD 学习光盘，制作了 353 个设计技巧和具有针对性的实例的教学视频并进行了详细的语音讲解，时间长达 14.3 小时（860 分钟），2 张 DVD 光盘教学文件容量共计 6.7GB，可以帮助读者轻松、高效地学习。

本书是根据北京兆迪科技有限公司给国内外一些著名公司（含国外独资和合资公司）培训时的教案整理而成的，具有很强的实用性，其主编和主要参编人员主要来自北京兆迪科技有限公司，该公司专门从事 CAD/CAM/CAE 技术的研究、开发、咨询及产品设计与制造服务，并提供 SolidWorks、ANSYS、Adams 等软件的专业培训及技术咨询。读者在学习本书的过程中如果遇到问题，可通过访问该公司的网站 http://www.zalldy.com 来获得帮助。

本书由北京兆迪科技有限公司编著，参加编写的人员还有王焕田、刘静、雷保珍、刘海起、魏俊岭、任慧华、詹路、冯元超、刘江波、周涛、赵枫、邵为龙、侯俊飞、龙宇、施志杰、詹棋、高政、孙润、李倩倩、黄红霞、尹泉、李行、詹超、尹佩文、赵磊、王晓萍、陈淑童、周攀、吴伟、王海波、高策、冯华超、周思思、黄光辉、党辉、冯峰、詹聪、平迪、管璇、王平、李友荣、杨慧、龙保卫、李东梅、杨泉英和彭伟辉。本书已经多次校对，如有疏漏之处，恳请广大读者予以指正。

电子邮箱：zhanygjames@163.com

编　者
2013 年 3 月

目　　录

1

SolidWorks 导入

1.1 SolidWorks 2013 功能模块简介

SolidWorks 是一套机械设计自动化软件，采用用户熟悉的 Windows 图形界面，操作简便、易学易用，广泛应用于机械、汽车和航空等领域。

在 SolidWorks 2013 中共有三大模块，分别是零件、装配和工程图，其中"零件"模块中又包括草图设计、零件设计、曲面设计、钣金设计以及模具等小模块。通过认识 SolidWorks 中的模块，读者可以快速地了解它的主要功能。下面将介绍 SolidWorks 2013 中的一些主要模块。

1. 零件

SolidWorks 中"零件"模块主要可以实现实体建模、曲面建模、模具设计、钣金设计以及焊件设计等。

（1）实体建模。

SolidWorks 提供了十分强大的、基于特征的实体建模功能。通过拉伸、旋转、扫描、放样、特征的阵列以及孔等操作来实现产品的设计；通过对特征和草图的动态修改，用拖拽的方式实现实时的设计修改；SolidWorks 中提供的三维草图功能可以为扫描、放样等特征生成三维草图路径或为管道、电缆线和管线生成路径。

（2）曲面建模。

通过带控制线的扫描曲面、放样曲面、边界曲面以及拖动可控制的相切操作，产生非常复杂的曲面，并可以直观地对已存在曲面进行修剪、延伸、缝合和圆角等操作。

（3）模具设计。

SolidWorks 提供内置模具设计工具，可以自动创建型芯及型腔。

在整个模具的生成过程中，可以使用一系列的工具加以控制。SolidWorks 模具设计的主要过程包括以下部分：

- 分型线的自动生成。
- 闭合曲面的自动生成。
- 分型面的自动生成。
- 型芯－型腔的自动生成。

（4）钣金设计。

SolidWorks 提供了顶端的、全相关的钣金设计技术，可以直接使用各种类型的法兰、薄片等特征，应用正交切除、角处理以及边线切口等功能使钣金操作变得非常容易。SolidWorks 2013 环境中的钣金件可以直接进行交叉折断。

（5）焊件设计。

SolidWorks 可以在单个零件文档中设计结构焊件和平板焊件。焊件工具主要包括：

- 圆角焊缝。
- 结构构件库。
- 角撑板。
- 焊件切割。
- 顶端盖。
- 剪裁和延伸结构构件。

2．装配

SolidWorks 提供了非常强大的装配功能，其优点如下：

- 在 SolidWorks 的装配环境中，可以方便地设计及修改零部件。
- SolidWorks 可以动态地观察整个装配体中的所有运动，并且可以对运动的零部件进行动态的干涉检查及间隙检测。
- 对于由上千个零部件组成的大型装配体，SolidWorks 的功能也可以得到充分发挥。
- 镜像零部件是 SolidWorks 技术的一个巨大突破。通过镜像零部件，用户可以用现有的对称设计创建出新的零部件及装配体。
- 在 SolidWorks 中，可以用捕捉配合的智能化装配技术进行快速的总体装配。智能化装配技术可以自动地捕捉并定义装配关系。
- 使用智能零件技术可以自动完成重复的装配设计。

3．工程图

SolidWorks 的"工程图"模块具有如下优点：

- 可以从零件的三维模型（或装配体）中自动生成工程图，包括各个视图及尺寸的标注等。
- SolidWorks 提供了生成完整的、生产过程认可的详细工程图工具。工程图是完全相关的，当用户修改图样时，零件模型、所有视图及装配体都会自动修改。

- 使用交替位置显示视图可以方便地表现出零部件的不同位置，以便了解运动的顺序。交替位置显示视图是专门为具有运动关系的装配体所设计的独特的工程图功能。
- RapidDraft 技术可以将工程图与零件模型（或装配体）脱离，进行单独操作，以加快工程图的操作，但仍保持与零件模型（或装配体）的完全相关。
- 增强了详细视图及剖视图的功能，包括生成剖视图、支持零部件的图层、熟悉的二维草图功能以及详图中的属性管理。

1.2　SolidWorks 2013 软件的特点

功能强大、技术创新和易学易用是 SolidWorks 2013 的三大主要特点，这使得 SolidWorks 成为先进的主流三维 CAD 设计软件。SolidWorks 2013 提供了多种不同的设计方案，以减少设计过程中的错误并且提高产品的质量。

如果熟悉 Windows 系统，基本上就可以使用 SolidWorks 2013 进行设计。SolidWorks 2013 资源管理器是同 Windows 资源管理器一样的 CAD 文件管理器，用它可以方便地管理 CAD 文件。SolidWorks 2013 独有的拖拽功能使用户能在较短的时间内完成大型装配设计。通过使用 SolidWorks 2013，用户能够在较短的时间内完成更多的工作，更快地将高质量的产品投放市场。

目前市场上所见到的三维 CAD 设计软件中，设计过程最简便的莫过于 SolidWorks 了。就像美国著名咨询公司 Daratech 所评论的那样："在基于 Windows 平台的三维 CAD 软件中，SolidWorks 是最著名的品牌，是市场快速增长的领导者。"

相比 SolidWorks 软件的早期版本，最新的 SolidWorks 2013 做出了如下改进：

- 二维草图。草图中新增了锥形曲线功能，使用此功能可以绘制自由端点和 Rho 数值驱动的锥形曲线；曲线可以是椭圆、抛物线或双曲线，具体取决于 Rho 数值。另外，如果在图形区域绘制实体时输入了尺寸值，则可以自动向草图实体添加尺寸。在此之前，必须先绘制实体才能选择添加尺寸。
- 零件与特征。在 SolidWorks 2013 零件与特征建模中，改进的功能有针对圆角提供的边线选择工具栏；增强对装配凸台的支持；增强对薄壁拉伸的支持；增强插入装饰螺纹线的功能；高亮显示多实体零件中的关联实体或表面；使用异型孔向导插入暗销孔；链接消除特征模型至原始模型；零件中的质量属性；使用相交工具修改几何体；多实体库特征；选择拉伸特征的终止条件；显示隐藏实体；转移自定义属性；变化的尺寸阵列等。

- 钣金。在 SolidWorks 2013 加强了折弯注释、成形工具和多实体零件工具。
- 焊件。增加了 3D 边界框。
- 装配体。SolidWorks 2013 中加强了装配体直观化；一次性断开所有外部参考；从子装配体中删除零部件；派生零部件；封套；每种配置有多个爆炸视图；插入多个零部件；干涉检查；大型装配体；装配体中的质量属性；镜像子装配体中的配合；替换零部件；在图形区域中选择子装配体；快照；扫描切除装配体特征等工具。
- 工程图。SolidWorks 2013 工程图中改善了零件序号、尺寸、工程视图、图层、其他注解和表格等功能。
- 运动算例。新增了两种新运动算例指导教程：运动分析冗余和沿路径运动。
- Simulation 功能。SolidWorks Simulation 强化了横梁、相触、增量网络、界面、设计算例中的材料、结果、传感器和子建模工具。
- 成本计算。改善了 SolidWorks 成本计算界面，增加了多实体零件计算和车削零件计算。

以上介绍的只是 SolidWorks 2013 新增功能的一小部分，细心的读者会发现还有很多更实用的新增功能。

1.3　安装 SolidWorks 2013 的操作步骤

安装 SolidWorks 2013 的操作步骤如下：

Step 1　SolidWorks 2013 软件有一张安装光盘，先将安装光盘放入光驱内（如果已经将系统安装文件复制到硬盘上，可双击系统安装目录下的 setup.exe 文件）。

Step 2　等待片刻后，系统弹出"SolidWorks 2013 SP0 安装管理程序"对话框，在该对话框中系统指定的默认安装类型为 单机安装(此计算机上)，单击"下一步"按钮。

Step 3　定义序列号。在"SolidWorks 2013 SP0 安装管理程序"对话框的输入您的序列号信息区域中输入 SolidWorks 序列号，然后单击"下一步"按钮。

Step 4　稍等片刻，接受系统默认的安装位置及 Toolbox 选项，然后单击"现在安装"按钮。

Step 5　系统显示安装进度，等待片刻后，在对话框中选中 以后再提醒我 单选项，其他参数采用系统默认设置值，然后单击"完成"按钮，完成 SolidWorks 的安装。

1.4　创建用户文件夹

使用 SolidWorks 软件时，应该注意文件的目录管理。如果文件管理混乱，会造成系统无法正确地找到相关文件，从而严重影响 SolidWorks 软件的全相关性，同时也会使文件的保存、删除等操作产生混乱，因此应按照操作者的姓名、产品名称（或型号）建立用户文件夹，如本书要求在 E 盘上创建一个名称为 sw-course 的文件夹（如果用户的计算机上没有 E 盘，也可在 C 盘或 D 盘上创建）。

1.5　启动 SolidWorks 软件

一般来说，有两种方法可启动并进入 SolidWorks 软件环境。

方法一：双击 Windows 桌面上的 SolidWorks 软件快捷图标（图 1.5.1）。

图 1.5.1　SolidWorks 快捷图标

说明：只要是正常安装，Windows 桌面上会显示 SolidWorks 软件快捷图标。快捷图标的名称可根据需要进行修改。

方法二：从 Windows 系统"开始"菜单进入 SolidWorks，操作方法如下：

Step 1　单击 Windows 桌面左下角的 ▲ 开始 按钮。

Step 2　选择 ▶ 所有程序 ➡ SolidWorks 2013 ➡ SolidWorks 2013 命令，如图 1.5.2 所示，系统进入 SolidWorks 软件环境。

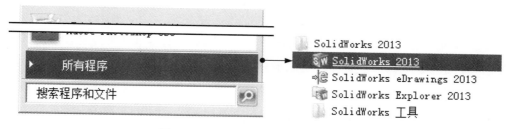

图 1.5.2　Windows 的"开始"菜单

1.6　SolidWorks 2013 工作界面

在学习本节时，请先打开一个模型文件。具体操作方法是：选择下拉菜单 文件(F) ➡

打开(O)...命令，在"打开"对话框的 查找范围(I): 下拉列表中选择目录 D:\sw13\work

\ch01，选中 down_base.SLDPRT 文件后，单击 打开 ▼ 按钮。

SolidWorks 2013 版本的用户界面包括设计树、下拉菜单区、工具栏按钮区、任务窗格、
状态栏等（图 1.6.1）。

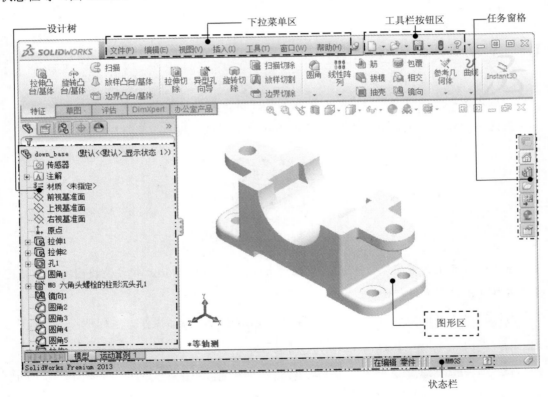

图 1.6.1　SolidWorks 工作界面

1. 设计树

"设计树"中列出了活动文件中的所有零件、特征以及基准和坐标系等，并以树的形
式显示模型结构。通过"设计树"可以很方便地查看及修改模型。

通过"设计树"可以使以下操作更为简洁快速：

● 通过双击特征的名称来显示特征的尺寸。

● 通过右击某特征，然后选择 特征属性... 命令来更改特征的名称。

- 通过右击某特征，然后选择 │ 父子关系... 命令来查看特征的父子关系。
- 通过右击某特征，然后单击"编辑特征"按钮 来修改特征参数。
- 重排序特征。在设计树中通过拖动及放置来重新调整特征的创建顺序。

2．下拉菜单区

下拉菜单中包含创建、保存、修改模型和设置 SolidWorks 环境的一些命令。

3．工具栏按钮区

工具栏中的命令按钮为快速进入命令及设置工作环境提供了极大的方便，用户可以根据具体情况定制工具栏。

注意：用户会看到有些菜单命令和按钮处于非激活状态（呈灰色，即暗色），这是因为它们目前还没有处在发挥功能的环境中，一旦它们进入有关的环境，便会自动激活。

下面介绍图 1.6.2 所示的"标准（S）"工具栏和图 1.6.3 所示的"视图（V）"工具栏中快捷按钮的含义和作用，请务必将其记牢。

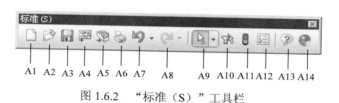

图 1.6.2　"标准（S）"工具栏

图 1.6.2 所示的"标准（S）"工具栏中的按钮说明如下：

A1：创建新的文件。

A2：打开已经存在的文件。

A3：保存激活的文件。

A4：生成当前零件或装配体的新工程图。

A5：生成当前零件或装配体的新装配体。

A6：打印激活的文件。

A7：撤销上一次操作。

A8：重做上一次撤销的操作。

A9：选择草图实体、边线、顶点和零部件等。

A10：切换选择过滤器工具栏的显示。

A11：重建零件、装配体或工程图。

A12：更改 SolidWorks 选项设置。

A13：显示 SolidWorks 帮助主题。

A14：在模型中编辑实体外观。

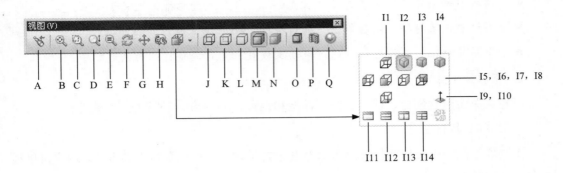

图 1.6.3　"视图（V）"工具栏

图 1.6.3 所示的"视图（V）"工具栏中的按钮说明如下：

A：显示上一个视图。

B：整屏显示全部视图。

C：以边界框放大到所选择的区域。

D：往上或往下拖动鼠标左键来放大或缩小视图。

E：放大所选的实体。

F：拖动鼠标左键来旋转模型视图。

G：拖动鼠标左键来平移模型视图。

H：以 3D 动态操纵模型视图进行选择。

I1：上视工具。

I2：以等轴测视图显示模型。

I3：以上下二等角轴测视图显示模型。

I4：以左右二等角轴测视图显示模型。

I5：左视工具。

I6：前视工具。

I7：右视工具。

I8：后视工具。

I9：下视工具。

I10：将模型正交于所选基准面或面显示。

I11：显示单一视图。

I12：显示水平二视图。

I13：显示竖直二视图。

I14：显示四视图。

J：模型以线框形式显示，模型所有的边线显示为深颜色的实线。

K：显示模型的所有边线，当前视图所隐藏的边线以不同颜色或字体显示。

L：模型以线框形式显示，可见的边线显示为深颜色的实线，不可见的边线被隐藏起来。

M：以其边线显示模型的上色视图。

N：显示模型的上色视图。

O：在模型下显示阴影。

P：剖面视图。使用一个或多个横断面、基准面来显示零件或装配体的剖切视图。

Q：以硬件加速的上色器显示模型。

4．状态栏

在用户操作软件的过程中，消息区会实时地显示当前操作、当前的状态以及与当前操作相关的提示信息等，以引导用户操作。

5．图形区

图形区是 SolidWorks 各种模型图像的显示区。

6．任务窗格

SolidWorks 的任务窗格包括以下内容：

- （SolidWorks Forum）：SolidWorks 论坛，可以与其他 SolidWorks 用户在线交流。
- （SolidWorks 资源）：包括"开始"、"社区"和"在线资源"等区域。
- （设计库）：用于保存可重复使用的零件、装配体和其他实体，包括库特征。
- （文件探索器）：相当于 Windows 资源管理器，可以方便地查看和打开模型。
- （视图调色板）：用于插入工程视图，包括要拖动到工程图图样上的标准视图、注解视图和剖面视图等。
- （外观、布景和贴图）：包括外观、布景和贴图等。
- （自定义属性）：用于自定义属性标签编制程序。

1.7　SolidWorks 的基本操作技巧

SolidWorks 软件的使用以鼠标操作为主，用键盘输入数值。执行命令时，主要是用鼠标单击工具图标，也可以通过选择下拉菜单或用键盘输入来执行命令。

1.7.1 鼠标的操作

与其他 CAD 软件类似，SolidWorks 提供各种鼠标按钮的组合功能，包括执行命令、选择对象、编辑对象以及对视图和树的平移、旋转和缩放等。

在 SolidWorks 工作界面中选中的对象被加亮，选择对象时，在图形区与在设计树上的选择是相同的，并且是相互关联的。

移动视图是最常用的操作，如果每次都单击工具栏中的按钮，将会浪费用户很多时间。SolidWorks 中可以通过鼠标快速地完成视图的移动。

SolidWorks 中鼠标操作的说明如下：

- 缩放图形区：滚动鼠标中键滚轮，向前滚动鼠标可看到图形在缩小，向后滚动鼠标可看到图形在变大。

- 平移图形区：先按住 Ctrl 键，然后按住鼠标中键，移动鼠标，可看到图形跟着鼠标移动。

- 旋转图形区：按住鼠标中键，移动鼠标可看到图形在旋转。

1.7.2 对象的选择

下面介绍在 SolidWorks 中选择对象常用的几种方法。

1. 选取单个对象

- 直接用鼠标的左键单击需要选取的对象。

- 在"特征树"中单击对象的名称，即可选择对应的对象，被选取的对象会高亮显示。

2. 选取多个对象

按住 Ctrl 键，用鼠标左键单击多个对象，可选择多个对象。

3. 利用"选择过滤器（I）"工具条选取对象

图 1.7.1 所示的"选择过滤器（I）"工具条有助于在图形区域或工程图图样区域中选择特定项。例如，选择面的过滤器将只允许用户选取面。

在"标准"工具栏中单击 按钮，将激活"选择过滤器（I）"工具条。

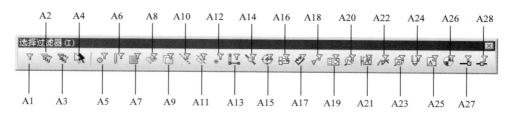

图 1.7.1　"选择过滤器（I）"工具条

图 1.7.1 所示的"选择过滤器（I）"工具条中的按钮说明如下：

A1：　切换选择过滤器。将所选过滤器打开或关闭。

A2：　消除选择过滤器。取消所有选择的过滤器。

A3：　选择所有过滤器。

A4：　递转选择。取消所有选择的过滤器，且选择所有未选的过滤器。

A5：　过滤顶点。按下该按钮，可选取顶点。

A6：　过滤边线。按下该按钮，可选取边线。

A7：　过滤面。按下该按钮，可选取面。

A8：　过滤曲面实体。按下该按钮，可选取曲面实体。

A9：　过滤实体。用于选取实体。

A10：　过滤基准轴。用于选取实体基准轴。

A11：　过滤基准面。用于选取实体基准面。

A12：　过滤草图点。用于选取草图点。

A13：　过滤草图线段。用于选取草图线段。

A14：　过滤中间点。用于选取中间点。

A15：　过滤中心符号线。用于选取中心符号线。

A16：　过滤中心线。用于选取中心线。

A17：　过滤尺寸/孔标注。用于选取尺寸/孔标注。

A18：　过滤表面粗糙度符号。用于选取表面粗糙度符号。

A19：　过滤形位公差。用于选取形位公差。

A20：　过滤注释/零件序号。用于选取注释/零件序号。

A21：　过滤基准特征。用于选取基准特征。

A22：　过滤焊接符号。用于选取焊接符号。

A23：　过滤基准目标。用于选取基准目标。

A24：　过滤装饰螺纹线。用于选取装饰螺纹线。

A25：过滤块。用于选取块。

A26：过滤销钉符号。用于选取销钉符号。

A27：过滤连接点。用于选取连接点。

A28：过滤步路点。用于选取步路点。

1.8　环境设置

设置 SolidWorks 的工作环境是用户学习和使用 SolidWorks 应该掌握的基本技能，合理地设置 SolidWorks 的工作环境，对于提高工作效率、使用个性化环境具有极其重要的意义。SolidWorks 中的环境设置包括"系统选项"和"文档属性"的设置。

1．系统选项的设置

选择 工具(T) ➡ 选项(P)...命令，系统弹出"系统选项（S）- 普通"对话框，利用该对话框可以设置草图、颜色、显示和工程图等参数。在该对话框左侧单击 草图 （图 1.8.1），此时可以设置草图的相关选项。

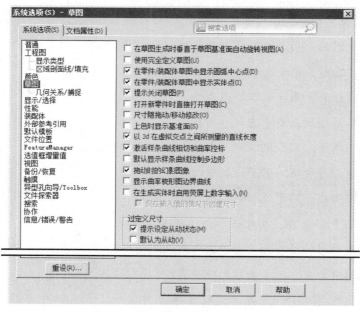

图 1.8.1　"系统选项（S）-草图"对话框

在对话框中的左侧选择 颜色 （图 1.8.2），在其中的 颜色方案设置 区域可以设置 SolidWorks 环境中的颜色。单击"系统选项（S）-颜色"对话框中的 另存为方案(S)... 按钮，可以将设置的颜色方案保存。

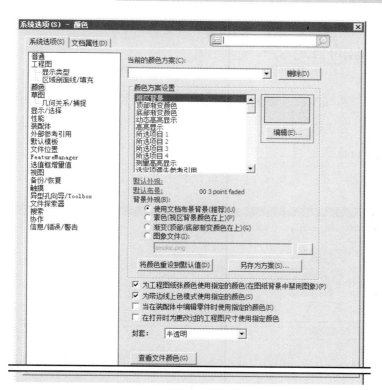

图 1.8.2　"系统选项（S）-颜色"对话框

2. 文档属性的设置

选择下拉菜单 工具(T) ➡ 选项(P)…命令，系统弹出"系统选项（S）-普通"对话框，然后单击 文档属性(D) 选项卡，系统弹出"文档属性（D）-绘图标准"对话框（图 1.8.3），利用此对话框可以设置有关工程图及草图的一些参数（具体的参数定义在本书的后面会陆续讲到）。

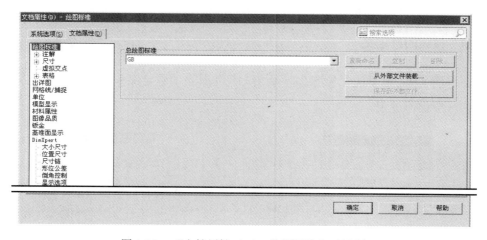

图 1.8.3　"文档属性（D）-绘图标准"对话框

1.9 工作界面的自定义

本节主要介绍 SolidWorks 中的自定义功能,让读者对于软件工作界面的自定义了然于胸,从而合理地设置工作环境。

进入 SolidWorks 系统后,在建模环境下选择下拉菜单 工具(T) ➡ 自定义(Z)... 命令,系统弹出图 1.9.1 所示的"自定义"对话框,利用此对话框可对工作界面进行自定义。

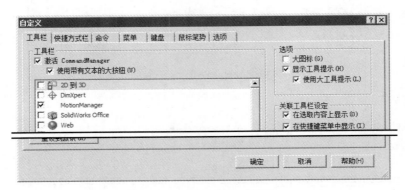

图 1.9.1 "自定义"对话框

1.9.1 工具栏的自定义

在图 1.9.1 所示的"自定义"对话框中单击 工具栏 选项卡,即可进行开始菜单的自定义。通过此选项卡,用户可以控制工具栏在工作界面中的显示。在"自定义"对话框左侧的列表框中选择某工具栏,单击☐图标,则图标变为☑,此时选择的工具栏将在工作界面中显示。

1.9.2 命令按钮的自定义

下面以图 1.9.2 所示的"参考几何体(G)"工具条的自定义来说明自定义工具条中命令按钮的一般操作过程。

a)移除前　　　　　　　　　　b)移除后

图 1.9.2 自定义工具条

Step 1 选择下拉菜单 工具(T) ➡ 自定义(Z)... 命令,系统弹出"自定义"对话框。

Chapter 1

Step 2　显示需自定义的工具条。在"自定义"对话框中选中☑ ✎ 参考几何体(G)选项，则图 1.9.2a 所示的"参考几何体（G）"工具条显示在界面中。

Step 3　在"自定义"对话框中单击 命令 选项卡，在 类别(C): 列表框中选择 参考几何体 选项，此时"自定义"对话框如图 1.9.3 所示。

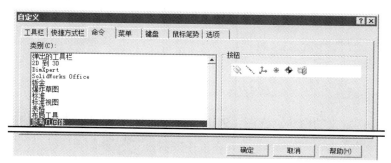

图 1.9.3　"自定义"对话框

Step 4　移除命令按钮。在"参考几何体（G）"工具条单击✎按钮，并按住鼠标左键拖动至图形区空白处放开，此时"参考几何体（G）"工具条如图 1.9.2b 所示。

Step 5　添加命令按钮。在"自定义"对话框单击✎按钮，并按住鼠标左键拖动至"参考几何体（G）"工具条上放开，此时"参考几何体（G）"工具条如图 1.9.2a 所示。

1.9.3　菜单命令的自定义

在"自定义"对话框中单击 菜单 选项卡，即可进行下拉菜单中命令的自定义（图 1.9.4）。下面将以下拉菜单 工具(T) ➡ 草图绘制实体(K) ➡ ╲ 直线(L) 命令为例，说明自定义菜单命令的一般操作步骤（图 1.9.5）。

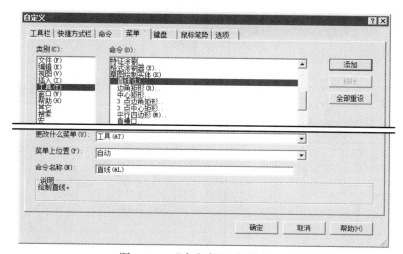

图 1.9.4　"自定义"对话框

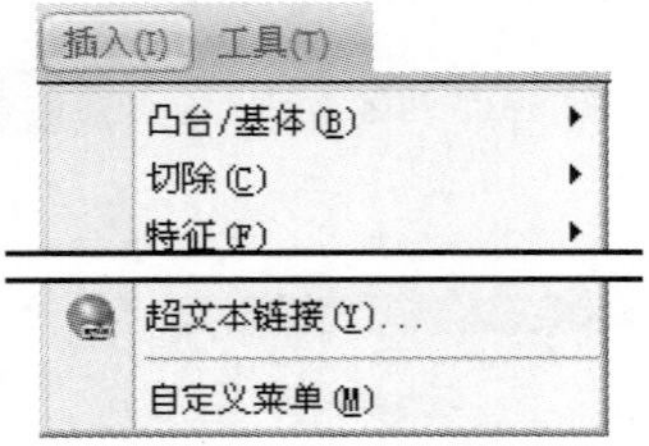

a）自定义前 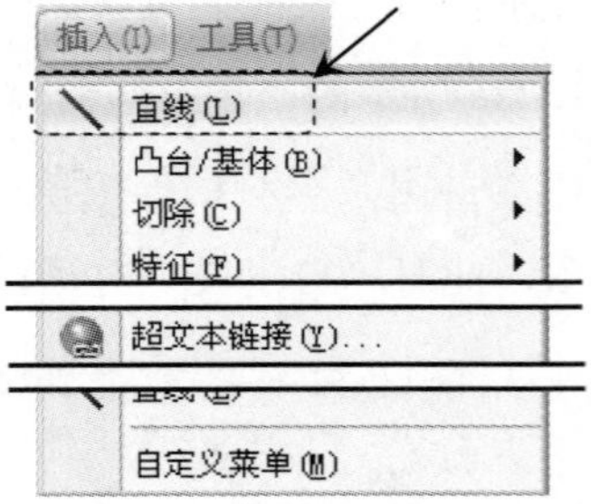　　　　　　　　　　b）自定义后

图 1.9.5　菜单命令的自定义

Step 1　选择需自定义的命令。在图 1.9.4 所示的"自定义"对话框的 类别(C)： 列表框中选择 工具(T) 选项，在 命令(O)： 列表框中选择 直线(L).. 选项。

Step 2　在"自定义"对话框的 更改什么菜单(U)： 列表框中选择 插入(&I) 选项。

Step 3　在"自定义"对话框的 菜单上位置(P)： 列表框中选择 在顶端 选项。

Step 4　采用原来的命令名称。在"自定义"对话框中单击 添加 按钮，然后单击 确定 按钮完成命令的自定义（如图 1.9.5b 所示，在 插入(I) 下拉菜单中多出了 直线(L) 命令）。

1.9.4　键盘的自定义

在"自定义"对话框中单击 键盘 选项卡（图 1.9.6），即可设置执行命令的快捷键，这样能快速方便地执行命令，提高效率。

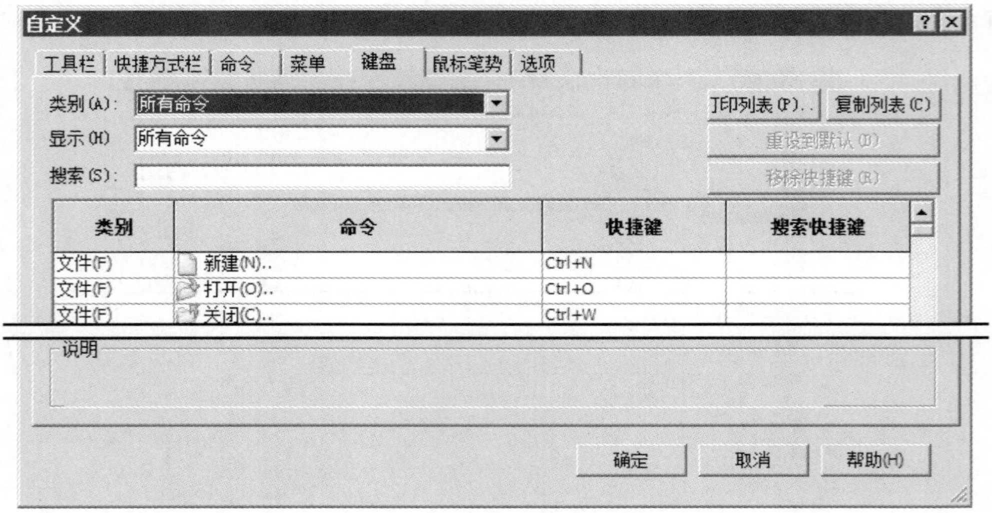

图 1.9.6　"自定义"对话框

2

二维草图的绘制

2.1　草图设计环境简介

　　草图设计环境是用户建立二维草图的工作界面，通过草图设计环境中建立的二维草图可以生成三维实体或曲面，在草图中各个实体间添加约束来限制它们的位置和尺寸。因此，建立二维草图是建立三维实体或曲面的基础。

　　注意：要进入草图设计环境，必须选择一个草图基准面，也就是要确定新草图在三维空间的放置位置。它可以是系统默认的三个基准面（前视基准面、上视基准面和右视基准面），也可以选择模型表面作为草图基准面，还可以选择下拉菜单 插入(I) ➡ 参考几何体(G) ➡ 基准面(P)... 命令，通过系统弹出的"基准面"对话框创建一个基准面作为草图基准面。

2.2　进入与退出草图环境

　　1.　进入草图环境的操作方法

Step 1　启动 SolidWorks 软件后，选择下拉菜单 文件(F) ➡ 新建(N)... 命令，系统弹出图 2.2.1 所示的"新建 SolidWorks 文件"对话框；选择"零件"模板，单击 确定 按钮，系统进入零件建模环境。

Step 2　选择下拉菜单 插入(I) ➡ 草图绘制 命令，选择"前视基准面"作为草图基准面，系统进入草图设计环境。

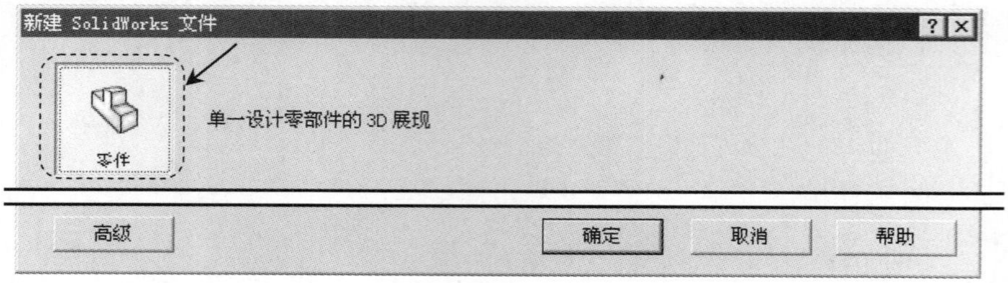

图 2.2.1　"新建 SolidWorks 文件"对话框

2.　退出草图环境的操作方法

在草图设计环境中，选择下拉菜单 插入(I) ➡ 退出草图 命令（或单击图形区右上角的"退出草图"按钮 ），即可退出草图设计环境。

2.3　草图工具按钮简介

进入草图设计环境后，屏幕上会出现草图设计中所需要的各种工具按钮，其中常用工具按钮及其功能注释如图 2.3.1 和图 2.3.2 所示。

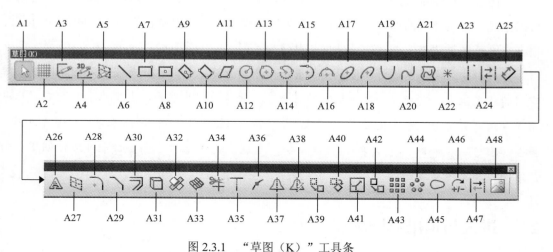

图 2.3.1　"草图（K）"工具条

图 2.3.1 所示的"草图（K）"工具条中的按钮说明如下：

A1：选择。用于选择草图实体、边线、顶点和零部件等。

A2：网格线/捕捉。单击该按钮，系统弹出"文件属性-网格线/捕捉"对话框，可控制网格线的显示及设定网格参数。

A3：草图绘制。绘制新草图或编辑选中的草图。

A4：3D 草图。添加新的 3D 草图或编辑选中的 3D 草图。

A5:　基准面上的 3D 草图。在 3D 草图中的基准面上绘制草图。

A6:　直线。通过两个端点绘制直线。

A7:　边角矩形。通过矩形的对角点绘制矩形。

A8:　中心矩形。过矩形中心点和矩形的一个端点绘制矩形。

A9:　3 点中心矩形。指定的第一个点为矩形中心点，第二点为一边线的中点，第三点为一边线的端点。

A10:　3 点边角矩形。指定的三个点分别为矩形的三个顶点。

A11:　平行四边形。指定的三个点分别为矩形的三个顶点。

A12:　圆。定义圆心，然后拖动鼠标以设定其半径。

A13:　周边圆。定义圆上一个点，然后定义第二个点，也可以定义第三个点。

A14:　圆心/起/终点画弧。

A15:　切线弧。绘制与草图实体相切的圆弧。

A16:　3 点圆弧。定义起点和终点，然后拖动圆弧来设定半径或反转圆弧。

A17:　椭圆。定义椭圆的圆心，拖动椭圆的两个轴定义椭圆的大小。

A18:　部分椭圆。定义椭圆圆心，拖动定义轴，然后定义椭圆的范围。

A19:　抛物线。先放置焦点，通过拖动来放大抛物线，然后单击来定义抛物线的范围。

A20:　样条曲线。

A21:　曲面上的样条曲线。通过该命令，可以在曲面上绘制样条曲线。

A22:　点。

A23:　中心线。中心线可以用来生成对称草图实体或旋转特征的旋转中心线等。

A24:　构造几何线。在构造几何体和一般草图几何体之间切换草图实体。

A25:　智能标注尺寸。

A26:　文字。在面、边线及草图实体上添加文字。

A27:　基准面。插入基准面到 3D 草图。

A28:　圆角。通过两条直线绘制圆角。

A29:　倒角。通过两条直线绘制倒角。

A30:　等距实体。通过指定距离的等距面、边线、曲线或草图实体，生成新的草图实体。

A31:　转换实体引用。参考所选的模型边线或草图实体以生成新的草图实体。

A32:　交叉曲线。沿基准面、实体及曲面实体的交叉点生成草图曲线。

A33:　面部曲线。从面部提取 ISO 参数曲线转换 3D 草图实体。

A34:　剪裁实体。用于修剪或延伸一个草图实体以便与另一个实体重合，或删除一个草图实体。

A35：延伸实体。延伸草图实体以相遇另一个草图实体。

A36：分割实体。通过添加分割点而将草图实体分割成多个实体。

A37：镜像实体。相对于中心线来镜像复制所选草图实体。

A38：动态镜像实体。沿中心线动态镜像复制草图实体。

A39：移动实体。移动草图实体和（或）注解。

A40：旋转实体。旋转草图实体和（或）注解。

A41：缩放实体比例。缩放草图实体和（或）注解比例。

A42：复制实体。复制实体和（或）注解比例。

A43：线性草图阵列。使用基准面、零件或装配体上的草图实体生成线性草图阵列。

A44：圆周草图阵列。用于生成草图实体的圆周复制排列。

A45：制作路径。制作草图实体路径。

A46：修改草图。可以比例缩放、平移或旋转激活的草图。

A47：移动时不求解。移动草图实体而不求解草图中的尺寸和几何关系。

A48：草图图片。添加图像文件到草图背景。

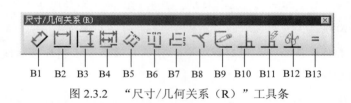

图 2.3.2　"尺寸/几何关系（R）"工具条

图 2.3.2 所示的"尺寸/几何关系（R）"工具条中的按钮说明如下：

B1：智能尺寸。为一个或多个所选的实体标注尺寸。

B2：水平尺寸。在所选的实体间生成一个水平的尺寸。

B3：竖直尺寸。在所选的实体间生成一个垂直的尺寸。

B4：基准尺寸。在所选的实体间生成参考尺寸。

B5：尺寸链。在工程图或草图中生成从零坐标开始测量的一组尺寸。

B6：水平尺寸链。在工程图或草图中生成坐标尺寸，从第一个所选实体开始水平测量。

B7：竖直尺寸链。在工程图或草图中生成坐标尺寸，从第一个所选实体开始垂直测量。

B8：倒角尺寸。在工程图中生成倒角尺寸。

B9：完全定义草图。通过应用几何关系和尺寸的组合来完全定义草图。

B10：添加几何关系。

B11：自动几何关系。开启或关闭自动给定几何关系的功能。

B12：显示/删除实体的几何关系。

B13：搜索相等关系。搜索草图中有相同长度和半径的元素，在相同长度或半径的草图元素间设定等长的几何关系。

2.4 草图环境中的下拉菜单

工具(T) 下拉菜单是草图环境中的主要菜单，它的功能主要包括约束、轮廓和操作等，单击该下拉菜单，即可弹出相应的命令，其中绝大部分命令以快捷按钮方式出现在屏幕的工具栏中。下拉菜单中命令的作用与工具栏中命令按钮的作用一致，不再赘述。

2.5 绘制草图前的设置

1. 设置网格间距

进入草图设计环境后，用户根据模型的大小，可设置草图设计环境中的网格大小，其操作过程如下：

Step 1 选择命令。选择下拉菜单 工具(T) ➡ 选项(P)... 命令，系统弹出"系统选项"对话框。

Step 2 在"系统选项"对话框中单击 文档属性(D) 选项卡，然后在左侧的列表框中单击 网格线/捕捉 选项。

Step 3 设置网格参数。选中 ☑ 显示网格线(D) 复选框；在 主网格间距(M): 文本框中输入主网格间距距离；在 主网格间次网格数(N) 文本框中输入网格数，单击 确定 按钮，完成网格设置。

2. 设置系统捕捉

在"系统选项"选项卡中单击 系统选项(S) 选项卡，在左边的列表框中选择 几何关系/捕捉 选项，可以设置在创建草图过程中是否自动产生约束。 只有在这里选中了这些复选项，在绘制草图时，系统才会自动创建几何约束和尺寸约束。

3. 草图设计环境中图形区的快速调整

在"系统选项"对话框中单击 文档属性(D) 选项卡，然后单击 网格线/捕捉 选项，此时"系统选项"对话框变成"文档属性-网格线/捕捉"对话框，通过选中该对话框中的 ☑ 显示网格线(D) 复选框可以控制草图设计环境中网格的显示。当显示网格时，如果看不到网格，或者网格太密，可以缩放图形区；如果想调整图形在草图设计环境上下、左右的位置，可以移动图形区。

鼠标操作方法说明：

- 缩放图形区：同时按住 Shift 键和鼠标中键向后拉动或向前推动鼠标来缩放图形（或者滚动鼠标中键滚轮，向前滚可看到图形以光标所在位置为基准在缩小，向后滚可看到图形以光标所在位置为基准在放大）。
- 移动图形区：按住 Ctrl 键，然后按住鼠标中键，移动鼠标，可看到图形跟着鼠标移动。
- 旋转图形区：按住鼠标中键，移动鼠标，可看到图形跟着鼠标旋转。

注意： 图形区这样的调整不会改变图形的实际大小和实际空间位置，它的作用是便于用户查看和操作图形。

2.6　二维草图的绘制

要绘制草图，应先从草图设计环境中的工具条按钮区或 工具(T) 下拉菜单中选择一个绘图命令，然后可通过在图形区中选取点来绘制草图。

在绘制草图的过程中，当移动鼠标指针时，SolidWorks 系统会自动确定可添加的约束并将其显示。

绘制草图后，用户还可通过"约束定义"对话框继续添加约束。

说明： 草绘环境中鼠标的使用：

- 草绘时，可单击鼠标左键在图形区选择位置点。
- 当不处于绘制元素状态时，按住 Ctrl 键并单击，可选取多个项目。

2.6.1　绘制直线

Step 1　选取"前视基准面"作为草图基准面，进入草图设计环境。

说明：

- 如果绘制新草图，则在进入草图设计环境之前，必须先选取草图基准面。
- 以后在绘制新草图时，如果没有特别的说明，则草图基准面为前视基准面。

Step 2　选择命令。选择下拉菜单 工具(T) ➡ 草图绘制实体(K) ➡ ＼ 直线(L) 命令，系统弹出图 2.6.1 所示的"插入线条"对话框。

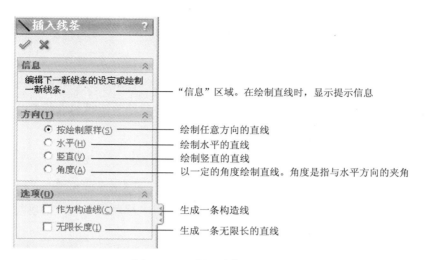

图 2.6.1　"插入线条"对话框

说明：还有两种方法进入直线绘制命令。

● 单击"草图"工具栏中的 ＼ 按钮。

● 在图形区右击，从系统弹出的快捷菜单中选择 ＼ 直线 (G) 命令。

Step 3 选取直线的起始点。在图形区中的任意位置单击，以确定直线的起始点，此时可看到一条"橡皮筋"线附着在鼠标指针上。

Step 4 选取直线的终止点。在图形区中的任意位置单击，以确定直线的终止点，系统便在两点间绘制一条直线，并且在直线的终点处出现另一条"橡皮筋"线。

说明：

● 在绘制直线时，"插入线条"对话框的"信息"区域中会显示提示信息，在进行其他很多命令操作时，SolidWorks 工作界面的状态栏中也会有相应的提示信息，时常关注这些提示信息，能够更快速、更容易地操作软件。

● 当直线的终点处出现另一条"橡皮筋"线时，移动鼠标至直线的终止点位置后，可在直线的终止点处继续绘制一段圆弧。

Step 5 重复 Step4，可创建一系列连续的线段。

Step 6 在键盘上按 Esc 键，结束直线的绘制。

说明：

● 在草图设计环境中，单击"撤销"按钮 ↩ 可撤销上一个操作，单击"重做"按钮 ↪ 可重新执行被撤销的操作。这两个按钮在绘制草图时十分有用。

● SolidWorks 具有尺寸驱动功能，即图形的大小随着图形尺寸的改变而改变。

- 完成直线的绘制有三种方法：在键盘上按一次 Esc 键；再次选择"直线"命令；在直线的终止点位置双击，此时完成该直线的绘制，但不结束绘制直线的命令。

- "橡皮筋"是指操作过程中的一条临时虚构线段，它始终是当前鼠标光标的中心点与前一个指定点的连线。因为它可以随着光标的移动而拉长或缩短，并可绕前一点转动，所以形象地称之为"橡皮筋"。

2.6.2　绘制矩形

矩形对于绘制拉伸、旋转的横断面等十分有用，可省去绘制四条直线的麻烦。

方法一：边角矩形。

Step 1　选择命令。选择下拉菜单 工具(T) ➡ 草图绘制实体 (K) ➡ □ 边角矩形 (R) 命令。

Step 2　定义矩形的第一个对角点。在图形区某位置单击，放置矩形的一个对角点，然后将该矩形拖至所需大小。

Step 3　定义矩形的第二个对角点。再次单击，放置矩形的另一个对角点。此时，系统即在两个角点间绘制一个矩形。

Step 4　在键盘上按一次 Esc 键，结束矩形的绘制。

方法二：中心矩形。

Step 1　选择命令。选择下拉菜单 工具(T) ➡ 草图绘制实体 (K) ➡ □ 中心矩形 命令。

Step 2　定义矩形的中心点。在图形区所需位置单击，放置矩形的中心点，然后将该矩形拖至所需大小。

Step 3　定义矩形的一个角点。再次单击，放置矩形的一个边角点。

Step 4　在键盘上按一次 Esc 键，结束矩形的绘制。

方法三：3 点边角矩形。

Step 1　选择命令。选择下拉菜单 工具(T) ➡ 草图绘制实体 (K) ➡ ◇ 3 点边角矩形 命令。

Step 2　定义矩形的第一个角点。在图形区所需位置单击，放置矩形的一个角点，然后拖至所需宽度。

Step 3　定义矩形的第二个角点。再次单击，放置矩形的第二点角点。此时，系统绘制出矩形的一条边线，向此边线的法线方向拖动鼠标至所需的大小。

Step 4　定义矩形的第三个角点。再次单击，放置矩形的第三个角点，此时，系统即在第一点、第二点和第三点间绘制一个矩形。

Step **5** 在键盘上按一次 Esc 键，结束矩形的绘制。

　　方法四：3 点中心矩形。

Step **1** 选择命令。选择下拉菜单 工具(T) ➡️ 草图绘制实体(K) ➡️ ◈ 3 点中心矩形
命令。

Step **2** 定义矩形的中心点。在图形区所需位置单击，放置矩形的中心点，然后将该矩形
拖至所需大小。

Step **3** 定义矩形的一边中点。再次单击，定义矩形一边的中点。然后将该矩形拖至所需
大小。

Step **4** 定义矩形的一个角点。再次单击，放置矩形的一个角点。

Step **5** 在键盘上按一次 Esc 键，结束矩形的绘制。

2.6.3　平行四边形

　　绘制平行四边形的一般步骤如下：

Step **1** 选择命令。选择下拉菜单 工具(T) ➡️ 草图绘制实体(K) ➡️ ▱ 平行四边形(M)
命令。

Step **2** 定义角点 1。在图形区所需位置单击，放置平行四边形的一个角点，此时可看到
一条"橡皮筋"线附着在鼠标指针上。

Step **3** 定义角点 2。单击以放置平行四边形的第二个角点。

Step **4** 定义角点 3。将该平行四边形拖至所需大小时，再次单击，放置平行四边形的第
三个角点。此时，系统立即绘制一个平行四边形。

　　注意：选择绘制矩形命令后，在系统弹出的"矩形"对话框的 矩形类型 区域中还有以
下矩形类型可以选择。绘制多种矩形，需在命令之间切换时，可直接单击以下按钮：

* ▱：绘制边角矩形。
* ▣：绘制中心矩形。
* ◇：绘制 3 点边角矩形。
* ◈：绘制 3 点中心矩形。
* ▱：绘制平行四边形。

2.6.4　绘制倒角

　　下面以图 2.6.2b 为例，说明绘制倒角的一般操作过程。

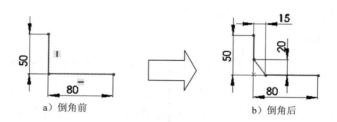

图 2.6.2　创建倒角

Step 1　打开文件 D:\sw13\work\ch02\ch02.06\ch02.06.04\chamfer.SLDPRT。

Step 2　选择命令。选择下拉菜单 工具(T) ➡ 草图工具(T) ➡ ↘ 倒角(C)... 命令，系统弹出图 2.6.3 所示的"绘制倒角"对话框。

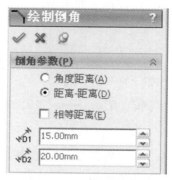

图 2.6.3　"绘制倒角"对话框

Step 3　定义倒角参数。在"绘制倒角"对话框中选中 ⊙ 距离-距离(D) 单选项，取消选中 □ 相等距离(E) 复选框，在 ↘D1（距离 1）文本框中输入距离值 15，在 ↘D2（距离 2）文本框中输入距离值 20。

Step 4　分别选取图 2.6.2 所示的两条边，系统便在这两个边之间创建倒角，并将两个草图实体裁剪至交点。

Step 5　单击 ✓ 按钮，完成倒角的绘制。

图 2.6.3 所示"绘制倒角"对话框中的选项说明如下：

- ⊙ 角度距离(A)：按照"角度距离"方式绘制倒角。
- ⊙ 距离-距离(D)：按照"距离－距离"方式绘制倒角。
- ☑ 相等距离(E)：采用"距离－距离"方式绘制倒角时，选中此复选框，则距离 1 与距离 2 相等。
- ↘D1（距离 1）文本框：用于输入距离 1。
- ↘D2（距离 2）文本框：用于输入距离 2。

2.6.5 绘制圆

圆的绘制有以下两种方法：

方法一：中心/半径——通过定义中心点和半径来创建圆。

Step 1 选择命令。选择下拉菜单 工具(T) ➡ 草图绘制实体(K) ➡ ⊘ 圆(C) 命令，系统弹出"圆"对话框。

Step 2 定义圆的圆心及半径。在所需位置单击，放置圆的圆心，然后将该圆拖至所需大小并单击。

Step 3 此时"圆"对话框如图 2.6.4 所示，单击 ✓ 按钮，完成圆的绘制。

选择绘制圆的类型

显示绘制的圆已有的几何关系

将绘制的圆转化为构造线

用于输入圆心点的 X 坐标

用于输入圆心点的 Y 坐标

用于输入绘制的圆的半径

图 2.6.4 "圆"对话框

方法二：三点——通过选取圆上的三个点来创建圆。

Step 1 选择命令。选择下拉菜单 工具(T) ➡ 草图绘制实体(K) ➡ ⊕ 周边圆(M) 命令。

Step 2 定义圆上的三点。在某位置单击，放置圆上第一点；在另一位置单击，放置圆上第二点；然后将该圆拖至所需大小，并单击以确定圆上第三点。

2.6.6 绘制圆弧

共有三种绘制圆弧的方法。

方法一：通过圆心、起点和终点绘制圆弧。

`Step 1` 选择命令。选择下拉菜单 工具(T) ➡ 草图绘制实体(K) ➡ 圆心/起/终点画弧(A) 命令。

`Step 2` 定义圆弧中心点。在某位置单击，确定圆弧中心点，然后将圆拉至所需大小。

`Step 3` 定义圆弧端点。在图形区单击两点，以确定圆弧的两个端点。

方法二：切线弧——确定圆弧的一个切点和弧上的一个附加点来创建圆弧。

`Step 1` 在图形区绘制一条直线。

`Step 2` 选择命令。选择下拉菜单 工具(T) ➡ 草图绘制实体(K) ➡ 切线弧(G) 命令。

`Step 3` 在 Step1 绘制直线的端点处单击，放置圆弧的一个端点。

`Step 4` 此时移动鼠标指针，圆弧呈"橡皮筋"样变化，单击放置圆弧的另一个端点，然后单击 ✔ 按钮完成切线弧的绘制。

说明： 在第一个端点处的水平方向移动鼠标指针，然后在竖直方向上拖动鼠标，才能达到理想的效果。

方法三：三点圆弧——确定圆弧的两个端点和弧上的一个附加点来创建一个三点圆弧。

`Step 1` 选择命令。选择下拉菜单 工具(T) ➡ 草图绘制实体(K) ➡ 三点圆弧(3) 命令。

`Step 2` 在图形区某位置单击，放置圆弧的一个端点；在另一位置单击，放置圆弧的另一个端点。

`Step 3` 此时移动鼠标指针，圆弧呈"橡皮筋"样变化，单击放置圆弧上的一点，然后单击 ✔ 按钮完成三点圆弧的绘制。

2.6.7 绘制圆角

下面以图 2.6.5 为例，说明绘制圆角的一般操作过程。

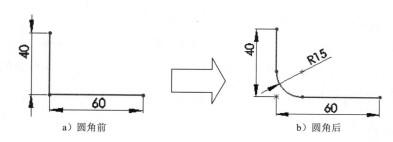

a）圆角前　　　　　　b）圆角后

图 2.6.5　绘制圆角

Step **1**　打开文件 D:\sw13\work\ch02\ch02.06\ch02.06.07\fillet.SLDPRT。

Step **2**　选择命令。选择下拉菜单 工具(T) ➡ 草图工具(T) ➡ ⊣ 圆角 (F)... 命令，
系统弹出图 2.6.6 所示的"绘制圆角"对话框。

图 2.6.6　"绘制圆角"对话框

Step **3**　定义圆角半径。在"绘制圆角"对话框的 （半径）文本框中输入圆角半径
值 15。

Step **4**　选择倒圆角边。分别选取图 2.6.5 所示的两条边，系统便在这两个边之间创建圆
角，并将两个草图实体裁剪至交点。

Step **5**　单击 按钮，完成圆角的绘制。

　　说明：在绘制圆角过程中，系统会自动创建一些约束。

2.6.8　绘制中心线

　　中心线用于生成对称的草图特征、镜像草图和旋转特征，或作为一种构造线，它并不
是真正存在的直线。中心线的绘制过程与直线的绘制完全一致，只是中心线显示为点画线。

2.6.9　绘制椭圆

Step **1**　选择下拉菜单 工具(T) ➡ 草图绘制实体(K) ➡ ⊘ 椭圆(长短轴)(E) 命令。

Step **2**　定义椭圆中心点。在图形区的某位置单击，放置椭圆的中心点。

Step **3**　定义椭圆长轴。在图形区的某位置单击，定义椭圆的长轴和方向。

Step **4**　确定椭圆短轴。移动鼠标指针，将椭圆拉至所需形状并单击，以定义椭圆的短轴。

Step **5**　单击 按钮，完成椭圆的绘制。

2.6.10 绘制部分椭圆

部分椭圆是椭圆的一部分，绘制方法与绘制椭圆的方法基本相同，需指定部分椭圆的两端点。

Step 1 选择下拉菜单 工具(T) ➡ 草图绘制实体(K) ➡ ⟋ 部分椭圆(I) 命令。

Step 2 定义部分椭圆中心点。在图形区的某位置单击，放置椭圆的中心点。

Step 3 定义部分椭圆第一个轴。在图形区的某位置单击，定义椭圆的长轴/短轴的方向。

Step 4 定义部分椭圆的第二个轴。移动鼠标指针，将椭圆拉到所需的形状并单击，定义部分椭圆的第二个轴。

注意：单击的位置就是部分椭圆的一个端点。

Step 5 定义部分椭圆的另一个端点。沿要绘制椭圆的边线拖动鼠标，到达部分椭圆的另一个端点处单击。

Step 6 单击 ✔ 按钮，完成部分椭圆的绘制。

2.6.11 绘制样条曲线

样条曲线是通过任意多个点的平滑曲线。下面以图 2.6.7 为例，说明绘制样条曲线的一般操作步骤。

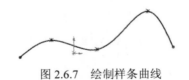

图 2.6.7 绘制样条曲线

Step 1 选择命令。选择下拉菜单 工具(T) ➡ 草图绘制实体(K) ➡ ∿ 样条曲线(S) 命令。

Step 2 定义样条曲线的控制点。单击一系列点，可观察到一条"橡皮筋"样条附着在鼠标指针上。

Step 3 按 Esc 键结束样条曲线的绘制。

2.6.12 绘制多边形

多边形对于绘制截面十分有用，可省去绘制多条线的麻烦，还可以减少约束。

Step 1 选择命令。选择下拉菜单 工具(T) ➡ 草图绘制实体(K) ➡ ⊕ 多边形(O) 命令，系统弹出图 2.6.8 所示的"多边形"对话框。

图 2.6.8　"多边形"对话框

Step 2　定义创建多边形的方式。在 参数 区域中选中 ⊙ 内切圆 单选项作为绘制多边形的方式，在 参数 区域中的 ⬡ 文本框中输入多边形内切圆的直径值 150.0。

Step 3　定义侧边数。在 参数 区域的 ⬡ 文本框中输入多边形的边数 6。

Step 4　定义多边形的中心点。在系统 设定侧边数然后单击并拖动以生成 的提示下，在图形区的某位置单击，放置六边形的中心点，然后将该多边形拖至所需大小。

Step 5　定义多边形的一个角点。根据系统提示 生成6边多边形 ，再次单击，放置多边形的一个角点。此时，系统立即绘制一个多边形，如图 2.6.9 所示。

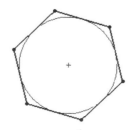

图 2.6.9　绘制的六边形

2.6.13　创建点

点的绘制很简单。在设计曲面时，点会起到很大的作用。

Step 1　选择命令。选择下拉菜单 工具(T) ➡ 草图绘制实体(K) ➡ ✳ 点(P) 命令。

Step 2　在图形区的某位置单击以放置该点。

Step 3　按 Esc 键结束点的绘制。

2.6.14 将一般元素转换为构造元素

SolidWorks 中构造线的作用是作为辅助线，构造线以点画线显示。草图中的直线、圆弧、样条线等实体都可以转换为构造几何线。下面以图 2.6.10 为例详细讲解操作方法。

Step 1 打开文件 D:\sw13\work\ch02\ch02.06\ch02.06.14\construct.SLDPRT。

Step 2 按住 Ctrl 键，选取图 2.6.10a 中的直线、圆弧和圆，系统弹出"属性"对话框。

Step 3 在"属性"对话框选中 ☑ 作为构造线(C) 复选框，被选取的元素就转换为构造线。

Step 4 单击 ✔ 按钮，完成转换构造线的操作。

　　　a）一般元素　　　　　　　　　　　　　　　　　　　b）构造元素

图 2.6.10　将一般元素转换为构造元素

2.6.15 在草图设计环境中创建文本

Step 1 选择命令。选择下拉菜单 工具(T) ➡ 草图绘制实体(K) ➡ A 文本(T)... 命令，系统弹出图 2.6.11 所示的"草图文字"对话框。

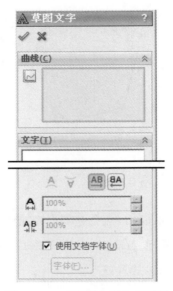

图 2.6.11　"草图文字"对话框

Step **2**　输入文本。在 **文字(T)** 区域中的文本框中输入字母 ABC。

Step **3**　设置文本属性。

（1）设置文本方向。在 **文字(T)** 区域单击 **AB** 按钮。

（2）设置文本字体属性。

① 在 **文字(T)** 区域取消选中 □ 使用文档字体(U) 复选框，单击 **字体(F)...** 按钮，系统弹出图
2.6.12 所示的"选择字体"对话框。

② 在"选择字体"对话框的 **字体(F):** 区域选择 ⊙ **宋体** 选项，在 **字体样式(Y):** 区域选择 **斜体**
选项，在 **高度:** 区域输入数值 4.00，如图 2.6.12 所示。

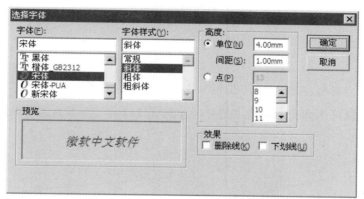

图 2.6.12　"选择字体"对话框

③ 单击 **确定** 按钮，完成文本的字体设置。

Step **4**　定义放置位置。在图形的任意位置单击，以确定文本的放置位置。

Step **5**　在"草图文字"对话框中单击 ✓ 按钮，完成文本的创建。

2.7　二维草图的编辑

2.7.1　删除草图实体

删除草图实体的一般操作如下：

Step **1**　在图形区单击或框选要删除的草图实体。

Step **2**　按键盘上的 Delete 键，所选草图实体即被删除，也可采用下面两种方法删除草图
　　　　实体：

● 选取需要删除的草图实体右击，在系统弹出的快捷菜单中选择 ✕ 删除 (Q)命令。

● 选取需要删除的草图实体后，在 **编辑(E)** 下拉菜单中选择 ✕ 删除(D)命令。

2.7.2 草图实体的操纵

SolidWorks 提供了草图实体的操纵功能，可方便地旋转、延长、缩短和移动草图实体。

1. 直线的操纵

操纵 1 的操作流程：在图形区，把鼠标指针 移到直线上，按下左键不放，同时移动鼠标（鼠标指针变为 ），此时直线随着鼠标指针一起移动（图 2.7.1），达到绘制意图后，松开鼠标左键。

图 2.7.1 操纵 1

操纵 2 的操作流程：在图形区，把鼠标指针 移到直线的某个端点上，按下左键不放，同时移动鼠标（鼠标指针变为 ），此时会看到直线以另一端点为固定点伸缩或转动（图 2.7.2）。达到绘制意图后，松开鼠标左键。

图 2.7.2 操纵 2

2. 圆的操纵

操纵 1 的操作流程：把鼠标指针 移到圆的边线上，按下左键不放，同时移动鼠标（鼠标指针变为 ），此时会看到圆在变大或缩小（图 2.7.3），达到绘制意图后，松开鼠标左键。

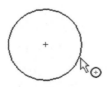

图 2.7.3 操纵 1

操纵 2 的操作流程：把鼠标指针 移到圆心上，按下左键不放，同时移动鼠标（鼠标指针变为 ），此时会看到圆随着指针一起移动（图 2.7.4），达到绘制意图后，松开鼠标左键。

图 2.7.4　操纵 2

3．圆弧的操纵

操纵 1 的操作流程：把鼠标指针 移到圆心点上，按下左键不放，同时移动鼠标，此时会看到圆弧随着指针一起移动（图 2.7.5），达到绘制意图后，松开鼠标左键。

图 2.7.5　操纵 1

操纵 2 的操作流程：把鼠标指针 移到圆弧上，按下左键不放，同时移动鼠标，此时圆弧的两个端点固定不变，圆弧的包角及圆心位置随着指针的移动而变化（图 2.7.6），达到绘制意图后，松开鼠标左键。

图 2.7.6　操纵 2

操纵 3 的操作流程：把鼠标指针 移到圆弧的某个端点上，按下左键不放，同时移动鼠标，此时会看到圆弧以另一端点为固定点旋转，并且圆弧的包角也在变化（图 2.7.7），达到绘制意图后，松开鼠标左键。

图 2.7.7　操纵 3

4．样条曲线的操纵

操纵 1 的操作流程（图 2.7.8）：把鼠标指针 移到样条曲线上，按下左键不放，同时移动鼠标（此时鼠标指针变为 ），此时会看到样条曲线随着指针一起移动，达到绘制意图后，松开鼠标左键。

图 2.7.8　操纵 1

操纵 2 的操作流程（图 2.7.9）：把鼠标指针 移到样条曲线的某个端点上，按下左键不放，同时移动鼠标，此时样条曲线的另一端点和中间点固定不变，其曲率随着指针移动而变化，达到绘制意图后，松开鼠标左键。

图 2.7.9　操纵 2

操纵 3 的操作流程（图 2.7.10）：把鼠标指针 移到样条曲线的中间点上，按下左键不放，同时移动鼠标，此时样条曲线的拓扑形状（曲率）不断变化，达到绘制意图后，松开鼠标左键。

图 2.7.10　操纵 3

2.7.3　剪裁草图实体

使用 剪裁(T) 命令可以剪裁或延伸草图实体，也可以删除草图实体。下面以图 2.7.11 为例，说明裁剪草图实体的一般操作步骤。

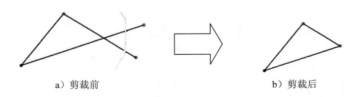

a）剪裁前　　　　　　　　　　　　b）剪裁后

图 2.7.11　"强劲剪裁"方式剪裁草图实体

Step 1　打开文件 D:\sw13\work\ch02\ch02.07\ch02.07.03\trim.SLDPRT。

Step 2　选择命令。选择下拉菜单 工具(T) ➡ 草图工具(T) ➡ 剪裁(T) 命令，系统弹出图 2.7.12 所示的"剪裁"对话框。

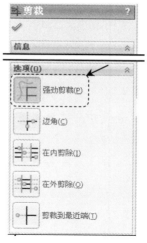

图 2.7.12　"剪裁"对话框

Step 3　定义剪裁方式。在对话框中单击"强劲剪裁"按钮 ⊨。

Step 4　在系统 选择一实体或拖动光标 的提示下，拖动鼠标绘制图 2.7.11a 所示的轨迹，与该路径相交的部分草图实体将被修剪掉，结果如图 2.7.11b 所示。

Step 5　在"剪裁"对话框中单击 ✔ 按钮，完成草图实体的剪裁操作。

图 2.7.12 所示的"剪裁"对话框中的选项说明如下：

- 使用 ⊨（强劲剪裁）方式可以剪裁或延伸所选草图实体。
- 使用 ┮（边角剪裁）方式可以剪裁两个所选草图实体，直到它们以虚拟边角交叉，如图 2.7.13 所示。

a）剪裁前　　　　　　图 2.7.13　"边角"方式　　　　　　b）剪裁后

- 使用 ⊫（在内剪除）方式可剪裁交叉于两个所选边界上或位于两个所选边界之间的开环实体，如图 2.7.14 所示。

a）剪裁前　　　　　　图 2.7.14　"在内剪除"方式　　　　　　b）剪裁后

- 使用 ⊫（在外剪除）方式可剪裁位于两个所选边界之外的开环实体，如图 2.7.15 所示。

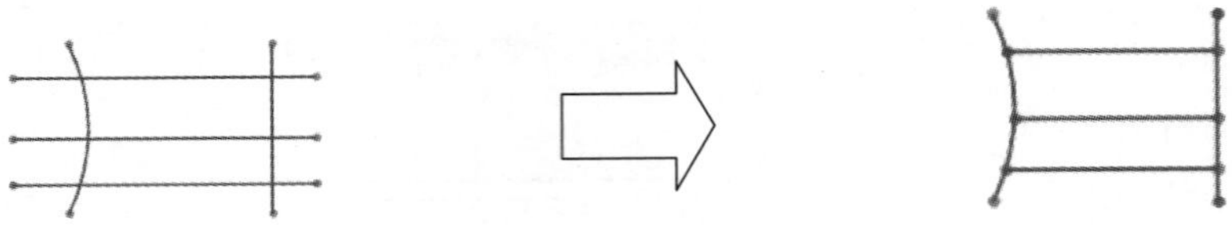

a) 剪裁前　　　　　　　　　　　　　　　　　b) 剪裁后

图 2.7.15　"在外剪除"方式

● 使用 ⊥（剪裁到最近端）方式可以剪裁或延伸所选草图实体，如图 2.7.16 所示。

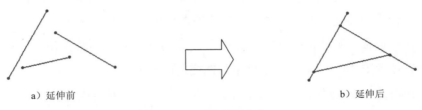

a) 剪裁前　　　　　　　　　　　　　　　　　b) 剪裁后

图 2.7.16　"剪裁到最近端"方式

2.7.4　延伸草图实体

下面以图 2.7.17 为例，说明延伸草图实体的一般操作过程。

a) 延伸前　　　　　　　　　　　　　　　　　b) 延伸后

图 2.7.17　延伸草图实体

Step 1　打开文件 D:\sw13\work\ch02\ch02.07 \ch02.07.04\extend.SLDPRT。

Step 2　选择命令。选择下拉菜单 工具(T) ➡ 草图工具(T) ➡ ⊤ 延伸(X) 命令。

Step 3　定义延伸的草图实体。单击图 2.7.17a 所示的直线，系统自动将该直线延伸到最近的边界。

Step 4　按 Esc 键完成延伸操作。

2.7.5　分割草图实体

使用 ∕ 分割实体(I) 命令可以将一个草图实体分割成多个草图实体。下面以图 2.7.18 为例，说明分割草图实体的一般操作步骤。

a) 分割前　　　　　　　　　　　　　　　　　b) 分割后

图 2.7.18　分割草图实体

Step 1 打开文件 D:\sw13\work\ch02\ch02.07\ch02.07.05 \ devition.SLDPRT。

Step 2 选择命令。选择下拉菜单 工具(T) ➡ 草图工具(T) ➡ ✎ 分割实体(I)命令。

Step 3 定义分割对象及位置。在要分割的位置单击,系统在单击处断开了草图实体,如图 2.7.18b 所示。

说明: 在选择分割位置时可以使用快速捕捉工具来捕捉曲线上的点进行分割。

Step 4 按 Esc 键完成分割操作。

2.7.6 复制草图实体

下面以图 2.7.19 所示的抛物线为例,说明复制草图实体的一般操作步骤。

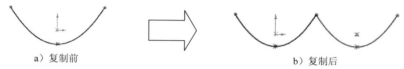

a)复制前　　　　　　　　　　b)复制后

图 2.7.19 复制草图实体

Step 1 打开文件 D:\sw13\work\ch02\ch02.07\ch02.07.06\copy.SLDPRT。

Step 2 选择下拉菜单 工具(T) ➡ 草图工具(T) ➡ ⧉ 复制(C)...命令,系统弹出图 2.7.20 所示的"复制"对话框。

图 2.7.20 "复制"对话框

Step 3 选取草图实体。在图形区单击或框选要复制的对象。

Step 4 定义复制方式。在"复制"对话框的 参数(P)区域选中⊙ 从/到(F)单选项。

Step 5 定义基准点。在系统 单击来定义复制的基准点. 的提示下,选取抛物线的左端点作为基准点。

Step 6 定义目标点。根据系统提示 单击来定义复制的目标点.,选取圆弧的右端点作为目标点,系统立即复制出一个与源草图实体形状大小完全一致的图形。

Step **7** 在"复制"对话框中单击 ✔ 按钮,完成草图实体的复制操作。

2.7.7 镜像草图实体

镜像操作就是以一条直线(或轴)为中心线复制所选中的草图实体,可以保留原草图实体,也可以删除原草图实体。下面以图 2.7.21 为例,说明镜像草图实体的一般操作步骤。

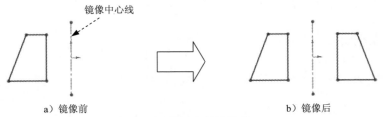

a)镜像前   b)镜像后

图 2.7.21 草图实体的镜像

Step **1** 打开文件 D:\sw13\work\ch02\ch02.07\ch02.07.07\mirror.SLDPRT。

Step **2** 选择命令。选择下拉菜单 工具(T) ➡ 草图工具(T) ➡ ⚠ 镜向(M) 命令,系统弹出图 2.7.22 所示的"镜向"对话框。

图 2.7.22 "镜向"对话框

Step **3** 选取要镜像的草图实体。根据系统 选择要镜向的实体 的提示,在图形区框选要镜像的草图实体。

Step **4** 定义镜像中心线。在"镜向"对话框中单击图 2.7.22 所示的文本框使其激活,然后在系统 选择镜向所绕的线条或线性模型边线 的提示下,选取图 2.7.21a 所示的构造线为镜像中心线,单击 ✔ 按钮,完成草图实体的镜像操作。

2.7.8 缩放草图实体

下面以图 2.7.23 为例,说明缩放草图实体的一般操作步骤。

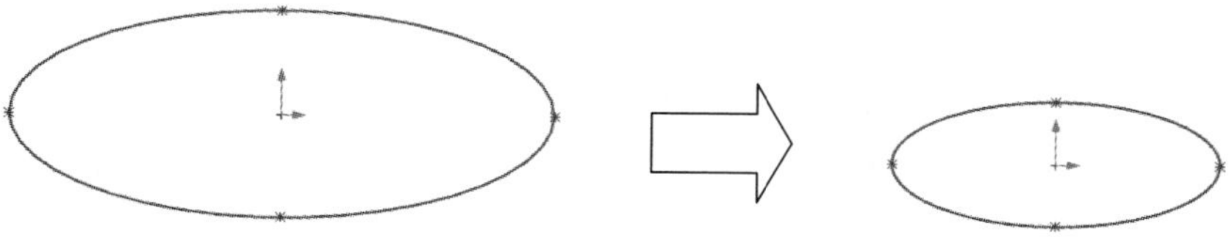

a）缩放前　　　　　　　　　　　　　　　b）缩放后

图 2.7.23　缩放草图实体

Step 1　打开文件 D:\sw13\work\ch02\ch02.07\ch02.07.08\zoom.SLDPRT。

Step 2　选取草图实体。在图形区单击或框选图 2.7.23a 所示的椭圆。

Step 3　选择命令。选择下拉菜单 工具(T) ➡ 草图工具(T) ➡ 🖉 缩放比例(S)... 命令，系统弹出图 2.7.24 所示的"比例"对话框。

图 2.7.24　"比例"对话框

说明：在进行缩放操作时，可以先选择命令，然后再选择需要缩放的草图实体，但在定义比例缩放点时应先激活相应的文本框。

Step 4　定义比例缩放点。选取椭圆圆心点为比例缩放点。

Step 5　定义比例因子。在 参数(P) 区域中的 🔘 文本框中输入数值 0.6，并取消选中 □ 复制(Y) 复选框，单击 ✔ 按钮，完成草图实体的缩放操作。

2.7.9　旋转草图实体

下面以图 2.7.25 所示的椭圆为例，说明旋转草图实体的一般操作步骤。

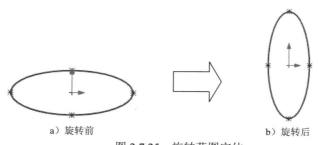

a）旋转前　　　　　　　　　　　　　　b）旋转后

图 2.7.25　旋转草图实体

Step 1　打开文件 D:\sw13\work\ch02\ch02.07\ch04.02.09\circumgyrate.SLDPRT。

Step 2　选取草图实体。在图形区单击或框选要旋转的椭圆。

Step 3　选择命令。选择下拉菜单 工具(T) ➡ 草图工具(T) ➡ 🗗 旋转(R)...命令，系统弹出图 2.7.26 所示的"旋转"对话框。

图 2.7.26　"旋转"对话框

Step 4　定义旋转中心。在图形区选取椭圆圆心点作为旋转中心。

Step 5　定义旋转角度。在 参数(P) 区域的 📐 文本框中输入数值 90，单击 ✔ 按钮，按 Esc 键，完成草图实体的旋转操作。

2.7.10　移动草图实体

下面以图 2.7.27 所示的圆弧为例，介绍移动草图实体的一般操作过程。

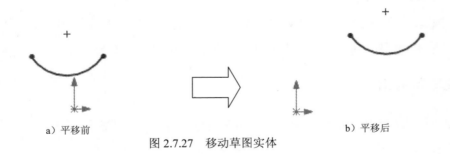

a) 平移前　　　　　　　　　　　　　b) 平移后

图 2.7.27　移动草图实体

Step 1　打开文件 D:\sw13\work\ch02\ch02.07\ch02.07.10\move.SLDPRT。

Step 2　选取草图实体。在图形区单击或框选要移动的圆弧。

Step 3　选择命令。选择下拉菜单 工具(T) ➡ 草图工具(T) ➡ 🗗 移动(V)...命令，系统弹出"移动"对话框。

Step 4　定义移动方式。在"移动"对话框的 参数(P) 区域中选中 ⊙ X/Y 单选项。

Step **5** 定义参数。在 **△x** 文本框中输入数值 40，在 **△Y** 文本框中输入数值 10 并按回车键，可看到图形区中的圆弧已经移动。

Step **6** 单击 ✅ 按钮，按 Esc 键，完成草图实体的移动操作。

2.7.11 等距草图实体

等距草图实体就是绘制被选择草图实体的等距线。下面以图 2.7.28 为例，说明等距草图实体的一般操作步骤。

a）等距前　　　　　　　　　　　　　　b）等距后

图 2.7.28　等距实体

Step **1** 打开文件 D:\sw13\work\ch02\ch02.07\ch02.07.11\offset.SLDPRT。

Step **2** 选取草图实体。在图形区单击或框选要等距的草图实体。

说明：所选草图实体可以是构造几何线，也可以是双向等距实体。在重建模型时，如果原始实体改变，等距的曲线也会随之改变。

Step **3** 选择命令。选择下拉菜单 **工具(T)** ➡ **草图工具(T)** ➡ ⮑ **等距实体(O)...** 命令，系统弹出图 2.7.29 所示的"等距实体"对话框。

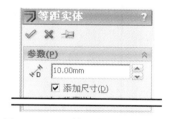

图 2.7.29　"等距实体"对话框

Step **4** 定义等距距离。在"等距实体"对话框的 📐 文本框中输入数值 10。

Step **5** 定义等距方向。在图形区移动鼠标至图 2.7.28b 所示的位置单击，以确定等距方向，系统立即绘制出等距草图。

2.8　草图中的几何约束

在绘制草图实体时或绘制草图实体后，需要对绘制的草图增加一些几何约束来帮助定位，SolidWorks 系统可以很容易地做到这一点。下面对几何约束进行详细的介绍。

2.8.1 几何约束的显示

1. 几何约束的屏幕显示控制

选择 视图(V) 下拉菜单中的 草图几何关系 (E) 命令,可以控制草图几何约束的显示。当 草图几何关系 (E) 前的 按钮处于弹起状态时,草图几何约束将不显示;当 草图几何关系 (E) 前的 按钮处于按下状态时,草图几何约束将显示。

2. 几何约束符号颜色含义

● 约束:显示为绿色。

● 鼠标指针所在的约束:显示为橙色。

● 选定的约束:显示为青色。

3. 各种几何约束符号列表

各种几何约束的显示符号见表 2.8.1。

表 2.8.1 几何约束符号列表

约 束 名 称	约束显示符号
中点	
重合	
水平	
竖直	
同心	
相切	
平行	
垂直	
对称	
相等	
固定	
全等	
共线	
合并	

2.8.2　几何约束种类

SolidWorks 所支持的几何约束种类如表 2.8.2 所示。

表 2.8.2　几何约束种类

按　钮	约　束
中点 (M)	使点与选取的直线的中点重合
重合 (D)	使选取的点位于直线上
水平 (H)	使直线或两点水平
全等 (R)	使选取的圆或圆弧的圆心重合且半径相等
相切 (A)	使选取的两个草图实体相切
同心 (N)	使选取的两个圆的圆心位置重合
合并 (G)	使选取的两点重合
平行 (E)	当两条直线被指定该约束后，这两条直线将自动处于平行状态
竖直 (V)	使直线或两点竖直
相等 (Q)	使选取的直线长度相等或圆弧的半径相等
对称 (S)	使选取的草图实体对称于中心线
固定 (F)	使选取的草图实体位置固定
共线 (L)	使两条直线重合
垂直 (U)	使两直线垂直

2.8.3　创建几何约束

下面以图 2.8.1 所示的相切约束为例，说明创建几何约束的一般操作步骤。

a）约束前　　　　　　　　　　　　　　　　b）约束后

图 2.8.1　相切约束

方法一：

Step 1　打开文件 D:\sw13\work\ch02\ch02.08\ch04.08.03\restrict.SLDPRT。

Step 2　选择草图实体。按住 Ctrl 键，在图形区选取直线和圆弧，系统弹出图 2.8.2 所示的"属性"对话框。

图 2.8.2　"属性"对话框

说明：在"属性"对话框的 添加几何关系 区域中显示了所选草图实体能够添加的所有约束。

Step 3 定义约束。在"属性"对话框的 添加几何关系 区域中单击 相切(A) 按钮，然后单击 ✔ 按钮，完成相切约束的创建。

Step 4 参考 Step2～Step3，可创建其他的约束。

方法二：

Step 1 选择命令。选择下拉菜单 工具(T) ➡ 几何关系 (D) ➡ 添加(A)...命令，系统弹出"添加几何关系"对话框。

Step 2 选取草图实体。在图形区选取直线和圆弧，此时系统弹出"添加几何关系"对话框。

Step 3 定义约束。在"添加几何关系"对话框的 添加几何关系 区域中单击 相切(A) 按钮，然后单击 ✔ 按钮，完成相切约束的创建。

2.8.4　删除约束

下面以图 2.8.3 为例，说明删除约束的一般操作过程。

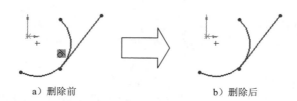

a）删除前　　　　　　　　b）删除后

图 2.8.3　删除几何关系

Step 1 打开文件 D:\sw13\work\ch02\ch02.08\ch02.08.04\restrict_delete.SLDPRT。

Step **2** 选择命令。选择下拉菜单 工具(T) ➡ 几何关系(D) ➡ 显示/删除(D)...命令，系统弹出图 2.8.4 所示的"显示/删除几何关系"对话框。

图 2.8.4　"显示/删除几何关系"对话框

Step **3** 定义需删除的约束。在"显示/删除几何关系"对话框的 几何关系(R) 区域的列表框中选择 相切25 选项。

Step **4** 删除所选约束。在"显示/删除几何关系"对话框中单击 删除(D) 按钮，然后单击 ✓ 按钮，完成约束的删除操作。

2.9　二维草图的标注

　　草图标注就是确定草图中的几何图形的尺寸，例如长度、角度、半径和直径等，它是一种以数值来确定草图实体精确尺寸的约束形式。一般情况下，在绘制草图之后，需要对图形进行尺寸定位，使尺寸满足预定的要求。

2.9.1　标注线段长度

Step **1** 打开文件 D:\sw13\work\ch02\ch02.09\ch02.09.01\ length.SLDPRT。

Step **2** 选择命令。选择下拉菜单 工具(T) ➡ 标注尺寸(S) ➡ 智能尺寸(S)命令。

Step **3** 在系统 选择一个或两个边线/顶点后再选择尺寸文字标注的位置。 的提示下，单击位置 1 以选取直线（图 2.9.1），系统弹出"线条属性"对话框。

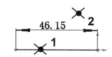

图 2.9.1　线段长度尺寸的标注

Step **4** 确定尺寸的放置位置。在位置 2 单击鼠标左键，系统弹出"尺寸"对话框和图 2.9.2 所示的"修改"对话框。

图 2.9.2　"修改"对话框

Step **5** 在"修改"对话框中单击 ✓ 按钮，然后单击"尺寸"对话框中的 ✓ 按钮，完成线段长度的标注。

说明：在学习标注尺寸前，建议用户选择下拉菜单 工具(T) ➡ 选项(P)... 命令，在系统弹出的"系统选项（S）-普通"对话框中选择 普通 选项，取消选中 □ 输入尺寸值(I) 复选框（图 2.9.3），则在标注尺寸时，系统将不会弹出"修改"对话框。

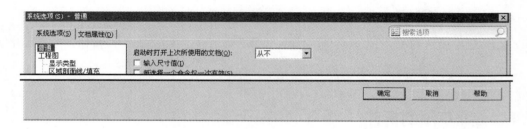

图 2.9.3　"系统选项（S）-普通"对话框

2.9.2　标注一点和一条直线之间的距离

Step **1** 打开文件 D:\sw13\work\ch02\ch02.09\ch02.09.02\label_01.SLDPRT。

Step **2** 选择下拉菜单 工具(T) ➡ 标注尺寸(S) ➡ 智能尺寸(S) 命令。

Step **3** 分别单击位置 1 和位置 2 以选择点、直线，单击位置 3 放置尺寸，如图 2.9.4 所示。

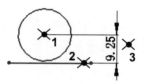

图 2.9.4　点和线间距离的标注

2.9.3　标注两点间的距离

Step **1** 打开文件 D:\sw13\work\ch02\ch02.09\ch02.09.03\point_label.SLDPRT。

Step 2 选择下拉菜单 工具(T) ➡ 标注尺寸(S) ➡ ◇ 智能尺寸(S)命令。

Step 3 分别单击位置 1 和位置 2 以选择两点，单击位置 3 放置尺寸，如图 2.9.5 所示。

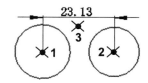

图 2.9.5　两点间距离的标注

2.9.4　标注两条平行线间的距离

Step 1 打开文件 D:\sw13\work\ch02\ch02.09\ch02.09.04\lins_label.SLDPRT。

Step 2 选择下拉菜单 工具(T) ➡ 标注尺寸(S) ➡ Ⅱ 竖直尺寸(V)命令。

Step 3 分别单击位置 1 和位置 2 以选取两条平行线，然后单击位置 3 以放置尺寸，如图 2.9.6 所示。

图 2.9.6　平行线距离的标注

2.9.5　标注直径

Step 1 打开文件 D:\sw13\work\ch02\ch02.09\ch02.09.05\ diameter_label.SLDPRT。

Step 2 选择下拉菜单 工具(T) ➡ 标注尺寸(S) ➡ ◇ 智能尺寸(S)命令。

Step 3 选取要标注的元素。单击位置 1 以选取圆。

Step 4 确定尺寸的放置位置。在位置 2 处单击，如图 2.9.7 所示。

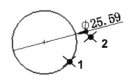

图 2.9.7　直径的标注

2.9.6　标注半径

Step 1 打开文件 D:\sw13\work\ch02\ch02.09\ch02.09.06\ radius.SLDPRT。

Step 2 选择下拉菜单 工具(T) ➡ 标注尺寸(S) ➡ ◇ 智能尺寸(S)命令。

Step 3 单击位置 1 选择圆上一点，然后单击位置 2 放置尺寸，如图 2.9.8 所示。

图 2.9.8　半径的标注

2.9.7　标注两条直线间的角度

Step 1 打开文件 D:\sw13\work\ch02\ch02.09\ch02.09.07\acute_angle_label.SLDPRT。

Step 2 选择下拉菜单 工具(T) ➡ 标注尺寸(S) ➡ ◇ 智能尺寸(S) 命令。

Step 3 分别在两条直线上选择位置 1 和位置 2；单击位置 3 放置尺寸（锐角，如图 2.9.9 所示），或单击位置 4 放置尺寸（钝角，如图 2.9.10 所示）。

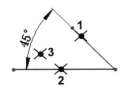　　　　　　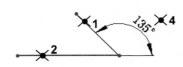

图 2.9.9　两条直线间角度的标注——锐角　　　图 2.9.10　两条直线间角度的标注——钝角

2.10　尺寸标注的修改

2.10.1　修改尺寸值

Step 1 打开文件 D:\sw13\work\ch02\ch02.10\ch02.10.01\amend_dimension.SLDPRT。

Step 2 选择尺寸。在要修改的尺寸文本上双击，系统弹出"尺寸"对话框和图 2.10.1 所示的"修改"对话框。

图 2.10.1　"修改"对话框

Step 3 定义参数。在"修改"对话框的文本框中输入数值 25，先单击"修改"对话框中的 ✓ 按钮，然后单击"尺寸"对话框中的 ✓ 按钮，完成尺寸的修改操作。

Step **4**   重复 Step2～Step3，依次修改其他尺寸值，结果如图 2.10.2b 所示。

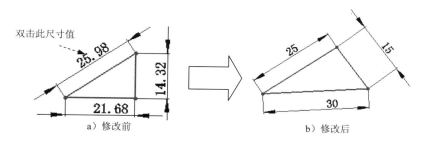

图 2.10.2   修改尺寸值 1

2.10.2   删除尺寸

删除尺寸的一般操作步骤如下：

Step **1**   单击需要删除的尺寸（按住 Ctrl 键可多选）。

Step **2**   选择下拉菜单 编辑(E) ➡ ✕ 删除(D) 命令（或按键盘中的 Delete 键；或右击，在系统弹出的快捷菜单中选择 ✕ 删除 命令），选取的尺寸即被删除。

2.10.3   移动尺寸

如果要移动尺寸文本的位置，可按以下步骤操作：单击要移动的尺寸文本，按下左键并移动鼠标，将尺寸文本拖至所需位置。

2.10.4   修改尺寸精度

可以使用"系统选项"对话框来指定尺寸的默认精度。

Step **1**   选择下拉菜单 工具(T) ➡ 选项(P)...命令。

Step **2**   在弹出的"系统选项"对话框中单击 文档属性(D) 选项卡，然后选择 尺寸 选项，此时"系统选项"对话框变成"文档属性（D）-尺寸"对话框。

Step **3**   定义尺寸值的小数位数。在"文档属性（D）-尺寸"对话框的 主要精度 区域的 下拉列表中选择尺寸值的小数位数。

Step **4**   单击"文档属性（D）-尺寸"对话框中的 确定 按钮，完成尺寸值的小数位数的修改。

注意：增加尺寸时，系统将数值四舍五入到指定的小数位数。

2.11　块操作

在 SolidWorks 草图环境绘制复杂草图，对一些常用且多次出现的草图实体，也可以同 AutoCAD 中一样，将这些常用的重复出现的草图实体做成块保存起来，在需要时将它们插入到草图中。所以，"块"的使用可节省产品设计时在草图中花费的时间，从而提高工作效率。除此之外，在实体建模、装配和工程图环境中都可以进行"块"操作。"块"工具条如图 2.11.1 所示。

图 2.11.1　"块"工具条

图 2.11.1 所示"块"工具条中的按钮说明如下：

A：制作块。可以对任何单个草图实体或多个草图实体的组合进行块的制作，单独保存每个块可使以后的设计工作提高效率。

B：编辑块。用于编辑块，可以添加、移除或修改块中的草图实体，以及更改现有几何关系和尺寸。

C：插入块。将已存在的块插入到当前的草图中，或浏览找到并插入先前保存的块。

D：添加/移除块。可以从现有块中添加或移除草图实体。

E：重建块。重建块可以在编辑草图环境下重建草图实体。

F：保存块。将制作的块保存到指定的目录。

G：爆炸块。通过爆炸块操作可以从任何草图实体中解散块。

H：皮带/链。通过皮带/链工具可以在多个圆形实体草图间添加皮带或者链。

2.11.1　创建块的一般过程

创建块是将草图中的某一部分草图实体或整个草图（包括尺寸约束和几何约束）制作成一个单位体保存。

下面将以图 2.11.2 所示的块为例，讲解创建块的一般过程。

Step 1　新建一个零件文件，选取前视基准面为草图平面，进入草图环境。

Step 2　绘制草图。在草图环境下绘制图 2.11.3 所示的草图。

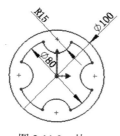 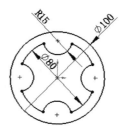

图 2.11.2　块　　　　　　　　图 2.11.3　草图

Step **3**　创建块。

（1）选择要创建块的草图实体。选择下拉菜单 工具(T) ➡ 块 ➡ 制作(M)命令，系统弹出"制作块"对话框，选取图中的所有草图实体作为块实体。

（2）显示插入点。展开 插入点(I) 区域，同时，图形中显示出插入点，如图 2.11.4 所示。

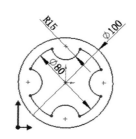

图 2.11.4　显示插入点

（3）定义插入点。将插入点拖动到和原点重合，结果如图 2.11.2 所示。

（4）单击对话框中的 ✔ 按钮，完成块的创建。

（5）选择下拉菜单 插入(I) ➡ 退出草图命令，退出草图设计环境。

Step **4**　保存块。在设计树中选中 块1-1，选择下拉菜单 工具(T) ➡ 块 ➡ 保存(S)...命令，在弹出的"另存为"对话框中输入文件名 block，即可保存块。

说明：此时块的保存类型为 SolidWorks Blocks（其扩展名为 sldblk），此时保存的块可以在以后的草图中直接应用。

2.11.2　插入块

下面讲解插入块的操作过程。

Step **1**　新建一个零件文件并进入草图环境。

Step **2**　插入块。

（1）选择命令。选择下拉菜单 工具(T) ➡ 块 ➡ 插入(I)...命令，系统弹出"插入块"对话框，如图 2.11.5 所示。

（2）选择块。在"插入块"对话框中单击 [浏览(B)...] 按钮，在系统弹出的"打开"对话框中选择文件 D:\sw13\work\ch02\ch02.11\Block.SLDBLK， 然后单击 [打开(O)] 按钮。

（3）调整块的大小和比例。在图 2.11.5 所示的"插入块"对话框 [参数] 区域下 ⊙ 后的文本框中输入插入块的缩放比例值 1，在 ∠ 后的文本框中输入插入块的旋转角度值 90.0。

（4）放置块。在图形区空白处任意位置单击以放置块（鼠标指针所在的位置即为块的插入点），结果如图 2.11.6 所示。

图 2.11.5　"插入块"对话框

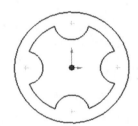

图 2.11.6　插入块

（5）单击对话框中的 ✔ 按钮，完成块的插入。

（6）选择下拉菜单 [插入(I)] ➡ [⟋ 退出草图] 命令，退出草图环境。

Step 3　选择下拉菜单 [文件(F)] ➡ [🖫 保存(S)] 命令，命名为 insert，即可保存草图。

说明：如果在当前草图中存在块，则可以拖动块并在图形区域中单击以放置。如果块在以前保存，在"插入块"对话框中单击 [浏览(B)...] 按钮，可以浏览之前保存的块。

当在同一草图中同时插入多个相同的块时，在插入第一个块并约束定位后，可选中此块，按住 Ctrl 键拖动到其他位置完成块的复制，再对块进行旋转、缩放及约束定位。

2.11.3　编辑块

1.　块实体的编辑

下面讲解编辑块的操作过程。

Step 1　新建一个零件文件并进入草图环境。

Step 2 插入块。选择下拉菜单 工具(T) ➡ 块 ➡ 插入(I)...命令，系统弹出 "插入块"对话框，单击 浏览(B)... 按钮，在系统弹出的"打开"对话框中选择 D:\sw13\work\ch02\ch02.11\Block.SLDBLK，然后单击 打开(O) 按钮，在图形区原点上单击以放置块，单击对话框中的 ✔ 按钮，完成块的插入，结果如图 2.11.7 所示。

Step 3 在设计树中右击 block-1 节点，在弹出的快捷菜单中单击 编辑块 (B) 按钮，进入块编辑环境，如图 2.11.8 所示。

Step 4 编辑尺寸约束。将插入的块的尺寸约束修改为图 2.11.9 所示的尺寸。

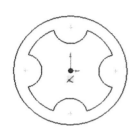

图 2.11.7　插入块

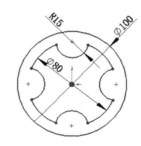

图 2.11.8　块编辑环境

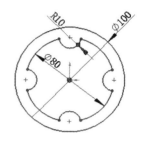

图 2.11.9　编辑后的块

Step 5 退出块编辑环境。选择下拉菜单 工具(T) ➡ 块 ➡ 保存块 (C)命令，系统弹出"另存为"对话框，命名为 edit。

2. 块实体的添加/删除

下面以图 2.11.10 所示的删除块实体具体讲解块实体的添加/删除的操作过程。

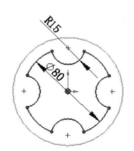

图 2.11.10　删除块实体

Step 1 新建一个零件文件并进入草图环境。

Step 2 插入块。选择下拉菜单 工具(T) ➡ 块 ➡ 插入(I)...命令，系统弹出 "插入块"对话框，单击 浏览(B)... 按钮，在系统弹出的"打开"对话框中选择 D:\sw13\work\ch02\ch02.11\Block.SLDBLK，然后单击 打开(O) 按钮，在图形区原点上单击以放置块；单击对话框中的 ✓ 按钮，完成块的插入，选择下拉菜单 插入(I) ➡ 🖉 退出草图 命令，退出草图环境。

Step 3 在设计树中右击 🗚 block-1 节点，在弹出的快捷菜单中选择 🗚 编辑块 (B) 命令，进入块编辑环境。

Step 4 选择下拉菜单 工具(T) ➡ 块 ➡ 🖾 添加/移除实体(A)… 命令，系统弹出 "添加/移除实体"对话框，如图 2.11.11 所示。

图 2.11.11 "添加/移除实体"对话框

Step 5 在"添加/移除实体"对话框的 块实体(B) 区域中右击"圆弧 1"，从弹出的快捷菜单中选择 删除 (B) 命令，即从当前块实体中移除圆弧 1（此时，圆弧 1 并没有被删除，只是从块层移动到草图层）。

Step 6 单击对话框中的 ✓ 按钮，完成块实体的删除，结果如图 2.11.10 所示。

Step 7 退出块编辑环境，若再次进入草图环境，则草图如图 2.11.12 所示。

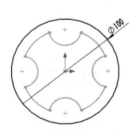

图 2.11.12 编辑后的草图

Step 8 至此，块删除完毕。选择下拉菜单 文件(F) ➡ 🖫 保存(S) 命令，命名为 delete，即可保存草图。

2.11.4 爆炸块

下面讲解爆炸块的操作过程（图 2.11.13）。

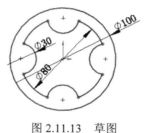

图 2.11.13   草图

Step **1**   新建一个零件文件并进入草图环境。

Step **2**   插入块。选择下拉菜单 工具(T) ➡ 块 ➡ 📰 插入 (I)...命令，系统弹出
"插入块"对话框，单击 浏览(B)... 按钮，在系统弹出的"打开"对话框中选
择 D:\sw13\work\ch02\ch02.11\Block.SLDBLK，然后单击 打开(O) 按钮，在图形区
原点上单击以放置块，如图 2.11.14 所示。

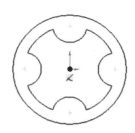

图 2.11.14   插入块

Step **3**   在设计树中右击 🅰 block-1 节点，在弹出的快捷菜单中单击 📉 爆炸块 (E) 按钮，
🅰 block-1 实体被解散（此时，块实体又恢复为草图实体）。

Step **4**   选择下拉菜单 文件(F) ➡ 💾 保存 (S) 命令，命名为 explode，即可保存草图。

2.12   草图范例 1

范例概述：

本范例介绍了草图的绘制、编辑和约束的过程，读者要重点掌握几何约束与尺寸约束
的处理技巧。范例图形如图 2.12.1 所示，下面介绍其创建的一般操作步骤。

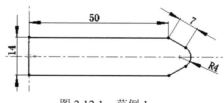

图 2.12.1   范例 1

Stage1．新建文件

启动 SolidWorks 软件，选择下拉菜单 文件(F) ➡️ 📄 新建(N)... 命令，系统弹出"新建SolidWorks文件"对话框，选择其中的"零件"模板，单击 确定 按钮，进入零件设计环境。

Stage2．绘制草图的大致轮廓

Step 1 选择下拉菜单 插入(I) ➡️ 🖉 草图绘制 命令，然后选择前视基准面为草图基准面，系统进入草图设计环境。

Step 2 绘制中心线。选择下拉菜单 工具(T) ➡️ 草图绘制实体(K) ➡️ ┆ 中心线(N) 命令，在图形区绘制图 2.12.2 所示的中心线。

图 2.12.2　绘制中心线

Step 3 绘制直线。选择下拉菜单 工具(T) ➡️ 草图绘制实体(K) ➡️ ＼ 直线(L) 命令，在图形区绘制图 2.12.3 所示的五条直线。

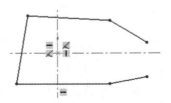

图 2.12.3　绘制五条直线

Step 4 绘制圆弧。选择下拉菜单 工具(T) ➡️ 草图绘制实体(K) ➡️ 🞮 三点圆弧(3) 命令，在图形区绘制图 2.12.4 所示的圆弧。

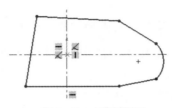

图 2.12.4　绘制圆弧

Stage3．添加几何约束

Step 1 添加图 2.12.5 所示的"水平"约束 1。按住 Ctrl 键，选取图 2.12.5 所示的直线 1

和直线 2，系统弹出"属性"对话框，在 添加几何关系 区域单击 ━ 水平(H) 按钮。

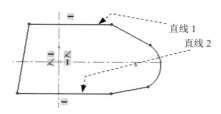

图 2.12.5   添加水平约束

Step 2   添加图 2.12.6 所示的"竖直"约束 1。选取图 2.12.6 所示的直线 3，系统弹出"属性"对话框，在 添加几何关系 区域单击 ┃ 竖直(V) 按钮。

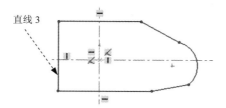

图 2.12.6   添加"竖直"约束

Step 3   添加图 2.12.7 所示的"对称"约束。按住 Ctrl 键，选取图 2.12.7 所示的直线 1、直线 2 和水平中心线，系统弹出"属性"对话框，在 添加几何关系 区域单击 ▢ 对称(S) 按钮。

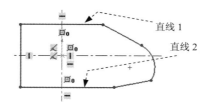

图 2.12.7   添加"对称"约束（一）

Step 4   添加图 2.12.8 所示的"对称"约束。按住 Ctrl 键，选取图 2.12.8 所示的直线 3、直线 4 和中心线，系统弹出"属性"对话框，在 添加几何关系 区域单击 ▢ 对称(S) 按钮。

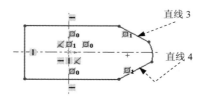

图 2.12.8   添加"对称"约束（二）

Chapter
2

Step 5 添加图 2.12.9 所示的"重合"约束。按住 Ctrl 键，选取图 2.12.9 所示的直线和坐标原点，系统弹出"属性"对话框，在 添加几何关系 区域中单击 ⟍ 重合(D) 按钮。

Step 6 添加图 2.12.10 所示的"相切"约束。按住 Ctrl 键，选取图 2.12.10 所示的直线 3 和圆弧 1，系统弹出"属性"对话框，在 添加几何关系 区域中单击 ⟋ 相切(A) 按钮；按住 Ctrl 键，选取图 2.12.10 所示的直线 4 和圆弧 1，系统弹出"属性"对话框，在 添加几何关系 区域中单击 ⟋ 相切(A) 按钮。

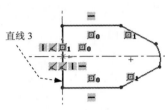

直线 3

图 2.12.9　添加"重合"约束

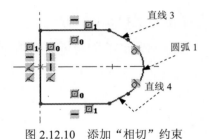

直线 3
圆弧 1
直线 4

图 2.12.10　添加"相切"约束

Stage4．添加尺寸约束

说明：为方便讲解尺寸标注，在添加尺寸标注前首先可以进行如下操作：选择下拉菜单 工具(T) ➡ 选项(P)... 命令，系统弹出"系统选项"对话框，在对话框中取消选中 ☐ 输入尺寸值(I) 复选框。

Step 1 选择下拉菜单 工具(T) ➡ 标注尺寸(S) ➡ ◇ 智能尺寸(S) 命令。

Step 2 在图 2.12.11a 所示的直线 1 上的点 1 位置单击，然后单击点 2 放置尺寸，放置尺寸后如图 2.12.11b 所示。

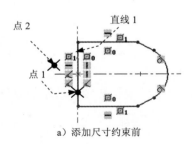

点 2
直线 1
点 1

a）添加尺寸约束前

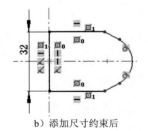

32

b）添加尺寸约束后

图 2.12.11　添加尺寸约束

Step 3 按照 Step2 中的尺寸的添加方法，分别添加其他尺寸。添加完成后如图 2.12.12 所示。

Stage5．修改尺寸约束

Step 1 双击图 2.12.12 所示的尺寸值，在系统弹出的"修改"文本框中输入 50，单击 ✓

按钮，然后单击"尺寸"对话框中的 ✅ 按钮，修改完成后如图 2.12.13 所示。

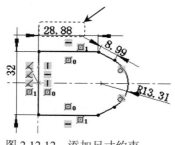

图 2.12.12　添加尺寸约束

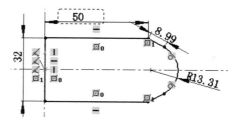

图 2.12.13　修改尺寸约束

Step 2　用同样的方法修改其余尺寸。尺寸完成修改后如图 2.12.14 所示。

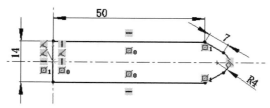

图 2.12.14　完成修改尺寸约束

Stage6．保存文件

选择下拉菜单 文件(F) ➡ 📥 保存(S) 命令，系统弹出"另存为"对话框，在 文件名(N)：文本框中输入 spsk1，单击 保存(S) 按钮，完成文件的保存。

2.13　草图范例 2

范例概述：

本范例主要讲解对已有草图进行编辑的过程，重点讲解了"剪裁"及"延伸"命令的使用方法及技巧。完成后的草图如图 2.13.1b 所示，下面介绍其创建过程。

a）操作前

b）操作后

图 2.13.1　范例 2

Stage1．打开文件

打开文件 D：\sw13\work\ch02\ch02.13\spsk2.SLDPRT。

Chapter
2

Stage2．绘制草图前的准备工

确认 视图(V) 下拉菜单中的 草图几何关系(E) 命令前的 按钮处于弹起状态（即关闭草图几何约束的显示）。

Stage3．编辑草图

Step 1 剪裁草图实体（图2.13.2）。

（1）选择命令。选择下拉菜单 工具(T) ➡ 草图工具(T) ➡ 剪裁(T) 命令，系统弹出"剪裁"对话框。

（2）定义剪裁方式。在"剪裁"对话框选择 ├ （剪裁到最近端）方式。

（3）定义剪裁。在图形区单击图2.13.2a所示的位置1、位置2、位置3、位置4、位置5、位置6、位置7、位置8。

（4）在"剪裁"对话框单击 按钮，完成剪裁操作。

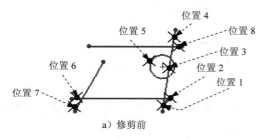
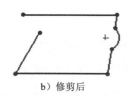

图 2.13.2　修剪草图

Step 2 延伸草图实体（图2.13.3）。

（1）选择命令。选择下拉菜单 工具(T) ➡ 草图工具(T) ➡ 延伸(X)命令。

（2）定义延伸的草图实体。在图形中选取图2.13.3a所示的直线，系统自动将该曲线延伸到最近的边界。

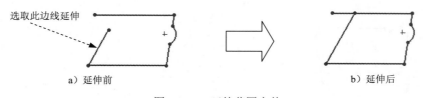

图 2.13.3　延伸草图实体

Step 3 剪裁草图实体（图2.13.4）。

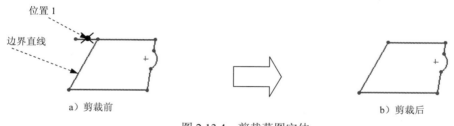

图 2.13.4　剪裁草图实体

（1）选择命令。选择下拉菜单 工具(T) ➡ 草图工具(T) ➡ 🛠 剪裁(T)命令，系统弹出"剪裁"对话框。

（2）定义剪裁方式。在"剪裁"对话框选择 ⊥(强劲剪裁)方式。

（3）定义剪裁。在图形区单击图 2.13.4a 所示的位置 1，以选择要剪裁的草图实体，选取图 2.13.4a 所示的边界直线作为剪裁边界。

（4）在"剪裁"对话框单击 ✓ 按钮，完成剪裁操作。

Stage4．保存文件

选择下拉菜单 文件(F) ➡ 🖫 另存为(A)… 命令，系统弹出"另存为"对话框，在其中的 文件名(N): 文本框中输入 spsk2_ok，单击 保存(S) 按钮，完成文件的保存操作。

2.14　草图范例 3

范例概述：

本范例将创建一个较为复杂的草图，如图 2.14.1 所示，其中添加约束的先后顺序非常重要，由于勾勒的大致形状有所不同，添加约束的顺序也应不同，此点需要读者认真领会。其绘制过程如下：

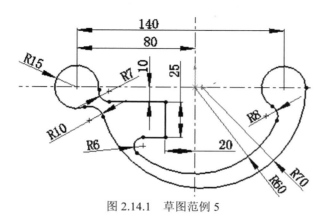

图 2.14.1　草图范例 5

Stage1．新建文件

启动 SolidWorks 软件后，选择下拉菜单 文件(F) ➡ 📄 新建(N)... 命令，系统弹出 "新建 SolidWorks 文件" 对话框，选择其中的"零件"模板，单击 确定 按钮，进入零件设计环境。

Stage2．绘制草图前的准备工作

Step 1 选择下拉菜单 插入(I) ➡ 草图绘制 命令，然后选择前视基准面为草图基准面，系统进入草图设计环境。

Step 2 确认 视图(V) 下拉菜单中 草图几何关系(E)命令前的 按钮被按下（即显示草图几何约束）。

Stage3．创建草图以勾勒出图形的大概形状

注意：由于 SolidWorks 具有尺寸驱动功能，开始绘图时只需绘制大致的形状即可。

Step 1 选择下拉菜单 工具(T) ➡ 草图绘制实体(K) ➡ ┆ 中心线(N)命令，在图形区绘制图 2.14.2 所示的无限长的中心线。

Step 2 在图形区绘制图 2.14.3 所示的草图实体大概轮廓。

图 2.14.2　绘制中心线

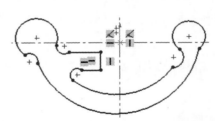

图 2.14.3　绘制草图实体大概轮廓

Stage4．添加几何约束

Step 1 添加图 2.14.4 所示的"相等"约束。按住 Ctrl 键，选取图 2.14.4 所示的圆弧 1 和圆弧 2，系统弹出"属性"对话框，在 添加几何关系 区域中单击 = 相等(Q) 按钮。

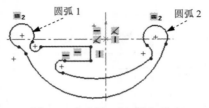

圆弧 1　　　　圆弧 2

图 2.14.4　添加"相等"约束

Step 2 添加图 2.14.5 所示的"重合"约束。按住 Ctrl 键，选取图 2.14.5 所示的圆弧 1 的圆心和水平中心线，系统弹出"属性"对话框，在 添加几何关系 区域中单击

✓ 重合(D)按钮；按住 Ctrl 键，选取图 2.14.5 所示的圆弧 2 的圆心和水平中心线，系统弹出"属性"对话框，在 添加几何关系 区域中单击 ✓ 重合(D)按钮；按住 Ctrl 键，选取图 2.14.5 所示的圆弧 2 和圆弧 3 的交点，再选中水平中心线，系统弹出"属性"对话框，在 添加几何关系 区域中单击 ✓ 重合(D)按钮；按住 Ctrl 键，选取图 2.14.5 所示的圆弧 4 的圆心和原点，系统弹出"属性"对话框，在 添加几何关系 区域中单击 ✓ 重合(D)按钮。

Step 3　添加图 2.14.6 所示的相切约束及其他必要约束。

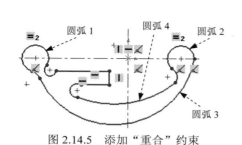
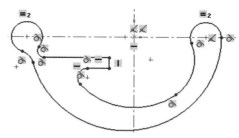

图 2.14.5　添加"重合"约束　　　图 2.14.6　添加相切约束

Step 4　选择 视图(V) ➡ 草图几何关系(E)关闭草图几何约束显示。

Stage5．添加尺寸约束

选择下拉菜单 工具(T) ➡ 标注尺寸(S) ➡ 智能尺寸(S)命令，添加图 2.14.7 所示的尺寸约束。

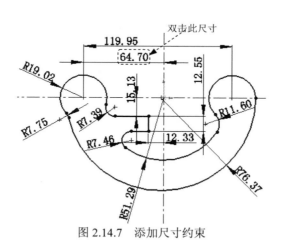

图 2.14.7　添加尺寸约束

Stage6．修改尺寸约束

Step 1　双击图 2.14.7 所示的尺寸值，在系统弹出的"修改"文本框中输入"80"，单击 ✓ 按钮，然后单击"尺寸"对话框中的 ✓ 按钮，修改完成后如图 2.14.8 所示。

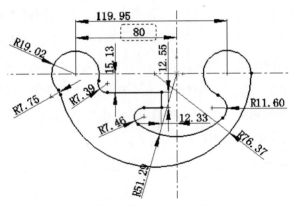

图 2.14.8　修改后的尺寸约束

Step 2 按照 Step1 中的操作方法，依次修改其他尺寸约束，修改完成后如图 2.14.9 所示。

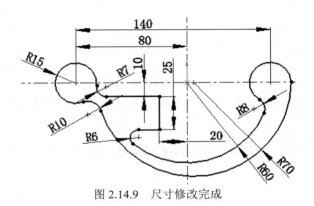

图 2.14.9　尺寸修改完成

Stage7．保存文件

选择下拉菜单 文件(F) ➡ 💾 保存(S)命令，系统弹出"另存为"对话框，在 文件名(N)：
文本框中输入 spsk3，单击 保存(S) 按钮，完成文件的保存操作。

3

零件设计

3.1 SolidWorks 零件建模的一般过程

用 SolidWorks 系统创建零件模型的方法十分灵活，主要有以下几种。

1. "积木"式的方法

这是大部分机械零件的实体三维模型的创建方法。这种方法是先创建一个反映零件主要形状的基础特征，然后在这个基础特征上创建其他的一些特征，如拉伸、旋转、倒角和圆角特征等。

2. 由曲面生成零件的实体三维模型的方法

这种方法是先创建零件的曲面特征，然后把曲面转换成实体模型。

3. 从装配体中生成零件的实体三维模型的方法

这种方法是先创建装配体，然后在装配体中创建零件。

本章将主要介绍用第一种方法创建零件模型的一般过程，其他的方法将在后面章节中陆续介绍。

下面以一个简单实体三维模型为例，说明用 SolidWorks 2013 创建零件三维模型的一般过程，同时介绍拉伸特征的基本概念及其创建方法。三维模型如图 3.1.1 所示。

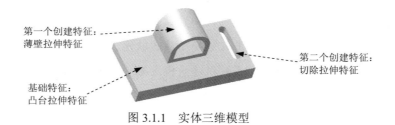

图 3.1.1 实体三维模型

3.1.1 新建一个零件文件

操作步骤如下：

Step 1 选择下拉菜单 文件(F) ➡ □ 新建(N)...命令（或在"标准（S）"工具栏中单击 □ 按钮），此时系统弹出"新建 SolidWorks 文件"对话框。

Step 2 选择文件类型。在对话框中选择文件类型为"零件"，然后单击 确定 按钮。

说明： 每次新建一个文件，SolidWorks 系统都会显示一个默认名。如果创建的是装配体文件，默认名的格式是"装配体"后加序号（如装配体1），以后再新建一个装配体文件，文件名序号自动累加1。

3.1.2 创建一个拉伸特征作为零件的基础特征

基础特征是一个零件的主要结构特征，创建什么样的特征作为零件的基础特征比较重要，一般由设计者根据产品的设计意图和零件的特点灵活掌握。本例中的三维模型的基础特征是一个图 3.1.2 所示的拉伸特征。拉伸特征是最基本且最常用的零件造型特征，它是通过将横断面草图沿着垂直方向拉伸而形成的。

图 3.1.2 拉伸特征

1. 选取拉伸特征命令

选取特征命令一般有如下两种方法：

方法一： 从下拉菜单中获取特征命令。如图 3.1.3 所示，选择下拉菜单 插入(I) ➡ 凸台/基体(B) ➡ 🗐 拉伸(E)...命令。

方法二： 从工具栏中获取特征命令。本例可以直接单击"特征（F）"工具栏中的 🗐 命令按钮。

说明： 选择特征命令后，屏幕的图形区中应该显示图 3.1.4 所示默认的三个相互垂直的基准平面，这三个基准平面在默认情况下处于隐藏状态，在创建第一个特征时就会显示出来，以供用户选择其作为草绘基准，若想使基准平面一直处于显示状态，可在设计树中单击或右击这三个基准面，从弹出的快捷菜单中选择 👓 命令。

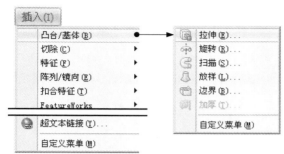

图 3.1.3　"插入"下拉菜单

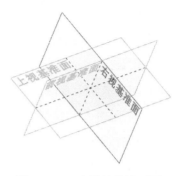

图 3.1.4　三个默认基准平面

2. 定义拉伸特征的横断面草图

定义拉伸特征横断面草图的方法有两种：一是选择已有草图作为横断面草图；二是创建新草图作为横断面草图。本例中以第二种方法介绍定义拉伸特征的横断面草图，具体定义过程如下：

Step 1　定义草图基准面。

对草图基准面的概念和有关选项介绍如下：

草图基准面是特征横断面或轨迹的绘制平面。

选择的草图基准面可以是前视基准面、上视基准面和右视基准面中的一个，也可以是模型的某个表面或新创建的基准面。

完成上步操作后，系统弹出图 3.1.5 所示的"拉伸"对话框（一），在系统 **选择一基准面来绘制特征横断面。** 的提示下，选取前视基准面作为草图基准面，进入草绘环境。

Step 2　绘制横断面草图。

基础拉伸特征的横断面草绘图形是图 3.1.6 所示的阴影（着色）部分的边界。绘制特征横断面草图的一般步骤如下：

图 3.1.5　"拉伸"对话框（一）

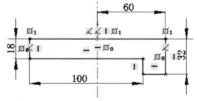

图 3.1.6　基础特征的横断面草图

（1）设置草图环境，调整草绘区。

操作提示与注意事项：

● 进入草绘环境后，系统不会自动调整草图视图方位，此时应单击"标准视图（E）"工具栏中的"正视于"按钮，调整到正视于草图的方位（即使草图基准面与屏幕平行）。

- 除可以移动和缩放草绘区外，如果用户想在三维空间绘制草图或希望看到模型横断面草图在三维空间的方位，可以旋转草图区，方法是按住鼠标的中键并移动鼠标，此时可看到图形跟着鼠标旋转。

（2）创建横断面草图。下面将介绍创建横断面草图的一般流程，在以后的章节中，创建横断面草图时，可参照这里的内容。

① 绘制横断面草图的大体轮廓。

操作提示与注意事项：

绘制草图时，开始时没有必要很精确地绘制横断面草图的几何形状、位置和尺寸，只要大概的形状与图 3.1.7 相似就可以。

绘制直线时，可直接建立水平约束和垂直约束，详细操作可参见第 2 章中草绘的相关内容。

② 建立几何约束。建立图 3.1.8 所示的水平、竖直、对称和重合约束。

说明：建立对称约束时，需先绘制中心线，并建立中心线与源点的重合约束，如图 3.1.8 所示。

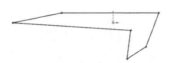

图 3.1.7　草绘横断面的初步图形

图 3.1.8　建立几何约束

③ 建立尺寸约束。单击"草图"工具栏中的 ◇ 按钮，标注图 3.1.9 所示的四个尺寸，建立尺寸约束。

说明：每次标注尺寸，系统都会弹出"修改"对话框，并提示 设定所选尺寸的属性。，此时可先关闭该对话框，然后进行尺寸的总体设计。

④ 修改尺寸。将尺寸修改为设计要求的尺寸，如图 3.1.10 所示。其操作提示与注意事项如下：

- 尺寸的修改应安排在建立完约束以后进行。
- 注意修改尺寸的顺序，先修改对横断面外观影响不大的尺寸。

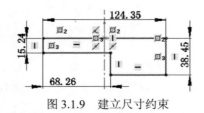

图 3.1.9　建立尺寸约束

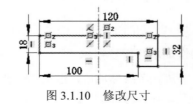

图 3.1.10　修改尺寸

Step 3 完成草图绘制后，选择下拉菜单 插入(I) ➡ 退出草图 命令，退出草绘环境。

说明： 除 Step3 中的叙述外，还有三种方法可退出草绘环境。

- 单击图形区右上角的"退出草图"按钮。"退出草图"按钮的位置一般如图 3.1.11 所示。

- 在图形区右击，从弹出的快捷菜单中选择 命令。

- 单击"草图"工具栏中的 按钮，使之处于弹起状态。

注意： 如果系统弹出图 3.1.12 所示的 SolidWorks 对话框，则表明横断面草图不闭合或横断面草图中有多余的线段，此时可单击 确定 按钮，查看问题所在，然后修改横断面草图中的错误，完成修改后再单击 按钮。

图 3.1.11 "退出草图"按钮

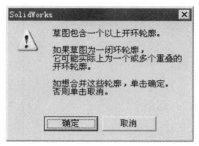

图 3.1.12 "SolidWorks"对话框

绘制实体拉伸特征的横断面时，应该注意如下要求：

- 横断面必须闭合，横断面的任何部位不能有缺口，如图 3.1.13a 所示。

- 横断面的任何部位不能探出多余的线头，如图 3.1.13b 所示。

- 横断面可以包含一个或多个封闭环，生成特征后，外环以实体填充，内环则为孔。环与环之间不能相切，如图 3.1.13c 所示；环与环之间也不能有直线（或圆弧等）相连，如图 3.1.13d 所示。

- 曲面拉伸特征的横断面可以是开放的，但横断面不能有多于一个的开放环。

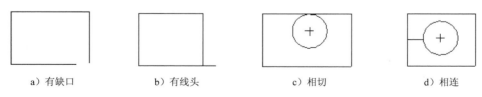

a）有缺口　　　　b）有线头　　　　c）相切　　　　d）相连

图 3.1.13 拉伸特征的几种错误横断面

3. 定义拉伸类型

退出草绘环境后，系统弹出图 3.1.14 所示的"凸台—拉伸"对话框（二），在对话框中不进行选项操作，创建系统默认的实体类型。

说明：利用"凸台—拉伸"对话框（二）可以创建实体和薄壁两种类型的特征，下面分别介绍。

- 实体类型：创建实体类型时，实体特征的横断面草绘完全由材料填充，如图 3.1.15 所示。
- 薄壁类型：在"拉伸"对话框（二）中选中 ☑ **薄壁特征(T)** 复选框，可以将特征定义为薄壁类型。当横断面草图生成实体时，薄壁特征的横断面草图则由材料填充成均厚的环，环的内侧或外侧或中心轮廓边是横断面草图，如图 3.1.16 所示。

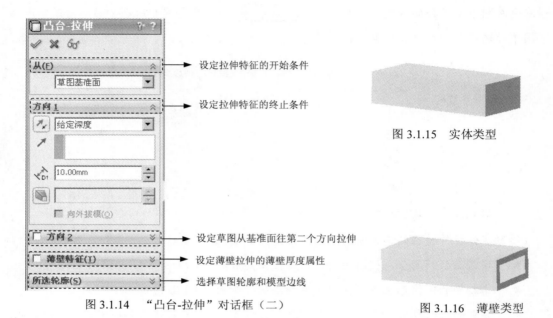

设定拉伸特征的开始条件

设定拉伸特征的终止条件

图 3.1.15 实体类型

设定草图从基准面往第二个方向拉伸

设定薄壁拉伸的薄壁厚度属性

选择草图轮廓和模型边线

图 3.1.14 "凸台-拉伸"对话框（二）

图 3.1.16 薄壁类型

- 在"拉伸"对话框的 **方向1** 区域中单击"拔模开/关"按钮 ，可以在创建拉伸特征的同时对实体进行拔模操作，拔模方向分为内外两种，由是否选中 ☑ **向外拔模(O)** 选项决定，图 3.1.17 所示为拉伸时的拔模操作。

a）无拔模状态　　　　b）10°向内拔模　　　　c）10°向外拔模

图 3.1.17 拉伸时的拔模操作

4. 定义拉伸深度属性

Step 1 定义拉伸深度方向。采用系统默认的深度方向。

说明：按住鼠标的中键并移动鼠标，可将草图旋转到三维视图状态，此时在模型中可看到一个拖动手柄，该手柄表示特征拉伸深度的方向，要改变拉伸深度的方向，可在"拉伸"对话框的 **方向1** 区域中单击"反向"按钮 ，若选择深度类型为双向拉伸，则拖动手柄中的箭头，如图 3.1.18 所示。

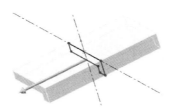

图 3.1.18　定义拉伸深度属性

Step 2 定义拉伸深度类型。

在"拉伸"对话框（一）的 **从(F)** 区域下拉列表中选择 **草图基准面** 选项，在 **方向1** 区域下拉列表中选择 **两侧对称** 选项，如图 3.1.19 所示。

图 3.1.19　"凸台-拉伸"对话框（三）

对图 3.1.19 所示"凸台-拉伸"对话框各选项的说明如下：

● 如图 3.1.19 所示，"凸台-拉伸"对话框的 **从(F)** 区域下拉列表中表示的是拉伸深度的起始元素，各元素说明如下：

☑ **草图基准面** 选项：表示特征从草图基准面开始拉伸。

☑ **曲面/面/基准面** 选项：若选取此选项，需选择一个面作为拉伸起始面。

☑ 顶点 选项：若选取此选项，需选择一个顶点，顶点所在的面即为拉伸起始面（此面与草图基准面平行）。

☑ 等距 选项：若选取此选项，需输入一个数值，此数值代表的含义是拉伸起始面与草绘基准面的距离。必须注意的是当拉伸为反向时，可以单击下拉列表中的 按钮，但不能在文本框中输入负值。

● 如图 3.1.19 所示，打开"凸台-拉伸"对话框中 方向1 区域的下拉列表，特征的各拉伸深度类型选项说明如下：

☑ 给定深度 选项：可以创建确定深度尺寸类型的特征，此时特征将从草图平面开始，按照所输入的数值（即拉伸深度值）向特征创建的方向一侧进行拉伸。

☑ 成形到一顶点 选项：特征在拉伸方向上延伸，直至与指定顶点所在的面相交（此面必须与草图基准面平行）。

☑ 成形到一面 选项：特征在拉伸方向上延伸，直到与指定的平面相交。

☑ 到离指定面指定的距离 选项：若选择此选项，需先选择一个面，并输入指定的距离，特征将从拉伸起始面开始到所选面指定距离处终止。

☑ 成形到实体 选项：特征将从拉伸起始面沿拉伸方向延伸，直到与指定的实体相交。

☑ 两侧对称 选项：可以创建对称类型的特征，此时特征将在拉伸起始面的两侧进行拉伸，输入的深度值被拉伸起始面平均分割，起始面两边的深度值相等。

● 选择拉伸类型时，要考虑下列规则：

☑ 如果特征要终止于其到达的第一个曲面，需选择 成形到下一面 选项。

☑ 如果特征要终止于其到达的最后曲面，需选择 完全贯穿 选项。

☑ 使用 成形到一面 选项时，可以选择一个基准平面作为终止面。

☑ 穿过特征可设置有关深度参数，修改偏离终止平面（或曲面）的特征深度。

☑ 图 3.1.20 显示了凸台特征的有效深度选项。

a-给定深度
b-完全贯穿
c-成形到下一面
d-成形到一顶点
e-成形到一面
f-到离指定面指定的距离

1-草绘基准平面
2-下一个曲面（平面）
3-模型的顶点
4、5、6-模型的其他曲面（平面）

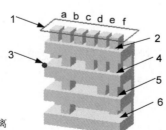

图 3.1.20　拉伸深度选项示意图

Step **3**　定义拉伸深度值。在"凸台-拉伸"对话框 方向1 区域的 ⟨◇ᴰ₁ 文本框中输入数值
　　　　240.0，并按 Enter 键，完成拉伸深度值的定义。

说明：定义拉伸深度值还可通过拖动手柄来实现，方法是选中拖动手柄直到其变红，
然后移动鼠标并单击以确定所需深度值。

5. 完成凸台特征的定义

Step **1**　特征的所有要素被定义完毕后，单击对话框中的 60 按钮，预览所创建的特征，以
　　　　检查各要素的定义是否正确。

说明：预览时，可按住鼠标中键进行旋转查看，如果所创建的特征不符合设计意图，
可选择对话框中的相关选项重新定义。

Step **2**　预览完成后，单击"凸台-拉伸"对话框中的 ✔ 按钮，完成特征的创建。

3.1.3　创建其他特征

1. 创建薄壁拉伸特征

在创建零件的基本特征后，可以增加其他特征。现在要创建图 3.1.21 所示的凸台拉伸
特征，操作步骤如下：

Step **1**　选择命令。选择下拉菜单 插入(I) ➡ 凸台/基体(B) ➡ ⧉ 拉伸(E)...命令（或
　　　　单击"特征（F）"工具栏中的 ⧉ 命令按钮），系统将弹出图 3.1.22 所示的"拉伸"
　　　　对话框（一）。

图 3.1.21　薄壁拉伸特征

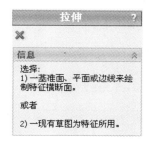

图 3.1.22　"拉伸"对话框（一）

说明：此处的"拉伸"对话框（一）与图 3.1.19 所示的"拉伸"对话框显示的信息不
同，原因是在此处创建的薄壁拉伸特征可以使用现有草图作为横断面草图，其中的现有草
图指的是在创建基准拉伸特征过程中创建的横断面草图。

Step **2**　创建横断面草图。

（1）选取草图基准面。选取图 3.1.23 所示的模型表面作为草绘基准面，进入草绘环境。

（2）绘制特征的横断面草图。

① 绘制草图轮廓。绘制图 3.1.24 所示的横断面草图的大体轮廓。

② 建立几何约束。建立图 3.1.24 所示的对称和相切约束。

③ 建立尺寸约束。标注图 3.1.24 所示的两个位置的尺寸。

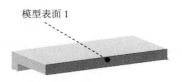

图 3.1.23 选取草绘平面

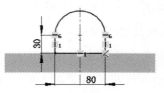

图 3.1.24 横断面草图

④ 修改尺寸。将尺寸修改为设计要求的尺寸。

⑤ 完成草图绘制后，选择下拉菜单 插入(I) ➡ 📐 退出草图 命令，退出草绘环境。

Step 3 选择拉伸类型。在"拉伸"对话框中选中 ☑ 薄壁特征(T) 复选框，创建薄壁拉伸特征。

Step 4 定义薄壁属性。

（1）选取薄壁厚度类型。在"拉伸"对话框 ☑ 薄壁特征(T) 区域的下拉列表中选择 单向 选项，并单击 按钮。

（2）定义薄壁厚度值。在 ☑ 薄壁特征(T) 区域的 文本框中输入深度值 10.0，如图 3.1.25 所示。

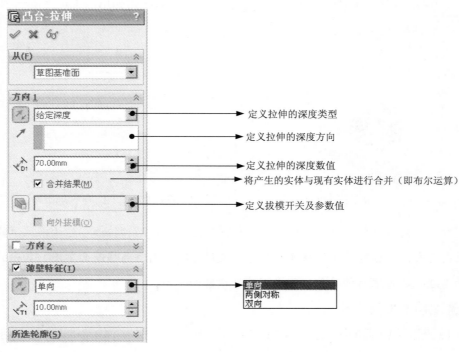

图 3.1.25 "凸台-拉伸"对话框

说明：如图 3.1.25 所示，打开"拉伸"对话框中 ☑ 薄壁特征(T) 区域的下拉列表，列表中各薄壁深度类型选项说明如下：

- 单向：沿一个方向拉伸草图。

- 两侧对称：沿两个方向对称地拉伸草图，输入值为拉伸总长度。

- 双向：在草图的两侧分别使用不同的拉伸深度向两个方向拉伸草图（指定为方向 1 厚度和方向 2 厚度）。

Step 5 定义拉伸深度属性。

（1）选取深度方向。单击方向1区域中的 按钮，选择与默认相反的拉伸方向。

（2）选取深度类型。在"拉伸"对话框方向1区域的下拉列表中选择 给定深度 选项。

（3）定义深度值。在方向1区域的 文本框中，输入深度值 70.0。

Step 6 单击"凸台-拉伸"对话框中的 ✔ 按钮，完成特征的创建。

2. 创建切除类拉伸特征

切除拉伸特征的创建方法与凸台拉伸特征基本一致，只不过凸台拉伸是增加实体，而切除拉伸是减去实体。

现在要创建图 3.1.26 所示的切除拉伸特征，具体操作步骤如下：

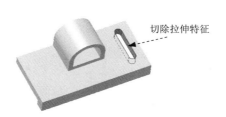

切除拉伸特征

图 3.1.26 创建切除拉伸特征

Step 1 选择命令。选择下拉菜单 插入(I) ➡ 切除(C) ➡ 拉伸(E) 命令（或单击"特征（F）"工具栏中的 命令按钮），系统弹出"拉伸"对话框。

Step 2 创建特征的横断面草图。

（1）选取草图基准面。选取图 3.1.27 所示的模型表面 1 作为草图基准面。

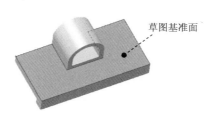

草图基准面

图 3.1.27 选取草图基准面

（2）绘制横断面草图。在草绘环境中创建图 3.1.28 所示的横断面草图。

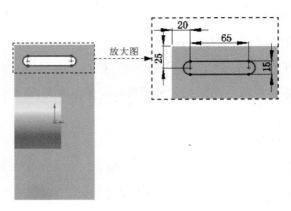

图 3.1.28　横断面草图

① 绘制一个草图轮廓，创建图 3.1.28 所示的四个尺寸约束，并将尺寸修改为设计要求的目标尺寸。

② 完成草图绘制后，选择下拉菜单 插入(I) ➡ 退出草图 命令，退出草绘环境，此时系统弹出图 3.1.29 所示的"切除-拉伸"对话框。

图 3.1.29　"切除-拉伸"对话框

说明：

● 成形到下一面：将沿深度方向遇到的第一个曲面作为拉伸终止面。在创建基础特征时，"切除-拉伸"对话框方向 1 区域的下拉列表中没有此选项，因为模型文件中不存在其他实体。

- "切除-拉伸"对话框 **方向1** 区域中有一个 □ 反侧切除(F) 复选框，选中此复选框，系统将切除轮廓外的实体（默认情况下，系统切除的是轮廓内的实体）。

Step **3**　定义拉伸深度。

（1）选取深度方向。采用系统默认的深度方向。

（2）选取深度类型。在"切除-拉伸"对话框 **方向1** 区域的下拉列表中选择 成形到下一面 选项。

Step **4**　单击"切除-拉伸"对话框中的 ✔ 按钮，完成特征的创建。

Step **5**　保存模型文件。选择下拉菜单 文件(F) ➡ 💾 保存(S) 命令，文件名称为 bearing_base。

说明：有关模型文件的保存，详细请参见 3.3.2 节"保存文件"的具体内容。

3.2　SolidWorks 中的文件操作

3.2.1　打开文件

假设已经退出 SolidWorks 软件，重新进入软件环境后，要打开名称为 bearing_base.SLDPRT 的文件，其操作过程如下：

Step **1**　选择下拉菜单 文件(F) ➡ 📂 打开(O)... 命令（或单击"标准（S）"工具栏的 📂 按钮），系统弹出"打开"对话框。

Step **2**　通过单击"查找范围"文本框右下角的 ▾ 按钮，找到模型文件所在的文件夹（路径）后，在文件列表中选择要打开的文件 bearing_base，单击 打开(O) 按钮，即可打开文件（或双击文件名也可打开文件）。

注意：对于最近才打开的文件，可以在 文件(F) 下拉菜单将其打开。

单击 打开(O) 文本框右侧的 ▾ 按钮，从弹出的图 3.2.1 所示的快捷菜单中，选择 以只读打开 (A) 命令，可将选中文件以只读方式打开。

打开
以只读打开

图 3.2.1　"打开"快捷菜单

单击 文件类型(T): 文本框右下角的 ▾ 按钮，从弹出的下拉列表中选取某个文件类型，文件列表中将只显示该类型的文件。单击 取消 按钮，放弃打开文件的操作。

3.2.2　保存文件

保存文件操作分两种情况：如果所要保存的文件存在旧文件，则选择文件保存命令后，系统自动覆盖当前文件的旧文件；如果所要保存的文件为新建文件，则系统会弹出操作对话框。下面以 3.1 节中新建的文件 bearing_base 为例，说明保存文件的操作过程。

Step 1　选择下拉菜单 文件(F) ➡ 保存(S) 命令（或单击"标准"工具栏中的 按钮），系统弹出"另存为"对话框。

Step 2　在"另存为"对话框的 保存在(I): 下拉列表中选择文件保存的路径，在 文件名(N): 文本框中输入可以识别的文件名，单击"另存为"对话框中的 保存(S) 按钮，即可保存文件。

注意：文件(F) 下拉菜单中还有一个 另存为(A)... 命令，保存(S) 与 另存为(A)... 命令的区别在于：保存(S) 命令是保存当前的文件，另存为(A)... 命令是将当前的文件复制进行保存，并且保存时可以更改文件的名称，源文件不受影响。

如果打开多个文件，并对这些文件进行了编辑，可以用下拉菜单中的 保存所有(E) 命令，将所有文件进行保存。

"另存为"对话框中 Description 的功能说明：

● ☑ 另存备份档(A) 复选框：使用新的名称或路径保存装配体文件的副本，而不替换激活的文件，用户可以继续在原来的装配体文件中工作。

● 参考(F)... 按钮：显示一个被当前所选装配体或工程图所参考的文件清单。

3.2.3　关闭文件

如果关闭文件前已对文件进行了保存操作，可直接选择下拉菜单 文件(F) ➡ 关闭(C) 命令（或单击"标准"工具栏中的 按钮）关闭文件。

如果零件没有进行保存，那么选择下拉菜单 文件(F) ➡ 关闭(C) 命令后，系统将弹出 SolidWorks 对话框，提示用户是否将文件保存，单击对话框中的 是(Y) 按钮，需将文件保存之后才能关闭；单击 否(N) 按钮，则不保存文件，直接关闭。

说明：关闭文件操作执行后，系统只退出当前文件，并不退出 SolidWorks 系统。

3.3　SolidWorks 的模型显示与控制

学习本节时，请先打开模型文件 D:\sw13\work\ch03\ch03.03\bearing_base.SLDPRT。

3.3.1　模型的几种显示方式

SolidWorks 提供了六种模型显示的方法，可通过选择下拉菜单 视图(V) ➡ 显示(D) 命令，或从"视图（V）"工具栏中选择显示方式，如图 3.3.1 所示。

图 3.3.1　"视图（V）"工具栏

（线架图显示方式）：模型以线框形式显示，所有边线显示为深颜色的细实线，如图 3.3.2 所示。

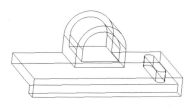

图 3.3.2　线架图显示方式

（隐藏线可见显示方式）：模型以线框形式显示，可见的边线显示为深颜色的实线，不可见的边线显示为虚线，如图 3.3.3 所示。

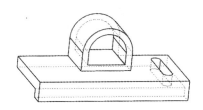

图 3.3.3　隐藏线可见显示方式

（消除隐藏线显示方式）：模型以线框形式显示，可见的边线显示为深颜色的实线，不可见的边线被隐藏起来（即不显示），如图 3.3.4 所示。

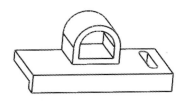

图 3.3.4　消除隐藏线显示方式

（带边线上色显示方式）：显示模型的可见边线，模型表面为灰色，部分表面有阴影感，如图 3.3.5 所示。

Chapter 3

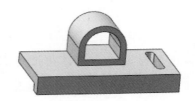

图 3.3.5　带边线上色显示方式

（上色显示方式）：所有边线均不可见，模型表面为灰色，部分表面有阴影感，如图 3.3.6 所示。

图 3.3.6　上色显示方式

（上色模式中的阴影显示方式）：在上色模式中，当光源从当前视图的模型最上方出现时，模型下方会显示阴影，如图 3.3.7 所示。

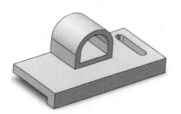

图 3.3.7　上色模式中的阴影显示方式

3.3.2　视图的平移、旋转、翻滚与缩放

视图的平移、旋转、翻滚与缩放是零部件设计中的常用操作，这些操作只改变模型的视图方位而不改变模型的实际大小和空间位置，下面叙述其操作方法。

1. 平移的操作方法

（1）选择下拉菜单 视图(V) ➡ 修改(M) ➡ 平移(N) 命令（或在"视图（V）"工具栏中单击 按钮），然后在图形区按住左键并移动，此时模型会随着鼠标的移动而平移。

（2）在图形区空白处右击，从弹出的快捷菜单中选择 平移 (P) 命令，然后在图形区按住左键并移动，此时模型会随着鼠标的移动而平移。

（3）按住 Ctrl 键和鼠标中键不放并移动，模型将随着鼠标的移动而平移。

2. 旋转的操作方法

（1）选择下拉菜单 视图(V) ➡ 修改(M) ➡ 🔄 旋转(E) 命令（或在"视图（V）"工具栏中单击 🔄 按钮），然后在图形区按住左键并移动，此时模型会随着鼠标的移动而旋转。

（2）在图形区空白处右击，从弹出的快捷菜单中选择 🔄 旋转视图 (E) 命令，然后在图形区按住左键并移动，此时模型会随着鼠标的移动而旋转。

（3）按住鼠标中键并移动，模型将随着鼠标的移动而旋转。

3. 翻滚的操作方法

（1）选择下拉菜单 视图(V) ➡ 修改(M) ➡ ⟲ 滚转(L) 命令（或在"视图（V）"工具栏中单击 ⟲ 按钮），然后在图形区按住左键并移动，此时模型会随着鼠标的移动而翻滚。

（2）在图形区空白处右击，从弹出的快捷菜单中选择 ⟲ 翻滚视图 (G) 命令，然后在图形区按住左键并移动，此时模型会随着鼠标的移动而翻滚。

4. 缩放的操作方法

（1）选择下拉菜单 视图(V) ➡ 修改(M) ➡ 🔍 动态放大/缩小(I) 命令（或在"视图（V）"工具栏中单击 🔍 按钮），然后在图形区按住左键并移动，此时模型会随着鼠标的移动而缩放，向上则视图放大，向下则视图缩小。

（2）选择下拉菜单 视图(V) ➡ 修改(M) ➡ 🔍 局部放大(Z) 命令（或在"视图（V）"工具栏中单击 🔍 按钮），然后在图形区框选所要放大的范围，可使此范围最大程度地显示在图形区。

（3）在图形区空白处右击，从系统弹出的快捷菜单中选择 🔍 局部放大 (B) 命令，然后在图形区选择所要放大的范围，可使此范围最大程度地显示在图形区。

（4）按住 Shift 键和鼠标中键不放，向上移动鼠标可将视图放大，向下移动鼠标则缩小视图。

注意：在"视图（V）"工具栏中单击 🔍 按钮，可以使视图填满整个界面对话框。

3.3.3　模型的视图定向

在设计零部件时，经常需要改变模型的视图方向，利用模型的"定向"功能可以将绘图区中的模型精确定向到某个视图方向（图 3.3.8），定向命令按钮位于图 3.3.9 所示的"标准视图（E）"工具栏中，该工具栏中的按钮具体介绍如下：

图 3.3.8　原始视图方位　　　　图 3.3.9　"标准视图（E）"工具栏

（前视）：沿着 Z 轴负向的平面视图，如图 3.3.10 所示。

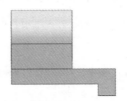

图 3.3.10　前视图

（后视）：沿着 Z 轴正向的平面视图，如图 3.3.11 所示。

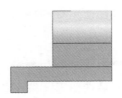

图 3.3.11　后视图

（左视）：沿着 X 轴正向的平面视图，如图 3.3.12 所示。

图 3.3.12　左视图

（右视）：沿着 X 轴负向的平面视图，如图 3.3.13 所示。

图 3.3.13　右视图

（上视）：沿着 Y 轴负向的平面视图，如图 3.3.14 所示。

图 3.3.14 上视图

（下视）：沿着 Y 轴正向的平面视图，如图 3.3.15 所示。

图 3.3.15 下视图

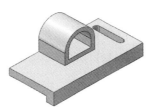（等轴测视图）：单击此按钮，可将模型视图旋转到等轴测三维视图模式，如图 3.3.16 所示。

图 3.3.16 等轴测视图

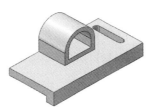（上下二等角轴测视图）：单击此按钮，可将模型视图旋转到上下二等角轴测三维视图模式，如图 3.3.17 所示。

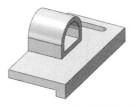

图 3.3.17 上下二等角轴测视图

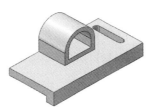（左右二等角轴测视图）：单击此按钮，可将模型视图旋转到左右二等角轴测三维视图模式，如图 3.3.18 所示。

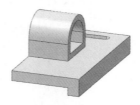

图 3.3.18　左右二等角轴测视图

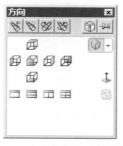（视图定向）：这是一个定制视图方向的命令，用于保存某个特定的视图方位，若用户对模型进行了旋转操作，只需单击此按钮，便可从系统弹出的图 3.3.19 所示的"方向"对话框中，找到这个已命名的视图方位。操作方法如下：

图 3.3.19　"方向"对话框（一）

（1）将模型旋转到预定视图方位。

（2）在"标准视图（E）"工具栏中单击 按钮，系统弹出图 3.3.19 所示的"方向"对话框。

（3）在对话框中单击 按钮，系统弹出图 3.3.20 所示的"命名视图"对话框，在对话框的 视图名称(V): 文本框中输入视图方位的名称 view1，然后单击对话框中的 确定 按钮，此时 view1 出现在"方向"对话框的列表顶部，如图 3.3.21 所示。

图 3.3.20　"命名视图"对话框

图 3.3.21　"方向"对话框（二）

（4）关闭"方向"对话框，完成视图方位的定制。

（5）将模型旋转到另一视图方位，然后在"标准视图（E）"工具栏中单击 按钮，系统弹出"方向"对话框，在对话框中双击 view1，即可回到刚才定制的视图方位。

图 3.3.21 所示"方向"对话框中各按钮的功能说明如下:

● 定制的视图方位是不可删除的,如需定制别的视图方位,重新创建即可。

● "方向"对话框中各按钮的功能说明如下:

　☑ 　按钮:单击此按钮,可以创建定制新的视图定向。

　☑ 　按钮:单击此按钮,可以重新设置所选标准视图方位(标准视图方位即系统默认提供的视图方位),但在此过程中,系统会弹出图 3.3.22 所示的 SolidWorks 提示框(一),提示用户此更改将对工程图产生的影响,单击对话框中的 是(Y) 按钮,即可重新设置标准视图方位。

　☑ 　按钮:单击此按钮,系统将弹出图 3.3.23 所示的 SolidWorks 提示框(二),单击对话框中的 是(Y) 按钮,可以将所有标准恢复到默认状态。

　☑ 　按钮:选中一个视图方位,然后单击此按钮,可以将此视图方位锁定在固定的对话框。

图 3.3.22　SolidWorks 对话框(一)

图 3.3.23　SolidWorks 对话框(二)

3.4 设置零件模型的属性

3.4.1 概述

选择下拉菜单 编辑(E) ➡ 外观(A) ➡ 材质(M)...命令,或在"标准"工具栏中单击 按钮,系统弹出图 3.4.1 所示的"材料"对话框,在此对话框中可创建新材料并定义零件材料的属性。

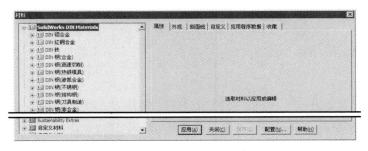

图 3.4.1　"材料"对话框

说明：打开图 3.4.1 所示的下拉列表，列表中显示的是用户常用材料。

3.4.2　零件材料的设置

下面以一个简单模型为例，说明设置零件模型材料属性的一般操作步骤，操作前请打开模型文件 D:\sw13\work\ch03\ch03.04\bearing_base.SLDPRT。

Step 1　将材料应用到模型。

（1）选择下拉菜单 编辑(E) ➡ 外观(A) ➡ 材质(M)...命令，系统弹出"材料"对话框。

（2）在对话框的列表中选择 红铜合金 下拉列表中的 黄铜 选项，此时在该对话框中显示所选材料属性，如图 3.4.2 所示。

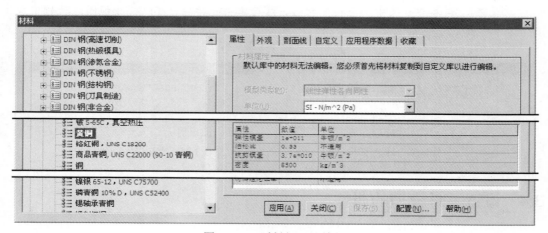

图 3.4.2　"材料"对话框

（3）单击 应用(A) 按钮，将材料应用到模型，如图 3.4.3b 所示。

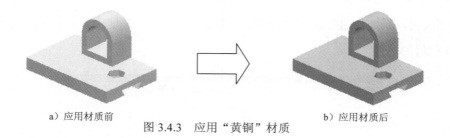

a）应用材质前　　　图 3.4.3　应用"黄铜"材质　　　b）应用材质后

（4）单击 关闭(C) 按钮，关闭"材料"对话框。

说明：应用了新材料后，用户可以在"设计树"中找到相应的材料，并对其进行编辑或者删除。

Step **2**　创建新材料。

（1）选择下拉菜单 编辑(E) ➡ 外观(A) ➡ ▤ 材质(M)...命令，系统弹出"材料"对话框。

（2）右击列表中的 ⊞ ▤ 红铜合金 下拉列表中的 ▤ 铜 选项，在系统弹出的快捷菜单中选择 复制(C) 命令。

（3）在列表底部的 ▤ 自定义材料 上右击，然后在系统弹出的快捷菜单中选择 新类别(N) 命令，然后输入"自定义红铜"字样。

（4）在列表底部的 ▤ 铜 上右击，在系统弹出的快捷菜单中选择 粘帖(P) 命令。然后将文本框中的字样改为"锻制红铜"。此时在对话框的下部区域显示各物理属性数值（也可以编辑修改数值），如图 3.4.4 所示。

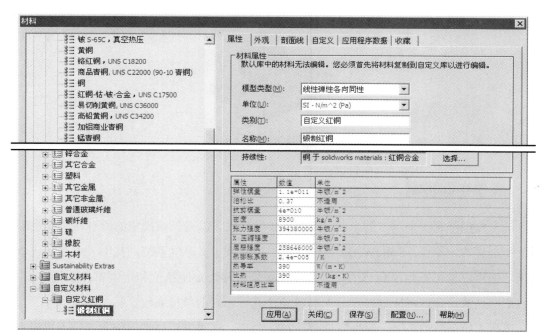

图 3.4.4　"属性"选项卡

（5）单击 外观 选项卡，在该选项卡的列表中选择 ● 锻制红铜 选项，如图 3.4.5 所示。

（6）单击对话框中的 保存(S) 按钮，保存自定义的材料。

（7）在"材料"对话框中单击 应用(A) 按钮，应用设置的自定义材料，如图 3.4.6 所示。

（8）单击 关闭(C) 按钮，关闭"材料"对话框。

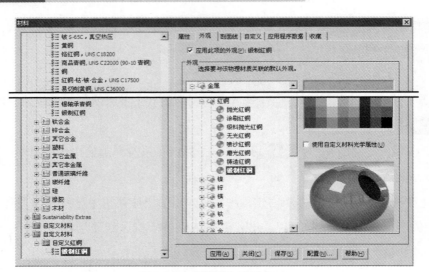

图 3.4.5　"外观"选项卡

图 3.4.6　应用自定义材料

3.4.3　零件单位的设置

每个模型都有一个基本的米制和非米制单位系统，以确保该模型的所有材料属性保持测量和定义的一贯性。SolidWorks 系统提供了一些预定义单位系统，其中一个是默认单位系统，但用户也可以定义自己的单位和单位系统（称为定制单位和定制单位系统）。在进行一个产品的设计前，应该使产品中的各元件具有相同的单位系统。

选择下拉菜单 工具(T) ➡ 选项(P)...命令，在"文档属性"选项卡中可以设置、更改模型的单位系统。

如果要对当前模型中的单位制进行修改（或创建自定义的单位制），可参考下面的操作方法进行。

Step 1　选择下拉菜单 工具(T) ➡ 选项(P)...命令，系统弹出"系统选项（S）－普通"对话框。

Step 2　在该对话框中单击 文档属性(D) 选项卡，然后在对话框左侧列表中选择 单位 选项，此时对话框右侧出现默认的单位系统，如图 3.4.7 所示。

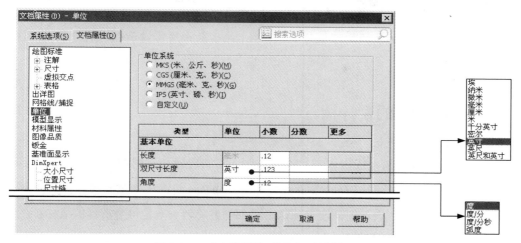

图 3.4.7　"文档属性-单位"对话框（一）

说明：系统默认的单位系统是 ⊙ MMGS (毫米、克、秒) 单选项表示的单位系统，而系统提供的单位系统是对话框 单位系统 选项组的前四个选项。

Step 3　如果要对模型应用系统提供其他的单位系统，只需在对话框的 单位系统 选项组中选择所要应用的单选项，除此之外，只可更改 双尺寸长度 和 角度 区域中的选项；若要自定义单位系统，须先在 单位系统 选项组中选中 ⊙ 自定义 (U) 单选项，此时 **基本单位** 和 **质量/截面属性** 区域中的各选项将变亮，如图 3.4.8 所示，用户可根据自身需要来定制相应的单位系统。

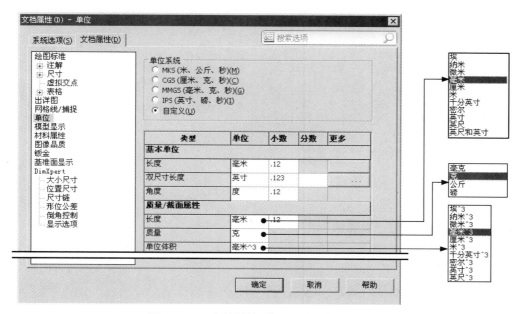

图 3.4.8　"文档属性-单位"对话框（二）

Step 4 完成修改操作后，单击对话框中的 确定 按钮。

　　说明：在各单位系统区域均可调整小数位数，此参数由所需显示数据的精确程度决定，默认小数位数为 2。

3.5　SolidWorks 的设计树

　　SolidWorks 的设计树一般出现在对话框左侧，它的功能是以树的形式显示当前活动模型中的所有特征或零件，在树的顶部显示根（主）对象，并将从属对象（零件或特征）置于其下。在零件模型中，设计树列表的顶部是零部件名称，下方是每个特征的名称；在装配体模型中，设计树列表的顶部是总装配名称，总装配下方是各子装配和零件名称，每个子装配下方则是该子装配中的每个零件的名称，每个零件名称的下方是零件的各个特征的名称。

　　如果打开了多个 SolidWorks 对话框，则设计树内容只反映当前活动文件（即活动对话框中的模型文件）。

3.5.1　设计树界面简介

　　在学习本节时，先打开文件 D:\sw13\work\ch03\ch03.05\bearing_base.SLDPRT。

　　SolidWorks 的设计树界面如图 3.5.1 所示。

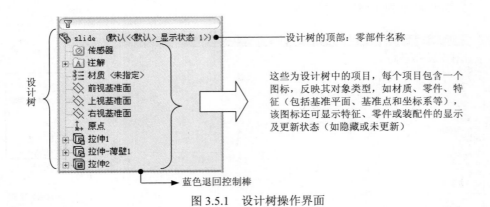

图 3.5.1　设计树操作界面

3.5.2　设计树的作用与一般规则

　　1. 设计树的作用

　　（1）在设计树中选取对象。

　　可以从设计树中选取要编辑的特征或零件对象，当要选取的特征或零件在图形区的模型中不可见时，此方法尤为有用；当要选取的特征和零件在模型中禁用选取时，仍可在设计树中进行选取操作。

　　注意：SolidWorks 的设计树中列出了特征的几何图形（即草图的从属对象），但在设计树中，几何图形的选取必须是在草绘状态下。

　　（2）更改项目的名称。

　　在设计树的项目名称上缓慢单击两次，然后输入新名称，即可更改所选项目的名称。

　　（3）在设计树中使用快捷命令。

　　单击或右击设计树中的特征名或零件名，可打开一个快捷菜单，从中可选取相对于选定对象的特定操作命令。

　　（4）确认和更改特征的生成顺序。

　　设计树中有一个蓝色退回控制棒，作用是指明在创建特征时特征的插入位置。在默认情况下，它的位置总是在模型树列出的所有项目的最后。可以在模型树中将其上下拖动，将特征插入到模型中的其他特征之间。将控制棒移动到新位置时，控制棒后面的项目将被隐含，这些项目将不在图形区的模型上显示。

　　可在退回控制棒位于任何地方时保存模型。当再次打开文档时，可使用"向前推进"命令，或直接拖动控制棒至所需位置。

　　（5）创建自定义文件夹以插入特征。

　　在设计树中创建新的文件夹，可以将多个特征拖动到新文件夹中，以减小设计树的长度，其操作方法有两种。

　　①　使用系统自动创建的文件夹。在设计树中右击某一个特征，在系统弹出的快捷菜单中选择"创建到新文件夹"命令，一个新文件夹就会出现在设计树中，且用右键单击的特征会出现在文件夹中，用户可重命名文件夹，并将多个特征拖动到文件夹中。

　　②　创建新文件夹。在设计树中右击某一个特征，在系统弹出的快捷菜单中选择"生成新文件夹"命令，一个新文件夹就会出现在设计树中，用户可重命名文件夹，并将多个特征拖动到文件夹中。

　　将特征从所创建的文件夹中移除的方法是：在 FeatureManager 设计树中将特征从文件夹拖动到文件夹外部，然后释放鼠标，即可将额外特征从文件夹中移除。

　　说明：拖动特征时，可将任何连续的特征或零部件放置到单独的文件夹中，但不能使用 Ctrl 键选择非连续的特征，这样可以保持父子关系。

　　不能将现有文件夹创建到新文件夹中。

（6）设计树的其他作用。

● 传感器可以监视零件和装配体的所选属性，并在数值超出指定阈值时发出警告。

● 在设计树中右击"注解"文件夹，可以控制尺寸和注解的显示。

● 可以记录"设计日志"并"创建附加件到"到"设计活页夹"文件夹。

● 在设计树中右击"材质"，可以创建或修改应用到零件的材质。

● 在"光源与相机"文件夹中可以创建或修改光源。

2．设计树的一般规则

（1）项目图标左边的"＋"符号表示该项目包含关联项，单击"＋"可以展开该项目并显示其内容，若要一次折叠所有展开的项目，可用快捷键 Shift＋C 或右击设计树顶部的文件名，然后从系统弹出的快捷菜单中选择"折叠项目"命令。

（2）草图有过定义、欠定义、无法解出的草图和完全定义四种类型，在设计树中分别用"（＋）"、"（—）"、"（？）"表示（完全定义时草图无前缀）；装配体也有四种类型，前三种与草图一致，第四种类型为固定，在设计树中以"（f）"表示。

（3）若需重建已经更改的模型，则特征、零件或装配体之前会显示重建模型符号 ⊜ 。

（4）在设计树顶部显示锁形的零件，则不能对其进行编辑，此零件通常是 Toolbox 或其他标准库零件。

3.6 特征的编辑与重定义

3.6.1 编辑特征

特征尺寸的编辑是指对特征的尺寸和相关修饰元素进行修改，以下将举例说明其操作方法。

1．显示特征尺寸值

Step 1 打开文件 D:\sw13\work\ch03\ch03.06\bearing_base.SLDPRT。

Step 2 在图 3.6.1 所示模型（slide）的设计树中，双击要编辑的特征（或直接在图形区双击要编辑的特征），此时该特征的所有尺寸都显示出来，如图 3.6.2 所示，以便进行编辑（若 Instant3D 按钮 处于按下状态，只需单击即可显示尺寸）。

2．修改特征尺寸值

通过上述方法进入尺寸的编辑状态后，如果要修改特征的某个尺寸值，方法如下：

Step 1 在模型中双击要修改的某个尺寸，系统弹出图 3.6.3 所示的"修改"对话框。

图 3.6.1　设计树

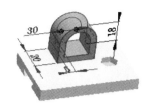

图 3.6.2　编辑零件模型的尺寸

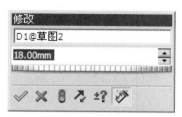

图 3.6.3　"修改"对话框

图 3.6.3 所示的"修改"对话框中各按钮的说明如下：

- ● 　按钮：保存当前数值并退出"修改"对话框。

- ● 　按钮：恢复原始数值并退出"修改"对话框。

- ● 　按钮：以当前数值重建模型。

- ● 　按钮：用于反转尺寸方向的设置。

- ● 　按钮：重新设置数值框的增（减）量值。

- ● 　按钮：标注要输入工程图中的尺寸。

Step 2　在"修改"对话框的文本框中输入新的尺寸，并单击对话框中的 　按钮。

Step 3　编辑特征的尺寸后，必须进行重建操作，重新生成模型，这样修改后的尺寸才会重新驱动模型。方法是选择下拉菜单 编辑(E) ➡ 重建模型 (R) 命令（或单击"标准"工具栏中的 　按钮）。

3. 修改特征尺寸的修饰

如果要修改特征的某个尺寸的修饰，其一般操作步骤如下：

Step 1　双击选中要修改尺寸的特征，在模型中单击要修改其修饰的某个尺寸，系统弹出图 3.6.4 所示的"尺寸"对话框。

Step 2　在"尺寸"对话框中可进行尺寸数值、字体、公差/精度和显示等相应修饰项的设置修改。

图 3.6.4 "尺寸"对话框

（1）单击对话框中的 公差/精度(P) ，系统将展开图 3.6.5 所示的 公差/精度(P) 区域，在此区域中可以进行尺寸公差/精度的设置。

（2）单击对话框中的 引线 选项卡，系统将切换到图 3.6.6 所示的界面，在该界面中可对 尺寸界线/引线显示(W) 进行设置。选中 ☑ 自定义文字位置 复选框，可以对文字位置进行设置。

图 3.6.5 "公差/精度"区域

图 3.6.6 "引线"选项卡

（3）单击"尺寸"对话框"数值"选项卡中的 标注尺寸文字(I) ，系统将展开图 3.6.7 所示的"标注尺寸文字"区域，在该区域中可进行尺寸文字的修改。

（4）单击"尺寸"对话框中的 其它 选项卡，系统切换到图 3.6.8 所示的界面，在该界面中可进行单位和文本字体的设置。

图 3.6.7 "标注尺寸文字"区域

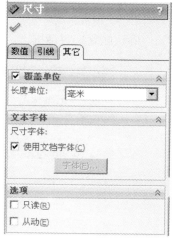

图 3.6.8 "其他"选项卡

3.6.2 查看特征父子关系

在设计树中右击要查看的特征（如拉伸-薄壁 1），从系统弹出的图 3.6.9 所示的快捷菜单中选择 父子关系... (I)命令，系统弹出图 3.6.10 所示的"父子关系"对话框，在对话框中可查看所选特征的父特征和子特征。

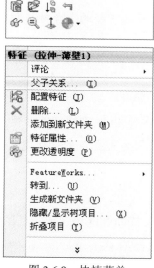

图 3.6.9 快捷菜单

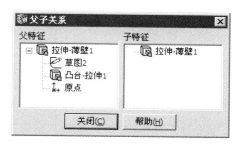

图 3.6.10 "父子关系"对话框

3.6.3 删除特征

删除特征的一般操作步骤如下：

（1）选择命令。在图 3.6.9 所示的快捷菜单中，选择 ✖ 删除… (L) 命令，系统弹出图 3.6.11 所示的"确认删除"对话框。

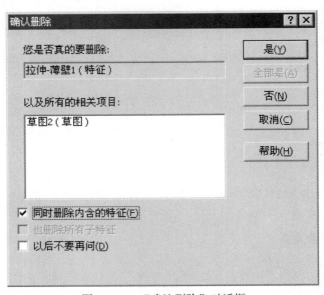

图 3.6.11 "确认删除"对话框

（2）定义是否删除内含的特征。在"确认删除"对话框中选中 ☑ 同时删除内含的特征(F) 复选框。

说明：内含的特征即所选特征的子特征，如本例中所选特征的内含特征即为"草图 2（草图）"，若取消选中的"同时删除内含的特征"复选框，则系统执行删除命令时，只删除特征，而不删除草图。

（3）单击对话框中的 是(Y) 按钮，完成特征的删除。

说明：如果要删除的特征是零部件的基础特征（如模型 slide 中的拉伸特征"拉伸 1"），需选中 ☑ 同时删除内含的特征(F) 复选框，否则其子特征将因为失去参考而重建失败。

3.6.4 特征的重定义

当特征创建完毕后，如果需要重新定义特征的属性、横断面的形状或特征的深度选项，必须对特征进行"编辑定义"，也叫"重定义"。下面以模型 slide 的切除-拉伸特征为例，说明特征编辑定义的操作方法。

1. 重定义特征的属性

Step 1　在图 3.6.12 所示模型（slide）的设计树中，右击拉伸 2 特征，在系统弹出的快捷菜单中，选择  命令，此时"切除-拉伸"对话框将显示出来，以便进行编辑，如图 3.6.13 所示。

图 3.6.12　设计树

图 3.6.13　"切除-拉伸 1"对话框

Step 2　在对话框中重新设置特征的深度类型和深度值及拉伸方向等属性。

Step 3　单击对话框中的 ✓ 按钮，完成特征属性的修改。

2. 重定义特征的横断面草图

Step 1　在图 3.6.12 所示的设计树中右击"切除-拉伸"特征，在系统弹出的快捷菜单中选择 命令，进入草绘环境。

Step 2　在草图绘制环境中修改特征草绘横断面的尺寸、约束关系和形状等。

Step 3　单击"草绘"工具栏中的 按钮，退出草图绘制环境，完成特征的修改。

说明：在编辑特征的过程中可能需要修改草图基准平面，其方法是在图 3.6.14 所示的设计树中右击 草图3，从系统弹出的图 3.6.15 所示的快捷菜单中选择 命令，系统将弹出图 3.6.16 所示的"草图绘制平面"对话框，即可更改草图基准面。

图 3.6.14　设计树

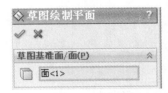

图 3.6.15　快捷菜单　　　　图 3.6.16　"草图绘制平面"对话框

3.7　旋转特征

旋转（Revolve）特征是将横断面草图绕着一条轴线旋转而形成实体的特征。注意旋转特征必须有一条绕其旋转的轴线（图 3.7.1 所示为凸台旋转特征）。

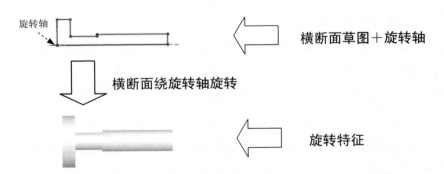

图 3.7.1　旋转特征示意图

要创建或重新定义一个旋转体特征，可按下列操作顺序给定特征要素：定义特征属性（草图基准面）→绘制特征横断面图→确定旋转轴线→确定旋转方向→输入旋转角度。

值得注意的是：旋转体特征分为凸台旋转特征和切除旋转特征，这两种旋转特征的横断面都必须是封闭的。

3.7.1　创建旋转凸台特征的一般过程

下面以图 3.7.1 所示的一个简单模型为例，说明在新建一个以旋转特征为基础特征的零件模型时，创建旋转特征的详细过程。

Step **1**　新建模型文件。选择下拉菜单 文件(F) ➡ 新建(N)...命令，在系统弹出的"新建 SolidWorks 文件"对话框中选择"零件"模块，单击 确定 按钮，进入建模环境。

Step **2**　选择命令。选择下拉菜单 插入(I) ➡ 凸台/基体(B) ➡ 旋转(R)...命令（或单击"特征（F）"工具栏中的 按钮），系统弹出图 3.7.2 所示的"旋转"对话框（一）。

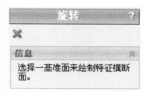

图 3.7.2　"旋转"对话框（一）

Step **3**　定义特征的横断面草图。

（1）选择草图基准面。在系统 选择一基准面来绘制特征横断面。的提示下，选取上视基准面作为草图基准面，进入草图绘制环境。

（2）绘制图 3.7.3 所示的横断面草图。

① 绘制草图的大致轮廓。

② 建立图 3.7.3 所示的几何约束和尺寸约束，修改并整理尺寸。

（3）完成草图绘制后，选择下拉菜单 插入(I) ➡ 退出草图 命令，退出草图绘制环境。系统弹出图 3.7.4 所示的"旋转"对话框（二）。

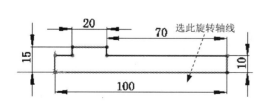

图 3.7.3　横断面草图

图 3.7.4　"旋转"对话框（二）

Step **4**　定义旋转轴线。选取图 3.7.3 所示的直线作为旋转轴线，此时"旋转"对话框中显示所选中心线的名称。

Step **5**　定义旋转属性。

（1）定义旋转方向。在图 3.7.4 所示的"旋转"对话框的 方向1 区域的下拉列表中选择 给定深度 选项，采用系统默认的旋转方向。

（2）定义旋转角度。在 方向1 区域的 ⌐Δ 文本框中输入数值 360.0。

Step 6　单击"旋转"对话框中的 ✅ 按钮，完成旋转凸台的创建。

Step 7　选择下拉菜单 文件(F) ➡ 🖫 保存(S) 命令，命名为 revolve.SLDPRT，保存零件模型。

说明：

● 旋转特征必须有一条旋转轴线，围绕轴线旋转的草图只能在该轴线的一侧。

● 旋转轴线一般是用 ┆ 中心线(N) 命令绘制的一条中心线，也可以是用 ＼ 直线(L)

● 命令绘制的一条直线，也可以是草图轮廓的一条直线边。

● 如果旋转轴线是在横断面草图中，系统会自动识别。

3.7.2　创建切除–旋转特征的一般过程

下面以图 3.7.5 所示的一个简单模型为例，说明创建切除-旋转特征的一般过程。

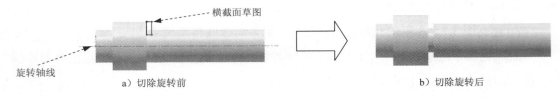

图 3.7.5　切除-旋转特征

Step 1　打开文件 D:\sw13\work\ch03\ch03.07\revolve_cut.SLDPRT。

Step 2　选择命令。选择下拉菜单 插入(I) ➡ 切除(C) ➡ 🞃 旋转(R) 命令，系统弹出图 3.7.6 所示的"旋转"对话框（二）。

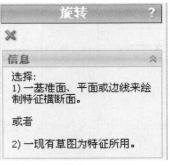

图 3.7.6　"旋转"对话框（二）

Step 3　定义特征的横断面草图。

（1）选择草图基准面。选取上视基准面作为草图基准面，进入草绘环境。

（2）绘制图 3.7.7 所示的横断面草图（包括旋转中心线）。

① 绘制草图的大致轮廓。

② 建立图 3.7.7 所示的几何约束和尺寸约束，修改并整理尺寸。

（3）完成草图绘制后，选择下拉菜单 插入(I) ➡ 退出草图 命令，退出草绘环境，系统弹出图 3.7.8 所示的"切除-旋转"对话框。

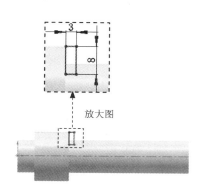

放大图

图 3.7.7　横断面草图

图 3.7.8　"切除-旋转"对话框

Step 4　定义旋转属性。

（1）定义旋转方向。在"切除-旋转"对话框的 方向1 区域的下拉列表中选择 给定深度 选项，采用系统默认的旋转方向。

（2）定义旋转角度。在 方向1 区域的 文本框中输入数值 360.00。

Step 5　单击对话框中的 按钮，完成旋转切除特征的创建。

3.8　倒角特征

倒角特征实际是一个在两个相交面的交线上建立斜面的特征。

下面以图 3.8.1 所示的一个简单模型为例，介绍创建倒角特征的一般过程。

边线1

a）倒角前　　　　　　　　　b）倒角后

图 3.8.1　倒角特征

Step 1 打开文件 D:\sw13\work\ch03\ch03.08\chamfer.SLDPRT。

Step 2 选择命令。选择下拉菜单 插入(I) ➡ 特征(F) ➡ 倒角(C)... 命令（或单击"特征（F）"工具栏中的 按钮），系统弹出图 3.8.2 所示的"倒角"对话框。

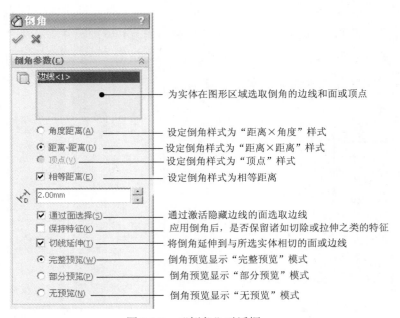

为实体在图形区域选取倒角的边线和面或顶点

设定倒角样式为"距离×角度"样式
设定倒角样式为"距离×距离"样式
设定倒角样式为"顶点"样式
设定倒角样式为相等距离

通过激活隐藏边线的面选取边线
应用倒角后，是否保留诸如切除或拉伸之类的特征
将倒角延伸到与所选实体相切的面或边线
倒角预览显示"完整预览"模式
倒角预览显示"部分预览"模式
倒角预览显示"无预览"模式

图 3.8.2 "倒角"对话框

Step 3 定义倒角类型。在"倒角"对话框中选中 距离-距离(D) 单选项。

Step 4 定义倒角对象。在系统的提示下，选取图 3.8.1a 所示的边线 1 作为倒角对象。

Step 5 定义倒角参数。在对话框中选中 相等距离(E) 复选框，然后在 文本框中输入数值 2.0。

Step 6 单击对话框中的 按钮，完成倒角特征的定义。

图 3.8.2 所示的"倒角"对话框的说明如下：

● 若在"倒角"对话框中选中 角度距离(A) 单选项，可以在 和 文本框中输入参数，以定义倒角特征。

● 倒角类型的各子选项说明：

☑ 相等距离(E) 复选框：选中此复选框，可以将距离指定为单一数值。

☑ 通过面选择(S)复选框：选中此复选框，可以通过激活隐藏边线的面来选取边线。

☑ 保持特征(K) 复选框：选中此复选框，可以保留倒角处的特征（如拉伸、切除等），一般应用倒角命令时，这些特征将被移除。

☑　　☑ 切线延伸(T) 复选框：选中此复选框，可将倒角延伸到与所选实体相切的面
　　或边线。

☑　在"倒角"对话框中选中 ⊙ 完整预览(W) 、⊙ 部分预览(P) 或 ⊙ 无预览(N) 单选项，
　　可以定义倒角的预览模式。

● 利用"倒角"对话框还可以创建图 3.8.3 所示的顶点倒角特征，方法是在定义倒
　　角类型时选择"顶点"选项，然后选取所需倒角的顶点，再输入目标参数即可。

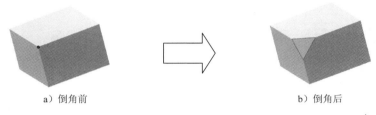

a）倒角前　　　　　　　　　　　　　　b）倒角后

图 3.8.3　顶点倒角特征

3.9　圆角特征

　　"圆角"特征的功能是建立与指定的边线相连的两个曲面相切的曲面，使实体曲面实现圆滑过渡。SolidWorks 2013 中提供了四种圆角的方法，用户可以根据不同情况进行圆角操作。这里将其中的三种圆角方法介绍如下。

1. 等半径圆角

等半径圆角：生成整个圆角的长度都有等半径的圆角。

下面以图 3.9.1 所示的一个简单模型为例，说明创建等半径圆角特征的一般过程。

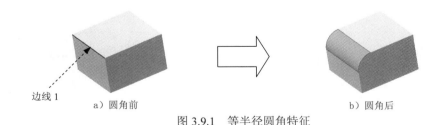

边线 1　　　a）圆角前　　　　　　　　　　　　　b）圆角后

图 3.9.1　等半径圆角特征

Step 1　打开文件 D:\sw13\work\ch03\ch03.09\edge_fillet_1.SLDPRT。

Step 2　选择命令。选择下拉菜单 插入(I) ➡ 特征(F) ➡ 🔘 圆角(U) 命令（或单击
　　"特征（F）"工具栏中的 🔘 按钮），系统弹出图 3.9.2 所示的"圆角"对话框。

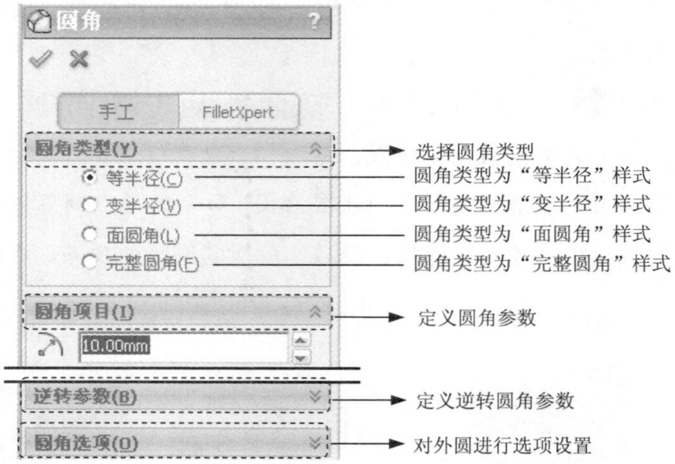

图 3.9.2　"圆角"对话框

选择圆角类型

圆角类型为"等半径"样式

圆角类型为"变半径"样式

圆角类型为"面圆角"样式

圆角类型为"完整圆角"样式

定义圆角参数

定义逆转圆角参数

对外圆进行选项设置

Step 3　定义圆角类型。在"圆角"对话框的 手工 选项卡的 圆角类型(Y) 选项组中选中
⊙ 等半径(C) 单选项。

Step 4　选取要圆角的对象。在系统的提示下，选取图 3.9.1 所示的边线 1 为要圆角的对
象。

Step 5　定义圆角参数。在"圆角"对话框 圆角项目(I) 区域的 ╲ 文本框中输入数值 10.0。

Step 6　单击"圆角"对话框中的 ✓ 按钮，完成等半径圆角特征的创建。

说明：在"圆角"对话框中，还有一个 FilletXpert 选项卡，此选项卡仅在创建等半径圆
角特征时可发挥作用，使用此选项卡可生成多个圆角，并在需要时自动将圆角重新排序。

等半径圆角特征的圆角对象也可以是面或环等元素，例如选取图 3.9.3a 所示的模型表
面 1 为圆角对象，则可创建图 3.9.3b 所示的圆角特征。

模型表面 1

a）圆角前　　　　　　　　　　　　　　　　　　　　　　b）圆角后

图 3.9.3　等半径圆角特征

2. 变半径圆角

变半径值的圆角：生成包含变半径值的圆角，可以使用控制点帮助定义圆角。

下面以图 3.9.4 所示的一个简单模型为例，说明创建变半径圆角特征的一般过程。

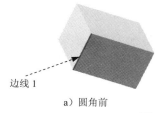

边线 1

a）圆角前   b）圆角后

图 3.9.4   变半径圆角特征

Step **1**   打开文件 D:\sw13\work\ch03\ch03.09\edge_fillet_2.SLDPRT。

Step **2**   选择命令。选择下拉菜单 插入(I) ➡ 特征(F) ➡ 🔘 圆角(U). 命令，系统弹
出图 3.9.5 所示的"圆角"对话框。

图 3.9.5   "圆角"对话框

Step **3**   定义圆角类型。在"圆角"对话框中的 手工 选项卡的 圆角类型(Y) 选项组中选
中 ⊙ 变半径(V) 单选项。

Step **4**   选取要圆角的对象。选取图 3.9.4a 所示的边线 1 为要圆角的对象。

Step **5**   定义圆角参数。

（1）定义实例数。在"圆角"对话框中的 变半径参数(P) 选项组中的 文本框中输入
数值 1。

说明： 实例数即所选边线上需要设置半径值的点的数目（除起点和端点外）。

（2）定义起点与端点半径。在 变半径参数(P) 区域的"附加的半径" 列表中选择"v1"，
然后在 文本框中输入数值 5.0（即设置起点的半径），按回车键确认；在 列表中选择

"v2"，输入半径值 5.0（图 3.9.5）。

（3）在图形区选取图 3.9.6 所示的点 1（此时点 1 被加入 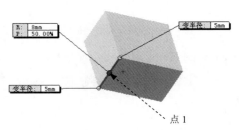 列表中），然后在列表中选择点 1 的表示项"P1"，在 文本框中输入数值 8.0。

图 3.9.6　定义圆角参数

Step 6　单击对话框中的 ✅ 按钮，完成变半径圆角特征的定义。

3. 完整圆角

完整圆角：生成相切于三个相邻面组（一个或多个面相切）的圆角。

下面以图 3.9.7 所示的一个简单模型为例，说明创建完整圆角特征的一般过程。

a）圆角前　　　　　　　　　　　　　b）圆角后

图 3.9.7　完整圆角特征

Step 1　打开文件 D:\sw13.1\work\ch03\ch03.09\edge_fillet_3.SLDPRT。

Step 2　选择命令。选择下拉菜单 插入(I) ➡ 特征(F) ➡ 🔘 圆角(F)...命令（或单击"特征（F）"工具栏中的 🔘 按钮），系统弹出图 3.9.8 所示的"圆角"对话框。

图 3.9.8　"圆角"对话框

Step **3** 定义圆角类型。在"圆角"对话框的 手工 选项卡的 圆角类型(Y) 选项组中选中 ⊙ 完整圆角(F) 单选项。

Step **4** 定义中央面组和边侧面组。

（1）定义边侧面组 1。选取图 3.9.7 所示的模型表面 1 作为边侧面组 1。

（2）定义中央面组。在"圆角"对话框的 圆角项目(I) 区域，单击以激活"中央面组"文本框，然后选取图 3.9.7 所示的模型表面 2 作为中央面组。

（3）定义边侧面组 2。单击以激活"边侧面组 2"文本框，然后选取图 3.9.7 所示的模型表面 3 作为边侧面组 2。

Step **5** 单击"圆角"对话框中的 ✓ 按钮，完成完整圆角特征的创建。

说明：一般而言，在生成圆角时最好遵循以下规则。

● 在创建小圆角之前创建较大圆角。当有多个圆角会聚于一个顶点时，先生成较大的圆角。

● 在生成圆角前先创建拔模。如果要生成具有多个圆角边线及拔模面的铸模零件，在大多数情况下，应在创建圆角之前创建拔模特征。

● 最后创建装饰用的圆角。在大多数其他几何体定位后，尝试创建装饰圆角。越早创建它们，则系统需要花费越长的时间重建零件。

● 如要加快零件重建的速度，请使用单一圆角操作来处理需要相同半径圆角的多条边线。然而，如果改变此圆角的半径，则在同一操作中生成的所有圆角都会改变。

3.10 抽壳特征

抽壳特征是将实体的一个或几个表面去除，然后掏空实体的内部，留下一定壁厚（等壁厚或多壁厚）的壳（图 3.10.1）。在使用该命令时，要注意各特征的创建次序。

1. 等壁厚抽壳

下面以图 3.10.1 所示的简单模型为例，说明创建等壁厚抽壳特征的一般过程。

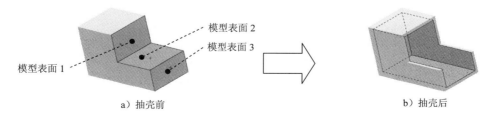

a）抽壳前　　　　　　　　　b）抽壳后

图 3.10.1 等壁厚的抽壳

Step 1 打开文件 D:\sw13\work\ch03\ch03.10\shell_feature_1.SLDPRT。

Step 2 选择命令。选择下拉菜单 插入(I) ➡ 特征(F) ➡ 抽壳(S).命令，系统弹
出图 3.10.2 所示的 "抽壳 1" 对话框。

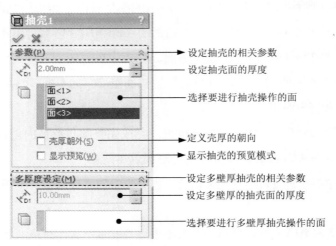

设定抽壳的相关参数
设定抽壳面的厚度
选择要进行抽壳操作的面
定义壳厚的朝向
显示抽壳的预览模式
设定多壁厚抽壳的相关参数
设定多壁厚的抽壳面的厚度
选择要进行多壁厚抽壳操作的面

图 3.10.2 "抽壳 1" 对话框

Step 3 选取要移除的面。选取图 3.10.1a 所示的模型表面 1、模型表面 2 和模型表面 3 为
要移除的面。

Step 4 定义抽壳厚度。在 "抽壳 1" 对话框的 参数(P) 区域的 "厚度" 文本框中输入
数值 2.0。

Step 5 单击对话框中的 ✅ 按钮，完成抽壳特征的创建。

2. 多壁厚抽壳

利用多壁厚抽壳，可以生成在不同面上具有不同壁厚的抽壳特征。

下面以图 3.10.3 所示的简单模型为例，说明创建多壁厚抽壳特征的一般过程。

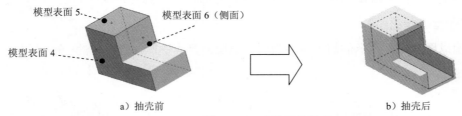

模型表面 5
模型表面 6（侧面）
模型表面 4

a）抽壳前   b）抽壳后

图 3.10.3 多壁厚的抽壳

Step 1 打开文件 D:\sw13\work\ch03\ch03.10\shell_feature_2.SLDPRT。

Step 2 选择命令。选择下拉菜单 插入(I) ➡ 特征(F) ➡ 抽壳(S).命令，系统弹
出 "抽壳 1" 对话框。

Step **3**　选取要移除的面。选取图 3.10.3a 所示的模型表面 1、模型表面 2 和模型表面 3 为
要移除的面。

Step **4**　定义抽壳厚度。

（1）定义抽壳剩余面的默认厚度。在"抽壳"对话框的 **参数(P)** 区域的"厚度" 文
本框中输入数值 2.0。

（2）定义抽壳剩余面中指定面的厚度。

① 在"抽壳"对话框中单击，以激活 **多厚度设定(M)** 区域中的"多厚度面" 文本框。

② 选取图 3.10.3a 所示的模型表面 4 为指定厚度的面，然后在"多厚度设定"区域的
"多厚度"文本框中输入数值 6.0。

③ 选取图 3.10.3a 所示的模型表面 5 为指定厚度的面，输入厚度值 4.0。

Step **5**　单击对话框中的 按钮，完成抽壳特征的创建。

3.11　筋（肋）特征

筋（肋）特征的创建过程与拉伸特征基本相似，不同的是筋（肋）特征的截面草图是
不封闭的，其截面只是一条直线（图 3.11.1）。

a）创建筋（肋）前　　　　　　　　　　b）创建筋（肋）后

图 3.11.1　筋（肋）特征

下面以图 3.11.1 所示的模型为例，说明筋（肋）特征创建的一般过程。

Step **1**　打开文件 D:\sw13\work\ch03\ch03.11\rib_feature.SLDPRT。

Step **2**　选择命令。选择下拉菜单 插入(I) ➡ 特征(F) ➡ 筋(R). 命令。

Step **3**　定义筋（肋）特征的横断面草图。

（1）选择草绘基准面。完成上步操作后，系统弹出图 3.11.2 所示的"筋"对话框（一），
在系统的提示下，选择上视基准面作为筋的草绘基准面，进入草绘环境。

（2）绘制截面的几何图形（即图 3.11.3 所示的直线）。

（3）建立几何约束和尺寸约束，并将尺寸修改为设计要求的尺寸，如图 3.11.3 所示。

（4）单击 按钮，退出草绘环境。

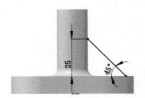

图 3.11.2　"筋"对话框（一）　　　　　图 3.11.3　横断面草图

Step 4　定义筋（肋）特征的参数。

（1）定义筋（肋）的生成方向。图 3.11.4 所示的箭头指示的是筋（肋）的正确生成方向，选中对话框 参数(P) 区域的 ☑ 反转材料方向(F) 复选框，可以反转方向，如图 3.11.5 所示。

（2）定义筋（肋）的厚度。在 参数(P) 区域中单击 按钮，然后在 文本框中输入数值 5.0。

Step 5　单击对话框中的 ✓ 按钮，完成筋（肋）特征的创建。

说明：当绘制横断面草图时，如果所绘制的线段与现存的模型相交叉，也可以生成筋特征，如图 3.11.6 所示。

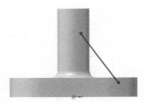

图 3.11.4　定义筋（肋）的生成方向　　图 3.11.5　"筋"对话框（二）　　图 3.11.6　横断面草图

3.12　孔特征

孔特征（Hole）命令的功能是在实体上钻孔。在 SolidWorks 2013 中，可以创建两种类型的孔特征。

- 简单孔：具有圆截面的切口，它始于放置曲面并延伸到指定的终止曲面或用户定义的深度。

● 异型向导孔：具有基本形状的螺孔。它是基于相关的工业标准的，可带有不同的末端形状的标准沉头孔和埋头孔。对选定的紧固件，既可计算攻螺纹，也可计算间隙直径；用户既可利用系统提供的标准查找表，也可自定义孔的大小。

3.12.1　创建孔特征（简单直孔）的一般过程

下面以图 3.12.1 所示的简单模型为例，说明在模型上创建孔特征（简单直孔）的一般过程。

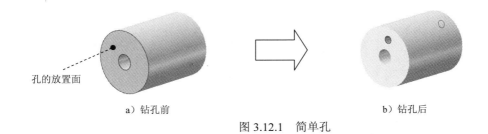

孔的放置面

a）钻孔前　　　　　　　　　　　　　　　　b）钻孔后

图 3.12.1　简单孔

Step 1　打开文件 D:\sw13\work\ch03\ch03.12\ch03.12.1\hole.SLDPRT。

Step 2　选择命令。选择下拉菜单 插入(I) ➡ 特征(F) ➡ 孔(H) ➡

⊙ 简单直孔(S)… 命令。

Step 3　定义孔的放置面。选取图 3.12.1a 所示的模型表面为孔的放置面，系统弹出图 3.12.2 所示的"孔"对话框。

Step 4　定义孔的参数。

（1）定义孔的深度。 在"孔"对话框中的 方向1 区域的下拉列表中选择 完全贯穿 选项。

（2）定义孔的直径。在 方向1 区域的 ⊘ 文本框中输入数值 5.0。

Step 5　单击"孔"对话框中的 ✓ 按钮，完成简单直孔的创建。

说明：此时完成的简单直孔是没有经过定位的，孔所创建的位置，即为用户选择孔的放置面时，鼠标在模型表面单击的位置。

Step 6　编辑孔的定位。

（1）进入定位草图。在设计树中右击 ⊙ 孔1 ，从系统弹出的快捷菜单中选择编辑草图 ✍ 命令，进入草绘环境。

（2）创建尺寸约束。创建图 3.12.3 所示的两个尺寸，并修改为设计要求的尺寸值。

（3）约束完成后，单击 ✍ 按钮，退出草绘环境。

图 3.12.2　"孔"对话框

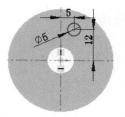

图 3.12.3　创建尺寸约束

说明："孔"对话框中有两个区域：**从(F)**区域和**方向1**区域。**从(F)**区域主要定义孔的起始条件；**方向1**区域用来设置孔的终止条件。

- 在图 3.12.2 所示"孔"对话框的**从(F)**区域中，单击"草图基准面"选项后的小三角形，可选择四种起始条件选项，各选项功能如下：

  ☑ **草图基准面**选项：表示特征从草图基准面开始生成。

  ☑ **曲面/面/基准面**选项：若选择此选项，需选择一个面作为孔的起始面。

  ☑ **顶点**选项：若选择此选项，需选择一个顶点，并且所选顶点所在的与草绘基准面平行的面即为孔的起始面。

  ☑ **等距**选项：若选择此选项，需输入一个数值，此数值代表的含义是孔的起始面与草绘基准面的距离，必须注意的是控制距离的反向可以用下拉列表右侧的"反向"按钮，但不能在文本框中输入负值。

- 在图 3.12.2 所示的"孔"对话框的**方向1**区域中，单击**完全贯穿**选项后的小三角形，可选择六种终止条件选项，各选项功能如下：

  ☑ **给定深度**选项：可以创建确定深度尺寸类型的特征，此时特征将从草绘平面开始，按照所输入的数值（即拉伸深度值）向特征创建的方向一侧生成。

  ☑ **完全贯穿**选项：特征将与所有曲面相交。

  ☑ **成形到下一面**选项：特征在拉伸方向上延伸，直到与平面或曲面相交。

  ☑ **成形到一顶点**选项：特征在拉伸方向上延伸，直至与指定顶点所在的且与草图基准面平行的面相交。

  ☑ **成形到一面**选项：特征在拉伸方向上延伸，直到与指定的平面相交。

  ☑ **到离指定面指定的距离**选项：若选择此选项，需先选择一个面，并输入指定的距离，特征将从孔的起始面开始到所选面指定距离处终止。

3.12.2 创建异型向导孔

下面以图 3.12.4 所示的简单模型为例，说明创建异型向导孔的一般过程。

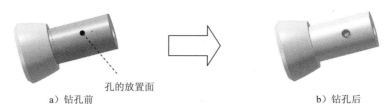

孔的放置面

a）钻孔前   b）钻孔后

图 3.12.4 异型向导孔

Step 1 打开文件 D:\sw13\work\ch03\ch03.12\ch03.12.2\hole_wizard.SLDPRT。

Step 2 选择命令。选择下拉菜单 插入(I) ➡ 特征(F) ➡ 孔(H) ➡

向导(W)...命令，系统弹出图 3.12.5 所示的 "孔规格" 对话框。

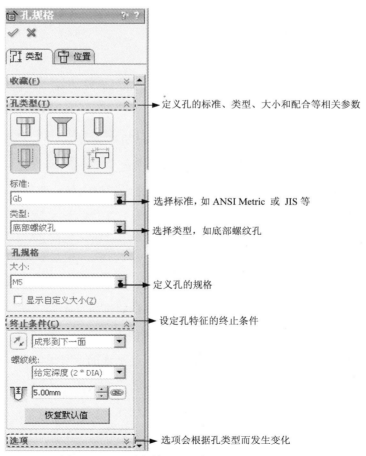

定义孔的标准、类型、大小和配合等相关参数

选择标准，如 ANSI Metric 或 JIS 等

选择类型，如底部螺纹孔

定义孔的规格

设定孔特征的终止条件

选项会根据孔类型而发生变化

图 3.12.5 "孔规格" 对话框

Step **3** 定义孔的位置。

（1）定义孔的放置面。在"孔规格"对话框中单击 位置 选项卡，系统弹出图 3.12.6 所示的"孔位置"对话框，选取图 3.12.4a 所示的模型表面为孔的放置面。

（2）建立尺寸约束。在"草图（K）"工具栏中单击 按钮，建立图 3.12.7 所示的尺寸约束。

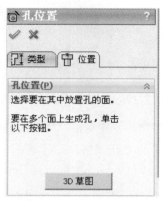

图 3.12.6　"孔位置"对话框

图 3.12.7　建立尺寸约束

Step **4** 定义孔的参数。

（1）定义孔的规格。在"孔位置"对话框中单击 类型 选项卡，选择孔"类型"为 （螺纹孔），标准为 Gb ，大小为 M5 。

（2）定义孔的终止条件。在"孔规格"对话框的 终止条件(C) 下拉列表中选择 成形到下一面 选项。在螺纹线下拉列表中选择 给定深度 (2 * DIA) 选项。

Step **5** 单击"孔规格"对话框中的 按钮，完成异型向导孔的创建。

3.13　装饰螺纹线特征

装饰螺纹线（Thread）是在其他特征上创建，并能在模型上清楚地显示出来的起修饰作用的特征，是表示螺纹直径的修饰特征。与其他修饰特征不同，螺纹的线型是不能修改的，本例中的螺纹以系统默认的极限公差设置来创建。

装饰螺纹线可以表示外螺纹或内螺纹，可以是不通的或贯通的，可通过指定螺纹内径或螺纹外径（分别对于外螺纹和内螺纹）来创建装饰螺纹线，装饰螺纹线在零件建模时并不能完整反映螺纹，但在工程图中会清晰地显示出来。

这里以 thread.SLDPRT 零件模型为例，说明如何在模型的圆柱面上创建图 3.13.1 所示的装饰螺纹线。

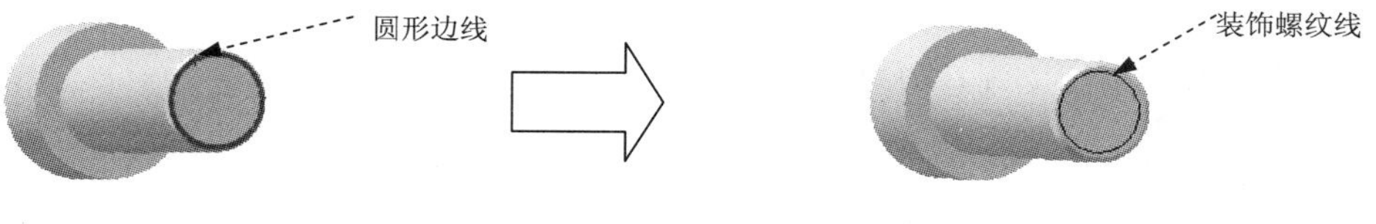

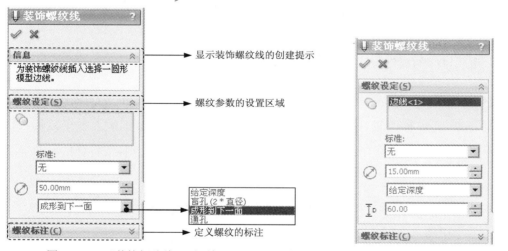

a）创建前 b）创建后

图 3.13.1 创建装饰螺纹线

Step 1 打开文件 D:\sw13\work\ch03\ch03.13\thread.SLDPRT。

Step 2 选择命令。选择下拉菜单 插入(I) ➡ 注解(N) ➡ Ʉ 装饰螺纹线(D) 命令，系统弹出图 3.13.2 所示的"装饰螺纹线"对话框（一）。

Step 3 定义螺纹的圆形边线。选取图 3.13.1a 所示的边线为螺纹的圆形边线。

Step 4 定义螺纹的次要直径。在图 3.13.3 所示的"装饰螺纹线"对话框（二）的 ⊘ 文本框中输入数值 16。

图 3.13.2 "装饰螺纹线"对话框（一） 图 3.13.3 "装饰螺纹线"对话框（二）

Step 5 定义螺纹深度类型和深度值。在图 3.13.3 所示的"装饰螺纹线"对话框（二）的下拉列表中选择 给定深度 选项，然后在 Ɪᴅ 文本框中输入数值 60.0。

Step 6 单击"装饰螺纹线"对话框中的 ✔ 按钮，完成装饰螺纹线的创建。

3.14 特征的重新排序及插入操作

3.14.1 概述

在 3.10 节中，曾提到对一个零件进行抽壳时，零件中特征的创建顺序非常重要，如果各特征的顺序安排不当，抽壳特征会生成失败，有时即使能生成抽壳，但结果也不会符合设计的要求，可按下面的操作方法进行验证。

Step 1 打开文件 D:\sw13\work\ch03\ch03.14\ch03.14.1\compositor.SLDPRT。

Step 2 将模型设计树中的 🍥 圆角1 的半径从 R3 改为 R6，会看到模型的底部出现多余的实体区域，如图 3.14.1b 所示。显然这不符合设计意图，之所以会产生这样的问题，是因为圆角特征和抽壳特征的顺序安排不当，解决办法是将圆角特征调整到抽壳特征的前面，这种特征顺序的调整就是特征的重排顺序（Reorder）。

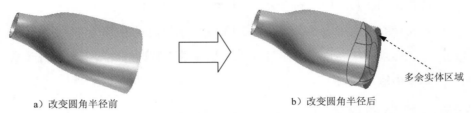

a）改变圆角半径前　　　　　　　　　　　b）改变圆角半径后

多余实体区域

图 3.14.1　注意抽壳特征的顺序

3.14.2　重新排序的操作方法

这里仍以 compositor.SLDPRT 为例，说明特征重新排序（Reorder）的操作方法。如图 3.14.2 所示，在零件的设计树中选取 🍥 圆角1 特征，按住左键不放并拖动鼠标，拖至 📦 抽壳1 特征的上面，然后松开左键，这样瓶底圆角特征就调整到抽壳特征的前面了。

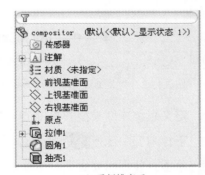

a）重新排序前　　　　　　　　　　　b）重新排序后

图 3.14.2　特征的重新排序

注意：特征的重新排序（Reorder）是有条件的，条件是不能将一个子特征拖至其父特征的前面。如果要调整有父子关系的特征的顺序，必须先解除特征间的父子关系。解除父子关系有两种办法：一是改变特征截面的标注参照基准或约束方式；二是改变特征的重定次序（Reroute），即改变特征的草绘平面和草绘平面的参照平面。

3.14.3　特征的插入操作

在上一节的 compositor.SLDPRT 的练习中，当所有的特征完成以后，假如还要创建一个图 3.14.3b 所示的凸台-拉伸特征，并要求该特征创建在 ⌓ 圆角1 特征的后面，利用"特征的插入"功能可以满足这一要求。下面说明其一般过程。

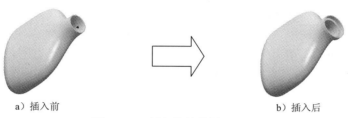

a）插入前　　　　　　　　　　　　　　　　　　b）插入后

图 3.14.3　插入拉伸特征

Step 1　定义创建特征的位置。在设计树中，将退回控制棒拖动到 ⌓ 圆角1 特征之后。

Step 2　定义创建的特征。

（1）选择命令。选择下拉菜单 插入(I) ➡ 凸台/基体(B) ➡ 拉伸(E)... 命令。

（2）定义横断面草图。选取图 3.14.4 所示的平面作为草绘基准面，绘制图 3.14.5 所示的横断面草图。

选取该平面

图 3.14.4　草绘基准面

Ø25

图 3.14.5　绘制横断面草图

（3）定义拉伸深度属性。

① 定义深度方向，单击 按钮，采用系统默认深度方向的反向。

② 定义深度类型和深度值。在"拉伸"对话框 方向1 区域的下拉列表中选择 给定深度 选项，输入深度值 5.0。

（4）单击 ✔ 按钮，完成拉伸的创建。

Step 3　完成特征的创建后，将退回控制棒拖动到 抽壳1 特征之后，显示所有特征。

说明：若不用退回控制棒插入特征，而直接将拉伸特征创建到 抽壳1 之后，则生成的模型如图 3.14.6 所示。

图 3.14.6　创建拉伸特征 2

3.15　特征生成失败及其解决方法

在创建或重定义特征时，若给定的数据不当或参照丢失，就会出现特征生成失败的警告，以下将说明特征生成失败的情况及其解决方法。

3.15.1　特征生成失败的出现

这里以一个简单模型为例进行说明。如果进行下列"编辑定义"操作（图 3.15.1），将会产生特征生成失败。

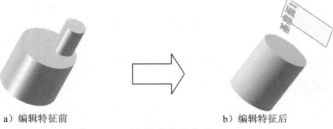

a）编辑特征前　　　　　　　　　　b）编辑特征后

图 3.15.1　特征的编辑定义

Step 1　打开文件 D:\sw13\work\ch03\ch03.15\fail.SLDPRT。

Step 2　在图 3.15.2 所示的设计树中，单击 ⊞ 拉伸1 节点前的"+"展开拉伸 1 特征，右击 草图1 节点，从弹出的快捷菜单中选择 命令，进入草绘环境。

Step 3　修改截面草图。将截面草图改为图 3.15.3 所示的形状，并建立图中的几何约束和尺寸约束，单击 按钮，完成截面草图的修改。

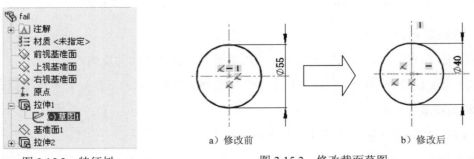

图 3.15.2　特征树

a）修改前　　　　　　　　　　b）修改后

图 3.15.3　修改截面草图

Step 4　退出草绘环境的同时，系统弹出"什么错"对话框，其中提示拉伸 2 出错，这是因为重定义拉伸 1 后，其截面小大将无法涵盖拉伸 2 的截面，导致拉伸 2 的深度参考丢失，所以出现特征生成失败。

3.15.2　特征生成失败的解决方法

1．解决方法一：删除第二个拉伸特征

在系统弹出的"什么错"对话框中单击 关闭(C) 按钮，然后右击设计树中的 拉伸2 ，从系统弹出的快捷菜单中选择 ✕ 删除(D)命令，在系统弹出的"确认删除"对话框中选中 ☑同时删除内含的特征(F) 复选项，单击 是(Y) 按钮，删除第二个拉伸特征及其草图。

2．解决方法二：更改第二个拉伸特征的草绘基准面

在"什么错"对话框中单击 关闭(C) 按钮，然后右击设计树中的 草图2 ，从系统弹出的快捷菜单中选择 命令，修改成图 3.15.4b 所示的横断面草图。

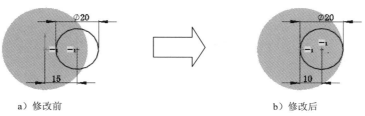

a）修改前　　　　　　　　　　　　　　b）修改后

图 3.15.4　修改截面草图

3.16　参考几何体

SolidWorks 中的参考几何体包括基准面、基准轴和点等基本几何元素，这些几何元素可作为其他几何体构建时的参照物，在创建零件的一般特征、曲面、零件的剖切面以及装配中起着非常重要的作用。

3.16.1　基准面

基准面也称基准平面。在创建一般特征时，如果模型上没有合适的平面，用户可以创建基准面作为特征截面的草图平面及其参照平面，也可以根据一个基准面进行标注，就好像它是一条边。基准面的大小都可以调整，以使其看起来适合零件、特征、曲面、边、轴或半径。

要选择一个基准面，可以选择其名称，或选择它的一条边界。

1．通过直线/点创建基准面

利用一条直线和直线外一点创建基准面，此基准面包含指定直线和点（由于直线可由

两点确定，因此这种方法也可通过选择三点来完成）。

如图 3.16.1 所示，通过直线/点创建基准平面的一般操作步骤如下：

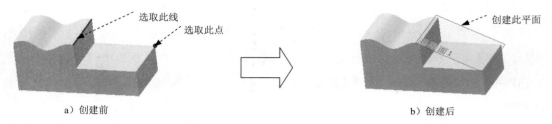

a）创建前 　　　　　　　　　　　　　　　　　b）创建后

图 3.16.1　通过直线/点创建基准面

Step 1　打开文件 D:\sw13\work\ch03\ch03.16\ch03.16.1\plane_1.SLDPRT。

Step 2　选择命令。选择下拉菜单 插入(I) ➡ 参考几何体(G) ➡ ◇ 基准面(P)... 命令，系统弹出图 3.16.2 所示的"基准面"对话框。

图 3.16.2　"基准面"对话框

Step 3　定义基准面的参考实体。选取图 3.16.1a 所示的直线和点作为所要创建的基准面的参考实体。

Step 4　单击"基准面"对话框中的 ✔ 按钮，完成基准面的创建。

2．垂直于曲线创建基准面

利用点与曲线创建基准面，此基准面通过所选点，且与选定的曲线垂直。

如图 3.16.3 所示，通过直线/点创建基准面的过程如下：

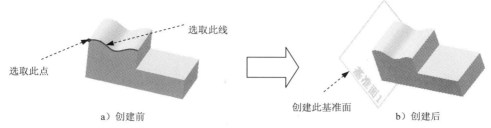

a）创建前　　　　　　　　　　　　b）创建后

图 3.16.3　垂直于曲线创建基准面

Step 1　打开文件 D:\sw13\work\ch03\ch03.16\ch03.16.1\plane_2.SLDPRT。

Step 2　选择命令。选择下拉菜单 插入(I) ➡ 参考几何体(G) ➡ 基准面(P)... 命令，系统弹出"基准面"对话框。

Step 3　定义基准面的参考实体。选取图 3.16.3a 所示的点和直线作为所要创建的基准面的参考实体。

Step 4　单击对话框中的 ✅ 按钮，完成基准面的创建。

3．创建与曲面相切的基准面

通过选择一个曲面创建基准面，此基准面与所选曲面相切。下面介绍图 3.16.4 所示与曲面相切的基准面的创建过程。

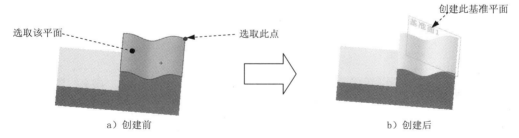

a）创建前　　　　　　　　　　　　b）创建后

图 3.16.4　创建与曲面相切的基准面

Step 1　打开文件 D:\sw13\work\ch03\ch03.16\ch03.16.1\plane_3.SLDPRT。

Step 2　选择命令。选择下拉菜单 插入(I) ➡ 参考几何体(G) ➡ 基准面(P)... 命令，系统弹出"基准面"对话框。

Step 3　定义基准面的参考实体。选取图 3.16.4a 所示的点和曲面作为所要创建的基准面的参考实体。

Step 4　单击对话框中的 ✅ 按钮，完成基准面的创建。

3.16.2 基准轴

"基准轴（axis）"按钮的功能是在零件设计模块中建立轴线，同基准面一样，基准轴也可以用于特征创建时的参照，并且基准轴对创建基准平面、同轴放置项目和径向阵列特别有用。

创建基准轴后，系统用基准轴1、基准轴2等依次自动分配其名称。要选取一个基准轴，可选择基准轴线自身或其名称。

1. 利用两平面创建基准轴

可以利用两个平面的交线创建基准轴。平面可以是系统提供的基准面，也可以是模型表面。如图3.16.5b所示，利用两平面创建基准轴的一般操作步骤如下：

图 3.16.5　利用两平面创建基准轴

Step 1 打开文件 D:\sw13\work\ch03\ch03.16\ch03.16.2\axis _1.SLDPRT。

Step 2 选择命令。选择下拉菜单 插入(I) ➡ 参考几何体(G) ➡ 基准轴(A)... 命令（或单击"参考几何体"工具栏中的 按钮），系统弹出图3.16.6所示的"基准轴"对话框。

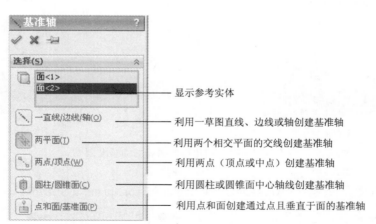

图 3.16.6　"基准面"对话框

Step 3 定义基准轴的创建类型。在"基准轴"对话框的 选择(S) 区域中单击"两平面"按钮。

Step 4 定义基准轴的参考实体。选取图 3.16.5a 所示的两个平面作为所要创建的基准轴的参考实体。

Step 5 单击对话框中的 ✔ 按钮，完成基准轴的创建。

2. 利用两点/顶点创建基准轴

利用两点连线创建基准轴。点可以是顶点、边线中点或其他基准点。

下面介绍图 3.16.7b 所示基准轴的创建过程。

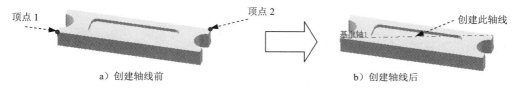

a）创建轴线前 　　　　　　　　　　　　b）创建轴线后

图 3.16.7　利用两点/顶点创建基准轴

Step 1 打开文件 D:\sw13\work\ch03\ch03.16\ch03.16.2\axis_2.SLDPRT。

Step 2 选择命令。选择下拉菜单 插入(I) ➡ 参考几何体(G) ➡ 基准轴(A)... 命令，系统弹出"基准轴"对话框。

Step 3 定义基准轴的创建类型。在"基准轴"对话框的 选择(S) 区域中单击"两点/顶点"按钮 ✎。

Step 4 定义基准轴参考实体。选取图 3.16.7a 所示的顶点 1 和顶点 2 为基准轴的参考实体。

Step 5 单击对话框中的 ✔ 按钮，完成基准轴的创建。

3. 利用圆柱/圆锥面创建基准轴

下面介绍图 3.16.8b 所示基准轴的创建过程。

Step 1 打开文件 D:\sw13\work\ch03\ch03.16\ch03.16.2\axis_3.SLDPRT。

Step 2 选择命令。选择下拉菜单 插入(I) ➡ 参考几何体(G) ➡ 基准轴(A)... 命令（或单击"参考几何体"工具栏中的 ＼ 按钮），系统弹出"基准轴"对话框。

Step 3 定义基准轴的创建类型。在"基准轴"对话框的 选择(S) 区域中单击"圆柱/圆锥面"按钮 ▣。

Step 4 定义基准轴参考实体。选取图 3.16.8a 所示的半圆柱面为基准轴的参考实体。

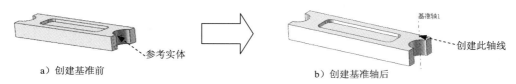

a）创建基准前 　　　　　　　　　　　　b）创建基准轴后

图 3.16.8　利用圆柱/圆锥面创建基准轴

Step 5 单击对话框中的 ✔ 按钮，完成基准轴的创建。

4. 利用点和面/基准面创建基准轴

选择一个曲面（或基准面）和一个点生成基准轴，此基准轴通过所选点，且垂直于所选曲面（或基准面）。需注意的是，如果所选曲面不是平面，那么所选点必须位于曲面上。

下面介绍图 3.16.9b 所示基准轴的创建过程。

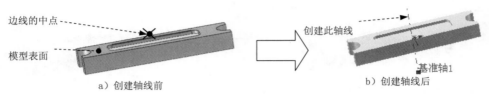

图 3.16.9　利用点和面/基准面创建基准轴

Step 1　打开文件 D:\sw13\work\ch03\ch03.16\ch03.16.2\axis_4.SLDPRT。

Step 2　选择命令。选择下拉菜单 插入(I) ➡ 参考几何体(G) ➡ 基准轴(A)... 命令，系统弹出"基准轴"对话框。

Step 3　定义基准轴的创建类型。在"基准轴"对话框的 选择(S) 区域中单击"点和面/基准面"按钮。

Step 4　定义基准轴参考实体。

（1）定义轴线通过的点。选取图 3.16.9a 所示的边线的中点为轴线通过的点。

（2）定义轴线的法向平面。选取图 3.16.9a 所示的模型表面为轴线的法向平面。

Step 5　单击对话框中的 ✔ 按钮，完成基准轴的创建。

3.16.3　点

"点（point）"按钮的功能是在零件设计模块中创建点，作为其他实体创建的参考元素。

1. 利用圆弧中心创建点

下面介绍图 3.16.10b 所示创建点的一般过程。

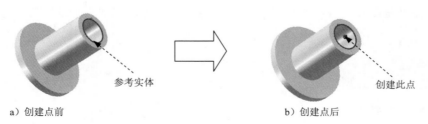

图 3.16.10　利用圆弧中心创建点

Step 1　打开文件 D:\sw13\work\ch03\ch03.16\ch03.16.3\point_1.SLDPRT。

Step 2　选择命令。选择下拉菜单 插入(I) ➡ 参考几何体(G) ➡ ✳ 点(O)... 命令，系统弹出图 3.16.11 所示的"点"对话框。

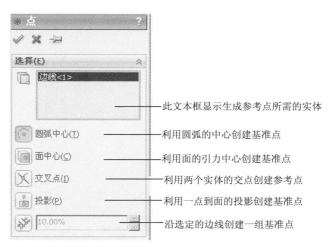

此文本框显示生成参考点所需的实体
利用圆弧的中心创建基准点
利用面的引力中心创建基准点
利用两个实体的交点创建参考点
利用一点到面的投影创建基准点
沿选定的边线创建一组基准点

图 3.16.11　"点"对话框

Step 3　定义点的创建类型。在"点"对话框的 选择(E) 区域中单击"圆弧中心"按钮 ⊙ 。

Step 4　定义点的参考实体。选取图 3.16.10a 所示的边线为点的参考实体。

Step 5　单击对话框中的 ✔ 按钮，完成点的创建。

2. 利用面中心创建基准点

利用所选面的中心创建点，面的中心即面的重心。

下面介绍图 3.16.12b 所示点的创建过程。

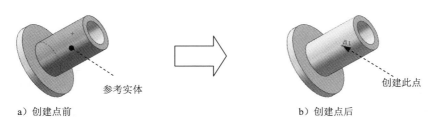

参考实体

创建此点

a）创建点前　　　　　　　　　　　　　b）创建点后

图 3.16.12　利用面中心创建点

Step 1　打开文件 D:\sw13\work\ch03\ch03.16\ch03.16.3\point_2.SLDPRT。

Step 2　选择命令。选择下拉菜单 插入(I) ➡ 参考几何体(G) ➡ ✳ 点(O)... 命令（或单击"参考几何体"工具栏中的 ✳ 按钮），系统弹出"点"对话框。

Step 3　定义点的创建类型。在"点"对话框的 选择(E) 区域中单击"面中心"按钮 🔳 。

Step 4　定义点的参考实体。选取图 3.16.12a 所示的模型表面为点的参考实体。

Step 5 单击对话框中的 ✅ 按钮，完成点的创建。

3. 利用交叉线创建点

在所选参考实体的交线处创建点，参考实体可以是边线、曲线或草图线段。

下面介绍图 3.16.13b 所示点的创建过程。

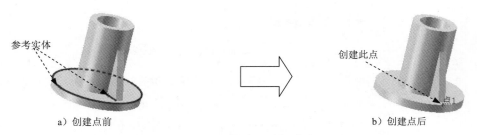

a）创建点前   b）创建点后

图 3.16.13 利用交叉点创建点

Step 1 打开文件 D:\sw13\work\ch03\ch03.16\ch03.16.3\point _3.SLDPRT。

Step 2 选择命令。选择下拉菜单 插入(I) ➡ 参考几何体(G) ➡ ✳ 点(D)... 命令，系统弹出"点"对话框。

Step 3 定义点的创建类型。在"点"对话框的 选择(E) 区域中单击"交叉点"按钮 ╳ 。

Step 4 定义点的参考实体。选取图 3.16.13a 所示的两条边线为点的参考实体。

Step 5 单击对话框中的 ✅ 按钮，完成点的创建。

4. 利用投影创建点

利用一个投影实体和一个被投影实体创建点，投影实体可以是曲线端点、草图线段中点和实体模型顶点；被投影实体可以是基准面、平面或曲面。

下面介绍图 3.16.14b 所示点的创建过程。

投影平面   参考点

a）创建点前   b）创建点后

图 3.16.14 利用投影创建点

Step 1 打开文件 D:\sw13\work\ch03\ch03.16\ch03.16.3\point _4.SLDPRT。

Step 2 选择命令。选择下拉菜单 插入(I) ➡ 参考几何体(G) ➡ ✳ 点(D)... 命令，系统弹出"点"对话框。

Step **3** 定义点的创建类型。在"点"对话框的 **选择(E)** 区域中单击"投影"按钮 [⌖]。

Step **4** 定义点的参考实体。

（1）定义参考点。选取图 3.16.14a 所示的点为所创点的参考点。

（2）定义投影平面。选取图 3.16.14a 所示的模型表面为点的投影平面。

Step **5** 单击对话框中的 ✅ 按钮，完成点的创建。

5．沿曲线创建多个点

可以沿选定曲线生成一组点，曲线可以为模型边线或草图线段。

下面介绍图 3.16.15b 所示点的创建过程。

a）创建点前　　　　　　　　　　　b）创建点后

图 3.16.15　沿曲线创建多个点

Step **1** 打开文件 D：\sw13\work\ch03\ch03.16\ch03.16.3\point _5.SLDPRT。

Step **2** 选择命令。选择下拉菜单 插入(I) ➡ 参考几何体(G) ➡ ＊ 点(O)... 命令，系统弹出"点"对话框。

Step **3** 定义点的创建类型。在"点"对话框的 **选择(E)** 区域中单击"沿曲线距离或多个参考点"按钮 [✐]。

Step **4** 定义点的参考实体。

（1）定义生成点的曲线。选取图 3.16.15a 所示的边线为生成点的曲线。

（2）定义点的分布类型和数值。在"点"对话框中选中 ⊙ 距离(D) 单选项，在 [✐] 按钮后的文本框中输入数值 30.0；在 [⁖#] 按钮后的文本框中输入 5，并按回车键。

Step **5** 单击对话框中的 ✅ 按钮，完成点的创建。

3.16.4　坐标系

"坐标系（coordinate）"按钮的功能是在零件设计模块中创建坐标系，作为其他实体创建的参考元素。

下面介绍创建图 3.16.16b 所示坐标系的一般过程。

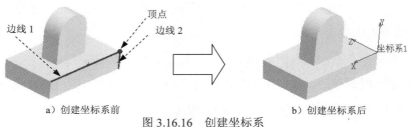

a）创建坐标系前　　　　　　　　　b）创建坐标系后

图 3.16.16　创建坐标系

Step 1　打开文件 D：\sw13\work\ch03\ch03.16\ch03.16.4\coordinate.SLDPRT。

Step 2　选择命令。选择下拉菜单 插入(I) ➡ 参考几何体(G) ➡ 坐标系(C)...命令，系统弹出图 3.16.17 所示的"坐标系"对话框。

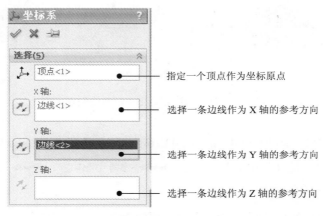

指定一个顶点作为坐标原点

选择一条边线作为 X 轴的参考方向

选择一条边线作为 Y 轴的参考方向

选择一条边线作为 Z 轴的参考方向

图 3.16.17　"坐标系"对话框

Step 3　定义坐标系参数。

（1）定义坐标系源点。选取图 3.16.17a 所示的顶点为坐标系原点。

说明：有两种方法可以更改选择：一是在图形区右击，从系统弹出的快捷菜单中选择 消除选择 (D)命令，然后重新选择；二是在"原点"按钮 ᴌ 后的文本框中右击，从系统弹出的快捷菜单中选择 消除选择 (A)命令或 删除 (B)命令，然后重新选择。

（2）定义坐标系 X 轴。选取图 3.16.17a 所示的边线 1 为 X 轴所在边线，方向如图 3.16.17b 所示。

（3）定义坐标系 Y 轴。选取图 3.16.17a 所示的边线 2 为 Y 轴所在边线，方向如图 3.16.17b 所示。

说明：坐标系的 Z 轴所在边线及其方向均由 X、Y 轴决定，可以通过单击"反转"按钮 ᴋ，实现 X、Y 轴方向的改变。

Step 4　单击"坐标系"对话框中的 ✓ 按钮，完成坐标系的创建。

3.17　特征的镜像

特征的镜像复制就是将源特征相对一个平面（这个平面称为镜像基准面）进行镜像，从而得到源特征的一个副本。如图 3.17.1 所示，对这个圆柱拉伸特征进行镜像复制的一般操作步骤如下：

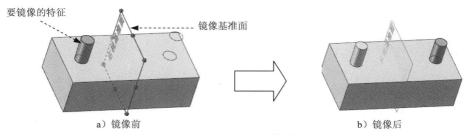

a）镜像前　　　　　　　　　　b）镜像后

图 3.17.1　镜像特征

Step 1　打开文件 D:\sw13\work\ch03\ch03.17\mirror_copy.SLDPRT。

Step 2　选择命令。选择下拉菜单 插入(I) ➡ 阵列/镜向(E) ➡ 镜向(M) 命令，系统弹出图 3.17.2 所示的"镜向"对话框。

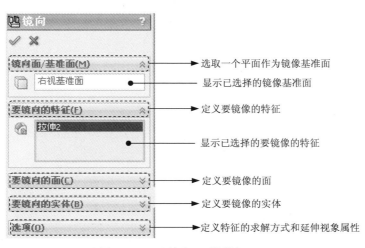

图 3.17.2　"镜向"对话框

Step 3　选取镜像基准面。选取右视基准面作为镜像基准面。

Step 4　选取要镜像的特征。选取图 3.17.1a 所示的拉伸 2 作为要镜像的特征。

Step 5　单击"镜向"对话框中的 ✔ 按钮，完成特征的镜像操作。

3.18 模型的平移与旋转

3.18.1 模型的平移

"平移（translation）"命令的功能是将模型沿着指定方向移动到指定距离的新位置，此功能不同于 3.3.2 节中的视图平移，模型平移是相对于坐标系移动，而视图平移则是模型和坐标系同时移动，模型的坐标没有改变。

下面将对图 3.18.1 所示模型进行平移，其一般操作步骤如下：

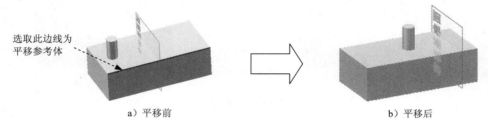

选取此边线为
平移参考体

a）平移前   b）平移后

图 3.18.1　模型的平移

Step 1　打开文件 D:\sw13\work\ch03\ch03.18\ch03.18.1\translation_1.SLDPRT。

Step 2　选择命令。选择下拉菜单 插入(I) ➡ 特征(F) ➡ 移动/复制(V)... 命令，系统弹出图 3.18.2 所示的"移动/复制实体"对话框（一）。

图 3.18.2　"移动/复制实体"对话框（一）

Step 3　定义平移实体。在图形区选取长方体为要平移的实体。

Step 4　定义平移参考体。单击 平移 区域的 文本框使其激活，然后选取图 3.18.1a 所示的边线 1。

Step 5　定义平移距离。在 平移 区域的 按钮后的文本框中输入数值-35。

Step 6　单击对话框中的 ✔ 按钮，完成模型的平移操作。

说明：

● 在"移动/复制实体"对话框的 要移动/复制的实体 区域中，选中 ☑复制(C) 复选框，即可在平移的同时复制实体。在 ✳# 按钮后的文本框中输入复制实体的数值 1.0（图 3.18.3），完成平移复制后的模型如图 3.18.4b 所示。

● 在 3.18.3 所示的对话框中单击 约束(O) 按钮，将展开对话框中的约束部分，在此对话框中可以定义实体之间的配合关系。完成约束之后，可以单击对话框底部的 平移/旋转(R) 按钮，切换到参数设置的界面。

图 3.18.3　"移动/复制实体"对话框（二）

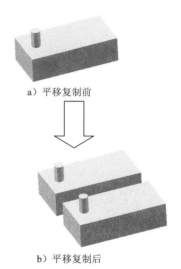

a）平移复制前

b）平移复制后

图 3.18.4　模型的平移复制

3.18.2　模型的旋转

"旋转"命令的功能是将模型绕轴线旋转到新位置。此功能不同于 3.3.2 中的视图旋转，模型旋转是相对于坐标系旋转，而视图旋转则是模型和坐标系同时旋转，模型的坐标没有改变。

下面将对图 3.18.5 所示模型进行旋转，操作步骤如下：

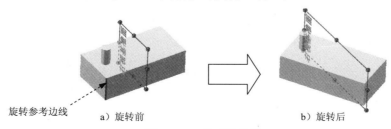

旋转参考边线　　　a）旋转前　　　　　　　　　　b）旋转后

图 3.18.5　模型的旋转

Step 1　打开文件 D:\sw13\work\ch03\ch03.18\ch03.18.2\rotate.SLDPRT。

Step 2　选择命令。选择下拉菜单 插入(I) ➡ 特征(F) ➡ 🔧 移动/复制(V)... 命令，
系统弹出图 3.18.6 所示的"移动/复制实体"对话框。

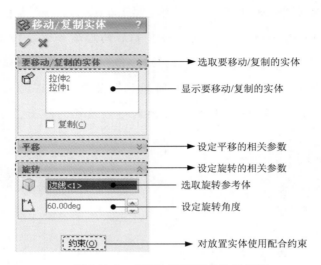

图 3.18.6　"移动/复制实体"对话框

Step 3　定义旋转实体。选取图形区的整个模型为旋转的实体。

Step 4　定义旋转参考体。选取图 3.18.5a 所示的边线为旋转参考体。

说明：定义的旋转参考不同，所需定义旋转参数的方式也不同。如选择一个顶点，则
需定义实体在 X、Y、Z 三个轴上的旋转角度。

Step 5　定义旋转角度。在 旋转 区域的 文本框中输入数值 60.0。

Step 6　单击对话框中的 ✓ 按钮，完成模型的旋转操作。

3.19　特征的阵列

特征的阵列功能是按线性或圆周形式复制源特征，阵列的方式包括线性阵列、圆周阵
列、草图（或曲线）驱动的阵列及填充阵列，以下将详细介绍四种阵列的方式。

3.19.1　线性阵列

特征的线性阵列就是将源特征以线性排列方式进行复制，使源特征产生多个副本。如
图 3.19.1 所示，对这个切除-拉伸特征进行线性阵列的一般操作步骤如下：

Step 1　打开文件 D:\sw13\work\ch03\ch03.19\ch03.19.1\rectangular.SLDPRT。

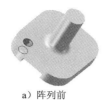　　

a）阵列前　　　　　　　　　　　　　b）阵列后

图 3.19.1　线性阵列

Step 2　选择命令。选择下拉菜单 插入(I) ➡ 阵列/镜向(E) ➡ 线性阵列(L)... 命令，系统弹出图 3.19.2 所示的"线性阵列"对话框。

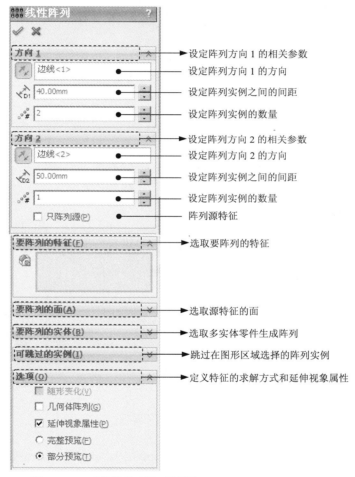

图 3.19.2　"线性阵列"对话框

Step 3　定义阵列源特征。单击 要阵列的特征(F) 区域中的文本框，选取图 3.19.1a 所示的拉伸 4 为阵列的源特征。

Step 4　定义阵列参数。

（1）定义方向 1 参考边线。单击以激活 **方向1** 区域中 按钮后的文本框，选取图 3.19.3 所示的边线 1 为方向 1 的参考边线。

（2）定义方向 1 参数。在 **方向1** 区域的 文本框中输入数值 40.0；在 文本框中输入数值 2。

（3）选取方向 2 参考边线。单击以激活 **方向2** 区域中 按钮后的文本框，选取图 3.19.3 所示的边线 2 为方向 2 的参考边线。

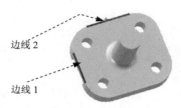

图 3.19.3　定义阵列参数

（4）定义方向 2 参数。在 **方向2** 区域的 文本框中输入数值 50.0；在 文本框中输入数值 2。

Step 5　单击对话框中的 按钮，完成线性阵列的创建。

3.19.2　圆周阵列

特征的圆周阵列就是将源特征以周向排列方式进行复制，使源特征产生多个副本。如图 3.19.4 所示，对筋特征进行圆周阵列的一般操作步骤如下：

a）阵列前　　　　　　　　　　　　　　b）阵列后

图 3.19.4　圆周阵列

Step 1　打开文件 D:\sw13\work\ch03\ch03.19\ch03.19.2\circle_pattern.SLDPRT。

Step 2　选择命令。选择下拉菜单 插入(I) ➡ 阵列/镜向(E) ➡ 圆周阵列(C)... 命令，系统弹出图 3.19.5 所示的"圆周阵列"对话框。

Step 3　定义阵列源特征。单击以激活 **要阵列的特征(F)** 区域中的文本框，选取图 3.19.4a 所示的筋 1 作为阵列的源特征。

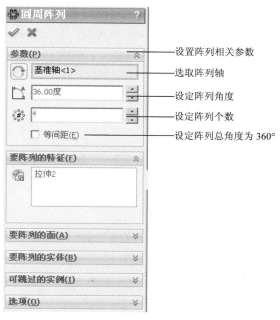

图 3.19.5 "圆周阵列"对话框

Step 4 定义阵列参数。

（1）定义阵列轴。选择下拉菜单 视图(V) ➔ 临时轴(X)，即显示临时轴。单击激活 后的阵列轴文本框，选取图 3.19.4a 所示的临时轴为圆周阵列轴。

（2）定义阵列角度。在 参数(P) 区域的 后的文本框中输入数值 90。

（3）定义阵列实例数。在 参数(P) 区域的 后的文本框中输入数值 4。

Step 5 单击对话框中的 按钮，完成圆周阵列的创建。

3.19.3 草图驱动的阵列

草图驱动的阵列就是将源特征复制到用户指定的位置（指定位置一般以草绘点的形式表示），使源特征产生多个副本。如图 3.19.6 所示，对切除-拉伸特征进行草图驱动阵列的一般操作步骤如下：

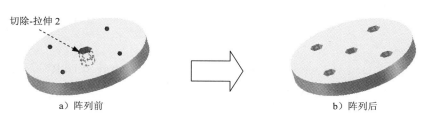

切除-拉伸 2

a）阵列前　　　　　　　　　　　　　b）阵列后

图 3.19.6 草图驱动的阵列

Step 1 打开文件 D:\sw13\work\ch03\ch03.19\ch03.19.3\sketch_array.SLDPRT。

Step 2 选择命令。选取下拉菜单 插入(I) ➡ 阵列/镜向(E) ➡ 草图驱动的阵列(S) 命令，系统弹出图 3.19.7 所示的"由草图驱动的阵列"对话框。

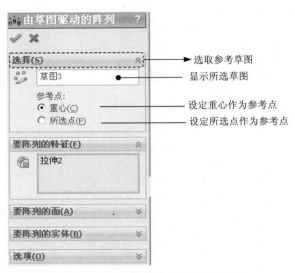

图 3.19.7 "由草图驱动的阵列"对话框

Step 3 定义阵列源特征。选取图 3.19.6a 所示的切除-拉伸 2 作为阵列的源特征。

Step 4 定义阵列的参考草图。选取设计树中的 草图3 节点作为阵列的参考草图。

Step 5 单击对话框中的 ✔ 按钮，完成草图驱动的阵列的创建。

3.19.4 填充阵列

填充阵列就是将源特征填充到指定的区域（一般为一个草图）内，使源特征产生多个副本。如图 3.19.8 所示，对这个切除-旋转特征进行填充阵列的操作过程如下：

a）阵列前   b）阵列后

图 3.19.8 填充阵列

Step 1 打开文件 D:\sw13\work\ch03\ch03.19\ch03.19.4\fill_array.SLDPRT。

Step 2 选择命令。选择下拉菜单 插入(I) ➡ 阵列/镜向(E) ➡ 填充阵列(F)...命令，系统弹出图 3.19.9 所示的"填充阵列"对话框。

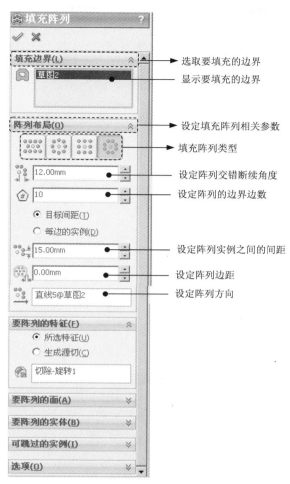

图 3.19.9 "填充阵列"对话框

右侧标注（从上到下）：
- 选取要填充的边界
- 显示要填充的边界
- 设定填充阵列相关参数
- 填充阵列类型
- 设定阵列交错断续角度
- 设定阵列的边界边数
- 设定阵列实例之间的间距
- 设定阵列边距
- 设定阵列方向

Step 3 定义阵列源特征。单击以激活"填充阵列"对话框 **要阵列的特征(F)** 区域中的文本框，选择图 3.19.8a 所示的切除-旋转 1 作为阵列的源特征。

Step 4 定义阵列参数。

（1）定义阵列的填充边界。激活 **填充边界(L)** 区域中的文本框，在设计树中选择 ▷ **草图3** 为阵列的填充边界。

（2）定义阵列布局。

① 定义阵列模式。在对话框的 **阵列布局(O)** 区域中单击 按钮。

② 定义阵列方向。系统默认将图 3.19.10 所示的边线作为阵列方向。

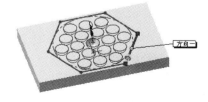

图 3.19.10 选取阵列方向

③ 定义阵列尺寸。在 **阵列布局(O)** 区域的 按钮后的文本框中输入数值 12.0，在 按

钮后的文本框中输入数值 15.0，在 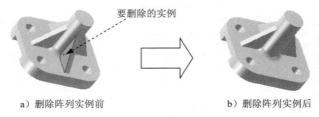 按钮后的文本框中输入数值 0。

Step 5　单击对话框中的 ✔ 按钮，完成填充阵列的创建。

3.19.5　删除阵列实例

下面以图 3.19.11 所示图形为例，说明删除阵列实例的一般过程。

要删除的实例

a）删除阵列实例前　　　　　　　b）删除阵列实例后

图 3.19.11　删除阵列实例

Step 1　打开文件 D:\sw13\work\ch03\ch03.19\ch03.19.5\delete_pattern.SLDPRT。

Step 2　选择命令。在图形区右击要删除的阵列实例（图 3.19.11），从弹出的快捷菜单中
选择 ✕ 删除... (Y) 命令，系统弹出图 3.19.12 所示的"阵列删除"对话框。

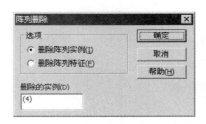

图 3.19.12　"阵列删除"对话框

"阵列删除"对话框中的选项说明如下：

● ⊙ 删除阵列实例(I) 单选项：若选中此单选项，系统仅删除所选的实例，用户选择的
实例将显示在"删除的实例"文本框中。

● ⊙ 删除阵列特征(F) 单选项：若选中此单选项，系统将删除所有阵列实例，但不包括
源特征。

Step 3　单击对话框中的 确定 按钮，完成阵列实例的删除。

3.20　拔模特征

注塑件和铸件往往需要一个拔模斜面才能顺利脱模，SolidWorks 中的拔模特征就是用
来创建模型的拔模斜面。

拔模特征共有三种：中性面拔模、分型线拔模和阶梯拔模。下面将介绍建模中最常用的中性面拔模。

中性面拔模特征是通过指定拔模面、中性面和拔模方向等参数生成以指定角度切削所选拔模面的特征。

下面以图 3.20.1 所示的简单模型为例，说明创建中性面拔模特征的一般过程。

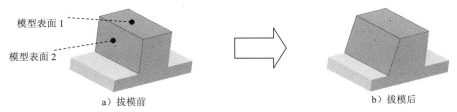

　　a）拔模前　　　　　　　　　　　　　　　　b）拔模后

图 3.20.1　中性面拔模

Step 1　打开文件 D:\sw13\work\ch03\ch03.20\draft.SLDPRT。

Step 2　选择命令。选择下拉菜单 插入(I) ➡ 特征(F) ➡ 拔模(D) 命令，系统弹出图 3.20.2 所示的"拔模"对话框。

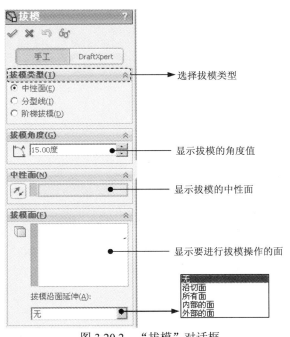

图 3.20.2　"拔模"对话框

Step 3　定义拔模类型。在"拔模"对话框 拔模类型(T) 区域中选中 ⊙ 中性面(E) 单选项。

　　注意：该对话框中会出现一个 DraftXpert 选项卡，此选项卡的作用是管理中性面拔模的生成和修改，但当用户编辑拔模特征时，该选项卡不会出现。

Step **4** 定义拔模面。单击以激活对话框的 **拔模面(F)** 区域中的文本框，选取模型表面 1
为中性面。

Step **5** 定义拔模的中性面。单击以激活对话框的 **中性面(N)** 区域中的文本框，选取图 3.20.1
所示的模型表面 2 为拔模面。

Step **6** 定义拔模属性。

（1）定义拔模方向。拔模方向如图 3.20.3 所示。

说明：在定义拔模的中性面之后，模型表面将出现一个指示箭头，箭头表明的是拔模
方向（即所选拔模中性面的法向），如图 3.20.3 所示，可单击 **中性面(N)** 区域中的"反向"按
钮 ，反转拔模方向。

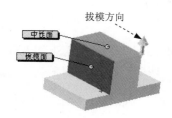

图 3.20.3　定义拔模方向

（2）输入角度值。在对话框的 **拔模角度(G)** 区域的文本框中输入角度值 15.0。

Step **7** 单击对话框中的 按钮，完成拔模特征的创建。

3.21　扫描特征

3.21.1　扫描特征简述

扫描（Sweep）特征是将一个轮廓沿着给定的路径"掠过"而生成的。扫描特征分为
凸台扫描特征和切除扫描特征，图 3.21.1 所示即为凸台扫描特征。要创建或重新定义一个
扫描特征，必须给定两大特征要素，即路径和轮廓。

3.21.2　创建凸台扫描特征的一般过程

下面以图 3.21.1 为例，说明创建扫描凸台特征的一般过程。

Step **1** 打开文件 D:\sw13\work\ch03\ch03.21\ch03.21.1\sweep_example.SLDPRT。

Step **2** 选取命令。选择下拉菜单 插入(I) ➡ 凸台/基体(B) ➡ 扫描(S)...命令，系
统弹出图 3.21.2 所示的"扫描"对话框。

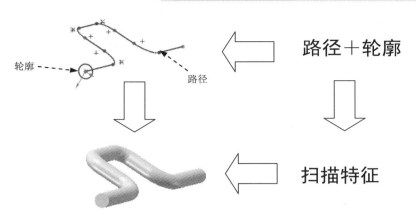

图 3.21.1 扫描凸台特征

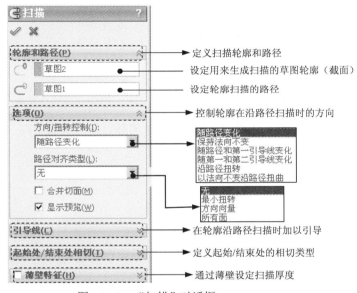

图 3.21.2 "扫描"对话框

对图 3.21.2 所示的"扫描"对话框 选项(0) 区域的说明如下：

● 方向/扭转控制(I)：通过选择下拉列表中不同的选项控制轮廓沿路径扫描的方向。

☑ 随路径变化：轮廓截面相对于路径的角度保持不变。

☑ 保持法向不变：轮廓截面始终与开始截面保持平行。

☑ 随路径和第一引导线变化：当选择引导线时使用，则轮廓截面保持和路径、第一引导线的角度。

☑ 随第一和第二引导线变化：当选择两条引导线时，轮廓截面保持和第一引导线、第二引导线的角度不变。

☑ 沿路径扭转：通过设置度数、弧度或旋转来定义截面沿路径的扭转方式。

☑ 以法向不变沿路径扭曲：沿路径扭转截面并保持和开始截面平行。

● 路径对齐类型(L)：只有在 方向/扭转控制(I) 下拉列表中选择随路径变化选项时，此选项被激活，用于稳定轮廓。

　　☑ 无 ：不限制路径对齐类型。

　　☑ 最小扭转 ：防止轮廓在随路径变化时的自相交情况（只对于 3D 草图有用）。

　　☑ 方向向量 ：使轮廓与所选的方向向量实体对齐（方向向量实体可以是一平面、基准面、直线、边线、圆柱、轴、特征上的顶点组等）。

　　☑ 所有面 ：在路径包括多个面时，扫描轮廓在允许多情况下与相邻的面相切。

　　☑ ☑ 显示预览(W)：选中此复选框可以显示扫描结果。

Step 3　选取扫描轮廓。选取草图 2 作为扫描轮廓。

Step 4　选取扫描路径。选取草图 1 作为扫描路径。

Step 5　选取引导线。采用系统默认的引导线。

Step 6　在"扫描"对话框中单击 ✅ 按钮，完成扫描特征的创建。

说明：创建扫描特征，必须遵循以下规则：

● 对于扫描凸台/基体特征而言，轮廓必须是封闭环，若是曲面扫描，则轮廓可以是开环也可以是闭环。

● 路径可以为开环或闭环。

● 路径可以是一张草图、一条曲线或模型边线。

● 路径的起点必须位于轮廓的基准面上。

● 不论是截面、路径还是所要形成的实体，都不能出现自相交叉的情况。

3.21.3　创建切除扫描特征的一般过程

下面以图 3.21.3 为例，说明创建切除扫描特征的一般过程。

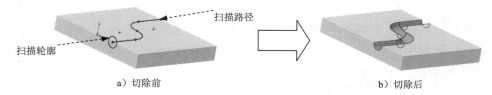

a）切除前　　　　　　　　　　　　　　　　b）切除后

图 3.21.3　切除扫描特征

Step 1　打开文件 D:\sw13\work\ch03\ch03.21\ch03.21.2\sweep_cut. SLDPRT。

Step 2　选取命令。选择下拉菜单 插入(I) ➞ 切除(C) ➞ 🔲 扫描(S) 命令，系统弹出的"切除－扫描"对话框。

Step **3** 选取扫描轮廓。选取草图 5 作为扫描轮廓。

Step **4** 选取扫描路径。选取草图 4 作为扫描路径。

Step **5** 选取引导线。采用系统默认的引导线。

Step **6** 在"切除－扫描"对话框中单击 ✔ 按钮，完成切除扫描特征的创建。

3.22　放样特征

3.22.1　放样特征简述

将一组不同的截面沿其边线用过渡曲面连接形成一个连续的特征，就是放样特征。放样特征分为凸台放样特征和切除放样特征，分别用于生成实体和切除实体。放样特征至少需要两个截面，且不同截面应事先绘制在不同的草图平面上。图 3.22.1 所示的放样特征是由三个截面混合而成的凸台放样特征。

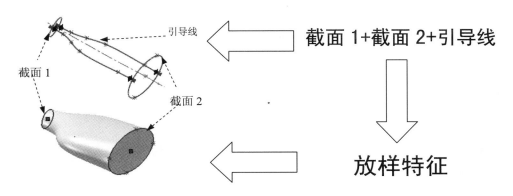

图 3.22.1　放样特征

3.22.2　创建凸台放样特征的一般过程

Step **1** 打开文件 D:\sw13\work\ch03\ch03.22\ch03.22.2\ blend_1.SLDPRT。

Step **2** 选取命令。选择下拉菜单 插入(I) ➡ 凸台/基体(B) ➡ 🛎️ 放样(L)... 命令（或单击"特征（F）"工具栏中的 🛎️ 按钮），系统弹出图 3.22.2 所示的"放样"对话框。

Step **3** 选择截面轮廓。依次选取草图 1 和草图 2 为凸台放样特征的截面轮廓。

注意：凸台放样特征实际上是利用截面轮廓以渐变的方式生成，所以在选取的时候要注意截面轮廓的先后顺序，否则无法正确生成实体。

选取一个截面轮廓，单击 ⬆️ 按钮或 ⬇️ 按钮可以调整轮廓的顺序。

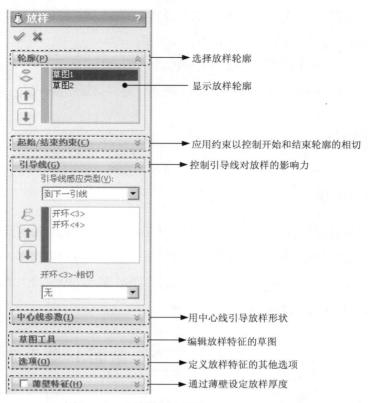

图 3.22.2 "放样"对话框

Step 4 选取引导线。在图形区选取两条样条曲线作为引导线。

说明：在一般情况下，系统默认的引导线经过截面轮廓的几何中心。

Step 5 单击"放样"对话框中的 ✔ 按钮，完成凸台放样特征的定义。

说明：使用引导线放样时，可以使用一条或多条引导线来连接轮廓，引导线可控制放样实体的中间轮廓。需注意的是：引导线与轮廓之间应存在几何关系，否则无法生成目标放样实体。在"放样"对话框中单击 ☑ **薄壁特征(T)** 复选框，可以通过设定参数创建薄壁凸台放样特征。

起始和结束约束的各相切类型选项的说明如下：

- **默认**：系统将在起始轮廓和结束轮廓间建立抛物线，利用抛物线中的相切来约束放样曲面，使产生的放样实体更具可预测性、更自然。

- **无**：不应用到相切约束。

- **方向向量**：根据所选轮廓，选择合适的方向向量以应用相切约束。操作时，选择一个方向向量之后，需选择一个基准面、线性边线或轴来定义方向向量。

- **垂直于轮廓**：系统将建立垂直于开始轮廓或结束轮廓的相切约束。

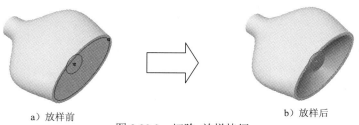

3.22.3　创建切除–放样特征的一般过程

创建图 3.22.3 所示的切除-放样特征的一般过程如下：

a）放样前　　　　　　　　　　　　　　b）放样后

图 3.22.3　切除-放样特征

Step **1**　打开文件 D:\sw13\work\ch03\ch03.22\ch03.22.3\blend_2.SLDPRT。

Step **2**　选取命令。选择下拉菜单 插入(I) ➡ 切除(C) ➡ 放样(L)..命令，系统弹出图 3.22.4 所示的"切除-放样"对话框。

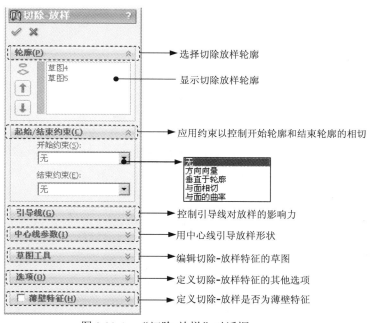

图 3.22.4　"切除-放样"对话框

Step **3**　选取截面轮廓。依次选取草图 4、草图 5 作为切除-放样特征的截面轮廓。

Step **4**　选取引导线。本例中使用系统默认的引导线。

Step **5**　单击"切除-放样"对话框中的 ✓ 按钮，完成切除-放样特征的定义。

说明：开始和结束约束的各相切类型选项的说明如下：

● 与面相切选项：使相邻面与起始轮廓或结束轮廓相切。

- 与面的曲率选项：在轮廓的开始处或结束处应用平滑、连续的曲率放样。

在"切除-放样"对话框中选中 ☑ 薄壁特征(T) 复选框，也可以通过设定参数创建薄壁切除-放样特征。

3.23 自由形

自由形命令是通过修改四边形面上点的位置，使曲面实体的表面自由凹陷或凸起，以改变实体表面的形状。该命令所完成的效果是使用扫描及放样等命令难以实现的。值得注意的是：自由形命令所修改的面只能是由四条边组成的曲面，另外"自由形"命令不生成曲面，所示它不会影响模型的拓扑运算。

下面以图 3.23.1 所示的模型为例介绍创建"自由形"特征的一般过程。

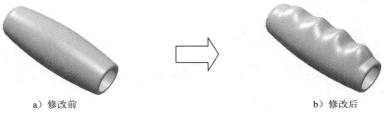

a）修改前　　　　　　　　　　b）修改后

图 3.23.1　创建"自由形"特征

Step 1　打开文件 D:\sw13\work\ch03\ch03.23\free_shape.SLDPRT。

Step 2　选择命令。选择下拉菜单 插入(I) ➡ 特征(E) ➡ 🐍 自由形(F)... 命令，此时系统弹出图 3.23.2 所示的"自由形"对话框。

图 3.23.2　"自由形"对话框

Step **3**　在 面设置(E) 区域中单击激活 后的文本框,选取图 3.23.3 所示的模型表面作为要变形的面。

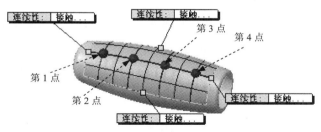

连线性: 接触...　连线性: 接触...

第 3 点

第 4 点

第 1 点

第 2 点

连线性: 接触...

连线性: 接触...

图 3.23.3　创建控制点

图 3.23.2 所示的"自由形"对话框的 面设置(E) 区域的说明如下:

（要变形的面）: 选择一个四边形的面作为要变形的面。

☑ 方向1 对称 和 ☑ 方向 2 对称 : 若要变形的面只在一个方向上对称, 则 ☑ 方向1 对称 与 ☑ 方向 2 对称 复选框将只有一个处于激活状态。若变形的面在两个方向都对称时, 两个选项将同时激活。选中一个或同时选中两个选项时, 系统会在模型上显示出一个或两个假想的对称面, 调整对称面一侧的模型表面形状, 另一侧的模型表面对称发生变化。

显示 区域中的选项的说明如下:

● 面透明度: : 通过调整滑块或输入确切数值来调整所选面的透明度。

● ☑ 网格预览(M) : 选中此复选框后, 要修改的面上将显示出网格线, 用于帮助放置控制曲线和控制点。

● 网格密度: : 通过拖动滑块或输入确切数值调整网格的密度。

● ☐ 斑马条纹(Z) : 选中此复选框后, 要修改的模型表面将显示出斑马条纹, 用于检查曲面质量。

● ☑ 曲率检查梳形图(A) : 选中此复选框, 可以沿网格线显示曲率检查梳形图。

Step **4**　创建控制曲线。在 控制曲线 区域中的 控制类型: 下选中 ⊙ 通过点(T) 单选项。单击 添加曲线(D) 按钮, 依照所选面上的网格排布, 在网格线上均匀地创建 7 条曲线。

Step **5**　创建第一个控制点。在 控制点(I) 区域中单击 添加点(O) 按钮, 在图 3.23.3 所示的"第 1 点"的位置处单击, 完成后鼠标指针变成 样式, 在空白处单击, 完成第一个控制点的创建。

Step **6**　参照 Step5 的操作创建其余三个控制点, 完成后按 Esc 键。

注意: 当完成下一个控制点的创建后, 模型中将不显示前一个控制点, 但前面所创建的控制点依然存在。

对图 3.23.2 所示的 控制曲线 区域中的选项说明如下：

- 控制类型:：控制曲线的类型，包括 ⊙ 通过点(T) 和 ○ 控制多边形(P) 两种类型。
  - ☑ ⊙ 通过点(T)：通过拖动曲线上的点修改面。
  - ☑ ○ 控制多边形(P)：在曲线上生成多边形，通过拖动多边形修改面。
- 添加曲线(D)：通过单击此按钮，可以在要修改的曲面上创建曲线。
- 反向(标签)：通过单击此按钮，可以在水平和竖直方向之间切换曲线的放置位置。

对图 3.23.2 所示的 控制点 区域中的选项说明如下：

- 添加点(O)：通过单击此按钮，可以在创建的曲线上创建控制点。
  - ☑ ☑ 捕捉到几何体(N)：选中此复选框后，可以在拖动三重轴时将三重轴的源点捕捉到已有几何体上。
- 三重轴方向:：用于精确移动控制点三重轴的方向。
  - ☑ ○ 整体(G)：设定三重轴和零件的轴匹配。
  - ☑ ○ 曲面(S)：设定三重轴 Z 轴和要修改的曲面垂直。
  - ☑ ⊙ 曲线(C)：设定三重轴 Z 轴和要修改的曲线垂直。
  - ☑ ☑ 三重轴跟随选择(F)：选中此复选框时，三重轴的位置随选择的控制点变化而变化。

Step 7 定义第一个控制点的位置。在创建的第一个控制点所在的曲线上单击，然后选中该点，出现图 3.23.4 所示的三重轴，在"自由形"对话框的 控制点 区域中出现图 3.23.6 所示的文本框，依次在三个文本框中输入数值 0、5、0。

说明：控制点 区域中的三个文本框分别用于设置控制点 X、Y、Z 方向的位置。红色的为 X 轴方向，绿色的为 Y 轴方向，蓝色的 Z 轴方向。

Step 8 参照 Step7 的操作编辑其余三个控制点。第二个控制点的位置为 0、6、0；第三个控制点的位置为 0、7、0；第四个控制点的位置为 0、8、0；编辑完成结果如图 3.23.5 所示。

图 3.23.4　显示三重轴

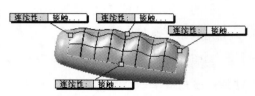

图 3.23.5　编辑控制点后

图 3.23.6　"控制点"区域

说明：在定义控制点位置时，除了使用确切的数值来确定控制点的位置外，还可以拖动三重轴的三个方向的三个拖动臂来确定控制点的位置，当向上拖动其中一个点时，临近固定点外侧的曲线将随之下凹。如果要创建一个局部的变形，为了尽可能地缩小波纹的影响，可以先将曲面分割成小面，然后在小面上操作使其变形，达到理想的变形目的。

说明："自由形"特征的四周边界条件决定了完成后的曲面相对于原始曲面的关系。自由形边界条件包括以下 5 种类型：

- 接触：新面与原始面沿边界保持接触关系，不会自动创建其他约束。
- 相切：新面与原始面沿边界始终保持相切关系。
- 曲率：新面与原始面边界保持曲率原始曲率不变。
- 可移动：新面与原始面边界可以移动，移动的同时会改变新面和原始面的关系。
- 可移动/相切：新面与原始面边界可以移动，同时会保持新面和原始面平行的相切关系。

Step 9　单击 ✅ 按钮，完成自由形特征的创建。

3.24　压凹

使用"压凹"命令可以在实体零件中完成类似钣金冲压的效果，如图 3.24.1b 所示，但只有模型中存在多个实体的情况下才可以完成压凹特征的创建。

a）压凹前（两个实体）　　　　　　　　　b）压凹后，（隐藏工具实体）

图 3.24.1　压凹特征

下面以图 3.24.1 所示的模型为例，讲解"压凹"命令的操作方法。

Step 1　打开在光盘中的模型文件 D:\sw13\work\ch03\ch03.24\sunken.SLDPRT，如图 3.24.2 所示。

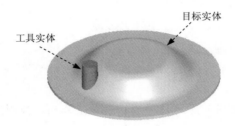

目标实体

工具实体

图 3.24.2　打开模型

Step 2　选择下拉菜单 插入(I) ➡ 特征(F) ➡ 压凹(N)命令，系统弹出图 3.24.3 所示的"压凹"对话框。

图 3.24.3　"压凹"对话框

Step 3　定义目标实体。在"压凹"对话框中，单击 选择 区域的 目标实体: 文本框以激活该文本框，然后选取图 3.24.2 所示的实体为目标实体，并选中 ⊙ 移除选择(R) 单选项。

Step 4　定义工具实体。在"压凹"对话框中，单击 选择 区域的 工具实体区域: 文本框以激活该文本框，然后选取图 3.24.2 所示的实体为工具实体，并取消选中 □ 切除(C) 复选框。

Step 5 确定特征的厚度。在 的文本框中输入厚度值 2.00mm；其他参数采用系统默认设置值。

Step 6 单击 按钮，完成"压凹"特征的创建。

说明： ⊙ 保留选择(K) 与 ⊙ 移除选择(R) 这两个单选项，用于定义工具实体冲压目标实体的方向。本例使用了 ⊙ 移除选择(R) 单选项，若使用 ⊙ 保留选择(K) 单选项，其结果如图 3.24.4 所示。

若选中 □ 切除(C) 复选框，则会移除工具体与目标体的交叉的区域区，如图 3.24.5 所示，这种情况下，只有"间隙"参数可用。

图 3.24.4　选择"保留选择"的结果（剖视图）　　　　图 3.24.5　选择"切除"的结果

Step 7 隐藏工具实体。在设计树中单击 拉伸3 节点，从弹出的快捷菜单中选择 命令，隐藏工具实体。

说明： 为了使模型更加美观，压凹后创建图 3.24.6b 所示的圆角。

操作步骤如下： 选取图 3.24.6a 所示的边线为圆角边线，圆角半径为 1.0mm，在"圆角"对话框中单击 按钮，完成圆角的创建。

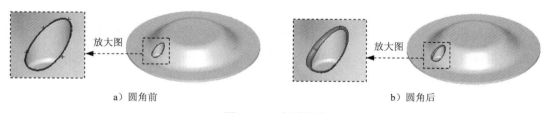

a）圆角前　　　　　　　　　　　　　　　　　　b）圆角后

图 3.24.6　创建圆角

Step 8 至此，零件模型创建完毕。选择下拉菜单 文件(F) ➡ 保存(S) 命令，将零件模型命名为 sunken-ok 并保存。

3.25　弯曲

弯曲特征可以直观地使模型进行复杂的变形。它可以应用于概念设计、机械设计、工业设计、冲模设计以及铸模设计等。弯曲特征共有 4 种类型：折弯（图 3.25.1b）、扭曲（图 3.25.1c）、锥削（图 3.25.1d）和伸展（图 3.25.1e）。

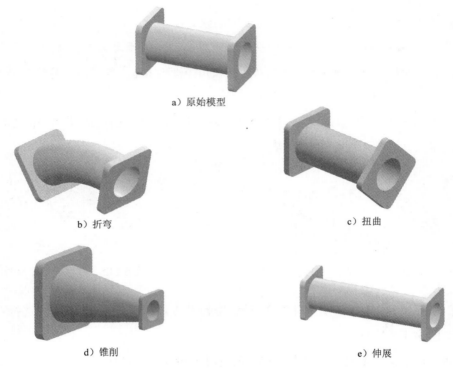

a）原始模型

b）折弯

c）扭曲

d）锥削

e）伸展

图 3.25.1　弯曲

3.25.1　折弯

折弯是利用两个剪裁基准面的位置来决定弯曲区域，绕一折弯轴折弯零件实体，此折弯轴在折弯过程中与三重轴的 X 轴重合，通过折弯可以创建出复杂的曲面形状。下面以图 3.25.2 所示的模型为例，讲解创建"折弯"类型的方法。

a）折弯前

b）折弯后

图 3.25.2　折弯

Step 1　打开文件 D:\sw13\work\ch03\ch03.25\phone.SLDPRT，如图 3.25.3 所示。

Step 2　选择命令。选择下拉菜单 插入(I) ➡ 特征(F) ➡ 弯曲(X) 命令，系统弹出图 3.25.4 所示的"弯曲"对话框。

图 3.25.3　打开模型

图 3.25.4　"弯曲"对话框

Step 3　定义弯曲实体。激活 弯曲输入(F) 区域的 🗁 后的文本框，选择整个模型为弯曲实体。

Step 4　定义弯曲类型。在"弯曲输入"区域中选中 ⊙ 折弯(B) 单选项，并选中 ☑ 粗硬边线(H) 复选框，此时在模型上会出现图 3.25.5 所示的两个折弯基准面、折弯轴和三重轴。

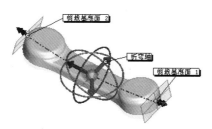

图 3.25.5　选择"折弯"后的模型

Step 5　定义折弯角度。在"弯曲输入"区域中的 文本框中输入折弯角度 25 度。

说明：

- （折弯半径）：当用户定义了折弯角度及剪裁基准面 1 与剪裁基准面 2 的位置后，系统将自动计算折弯半径的大小；若用户改变了折弯半径，折弯角度也将随之变化。

- ☑ 粗硬边线(H)：若选中该复选框，两个剪裁基准面将分割变形区域与未变形区域的表面，如图 3.25.6 所示。若不选中该复选框则不分割任何表面，使变形更为光滑，如图 3.25.7 所示。

图 3.25.6　选择粗硬边线的效果

图 3.25.7　取消选择粗硬边线的效果

Step 6 定义剪裁基准面 1 的位置。在 剪裁基准面 1 区域的 ⚓ 文本框中输入数值 95，此时发现剪裁基准面 1 的位置发生了变化，如图 3.25.8 所示。

Step 7 定义剪裁基准面 2 的位置。在 剪裁基准面 2 区域的 ⚓ 文本框中输入数值 95，此时发现剪裁基准面 2 的位置发生了变化，如图 3.25.9 所示。

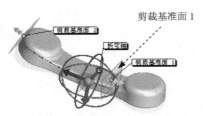
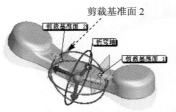

图 3.25.8　剪裁基准面 1 的位置　　　　图 3.25.9　剪裁基准面 2 的位置

　　说明：剪裁基准面的位置可以由剪裁基准面到三重轴的距离来确定，也可以根据具体情况在剪裁基准面参考实体 ▼ 处选择一实体来确定剪裁基准面的位置。

Step 8 定义三重轴的旋转原点。在 三重轴(T) 区域的 ⊙x 文本框中输入数值 0，在 ⊙y 文本框中输入数值 0，在 ⊙z 文本框中输入数值 0。

Step 9 定义三重轴的旋转角度。在 三重轴(T) 区域的 ◹ 文本框中输入数值 90，在 ◹ 文本框中输入数值 0，在 ◹ 文本框中输入数值 180。

三重轴(T) 区域中的选项说明如下：

- 三重轴：常用来移动草图实体、零件实体、装配体零部件等。用鼠标拖动三重轴的中心可以自由拖动三重轴，任意拖动三重轴的三个拖动臂（沿 x、y、z 三个方向的轴）也可以改变三重轴的位置，三重轴中红色为 x 轴、绿色为 y 轴、蓝色为 z 轴。
- ⚓文本框：选择一个坐标系将三重轴的位置及方向锁定。如果锁定三重轴，下面的所有选项均不可用。
- ⊙x、⊙y、⊙z（旋转原点）：用于定义三重轴沿指定轴移动到相对于默认值距离的位置。
- ◹、◹、◹：用于定义三重轴自身绕指定轴旋转的角度。

Step 10 单击 ✔ 按钮，完成弯曲特征的创建。

Step 11 至此，零件模型创建完毕。选择下拉菜单 文件(F) ➡ 保存(S) 命令，将零件模型保存并命名为 phone_bend。

3.25.2　扭曲

　　扭曲是利用两个剪裁基准面的位置来决定扭曲区域，然后按照用户在三重轴上指定的旋转轴（Y 轴）进行扭曲实体。下面以图 3.25.10 所示的模型为例，讲解创建"扭曲"类型的操作方法。

a）扭曲前

b）扭曲后

图 3.25.10 扭曲

Step 1 打开文件 D:\sw13\work\ch03\ch03.25\phone.SLDPRT，如图 3.25.11 所示。

Step 2 选择命令。选择下拉菜单 插入(I) ➡ 特征(F) ➡ 弯曲(X) 命令，系统弹出"弯曲"对话框。

Step 3 定义弯曲实体。激活 弯曲选项(O) 区域后的文本框，选择所打开的模型为弯曲实体。

Step 4 定义弯曲类型。在"弯曲输入"区域中选中 扭曲(W) 单选项，取消选中 硬边线(H) 复选框，在后的文本框中输入扭曲角度 30，此时在零件模型上会出现两个剪裁基准面和三重轴，如图 3.25.12 所示。

图 3.25.11 打开模型

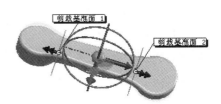

图 3.25.12 选择"扭曲"后的模型

Step 5 定义剪裁基准面 1 的位置。在 剪裁基准面1 区域的 文本框中输入数值 75，此时发现剪裁基准面 1 的位置发生了变化，如图 3.25.13 所示。

Step 6 定义剪裁基准面 2 的位置。在 剪裁基准面2 区域的 文本框中输入数值 75，此时发现剪裁基准面 2 的位置发生了变化，如图 3.25.14 所示。

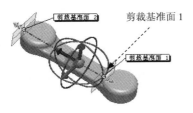

图 3.25.13 剪裁基准面 1 的位置

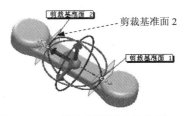

图 3.25.14 剪裁基准面 2 的位置

Step 7 定义三重轴的旋转源点。在 三重轴(T) 区域的 文本框中输入数值 0， 文本框中输入数值 0， ⊙z文本框中输入数值 0。

Step 8　定义三重轴的旋转角度。在 三重轴(T) 区域的 ⟍ 文本框中输入数值 270， ⟋ 文本框中输入数值 0， ⟋ 文本框中输入数值 180。

Step 9　单击 ✔ 按钮，完成扭曲特征的创建。

Step 10　选择下拉菜单 文件(F) ➡ 🖫 保存(S) 命令，保存模型。

3.25.3　锥削

锥削是指通过控制三重轴的 Y 轴和剪裁基准面控制模型的锥度、位置和界限。下面以如图 3.25.15 的模型为例，讲解"锥削"特征的创建方法。

a）锥削前 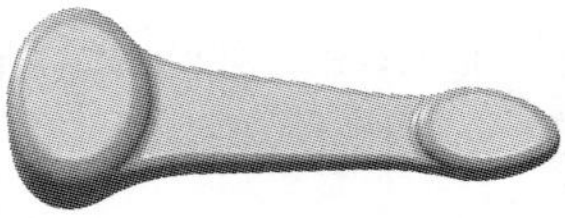　　　　　　　　　　　b）锥削后

图 3.25.15　锥削

Step 1　打开文件 D:\sw13\work\ch03\ch03.25\phone.SLDPRT，如图 3.25.16 所示。

Step 2　选择命令。选择下拉菜单 插入(I) ➡ 特征(F) ➡ 🖧 弯曲(X) 命令，系统弹出"弯曲"对话框。

Step 3　定义弯曲实体。激活 弯曲选项(O) 区域 📦 后的文本框，选择所打开的模型为弯曲实体。

Step 4　定义弯曲类型。在"弯曲输入"区域中选中 ⊙ 锥削(A) 单选项，取消选中 ☑ 粗硬边线(H) 复选框，在 📐 后的文本框中输入锥削因子 1，此时在零件模型上会出现两个剪裁基准面和三重轴，如图 3.25.17 所示。

图 3.25.16　打开模型

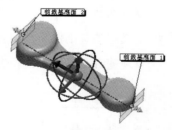

图 3.25.17　选择"锥削"后的模型

Step 5　定义剪裁基准面的位置。在 剪裁基准面1 区域中的 📐 文本框中输入数值 0，在 剪裁基准面2 区域中的 📐 文本框中输入数值 0。

Step 6　定义三重轴的旋转源点。在 三重轴(T) 区域中的 ⊙x 文本框中输入数值 0，⊙y 文本框中输入数值 0，⊙z 文本框中输入数值 0。

Step **7**　定义三重轴的旋转角度。在 三重轴(T) 区域中的 文本框中输入数值 270， 文本框中输入数值 0， 文本框中输入数值 180。

Step **8**　单击 按钮，完成弯曲特征的创建。

Step **9**　选择下拉菜单 文件(F) ➡ 保存(S) 命令，保存模型。

3.25.4　伸展

通过指定剪裁基准面间的距离和伸展距离，模型将按照三重轴的蓝色 Z 轴的方向在剪裁基准面间进行伸展。下面以图 3.25.18 的模型为例，讲解创建"伸展"类型的方法。

a）伸展前　　　　　　　　　　　　　　　　b）伸展后

图 3.25.18　伸展

Step **1**　打开文件 D:\sw13\work\ch03\ch03.25\phone.SLDPRT，如图 3.25.19 所示。

Step **2**　选择命令。选择下拉菜单 插入(I) ➡ 特征(E) ➡ 弯曲(X) 命令，系统弹出"弯曲"对话框。

Step **3**　定义弯曲实体。激活 弯曲选项(O) 区域 后的文本框，选择所打开的模型为弯曲实体。

Step **4**　定义弯曲类型。在"弯曲输入"区域中选中 ⊙ 伸展(S) 单选项，选中 ☑ 粗硬边线(H) 复选框，在 后的文本框中输入伸展距离 100mm，此时在零件模型上会出现两个剪裁基准面和三重轴，如图 3.25.20 所示。

　　　　　　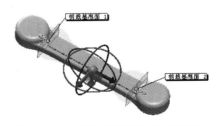

图 3.25.19　打开模型　　　　　图 3.25.20　选择"伸展"后的模型

Step **5**　定义剪裁基准面的位置。在 剪裁基准面1 区域中的 文本框中输入数值 75mm。

Step **6**　定义三重轴的旋转源点。在 三重轴(T) 区域中的 文本框中输入数值 0mm， 文本框中输入数值 0mm， 文本框中输入数值 0mm。

Step **7**　定义三重轴的旋转角度。在 三重轴(T) 区域中的 文本框中输入数值 90deg， 文本框中输入数值 0 deg， 文本框中输入数值 180 deg。

Step 8 单击 ✔ 按钮，完成弯曲特征的创建。

Step 9 选择下拉菜单 文件(F) ➡ 💾 保存(S) 命令，保存模型。

3.26 包覆

包覆特征是将闭合的草图沿其基准面的法线方向投影到模型的表面，然后根据投影后的曲线在模型的表面生成凹陷或突起的形状。下面以图 3.26.1d 所示的模型为例，讲解"包覆"特征的创建过程。

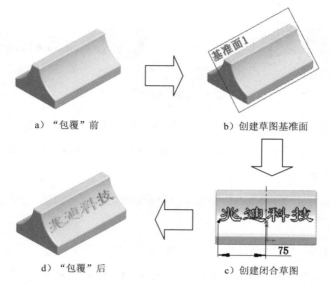

a)"包覆"前　　　　b)创建草图基准面

d)"包覆"后　　　　c)创建闭合草图

图 3.26.1　创建"包覆"特征流程

Step 1 打开文件 D:\sw13\work\ch03\ch03.26\text.SLDPRT。

Step 2 创建图 3.26.2b 所示的草图基准面 1。选择下拉菜单 插入(I) ➡ 参考几何体(G) ➡ ◇ 基准面(P)... 命令，系统弹出"基准面"对话框，选取图 3.26.2a 所示的面 1 和圆弧的中点为参考，单击 ✔ 按钮完成基准面 1 的创建。

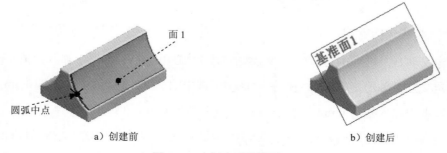

a)创建前　　　　　　b)创建后

图 3.26.2　创建"基准面 1"

Step 3　创建"包覆"特征。

（1）选择下拉菜单 插入(I) ➡ 特征(F) ➡ 包覆(W) 命令。

（2）进入草图环境。选取基准面 1 为草图基准面，进入草图环境。绘制图 3.26.3 所示的闭合草图。完成草图的会之后系统弹出"包覆"对话框。

（3）创建闭合草图。

① 选择下拉菜单 工具(T) ➡ 草图绘制实体(K) ➡ A 文本(T) 命令，系统弹出"草图文字"对话框，在 文字(I) 区域的文本框中输入"兆迪科技"，取消选中 □ 使用文档字体(U) 复选框。

② 在"草图字体"对话框中将宽度因子设置为 100%，间距设置为 100%，单击 字体(F) 按钮，系统弹出"选择字体"对话框，设置文字的字体为隶书，文字样式为"常规"，高度为 25.00mm，在"选择字体"对话框中单击 确定 按钮，完成字体的设置。

③ 在"草图字体"对话框中单击 ✓ 按钮，完成草图的创建。

（4）定位闭合草图。闭合草图插入点的尺寸标注如图 3.26.3 所示。

图 3.26.3　创建闭合草图

（5）在 包覆参数(W) 区域中选中 ⊙ 浮雕(M) 单选项，激活 □ 后的文本框，在模型上选取图 3.26.4 所示的面 1 为包覆草图的面，在 后的文本框中输入包覆草图的厚度值 3.0mm，取消选中 □ 反向(R) 复选框，单击 ✓ 按钮完成包覆特征的创建。

"包覆"对话框的说明如下：

● 包覆参数(W) 区域中包括以下三种包覆类型：
- ☑ ⊙ 浮雕(M)：在模型的表面生成突起的特征。
- ☑ ○ 蚀雕(D)：在模型的表面生成凹陷的特征，如图 3.26.5 所示。
- ☑ ○ 刻划(S)：在模型的表面生成草图轮廓印记，如图 3.26.6 所示。

图 3.26.4　包覆草图的面　　图 3.26.5　选择"蚀雕"效果　　图 3.26.6　选择"刻划"效果

- ☑ □（包覆草图的面）：用于定义包覆特征的生成面。

☑　✎ (厚度): 用于定义更改生成包覆特征的高度方向。

☑　□ 反向(R): 用于更改生成包覆的方向。

● 拔模方向(P) 区域中 ↗ 文本框: 用于定义包覆特征的拔模方向, 可以选择直线或线性边线。

● 源草图(O) 区域中 ✎ 文本框: 用于定义包覆特征的闭合草图。

Step 4　至此, 零件模型创建完毕。选择下拉菜单 文件(F) ➡ 💾 保存(S) 命令, 即可保存模型。

3.27　分割

实体分割是将一个整体模型通过基准面或曲面分割成两个或多个模型, 将分割后的模型单独保存并进行细节建模, 最后在整体模型中打开, 成为一个包含多个实体的整体, 最后生成装配体。该特征可用于外形美观并且要求配合紧密的产品设计中。

其创建过程为: 首先设计整体模型, 如图 3.27.1a 所示, 然后将整体模型进行分割, 如图 3.27.1b 和图 3.27.1c 所示, 最后将分割后的模型经过细节设计装配起来, 形成最终产品, 如图 3.27.1d 所示。

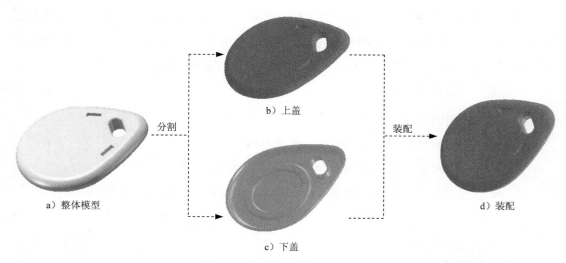

a) 整体模型　　分割　　b) 上盖　　c) 下盖　　装配　　d) 装配

图 3.27.1　零件分割装配设计过程

下面以如图 3.27.1 所示的模型为例, 讲解通过 "分割" 命令创建整个模型设计的过程。

Step 1　打开文件 D:\sw13\work\ch03\ch03.27\intellective_key.SLDPRT, 如图 3.27.2 所示。

Step 2　选择下拉菜单 插入(I) ➡ 特征(F) ➡ 📱 分割(L) 命令, 此时系统弹出 "分割" 对话框。

图 3.27.2　打开零件模型

Step 3　在设计树中选取 ◇ **前视基准面** 为剪裁工具，单击 切除零件(C) 按钮，此时系统会自动将整体模型分割成两个部分，如图 3.27.3 所示（鼠标移动到模型上方的时候，单个实体会高亮显示）。

说明：在分割零件时，除了用基准面作为剪裁工具外，还可以用草图、平面、基准面、曲面等剪裁工具。在本模型中，除了利用基准面做剪裁工具外，还可以用草图和曲面做剪裁工具。

- 草图作为剪裁工具。选择剪裁工具时，可以选择已有的草图或创建新的草图作为剪裁工具，如图 3.27.4 所示。
- 曲面作为剪裁工具。曲面也可以作为剪裁工具，如图 3.27.5 所示。应注意的是，在用曲面作为剪裁工具的时候，剪裁工具必须贯穿于要剪裁的零件模型，否则无法剪裁。

图 3.27.3　分割零件

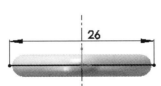

图 3.27.4　草图作剪裁工具

图 3.27.5　曲面作剪裁工具

Step 4　保存实体。

（1）在"分割"对话框中的 **所产生实体(R)** 区域中双击 1□　　1<无>，系统弹出"另存为"对话框，命名为 top_cover，即可保存模型。

（2）在 **所产生实体(R)** 区域中双击 2□　　2<无>，在系统弹出的"另存为"对话框中将零件命名为 down_cover，保存模型。

Step 5　单击 ✔ 按钮，完成零件的分割。

说明：分割后的实体有三种保存方法，另外两种方法介绍如下：

方法二：在图形区域中，单击零件标注框 实体　2：　2<无> 的名称域，系统弹出另存为对话框，保存零件模型。

方法三：在"分割"对话框中单击 保存所有实体(V) 按钮，系统会自动为所分割的两个零件命名，且保存在被分割的零件目录下。

对 所产生实体(R) 区域的说明如下：

取消选中 所产生实体(R) 区域中的 ☐ 消耗切除实体(U) 复选框，可以在源零件中显示实体（如果选中此复选框，生成的零件只有一部分，另一部分零件在分割的时候被"消耗"）。

Step 6 至此，零件模型创建完毕。选择下拉菜单 文件(F) ➡ 另存为(A)... 命令，命名为 intellective_key_01，即可保存模型。

Step 7 创建上盖。

（1）打开零件模型对话框。选择下拉菜单 窗口(W) ➡ top_cover.sldprt * 命令，打开上盖零件模型，如图 3.27.6 所示。

（2）创建抽壳特征。选择下拉菜单 插入(I) ➡ 特征(F) ➡ ▣ 抽壳(S). 命令，选取图 3.27.7 所示的模型表面为要移除的面，抽壳厚度为 0.5，结果如图 3.27.8 所示。

要移除的面

图 3.27.6　上盖零件模型　　　图 3.27.7　要移除的面　　　图 3.27.8　抽壳结果

（3）至此，上盖零件模型创建完毕。选择下拉菜单 文件(F) ➡ 🖫 保存(S) 命令，即可保存模型。

Step 8 创建下盖。

（1）打开零件模型对话框。选择下拉菜单 窗口(W) ➡ down_cover.sldprt * 命令，打开下盖零件模型，如图 3.27.9 所示。

（2）创建抽壳特征。选择下拉菜单 插入(I) ➡ 特征(F) ➡ ▣ 抽壳(S). 命令，选取图 3.27.10 所示的模型表面为要移除的面，抽壳厚度为 0.5，结果如图 3.27.11 所示。

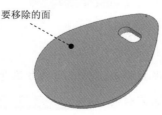

要移除的面

图 3.27.9　下盖零件模型　　　图 3.27.10　要移除的面　　　图 3.27.11　抽壳结果

3
Chapter

（3）至此，下盖零件模型创建完毕。选择下拉菜单 文件(F) ➡ 保存(S) 命令，即可保存模型。

Step 9　生成装配体。

（1）打开分割后的模型 D:\sw13\work\ch03\ch03.27\intellective_key_01。

（2）选择下拉菜单 插入(I) ➡ 特征(F) ➡ 生成装配体(C) 命令，系统弹出图 3..27.12 所示的"生成装配体"对话框。

（3）生成装配体。在设计树中选择 分割1 节点，单击 装配体文件 下的 浏览(W)... 按钮，系统弹出"另存为"对话框，命名为 intellective_key 后，单击 保存(S) 按钮保存装配体。单击"生成装配体"对话框中的 ✔ 按钮，完成装配体的创建，生成的装配体如图 3.27.13 所示。

图 3.27.12　"生成装配体"对话框

图 3.27.13　生成的装配体

说明：在零件分割并且将分割的零件保存后，有两种方式可以装配零件：

第一种：使用自底向上的装配体建模技术手动生成装配体。

第二种：自动生成装配体。

Step 10　至此，装配体模型创建完毕。选择下拉菜单 文件(F) ➡ 保存(S) 命令，即可保存模型。

3.28　SolidWorks 机械零件设计实际应用 1

范例概述：

本例介绍了支架的创建过程，主要运用了创建模型最基本的特征——凸台拉伸和切除拉伸特征，意在使读者感受到软件的方便，能更有信心去学习软件。该零件模型及设计树如图 3.28.1 所示。

图 3.28.1　零件模型及设计树

Step 1　新建一个零件模型文件，进入建模环境。

Step 2　创建图 3.28.2 所示的基础特征——拉伸 1。

（1）选择命令。选择下拉菜单 插入(I) ➡ 凸台/基体(B) ➡ 拉伸(E)... 命令（或单击"特征（F）"工具栏中的 按钮）。

（2）选取前视基准面作为草图基准面，绘制图 3.28.3 所示的横断面草图。

（3）定义拉伸深度属性。在"凸台-拉伸"对话框 方向1 区域的下拉列表中选择 给定深度 选项，输入深度值 14.0。

（4）单击 按钮，完成拉伸 1 的创建。

图 3.28.2　拉伸 1

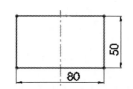

图 3.28.3　横断面草图

Step 3　创建图 3.28.4 所示的零件特征——拉伸 2。选择下拉菜单 插入(I) ➡ 凸台/基体(B) ➡ 拉伸(E)... 命令，选取上视基准面作为草图基准面，绘制图 3.28.5 所示的横截面绘图，在对话框 方向1 区域单击按钮 （即反方向），在下拉列表中选择 给定深度 选项，输入深度值 26.00，单击 按钮，完成拉伸 2 的创建。

图 3.28.4　拉伸 2

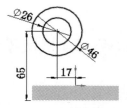

图 3.28.5　横断面草图

Step 4　创建图 3.28.6 所示的零件特征——拉伸 3。选取上视基准面作为草图基准面，绘制图 3.28.7 所示的草图，在对话框 方向1 区域单击按钮 （即反方向），选择下拉列

表中选择 给定深度 选项，输入深度值 15.0，单击 ✓ 按钮，完成拉伸 3 的创建。

图 3.28.6 拉伸 3

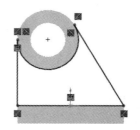

图 3.28.7 横断面草图

Step 5 创建图 3.28.8 所示的零件特征——切除-拉伸 4。

（1）选择命令。选择下拉菜单 插入(I) ➡ 切除(C) ➡ 🔲 拉伸(E). 命令。

（2）定义特征的横断面草图。选取前视基准面为草图基准面，绘制图 3.28.9 所示的横断面草图。

图 3.28.8 切除-拉伸 4

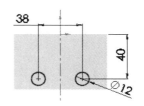

图 3.28.9 横断面草图

（3）定义切除深度属性。在"拉伸"对话框 方向1 区域单击按钮 ↗ （即反方向），选择下拉列表中选择 完全贯穿 选项。

（4）单击对话框中的 ✓ 按钮，完成切除-拉伸 4 的创建。

Step 6 创建图 3.28.10 所示的零件特征——切除-拉伸 5。选择下拉菜单 插入(I) ➡ 切除(C) ➡ 🔲 拉伸(E)... 命令，选取图 3.28.11 所示的面 1 为草图基准面，绘制图 3.28.12 所示的横断面草图，采用系统默认的切除深度方向；在对话框 方向1 区域的下拉列表中选择 完全贯穿 选项，完成切除-拉伸 5 的创建。

图 3.28.10 切除-拉伸 5

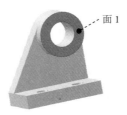

图 3.28.11 草图基准面

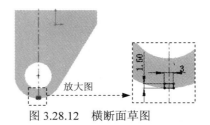

图 3.28.12 横断面草图

Step 7 创建图 3.28.13 所示的零件特征——切除-拉伸 6。选择下拉菜单 插入(I) ➡

切除(C) ➡ 📷 拉伸(E) 命令，选取图 3.28.14 所示的面 1 为草图基准面，绘制图 3.28.15 所示的横断面草图，采用系统默认的切除深度方向；在对话框 **方向 1** 区域的下拉列表中选择 **完全贯穿** 选项，完成切除-拉伸 6 的创建。

图 3.28.13　切除-拉伸 6

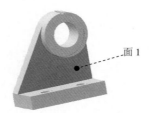

图 3.28.14　草图基准面

图 3.28.15　横断面草图

Step 8　创建图 3.28.16 所示的零件特征——切除-拉伸 7。选择下拉菜单 插入(I) ➡ 切除(C) ➡ 📷 拉伸(E) 命令，选取图 3.28.17 所示的面 1 为草图基准面，绘制图 3.28.18 所示的横断面草图，采用系统默认的切除深度方向；在"切除-拉伸"对话框 **方向 1** 区域的下拉列表中选择 **完全贯穿** 选项，单击对话框中的 ✅ 按钮，完成切除-拉伸 7 的创建。

图 3.28.16　切除-拉伸 7

图 3.28.17　草图基准面

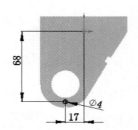

图 3.28.18　横断面草图

Step 9　创建图 3.28.19 所示的零件特征——圆角 1。选择下拉菜单 插入(I) ➡ 特征(F) ➡ 🔵 圆角(U) 命令，选取图 3.28.19a 所示的两条边线为要圆角的对象，输入圆角半径值 5.0，单击 ✅ 按钮，完成圆角 1 的创建。

a）圆角前

b）圆角后

图 3.28.19　圆角 1

Step 10　至此，零件模型创建完毕。选择下拉菜单 文件(F) ➡ 💾 保存(S) 命令，将零件模型命名为 bracket，即可保存模型。

3.29 SolidWorks 机械零件设计实际应用 2

范例概述：

本例讲述了咖啡杯的设计，主要运用了拉伸、拔模、抽壳及扫描等基础特征命令。其中扫描特征用到了样条曲线，需要注意曲线的起点和终点的位置。零件实体模型及相应的设计树如图 3.29.1 所示。

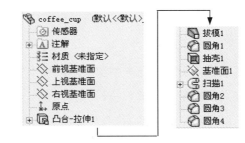

图 3.29.1 零件模型及设计树

Step 1 新建模型文件。选择下拉菜单 文件(F) ➡ 新建(N)... 命令，在系统弹出的"新建 SolidWorks 文件"对话框中选择"零件"模块，单击 确定 按钮，进入建模环境。

Step 2 创建图 3.29.2 所示的零件基础特征——拉伸 1。

（1）选择命令。选择下拉菜单 插入(I) ➡ 凸台/基体(B) ➡ 拉伸(E) 命令（或单击"特征（F）"工具栏中的 按钮）。

（2）选取上视基准面作为草图基准面，绘制图 3.29.3 所示的横断面草图。

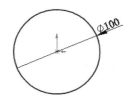

图 3.29.2 拉伸 1   图 3.29.3 横断面草图

（3）定义拉伸深度属性。采用系统默认的深度方向；在对话框 方向1 区域的下拉列表中选择 给定深度 选项，输入深度值 50.0。

（4）单击 ✓ 按钮，完成拉伸 1 的创建。

Step 3 创建图 3.29.4 所示的零件特征——拔模 1。

（1）选择下拉菜单 插入(I) ➡ 特征(F) ➡ 拔模(D) 命令。

（2）定义拔模类型。在 拔模类型(T) 区域的下拉列表中选择 中性面 选项。

（3）定义拔模参数。

① 定义中性面。选取图 3.29.5 所示的模型表面作为拔模中性面。

② 定义拔模面。选取图 3.29.5 所示的圆柱面作为拔模面。

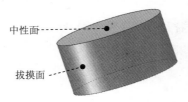

图 3.29.4　拔模 1

图 3.29.5　定义拔模参数

③ 定义拔模角度。在 拔模角度(G) 区域中输入拔模角度值 5.0。

④ 定义拔模方向。调整拔模方向向下。

（4）单击对话框中的 ✔ 按钮，完成拔模 1 的创建。

Step 4　创建图 3.29.6b 所示的零件特征——圆角 1。选取图 3.29.6a 所示的边线为要圆角的对象，输入圆角半径值为 5.0。单击 ✔ 按钮，完成圆角 1 的创建。

选取此边线为圆角对象

a）圆角前

b）圆角后

图 3.29.6　圆角 1

Step 5　创建图 3.29.7 所示的零件特征——抽壳 1。

（1）选择命令。选择下拉菜单 插入(I) ➡ 特征(F) ➡ 抽壳(S) 命令。

（2）定义要移除的面。选取图 3.29.7a 所示的模型表面为要移除的面。

（3）定义抽壳的参数。在"抽壳 1"对话框的 参数(P) 区域输入壁厚值为 3.0。

（4）单击对话框中的 ✔ 按钮，完成抽壳 1 的创建。

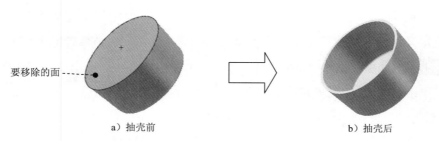

要移除的面

a）抽壳前

b）抽壳后

图 3.29.7　抽壳 1

Step 6 创建图 3.29.8 所示的草图 2。选择下拉菜单 插入(I) ➡️ 📝 草图绘制 命令，选取右视基准面作为草图基准面，绘制图 3.29.8 所示的草图，绘制完成后选择下拉菜单 插入(I) ➡️ 📝 退出草图 命令，退出草图绘制环境。

Step 7 创建图 3.29.9 所示的基准特征——基准面 1。

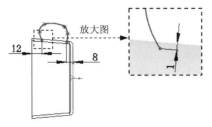

图 3.29.8　草图 2

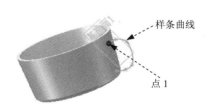

图 3.29.9　基准面 1

（1）选择下拉菜单 插入(I) ➡️ 参考几何体(G) ➡️ ◇ 基准面(P)... 命令，系统弹出"基准面"对话框。

（2）定义基准面的参考实体。选取样条曲线和点 1 作为参考实体，如图 3.29.9 所示。

（3）单击对话框中的 ✅ 按钮，完成基准面 1 的创建。

Step 8 创建图 3.29.10 所示的草图 3。选取基准面 1 作为草图基准面，创建的草图如图 3.29.10 所示。

Step 9 创建图 3.29.11 所示的零件特征——扫描 1。

（1）选择下拉菜单 插入(I) ➡️ 凸台/基体(B) ➡️ 🌀 扫描(S)... 命令，系统弹出"扫描"对话框。

（2）定义扫描特征的轮廓。选取草图 3 作为扫描 1 特征的轮廓。

（3）定义扫描特征的路径。选取草图 2 作为扫描 1 特征的路径。

（4）单击对话框中的 ✅ 按钮，完成扫描 1 的创建。

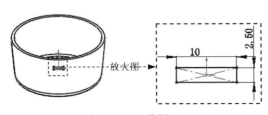

图 3.29.10　草图 3

图 3.29.11　扫描 1

Step 10 创建图 3.29.12 所示的零件特征——圆角 2。

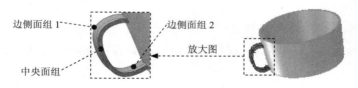

图 3.29.12　圆角 2

（1）选择命令。选择下拉菜单 插入(I) ➡ 特征(F) ➡ 圆角 (U)... 命令。

（2）定义圆角类型。在"圆角"对话框的 圆角类型(Y) 区域中选中 ⊙ 完整圆角(F) 单选项。

（3）定义中央面组和边侧面组。

① 定义边侧面组 1。选取图 3.29.12 所示的模型表面作为边侧面组 1。

② 定义中央面组。在"圆角"对话框的 圆角项目(I) 区域，单击以激活"中央面组"文本框，然后选取图 3.29.12 所示的模型表面作为中央面组。

③ 定义边侧面组 2。单击以激活"边侧面组 2"文本框，然后选取图 3.29.12 所示的模型表面作为边侧面组 2。

（4）单击"圆角"对话框中的 ✓ 按钮，完成圆角 1 的创建。

Step 11　创建图 3.29.13 所示的零件特征——圆角 3。参照 Step10 的操作步骤创建图 3.29.13 所示的圆角 3。

图 3.29.13　圆角 3

Step 12　创建图 3.29.14 所示的零件特征——圆角 4。选择下拉菜单 插入(I) ➡ 特征(F) ➡ 圆角 (U)... 命令，选取图 3.29.14a 所示的两条边线为要圆角的对象；输入半径值为 1.0。

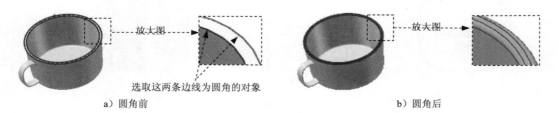

a）圆角前　　　　　　　　　　　　b）圆角后

图 3.29.14　圆角 4

Step 13　至此，零件模型创建完毕。选择下拉菜单 文件(F) ➡ 保存 (S) 命令，将零件模型命名为 coffee_cup，即可保存模型。

3.30　SolidWorks 机械零件设计实际应用 3

范例概述：

本例详细讲解了一个药瓶的设计过程，主要讲述基准面、放样、拉伸、切除-拉伸、镜像、扫描、圆角特征的创建。其中放样建模比较复杂，需要读者认真体会。零件模型及设计树如图 3.30.1 所示。

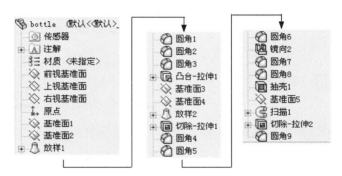

图 3.30.1　零件模型及设计树

Step 1 新建模型文件。选择下拉菜单 文件(F) ➡ 新建(N)...命令，在系统弹出的"新建 SolidWorks 文件"对话框中选择"零件"模块，单击 确定 按钮，进入建模环境。

Step 2 创建图 3.30.2 所示的基准面 1。选择下拉菜单 插入(I) ➡ 参考几何体(G) ➡ 基准面(P)...命令，选取前视基准面为参考实体，采用系统默认的偏移方向；输入偏移距离 70.0。

Step 3 创建图 3.30.3 所示的基准面 2。选取前视基准面为参考实体，采用系统默认的偏移方向；输入偏移距离值 120.0。

图 3.30.2　基准面 1

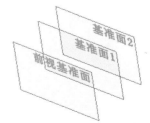

图 3.30.3　基准面 2

Step 4 创建图 3.30.4 所示的草图 1。选择下拉菜单 插入(I) ➡ 草图绘制 命令，选取前视图作为草图基准面，绘制图 3.30.4 所示的草图。

Step 5 创建图 3.30.5 所示的草图 2。选取基准面 1 作为草图基准面，绘制图 3.30.5 所示的草图。

Step 6 创建图 3.30.6 所示的草图 3。选取基准面 2 作为草图基准面，绘制图 3.30.6 所示的草图。

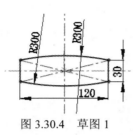

图 3.30.4　草图 1

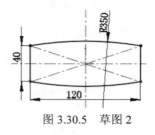

图 3.30.5　草图 2

图 3.30.6　草图 3

Step 7 创建图 3.30.7 示的零件特征——放样 1。

（1）选择下拉菜单 插入(I) ➡ 凸台/基体(B) ➡ 🔔 放样(L). 命令。

（2）定义放样 1 特征的轮廓。选取草图 1、草图 2 和草图 3 为放样 1 特征的轮廓。

（3）单击对话框中的 ✅ 按钮，完成放样 1 的创建。

Step 8 创建图 3.30.8b 所示的零件特征——圆角 1。选择下拉菜单 插入(I) ➡ 特征(F) ➡ 🔵 圆角(U). 命令，选取图 3.30.8a 所示的两条边线为要圆角的对象，输入圆角半径值 20.0。

图 3.30.7　放样 1

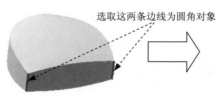

选取这两条边线为圆角对象

a）圆角前

b）圆角后

图 3.30.8　圆角 1

Step 9 创建图 3.30.9b 所示的零件特征——圆角 2。选取图 3.30.9a 所示的两条边线为要圆角的对象，输入圆角半径值 15.0。

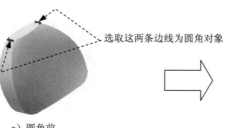

选取这两条边线为圆角对象

a）圆角前

b）圆角后

图 3.30.9　圆角 2

Step **10**　创建图 3.30.10b 所示的零件特征——圆角 3。选取图 3.30.10a 所示的两条边线为
　　　　要圆角的对象，输入圆角半径值 5.0。

选取这两条边线为圆角对象

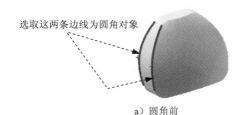

a）圆角前

b）圆角后

图 3.30.10　圆角 3

Step **11**　创建图 3.30.11 所示的零件特征——拉伸 1。选择下拉菜单 插入(I) ➡ 凸台/基体(B)
　　　　➡ 拉伸(E) 命令；选取图 3.30.12 所示的面 1 作为草图基准面，绘制图
　　　　3.30.13 所示的横断面草图；在 方向1 区域的下拉列表中选择 给定深度 选项，输入
　　　　深度值 20.0。单击 ✔ 按钮，完成拉伸 1 的创建。

选取该面为

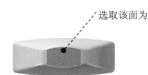

图 3.30.11　拉伸 1　　　　图 3.30.12　草图基准面　　　　图 3.30.13　横断面草图

Step **12**　创建图 3.30.14 所示的基准面 3。选择下拉菜单 插入(I) ➡ 参考几何体(G)
　　　　➡ 基准面(P)... 命令；采用系统默认的偏移方向；选取上视基准面为参考
　　　　实体，输入偏移距离 18.0。

Step **13**　创建图 3.30.15 所示的基准面 4。选择下拉菜单 插入(I) ➡ 参考几何体(G)
　　　　➡ 基准面(P)... 命令；采用系统默认的偏移方向；选取上视基准面为参考
　　　　实体，偏移距离为 35.0。

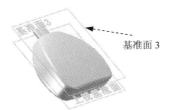

基准面 3

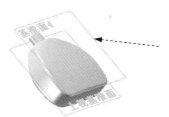

基准面 4

图 3.30.14　基准面 3　　　　　　　图 3.30.15　基准面 4

Step **14**　创建图 3.30.16 所示的草图 5。选取基准面 3 作为草图基准面，绘制图 3.30.16 所

示的草图 5。

Step 15 创建图 3.30.17 所示的草图 6。选取基准面 4 作为草图基准面，绘制图 3.30.17 示的草图 6（一个点）。

图 3.30.16　草图 5　　　　　　　　　　图 3.30.17　草图 6

Step 16 创建图 3.30.18 所示的零件特征——放样 2。选择下拉菜单 插入(I) → 凸台/基体 (B) → 放样(L). 命令；选取草图 5 和草图 6 为放样 2 的轮廓，单击 ✔ 按钮，完成放样 2 的创建。

a）放样前　　　　　　　　　　　　　　　　　b）放样后

图 3.30.18　放样 2

Step 17 创建图 3.30.19 所示的零件特征——切除-拉伸 2。

（1）选择命令。选择下拉菜单 插入(I) → 切除(C) → 拉伸(E). 命令。

（2）选取右视基准面为草图基准面，绘制图 3.30.20 所示的草图（草图中的圆弧使用"等距实体"命令绘制）。

（3）定义切除深度属性。采用系统默认的切除深度方向，在 方向1 区域和 方向2 区域的下拉列表中均选择 完全贯穿 选项。

（4）单击对话框中的 ✔ 按钮，完成切除-拉伸 2 的创建。

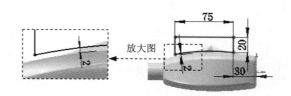

放大图

图 3.30.19　切除-拉伸 2　　　　　　图 3.30.20　创建草图 7

Step 18 创建图 3.30.21b 所示的零件特征——圆角 4。选取图 3.30.21a 所示的五条边线为圆角对象，输入圆角半径值 2.0。

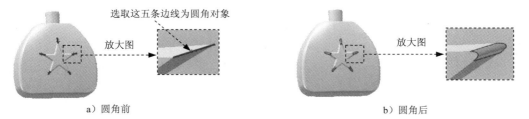

a）圆角前　　　　　　　　　　　　　　　　　　　　b）圆角后

图 3.30.21　圆角 4

Step 19 创建图 3.30.22b 所示的零件特征——圆角 5。选取图 3.30.22a 所示的五条边线为要圆角的对象，输入圆角半径值为 2.0。

a）圆角前　　　　　　　　　　　　　　　　　　　　b）圆角后

图 3.30.22　圆角 5

Step 20 创建图 3.30.23b 所示的零件特征——圆角 6。选取图 3.30.23a 所示的两条边链为要圆角的对象，输入圆角半径值为 1.0。

a）圆角前　　　　　　　　　　　　　　　　　　　　b）圆角后

图 3.30.23　圆角 6

Step 21 创建图 3.30.24 所示的零件特征——镜像 1。

（1）选择命令。选择下拉菜单 插入(I) ➡ 阵列/镜向(E) ➡ 镜向(M).命令（或单击 按钮）。

（2）定义镜像基准面。选取上视基准面为镜像基准面。

（3）定义镜像对象。选取圆角 4、圆角 5、拉伸 2、放样 2 作为镜像 1 的对象。

（4）单击对话框中的 按钮，完成镜像 1 的创建。

a）镜像前   b）镜像后

图 3.30.24   镜像 1

Step 22   创建图 3.30.25b 所示的零件特征——圆角 7。选取图 3.30.25a 所示的两条边链为
要圆角的对象，输入圆角半径值为 1.0。

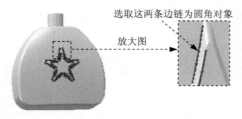

a）圆角前   b）圆角后

图 3.30.25   圆角 7

Step 23   创建图 3.30.26b 所示的零件特征——圆角 8。选取图 3.30.26a 所示的边线为要圆
角的对象，圆角半径值为 8.0。

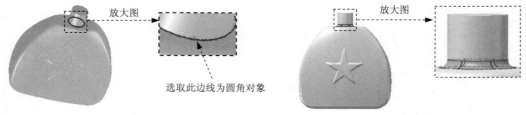

a）圆角前   b）圆角后

图 3.30.26   圆角 8

Step 24   创建图 3.30.27b 所示的零件特征——抽壳 1。

（1）选择下拉菜单 插入(I) ➡ 特征(F) ➡ 📦 抽壳(S)... 命令。

（2）定义要移除的面。选取图 3.30.27a 所示模型表面为要移除的面。

a）抽壳前   b）抽壳后

图 3.30.27   抽壳 1

（3）定义抽壳 1 的参数。在"抽壳 1"对话框的 参数(P) 区域输入壁厚值 2.0。

（4）单击对话框中的 ✅ 按钮，完成抽壳 1 的创建。

Step 25 创建图 3.30.28 所示的基准面 5。选择下拉菜单 插入(I) ➡ 参考几何体(G) ➡ ◇ 基准面(P)... 命令，选取图 3.30.28 所示的模型表面为参考实体，输入偏移距离 1.5，选中 ☑ 反转 复选框，完成基准面 5 的创建。

Step 26 创建图 3.30.29 所示的草图 8；选择下拉菜单 插入(I) ➡ ◢ 草图绘制 命令；选取基准面 5 作为草图基准面；绘制图 3.30.29 所示的草图。

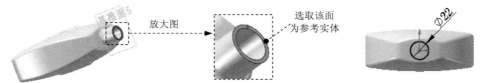

图 3.30.28　基准面 5　　　　　　图 3.30.29　草图 8

Step 27 创建图 3.30.30 所示的螺旋线 1。

（1）选择命令。选择下拉菜单 插入(I) ➡ 曲线(U) ➡ 🥨 螺旋线/涡状线(H) 命令。

（2）定义螺旋线的横断面。选取草图 8 作为螺旋线的横断面。

（3）定义螺旋线的定义方式。在 定义方式(D): 区域的下拉列表中选择 螺距和圈数 选项。

（4）定义螺旋线的参数。

① 定义螺距类型。在"螺旋线/涡状线"对话框 参数(P) 区域中选中 ⊙ 可变螺距(L) 单选项。

② 定义螺旋线参数。在 参数(P) 区域中输入图 3.30.31 所示的参数，选中 ☑ 反向(V) 复选框，并将起始角度设置为 0。

（5）单击 ✅ 按钮，完成螺旋线 1 的创建。

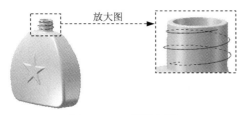

图 3.30.30　螺旋扫描 1

	螺距	圈数	高度	直径
1	6mm	0	0mm	22mm
2	6mm	1.8	10.8mm	24mm
3	6mm	2.5	15mm	18mm

图 3.30.31　定义螺旋参数

Step 28 创建图 3.30.32 所示的草图 9；选取上视基准面作为草图基准面；绘制图 3.30.32 所示的草图。

Step 29 创建图 3.30.33 所示的零件特征——扫描 1。

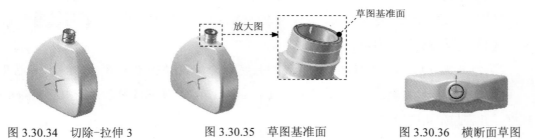

图 3.30.32　草图 9　　　　　　　　　　　　图 3.30.33　扫描 1

（1）选择命令。选择下拉菜单 插入(I) ➡ 凸台/基体(B) ➡ 🔄 扫描(S) 命令，系统弹出"扫描"对话框。

（2）定义扫描的轮廓。在图形区中选取草图 9 为扫描的轮廓线。

（3）定义扫描的路径。在图形区中选取螺旋线 1 为扫描的路径。

（4）单击对话框中的 ✅ 按钮，完成扫描 1 的创建。

Step 30 创建图 3.30.34 所示的零件特征——切除-拉伸 3。选取图 3.30.35 所示的模型表面为草图基准面，绘制图 3.30.36 所示的横断面草图；在 **方向1** 区域的下拉列表中选择 给定深度 选项，输入深度值 30.0，在 **方向2** 区域的下拉列表中选择 完全贯穿 选项，单击对话框中的 ✅ 按钮，完成切除-拉伸 3 的创建。

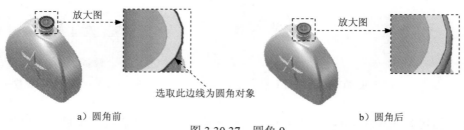

图 3.30.34　切除-拉伸 3　　　　图 3.30.35　草图基准面　　　　图 3.30.36　横断面草图

Step 31 创建图 3.30.37b 所示的圆角 9。选取图 3.30.37a 所示的边线为圆角的对象，输入圆角半径值为 0.5。

选取此边线为圆角对象

a）圆角前　　　　　　　　　　　　　　　　　　　　b）圆角后

图 3.30.37　圆角 9

Step 32 至此，零件模型创建完毕。选择下拉菜单 插入(I) ➡ 🖫 保存(S) 命令，将零件模型命名为 bottle，即可保存。

3.31　SolidWorks 机械零件设计实际应用 4

范例概述：

本例介绍了笔帽的设计过程，在其设计过程中，运用了实体放样、筋、拉伸、旋转、切除－旋转、圆角等命令，实体放样及筋特征是需要掌握的重点，另外面圆角中面的选择顺序以及放样中横截面的选择顺序是值得注意的地方。零件模型及其设计树如图 3.31.1 所示。

图 3.31.1　零件模型及设计树

Step 1　新建模型文件。选择下拉菜单 文件(F) ➡ 新建(N)... 命令，在系统弹出的"新建 SolidWorks 文件"对话框中选择"零件"模块，单击 确定 按钮，进入建模环境。

Step 2　创建图 3.31.2 所示的零件基础特征——旋转 1。

（1）选择命令。选择下拉菜单 插入(I) ➡ 凸台/基体(B) ➡ 旋转(R) 命令。

（2）定义特征的横断面草图。选取前视基准面作为草图基准面，绘制图 3.31.3 所示的横断面草图（包括旋转中心线）。

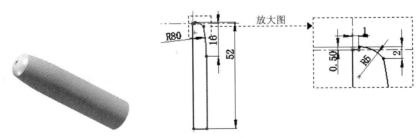

图 3.31.2　旋转 1　　　　图 3.31.3　横断面草图

（3）定义旋转轴线。采用草图中绘制的中心线作为旋转轴线。

（4）定义旋转属性。在 旋转参数(R) 区域的下拉列表中选择 单向 选项，采用系统默认的旋转方向；在 旋转参数(R) 区域的 文本框中输入数值 360.0。

（5）单击对话框中的 ✓ 按钮，完成旋转 1 的创建。

Step 3 　创建图 3.31.4 所示的基准面 1。选择下拉菜单 插入(I) ➝ 参考几何体(G) ➝ ◇ 基准面(P)... 命令，选取上视基准面作为基准面的参考实体，单击 ⊓ 按钮，并在其后文本框中输入数值 46.0，选中 ☑ 反转 复选框；单击 ✔ 按钮，完成基准面 1 的创建。

Step 4 　创建图 3.31.5 所示的草图 2。选择下拉菜单 插入(I) ➝ ⤵ 草图绘制 命令；选取前视基准面为草图基准面，绘制图 3.31.5 所示的草图。

图 3.31.4　基准面 1

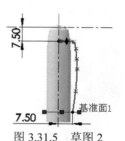

图 3.31.5　草图 2

Step 5 　创建图 3.31.6 所示的基准面 2。选择下拉菜单 插入(I) ➝ 参考几何体(G) ➝ ◇ 基准面(P)... 命令；选取图 3.31.6 所示的基准面 1 和草图 2 上的点作为基准面的参考实体。

Step 6 　创建图 3.31.7 所示的基准面 3。选择下拉菜单 插入(I) ➝ 参考几何体(G) ➝ ◇ 基准面(P)... 命令，选取图 3.31.7 所示的草图 2 和点作为基准面的参考实体。

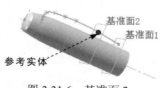

图 3.31.6　基准面 2

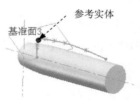

图 3.31.7　基准面 3

Step 7 　创建图 3.31.8 所示的草图 3。选择下拉菜单 插入(I) ➝ ⤵ 草图绘制 命令，选取右视基准面作为草图基准面，绘制图 3.31.8 所示的草图。

Step 8 　创建图 3.31.9 所示的草图 4。选择下拉菜单 插入(I) ➝ ⤵ 草图绘制 命令，选取基准面 3 作为草图基准面，绘制图 3.31.9 所示的草图。

Step 9 　创建图 3.31.10 所示的草图 5。选择下拉菜单 插入(I) ➝ ⤵ 草图绘制 命令，选取基准面 2 作为草图基准面，绘制图 3.31.10 所示的草图。

Step 10 　创建图 3.31.11 所示的草图 6。选择下拉菜单 插入(I) ➝ ⤵ 草图绘制 命令，绘制图 3.31.11 所示的草图。

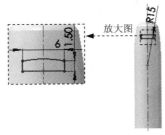

图 3.31.8 草图 3

图 3.31.9 草图 4

Step 11 创建图 3.31.12 所示的零件特征——放样 1。

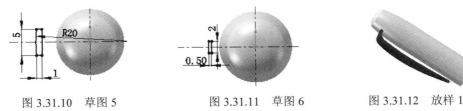

图 3.31.10 草图 5 图 3.31.11 草图 6 图 3.31.12 放样 1

（1）选择下拉菜单 插入(I) ➡️ 凸台/基体(B) ➡️ 放样(L) 命令，系统弹出"放样"对话框。

（2）定义放样特征的轮廓。选取草图 3、草图 4、草图 5 和草图 6 作为放样 1 的轮廓。

（3）定义放样特征的引导线。选取草图 2 为放样引导线，然后在"放样"对话框 引导线(G) 区域的 引导线感应类型(V): 下拉列表选择 到下一引线 选项。

（4）单击对话框中的 ✅ 按钮，完成放样 1 的创建。

Step 12 创建图 3.31.13 所示的零件特征——拉伸 1。

（1）选择下拉菜单 插入(I) ➡️ 凸台/基体(B) ➡️ 拉伸(E) 命令。

（2）选取前视基准面作为草图基准面，绘制图 3.31.14 所示的横断面草图。

图 3.31.13 拉伸 1

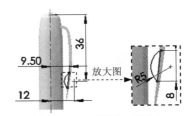

图 3.31.14 横断面草图

（3）采用系统默认的深度方向；在 方向1 区域的下拉列表中选择 两侧对称 选项，输入深度值 1.0。

（4）单击 ✅ 按钮，完成拉伸 1 的创建。

Step 13 创建图 3.31.15 所示的零件特征——筋 1。

（1）选择命令。选择下拉菜单 插入(I) ➡ 特征(F) ➡ 筋(R)..命令（或单击"特征"工具栏中的 按钮）。

（2）定义筋特征的横断面草图。选取前视基准面作为草图基准面，绘制图 3.31.16 所示横断面草图（即直线）。

图 3.31.15　筋 1

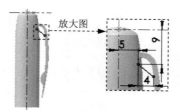

图 3.31.16　横断面草图

注意： 由于该草图 2 是用样条线来绘制的，所以在此绘制筋特征草图时参数可以不同。

（3）定义筋的属性。在"筋"对话框的 参数(P) 区域中单击 （两侧）按钮，在 后文本框中输入筋厚度值 1.0。

（4）单击 按钮，完成筋 1 的创建。

Step 14　创建图 3.31.17 所示的零件特征——圆角 1。

（1）选择命令。选择下拉菜单 插入(I) ➡ 特征(F) ➡ 圆角(U).命令。

（2）定义圆角类型。在"圆角"对话框的 圆角类型(Y) 区域选中 ⊙ 完整圆角(F) 单选项。

（3）定义圆角对象。

① 选取图 3.31.17a 所示的面 1 为边侧面组 1。

② 单击以激活中央面组文本框，选取图 3.31.17a 所示的面 2 为中央面组。

③ 单击以激活边侧面组 2 文本框，选取图 3.31.17a 所示和面 1 相对的面 3 为边侧面组 2。

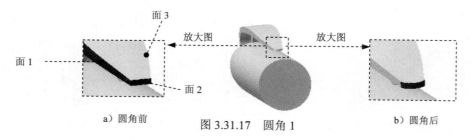

a）圆角前　　图 3.31.17　圆角 1　　b）圆角后

（4）单击"圆角"对话框中的 按钮，完成圆角 1 的创建。

Step 15　创建图 3.31.18 所示的零件特征——拉伸 2。

（1）选择下拉菜单 插入(I) ➡ 凸台/基体(B) ➡ 拉伸(E).命令。

（2）选取前视基准面作为草图基准面，在草绘环境中绘制图 3.31.19 所示的横断面草图（使用  命令来绘制草图）。

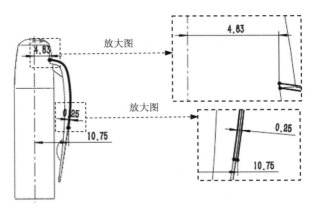

图 3.31.18　拉伸 2　　　　　　　图 3.31.19　横断面草图

（3）在 **方向 1** 区域的下拉列表中选择 **两侧对称** 选项，在 D1 文本框中输入数值 5.0。

（4）单击 ✓ 按钮，完成拉伸 2 的创建。

Step 16　创建图 3.31.20 所示的基准面 4。选择下拉菜单 **插入(I)** ➡ **参考几何体(G)** ➡ **基准面(P)...** 命令；选取图 3.31.21 所示的面和面的一顶点作为基准面 4 的参考实体。

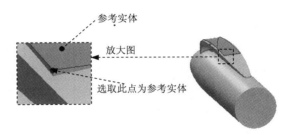

图 3.31.20　基准面 4　　　　　　图 3.31.21　参考实体

Step 17　创建图 3.31.22 所示的零件特征——拉伸 3。

（1）选择下拉菜单 **插入(I)** ➡ **凸台/基体(B)** ➡ **拉伸(E)** 命令（或单击"特征（F）"工具栏中的 按钮）。

（2）选取基准面 4 作为草图基准面；在草绘环境中绘制图 3.31.23 所示的横断面草图。

图 3.31.22　拉伸 3　　　　　　　图 3.31.23　横断面草图

（3）定义拉伸深度属性。在"拉伸"对话框的 **方向1** 区域中单击"反向"按钮 ，在 **方向1** 区域的下拉列表中选择 **成形到下一面** 选项。

（4）单击 按钮，完成拉伸 3 的创建。

Step 18 创建图 3.31.24 所示的零件特征——圆角 2。参照 Step14 的操作步骤创建图 3.31.24 所示的圆角 2。

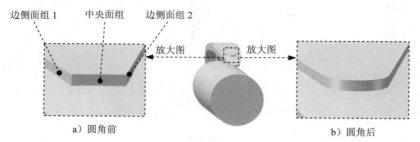

图 3.31.24　圆角 2

Step 19 创建图 3.31.25b 所示的零件特征——圆角 3。

（1）选择命令。选择下拉菜单 **插入(I)** ➡ **特征(F)** ➡ **圆角(U)** 命令（或单击 按钮），系统弹出"圆角"对话框。

（2）定义圆角类型。在"圆角"对话框的 **圆角类型(Y)** 区域选中 **面圆角(L)** 单选项。

（3）定义圆角对象。选取图 3.31.25a 所示的面为要圆角的对象。

（4）定义圆角的半径。在文本框中输入半径值 10.0。

（5）单击"圆角"对话框中的 按钮，完成圆角 3 的创建。

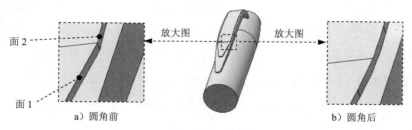

图 3.31.25　圆角 3

Step 20 创建图 3.31.26 所示的零件特征——圆角 4。要圆角的对象为图 3.31.25 所示的面，输入圆角半径值为 10.0。

Step 21 创建图 3.31.27 所示的零件特征——圆角 5。选择下拉菜单 **插入(I)** ➡ **特征(F)** ➡ **圆角(U)** 命令（或单击 按钮），采用系统默认的圆角类型，选取图 3.31.27 所示的四条边线链为圆角对象，输入半径值 0.08，单击 按钮，完成圆角 5 的创建。

a）圆角前　　　　　　　　　　　　b）圆角后

图 3.31.26　圆角 4

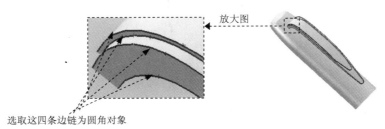

图 3.31.27　圆角 5

Step 22　创建图 3.31.28 所示的零件特征——圆角 6。选取图 3.31.27 所示的边线为要圆角的对象，输入圆角半径为 0.1。

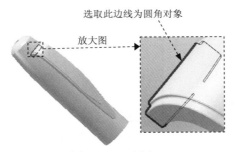

图 3.31.28　圆角 6

Step 23　创建图 3.31.29 所示的零件特征——切除-旋转 1。

（1）选择命令。选择下拉菜单 插入(I) ➡ 切除(C) ➡ 旋转(R)...命令（或单击"特征（F）"工具栏中的 按钮）。

（2）定义特征的横断面草图。选取前视基准面作为草图基准面，绘制图 3.31.30 所示的横断面草图（使用 等距实体(O)...命令来绘制横断面草图）。

（3）定义旋转轴线。采用草图中绘制的中心线作为旋转轴线。

（4）定义旋转属性。在 旋转参数(R) 区域的下拉列表中选择 单向 选项，在 旋转参数(R) 区域的 文本框中输入数值 360.0。

（5）单击对话框中的 按钮，完成切除-旋转 1 的创建。

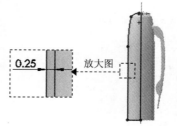

图 3.31.29　切除-旋转 1　　　　　　图 3.31.30　横截面草图

Step 24 创建图 3.31.31 所示的零件特征——圆角 7。选取图 3.31.31 所示的三条边链为圆
角对象，输入圆角半径为 0.1。

图 3.31.31　圆角 7

Step 25 至此，零件模型创建完毕。选择下拉菜单 文件(F) ➡ 保存(S) 命令，命名为
pen_cap，即可保存零件模型。

3.32　SolidWorks 机械零件设计实际应用 5

范例概述：

　　本例主要运用了实体建模的基本技巧，包括实体拉伸、旋转、筋和异型向导孔的创建
等特征命令，其中的异型向导孔在造型上运用得比较巧妙。该零件模型及设计树如图 3.32.1
所示。

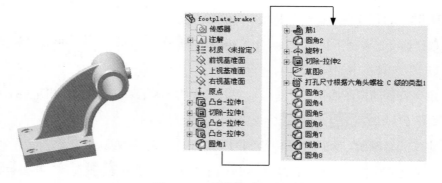

图 3.32.1　零件模型和设计树

Step 1 新建模型文件。选择下拉菜单 文件(F) ➡ 新建(N)... 命令，在系统弹出的

"新建 SolidWorks 文件"对话框中选择"零件"模块，单击 确定 按钮，进入建模环境。

Step 2　创建图 3.32.2 所示的基础特征——拉伸 1。

（1）选择下拉菜单 插入(I) ➡ 凸台/基体(B) ➡ 📷 拉伸(E).命令。

（2）选取前视基准面作为草图基准面，绘制图 3.32.3 所示的横断面草图。

图 3.32.2　拉伸 1

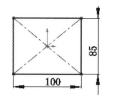

图 3.32.3　横断面草图

（3）采用系统默认的深度方向。在"拉伸"对话框 方向1 区域的下拉列表中选择 给定深度 选项，输入深度值 15.0。

（4）单击 ✔ 按钮，完成拉伸 1 的创建。

Step 3　创建图 3.32.4 所示的零件特征——拉伸 2。

（1）选择命令。选择下拉菜单 插入(I) ➡ 切除(C) ➡ 📷 拉伸(E).命令。

（2）选取上视基准面作为草图基准面，在草绘环境中绘制图 3.32.5 所示的横断面草图。

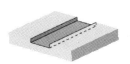

图 3.32.4　拉伸 2

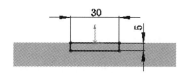

图 3.32.5　横断面草图

（3）定义拉伸深度属性。采用系统默认的深度方向，在"拉伸"对话框 方向1 区域的下拉列表中选择 完全贯穿 选项，在"拉伸"对话框 方向2 区域的下拉列表中选择 完全贯穿 选项。

（4）单击 ✔ 按钮，完成拉伸 2 的创建。

Step 4　创建图 3.32.6 所示的零件特征——拉伸 3。选取右视基准面作为草图基准面，绘制图 3.32.7 所示的横断面草图，采用系统默认的拉伸深度方向，在 方向1 区域的下拉列表中选择 两侧对称 选项，输入深度值 70.0。

图 3.32.6　拉伸 3

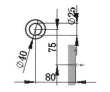

图 3.32.7　横断面草图

Step 5 创建图 3.32.8 所示的零件特征——拉伸 4。选取右视基准面作为草图基准面，绘制图 3.32.9 所示的横断面草图，采用系统默认的拉伸深度方向，在 方向1 区域的下拉列表中选择 两侧对称 选项，输入深度值 40.0。

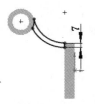

图 3.32.8 拉伸 4   图 3.32.9 横断面草图

Step 6 创建图 3.32.10b 所示的零件特征——圆角 1。选择下拉菜单 插入(I) ➡ 特征(F) ➡ 🔘 圆角(F)... 命令；选取图 3.32.10a 所示的两条边线为要圆角的对象，输入圆角半径值 10.0。

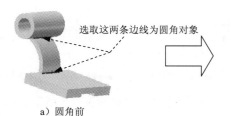

a）圆角前   b）圆角后

图 3.32.10 圆角 1

Step 7 创建图 3.32.11 所示的零件特征——筋 1。

（1）选择下拉菜单 插入(I) ➡ 特征(F) ➡ 🔘 筋(R)... 命令。

（2）选取右视图作为草图基准面，绘制截面的几何图形（即图 3.32.12 所示的曲线）。

图 3.32.11 筋 1   图 3.32.12 横断面草图

（3）在"筋"对话框的 参数(P) 区域中单击 ☰（两侧）按钮，输入筋厚度值 8.0，在 拉伸方向: 下单击 🔘 按钮，选中 ☑ 反转材料方向(F) 复选框。

（4）单击 ✔ 按钮，完成筋 1 的创建。

Step 8 创建图 3.32.13b 所示的零件特征——圆角 2。选取图 3.32.13a 所示的边线为要圆角的对象，输入圆角半径值 20.0。

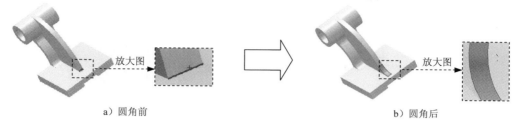

　　　a）圆角前　　　　　　　　　　　　　　　　　b）圆角后

图 3.32.13　圆角 2

Step 9　创建图 3.33.14 所示的零件特征——旋转 1。

（1）选择下拉菜单 插入(I) ➡ 凸台/基体(B) ➡ 🔶 旋转(R). 命令。

（2）选取右视基准面作为草图基准面，绘制图 3.32.15 所示的横断面草图。

图 3.33.14　旋转 1

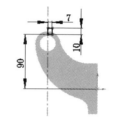

图 3.33.15　横断面草图

（3）定义旋转轴线。采用草图中绘制的中心线作为旋转轴线。

（4）在"旋转"对话框 旋转参数(R) 区域的下拉列表中选择 单向 选项，采用系统默认的旋转方向，在 🔲 文本框中输入数值 360.0。

（5）单击对话框中的 ✅ 按钮，完成旋转 1 的创建。

Step 10　创建图 3.32.16 所示的零件特征——切除-拉伸 5。选取图 3.32.17 所示的模型表面作为草图基准面，绘制图 3.32.18 所示的横断面草图，采用系统默认的拉伸深度方向，在"拉伸"对话框 方向 1 区域的下拉列表中选择 成形到下一面 选项，单击对话框中的 ✅ 按钮。

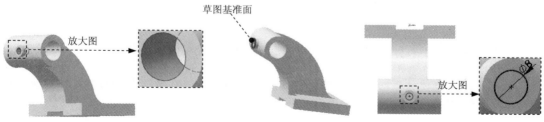

图 3.32.16　切除-拉伸 5　　　　　图 3.32.17　草图基准面　　　图 3.32.18　横断面草图

Step 11　创建图 3.32.19 所示的草图 8。选择下拉菜单 插入(I) ➡ ✏ 草图绘制 命令，选取模型表面作为草图基准面，绘制图 3.32.20 所示的草图。

图 3.32.19　草图 8　　　　　图 3.32.20　横断面草图

Step 12 创建图 3.32.21 所示的零件特征——异型向导孔 1。

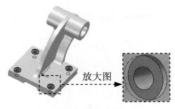

图 3.32.21　异型向导孔 1

（1）选择下拉菜单 插入(I) ➡ 特征(F) ➡ 孔(H) ➡ 向导(W)... 命令，系统弹出"孔规格"对话框。

（2）定义孔的位置。

① 定义孔的放置面。在"孔规格"对话框中选择 位...选项卡，然后选取图 3.32.22 所示的模型表面为孔的放置面。

② 建立几何约束。选择孔的放置面后，在图形区右击，从系统弹出的快捷菜单中选择 选择 (K)选项，然后选取草图中的"点"命令绘制 4 个点，如图 3.32.23，并与草图 8 中对应点建立重合约束。

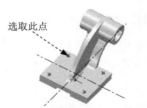

图 3.32.22　定义孔的放置面　　　　图 3.32.23　建立几何约束

说明：本例中要放置四个孔，在表面上要单击四次，与草图 8 中的四个点分别建立重合约束。

（3）定义孔的参数。

① 定义孔的规格。在"孔位置"对话框单击 类...选项卡，选择孔"类型"为 （柱孔），标准为 GB ，类型为 六角头螺栓 C级 GB/T5780-2000 ，大小为 M6 ，配合为 正常 。

② 定义孔的终止条件。在"孔规格"对话框的 终止条件(C) 下拉列表中选择 完全贯穿 选项。

③ 定义孔的大小。在 ☑ 显示自定义大小(Z) 区域的 ↕ 后输入数值 6.6；在 ↕ 后输入数值 13.0；在 ↕ 后输入数值 2.0。

（4）单击"孔规格"对话框中的 ✓ 按钮，完成异型向导孔 1 的创建。

Step 13　创建图 3.32.24b 所示的零件特征——圆角 3。选取图 3.32.24a 所示的四条边链为要圆角的对象，输入圆角半径值为 2.0。

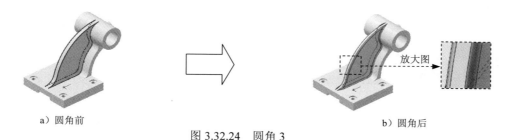

a）圆角前　　　　　　　　　　　　　　　　　　b）圆角后

图 3.32.24　圆角 3

Step 14　创建图 3.32.25b 所示的零件特征——圆角 4。选取图 3.32.25a 所示的三条边链为要圆角的对象，输入圆角半径值 2.0。

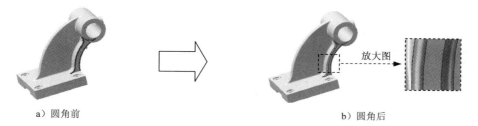

a）圆角前　　　　　　　　　　　　　　　　　　b）圆角后

图 3.32.25　圆角 4

Step 15　创建图 3.32.26b 所示的零件特征——圆角 5。选取图 3.32.26a 所示的边链为要圆角的对象，输入圆角半径值 1.0。

a）圆角前　　　　　　　　　　　　　　　　　　b）圆角后

图 3.32.26　圆角 5

Step 16　创建图 3.32.27b 所示的零件特征——圆角 6。选取图 3.32.27a 所示的三条边链为要圆角的对象，输入圆角半径值 2.0。

a）圆角前

b）圆角后

图 3.32.27　圆角 6

Step 17 创建图 3.32.28b 所示的零件特征——圆角 7。选取图 3.32.28a 所示的边链为要圆角的对象，输入圆角半径值 1.0。

a）圆角前

b）圆角后

图 3.32.28　圆角 7

Step 18 创建图 3.32.29b 所示的零件特征——倒角 1。

（1）选择命令。选择下拉菜单 插入(I) ➡ 特征(F) ➡ 🔲 倒角(C)... 命令（或单击"特征（F）"工具栏中的 🔲 按钮），系统弹出"倒角"对话框。

（2）定义倒角类型。在"倒角"对话框中选中 ⦿ 距离-距离(D) 单选项。

（3）定义倒角对象。在系统 为倒角选择边线/环/面 的提示下，选取图 3.32.29a 所示的两条边线作为倒角对象。

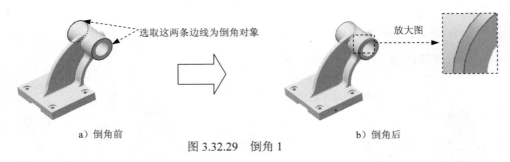

a）倒角前

b）倒角后

图 3.32.29　倒角 1

（4）定义倒角参数。在对话框中选中 ☑ 相等距离(E) 复选框，然后在 🔲 文本框中输入数值 2.0。

（5）单击对话框中的 ✅ 按钮，完成倒角 1 的创建。

Step 19 创建图 3.32.30b 所示的零件特征——圆角 8。选取图 3.32.30a 所示的两条边线为要圆角的对象，输入圆角半径值 1.0。

a) 圆角前

图 3.32.30　圆角 8

b) 圆角后

选取这两条边线为圆角对象

放大图

放大图

Step 20 至此，零件模型创建完毕。选择下拉菜单 文件(F) ➡ 🖫 保存(S) 命令，将模型命名为 footplate_braket，即可保存零件模型。

3.33　SolidWorks 机械零件设计实际应用 6

范例概述：

本例是一生活用品——香皂的建模，主要运用了放样和切除－拉伸特征，其中放样特征的应用技巧性很强，希望读者能通过此练习熟练掌握放样特征的创建过程和技巧。该零件模型及设计树如图 3.33.1 所示。

图 3.33.1　零件模型及设计树

Step 1 新建模型文件。选择下拉菜单 文件(F) ➡ 🗋 新建(N)... 命令，在系统弹出的"新建 SolidWorks 文件"对话框中选择"零件"模块，单击 确定 按钮，进入建模环境。

Step 2 创建图 3.33.2 所示的基准面 1。

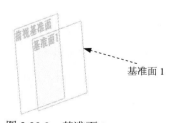

基准面 1

图 3.33.2　基准面 1

（1）选择下拉菜单 [插入(I)] ➡ [参考几何体(G)] ➡ [基准面(P)]...命令，系统弹出"基准面"对话框。

（2）定义基准面的参考实体。选取前视基准面作为参考实体。

（3）定义偏移参数。采用系统默认的偏移方向；在 [□] 后的文本框中输入数值 20.0。

（4）单击对话框中的 [✓] 按钮，完成基准面 1 的创建。

[Step 3] 创建图 3.33.3 所示的草图 1。选择下拉菜单 [插入(I)] ➡ [草图绘制] 命令；选取前视基准面作为草图基准面，绘制图 3.33.3 所示的草图。

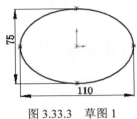

图 3.33.3　草图 1

[Step 4] 创建图 3.33.4 所示的草图 2。选择下拉菜单 [插入(I)] ➡ [草图绘制] 命令；选取基准面 1 作为草图基准面，绘制图 3.33.4 所示的草图 2（注意：草图中只有一个点）。

[Step 5] 创建图 3.33.5 所示的零件特征——放样 1。

图 3.33.4　草图 2

图 3.33.5　放样 1

（1）选择下拉菜单 [插入(I)] ➡ [凸台/基体(B)] ➡ [放样(L)].命令，系统弹出"放样"对话框。

（2）定义放样 1 特征的轮廓。选取草图 1 和草图 2 为放样 1 特征的轮廓。

（3）定义 [起始/结束约束(C)]。在 [开始约束(S)] 下拉列表中选择 [垂直于轮廓] 选项，输入起始处相切长度值 0.1；在 [结束约束(E)] 下拉列表中选择 [方向向量] 选项，选取基准面 1 作为结束约束的方向向量，输入结束处相切长度值 3.0，其他参数采用系统默认值。

（4）单击对话框中的 [✓] 按钮，完成放样 1 的创建。

[Step 6] 创建图 3.33.6 所示的基准面 2。

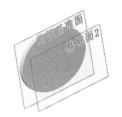

图 3.33.6 基准面 2

（1）选择下拉菜单 插入(I) ➡ 参考几何体(G) ➡ 🗇 基准面(P)...命令，系统弹出"基准面"对话框。

（2）定义基准面的参考实体。选取前视基准面作为参考实体。

（3）定义偏移参数。选中 ☑ 反转 复选框；在 ⊣ 后的文本框中输入数值 23.0。

（4）单击对话框中的 ✅ 按钮，完成基准面 2 的创建。

Step 7　创建图 3.33.7 所示的草图 3。选择下拉菜单 插入(I) ➡ 📝 草图绘制，选取基准面 2 作为草图基准面，绘制图 3.33.7 所示的草图。

Step 8　创建图 3.33.8 所示的零件特征——放样 2。

图 3.33.7 草图 3

图 3.33.8 放样 2

（1）选择下拉菜单 插入(I) ➡ 凸台/基体(B) ➡ 🔔 放样(L)，选取草图 3 和草图 1 为放样 2 特征的轮廓。

（2）在 开始约束(S): 下拉列表中选择 垂直于轮廓 选项，输入起始处相切长度值 1.0；在 结束约束(E): 下拉列表中选择 方向向量 选项，选取基准面 2 作为结束约束的方向向量，输入结束处相切长度值 1.0，其他参数采用系统默认设置值。

（3）单击对话框中的 ✅ 按钮，完成放样 2 的创建。

Step 9　创建图 3.33.9 所示的零件特征——切除-旋转 1。

（1）选择下拉菜单 插入(I) ➡ 切除(C) ➡ 🕅 旋转(R)...命令。

（2）选取上视基准面作为草图基准面，绘制图 3.33.10 所示的横断面草图。

（3）定义旋转轴线。采用草图中绘制的中心线作为旋转轴线。

（4）在"切除-旋转"对话框中 旋转参数(R) 区域的下拉列表中选择 单向 选项，采用系统默认的旋转方向，在 📐 文本框中输入数值 360.0。

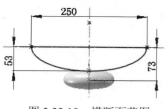

图 3.33.9　切除-旋转 1

图 3.33.10　横断面草图

（5）单击对话框中的 ✓ 按钮，完成切除-旋转 1 的创建。

Step 10　创建图 3.33.11 所示的基准面 3。选取右视基准面作为参考实体，采用系统默认的偏移方向；偏移值为 5.0。

Step 11　创建图 3.33.12 所示的零件特征——切除-旋转 2。

　　（1）选择下拉菜单 插入(I) ➡ 切除(C) ➡ 🔲 旋转(R). 命令。

　　（2）选取基准面 3 作为草图基准面，绘制图 3.33.13 所示的横断面草图。

　　（3）定义旋转轴线。采用草图中绘制的中心线作为旋转轴线。

　　（4）定义旋转属性。在"切除-旋转"对话框中 旋转参数(R) 区域的下拉列表中选择 单向 选项，采用系统默认的旋转方向，在 🔲 文本框中输入数值 360。

　　（5）单击对话框中的 ✓ 按钮，完成切除-旋转 2 的创建。

图 3.33.11　基准面 3

图 3.33.12　切除-旋转 2

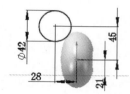

图 3.33.13　横断面草图

Step 12　创建图 3.33.14 所示的基准面 4。选取右视基准面作为参考实体，选中 ✓反转 复选框；在 ↦ 后的文本框中输入数值 5.0。

图 3.33.14　基准面 4

Step 13　创建图 3.33.15 所示的零件特征——切除-旋转 3。

　　（1）选择下拉菜单 插入(I) ➡ 切除(C) ➡ 🔲 旋转(R). 命令（或单击"特征（F）"

工具栏中的 按钮），系统弹出"切除-旋转"对话框。

（2）选取基准面 4 作为草图基准面，绘制图 3.33.16 所示的横断面草图。

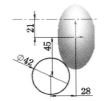

图 3.33.15　切除-旋转 3　　　　　图 3.33.16　横断面草图

（3）定义旋转轴线。采用草图中绘制的中心线作为旋转轴线。

（4）定义旋转属性。

① 定义旋转方向。在"切除-旋转"对话框中 旋转参数(R) 区域的下拉列表中选择 单向
选项，采用系统默认的旋转方向。

② 定义旋转角度。在 旋转参数(R) 区域的 文本框中输入数值 360.0。

（5）单击对话框中的 按钮，完成切除-旋转 3 的创建。

Step 14 创建图 3.33.17b 所示的零件特征——圆角 1。选取图 3.33.17a 所示的边线为要圆
角的对象，输入圆角半径值 10.0。

a)圆角前　　　　　　　　　　　　　　　　　　b）圆角后

图 3.33.17　圆角 1

Step 15 创建图 3.33.18b 所示的零件特征——圆角 2。选取图 3.33.18a 所示的两条边链为
要圆角的对象，输入圆角半径值 5.0。

a）圆角前　　　　　　　　　　　　　　　　　　b）圆角后

图 3.33.18　圆角 2

Step 16 至此，零件模型创建完毕。选择下拉菜单 文件(F) ➡ 保存(S) 命令，命名为
soap，即可保存零件模型。

3.34　SolidWorks 机械零件设计实际应用 7

范例概述：

本例介绍的是一个塑料外壳的设计过程，主要运用了凸台-拉伸、抽壳、切除-拉伸、扫描和分割等特征命令。先创建基础模型，再创建分割特征，经过细节建模，最后生成装配体。本例重点介绍模型的分割和分割后自动生成的装配体。

3.34.1　整体模型设计

整体模型设计是塑料外壳设计的第一步，图 3.34.1 所示的是整体模型和设计树。

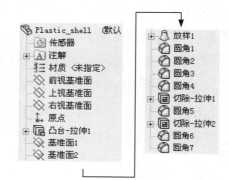

图 3.34.1　零件模型和设计树

Step 1　新建一个零件模型文件，进入建模环境。

Step 2　创建图 3.34.2 所示的零件基础特征——拉伸 1。

（1）选择下拉菜单 插入(I) ➡ 凸台/基体(B) ➡ 拉伸(E)...命令。

（2）选取前视基准面作为草图基准面，绘制图 3.34.3 所示的横断面草图。

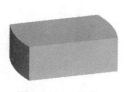

图 3.34.2　拉伸 1

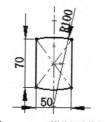

图 3.34.3　横断面草图

（3）采用系统默认的深度方向。在"拉伸"对话框中 方向1 区域的下拉列表中选择 给定深度 选项，输入深度值 15.0，在 方向2 区域的下拉列表中选择 给定深度 选项，输入深度值 13.0。

（4）单击 ✅ 按钮，完成拉伸 1 的创建。

Step 3　创建图 3.34.4 所示的基准面 1。

（1）选择命令。选择下拉菜单 插入(I) ➡ 参考几何体(G) ➡ ◇ 基准面(P)... 命令，系统弹出"基准面"对话框。

（2）定义基准面的参考实体。选取上视基准面作为基准面的参考实体，在 ↦ 后的文本框内输入偏移距离 42.0，选中 ☑ 反转 复选框。

（3）单击对话框中的 ✅ 按钮，完成基准面 1 的创建。

Step 4　创建图 3.34.5 所示的基准面 2。选取上视基准面作为基准面的参考实体，在 ↦ 后的文本框内输入偏移距离 37.0，选中 ☑ 反转 复选框。

图 3.34.4　基准面 1

图 3.34.5　基准面 2

Step 5　创建图 3.34.6 所示的草图 2。选择下拉菜单 插入(I) ➡ ⌐ 草图绘制 命令；选取基准面 1 作为草图基准面，绘制图 3.34.6 所示的草图。

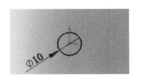

图 3.34.6　草图 2

Step 6　选取基准面 2 作为草图基准面，创建图 3.34.7 所示的草图 3。

Step 7　创建图 3.34.8 所示的零件特征——放样 1。

（1）选择下拉菜单 插入(I) ➡ 凸台/基体(B) ➡ 🔲 放样(L)... 命令。

（2）定义放样 1 特征的轮廓。选取草图 2 和草图 3 为放样 1 特征的轮廓。

（3）单击对话框中的 ✅ 按钮，完成放样 1 的创建。

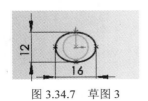

图 3.34.7　草图 3

图 3.34.8　放样 1

Step 8　创建图 3.34.9b 所示的圆角 1。选取图 3.34.9a 所示的边线为要圆角的对象，圆角半径值为 3.0。

a）圆角前

b）圆角后

图 3.34.9　圆角 1

Step 9　创建图 3.34.10b 所示的圆角 2。要圆角的对象为图 3.34.10a 所示的 8 条边线，圆角半径为 3.0。

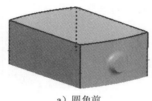
a）圆角前

b）圆角后

图 3.34.10　圆角 2

Step 10　创建图 3.34.11b 所示的圆角 3。要圆角的对象为图 3.34.11a 所示的加亮的边线，圆角半径为 2.0。

a）圆角前

b）圆角后

图 3.34.11　圆角 3

Step 11　创建图 3.34.12b 所示的圆角 4。要圆角的对象为图 3.34.12a 所示的边线，圆角半径为 1.5。

a）圆角前

b）圆角后

图 3.34.12　圆角 4

Step 12　创建图 3.34.13 所示的零件基础特征——切除-拉伸 2。选择下拉菜单 插入(I) ➡ 切除(C) ➡ 📷 拉伸(E) 命令，选取图 3.34.14 所示的模型表面作为草图基准面，绘制图 3.34.15 所示的横断面草图，采用系统默认的深度方向，在"拉伸"对话框中 方向1 区域的下拉列表中选择 给定深度 选项，输入深度值 1.0，单击 ✅ 按钮，完成切除-拉伸 2 的创建。

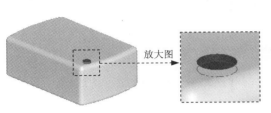

图 3.34.13　切除-拉伸 2　　　图 3.34.14　草图基准面　　图 3.34.15　横断面草图

Step 13　创建图 3.34.16b 所示的圆角 5。要圆角的对象为图 3.34.16a 所示的两条加亮的边线，圆角半径为 0.50。

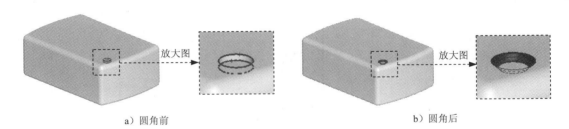

a）圆角前　　　　　　　　　　　　　　　　b）圆角后

图 3.34.16　圆角 5

Step 14　创建图 3.34.17 所示的零件基础特征——切除-拉伸 3。选择下拉菜单 插入(I) ➡ 切除(C) ➡ 📷 拉伸(E) 命令，选取图 3.34.18 所示的模型表面作为草图基准面，绘制图 3.34.19 所示的横断面草图，采用系统默认的深度方向，在"拉伸"对话框中 方向1 区域的下拉列表中选择 给定深度 选项，输入深度值 8.0，单击 ✅ 按钮，完成切除-拉伸 3 的创建。

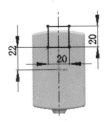

图 3.34.17　切除-拉伸 3　　　图 3.34.18　草图基准面　　图 3.34.19　横断面草图

Step 15 创建图 3.34.20b 所示的圆角 6。要圆角的对象为图 3.34.20a 所示的五条加亮的边线，圆角半径为 1.0。

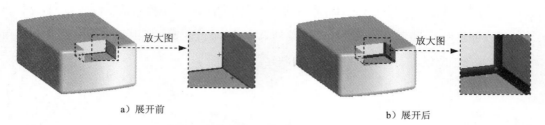

a）展开前   b）展开后

图 3.34.20　圆角 6

Step 16 创建图 3.34.21b 所示的圆角 7。要圆角的对象为图 3.34.21a 所示的边链，圆角半径为 1.0。

a）圆角前   b）圆角后

图 3.34.21　圆角 7

Step 17 至此，零件模型创建完毕。选择下拉菜单 文件(F) ➡ 保存 (S) 命令，将模型命名为 Plastic_shell，即可保存零件模型。

3.34.2　分割模型

分割模型是塑料外壳设计的第二步，分割的主要任务是将给定的整体模型分割成两部分，分割后的模型和设计树如图 3.34.22 所示。

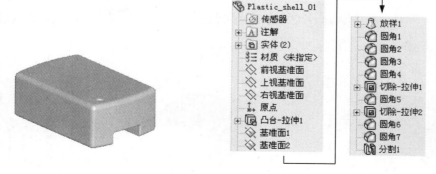

图 3.34.22　零件模型和设计树

Step **1**　打开光盘中的零件 D:\sw13\work\ch03\ch03.34\Plastic shell，如图 3.34.23 所示。

Step **2**　根据需要将零件模型分割成两个部分。

（1）选择下拉菜单 插入(I) ➡ 特征(F) ➡ 分割(L) 命令，系统弹出"分割"对话框。

（2）在模型设计树中选择"前视基准面"为"剪裁工具"，单击 切除零件(C) 按钮，此时系统会自动将原零件模型分割成两个部分，如图 3.34.24 所示。当鼠标移动到模型上方的时候，单个实体会高亮显示。

图 3.34.23　打开零件模型

图 3.34.24　选择剪裁工具

（3）保存实体。在图 3.34.25 所示的 所产生实体(R) 区域中双击名称域，弹出"另存为"对话框，将实体 2 命名为 up_side，实体 1 命名为 down_side，取消选中 所产生实体(R) 区域的 □ 消耗切除实体(U) 复选框，选中 □ 将自定义属性复制到新零件(O) 复选框，单击 ✔ 按钮，完成零件的分割，如图 3.34.26 所示。

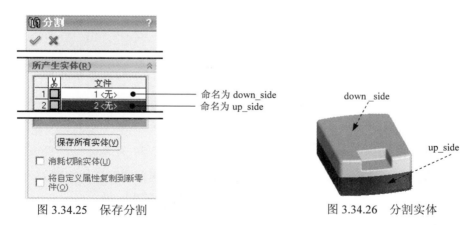

图 3.34.25　保存分割

图 3.34.26　分割实体

Step **3**　至此，零件模型分割完毕。选择下拉菜单 文件(F) ➡ 另存为(A)… 命令，将模型命名为 Plastic_shell_01，即可保存零件模型。

3.34.3　细节建模（一）

细节建模是塑料外壳设计的第三步。运用抽壳、拉伸、扫描和切除-扫描等特征命令对已分割的模型进行细节建模，up_side 的零件模型和设计树如图 3.34.27 所示。

图 3.34.27　零件模型 up_side 和设计树

Step 1　打开分割成的实体模型 up_side，如图 3.34.28 所示。

Step 2　创建图 3.34.29b 所示的零件特征——抽壳 1。

（1）选择命令。选择下拉菜单 插入(I) ➡ 特征(F) ➡ 抽壳(S). 命令。

（2）定义要移除的面。选取图 3.34.29a 所示的模型表面为要移除的面。

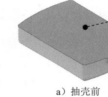

要移除的面

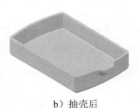

a）抽壳前

b）抽壳后

图 3.34.28　打开 up_side

图 3.34.29　抽壳 1

（3）定义抽壳的参数。在"抽壳 1"对话框的 参数(P) 区域输入壁厚值 2.0。

（4）单击对话框中的 ✅ 按钮，完成抽壳 1 的创建。

Step 3　创建图 3.34.30 所示的零件基础特征——切除-拉伸 1。选择下拉菜单 插入(I) ➡ 切除(C) ➡ 拉伸(E). 命令。选取图 3.34.31 所示的模型表面作为草图基准面，绘制图 3.34.32 所示的横断面草图，采用系统默认的深度方向，在"拉伸"对话框中 方向1 区域的下拉列表中选择 给定深度 选项，输入深度值 10.0，单击 ✅ 按钮，完成切除-拉伸 1 的创建。

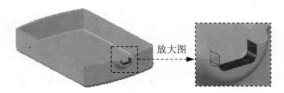

放大图

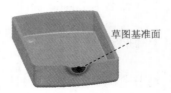

草图基准面

图 3.34.30　切除-拉伸 1

图 3.34.31　草图基准面

图 3.34.32　横断面草图

Step 4　创建图 3.34.33 所示的草图 2。选择下拉菜单 插入(I) ➡ ▱ 草图绘制 命令，选取图 3.34.34 所示的模型表面为草图基准面，绘制图 3.34.33 所示的草图。

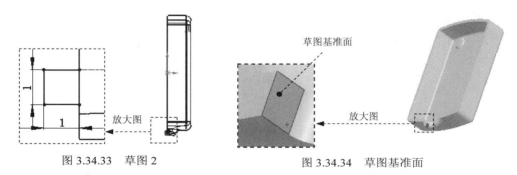

图 3.34.33　草图 2

图 3.34.34　草图基准面

Step 5　创建组合曲线 1。

（1）选择下拉菜单 插入(I) ➡ 曲线(U) ➡ ⌐ 组合曲线(C). 命令，系统弹出"组合曲线"对话框。

（2）定义要组合的边线。选取图 3.34.35 所示的模型边线为要组合的边线。

（3）单击对话框中的 ✅ 按钮，完成组合曲线 1 的创建。

Step 6　创建图 3.34.36 所示的扫描 1。

（1）选择下拉菜单 插入(I) ➡ 凸台/基体(B) ➡ ⌒ 扫描(S). 命令，系统弹出"扫描"对话框。

（2）定义扫描特征的轮廓。选取草图 2 作为扫描 1 特征的轮廓。

（3）定义扫描特征的路径。选取组合曲线 1 作为扫描 1 特征的路径。

（4）单击对话框中的 ✅ 按钮，完成扫描 1 的创建。

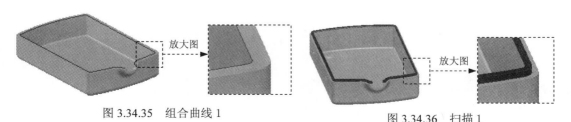

图 3.34.35　组合曲线 1

图 3.34.36　扫描 1

Step 7　保存模型 up_side。

3.34.4　细节建模（二）

down_side 零件模型和设计树如图 3.34.37 所示。

图 3.34.37　零件模型 down_side 和设计树

Step 1　打开分割成的实体模型 down_side，如图 3.34.38 所示。

Step 2　创建图 3.34.39 所示的零件特征——抽壳 1。选择下拉菜单 插入(I) ➡ 特征(F)
➡ 抽壳(S)... 命令，选取图 3.34.40 所示的模型表面为要移除的面，在"抽
壳 1"对话框的 参数(P) 区域输入壁厚值 2.0，单击对话框中的 ✔ 按钮，完成抽壳
1 的创建。

要移除的面

图 3.34.38　打开模型 down side　　图 3.34.39　抽壳 1　　图 3.34.40　选取要移除的面

Step 3　创建图 3.34.41 所示的零件基础特征——切除-拉伸 1。选择下拉菜单 插入(I)
➡ 切除(C) ➡ 拉伸(E) 命令。选取图 3.34.42 所示的模型表面作为草
图基准面，绘制图 3.34.43 所示的横断面草图，采用系统默认的深度方向，在"拉
伸"对话框中 方向 1 区域的下拉列表中选择 给定深度 选项，输入深度值 10.0，
单击 ✔ 按钮，完成拉伸 1 的（切除）创建。

草图基准面

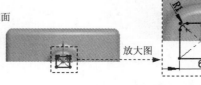

放大图

图 3.34.41　切除-拉伸 1　　图 3.34.42　草图基准面　　图 3.34.43　横断面草图

Step 4 创建图 3.34.44 所示的草图 2。选择下拉菜单 插入(I) ➡️ 🗇 草图绘制 命令，选

取图 3.34.45 所示的模型表面作为草图基准面，绘制图 3.34.44 所示的草图。

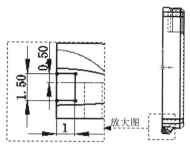

图 3.34.44 草图 2

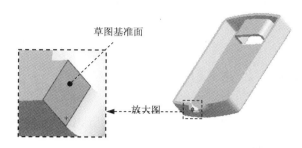

图 3.34.45 草图基准面

Step 5 创建组合曲线 1。

（1）选择下拉菜单 插入(I) ➡️ 曲线(U) ➡️ 🗇 组合曲线(C) 命令。

（2）定义要组合的边线。选取图 3.34.46 所示的模型边线为要组合的边线。

（3）单击对话框中的 ✅ 按钮，完成组合曲线 1 的创建。

Step 6 创建图 3.34.47 所示的切除-扫描 1。

（1）选择下拉菜单 插入(I) ➡️ 切除(C) ➡️ 🗇 扫描(S) 命令。

（2）定义扫描特征的轮廓。选取草图 2 作为切除-扫描 1 特征的轮廓。

（3）定义扫描特征的路径。选取组合曲线 1 作为切除-扫描 1 特征的路径。

（4）单击对话框中的 ✅ 按钮，完成切除-扫描 1 的创建。

图 3.34.46 组合曲线 1

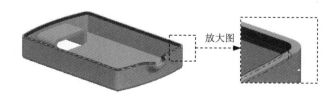

图 3.34.47 切除-扫描 1

Step 7 保存模型 down_side。

3.34.5 生成装配体

生成装配体是塑料外壳设计的最后一步。将经过细节建模的零件模型利用原分割体中的分割关系，自动生成装配体。自动生成的装配体模型和设计树如图 3.34.48 所示。

图 3.34.48　装配体模型和设计树

Step 1　打开分割后的模型 D:\sw13\work\ch03\ch03.34\ plastic_shell_01.SLDPRT。

Step 2　选择下拉菜单 插入(I) ➡ 特征(F) ➡ 生成装配体(C)命令，系统弹出"生成装配体"对话框，在设计树中选择 分割1 节点，单击"生成装配体"对话框中的 浏览(W)... 按钮，系统弹出"另存为"对话框，命名为 plastic_shell，单击 保存(S) 按钮保存装配体，单击"生成装配体"对话框中的 ✔ 按钮，完成装配体的创建。

Step 3　保存装配体模型。

4

装配设计

4.1 概述

一个产品往往由多个零件组合（装配）而成，装配模块用来建立零件间的相对位置关系，从而形成复杂的装配体。零件间位置关系的确定主要通过添加配合实现。

装配设计一般有两种基本方式：自底向上装配和自顶向下装配。如果首先设计好全部零件，然后将零件作为部件添加到装配体中，则称之为自底向上装配；如果是首先设计好装配体模型，然后在装配体中组建模型，最后生成零件模型，则称之为自顶向下装配。

SolidWorks 提供了自底向上和自顶向下装配功能，并且两种方法可以混合使用。自底向上装配是一种常用的装配模式，本书主要介绍自底向上装配。

SolidWorks 的装配模块具有下面一些特点：

- 提供了方便的部件定位方法，轻松设置部件间的位置关系。系统提供了十几种配合方式，通过对部件添加多个配合，可以准确地把部件装配到位。
- 提供了强大的爆炸图工具，可以方便地生成装配体的爆炸视图。

相关术语和概念

零件：是组成部件与产品最基本的单元。

部件：可以是一个零件，也可以是多个零件的装配结果。它是组成产品的主要单元。

装配体：也称为产品，是装配设计的最终结果。它是由部件之间的配合关系及部件组成的。

配合：在装配过程中，配合是指部件之间相对的限制条件，可用于确定部件的位置。

4.2　装配的下拉菜单及工具条

在装配体环境中，"插入"菜单中包含了大量进行装配操作的命令，而"装配体"工具条（图 4.2.1）中则包含了装配操作的常用按钮，这些按钮是进行装配的主要工具，而且有些按钮是在下拉菜单中找不到的。

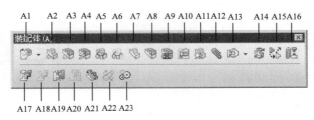

图 4.2.1　"装配体"工具条

图 4.2.1 所示"装配"工具条中各按钮的说明如下：

- A1：插入零部件。将一个现有零件或子装配体插入到装配体中。
- A2：新零件。新建一个零件，并且添加到装配体中。
- A3：新装配体。新建一个装配体并且添加到当前的装配体中。
- A4：大型装配体模式。切换到大型装配体模式。
- A5：隐藏/显示零部件。隐藏或显示零部件。
- A6：更改透明度。使零部件透明度在 0%~75% 之间切换。
- A7：改变压缩状态。使零部件在压缩与还原之间切换。
- A8：编辑零部件。在编辑零件状态与装配体状态之间切换。
- A9：无外部参考。零部件的参考发生变化时，零部件不会发生变化。
- A10：智能扣件。使用 SolidWorks Toolbox 标准件库，将扣件添加到装配体中。
- A11：制作智能零部件。随相关联的零部件或特征定义智能零部件。
- A12：配合。为零部件添加配合。
- A13：移动零部件。在零部件的自由度内移动零部件。
- A14：旋转零部件。在零部件的自由度内旋转零部件。
- A15：替换零部件。以零件或子装配体替换原有零部件或子装配。
- A16：替换配合实体。替换某些或所有配合中的实体。
- A17：爆炸视图。将零部件按指定的方向分离。
- A18：爆炸直线草图。添加或编辑显示爆炸的零部件之间的 3D 草图。

- A19：干涉检查。检查零部件之间的任何干涉。

- A20：装配体透明度。设定除在关联装配体中正被编辑的零部件以外的零部件透明度。

- A21：显示隐藏的零部件。临时显示所有隐藏的零部件并使选定的零部件可见。

- A22：传动带/链。插入传动带（传动链）。

- A23：新建运动算例，插入新运动算例。

4.3 装配配合

通过装配配合，可以指定零件相对于装配体中其他零部件的位置。装配配合的类型包括重合、平行、垂直、相切和同轴心等。在 SolidWorks 中，一个零件通过装配配合添加到装配体后，它的位置会随着与其有配合关系的零部件改变而相应改变，而且配合设置值作为参数可随时修改，并可与其他参数建立关系方程，这样整个装配体实际上是一个参数化的装配体。

关于装配配合，请注意以下几点：

- 一般来说，建立一个装配配合时，应选取零、部件的参照。零、部件的参照是零件和装配体中用于配合定位和定向的点、线、面。例如通过"重合"配合将一根轴放入装配体的一个孔中，轴的中心线就是零件的参照，而孔的中心线就是装配体的参照。

- 要对一个零件在装配体中完整地指定、放置和定向（即完整约束），往往需要定义数个配合。

- 系统一次只添加一个配合。例如不能用一个"重合"配合将一个零件上两个不同的孔与装配体中的另一个零件上两个不同的孔对齐，必须定义两个不同的重合配合。

- 在 SolidWorks 中装配零件时，可以将多于所需的配合添加到零件上。即使从数学的角度来说，零件的位置已完全约束，还可能需要指定附加配合，以确保装配件达到设计意图。

1. "重合"配合

"重合"配合可以使两个零件的点、直线或平面处于同一点、直线或平面内，并且可以改变它们的朝向，如图 4.3.1 所示。

2. "平行"配合

"平行"配合可以使两个零件的直线或面处于彼此间距相等的位置，并且可以改变它们的朝向，如图 4.3.2 所示。

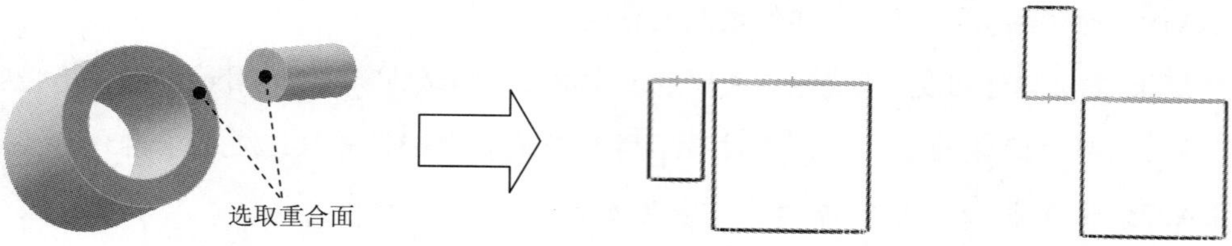

a）重合前

b）重合后（方向相同）

c）重合后（方向相反）

选取重合面

图 4.3.1　"重合"配合

选取平行面

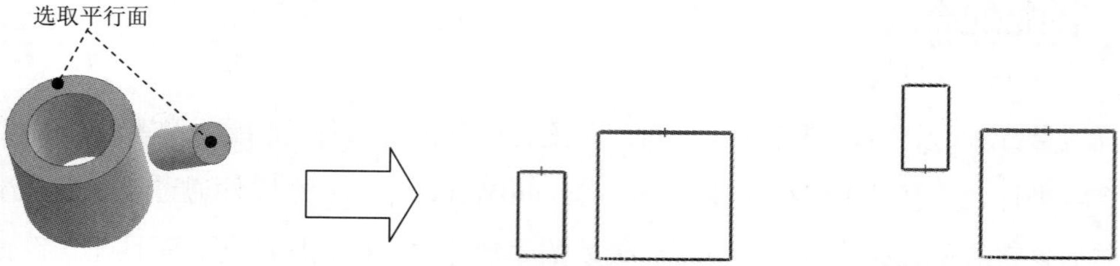

a）平行前

b）平行后（方向相同）

c）平行后（方向相反）

图 4.3.2　"平行"配合

3. "垂直"配合

"垂直"配合可以将所选直线或平面处于彼此之间的夹角为 90°的位置，并且可以改变它们的朝向，如图 4.3.3 所示。

选取垂直面

a）垂直前

b）垂直后

图 4.3.3　"垂直"配合

4. "相切"配合

"相切"配合将所选元素处于相切状态（至少有一个元素必须为圆柱面、圆锥面或球面），并且可以改变它们的朝向，如图 4.3.4 所示。

选取相切面

a）相切前

b）相切后

图 4.3.4　"相切"配合

5. "同轴心"配合

"同轴心"配合可以使所选的轴线或直线处于重合位置（图 4.3.5），该配合经常用于轴类零件的装配。

a) 同轴心前　　　　　　　　　　　　　b) 同轴心后

图 4.3.5　　"同轴心"配合

6. "距离"配合

"距离"配合可以使两个零部件上的点、线或面建立一定距离来限制零部件的相对位置关系，而"平行"配合只是将线或面处于平行状态，却无法调整它们的相对距离，所以"平行"配合与"距离"配合经常一起使用，从而更准确地将零部件放置到理想位置，如图 4.3.6 所示。

a) 配合前　　　　　　　　　　　　　b) 配合后

图 4.3.6　　"距离"配合

7. "角度"配合

"角度"配合可以使两个元件上的线或面建立一个角度，从而限制部件的相对位置关系，如图 4.3.7b 所示。

a) 配合前　　　　　　　　　　　　　b) 配合后

图 4.3.7　　"角度"配合

4.4 创建装配模型的一般过程

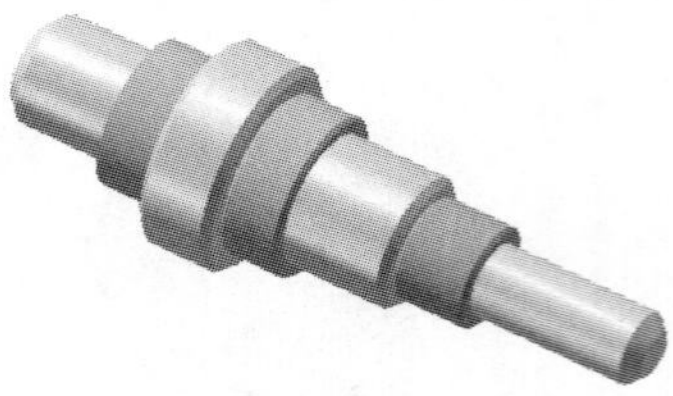

下面以一个装配体模型——轴和轴套的装配为例（图 4.4.1），说明装配体创建的一般过程。

4.4.1 新建一个装配文件

新建装配体文件的一般操作过程如下：

图 4.4.1 轴和轴套的装配

Step 1 选择命令。选择下拉菜单 文件(F) ➡ 新建(N)... 命令，系统弹出"新建 SolidWorks 文件"对话框。

Step 2 选择新建模板。在"新建 SolidWorks 文件"对话框中选择"装配体"模板，单击 确定 按钮，系统进入装配环境。

4.4.2 装配第一个零件

Step 1 选择要添加的模型。在"插入零部件"窗口的 要插入的零件/装配体(P) 区域中单击 浏览(B)... 按钮，系统弹出"打开"对话框，在 D:\sw13\work\ch04\ch04.04 下选择模型文件 shaft. SLDPRT，再单击 打开(O) 按钮。

Step 2 确定零件位置。直接单击对话框中的 ✔ 按钮，即可把零件固定到装配原点处（即零件的三个默认基准平面与装配中的三个默认基准平面对齐）。

4.4.3 装配第二个零件

1. 引入第二个零件

Step 1 选择命令。选择下拉菜单 插入(I) ➡ 零部件(O) ➡ 现有零件/装配体(E). 命令，系统弹出"插入零部件"窗口。

Step 2 选择要添加的模型。在"插入零部件"窗口的 要插入的零件/装配体(P) 区域中单击 浏览(B)... 按钮，系统弹出"打开"对话框，在 D:\sw13\work\ch04\ch04.04 下选择轴套零件模型文件 bush_1.SLDPRT，再单击 打开(O) 按钮。

Step 3 在图形区中合适的位置单击放置第二个零件。

2. 添加配合前的准备

在放置第二个零件时，可能与第一个组件重合，或者其方向和方位不便于进行装配放置。解决这种问题的方法如下：

Step **1**　选择命令。单击"装配体"工具栏中的"移动零部件"按钮 📷，系统弹出"移动零部件"窗口。

"移动零部件"窗口的说明如下：

- ✛ 后的下拉列表中提供了五种移动方式。
  - ☑ 自由拖动：选中所要移动的零件后拖拽鼠标，零件将随鼠标移动。
  - ☑ 沿装配体 XYZ：零件沿装配体的 X 轴、Y 轴或 Z 轴移动。
  - ☑ 沿实体：零件沿所选的实体移动。
  - ☑ 由 Delta XYZ 选项：通过输入 X 轴、Y 轴和 Z 轴的变化值来移动零件。
  - ☑ 到 XYZ 位置：通过输入移动后 X、Y、Z 的具体数值来移动零件。
- ⊙ 标准拖动：系统默认的选项，选中此单选项可以根据移动方式移动零件。
- ⊙ 碰撞检查：系统会自动碰撞，所移动零件将无法与其余零件发生碰撞。
- ⊙ 物理动力学：选中此单选项后，用鼠标拖动零部件时，此零部件就会向其接触的零部件施加一个力。

Step **2**　选择移动方式。在"移动零部件"窗口 移动(M) 区域的 ✛ 下拉列表中选择 自由拖动 选项。

Step **3**　调整第二个零件的位置。在图形区中选定轴套模型，并拖动鼠标可以看到轴套模型随着鼠标移动，将轴套模型的位置移动到合适位置。

Step **4**　单击"移动零部件"窗口中的 ✅ 按钮，完成第二个零件的移动。

　　说明：在图形区中将鼠标放在要移动的零件上，按住左键并移动鼠标，可以直接拖动该零件；按住鼠标右键并拖动鼠标，可以旋转该零件。

　　3．完全约束第二个零件

　　若使轴套完全定位，共需要向它添加三种配合关系，分别为同轴配合、轴向配合和径向配合。选择下拉菜单 插入(I) ➡️ 🖇 配合(M)... 命令，系统弹出图 4.4.2 所示的"配合"窗口，以下的所有配合都将在"配合"窗口中完成。

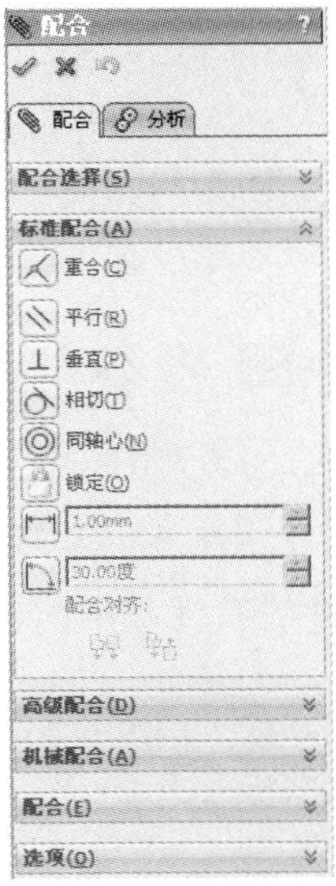

图 4.4.2　"配合"窗口

Step **1**　定义第一个装配配合。

　　（1）确定配合类型。在"配合"窗口的"标准配合"区域中单击"同轴心"按钮 ◎。

　　（2）选取配合面。分别选取图 4.4.3 所示的面 1 与面 2 作为配合面，系统弹出图 4.4.4 所示的快捷工具条。

图 4.4.3　选取配合面

图 4.4.4　快捷工具条

（3）在快捷工具条中单击 ✅ 按钮，完成图 4.4.5 所示的第一个装配配合。

图 4.4.5　完成第一个装配配合

Step **2**　定义第二个装配配合。

（1）确定配合类型。在"配合"窗口的"标准配合"区域中单击"重合"按钮 ✅。

（2）选取配合面。分别选取图 4.4.6 所示的面 1 与面 2，作为配合面，系统弹出快捷工具条。

（3）改变方向。在"配合"窗口的标准区域的 配合对齐：后单击"反向对齐"按钮 ⛶。

（4）在快捷工具条中单击 ✅ 按钮，完成图 4.4.7 所示的第二个装配配合。

图 4.4.6　选取配合面　　　　　　　　图 4.4.7　完成第二个装配配合

Step **3**　定义第三个装配配合。

（1）确定配合类型。在"配合"窗口的"标准配合"区域中单击"重合"按钮 ✅。

（2）选取配合面。分别选取图 4.4.8 所示的"shaft"零件的前视基准面与"bush_1"零件的右视基准面作为配合面，系统弹出快捷工具条。

图 4.4.8　选取配合面

（3）在快捷工具条中单击 ✅ 按钮，完成第三个装配配合。

Step **4**　单击"配合"窗口的 ✅ 按钮，完成装配体的创建。

4.4.4 装配第三个零件

1. 引入第三个零件

Step 1 选择命令。选择下拉菜单 插入(I) ➡ 零部件(O) ➡ 🖐 现有零件/装配体(E) 命令（或在"装配体"工具栏中单击 🖐 按钮），系统弹出"插入零部件"窗口。

Step 2 选取添加模型。在"插入零部件"窗口的 要插入的零件/装配体(P) ⌃ 区域中单击 浏览(B)... 按钮，系统弹出"打开"对话框，在 D:\sw13\work\ch04\ch04.04 路径下选取轴套零件模型文件 bush_2.SLDPRT，再单击 打开(O) 按钮。

Step 3 在图形区中合适的位置单击放置第三个零件。

2. 完全约束第三个零件

若使轴套完全定位，共需要向它添加三种配合关系，分别为同轴心配合、轴向配合和径向配合。选择下拉菜单 插入(I) ➡ 🖉 配合(M)... 命令，系统弹出"配合"窗口，以下的所有配合都将在"配合"窗口中完成。

Step 1 定义第一个装配配合。

（1）确定配合类型。在"配合"窗口的"标准配合"区域中单击"同轴心"按钮 ◎。

（2）选取配合面。分别选取图 4.4.9 所示的面 1 与面 2 作为配合面，系统弹出"配合"快捷工具条。

（3）在快捷工具条中单击 ✔ 按钮，完成图 4.4.10 所示的第一个装配配合。

图 4.4.9 选取配合面

图 4.4.10 完成第一个装配配合

Step 2 定义第二个装配配合。

（1）选择配合类型。在"配合"窗口的"标准配合"区域中单击"重合"按钮 ⊿。

（2）选取配合面。分别选取图 4.4.11 所示的面 1 与面 2 作为配合面，系统弹出快捷工具条。

图 4.4.11 选取配合面

（3）定义配合方向。在"配合"窗口的标准区域的 配合对齐: 后单击"反向对齐"按钮 。

（4）在快捷工具条中单击 按钮，完成图 4.4.12 所示的第二个装配配合。

图 4.4.12　完成第二个装配配合

Step 3　定义第三个装配配合。

（1）确定配合类型。在"配合"窗口的"标准配合"区域中单击"重合"按钮 。

（2）选取配合面。分别选取图 4.4.13 所示"shaft"零件的前视基准面与"bush_2"零件的右视基准面作为配合面，系统弹出快捷工具条。

前视基准面 ←　　　　　　→ 右视基准面

图 4.4.13　选取配合面

（3）在快捷工具条中单击 按钮，完成第三个装配配合。

Step 4　单击"配合"窗口的 按钮，完成装配体的创建。

4.4.5　装配第四个零件

1. 引入第四个零件

Step 1　选择命令。选择下拉菜单 插入(I) → 零部件(O) → 现有零件/装配体(E). 命令（或在"装配体"工具栏中单击 按钮），系统弹出"插入零部件"窗口。

Step 2　选取添加模型。在"插入零部件"窗口的 要插入的零件/装配体(P) 区域中单击 浏览(B)... 按钮，系统弹出"打开"对话框，在 D:\sw13\work\ch04\ch04.04 下选取轴套零件模型文件 bush_3.SLDPRT，再单击 打开(O) 按钮。

Step 3　在图形区中合适的位置单击放置第四个零件。

2. 完全约束第四个零件

若使轴套完全定位，共需要向它添加三种约束，分别为同轴配合、轴向配合和径向配合。选择下拉菜单 插入(I) → 配合(M)... 命令，系统弹出"配合"窗口，以下的所有配

合都将在"配合"窗口中完成。

Step **1**　定义第一个装配配合。

（1）确定配合类型。在"配合"窗口的"标准配合"区域中单击"同轴心"按钮 ◎。

（2）选取配合面。分别选取图 4.4.14 所示的面 1 与面 2 作为配合面，系统弹出"配合"快捷工具条。

图 4.4.14　选取配合面

（3）在快捷工具条中单击 ✓ 按钮，完成图 4.4.15 所示的第一个装配配合。

图 4.4.15　完成第一个装配配合

Step **2**　定义第二个装配配合。

（1）确定配合类型。在"配合"窗口的"标准配合"区域中单击"重合"按钮 ⟋。

（2）选取配合面。分别选取图 4.4.16 所示的面 1 与面 2 作为配合面，系统弹出快捷工具条。

图 4.4.16　选取配合面

（3）改变方向。在"配合"窗口的标准区域的 配合对齐: 后单击"反向对齐"按钮 ⊞。

（4）在快捷工具条中单击 ✓ 按钮，完成图 4.4.17 所示的第二个装配配合。

图 4.4.17　完成第二个装配配合

Step 3 定义第三个装配配合。

（1）确定配合类型。在"配合"窗口的"标准配合"区域中单击"重合"按钮 ⼈。

（2）选取配合面。分别选取图 4.4.18 所示"shaft"零件的前视基准面与"bush_3"零件的右视基准面作为配合面，系统弹出快捷工具条。

（3）在快捷工具条中单击 ✅ 按钮，完成第三个装配配合。

图 4.4.18　选取配合面

Step 4 单击"配合"窗口的 ✅ 按钮，完成装配体的创建。

Step 5 至此，装配体模型创建完毕。选择下拉菜单 文件(F) ➡ 📁 保存 (S) 命令，将零件模型命名为 axes，即可保存模型。

4.5　零部件的阵列

与零件模型中的特征阵列一样，在装配体中也可以对部件进行阵列。部件阵列的类型主要包括"线性阵列"、"圆周阵列"及"特征驱动"阵列。

4.5.1　线性阵列

线性阵列可以将一个部件沿指定的方向进行阵列复制，下面以图 4.5.1 所示装配体模型为例，说明"线性阵列"的一般过程。

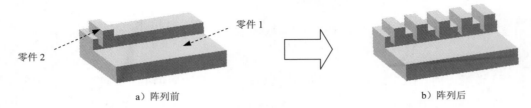

a）阵列前　　　　　　　　　　　　　　　b）阵列后

图 4.5.1　线性阵列

Step 1 打开装配文件 D:\sw13\work\ch04\ch04.05\ch04.05.01\size.SLDASM。

Step 2 选择命令。选择下拉菜单 插入(I) ➡ 零部件阵列 (P) · ➡ 线性阵列 (L) 命令，系统弹出"线性阵列"窗口。

Step 3　确定阵列方向。在图形区选取图 4.5.2 所示的边为阵列参考方向，然后在"线性阵列"窗口的 **方向1** 区域中单击"反向"按钮 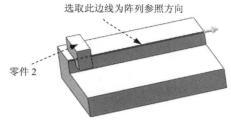 。

选取此边线为阵列参照方向

零件 2

图 4.5.2　选取方向

Step 4　设置间距及个数。在"线性阵列"窗口的 **方向1** 区域的零件"间距" 后的文本框中输入数值 20，在"阵列个数" 后的文本框中输入数值 5。

Step 5　定义要阵列的零部件。在"线性阵列"窗口的 **要阵列的零部件(C)** 区域中单击 后的文本框，选取图 4.5.2 所示的零件 2 作为要阵列的零部件。

Step 6　单击 按钮，完成线性阵列的操作。

"线性阵列"窗口的说明如下：

● **方向1** 区域中是关于零件在一个方向上阵列的相关设置。

☑ 单击 按钮可以使阵列方向相反。该按钮后面的文本框中显示阵列的参考方向，可以通过单击激活此文本框。

☑ 通过在 后的文本框输入数值，可以设置阵列后零件的间距。

☑ 通过在 后的文本框输入数值，可以设置阵列零件的总个数（包括原零件）。

● **要阵列的零部件(C)** 区域用来选择原零件。

● 若在 **可跳过的实例(I)** 区域中选择了零件，则在阵列时跳过所选的零件后继续阵列。

4.5.2　圆周阵列

下面以图 4.5.3 所示模型为例，说明"圆周阵列"的一般过程。

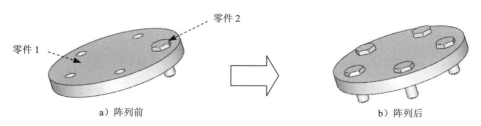

零件 1　　　零件 2

a）阵列前　　　b）阵列后

图 4.5.3　圆周阵列

Step 1　打开装配文件 D:\sw13\work\ch04\ch04.05\ch04.05.02\ rotund.SLDASM。

Step 2　选择命令。选择下拉菜单 插入(I) ➡ 零部件阵列(P)· ➡ 🔲 圆周阵列(R)··命令，系统弹出"圆周阵列"窗口。

Step 3　确定阵列轴。选取图 4.5.4 所示的临时轴为阵列轴。

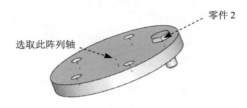

图 4.5.4　选取阵列轴

Step 4　设置角度间距及个数。在"圆周阵列"窗口中选中 ☑ 等间距(E) 复选框，此时 参数(P) 区域 🔼 后的文本框中自动更改为 360，在 #️ 后的文本框中输入阵列个数 5。

Step 5　定义要阵列的零部件。在"圆周阵列"窗口的 要阵列的零部件(C) 区域中单击 🔳 后的文本框，再选取图 4.5.4 所示的零件 2 作为要阵列的零部件。

Step 6　单击 ✔ 按钮，完成圆周阵列的操作。

"圆周阵列"窗口的说明如下：

● 参数(P)：用于设置阵列的参数。

　☑ 单击 🔄 按钮可以改变阵列方向。激活该按钮后的文本框，在图形区选取一条基准轴或线性边线，圆周阵列是以此轴/边作为中心轴进行的。

　☑ 通过在 🔼 后的文本框输入数值，可以设置阵列后零件之间的角度。

　☑ 通过在 #️ 后的文本框输入数值，可以设置阵列零件的总个数（包括原零件）。

　☑ ☑ 等间距(E)：选中此复选框，系统默认将零件在 360 度内等间距地阵列相应的个数。

● 要阵列的零部件(C)：用来选择阵列源零件。

● 可跳过的实例(I)：在阵列时跳过所选的零件。

4.5.3　特征驱动

特征驱动是以装配体中某一部件的阵列特征为参照进行部件的复制。在图 4.5.5b 中，四个螺钉是参照装配体中零件 1 上的四个阵列孔进行创建的，所以在使用"特征驱动"命令之前，应提前在装配体的某一零件中创建阵列特征。下面以图 4.5.5 为例，说明"特征驱动"的操作过程。

a）阵列前　　　　　　　　　　　　　　　b）阵列后

图 4.5.5　特征驱动

Step 1　打开装配文件 D:\sw13\work\ch04\ch04.05\ch04.05.03\reusepattern.SLDASM。

Step 2　选择命令，选择下拉菜单 插入(I) ➡ 零部件阵列(P) ➡ 特征驱动(F) 命令，系统弹出图 4.5.6 所示的"特征驱动"窗口。

图 4.5.6　"特征驱动"窗口

Step 3　定义要阵列的零部件。在图形区选取图 4.5.5 所示的零件 2 为要阵列的零部件。

Step 4　确定驱动特征。单击"特征驱动"窗口"驱动特征"区域中的文本框，然后在设计树中展开 (固定) cover<1> 节点，在其节点下选择 阵列(线性)1 为驱动特征。

Step 5　单击 按钮，完成特征驱动操作。

4.6　零部件的镜像

在装配体中，经常会出现两个部件关于某一平面对称的情况，这时不需要再次为装配体插入相同的部件，只需将原有部件进行镜像复制即可，如图 4.6.1 所示。镜像复制操作的一般过程如下：

Step 1 打开装配文件 D:\sw13\work\ch04\ch04.06\symmetry.SLDASM。

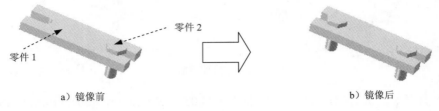

a）镜像前   b）镜像后

图 4.6.1 镜像复制

Step 2 选择命令。选择下拉菜单 插入(I) ➡️ 镜向零部件 (R) 命令，系统弹出图 4.6.2 所示的"镜向零部件"窗口（一）。

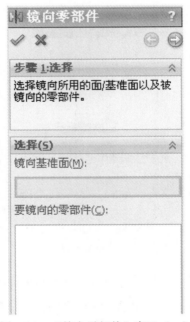

图 4.6.2 "镜向零部件"窗口（一）

Step 3 定义镜像基准面。然后在设计树中展开 A 注解，在其下方选取图 4.6.3 所示的"右视基准面"作为镜像平面。

Step 4 确定要镜像的零部件。在图形区选取图 4.6.1 所示的零件 2 为要镜像的零部件。

Step 5 单击"镜向零部件"窗口中的 ➡️ 按钮，系统弹出图 4.6.4 所示的"镜向零部件"窗口（二），进入镜像的下一步操作。

Step 6 单击"镜向零部件"窗口（二）中的 ✓ 按钮，完成零件的镜像。

4 Chapter

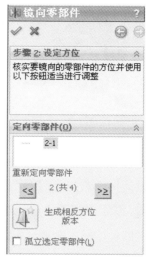

图4.6.3 选取镜像基准面

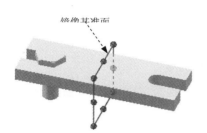

图4.6.4 "镜向零部件"窗口（二）

图4.6.2所示"镜向零部件"窗口（一）的说明如下：

● **选择** 区域中包括选取镜像的基准平面及选取要镜像的零部件。

　☑ **镜向基准面(M):** 后的文本框中显示用户所选取的镜像基准面，可以单击激活此文本框后，再选取镜像基准面。

　☑ **要镜向的零部件(C):** 后的文本框中显示用户所选取的要镜像的零部件，可以单击激活此文本框后，再选取要镜像的零部件。要镜像零部件名称前的方框可以设置状态，取消选中表示复制零部件，只改变零部件的方向，选中表示镜像零部件，镜像后的零部件会发生变化，生成真实的零部件。

4.7 简化表示

为了提高系统性能，减少模型重建的时间，以及生成简化的装配体视图等，可以通过切换零部件的显示状态和改变零部件的压缩状态使复杂的装配体简化。

4.7.1 切换零部件的显示状态

暂时关闭零部件的显示，可以将它从视图中移除，以便容易地处理被遮蔽的零部件。隐藏或显示零部件仅影响零部件在装配体中的显示状态，不影响重建模型及计算的速度，但可以提高显示的性能。以图4.7.1所示模型为例，隐藏零部件的操作步骤如下：

Step 1 打开文件 D:\sw13\work\ch04\ch04.07\ch04.07.01\sliding_bearing.SLDASM。

a）隐藏前　　　　　　　　　　　　b）隐藏后

图 4.7.1　隐藏零部件

Step 2　在设计树中选择 top_cover<1> 为要隐藏的零件。

Step 3　在 top_cover<1> 节点上右击，在弹出的快捷菜单中选择 命令，图形区中的该零件即被隐藏，如图 4.7.1b 所示。

说明：显示零部件的方法与隐藏零部件的方法基本相同，在设计树上右击要显示的零件名称，然后在弹出的快捷菜单中选择 命令。

4.7.2　压缩状态

压缩状态包括零部件的压缩及轻化。

1. 压缩零部件

使用压缩状态可暂时将零部件从装配体中移除，在图形区将隐藏所压缩的零部件。被压缩的零部件无法被选取，并且不装入内存，不再是装配体中有功能的部分。在设计树中压缩后的零部件呈暗色显示。以图 4.7.2 所示模型为例，压缩零部件的操作步骤如下：

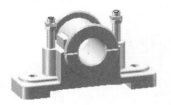

a）压缩前　　　　　　　　　　　　b）压缩后

图 4.7.2　压缩零部件

Step 1　打开文件 D:\sw13\work\ch04\ch04.07\ch04.07.02\sliding_bearing.SLDASM。

Step 2　在设计树中选取 top_cover<1> 为要压缩的零件。

Step 3　在 top_cover<1> 上右击，在弹出的快捷菜单中选择 命令，系统弹出"零部件属性"对话框。

Step 4　在"零部件属性"对话框的 压缩状态 区域中选中 压缩(S) 单选项。

Step 5　单击对话框中的 确定(K) 按钮，完成压缩零部件的操作。

说明：还原零部件的压缩状态可以在"零部件属性"对话框中更改，也可以直接在设计树上右击要还原的零部件，然后在弹出的快捷菜单中选择 🔧 设定为还原 (H) 命令。

2．轻化零部件

当零部件为轻化状态时，只有零件模型的部分数据装入内存，其余的模型数据根据需要装入。使用轻化的零件可以明显地提高大型装配体的装配性能，使装配体的装入速度更快，计算数据的效率更高。在设计树中，轻化后的零部件的图标为 🔧 。

轻化零件的设置操作方法与压缩零部件的方法基本相同，在此不再赘述。

4.8　装配的爆炸视图

装配体中的爆炸视图就是将装配体中的各零部件沿着坐标轴或直线移动，使各个零件从装配体中分离出来。爆炸视图对于表达各零部件的相对位置十分有帮助，因而常常用于表达装配体的装配过程。

4.8.1　创建爆炸视图

下面以图 4.8.1 所示为例，说明生成爆炸视图的一般过程。

a）爆炸前　　　　　　　　　　　b）爆炸后

图 4.8.1　爆炸视图

Step 1　打开装配文件 D:\sw13\work\ch04\ch04.08\ch04.08.01\axes_01.SLDASM。

Step 2　选择命令。选择下拉菜单 插入(I) ➡ 🦴 爆炸视图 (V) 命令，系统弹出图 4.8.2 所示的"爆炸"窗口。

Step 3　创建图 4.8.3b 所示的爆炸步骤 1。

（1）定义要爆炸的零件。在图形区选取图 4.8.3a 所示的零件。

（2）确定爆炸方向。选取 X 轴（红色箭头）为移动方向；单击方向切换按钮 🔧 使方向为 X 轴反方向。

（3）定义移动距离。在"爆炸"窗口的 设定(I) 区域的 🔧 后输入数值 30.0。

（4）预览爆炸图形。在"爆炸"窗口的 设定(I) 区域中单击 应用(P) 按钮。

图 4.8.2　"爆炸"窗口

a）爆炸前　　　　　　　　　　　b）爆炸后

图 4.8.3　爆炸步骤 1

（5）单击 完成(D) 按钮，完成第一个零件的爆炸移动。

Step 4　创建图 4.8.4b 所示的爆炸步骤 2。操作方法参见 Step3.，爆炸零件为图 4.8.4a 所示的零件，爆炸方向为 X 轴的正方向，爆炸距离为 60.0。

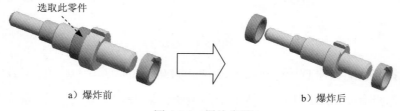

a）爆炸前　　　　　　　　　　　　　　b）爆炸后

图 4.8.4　爆炸步骤 2

图 4.8.2 所示 "爆炸" 窗口的说明如下：

● 爆炸步骤(S) 区域中只有一个文本框，用来记录爆炸零件的所有步骤。

● 设定(T) 区域用来设置关于爆炸的参数。

☑ 后的文本框用来显示要爆炸的零件，可以单击激活此文本框后，再选取要爆炸的零件。

☑ 单击 按钮，可以改变爆炸方向，该按钮后的文本框用来显示爆炸的方向。

☑ 在 🔧D1 后的文本框中输入爆炸的距离值。

☑ 单击 应用(P) 按钮后，将当前爆炸步骤应用于装配体模型。

☑ 单击 完成(D) 按钮后，完成当前爆炸步骤。

● 选项(O) 区域提供了自动爆炸的相关设置。

☑ 选中 ☑ 拖动后自动调整零部件间 距(A) 复选项后，所选零件将沿轴心自动均匀地分布。

☑ 调节 ≑ 后的滑块可以改变通过 ☑ 拖动后自动调整零部件间 距(A) 爆炸后零部件之间的距离。

☑ 选中 ☑ 选择子装配体的零件(B) 复选框后，可以选择子装配体中的单个零部件；取消选中此复选框，只能选择整个子装配体。

☑ 单击 重新使用子装配体爆炸(R) 按钮后，可以使用所选子装配体中已经定义的爆炸步骤。

Step 5 创建图 4.8.5b 所示的爆炸步骤 3。操作方法参见 Step3.，爆炸零件为图 4.8.5a 所示的零件。爆炸方向为 X 轴的正方向，爆炸距离为 50.0。

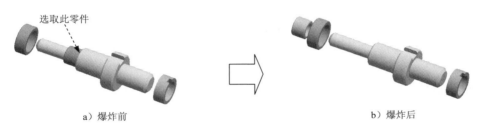

选取此零件

a）爆炸前　　　　　　　　　　　　　　　　b）爆炸后

图 4.8.5　爆炸步骤 3

4.8.2　创建步路线

下面以图 4.8.6 所示模型为例，说明生成爆炸直线草图的一般过程。

步路线

a）创建前　　　　　　　　　　　　　　　　b）创建后

图 4.8.6　爆炸直线草图

Step 1 打开装配文件 D:\sw13\work\ch04\ch04.08\ch04.08.02\axes_02.SLDASM。

Step 2 选择命令。选择下拉菜单 插入(I) ➡ 🔧 爆炸直线草图(L) 命令，系统弹出图 4.8.7 所示的"步路线"窗口。

Step 3 定义连接项目。选取图 4.8.8 所示的面 1、面 2、面 3、面 4 和面 5 为连接项目，单击"步路线"窗口中的 ✅ 按钮。

Step 4 单击两次 ✅ 按钮后，退出草图环境，完成步路线的创建。

图 4.8.7 "步路线"窗口

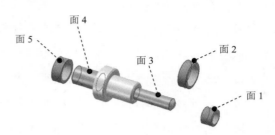

图 4.8.8 选取连接项目

4.9 在装配体中修改零部件

一个装配体完成后，可以对该装配体中的任何零部件进行下面的一些操作：零部件的打开与删除、零部件尺寸的修改、零部件装配配合的修改（如距离配合中距离值的修改）以及部件装配配合的重定义等。完成这些操作一般要从特征树开始。

4.9.1 更改设计树中零部件的名称

大型的装配体中会包括数百个零部件，若要选取某个零件就只能在设计树中进行操作，这样设计树中零部件的名称就显得十分重要。下面以图 4.9.1 所示的设计树为例，说明在设计树中更改零部件名称的一般过程。

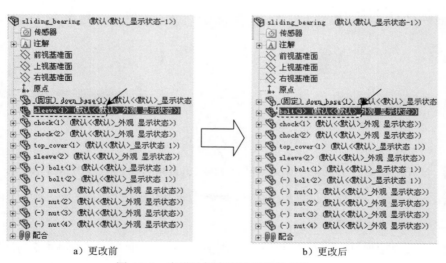

图 4.9.1 在设计树中更改零部件名称

Step 1 打开装配文件 D:\sw13\work\ch04\ch04.09\ch04.09.01\sliding_bearing.SLDASM。

Step **2** 更改名称前的准备。

（1）选择下拉菜单 工具(T) ➡️ 选项(P)...命令，系统弹出"系统选项"对话框。

（2）在"系统选项"对话框的 系统选项(S) 选项卡左侧的列表框中单击 外部参考引用 选项。

（3）在"系统选项"对话框的 系统选项(S) 选项卡的 装配体 区域中取消选中 ☐ 当文件被替换时更新零部件名称(C) 复选框。

（4）单击 确定 按钮，关闭"系统选项"对话框。

Step **3** 在设计树中右击 ⊞ 🧦 sleeve<1> 节点，在弹出的快捷菜单中选择 📝 命令，系统弹出 "零部件属性"对话框。

Step **4** 在"零部件属性"对话框的 一般属性 区域中，将 零部件名称(N): 后文本框中的零部件名称更改为 bolt。

Step **5** 单击 确定(K) 按钮，完成设计树中零部件名称的更改。

注意：这里更改的是在设计树中显示的名称，零件模型文件的名称并没有更改。

4.9.2　修改零部件的尺寸

下面以图 4.9.2 所示的装配体模型为例，说明修改装配体中零部件的一般操作过程。

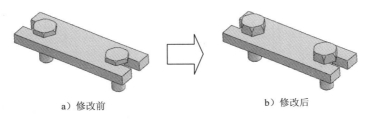

a）修改前　　　　b）修改后

图 4.9.2　零部件的操作过程

Step **1** 打开装配文件 D:\sw13\work\ch04\ch04.09\ch04.09.02\symmetry.SLDASM。

Step **2** 定义要更改的零部件。在设计树（或在图形区）中选择 ⊞ 🧦 symmetry_02<1> 节点。

Step **3** 选择命令。在"装配体"工具栏中单击 🗐 按钮（或在设计树中右击 ⊞ 🧦 symmetry_02<1> 节点，在弹出的快捷菜单中单击 🗐 按钮），此时装配体进入编辑状态，如图 4.9.3 所示。

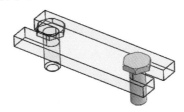

图 4.9.3　编辑状态

Step 4 在设计树中单击 ⊞ 🐾 symmetry_02<1> 前的 "+" 号，展开 symmetry_02 零件模型的设计树。

Step 5 定义修改特征。在设计树中单击/右击 ⊞ 🔲 拉伸1 节点，在弹出的快捷菜单中单击 🔳 按钮，系统弹出 "拉伸 1" 窗口。

Step 6 更改尺寸。在 "拉伸 1" 窗口的 方向1 区域中，将 🔧 后文本框中的尺寸改为 10。

Step 7 单击 ✓ 按钮，完成对 "拉伸 1" 的修改。

Step 8 单击 "装配" 工具栏中的 🔳 按钮，退出编辑状态。

4.10 模型的测量

4.10.1 概述

严格的产品设计离不开模型的测量与分析，本节主要介绍的是 SolidWorks 中的测量操作，包括测量距离、角度、曲线长度和面积等，这些测量功能在产品设计过程中具有非常重要的作用。

通过选择 工具(T) 下拉菜单的 🔲 测量(R)... 命令，系统弹出图 4.10.1a 所示的 "测量" 对话框，单击其中的 🔽 按钮后，"测量" 对话框如图 4.10.1b 所示，模型的基本测量都可以使用该对话框来操作。

a）展开前　　　　　　　　　　　b）展开后

图 4.10.1 　 "测量" 对话框

图 4.10.1 所示 "测量" 对话框中的选项按钮的说明如下：

● 🔘 ▼：选择测量圆弧或圆时的方式。

  ☑ 🔘 中心到中心 按钮：测量圆弧或圆的距离时，以中心到中心显示。

  ☑ 🔘 最小距离 按钮：测量圆弧或圆的距离时，以最小距离显示。

  ☑ 🔘 最大距离 按钮：测量圆弧或圆的距离时，以最大距离显示。

  ☑ 🔘 自定义距离 ▸ 按钮：测量圆弧或圆的距离时，自定义各测量对象的条件。

- ⏷ in/mm 按钮：单击此按钮，系统弹出"测量单位/精度"对话框，利用该对话框可设置测量时显示的单位及精度。

- X/YZ 按钮：控制是否在所选实体之间显示 dX、dY 和 dZ 的测量。

- ⟍ 按钮：测量模型上任意两点之间的距离。

- ⊥ ⏷ 按钮：用于选择坐标系。

- ▣ ⏷ 按钮：用于选择投影面。

    - ☑ ✓无 按钮：测量时，投影和正交不计算。

    - ☑ 屏幕 按钮：测量时，投影到屏幕所在的平面。

    - ☑ 选择面/基准面 按钮：测量时，投影到所选的面或基准面。

4.10.2　测量面积及周长

下面以图 4.10.2 为例，说明测量面积及周长的一般操作方法。

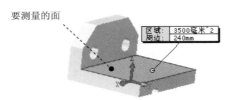

要测量的面

区域	3500毫米^2
周边	240mm

图 4.10.2　选取指示测量的模型表面

Step 1　打开文件 D:\sw13\work\ch04\ch04.10\measure_area. SLDPRT。

Step 2　选择命令。选择下拉菜单 工具(T) ➡ 🗔 测量(R)... 命令，系统弹出"测量"对话框。

Step 3　定义要测量的面。选取图 4.10.2 所示的模型表面为要测量的面。

Step 4　查看测量结果。完成上步操作后，在图形区和图 4.10.3 所示的"测量-measure_area"对话框中均会显示测量的结果。

图 4.10.3　"测量-measure_area"对话框

4.10.3 测量距离

下面以一个简单模型为例，说明测量距离的一般操作方法。

Step 1 打开文件 D:\sw13\work\ch04\ch04.10\measure_distance.SLDPRT。

Step 2 选择命令。选择下拉菜单 工具(T) ➡ 测量(R)... 命令，系统弹出"测量"对话框。

Step 3 在"测量"对话框中单击 XYZ 按钮，使之处于按下状态。

Step 4 测量面到面的距离。先选取图 4.10.4 所示的模型表面 1，然后选取模型表面 2，在图形区和图 4.10.5 所示的"测量-measure_distance"对话框中均会显示测量的结果。

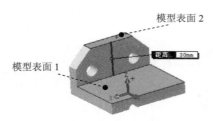

图 4.10.4 选取要测量的面

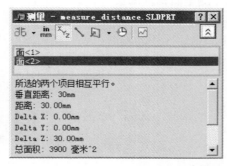

图 4.10.5 "测量-measure distance"对话框

Step 5 测量点到面的距离，如图 4.10.6 所示。

Step 6 测量点到线的距离，如图 4.10.7 所示。

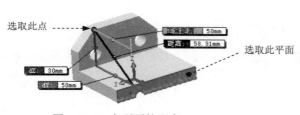

图 4.10.6 点到面的距离

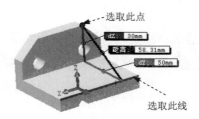

图 4.10.7 点到线的距离

Step 7 测量点到点的距离，如图 4.10.8 所示。

Step 8 测量线到线的距离，如图 4.10.9 所示。

Step 9 测量点到曲线的距离，如图 4.10.10 所示。

Step 10 测量线到面的距离，如图 4.10.11 所示。

图 4.10.8　点到点的距离　　　　　图 4.10.9　线到线的距离

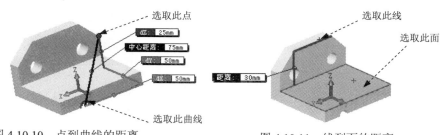

图 4.10.10　点到曲线的距离　　　　图 4.10.11　线到面的距离

Step 11　测量点到点之间的投影距离，如图 4.10.12 所示。

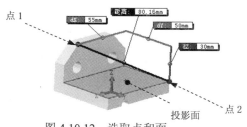

图 4.10.12　选取点和面

（1）选取图 4.10.12 所示的点 1。

（2）选取图 4.10.12 所示的点 2。

（3）在"测量"对话框中单击 [图] 后的 ▾ 按钮，在弹出的下拉列表中选择 [选择面/基准面] 命令。

（4）定义投影面。在"测量"对话框的 投影于: 文本框中单击，然后选取图 4.10.12 所示的模型表面作为投影面。此时选取的两点的投影距离在对话框中显示（图 4.10.13）。

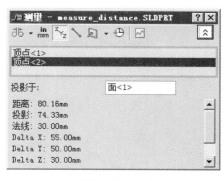

图 4.10.13　"测量-测量与分析"对话框

4.10.4　测量角度

下面以一个简单模型为例，说明测量角度的一般操作方法。

Step 1 打开文件 D:\sw13\work\ch04\ch04.10\measure_angle.SLDPRT。

Step 2 选择命令。选择下拉菜单 工具(T) ➡ ⚙️ 测量 (R)... 命令，系统弹出"测量"
对话框。

Step 3 在"测量"对话框中单击 X Y Z 按钮，使之处于按下状态。

Step 4 测量面与面间的角度。选取图 4.10.14 所示的模型表面 1 和模型表面 2 为要测量的
两个面。完成选取后，在图 4.10.15 所示的"测量"对话框中可看到测量的结果。

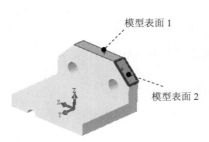

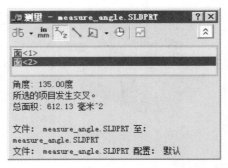

图 4.10.14　测量面与面间的角度　　　　图 4.10.15　"测量-测量与分析"对话框（一）

Step 5 测量线与面间的角度，如图 4.10.16 所示。操作方法参见 Step4，结果如图 4.10.17
所示。

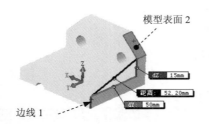

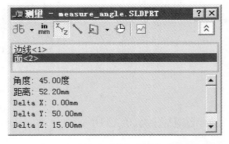

图 4.10.16　测量线与面间的角度　　　　图 4.10.17　"测量-测量与分析"对话框（二）

Step 6 测量线与线间的角度，如图 4.10.18 所示。操作方法参见 Step4，结果如图 4.10.19
所示。

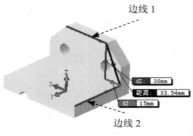

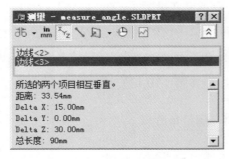

图 4.10.18　测量线与线间的角度　　　　图 4.10.19　"测量-测量与分析"对话框（三）

4.10.5　测量曲线长度

下面以图 4.10.20 为例，说明测量曲线长度的一般操作方法。

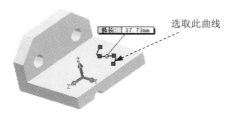

图 4.10.20　选取曲线

Step 1　打开文件 D:\sw13\work\ch04\ch04.10\measure_curve_length. SLDPRT。

Step 2　选择命令。选择下拉菜单 工具(T) ➡ 测量(R)... 命令，系统弹出"测量"
对话框。

Step 3　在"测量"对话框中单击 X Y 按钮，使之处于按下状态。

Step 4　测量曲线的长度。选取图 4.10.20 所示的样条曲线为要测量的曲线。完成选取后，
在图形区和图 4.10.21 所示的"测量"对话框中可以看到测量的结果。

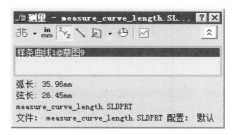

图 4.10.21　"测量-测量与分析"对话框

4.11　模型的基本分析

4.11.1　模型的质量属性分析

通过质量属性的分析，可以获得模型的体积、总的表面积、质量、密度、重心位置、
惯性力矩和惯性张量等数据，对产品设计有很大的参考价值。下面以一个简单模型为例，
说明质量属性分析的一般操作过程。

Step 1　打开文件 D:\sw13\work\ch04\ch04.11\mass.SLDPRT。

Step 2　选择命令。选择 工具(T) ➡ 质量属性(M)... 命令。

Step 3 选择项目。在图形区选取图 4.11.1 所示的模型。

说明：如果图形区只有一个实体，系统将自动选取该实体作为要分析的项目。

Step 4 在"质量属性"对话框中单击 选项(O)... 按钮，系统弹出图 4.11.2 所示的"质量/剖面属性选项"对话框。

图 4.11.1　选择模型

图 4.11.2　"质量/剖面属性选择"对话框

Step 5 设置单位。在"质量/剖面属性选项"对话框中选中 ⊙ 使用自定义设定(U) 单选项，然后在 质量(M): 下拉列表中选择 千克 选项，在 单位体积(V): 下拉列表中选择 米^3 选项，单击 确定 按钮完成设置。

Step 6 在"质量属性"对话框中单击 重算(R) 按钮，其列表框中将会显示模型的质量属性（图 4.11.3）。

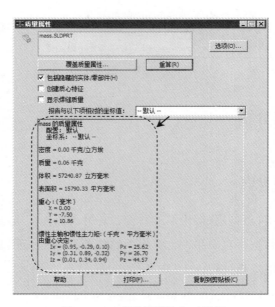

图 4.11.3　"质量属性"对话框

图 4.11.3 所示"质量属性"对话框的说明如下：

- 选项(O)... 按钮：用于打开"质量/剖面属性选项"对话框，利用该对话框可设置质量属性数据的单位以及查看材料属性等。

- 覆盖质量属性... 按钮：手动输入一组值设置覆盖质量、质量中心和惯性张量。

- 重算(R) 按钮：用于计算所选项目的质量属性。

- 打印(P)... 按钮：用于打印分析的质量属性数据。

- ☑ 包括隐藏的实体/零部件(H) 复选框：选中该复选框，则在进行质量属性的计算中包括隐藏的实体和零部件。

- ☑ 创建质心特征 复选框：选中该复选框，则在模型中添加质量中心特征。

- ☑ 显示焊缝质量 复选框：选中该复选框，则显示模型中焊缝等质量。

4.11.2 模型的截面属性分析

通过截面属性分析，可以获得模型截面的面积、重心位置、惯性矩和惯性二次矩等数据。下面以一个简单模型为例，说明截面属性分析的一般操作过程。

Step 1 打开文件 D:\sw13\work\ch04\ch04.11\section.SLDPRT。

Step 2 选择命令。选择 工具(T) ➡ 截面属性(I). 命令，系统弹出"截面属性"对话框。

Step 3 选取项目。在图形区选取图 4.11.4 所示的模型表面。

图 4.11.4 选取模型表面

说明：选取的模型表面必须是一个平面。

Step 4 在"截面属性"对话框中单击 重算(R) 按钮，其列表框中将会显示所选截面的属性。

4.11.3 检查实体

通过"检查实体"可以检查几何体并识别出不良几何体。下面以图 4.11.5 模型为例，说明检查的一般操作过程。

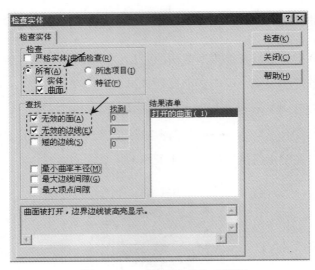

图 4.11.5 检查实体

Step 1 打开文件 D:\sw13\work\ch04\ch04.11\check.SLDPRT。

Step 2 选择命令。选择 工具(T) ➡ ☑ 检查(C)... 命令，系统弹出"检查实体"对话框。

Step 3 选取项目。在"检查实体"对话框的 检查 区域选中 ⊙ 所有(A) 单选项并选中 ☑ 实体 和 ☑ 曲面 复选框。

Step 4 在"检查实体"对话框中单击 检查(K) 按钮，在 结果清单 列表框中将会显示检查 的结果（图 4.11.6）。

图 4.11.6 "检查实体"对话框

图 4.11.6 所示"检查实体"对话框中的选项说明如下：

● 检查：用于选择需检查的实体类型。

　　☑ ☐ 严格实体/曲面检查(R)：进行更广泛的检查，但会使性能缓慢。

　　☑ ⊙ 所有(A)：选中该单选项，检查整个模型。

　　☑ ○ 所选项目(I)：选中该单选项，检查在图形区所选的项目。

　　☑ ○ 特征(F)：选中该单选项，检查模型中的所有特征。

● 查找：用于选择需检查的问题类型。

　　☑ ☑ 无效的面(A)：选中此复选框，可以检查无效的面。

☑ ☑ **无效的边线(E)**：选中此复选框，可以检查无效的边线。

☑ □ **短的边线(S)**：选中该复选框后，会激活其下方的文本框，该文本框用于定义短的边线。

☑ □ **最小曲率半径(M)**：选中该复选框后，系统会查找所选项目的最小曲率半径值及其存在位置。

☑ □ **最大边线间隙(G)**：选中此复选框，可以检查最大边线间隙。

☑ □ **最大顶点间隙**：选中此复选框，可以检查最大顶点间隙。

4.12　SolidWorks 装配设计综合实际应用

本例详细讲解了多部件装配体的设计过程，使读者进一步熟悉 SolidWorks 中的装配操作。可以从 D:\sw13\work\ch04\ch04.12 中找到该装配体的所有部件，装配体最终模型和设计树如图 4.12.1 所示。

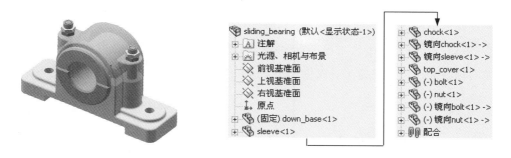

图 4.12.1　装配体模型和设计树

Step 1　新建一个装配文件。选择下拉菜单 文件(F) ➡️ 新建(N)... 命令，在弹出的"新建 SolidWorks 文件"对话框中选择"装配体"选项，单击 确定 按钮，进入装配环境。

Step 2　添加下基座零件模型。

（1）引入零件。进入装配环境后，系统会自动弹出"插入零部件"窗口，单击"插入零部件"窗口中的 浏览(B)... 按钮，在弹出的"打开"对话框中选取 D:\sw13\work\ch04\ch04.12\down_base.SLDPRT，单击 打开(O) 按钮。

（2）单击对话框中的 ✔ 按钮，将零件固定在原点位置，如图 4.12.2 所示。

Step 3　添加图 4.12.3 所示的轴套并定位。

图 4.12.2　添加下基座　　　　　图 4.12.3　添加轴套零件

（1）引入零件。

① 选择命令，选择下拉菜单 插入(I) ➡ 零部件(O) ➡ 现有零件/装配体(E). 命令，系统弹出"插入零部件"窗口。

② 单击"插入零部件"窗口中的 浏览(B)... 按钮，在弹出的"打开"对话框中选取 sleeve.SLDPRT，单击 打开(O) 按钮。

③ 在图形区单击，将零件放置到图 4.12.3 所示的位置。

（2）添加配合，使零件完全定位。

① 选择命令。选择下拉菜单 插入(I) ➡ 配合(M).. 命令，系统弹出"配合"窗口。

② 添加"重合"配合。单击 标准配合(A) 窗口中的 按钮，选取图 4.12.4 所示的两个面为重合面，单击快捷工具条中的 按钮。

③ 添加"同轴心"配合。单击 标准配合(A) 窗口中的 按钮，选取图 4.12.5 所示的两个面为同轴心面，单击快捷工具条中的 按钮。

重合面

同轴心面

图 4.12.4　选取重合面　　　　　图 4.12.5　选取同轴心面

④ 添加"重合"配合。单击 标准配合(A) 窗口中的 按钮，选取图 4.12.6 所示的两个面为重合面，单击快捷工具条中的 按钮，然后单击 按钮。

⑤ 单击"配合"窗口的 按钮，完成零件的定位。

Step 4 添加图 4.12.7 所示的滑块并定位。

（1）隐藏轴套零件。在设计树中右击 sleeve<1> 节点，在弹出的快捷菜单中单击 按钮，隐藏轴套零件。

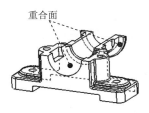

图 4.12.6　选取重合面

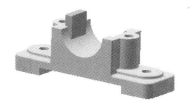

图 4.12.7　添加滑块零件

（2）引入零件。

① 选择命令。选择下拉菜单 插入(I) ➡ 零部件(O) ➡ 现有零件/装配体(E). 命令，系统弹出"插入零部件"窗口。

② 单击"插入零部件"窗口中的 浏览(B)... 按钮，在弹出的"打开"对话框中选取 chock.SLDPRT，单击 打开(O) 按钮。

③ 将零件放置于图 4.12.8 所示的位置。

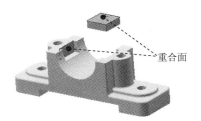

图 4.12.8　选取重合面

（3）添加配合，使零件完全定位。

① 选择命令。选择下拉菜单 插入(I) ➡ 配合(M)... 命令，系统弹出"配合"窗口。

② 添加"重合"配合。单击 标准配合(A) 窗口中的 ⚋ 按钮，选取图 4.12.8 所示的两个面为重合面，单击快捷工具条中的 ✓ 按钮。

③ 添加"重合"配合。操作方法参照上一步，重合面如图 4.12.9 所示。

④ 添加"重合"配合。操作方法参照上一步，重合面如图 4.12.10 所示。

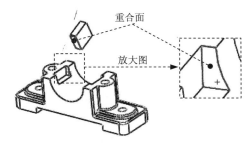

图 4.12.9　选取重合面

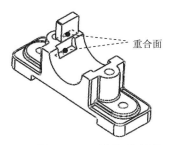

图 4.12.10　选取重合面

⑤ 单击"配合"窗口的 ✅ 按钮，完成零件的定位。

（4）显示轴套零件。在设计树中右击 ⊞ 🧦 sleeve<1>，在弹出的快捷菜单中单击🔩按钮，显示轴套零件。

Step 5 镜像上步添加的滑块零件，如图 4.12.11 所示。

（1）选择命令。选择下拉菜单 插入(I) ➡ ⊩│ 镜向零部件 (R).命令，系统弹出"镜向零部件"窗口。

（2）定义镜像基准面。在设计树中选取零件右视基准面为镜像基准面。

（3）定义要镜像的零部件。选取上一步添加的滑块零件为要镜像的零部件。

（4）单击 ✅ 按钮，完成滑块的镜像。

Step 6 镜像轴套零件，如图 4.12.12 所示。

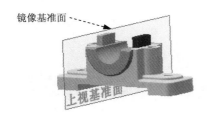

图 4.12.11　镜像基准面

图 4.12.12　镜像基准面

（1）选择命令。选择下拉菜单 插入(I) ➡ ⊩│ 镜向零部件 (R).命令，系统弹出"镜向零部件"窗口。

（2）定义镜像基准面。选取图 4.12.12 所示的 sleeve 零件模型表面为镜像基准面。

（3）定义要镜像的零部件。选取轴套零件为要镜像的零部件，选中零件名称前的复选框。

（4）单击 ✅ 按钮，完成镜像操作。

Step 7 添加图 4.12.13 所示的上基座并定位。

图 4.12.13　添加上基座

（1）引入零件。

① 选择命令。选择下拉菜单 插入(I) ➡ 零部件 (O) ➡ 🖐 现有零件/装配体 (E).命令，

系统弹出"插入零部件"窗口。

②　单击"插入零部件"窗口中的 浏览(B)... 按钮，在弹出的"打开"对话框中选取 top_cover.SLDPRT，单击 打开(O) 按钮。

③　将零件放置于图 4.12.14 所示的位置。

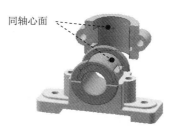

图 4.12.14　选取同轴心面

（2）添加配合，使零件完全定位。

①　选择命令。选择下拉菜单 插入(I) ➡ 🔗 配合(M)... 命令，系统弹出"配合" 窗口。

②　添加"同轴心"配合。单击 标准配合(A) 窗口中的 ◎ 按钮，选取图 4.12.14 所示的两个面为同轴心面，单击快捷工具条中的 ✓ 按钮。

③　添加"重合"配合。单击 标准配合(A) 窗口中的 ⟨ 按钮，选取图 4.12.15 所示的两个面为重合面，单击快捷工具条中的 ✓ 按钮。

④　添加"重合"配合。操作方法参照上一步，重合面如图 4.12.16 所示。

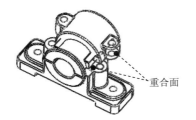

图 4.12.15　选取重合面

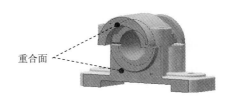

图 4.12.16　选取重合面

⑤　单击"配合"窗口的 ✓ 按钮，完成零件的定位。

Step 8　添加图 4.12.17 所示的螺栓并定位。

图 4.12.17　添加螺栓

（1）引入零件。

① 选择命令，选择下拉菜单 插入(I) ➡ 零部件(O) ➡ 🐾 现有零件/装配体(E). 命令，系统弹出"插入零部件"窗口。

② 单击"插入零部件"窗口中的 浏览(B)... 按钮，在弹出的"打开"对话框中选取 bolt.SLDPRT，单击 打开(O) 按钮。

③ 将零件放置于图 4.12.18 所示的位置。

（2）添加配合，使零件定位。

① 选择命令。选择下拉菜单 插入(I) ➡ 🖉 配合(M)..命令，系统弹出"配合"窗口。

② 添加"同轴心"配合。单击 标准配合(A) 窗口中的 ◎ 按钮，选取图 4.12.18 所示的两个面为同轴心面，单击快捷工具条中的 ✓ 按钮。

③ 添加"重合"配合。单击 标准配合(A) 窗口中的 ◢ 按钮，选取图 4.12.19 所示的两个面为重合面，单击快捷工具条中的 ✓ 按钮。

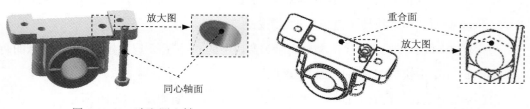

图 4.12.18　选取同心轴　　　　　　　　　图 4.12.19　选取重合面

④ 单击"配合"窗口的 ✓ 按钮，完成零件的定位。

Step 9　添加图 4.12.20 所示的螺母并定位。

（1）引入零件。

① 选择命令。选择下拉菜单 插入(I) ➡ 零部件(O) ➡ 🐾 现有零件/装配体(E). 命令，系统弹出"插入零部件"窗口。

② 单击"插入零部件"窗口中的 浏览(B)... 按钮，在弹出的"打开"对话框中选取 nut.SLDPRT，单击 打开(O) 按钮。

③ 将零件放置于图 4.12.21 所示的位置。

（2）添加配合使零件定位。

① 选择命令。选择下拉菜单 插入(I) ➡ 🖉 配合(M)..命令，系统弹出"配合"窗口。

② 添加"同轴心"配合。单击 标准配合(A) 窗口中的 ◎ 按钮，选取图 4.12.21 所示的两个面为同轴心面，单击快捷工具条中的 ✓ 按钮。

图 4.12.20　添加螺母零件

图 4.12.21　选取同心轴面

③ 添加"重合"配合。单击 **标准配合(A)** 窗口中的 按钮，选取图 4.12.22 所示的两个面为重合面，单击快捷工具条中的 按钮。

④ 单击"配合"窗口的 按钮，完成零件的定位。

Step 10　镜像螺栓与螺母，如图 4.12.23 所示。

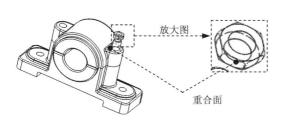

图 4.12.22　选取重合面

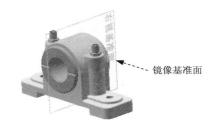

图 4.12.23　添加轴套零件

（1）选择命令。选择下拉菜单 **插入(I)** ➡ **镜向零部件(R)** 命令，系统弹出"镜向零部件"窗口。

（2）定义镜像平面。选取图 4.12.23 所示的 down_base 零件的右视基准面为镜像基准面。

（3）定义要镜像的零部件。选取螺栓与螺母为要镜像的零部件。

（4）单击 按钮，完成镜像操作。

Step 11　至此，装配体模型创建完毕。选择下拉菜单 **文件(F)** ➡ **保存(S)** 命令，将零件模型命名为 sliding_bearing，即可保存模型。

5

曲面设计

5.1 概述

SolidWorks 中的曲面设计功能主要用于创建形状复杂的零件。这里要注意，曲面是没有厚度的几何特征，不要将曲面与实体里的薄壁特征相混淆，薄壁特征本质上是实体，只不过它的壁很薄。

用曲面创建形状复杂的零件的主要过程如下：

（1）创建数个单独的曲面。

（2）对曲面进行剪裁、填充和等距等操作。

（3）将各个单独的曲面缝合为一个整体的面组。

（4）将曲面（面组）转化为实体零件。

5.2 创建曲线

曲线是构成曲面的基本元素，在绘制许多形状不规则的零件时，经常要用到曲线工具。

本节主要介绍通过参考点的曲线、投影曲线、通过 xyz 点的曲线、螺旋线/涡状线、组合曲线和分割线的创建过程。

5.2.1 通过参考点的曲线

通过参考点的曲线就是通过已有的点来创建曲线。下面以图 5.2.1 所示的曲线为例，介绍通过参考点创建曲线的一般过程。

a）创建前　　　　　　　　　　　　　　　b）创建后

图 5.2.1　创建通过参考点的曲线

Step 1 打开文件 D:\sw13\work\ch05\ch05.02\ch05.02.01\Curve_Through_Reference_Points
.SLDPRT。

Step 2 选择命令。选择下拉菜单 插入(I) ➡ 曲线(U) ➡ 🔲 通过参考点的曲线(T)...
命令，系统弹出图 5.2.2 的"通过参考点的曲线"对话框。

Step 3 定义通过点。依次选取图 5.2.3 所示的点 1、点 2、点 3 和点 4 为曲线通过点。

图 5.2.2　"通过参考点的曲线"对话框

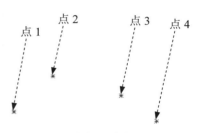

图 5.2.3　定义通过点

Step 4 单击 ✔ 按钮，完成曲线创建。

说明：如果选中对话框中的 ☐ 闭环曲线(O) 复选框，则创建的曲线为封闭曲线（图 5.2.4）。

图 5.2.4　曲线封闭

5.2.2　投影曲线

投影曲线就是将曲线沿其所在平面的法向投射到指定曲面上而生成的曲线。投影曲线
的产生包括"草图到面"和"草图到草图"两种方式。下面以图 5.2.5 所示的曲线为例，
介绍创建投影曲线的一般过程。

Step 1 打开文件 D:\sw13\work\ch05\ch05.02\ch05.02.02\projection_curves.SLDPRT。

Step 2 选择命令。选择下拉菜单 插入(I) ➡ 曲线(U) ➡ 🔲 投影曲线(P)... 命令，
系统弹出"投影曲线"对话框。

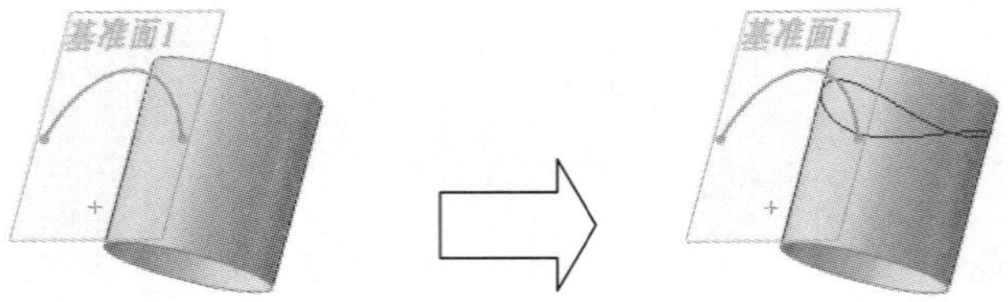

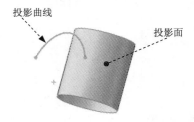

a）投影前　　　　　　　　　　　　b）投影后

图 5.2.5　创建投影曲线

Step 3　定义投影方式。在"投影曲线"对话框的 **选择(S)** 区域的下拉列表中选中
⊙ 面上草图(K) 单选项。

Step 4　定义投影曲线。选取图 5.2.6 的曲线为投影曲线。

投影曲线

投影面

图 5.2.6　定义投影参照

Step 5　定义投影面。单击 □ 列表框后，选取图 5.2.6 的圆柱面为投影面。

Step 6　定义投影方向。选中 **选择(S)** 区域中的 ☑ 反转投影(R) 复选框，使投影方向朝向投
影面。

Step 7　单击 ✅ 按钮，完成投影曲线的创建。

说明：只有草绘曲线才可以进行投影，实体的边线及下面所讲到的分割线等是无法使
用"投影曲线"命令的。

5.2.3　组合曲线

组合曲线是将一组连续的曲线、草图或模型的边线合并成为一条曲线。下面以图 5.2.7
为例来介绍创建组合曲线的一般过程。

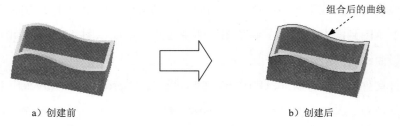

组合后的曲线

a）创建前　　　　　　　　　　　　b）创建后

图 5.2.7　创建组合曲线

Step **1**　打开文件 D:\sw13\work\ch05\ch05.02\ch05.02.03\Composite_Curve.SLDPRT。

Step **2**　选择命令。选择下拉菜单 插入(I) ➡ 曲线(U) ➡ 〔〕组合曲线(C)... 命令，系统弹出图 5.2.8 所示的"组合曲线"对话框。

Step **3**　定义组合曲线。依次选取图 5.2.9 所示的边线 1、边线 2、边线 3 和边线 4 为组合对象。

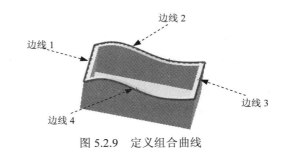

图 5.2.8　"组合曲线"对话框　　　　　　图 5.2.9　定义组合曲线

Step **4**　单击 ✔ 按钮，完成曲线的组合。

5.2.4　分割线

"分割线"命令可以将草图、实体边缘、曲面、面、基准面或曲面样条曲线投影到曲面或平面，并将所选的面分割为多个分离的面，从而允许对分离的面进行操作。下面以图 5.2.10 所示的分割线为例，介绍创建分割线的一般过程。

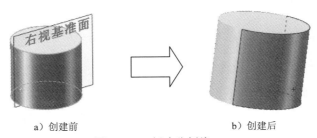

a）创建前　　　　　　　　　　b）创建后

图 5.2.10　创建分割线

Step **1**　打开文件 D:\sw13\work\ch05\ch05.02\ch05.02.04\Split_Lines.SLDPRT。

Step **2**　选择命令。选择下拉菜单 插入(I) ➡ 曲线(U) ➡ 〔〕分割线(S)... 命令，系统弹出"分割线"对话框。

Step **3**　定义分割类型。在"分割线"对话框的 分割类型 区域中选中 ⊙ 轮廓(S) 单选项。

Step **4**　定义分割参照。选择右视基准面为分割参照。

Step **5**　定义分割面。选取图 5.2.11 所示的曲面为要分割的面。

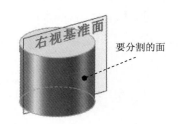

要分割的面

图 5.2.11　定义分割参照

Step 6　单击 ✔ 按钮，完成分割曲线的创建。

"分割线"对话框的说明如下：

- **分割类型** 区域提供了以下三种分割类型。
  - ☑ ⊙ **轮廓(S)**：用基准平面与模型表面或曲面相交生成的轮廓作为分割线来分割曲面。
  - ☑ ⊙ **投影(P)**：将曲线投影到曲面或模型表面，生成分割线。
  - ☑ ⊙ **交叉点(I)**：以所选择的实体、曲面、面、基准面或曲面样条曲线的相交线生成分割线。
- **选择(E)** 区域：包括需要选取的元素。
  - ☑ 📝 文本框：单击该文本框后，选择投影草图。
  - ☑ 🗔 列表框：激活该列表框后，选择要分割的面。

5.2.5　通过 xyz 点的曲线

通过 xyz 点的曲线是通过输入 X、Y、Z 的坐标值建立点之后，再将这些点连接成曲线。创建通过 xyz 点的曲线的一般操作过程如下：

Step 1　新建一个零件文件。

Step 2　选择命令。选择下拉菜单 插入(I) ➡ 曲线(U) ➡ 🪝 通过 XYZ 点的曲线... 命令，系统弹出"曲线文件"对话框。

Step 3　定义曲线通过的点。通过双击对话框中的 X、Y 和 Z 坐标列中的单元格，并在每个单元格中输入图 5.2.12 所示的坐标值，生成一系列点。

说明：

- 在最后一行的单元格中双击，即可添加新点。
- 在 点 下方选择要删除的点，然后按 Delete 键即可删除该点。

Step 4　单击 确定 按钮，完成曲线的创建，结果如图 5.2.13 所示。

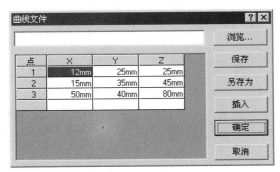

图 5.2.12　"曲线文件"对话框

图 5.2.13　创建通过 xyz 点的曲线

图 5.2.12 所示"曲线文件"对话框中的选项按钮的说明如下：

- 单击对话框中的 `浏览...` 按钮，可以打开曲线文件，也可以打开 X、Y、Z 坐标清单的 TXT 文件，但是文件中不能包括任何标题。

- 单击 `保存` 按钮，可以保存已创建的曲面文件。

- 单击 `另存为` 按钮，可以另存已创建的曲面文件。

- 单击 `插入` 按钮，可以插入新的点。具体方法为：在 `点` 下方选择插入点的位置（某一行），然后单击 `插入` 按钮。

5.2.6　螺旋线/涡状线

在创建螺旋线/涡状线之前，必须绘制一个圆或选取包含单一圆的草图来定义螺旋线的断面。下面以图 5.2.14 为例来介绍创建螺旋线/涡状线的一般过程。

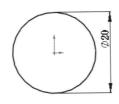

a）创建前

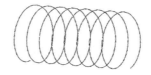

b）创建后

图 5.2.14　创建螺旋线/涡状线

Step 1　打开文件 D:\sw13\work\ch05\ch05.02\ch05.02.06\Helix_Spiral.Part。

Step 2　选择命令。选择下拉菜单 插入(I) ➞ 曲线(U) ➞ 🗇 螺旋线/涡状线(H)...
命令，系统弹出"螺旋线/涡状线"对话框。

Step 3　定义螺旋线横断面。选取图 5.2.14a 所示的圆为螺旋线横断面。

Step 4　定义螺旋线的方式。在"螺旋线/涡状线"对话框的 定义方式(D): 区域的下拉列
表中选择 螺距和圈数 选项。

Step 5　定义螺旋线参数。在"螺旋线/涡状线"对话框的 参数(P) 区域中选中 ⊙ 恒定螺距(C)
单选项，在 螺距(I): 文本框中输入数值 5；在"圈数"文本框中输入数值 8，其余
参数采用默认设置值（图 5.2.15）。

Step 6　单击 ✓ 按钮，完成螺旋线/涡状线的创建。

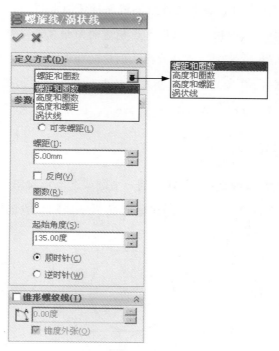

图 5.2.15　"螺旋线/涡状线"对话框

图 5.2.15 所示"螺旋线/涡状线"对话框中的选项按钮的说明如下：

● 定义方式(D): 区域：提供了四种创建螺旋线的方式。

　☑ 螺距和圈数：通过定义螺距和圈数生成螺旋线。

　☑ 高度和圈数：通过定义高度和圈数生成螺旋线。

　☑ 高度和螺距：通过定义高度和螺距生成螺旋线。

- ☑ **涡状线**：通过定义螺距和圈数生成涡状线。
- **参数(P)** 区域：用于定义螺旋线或涡状线的参数。
  - ☑ ⊙ **恒定螺距(C)**：生成的螺旋线的螺距是恒定的。
  - ☑ ⊙ **可变螺距(L)**：根据用户指定的参数，生成可变螺距的螺旋线。
  - ☑ **螺距(T)**：输入螺旋线的螺距值。
  - ☑ ☑ **反向(V)**：使螺旋线或涡状线的生成方向相反。
  - ☑ **圈数(R)**：输入螺旋线或涡状线的旋转圈数。
  - ☑ **起始角度(S)**：设置螺旋线或涡状线在断面上旋转的起始位置。
  - ☑ ⊙ **顺时针(C)**：设置旋转方向为顺时针。
  - ☑ ⊙ **逆时针(W)**：设置旋转方向为逆时针。

5.2.7　曲线曲率的显示

在创建曲面时，必须认识到曲线是形成曲面的基础，要得到高质量的曲面，必须先有高质量的曲线，质量差的曲线不可能得到质量好的曲面。通过显示曲线的曲率，用户可以方便地查看和修改曲线，从而使曲线更光顺，使设计的产品更完美。

下面以图 5.2.16 所示的曲线为例，说明显示曲线曲率的一般操作过程。

　a）显示前　　　　　　　　　　　　　　　　　b）显示后

图 5.2.16　显示曲线曲率

Step 1 打开文件 D:\sw13\work\ch05\ch05.02\ch05.02.07\curve_curvature.SLDPRT。

Step 2 在图形区选取图 5.2.16a 所示的样条曲线，弹出"样条曲线"对话框。

Step 3 在"样条曲线"对话框的 **选项(O)** 区域选中 ☑ **显示曲率(S)** 复选框，系统弹出"曲率比例"对话框。

Step 4 定义比例和密度。在 **比例(S)** 区域的文本框中输入数值 25，在 **密度(D)** 区域的文本框中输入数值 96。

说明：定义曲率的比例时，可以拖动 **比例(S)** 区域中的轮盘来改变比例值；定义曲率的密度时，可以拖动 **密度(D)** 区域中的滑块来改变密度值。

Step 5 单击"曲率比例"对话框中的 ✔ 按钮，完成曲线的曲率显示操作。

5.3 创建基本曲面

5.3.1 拉伸曲面

拉伸曲面是将曲线或直线沿指定的方向拉伸所形成的曲面。下面以图 5.3.1 所示的曲面为例,介绍创建拉伸曲面的一般过程。

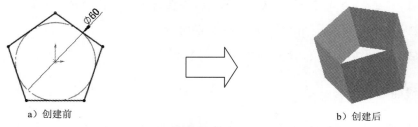

a)创建前   b)创建后

图 5.3.1 创建拉伸曲面

Step 1 打开文件 D:\sw13\work\ch05\ch05.03\ch05.03.01\extrude.SLDPRT。

Step 2 选择命令。选择下拉菜单 插入(I) ➡ 曲面(S) ➡ 拉伸曲面(E)... 命令,系统弹出图 5.3.2 所示的"拉伸"对话框。

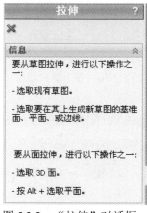

图 5.3.2 "拉伸"对话框

Step 3 定义拉伸曲线。选取图 5.3.3 所示的曲线为拉伸曲线。

Step 4 定义深度属性。

(1)确定深度类型。在"曲面-拉伸"对话框的 方向1 区域中 后的下拉列表中选择 给定深度 选项,如图 5.3.4 所示。

(2)确定拉伸方向。采用系统默认的拉伸方向。

（3）确定拉伸深度。在"曲面-拉伸"对话框的 **方向 1** 区域的  文本框中输入深度值 45.0，如图 5.3.4 所示。

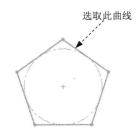

选取此曲线

图 5.3.3　定义拉伸曲线

图 5.3.4　"曲面-拉伸"对话框

Step 5　在对话框中，单击 ✅ 按钮，完成拉伸曲面的创建。

5.3.2　旋转曲面

旋转曲面是将曲线绕中心线旋转所形成的曲面。下面以图 5.3.5 所示的模型为例，介绍创建旋转曲面的一般过程。

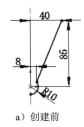

a）创建前

b）创建后

图 5.3.5　创建旋转曲面

Step 1　打开文件 D:\sw13\work\ch05\ch05.03\ch05.03.02\rotate.SLDPRT。

Step 2　选择命令。选择下拉菜单 **插入(I)** ➡ **曲面(S)** ➡ **旋转曲面(R)**...命令，系统弹出图 5.3.6 所示的"旋转"对话框。

Step 3　定义旋转曲线。选取图 5.3.7 所示的曲线为旋转曲线，弹出图 5.3.8 所示的"曲面-旋转"对话框。

Step 4　定义旋转轴。采用系统默认的旋转轴。

说明：在选取旋转曲线时，系统自动将图 5.3.7 所示的中心线选取为旋转轴，所以此例不需要再选取旋转轴；用户也可以通过激活 ↖ 后的文本框来选择中心线。

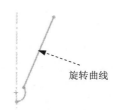

图 5.3.6　"旋转"对话框　　　　　图 5.3.7　定义旋转曲线

Step 5　定义旋转类型及角度。在"曲面-旋转"对话框的 **方向1** 区域中 ↻ 后的下拉列表中选择 给定深度 选项；在 ⬈ 后的文本框中输入角度值 360，如图 5.3.8 所示。

Step 6　单击 ✔ 按钮，完成旋转曲面的创建。

图 5.3.8　"曲面-旋转"对话框

5.3.3　等距曲面

等距曲面是将选定曲面沿其法线方向偏移后所生成的曲面。下面介绍图 5.3.9 所示的等距曲面的创建过程。

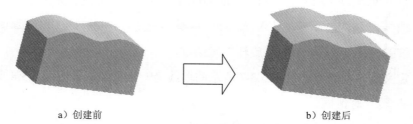

a）创建前　　　　　　　　b）创建后

图 5.3.9　创建等距曲面

Step **1** 打开文件 D:\sw13\work\ch05\ch05.03\ch05.03.03\Offset_Surface.SLDPRT。

Step **2** 选择命令。选择下拉菜单 插入(I) ➡ 曲面(S) ➡ 等距曲面(O)...命令，系统弹出图 5.3.10 所示的"等距曲面"对话框。

图 5.3.10 "等距曲面"对话框

Step **3** 定义等距曲面。选取图 5.3.11 所示的曲面为等距曲面。

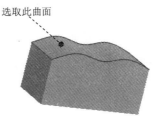

选取此曲面

图 5.3.11 定义等距曲面

Step **4** 定义等距面组。在"等距曲面"对话框的 等距参数(O) 区域的 后的文本框中输入数值 20，等距曲面如图 5.3.9b 所示。

Step **5** 单击 按钮，完成等距曲面的创建。

5.3.4 平面区域

"平面区域"命令可以通过一个非相交、单一轮廓的闭环边界来生成平面。下面介绍图 5.3.12 所示的平面区域的创建过程。

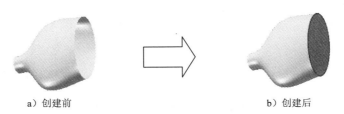

a）创建前　　　　　b）创建后

图 5.3.12 创建平面区域

Step **1** 打开文件 D:\sw13\work\ch05\ch05.03\ch05.03.04\planar_surface.SLDPRT。

Step **2** 选择命令。选择下拉菜单 插入(I) ➡ 曲面(S) ➡ 平面区域(P)... 命令，系统弹出图 5.3.13 所示的"平面"对话框。

Step 3 定义边界实体。选取图 5.3.14 所示的边线为边界实体。

Step 4 单击 ✔ 按钮，完成平面区域的创建。

图 5.3.13 "平面"对话框　　　　图 5.3.14 定义边界实体

5.3.5 填充曲面

填充曲面是将现有模型的边线、草图或曲线定义为边界，在其内部构建任意边数的曲面修补。下面以图 5.3.15 所示的模型为例，介绍创建填充曲面的一般过程。

a）相触填充　　　　　　b）填充前　　　　　　c）相切填充

图 5.3.15 曲面的填充

Step 1 打开文件 D:\sw13\work\ch05\ch05.03\ch05.03.05\filled_surface_1.SLDPRT。

Step 2 选择命令。选择下拉菜单 插入(I) ➡ 曲面(S) ➡ 填充(I)... 命令，系统弹出图 5.3.16 所示的"填充曲面"对话框。

Step 3 定义修补边界。选取图 5.3.17 所示的边线为修补边界。

Step 4 在对话框中单击 ✔ 按钮，完成填充曲面的创建，如图 5.3.15a 所示。

说明：

● 若在选取每条边之后都在"填充曲面"对话框的 修补边界(B) 区域的下拉列表中选取 相切 选项，单击 交替面(A) 可以调整方向曲面的凹凸方向，填充曲面的创建结果如图 5.3.15c 所示。

● 为了方便快速地选取修补边界，在填充前可对需要进行修补的边界进行组合（选择下拉菜单 插入(I) ➡ 曲线(U) ➡ 组合曲线(C)... 命令）。

图 5.3.16 "填充曲面"对话框

修补边界

图 5.3.17 定义修补边界

5.3.6 扫描曲面

扫描曲面是将轮廓曲线沿一条路径或引导线进行移动所产生的曲面,下面以图 5.3.18 所示的模型为例,介绍创建扫描曲面的一般过程。

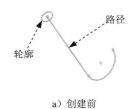

路径

轮廓

a)创建前

b)创建后

图 5.3.18 创建扫描曲面

Step 1 打开文件 D:\sw13\work\ch05\ch05.03\ch05.03.06\Sweep.SLDPRT。

Step 2 选择命令。选择下拉菜单 插入(I) ➞ 曲面(S) ➞ ⊂ 扫描曲面(S)...命令,系统弹出"曲面-扫描"对话框。

Step 3 定义轮廓曲线。选取图 5.3.19 所示的曲线 1 和曲线 2 为扫描曲线。

Step 4 定义扫描路径。选取图 5.3.19 所示的曲线 2 为扫描路径,此时"曲面-扫描"对话框如图 5.3.20 所示。

Step 5 在对话框中单击 ✔ 按钮,完成扫描曲面的创建。

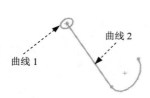

图 5.3.19　定义轮廓曲线

图 5.3.20　"曲面-扫描"对话框

5.3.7　放样曲面

放样曲面是将两个或多个不同的轮廓通过引导线连接所生成的曲面。下面以图 5.3.21 所示的模型为例，介绍创建"通过曲线"曲面的一般过程。

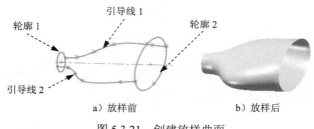

a）放样前　　　　b）放样后

图 5.3.21　创建放样曲面

Step 1　打开文件 D:\sw13\work\ch05\ch05.03\ch05.03.07\Blend_Surface.SLDPRT。

Step 2　选择命令。选择下拉菜单 插入(I) ➡ 曲面(S) ➡ 🔽 放样曲面(L)...命令，系统弹出"曲面-放样"对话框。

Step 3　定义放样轮廓。选取图 5.3.22 所示的曲线 1 和曲线 3 为轮廓。

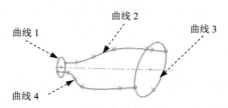

图 5.3.22　定义放样轮廓和引导线

Step 4　定义放样引导线。在"曲面-放样"对话框中激活"引导线"文本框，选取图 5.3.22 所示的曲线 2 和曲线 4 为引导线（选取引导线时，系统会弹出快捷菜单，并定义其所选曲线为开环，此时单击快捷菜单中的 按钮即可），其他参数选用默认设置值，如图 5.3.23 所示。

图 5.3.23　"曲面-放样"对话框

Step 5　在对话框中单击 按钮，完成放样曲面的创建。

5.3.8　边界曲面

"边界曲面"可用于生成在两个方向上（曲面的所有边）相切或曲率连续的曲面。多数情况下，边界曲面的结果比放样曲面的结果的质量更高。下面以图 5.3.24 所示的边界曲面为例，介绍创建边界曲面的一般过程。

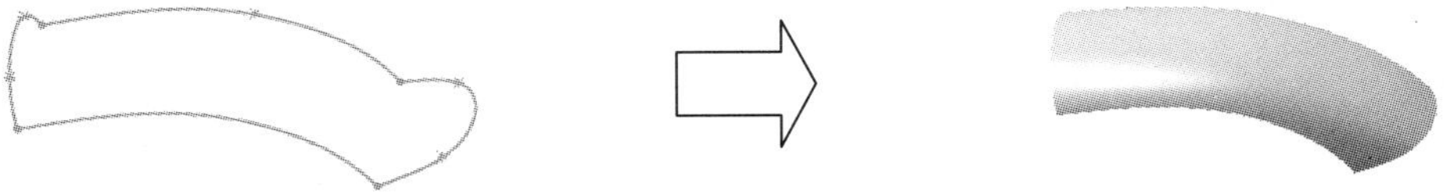

a）创建前　　　　　　　　　　　　　b）创建后

图 5.3.24　创建边界曲面

Step 1　打开文件 D:\sw13\work\ch05\ch05.03\ch05.03.08\boundary_surface.SLDPRT。

Step 2　选择命令。选择下拉菜单 插入(I) ➡ 曲面(S) ➡ 边界曲面(B)... 命令，系统弹出图 5.3.25 所示的"边界-曲面"对话框。

Step 3 定义边界曲线。分别选取图 5.3.26 所示的边线 1 和边线 3 为方向 1 的边界曲线，边线 2 和边线 4 为方向 2 的边界曲线。

图 5.3.25　"边界-曲面"对话框

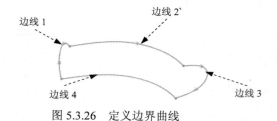

图 5.3.26　定义边界曲线

Step 4 单击 ✓ 按钮，完成边界曲面的创建。

5.4　曲面的延伸

　　曲面的延伸就是将曲面延长某一距离、延伸到某一平面或延伸到某一点，延伸曲面与原始曲面可以是同一曲面，也可以为线性。下面以图 5.4.1 为例来介绍曲面延伸的一般操作过程。

a）延伸前　　　　　　　　　　　　　b）延伸后

图 5.4.1　曲面的延伸

Step **1**　打开文件 D:\sw13\work\ch05\ch05.04\ extension_surface.SLDPRT。

Step **2**　选择命令。选择下拉菜单 插入(I) ➡ 曲面(S) ➡ ✎ 延伸曲面(X)... 命令，系统弹出图 5.4.2 所示的"曲面-延伸 1"对话框。

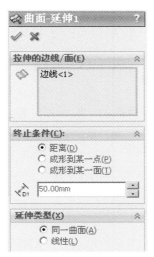

图 5.4.2 "曲面-延伸 1"对话框

Step **3**　定义延伸边线。选取图 5.4.3 所示的边线为延伸边线。

延伸的边线

图 5.4.3　定义延伸边线

Step **4**　定义终止条件类型。在"延伸曲面"对话框的 终止条件(C): 区域中选中 ⊙ 距离(D) 单选项，输入延伸值为 50.0。

Step **5**　定义延伸类型。在 延伸类型(X) 区域中选中 ⊙ 同一曲面(A) 单选项。

Step **6**　在对话框中单击 ✔ 按钮，完成延伸曲面的创建。

图 5.4.2 所示"延伸曲面"对话框中的各选项说明如下：

● 终止条件(C): 区域中包含延伸曲面的终止条件。

　　☑ ⊙ 距离(D) ：按给定的距离来定义延伸曲面的长度。

　　☑ ⊙ 成形到某一面(T) ：将曲面延伸到指定的面。

　　☑ ⊙ 成形到某一点(P) ：将曲面延伸到指定的点。

● 延伸类型(X) 区域提供了两种延伸曲面的类型。

Chapter
5

☑ ⊙ 同一曲面(A)： 沿着原始曲面几何体延伸曲面。

☑ ⊙ 线性(L)： 沿边线相切于原有曲面的方向线性延伸曲面。

5.5　曲面的剪裁

　　曲面的剪裁是通过曲面、基准面或曲线等剪裁工具将相交的曲面进行剪裁，它类似于实体的切除功能。

　　下面以图 5.5.1 为例介绍剪裁曲面的一般操作过程。

a）修剪前

b）修剪后

图 5.5.1　曲面的剪裁

Step 1　打开文件 D:\sw13\work\ch05\ch05.05\trim_surface.SLDPRT。

Step 2　选择命令。选择下拉菜单 插入(I) ➡ 曲面(S) ➡ 🖉 剪裁曲面(T)... 命令，系统弹出图 5.5.2 所示的"剪裁曲面"对话框。

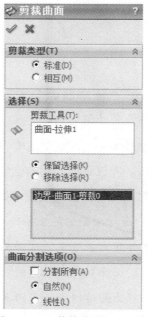

图 5.5.2　"剪裁曲面"对话框

Step **3** 定义剪裁类型。在"剪裁曲面"对话框的 剪裁类型(T) 区域中选中 ⊙ 标准(D) 单选项。

Step **4** 定义剪裁工具。选取图 5.5.3 所示的曲面为剪裁工具。

Step **5** 定义保留曲面。在"剪裁曲面"对话框的 选择(S) 区域中选中 ⊙ 保留选择(K) 单选项；选取图 5.5.4 所示的曲面为保留曲面，其他参数选用默认设置值。

Step **6** 在对话框中单击 ✅ 按钮，完成剪裁曲面的创建。

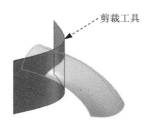

图 5.5.3　定义裁剪工具

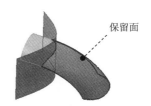

图 5.5.4　定义保留曲面

图 5.5.2 所示"剪裁曲面"对话框中的选项按钮的说明如下：

- 剪裁类型(T) 区域：提供了两种剪裁类型。

    - ☑ ⊙ 标准(D)：使用曲面、草图、曲线和基准面等剪裁工具来剪裁曲面。
    - ☑ ⊙ 相互(M)：使用相交曲面的交线来剪裁两个曲面。

- 选择(S) 区域：包括选择剪裁工具及选择保留面或移除面。

    - ☑ 剪裁工具(T)：单击该文本框，可以在图形区域中选择曲面、草图、曲线或基准面作为剪裁工具。
    - ☑ ⊙ 保留选择(K)：选择要保留的部分。
    - ☑ ⊙ 移除选择(R)：选择要移除的部分。

- 曲面分割选项区域包括 ☑ 分割所有(A) 、⊙ 自然(N) 和 ⊙ 线性(L) 三个选项。

    - ☑ ☑ 分割所有(A)：使剪裁后的曲面分割成单独的曲面。
    - ☑ ⊙ 自然(N)：使边界边线随曲面形状变化。
    - ☑ ⊙ 线性(L)：使边界边线随剪裁点的线性方向变化。

5.6　曲面的缝合

"缝合曲面"可以将多个独立曲面缝合到一起作为一个曲面。下面以图 5.6.1 所示的模型为例，介绍创建曲面缝合的一般过程。

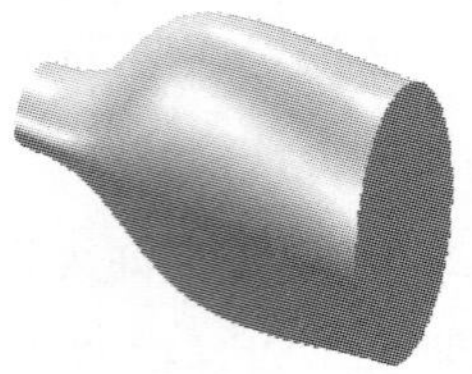

图 5.6.1　曲面的缝合

Step 1　打开文件 D:\sw13\work\ch05\ch05.06\sew.SLDPRT。

Step 2　选择命令。选择下拉菜单 插入(I) ➡ 曲面(S) ➡ 缝合曲面(K)... 命令，系统弹出图 5.6.2 所示的"缝合曲面"对话框。

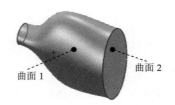

图 5.6.2　"曲面-缝合"对话框

Step 3　定义缝合对象。选取图 5.6.3 所示的曲面 1 和曲面 2 为缝合对象。

曲面 1　　曲面 2

图 5.6.3　曲面的缝合

Step 4　在对话框中单击 ✔ 按钮，完成缝合曲面的创建。

5.7　删除面

"删除"命令可以把现有多个面进行删除，并对删除后的曲面进行修补或填充。下面以图 5.7.1 为例说明其操作过程。

Step 1　打开文件 D:\sw13\work\ch05\ch05.07\Delete_Face.SLDPRT。

Step 2　选择命令。选择下拉菜单 插入(I) ➡ 面(F) ➡ 删除(D)... 命令，系统弹出图 5.7.2 所示的"删除面"对话框。

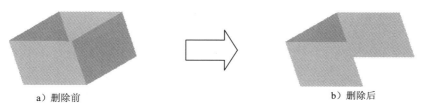

a）删除前   b）删除后

图 5.7.1　删除面

Step 3　定义删除面。选取图 5.7.3 所示的面 1 为要删除的面。

图 5.7.2　"删除面"对话框

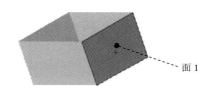

图 5.7.3　定义删除面

Step 4　定义删除类型。在 **选项(O)** 区域中选中 ◉ **删除** 单选项，其他参数选用默认设置值。

Step 5　在对话框中单击 ✔ 按钮，完成删除面的创建。结果如图 5.7.1b 所示。

图 5.7.2 所示"删除面"对话框中的选项按钮的说明如下：

- **选择** 区域中只有一个列表框，单击该列表框后，选取要删除的面。

- **选项(O)** 区域中包含关于删除面的设置。

  - ☑ ◉ **删除**：从多个曲面中删除某个面，或从实体中删除一个或多个面并且删除对面生成曲面实体。

  - ☑ ◉ **删除并修补**：从曲面或实体中删除一个面，并自动对曲面或实体进行修补和剪裁。

  - ☑ ◉ **删除并填补**：删除多个面以生成单一面。

5.8　曲面的圆角

　　曲面的圆角可以在两组曲面表面之间建立光滑连接的过渡曲面。生成的过渡曲面的剖面线可以是圆弧、二次曲线等参数曲线或其他类型的曲线。

5.8.1 等半径圆角

下面以图 5.8.1 所示的模型为例，介绍创建等半径圆角的一般过程。

a）倒圆前   b）倒圆后

图 5.8.1　创建等半径圆角

Step **1**　打开文件 D:\sw13\work\ch05\ch05.08\\ch05.08.01\Fillet_01.SLDPRT。

Step **2**　选择命令。选择下拉菜单 插入(I) ➡ 曲面(S) ➡ 🔶 圆角(U)... 命令，系统
弹出图 5.8.2 所示的"圆角"对话框。

图 5.8.2　"圆角"对话框

Step **3**　定义圆角类型。在"圆角"对话框的 圆角类型(Y) 区域中选中 ⊙ 等半径(C) 单
选项。

Step **4**　定义圆角对象。选取图 5.8.3 所示的边线为圆角对象。

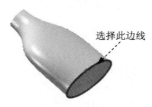

选择此边线

图 5.8.3　定义圆角边线

Step **5**　定义圆角半径。在"圆角"对话框的 圆角项目(I) 区域的 ↗ 后的文本框中输入数

值 5，其他参数选用默认设置值。

Step 6　在对话框中单击 ✔ 按钮，完成等半径圆角的创建。

图 5.8.2 所示"圆角"对话框中的选项按钮的说明如下：

- **圆角类型(Y)** 区域中提供了四种圆角类型。

  - ☑ ◉ **等半径(C)**：生成半径相同的圆角。
  - ☑ ◉ **变半径(V)**：生成带有可变半径值的圆角。
  - ☑ ◉ **面圆角(L)**：在两个面之间圆角。
  - ☑ ◉ **完整圆角(F)**：生成相切于三个相邻面的圆角。

- 圆角项目区域用来设置圆角的参数。

  - ☑ ↘后的文本框：用于输入圆角半径。
  - ☑ 📦列表框：用于选择需要进行圆角的边线、面、特征和环。
  - ☑ 选中 ☑ **多半径圆角(M)** 复选框后，将圆角延伸到所有与所选面相切的面。
  - ☑ 选中 ☑ **切线延伸(G)** 复选框后，可以生成有不同半径值的圆角。

5.8.2　变半径圆角

变半径圆角可以生成带有可变半径值的圆角。创建图 5.8.4 所示变半径圆角的一般过程如下：

　　　　a）创建前　　　　　　　　　　　　　　　　b）创建后

图 5.8.4　创建变半径圆角

Step 1　打开文件 D:\sw13\work\ch05\ch05.08\ch05.08.02\Fillet_02.SLDPRT。

Step 2　选择下拉菜单 插入(I) ➡ 曲面(S) ➡ 🍤 圆角 (U)... 命令，系统弹出"圆角"对话框。

Step 3　定义圆角类型。在"圆角"对话框的 **圆角类型(Y)** 区域中选中 ◉ **变半径(V)** 单选项，"圆角"对话框如图 5.8.5 所示。

Step 4　定义圆角对象。选取图 5.8.6 所示的边线为圆角对象。

Step 5　设置实例数（变半径数）。在"圆角"对话框的 **变半径参数(P)** 区域的 💱 文本框中输入数值 1，按回车键。

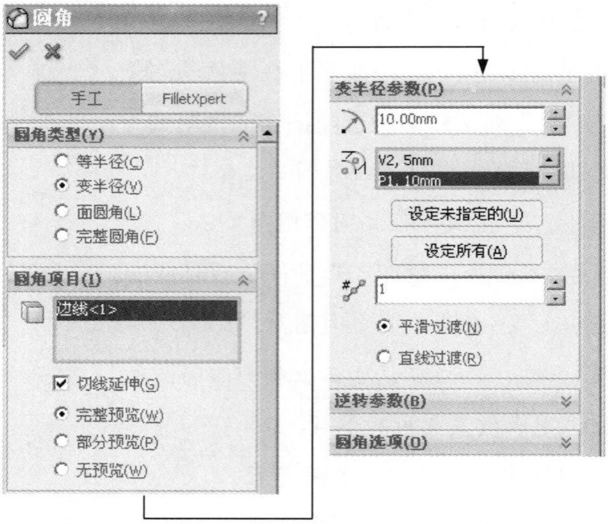

图 5.8.5   "圆角"对话框

Step 6   定义圆角半径。

（1）单击圆角边线上的"p1"点（图 5.8.7），在"圆角"对话框的 **变半径参数(P)** 区域的 ![icon] 文本框中输入数值 10，按回车键。

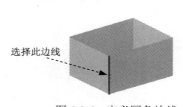

图 5.8.6   定义圆角边线

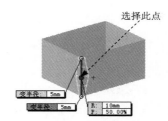

图 5.8.7   创建变半径圆角

（2）在"圆角"对话框的 **变半径参数(P)** 区域的 ![icon] 列表框中选择 **V1** 选项后，在 ![icon] 文本框中输入数值 5，按回车键。

（3）在"圆角"对话框的 **变半径参数(P)** 区域的 ![icon] 列表框中选择 **V2** 选项后，在 ![icon] 文本框中输入数值 5，按回车键。其他选用默认设置。

Step 7   单击 ![icon] 按钮，完成变半径圆角的创建。

5.8.3   面圆角

面圆角是把两个面用圆角连接并剪切掉多余的部分。下面以图 5.8.8 所示的模型为例，介绍创建面圆角的一般过程。

Step 1   打开文件 D:\sw13\work\ch05\ch05.08\ch05.08.03\fillet_03.SLDPRT。

Step 2 选择下拉菜单 插入(I) ➡️ 曲面(S) ➡️ 🔵 圆角 (U)... 命令，系统弹出图 5.8.9
所示的"圆角"对话框。

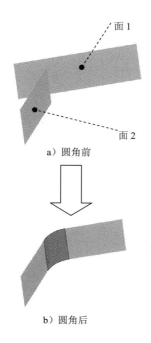

a）圆角前

b）圆角后

图 5.8.8 创建面圆角

图 5.8.9 "圆角"对话框

Step 3 定义圆角类型。在"圆角"对话框的 圆角类型(Y) 区域中选中 • 面圆角(L) 单选项。

Step 4 定义圆角面。在"圆角"对话框的 圆角项目(I) 区域中，单击第一个列表框后，
选取图 5.8.8a 所示的面 1；单击第二个列表框后，选取图 5.8.8a 所示的面 2，单
击面 2 文本框前的 按钮。

Step 5 定义圆角半径。在 "圆角"对话框 圆角项目(I) 区域的 文本框中输入数值 20，
其他参数选用默认设置值。

Step 6 在对话框中单击 按钮，完成面圆角的创建。

5.8.4 完整圆角

完整圆角是相切于三个相邻面的圆角。下面以图 5.8.10 所示的模型为例，介绍创建完
整圆角的一般过程。

Step 1 打开文件 D:\sw13\work\ch05\ch05.08\ch05.08.04\Fillet_04.SLDPRT。

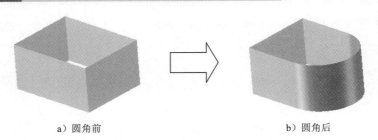

a）圆角前　　　　　　　　　　　　　b）圆角后

图 5.8.10　创建完整圆角

Step 2　选择下拉菜单 插入(I) ➡ 曲面(S) ➡ 🌐 圆角(U)... 命令，系统弹出"圆角"对话框。

Step 3　定义圆角类型。在"圆角"对话框的 圆角类型(Y) 区域中选中 ⊙ 完整圆角(F) 单选项，此时"圆角"对话框如图 5.8.11 所示。

Step 4　定义圆角面。

（1）定义边侧面组 1。在"圆角"对话框的 圆角项目(I) 区域中单击 列表框，选取图 5.8.12 所示的曲面 1 为边侧面组 1。

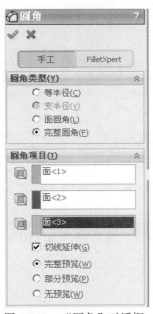

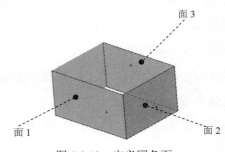

图 5.8.11　"圆角"对话框　　　　　　图 5.8.12　定义圆角面

（2）定义边中央面组。在"圆角"对话框的 圆角项目(I) 区域中单击 列表框，选取图 5.8.12 所示的曲面 2 为中央面组。

（3）定义边侧面组 2。在"圆角"对话框的 圆角项目(I) 区域中单击 列表框，选取图 5.8.12 所示的曲面 3 为边侧面组 2。

Step 5　在对话框中单击 ✅ 按钮，完成完整圆角的创建。

5.9　将曲面转化为实体

5.9.1　闭合曲面的实体化

"缝合曲面"命令可以将封闭的曲面缝合成一个面，并将其实体化。下面以图 5.9.1 所示的模型为例，介绍闭合曲面实体化的一般过程。

a）实体化前

b）实体化前（剖视图）

c）实体化后（剖视图）

图 5.9.1　闭合曲面实体化

Step 1　打开文件 D:\sw13\work\ch05\ch05.09\ch05.09.01\Thickening_the_Model.SLPR T。

Step 2　用剖面视图查看零件模型为曲面。

（1）选择剖面视图命令。选择下拉菜单 视图(V) ➡ 显示(D) ➡ 剖面视图(V) 命令，系统弹出图 5.9.2 所示的"剖面视图"对话框。

（2）定义剖面。在"剖面视图"对话框的 剖面1 区域中单击 ✏ 按钮，以右视基准面作为剖面，此时可看到在绘图区中显示的特征为曲面（图 5.9.3），单击 ✖ 按钮，关闭"剖面视图"对话框。

图 5.9.2　"剖面视图"对话框

图 5.9.3　定义参考剖面

Step 3 选择缝合曲面命令。选择下拉菜单 插入(I) ➡ 曲面(S) ➡ 〔〕 缝合曲面(K)... 命令，系统弹出图 5.9.4 所示的"缝合曲面"对话框。

Step 4 定义缝合对象。在设计树中选取 ⊞ 曲面-放样1 、 ⊞ 曲面-基准面1 和 曲面-基准面2 为缝合对象。

Step 5 定义实体化。在"缝合曲面"对话框的 选择 区域中选中 ☑ 尝试形成实体(T) 复选框。

Step 6 单击 ✔ 按钮，完成曲面实体化的操作。

Step 7 用剖面视图查看零件模型为实体。

（1）选择剖面视图命令。选择下拉菜单 视图(V) ➡ 显示(D) ➡ 〔〕 剖面视图(V) 命令，系统弹出图 5.9.2 所示的"剖面视图"对话框。

（2）定义剖面。在"剖面视图"对话框的 剖面1 区域中单击 ⟋ 按钮，以右视基准面作为剖面，此时可看到在绘图区中显示的特征为实体曲面（图 5.9.5），单击 ✖ 按钮，关闭"剖面视图"对话框。

图 5.9.4 "曲面-缝合"对话框

图 5.9.5 定义参考剖面

5.9.2 用曲面替换实体表面

应用"替换"命令可以用曲面替换实体的表面，替换曲面不必与实体表面有相同的边界。下面以图 5.9.6 所示的模型为例，说明用曲面替换实体表面的一般操作过程。

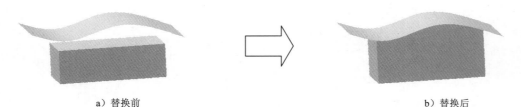

a）替换前　　　　　　　　　　　　　　　　　　　　　b）替换后

图 5.9.6 用曲面替换实体表面

Step 1 打开文件 D:\sw13\work\ch05\ch05.09\ch05.09.02\replace_face.SLDPRT。

Step 2 选择命令。选择下拉菜单 插入(I) ➡ 面(F) ➡ 替换(R)... 命令，系统弹出图 5.9.7 所示的"替换面 2"对话框。

Step 3 定义替换的目标面。选取图 5.9.8 所示的曲面 1 为替换的目标面。

图 5.9.7 "替换面"对话框

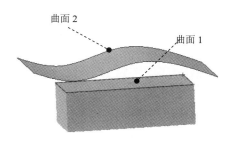

图 5.9.8 定义替换的目标面

Step 4 定义替换面。单击"替换面 2"对话框 后的列表框，选取图 5.9.8 所示的曲面 2 为替换面。

Step 5 在对话框中单击 按钮，完成替换面的操作。

5.9.3 开放曲面的加厚

"加厚"命令可以将开放的曲面（或开放的面组）转化为薄板实体特征。下面以图 5.9.9 为例，说明加厚曲面的一般操作过程。

a) 加厚前　　　　　　　　　　　　　　b) 加厚后

图 5.9.9 曲面的加厚

Step 1 打开文件 D:\sw13\work\ch05\ch05.09\ch05.09.03\thicken.SLDPRT。

Step 2 选择命令。选择下拉菜单 插入(I) ➡ 凸台/基体(B) ➡ 加厚(T)... 命令，系统弹出图 5.9.10 所示的"加厚"对话框。

Step 3 定义加厚曲面。选取图 5.9.11 所示的曲面为加厚曲面。

Step 4 定义加厚方向。在"加厚"对话框的 加厚参数(T) 区域中单击 按钮。

Step 5 定义厚度。在"加厚"对话框的 加厚参数(T) 区域的 文本框中输入数值 4。

Step 6 在对话框中单击 按钮，完成开放曲面的加厚。

图 5.9.10　"加厚"对话框

加厚曲面

图 5.9.11　定义加厚曲面

5.10　曲面的曲率分析

5.10.1　曲面曲率的显示

下面以图 5.10.1 所示的曲面为例，说明显示曲面曲率的一般操作过程。

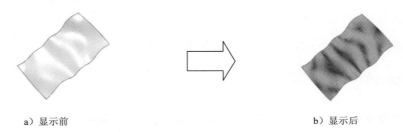

a）显示前　　　　　　　　　　　　　　　　　b）显示后

图 5.10.1　显示曲面曲率

Step 1　打开文件 D:\sw13\work\ch05\ch05.10\ch05.10.01\surface_curvature.SLDPRT。

Step 2　选择命令。选择下拉菜单 视图(V) ➡ 显示(D) ➡ 曲率(C)命令，图形区立即显示曲面的曲率图。

说明：显示曲面的曲率后，当鼠标移动到曲面上时，系统会显示鼠标所在点的位置的曲率和曲率半径（图 5.10.1b）。

5.10.2　曲面斑马条纹的显示

下面以图 5.10.2 为例，说明曲面斑马条纹显示的一般操作过程。

Step 1　打开文件 D:\sw13\work\ch05\ch05.10\ch05.10.02\surface_curvature.SLDPRT。

Step 2　选择命令。选择下拉菜单 视图(V) ➡ 显示(D) ➡ 斑马条纹(Z)命令，系统弹出图 5.10.3 所示的"斑马条纹"对话框，同时图形区显示曲面的斑马条纹图。

Step 3　单击 ✔ 按钮，完成曲面的斑马条纹的显示操作。

a）展开前

b）展开后

图 5.10.2　显示曲面斑马条纹

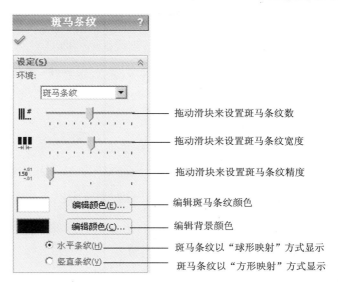

拖动滑块来设置斑马条纹数

拖动滑块来设置斑马条纹宽度

拖动滑块来设置斑马条纹精度

编辑斑马条纹颜色

编辑背景颜色

斑马条纹以"球形映射"方式显示

斑马条纹以"方形映射"方式显示

图 5.10.3　"斑马条纹"对话框

5.11　SolidWorks 曲面产品设计实际应用 1

范例概述：

本例主要介绍充电器的设计过程。通过本例，读者可以掌握一般曲面建模的思路：先创建草绘曲线，再利用草绘曲线构建曲面，然后利用缝合、拉伸、剪裁等工具将曲面合并为一个整体曲面，最后将整体曲面转变成实体模型。零件实体模型及相应的设计树如图 5.11.1 所示。

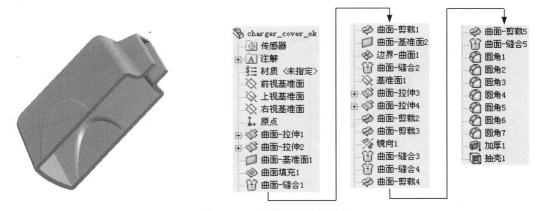

图 5.11.1　零件模型和设计树

Step 1　新建模型文件。选择下拉菜单 文件(F) ➡ 新建(N)...命令，在系统弹出的"新建 SolidWorks 文件"对话框中选择"零件"模块，单击 确定 按钮，进入建模环境。

Step 2 创建图 5.11.2 所示的基础特征——曲面-拉伸 1。

（1）选择命令。选择下拉菜单 插入(I) ➡ 曲面(S) ➡ 拉伸曲面(E)... 命令，系统弹出"拉伸"对话框。

（2）定义特征的横断面草图。

① 选取前视基准面为草图基准面。

② 绘制图 5.11.3 所示的横断面草图，建立相应约束并修改尺寸，然后选择下拉菜单 插入(I) ➡ 退出草图命令，此时系统弹出"曲面-拉伸"对话框。

图 5.11.2　曲面-拉伸 1

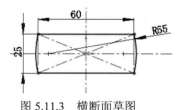

图 5.11.3　横断面草图

（3）定义拉伸深度属性。

① 定义拉伸方向。采用系统默认的拉伸方向。

② 定义深度类型及深度值。在"拉伸"对话框方向 1 区域的反向按钮 下拉列表中选择给定深度选项，输入深度值 35.0，然后在 选项中输入拔模角度值为 5.0。

（4）单击对话框中的 ✔ 按钮，完成曲面-拉伸 1 的创建。

Step 3 创建图 5.11.4 所示的零件特征——曲面-拉伸 2。

（1）选择下拉菜单 插入(I) ➡ 曲面(S) ➡ 拉伸曲面(E)... 命令，系统弹出"拉伸"对话框。

（2）选取上视基准面为草图基准面，绘制图 5.11.5 所示的横断面草图。

图 5.11.4　曲面-拉伸 2

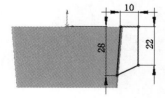

图 5.11.5　横断面草图

（3）采用系统默认的拉伸方向，在"曲面-拉伸"对话框方向 1 区域的下拉列表中选择两侧对称选项，输入深度值 10.0。

（4）单击对话框中的 ✔ 按钮，完成曲面-拉伸 2 的创建。

Step 4 创建图 5.11.6 所示的零件特征——曲面-基准面 1。

（1）选择下拉菜单 插入(I) ➡ 曲面(S) ➡ ▭ 平面区域(P)... 命令，系统弹出"曲面-基准面"对话框。

（2）定义边界实体特征。在 边界实体(B) 选项中，选取边线 1、边线 2、边线 3 和边线 4 作为边界实体，如图 5.11.7 所示。

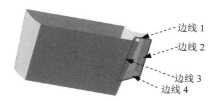
边线 1
边线 2
边线 3
边线 4

图 5.11.6 曲面-基准面 1   图 5.11.7 定义边界

（3）单击对话框中的 ✅ 按钮，完成曲面-基准面 1 的创建。

Step 5 创建图 5.11.8 所示的零件特征——曲面填充 1。

（1）选择命令。选择下拉菜单 插入(I) ➡ 曲面(S) ➡ ◇ 填充(I)... 命令，系统弹出"填充曲面"对话框。

（2）定义修补边界。选取图 5.11.9 所示边线 1、边线 2、边线 3 和边线 4 作为修补边界。

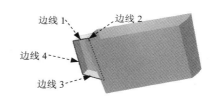
边线 1   边线 2
边线 4
边线 3

图 5.11.8 曲面填充 1   图 5.11.9 选取修补边界

（3）在"填充曲面"对话框 修补边界(B) 区域的下拉列表中选择 相触 选项。

（4）单击 ✅ 按钮，完成曲面填充 1 的创建。

Step 6 创建图 5.11.10 所示的零件特征——曲面-缝合 1。

图 5.11.10 曲面-缝合 1

（1）选择命令。选择下拉菜单 插入(I) ➡ 曲面(S) ➡ 🔽 缝合曲面(K)... 命令，系统弹出"曲面-缝合"对话框。

（2）定义缝合对象。在设计树中选取曲面-填充 1、曲面-拉伸 2 和曲面-基准面 1 为缝合对象。

（3）单击对话框中的 ✔ 按钮，完成曲面-缝合 1 的创建。

Step 7 创建图 5.11.11b 所示的零件特征——曲面-剪裁 1。

a）剪裁前　　　　　　　　　　　　　　　　　　b）剪裁后

图 5.11.11　曲面-剪裁 1

（1）选择下拉菜单 插入(I) ➡ 曲面(S) ➡ 剪裁曲面(T)... 命令，系统弹出"曲面-剪裁"对话框。

（2）选择剪裁类型。在 剪裁类型(T) 区域中选中 ⊙ 相互(M) 单选项。

（3）选择剪裁曲面。选取曲面-拉伸 1 和曲面缝合 1 为剪裁曲面。

（4）选取保留部分。选取图 5.11.11a 所示的曲面为保留部分。

（5）其他参数采用系统默认的设置值，单击对话框中的 ✔ 按钮，完成曲面-剪裁 1 的创建。

Step 8 创建图 5.11.12 所示的零件特征——曲面-基准面 2。

（1）选择下拉菜单 插入(I) ➡ 曲面(S) ➡ 平面区域(P)... 命令，系统弹出"平面"对话框。

（2）定义边界实体特征。在 边界实体(B) 区域中，选取图 5.11.13 所示的边线作为边界实体。

（3）单击对话框中的 ✔ 按钮，完成曲面-基准面 2 的创建。

图 5.11.12　曲面-基准面 2

边界实体

图 5.11.13　选取边界实体

Step 9 创建图 5.11.14 所示的零件特征——边界-曲面 1。

（1）选择命令。选择下拉菜单 插入(I) ➡ 曲面(S) ➡ 边界曲面(B)... 命令，系统弹出"边界-曲面"对话框。

（2）定义边界曲线方向。选择边线 1 和边线 2 为 方向1 的边界曲线；选取边线 3 和边线 4 为 方向2 的边界曲线，如图 5.11.15 所示。

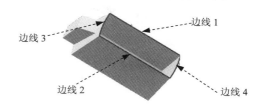

边线 3　　边线 1

边线 2　　边线 4

图 5.11.14　边界-曲面 1　　　　　　　　图 5.11.15　边界曲线

（3）定义相切类型。定义边线 1 和边线 2 曲线的相切类型为 **无** ，边线 3 和边线 4 的相切类型为 **无** 。

（4）单击对话框中的 ✅ 按钮，完成边界-曲面 1 的创建。

Step 10　创建图 5.11.16 所示的零件特征——曲面-缝合 2。

（1）选择下拉菜单 **插入(I)** ➡ **曲面(S)** ➡ 👕 **缝合曲面(K)...** 命令，系统弹出"缝合曲面"对话框。

（2）在设计树中选取边界-曲面 1、曲面-剪裁 1 和曲面-基准面 2 为缝合对象。

（3）单击对话框中的 ✅ 按钮，完成曲面-缝合 2 的创建。

Step 11　创建图 5.11.17 所示的基准面 1。

（1）选择下拉菜单 **插入(I)** ➡ 🖋 **参考几何体(G)** ➡ ◈ **基准面(P)...** 命令，系统弹出"基准面"对话框。

（2）在 **第一参考** 下选择上视基准面，在 □ 的文本框中输入数值 0；在 **第二参考** 下选取图 5.11.18 所示的边线 1。

（3）单击对话框中的 ✅ 按钮，完成基准面 1 的创建。

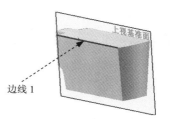

图 5.11.16　曲面-缝合 2　　　　图 5.11.17　基准面 1　　　　图 5.11.18　选取参考实体

Step 12　创建图 5.11.19 所示的零件特征——曲面-拉伸 3。

（1）选择下拉菜单 **插入(I)** ➡ **曲面(S)** ➡ 💎 **拉伸曲面(E)...** 命令，系统弹出"拉伸"对话框。

（2）选取基准面 1 为草图基准面，绘制图 5.11.20 所示的横断面草图。

（3）在"拉伸"对话框 **方向1** 区域的反向按钮 🔄 下拉列表中选择 **给定深度** 选项，输入深度值 30.0，然后在 📐 选项中输入拔模角度值为 45.0。

图 5.11.19　曲面-拉伸 3

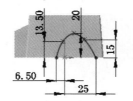

图 5.11.20　横断面草图

说明： 如果拔模方向不对，可以选中 ☑ 向外拔模(O) 复选框。

（4）单击对话框中的 ✅ 按钮，完成曲面-拉伸 3 的创建。

Step 13　创建图 5.11.21 所示的零件特征——曲面-拉伸 4。

（1）选择下拉菜单 插入(I) ➡ 曲面(S) ➡ 🗔 拉伸曲面(E)... 命令，系统弹出"拉伸"对话框。

（2）选取前视基准面为草图基准面，绘制图 5.11.22 所示的横断面草图（草图的两端点与草图 3 的两端点重合）。

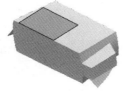

图 5.11.21　曲面-拉伸 4

图 5.11.22　横断面草图

（3）在"拉伸"对话框 方向1 区域 🗔 按钮后的下拉列表中选择 给定深度 选项，输入深度值 22.0。

（4）单击对话框中的 ✅ 按钮，完成曲面-拉伸 4 的创建。

Step 14　创建图 5.11.23b 所示的零件特征——曲面-剪裁 2。

（1）选择下拉菜单 插入(I) ➡ 曲面(S) ➡ 🗔 剪裁曲面(T)... 命令，系统弹出"剪裁曲面"对话框。

（2）采用"标准"剪裁类型。

（3）选择剪裁工具。选取曲面-拉伸 3 为剪裁工具。

（4）选择保留部分。选取图 5.11.23a 所示的曲面为保留部分。

（5）其他参数采用系统默认的设置值，单击对话框中的 ✅ 按钮，完成曲面-剪裁 2 的创建。

Step 15　创建图 5.11.24b 所示的零件特征——曲面-剪裁 3。

（1）选择下拉菜单 插入(I) ➡ 曲面(S) ➡ 🗔 剪裁曲面(T)... 命令，系统弹出"曲面-剪裁"对话框。

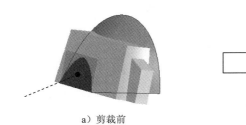

a）剪裁前　　　　　　　　　　b）剪裁后

图 5.11.23　曲面-剪裁 2

（2）采用"标准"剪裁类型。选取曲面-缝合 2 为剪裁工具，选取图 5.11.24a 所示的曲面为保留部分。

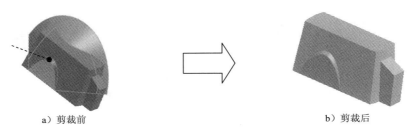

a）剪裁前　　　　　　　　　　b）剪裁后

图 5.11.24　曲面-剪裁 3

（3）其他参数采用系统默认的设置值，单击对话框中的 ✓ 按钮，完成曲面-剪裁的创建。

Step 16　创建图 5.11.25 所示的零件特征——镜像 1。

（1）选择下拉菜单 插入(I) —→ 阵列/镜向(E) —→ 镜向(M)...命令。

（2）定义镜像基准面。选取上视基准面作为镜像基准面。

（3）定义镜像对象。在图形区中选取曲面-剪裁 2 和曲面-剪裁 3 作为要镜像的实体。

（4）单击对话框中的 ✓ 按钮，完成镜像 1 的创建。

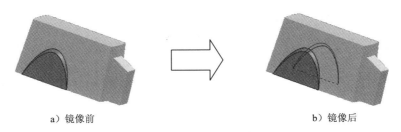

a）镜像前　　　　　　　　　　b）镜像后

图 5.11.25　镜像 1

Step 17　创建图 5.11.26 所示的零件特征——曲面-缝合 3。

（1）选择命令。选择下拉菜单 插入(I) —→ 曲面(S) —→ 缝合曲面(K)...命令，系统弹出"缝合曲面"对话框。

（2）在设计树中选取曲面-剪裁 2 和曲面-剪裁 3 为缝合对象。

（3）单击对话框中的 ✅ 按钮，完成曲面-缝合 3 的创建。

Step 18 创建图 5.11.27 所示的零件特征——曲面-缝合 4。

（1）选择命令。选择下拉菜单 插入(I) ➡ 曲面(S) ➡ 🔶 缝合曲面(K)... 命令，系统弹出"曲面-缝合"对话框。

（2）在模型中选取镜像 1 的特征为缝合对象。

（3）单击对话框中的 ✅ 按钮，完成曲面-缝合 4 的创建。

图 5.11.26　曲面-缝合 3

图 5.11.27　曲面-缝合 4

Step 19 创建图 5.11.28b 所示的零件特征——曲面-剪裁 4。

（1）选择下拉菜单 插入(I) ➡ 曲面(S) ➡ 🔷 剪裁曲面(T)... 命令，系统弹出"剪裁曲面"对话框。

（2）采用"标准"剪裁类型。选取曲面-缝合 3 为剪裁工具，选取图 5.11.28a 所示的曲面为保留部分。

（3）其他参数采用系统默认的设置值，单击对话框中的 ✅ 按钮，完成曲面-剪裁 4 的创建。

a）剪裁前

b）剪裁后

图 5.11.28　曲面-剪裁 4

Step 20 创建图 5.11.29b 所示的零件特征——曲面-剪裁 5。

（1）选择下拉菜单 插入(I) ➡ 曲面(S) ➡ 🔷 剪裁曲面(T)... 命令，系统弹出"剪裁曲面"对话框。

（2）采用"标准"剪裁类型。选取曲面-缝合 4 为剪裁工具；选取图 5.11.29a 所示的曲面为保留部分。

（3）其他参数采用系统默认的设置值，单击对话框中的 ✅ 按钮，完成曲面-剪裁 5 的创建。

a）剪裁前　　　　　　　　　b）剪裁后

图 5.11.29　曲面-剪裁 5

Step 21　创建图 5.11.30 所示的零件特征——曲面-缝合 5。

（1）选择命令。选择下拉菜单 插入(I) ➡ 曲面(S) ➡ 缝合曲面(K)... 命令，系统弹出"曲面-缝合 5"对话框。

（2）在设计树中选取曲面-缝合 3、曲面-缝合 4 和曲面-剪裁 5 为缝合对象。

（3）单击对话框中的 ✅ 按钮，完成曲面-缝合 5 的创建。

Step 22　创建图 5.11.31b 所示的零件特征——圆角 1。

（1）选择下拉菜单 插入(I) ➡ 特征(F) ➡ 圆角(F)... 命令，系统弹出"圆角"对话框。

（2）定义圆角类型。采用系统默认的圆角类型。

（3）定义要圆角的对象。要圆角的对象为图 5.11.31a 所示的两条边线。

（4）定义圆角半径。在"圆角"对话框中输入圆角半径 6.0。

（5）单击 ✅ 按钮，完成圆角 1 的创建。

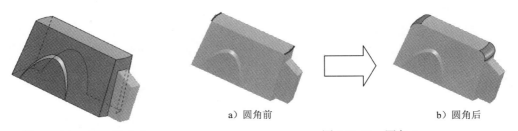

a）圆角前　　　　　　　　　b）圆角后

图 5.11.30　曲面-缝合 5　　　　　图 5.11.31　圆角 1

Step 23　创建图 5.11.32b 所示的零件特征——圆角 2。

（1）选择下拉菜单 插入(I) ➡ 特征(F) ➡ 圆角(F)... 命令，系统弹出"圆角"对话框。

（2）采用系统默认的圆角类型，要圆角的对象为图 5.11.32a 所示的边线。

a）圆角前　　　　　　　　　　　　　　　　　　　　b）圆角后

图 5.11.32　圆角 2

（3）在"圆角"对话框中输入圆角半径 5.0。

（4）单击 ✅ 按钮，完成圆角 2 的创建。

Step 24　创建图 5.11.33b 所示的零件特征——圆角 3。采用系统默认的圆角类型，要圆角的对象为图 5.11.33a 所示的四条边线；输入圆角半径 2.0，单击 ✅ 按钮完成圆角 3 的创建。

a）圆角前　　　　　　　　　　　　　　　　　　　　b）圆角后

图 5.11.33　圆角 3

Step 25　创建图 5.11.34b 所示的零件特征——圆角 4。采用系统默认的圆角类型；要圆角的对象为图 5.11.34a 所示的三条边线，输入圆角半径 1.0；单击 ✅ 按钮完成圆角 4 的创建。

放大图

a）圆角前　　　　　　　　　　　　　　　　　　b）圆角后

图 5.11.34　圆角 4

Step 26　创建图 5.11.35b 所示的零件特征——圆角 5。采用系统默认的圆角类型；要圆角的对象为图 5.11.35a 所示的两条边链；输入圆角半径 2.0，单击 ✅ 按钮完成圆角 5 的创建。

Step 27　创建图 5.11.36b 所示的零件特征——圆角 6。采用系统默认的圆角类型；要圆角的对象为图 5.11.36a 所示的两条边线；输入圆角半径 0.5，单击 ✅ 按钮完成圆角 6 的创建。

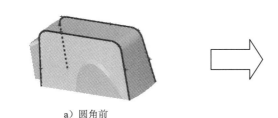

a）圆角前   b）圆角后

图 5.11.35　圆角 5

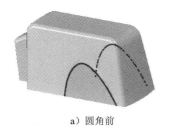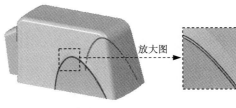

放大图

a）圆角前   b）圆角后

图 5.11.36　圆角 6

Step 28　创建图 5.11.37 所示的零件特征——圆角 7。系统弹出"圆角"对话框，采用系统
默认的圆角类型，要圆角的对象为图 5.11.37a 所示的两条边线；输入圆角半径 0.5，
单击 ✓ 按钮完成圆角 7 的创建。

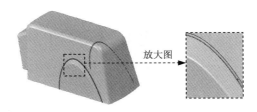

放大图

图 5.11.37　圆角 7

Step 29　创建图 5.11.38 所示的零件特征——加厚 1。

a）加厚前（剖视图）   b）加厚后（剖视图）

图 5.11.38　加厚 1

（1）选择命令。选择下拉菜单 插入(I) ➡ 凸台/基体(B) ➡ 📖 加厚(T)... 命令，
系统弹出"加厚"对话框。

（2）定义加厚曲面。选取圆角 7 为要加厚的曲面。

（3）定义厚度。在 ⚙ 文本框中输入数值 10.0，选中 ☑ 从闭合的体积生成实体(C) 复选框。

（4）单击 ✔ 按钮，完成加厚 1 的创建。

Step 30 创建图 5.11.39b 所示的零件特征——抽壳 1。

（1）选择命令。选择下拉菜单 插入(I) ➡ 特征(F) ➡ 🔲 抽壳(S)... 命令。

（2）定义要移除的面。选取图 5.11.39a 所示的模型表面为移除面。

（3）定义抽壳厚度。在"抽壳 1"对话框的 参数(P) 区域输入壁厚值 2.0。

（4）单击对话框中的 ✔ 按钮，完成抽壳 1 的创建。

a）抽壳前　　　　　　　　　　　　　　　b）抽壳后

图 5.11.39　抽壳 1

Step 31 至此，零件模型创建完毕。选择下拉菜单 文件(F) ➡ 💾 保存(S) 命令，命名为 charger_cover，即可保存零件模型。

5.12　SolidWorks 曲面产品设计实际应用 2

范例概述：

本例主要介绍遥控器上盖的设计过程。其中的曲面上的曲线也可以用两曲面的相交来创建，只是步骤较繁琐，由于曲面上的曲线为样条曲线，所以读者在创建时会与本范例有些不同。该零件实体模型及相应的设计树如图 5.12.1 所示。

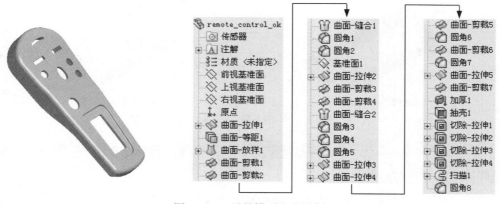

图 5.12.1　零件模型和设计树

Step **1** 新建模型文件。选择下拉菜单 文件(F) ➡ 🗋 新建(N)...命令，在系统弹出的
"新建 SolidWorks 文件"对话框中选择"零件"模块，单击 确定 按钮，进
入建模环境。

Step **2** 创建图 5.12.2 所示的基础特征——曲面-拉伸 1。

（1）选择命令。选择下拉菜单 插入(I) ➡ 曲面(S) ➡ 🏷 拉伸曲面(E)...命令，系
统弹出"拉伸"对话框。

（2）定义特征的横断面草图。

① 选取前视基准面为草图基准面。

② 绘制图 5.12.3 所示的横断面草图，建立相应约束并修改尺寸，然后选择下拉菜单
插入(I) ➡ 🔁 退出草图命令，此时系统弹出"曲面-拉伸"对话框。

图 5.12.2　曲面-拉伸 1　　　　　　　图 5.12.3　横断面草图

（3）定义拉伸深度属性。

① 定义拉伸方向。采用系统默认的拉伸方向。

② 定义深度类型及深度值。在"曲面-拉伸"对话框 **方向1** 区域的下拉列表中选择
给定深度 选项，输入深度值 120.0，在"曲面-拉伸"对话框 **方向2** 区域的下拉列表中选择
给定深度 选项，输入深度值 50.0。

（4）单击对话框中的 ✔ 按钮，完成曲面-拉伸 1 的创建。

Step **3** 创建图 5.12.4 所示的零件特征——曲面-等距 1。

（1）选择下拉菜单 插入(I) ➡ 曲面(S) ➡ 🗐 等距曲面(O)...命令，系统弹出"曲
面-等距 1"对话框。

（2）定义等距曲面。选取图 5.12.4 所示的拉伸曲面为等距曲面。

（3）定义等距距离。在 🔾 后的文本框中输入数值 1.0。

（4）单击 ✔ 按钮，完成曲面-等距 1 的创建。

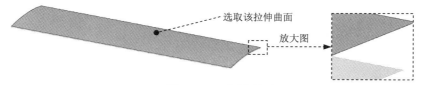

选取该拉伸曲面

放大图

图 5.12.4　曲面-等距 1

Step **4** 创建图 5.12.5 所示的 3D 草图 1。

（1）选择命令。选择下拉菜单 `插入(I)` ➡ `3D 3D 草图` 命令。

（2）绘制草图。在曲面-拉伸 1 的表面上绘制图 5.12.5 所示的草图（使用 `曲面上的样条曲线(F)` 命令）。

（3）选择下拉菜单 `插入(I)` ➡ `退出草图` 命令，退出草图设计环境。

Step **5** 创建图 5.12.6 所示的 3D 草图 2。

（1）选择命令。选择下拉菜单 `插入(I)` ➡ `3D 3D 草图` 命令。

（2）绘制草图。在曲面-等距 1 的表面上绘制图 5.12.5 所示的草图（使用 `曲面上的样条曲线(F)` 命令）。

（3）选择下拉菜单 `插入(I)` ➡ `退出草图` 命令，退出草图设计环境。

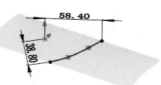

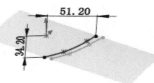

图 5.12.5　3D 草图 1　　　　　　　　　　图 5.12.6　3D 草图 2

Step **6** 创建图 5.12.7 所示的零件特征——曲面-放样 1。

（1）选择命令。选择下拉菜单 `插入(I)` ➡ `曲面(S)` ➡ `放样曲面(L)...` 命令，系统弹出"曲面-放样 1"对话框。

（2）定义放样轮廓。选取 3D 草图 1 和 3D 草图 2 作为曲面-放样 1 的轮廓（图 5.12.8）。

（3）单击对话框中的 ✔ 按钮，完成曲面-放样 1 的创建。

图 5.12.7　曲面-放样 1　　　　　　　　　图 5.12.8　轮廓曲线

Step **7** 创建图 5.12.9b 所示的零件特征——曲面-剪裁 1。

（1）选择下拉菜单 `插入(I)` ➡ `曲面(S)` ➡ `剪裁曲面(T)...` 命令，系统弹出"曲面-剪裁 1"对话框。

（2）采用系统默认的剪裁类型。

（3）选择剪裁工具。选取曲面-放样 1 为剪裁工具。

（4）选择保留部分。选取图 5.12.9a 所示的曲面为保留部分。

（5）其他参数采用系统默认的设置值，单击对话框中的 ✅ 按钮，完成曲面-剪裁 1 的创建。

a）剪裁前　　　　　　　　　　　　　　　　　　　b）剪裁后

图 5.12.9　曲面-剪裁 1

Step 8 创建图 5.12.10b 所示的零件特征——曲面-剪裁 2。

（1）选择下拉菜单 插入(I) ➡ 曲面(S) ➡ 剪裁曲面(T)... 命令，系统弹出"剪裁曲面"对话框。

（2）采用系统默认的剪裁类型。

（3）选择剪裁工具。选取曲面-放样 1 为剪裁工具。

（4）选择保留部分。选取图 5.12.10a 所示的曲面为保留部分。

（5）其他参数采用系统默认的设置值，单击对话框中的 ✅ 按钮，完成曲面-剪裁 2 的创建。

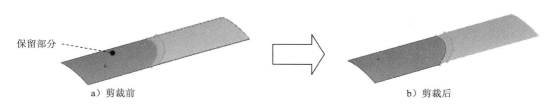

a）剪裁前　　　　　　　　　　　　　　　　　　　b）剪裁后

图 5.12.10　曲面-剪裁 2

Step 9 创建图 5.12.11 所示的零件特征——曲面-缝合 1。

（1）选择命令。选择下拉菜单 插入(I) ➡ 曲面(S) ➡ 缝合曲面(K)... 命令，系统弹出"曲面-缝合 1"对话框。

（2）定义缝合对象。在设计树中选取曲面-放样 1、曲面-裁剪 1 和曲面-裁剪 2 为缝合对象。

（3）单击对话框中的 ✅ 按钮，完成曲面-缝合 1 的创建。

图 5.12.11　曲面-缝合 1

Step 10 创建图 5.12.12b 所示的零件特征——圆角 1。

（1）选择下拉菜单 插入(I) ➡ 特征(F) ➡ 🔵 圆角(F)...命令，系统弹出"圆角"对话框。

（2）定义圆角类型。采用系统默认的圆角类型。

（3）定义要圆角的对象。要圆角的对象为图 5.12.12a 所示的边线。

（4）定义圆角半径。在"圆角"对话框中输入圆角半径 30.0。

（5）单击 ✅ 按钮，完成圆角 1 的创建。

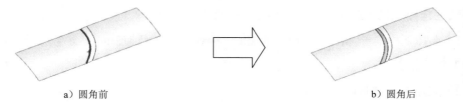

a）圆角前　　　　　　　　　　　　　　b）圆角后

图 5.12.12　圆角 1

Step 11 创建图 5.12.13b 所示的零件特征——圆角 2。

（1）选择下拉菜单 插入(I) ➡ 特征(F) ➡ 🔵 圆角(F)...命令，系统弹出"圆角2"对话框。

（2）采用系统默认的圆角类型。

（3）要圆角的对象为图 5.12.13a 所示的边线。

（4）在"圆角"对话框中输入圆角半径 10.0。

（5）单击 ✅ 按钮，完成圆角 2 的创建。

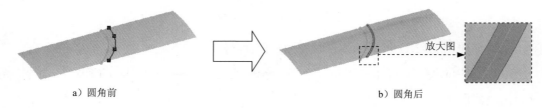

a）圆角前　　　　　　　　　　　　　　b）圆角后　　　放大图

图 5.12.13　圆角 2

Step 12 创建图 5.12.14 所示的基准面 1。

（1）选择下拉菜单 插入(I) ➡ 参考几何体(G) ➡ 基准面(P)...命令，系统弹出"基准面"对话框。

（2）在"基准面"对话框的 第一参考 中选择上视基准面作为基准面的参考实体。

（3）定义偏移方向及距离。在下方选中 反转 复选框，并在 按钮后输入偏移距离值 20.0。

（4）单击对话框中的 ✅ 按钮，完成基准面 1 的创建。

Step 13　创建图 5.12.15 所示的零件特征——曲面-拉伸 2。

（1）选择命令。选择下拉菜单 插入(I) ➡ 曲面(E) ➡ 拉伸曲面(E)... 命令，系统弹出"拉伸"对话框。

（2）定义特征的横断面草图。选取基准面 1 为草图基准面；绘制图 5.12.16 所示的横断面草图，建立相应约束并修改尺寸，然后选择下拉菜单 插入(I) ➡ 退出草图命令，此时系统弹出"曲面-拉伸"对话框。

图 5.12.14　基准面 1

图 5.12.15　曲面-拉伸 2

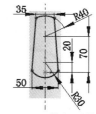

图 5.12.16　横断面草图

（3）定义拉伸深度属性。采用系统默认的拉伸方向；在"曲面-拉伸 2"对话框 方向1 区域的下拉列表中选择 给定深度 选项，输入深度值 50.0；在 方向2 区域的下拉列表中选择 给定深度 选项，输入深度值 10.0。

（4）单击对话框中的 ✓ 按钮，完成曲面-拉伸 2 的创建。

Step 14　创建图 5.12.17b 所示的零件特征——曲面-剪裁 3。

（1）选择下拉菜单 插入(I) ➡ 曲面(S) ➡ 剪裁曲面(T)... 命令，系统弹出"剪裁曲面"对话框。

（2）采用系统默认的剪裁类型。

（3）选取曲面-缝合 1 为剪裁工具。

（4）选取图 5.12.17a 所示的曲面为保留部分。

（5）其他参数采用系统默认的设置，单击对话框中的 ✓ 按钮，完成曲面-剪裁 3 的创建。

保留部分

a）剪裁前　　　　　　　　　　　　　　　　　　　b）剪裁后

图 5.12.17　曲面-剪裁 3

Step 15　创建图 5.12.18b 所示的零件特征——曲面-剪裁 4。

（1）选择下拉菜单 插入(I) ➡ 曲面(S) ➡ 剪裁曲面(T)... 命令，系统弹出"剪裁曲面"对话框。

（2）采用系统默认的剪裁类型。

（3）选取曲面-剪裁 3 为剪裁工具。

（4）选取图 5.12.18a 所示的曲面为保留部分。

（5）其他参数采用系统默认的设置值，单击对话框中的 ✔ 按钮，完成曲面-剪裁 4 的创建。

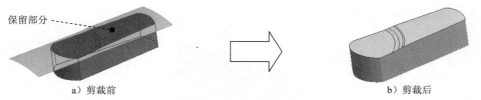

　　　　　　　a）剪裁前　　　　　　　　　　　　　　　　b）剪裁后

图 5.12.18　曲面-剪裁 4

Step 16　创建图 5.12.19 所示的零件特征——曲面-缝合 2。

（1）选择命令。选择下拉菜单 插入(I) ➡ 曲面(S) ➡ [Y] 缝合曲面(K)... 命令，系统弹出"缝合曲面"对话框。

（2）定义缝合对象。在设计树中选取曲面-裁剪 3 和曲面-裁剪 4 为缝合对象。

（3）单击对话框中的 ✔ 按钮，完成曲面-缝合 2 的创建。

Step 17　创建图 5.12.20b 所示的零件特征——圆角 3。

（1）选择下拉菜单 插入(I) ➡ 特征(F) ➡ [◯] 圆角(F)... 命令，系统弹出"圆角"对话框。

（2）采用系统默认的圆角类型。

（3）要圆角的对象为图 5.12.20a 所示的边线。

（4）在"圆角"对话框中输入圆角半径 5.0。

（5）单击 ✔ 按钮，完成圆角 3 的创建。

　　　　　　　　　　　　　　　a）圆角前　　　　　　　　　　　　　　　　b）圆角后

图 5.12.19　曲面-缝合 2　　　　　　　　　图 5.12.20　圆角 3

Step 18　创建图 5.12.21b 所示的零件特征——圆角 4。

（1）选择下拉菜单 插入(I) ➡ 特征(F) ➡ [◯] 圆角(F)... 命令，系统弹出"圆角"对话框。

（2）采用系统默认的圆角类型。

（3）要圆角的对象为图 5.12.21a 所示的边线。

（4）在"圆角"对话框中输入圆角半径值 15.0。

（5）单击 ✅ 按钮，完成圆角 4 的创建。

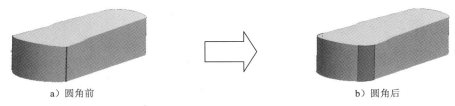

a）圆角前　　　　　　　　　　　　　　　　　b）圆角后

图 5.12.21　圆角 4

Step 19　创建图 5.12.22b 所示的零件特征——圆角 5。

（1）选择下拉菜单 插入(I) ➡ 特征(F) ➡ 🍰 圆角(F)...命令，系统弹出"圆角"对话框。

（2）采用系统默认的圆角类型。

（3）要圆角的对象为图 5.12.22a 所示的边链。

（4）在"圆角"对话框中输入圆角半径 3.0。

（5）单击 ✅ 按钮，完成圆角 5 的创建。

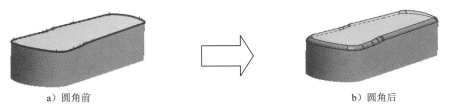

a）圆角前　　　　　　　　　　　　　　　　　b）圆角后

图 5.12.22　圆角 5

Step 20　创建图 5.12.23 所示的零件特征——曲面-拉伸 3。

（1）选择命令。选择下拉菜单 插入(I) ➡ 曲面(S) ➡ 📋 拉伸曲面(E)...命令，系统弹出"拉伸"对话框。

（2）定义特征的横断面草图。选取基准面 1 为草图基准面；绘制图 5.12.24 所示的横断面草图，建立相应约束并修改尺寸，然后选择下拉菜单 插入(I) ➡ 🗂 退出草图命令，此时系统弹出"曲面-拉伸"对话框。

（3）定义拉伸深度属性。采用系统默认的拉伸方向；在"曲面-拉伸"对话框**方向1**区域的下拉列表中选择**给定深度**选项，输入深度值 30.0；在"曲面-拉伸"对话框**方向2**区域的下拉列表中选择**给定深度**选项，输入深度值 10.0。

图 5.12.23　曲面-拉伸 3

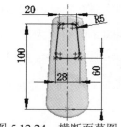

图 5.12.24　横断面草图

（4）单击对话框中的 ✅ 按钮，完成曲面-拉伸 3 的创建。

Step 21　创建图 5.12.25 所示的零件特征——曲面-拉伸 4。

（1）选择命令。选择下拉菜单 插入(I) ➡ 曲面(S) ➡ 🗗 拉伸曲面(E)... 命令，系统弹出"拉伸"对话框。

（2）定义特征的横断面草图。选取前视基准面为草图基准面；绘制图 5.12.26 所示的横断面草图，建立相应约束并修改尺寸，然后选择下拉菜单 插入(I) ➡ 🗗 退出草图 命令，此时系统弹出"曲面-拉伸"对话框。

图 5.12.25　曲面-拉伸 4

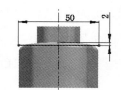

图 5.12.26　横断面草图

（3）定义拉伸深度属性。采用系统默认的拉伸方向；在"曲面-拉伸"对话框 **方向 1** 区域的下拉列表中选择 给定深度 选项，输入深度值 110.0；在 **方向 2** 区域的下拉列表中选择 给定深度 选项，输入深度值 10.0。

（4）单击对话框中的 ✅ 按钮，完成曲面－拉伸 4 的创建。

Step 22　创建图 5.12.27b 所示的零件特征——曲面-剪裁 5。

（1）选择下拉菜单 插入(I) ➡ 曲面(S) ➡ 🗗 剪裁曲面(T)... 命令，系统弹出"剪裁曲面"对话框。

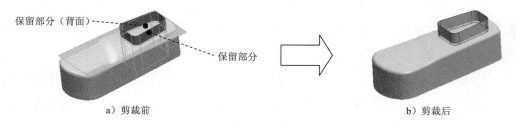

保留部分（背面）

保留部分

a）剪裁前

b）剪裁后

图 5.12.27　曲面-剪裁 5

（2）选择剪裁类型。在 **剪裁类型(T)** 区域中选中 ⊙ 相互(M) 单选项。

（3）选择剪裁曲面。选取曲面-拉伸 3 和曲面-拉伸 4 为剪裁曲面。

（4）选择保留部分。选取图 5.12.27a 所示的曲面为保留部分。

（5）其他参数采用系统默认的设置值，单击对话框中的 ✅ 按钮，完成曲面-剪裁 5 的创建。

Step 23 创建图 5.12.28b 所示的零件特征——圆角 6。

（1）选择下拉菜单 插入(I) ➡ 特征(F) ➡ 🔘 圆角(F)...命令，系统弹出"圆角"对话框。

（2）采用系统默认的圆角类型。

（3）要圆角的对象为图 5.12.28a 所示的边链。

（4）在"圆角"对话框中输入圆角半径 0.5。

（5）单击 ✅ 按钮，完成圆角 6 的创建。

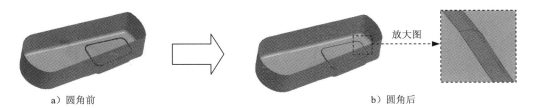

a）圆角前　　　　　　　　　　　　　　　　b）圆角后

图 5.12.28　圆角 6

Step 24 创建图 5.12.29b 所示的零件特征——曲面-剪裁 6。

（1）选择下拉菜单 插入(I) ➡ 曲面(S) ➡ 🔷 剪裁曲面(T)...命令，系统弹出"剪裁曲面"对话框。

（2）选择剪裁类型。在 **剪裁类型(T)** 区域中选中 ⊙ 相互(M) 单选项。

（3）选择剪裁曲面。选取曲面-缝合 2 和曲面-裁剪 5 为剪裁曲面。

（4）选择移除选择。选取图 5.12.29a 所示的曲面为移除部分。

（5）其他参数采用系统默认的设置值，单击对话框中的 ✅ 按钮，完成曲面-剪裁 6 的创建。

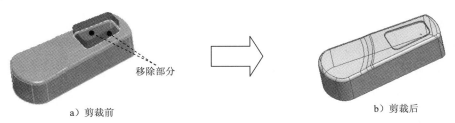

a）剪裁前　　　　　　　　　　　　　　　　b）剪裁后

图 5.12.29　曲面-剪裁 6

Step 25 创建图 5.12.30b 所示的零件特征——圆角 7。

（1）选择下拉菜单 插入(I) ➡ 特征(F) ➡ 🟤 圆角(F)...命令，系统弹出"圆角"对话框。

（2）采用系统默认的圆角类型。

（3）要圆角的对象为图 5.12.30a 所示的边链。

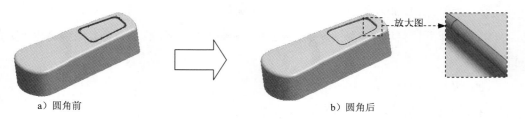

　a）圆角前　　　　　　　　　　　　　　　　　　　　b）圆角后

图 5.12.30　创建圆角 7

（4）在"圆角"对话框中输入圆角半径值 0.5。

（5）单击 ✅ 按钮，完成圆角 7 的创建。

Step 26 创建图 5.12.31 所示的零件特征——曲面-拉伸 5。

（1）选择命令。选择下拉菜单 插入(I) ➡ 曲面(S) ➡ 📐 拉伸曲面(E)...命令，系统弹出"拉伸"对话框。

（2）定义特征的横断面草图。选取右视基准面为草图基准面，绘制图 5.12.32 所示的横断面草图，建立相应约束并修改尺寸，然后选择下拉菜单 插入(I) ➡ 📐 退出草图命令，此时系统弹出"曲面-拉伸"对话框。

图 5.12.31　曲面-拉伸 5

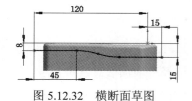

图 5.12.32　横断面草图

（3）定义拉伸深度属性。采用系统默认的拉伸方向；在"曲面-拉伸"对话框**方向1**区域的下拉列表中选择**给定深度**选项，输入深度值 40.0；在**方向2**区域的下拉列表中选择**给定深度**选项，输入深度值 40.0。

（4）单击对话框中的 ✅ 按钮，完成曲面-拉伸 5 的创建。

Step 27 创建图 5.12.33b 所示的零件特征——曲面-剪裁 7。

（1）选择下拉菜单 插入(I) ➡ 曲面(S) ➡ 🔷 剪裁曲面(T)...命令，系统弹出"剪裁曲面"对话框。

（2）选择剪裁类型。在 **剪裁类型(T)** 区域中选中 ⊙ **相互(M)** 单选项。

（3）选择剪裁曲面。选取曲面-拉伸 5 和曲面-裁剪 6 为剪裁曲面。

（4）选择移除部分。选取图 5.12.33a 所示的曲面为移除部分。

a）剪裁前　　　　　　　　　　　　b）剪裁后

图 5.12.33　曲面-剪裁 7

（5）其他参数采用系统默认的设置值，单击对话框中的 ✔ 按钮，完成曲面-剪裁 7 的创建。

Step 28　创建图 5.12.34 所示的零件特征——加厚 1。

（1）选择命令。选择下拉菜单 **插入(I)** ➡ **凸台/基体(B)** ➡ **加厚(T)...** 命令，系统弹出"加厚"对话框。

（2）定义加厚曲面。选取曲面-裁剪 7 为要加厚的曲面。

（3）定义厚度。选中 ☑ **从闭合的体积生成实体(C)** 复选框。

（4）单击 ✔ 按钮，完成加厚 1 的创建。

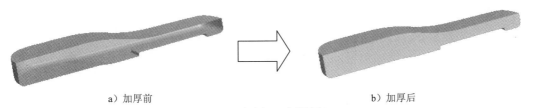

a）加厚前　　　　　　　　　　　　b）加厚后

图 5.12.34　加厚 1（剖视图）

Step 29　创建图 5.12.35b 所示的零件特征——抽壳 1。

（1）选择命令。选择下拉菜单 **插入(I)** ➡ **特征(F)** ➡ **抽壳(S)...** 命令。

（2）定义要移除的面。选取图 5.12.35a 所示的模型表面为要移除的面。

移除的面

a）抽壳前　　　　　　　　　　　　b）抽壳后

图 5.12.35　添加抽壳 1

（3）定义抽壳厚度。在"抽壳 1"对话框的 **参数(P)** 区域输入壁厚值 2.0。

（4）单击对话框中的 ✅ 按钮，完成抽壳 1 的创建。

Step 30 创建图 5.12.36 所示的零件特征——切除-拉伸 1。

（1）选择命令。选择下拉菜单 插入(I) ➡️ 切除(C) ➡️ 🔲 拉伸(E)... 命令。

（2）定义特征的横断面草图。

① 定义草图基准面。选取基准面 1 作为草图基准面。

② 定义横断面草图。在草绘环境中绘制图 5.12.37 所示的横断面草图。

图 5.12.36　切除-拉伸 1

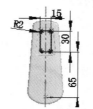

图 5.12.37　横断面草图

（3）定义拉伸深度属性。

① 定义深度方向。采用系统默认的深度方向。

② 定义深度类型和深度值。在"拉伸"对话框 **方向 1** 区域的下拉列表中选择 **完全贯穿** 选项，将"反向"按钮 和"拔模角度"按钮 按下，在其文本框中输入拔模角度值 2.0。

（4）单击 ✅ 按钮，完成切除-拉伸 1 的创建。

Step 31 创建图 5.12.38 所示的零件特征——切除-拉伸 2。

（1）选择命令。选择下拉菜单 插入(I) ➡️ 切除(C) ➡️ 🔲 拉伸(E)... 命令。

（2）定义特征的横断面草图。

① 定义草图基准面。选取基准面 1 作为草图基准面。

② 定义横断面草图。在草绘环境中绘制图 5.12.39 所示的横断面草图。

图 5.12.38　切除-拉伸 2

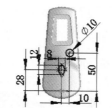

图 5.12.39　横断面草图

（3）定义拉伸深度属性。

① 定义深度方向。采用系统默认的深度方向。

② 定义深度类型和深度值。在"拉伸"对话框 **方向 1** 区域的下拉列表中选择 **完全贯穿** 选项，单击"反向"按钮 ，单击拔模角度按钮 ，在其文本框中输入拔模角度值 2.0。

（4）单击 ✅ 按钮，完成切除-拉伸 2 的创建。

Step 32　创建图 5.12.40 所示的零件特征——切除-拉伸 3。

（1）选择命令。选择下拉菜单 插入(I) ➡ 切除(C) ➡ 🔲 拉伸(E)... 命令。

（2）定义特征的横断面草图。

① 定义草图基准面。选取基准面 1 作为草图基准面。

② 定义横断面草图。在草绘环境中绘制图 5.12.41 所示的横断面草图。

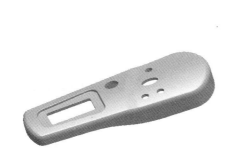

图 5.12.40　切除-拉伸 3

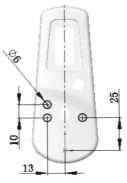

图 5.12.41　横断面草图

（3）定义拉伸深度属性。

① 定义深度方向。采用系统默认的深度方向。

② 定义深度类型和深度值。在"拉伸"对话框 方向 1 区域的下拉列表中选择 完全贯穿 选项，将"反向"按钮 🔧 和"拔模角度"按钮 🔲 按下，在其文本框中输入拔模角度值 2.0。

（4）单击 ✅ 按钮，完成切除-拉伸 3 的创建。

Step 33　创建图 5.12.42 所示的零件特征——切除-拉伸 4。

（1）选择命令。选择下拉菜单 插入(I) ➡ 切除(C) ➡ 🔲 拉伸(E)... 命令。

（2）定义特征的横断面草图。

① 定义草图基准面。选取基准面 1 作为草图基准面。

② 定义横断面草图。在草绘环境中绘制图 5.12.43 所示的横断面草图。

图 5.12.42　切除-拉伸 4

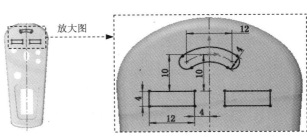

图 5.12.43　横断面草图

（3）定义拉伸深度属性。

① 定义深度方向。采用系统默认的深度方向。

② 定义深度类型和深度值。在"拉伸"对话框 方向1 区域的下拉列表中选择 完全贯穿 选项，单击"反向"按钮 ，单击拔模角度按钮 ，在其文本框中输入拔模角度值为2.0。

（4）单击 按钮，完成切除-拉伸4的创建。

Step 34　创建图5.12.44所示的草图10。

（1）选择命令。选择下拉菜单 插入(I) ➡ ✓草图绘制 命令。

（2）定义草图基准面。选取右视基准面作为草图基准面。

（3）绘制图5.12.44所示的草图。

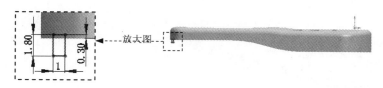

图5.12.44　草图10

（4）选择下拉菜单 插入(I) ➡ ✓退出草图 命令，退出草图设计环境。

Step 35　创建图5.12.45所示的组合曲线1。

（1）选择命令。选择下拉菜单 插入(I) ➡ 曲线(V) ➡ 组合曲线(C)... 命令。

（2）选取图5.12.46所示的边链。

图5.12.45　组合曲线1　　　　　　　　图5.12.46　选取边链

（3）单击 按钮，完成组合曲线1的创建。

Step 36　创建图5.12.47所示的零件特征——扫描1。

（1）选择下拉菜单 插入(I) ➡ 凸台/基体(B) ➡ 扫描(S)... 命令，系统弹出"扫描"对话框。

（2）定义扫描特征的轮廓。选取草图10作为扫描1特征的轮廓。

（3）定义扫描特征的路径。选取组合曲线1作为扫描1特征的路径。

（4）单击对话框中的 按钮，完成扫描1的创建。

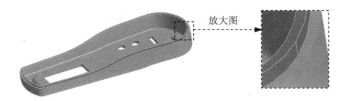

图 5.12.47　扫描 1

Step 37 创建图 5.12.48b 所示的零件特征——圆角 8。

（1）选择下拉菜单 插入(I) ➡ 特征(F) ➡ 🍩 圆角(F)...命令，系统弹出"圆角"对话框。

（2）采用系统默认的圆角类型。

（3）要圆角的对象为图 5.12.48a 所示的八条边线链。

a）圆角前　　　　　　　　　　　　　　b）圆角后

图 5.12.48　添加圆角 8

（4）在"圆角"对话框中输入圆角半径值 0.2。

（5）单击 ✓ 按钮，完成圆角 8 的创建。

Step 38 至此，零件模型创建完毕。选择下拉菜单 文件(F) ➡ 🖫 保存(S)命令，命名为 remote_control，即可保存零件模型。

6

工程图制作

6.1　概述

使用 SolidWorks 工程图环境中的工具可创建三维模型的工程图，且图样与模型相关联。因此，图样能够反映模型在设计阶段中的更改，可以使图样与装配模型或单个零部件保持同步。其主要特点如下：

- 用户界面直观、简洁、易用，可以快速方便地创建图样。
- 可以快速地将视图放置到图样上，系统会自动正交对齐视图。
- 具有从图形对话框编辑大多数制图对象（如尺寸和符号等）的功能。用户可以创建制图对象，并立即对其进行编辑。
- 系统可以用图样视图的自动隐藏线渲染。
- 使用对图样进行更新的用户控件，能有效地提高工作效率。

6.1.1　工程图的组成

在学习本节前，请打开文件 D:\sw13\work\ch06\ch06.01\ch06.01.01\plank.SLDDRW（图 6.1.1），SolidWorks 的工程图主要由三部分组成。

- 视图：包括标准视图（前视图、后视图、左视图、右视图、仰视图、俯视图和轴测图）和各种派生视图（剖视图、局部放大图、折断视图等）。在制作工程图时，根据零件的特点，选择不同的视图组合，以便简洁地将设计参数和生产要求表达清楚。
- 尺寸、公差、表面粗糙度及注释文本：包括形状尺寸、位置尺寸、尺寸公差、基准符号、形状公差、位置公差、零件的表面粗糙度以及注释文本。
- 图框、标题栏等。

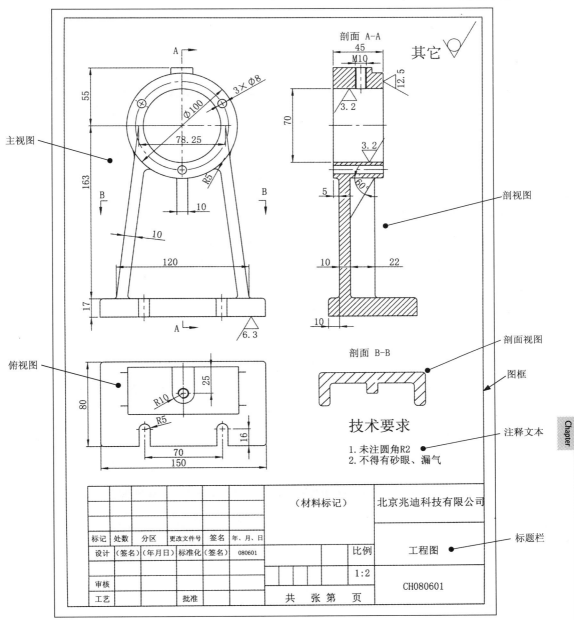

图 6.1.1　工程图

6.1.2　工程图环境中的工具条

打开文件 D:\sw13\work\ch06\ch06.01\ch06.01.02\footboard_bracket.SLDDRW，进入工程图环境，此时系统的下拉菜单和工具条将会发生一些变化。下面对工程图环境中较为常用的工具条进行介绍。

1. "工程图"工具条（见图 6.1.2）

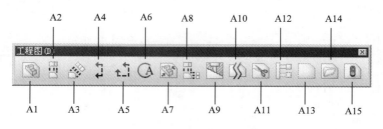

图 6.1.2 "工程图"工具条

图 6.1.2 所示"工程图"工具条中的各按钮说明如下：

A1：模型视图。　　　　　　　　　　A2：投影视图。

A3：辅助视图。　　　　　　　　　　A4：剖面视图。

A5：旋转剖视图。　　　　　　　　　A6：局部视图。

A7：相对视图。　　　　　　　　　　A8：标准三视图。

A9：断开的剖视图。　　　　　　　　A10：断裂视图。

A11：剪裁视图。　　　　　　　　　　A12：交替位置视图。

A13：空白视图。　　　　　　　　　　A14：预定义的视图。

A15：更新视图。

2. "尺寸/几何关系"工具条（见图 6.1.3）

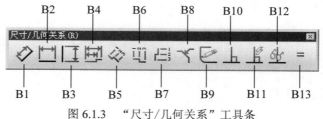

图 6.1.3 "尺寸/几何关系"工具条

图 6.1.3 所示"尺寸/几何关系"工具条中各按钮的说明如下：

B1：智能尺寸。　　　　　　　　　　B2：水平尺寸。

B3：竖直尺寸。　　　　　　　　　　B4：基准尺寸。

B5：尺寸链。　　　　　　　　　　　B6：水平尺寸链。

B7：竖直尺寸链。　　　　　　　　　B8：倒角尺寸。

B9：完全定义草图。　　　　　　　　B10：添加几何关系。

B11：自动几何关系。　　　　　　　　B12：显示或删除几何关系。

B13：搜索相等关系。

3. "注解" 工具条 （见图 6.1.4）

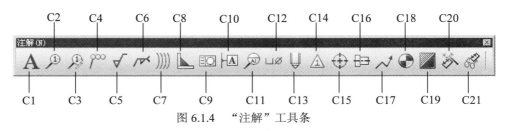

图 6.1.4   "注解" 工具条

图 6.1.4 所示 "工程图" 工具条中各按钮的说明如下：

C1： 注释。

C2： 零件序号。

C3： 自动零件序号。

C4： 成组的零件序号。

C5： 表面粗糙度符号。

C6： 焊接符号。

C7： 焊缝毛虫。

C8： 焊缝端点处理。

C9： 形位公差。

C10： 基准特征。

C11： 基准目标。

C12： 孔标注。

C13： 装饰螺纹线。

C14： 修订符号。

C15： 中心符号线。

C16： 中心线。

C17： 多转折引线。

C18： 销钉符号。

C19： 区域剖面线或填充。

C20： 模型项目。

C21： 隐藏或显示注解。

6.1.3   制作工程图模板

SolidWorks 本身提供了一些工程图模板，各企业在产品设计中往往都会有自己的工程图标准，这时可根据自己的需要定义一些参数属性，以符合国标、企业标准的工程图模板。

基于标准的工程图模板是生成多零件标准工程图的最快捷方式，所以在制作工程图之前首要的工作就是建立标准的工程图模板。设置工程图模板大致有三项内容：

- 建立符合国标的图框和图纸格式、图框大小、投影类型、标题栏内容等。具体操作方法如下：右击工程图工作区域空白处，在弹出的快捷菜单中选择 **编辑图纸格式 (F)** 命令，设置工程图模板的标题栏和图框。

- 设置具体的尺寸标注，标注文字字体、文字大小、箭头、各类延伸线等细节。

- 调整已生成的视图的线型和具体标注尺寸的类型、注释文字等，修改细节，以符合标准。

制作工程图模板的具体步骤如下:

(1) 新建图纸。指定图纸的大小。

(2) 定义图纸文件属性。包括视图投影类型、图纸比例、视图标号等。

(3) 编辑图纸格式。包括模板文件中图形界限、图框线、标题栏并添加相关注解。

(4) 保存模板文件至系统模板文件夹。

下面通过创建一个 A4 纵向图纸模板,介绍创建一个工程图模板的方法。

Task1. 创建图纸

Step 1 选择命令。选择下拉菜单 文件(F) ➡ 新建(N)... 命令,系统弹出图 6.1.5 所示的"新建 SolidWorks 文件"对话框(一)。

图 6.1.5 "新建 SolidWorks 文件"对话框(一)

Step 2 定义新建类型。在"新建 SolidWorks 文件"对话框(一)中单击 高级 按钮,系统弹出"新建 SolidWorks 文件"对话框(二)。在图 6.1.6 所示的"新建 SolidWorks 文件"对话框(二)中选择 模板 区域中的 gb_a4p 选项,创建工程图文件,单击 确定 按钮,完成工程图的新建。

图 6.1.6 "新建 SolidWorks 文件"对话框(二)

Step 3　在系统弹出的"模型视图"对话框中单击 ✖ 按钮，退出模型视图环境。

Step 4　清除已有的标准。选择下拉菜单 编辑(E) ➡ 图纸格式(F) 命令，进入图纸的编辑
　　　　状态；在图纸中选取所有的边线及文本，在空白处右击，在弹出的快捷菜单中选
　　　　择 ✖ 删除 (W) 命令将其删除；选择下拉菜单 编辑(E) ➡ 图纸(H) 命令，退出图
　　　　纸的编辑状态。

Task2. 定义图纸属性

因为 gb_a4p 标准已符合用户的要求，此例不做修改。

Task3. 编辑图纸格式

Step 1　进入图纸格式编辑界面。在图形区右击，在弹出的快捷菜单中选择
　　　　编辑图纸格式 (F) 命令，系统进入编辑"图纸格式"环境。

Step 2　创建图 6.1.7 所示的图形界限和图框线。

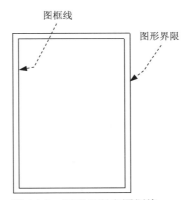

图 6.1.7　图形界限和图框线

（1）绘制矩形。选择下拉菜单 工具(T) ➡ 草图绘制实体 (K) ➡ □ 边角矩形 (R) 命
令，绘制图 6.1.8 所示的矩形，并添加尺寸约束。

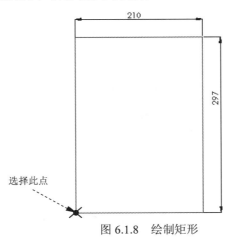

图 6.1.8　绘制矩形

（2）固定图形界线。选中矩形左下角点，在图 6.1.9 所示的"点"对话框的 **参数** 区域中设定点的坐标为（0，0），并在 **添加几何关系** 区域中单击 **固定(F)** 按钮，将点固定在（0，0）点上。

（3）绘制图框线并添加尺寸约束。在图 6.1.8 所示的矩形内侧绘制一矩形，并添加图 6.1.10 所示的尺寸约束。

（4）设置图框线线型。单击线型工具栏中的 按钮，在打开的线型框中选择合适的线粗来更改内侧矩形的边线。

图 6.1.9 "点"对话框

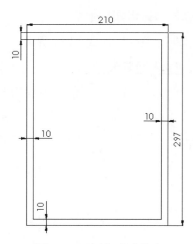

图 6.1.10 添加尺寸约束

Step 3 添加标题栏。绘制图 6.1.11 所示的标题栏，并添加尺寸约束。

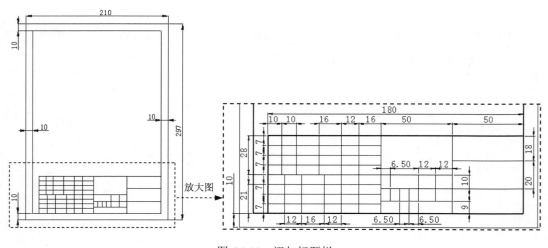

图 6.1.11 添加标题栏

Step 4 隐藏尺寸标注。在设计树中选中 **注解**，右击，在弹出的快捷菜单中选择

✔ 显示参考尺寸 (D)，如图 6.1.12 所示。

Step 5　添加注解文字。

（1）选择命令。选择下拉菜单 插入(I) ➡ 注解(A) ➡ A 注释(N).命令，系统弹出"注释"对话框。

（2）选择引线类型。单击 引线(L) 区域中的无引线按钮 ⊿。

（3）创建文本。在图 6.1.12 中的标题栏内分别创建图 6.1.13 所示的注释文本。

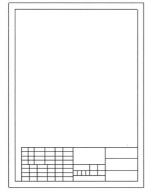

图 6.1.12　隐藏尺寸标注

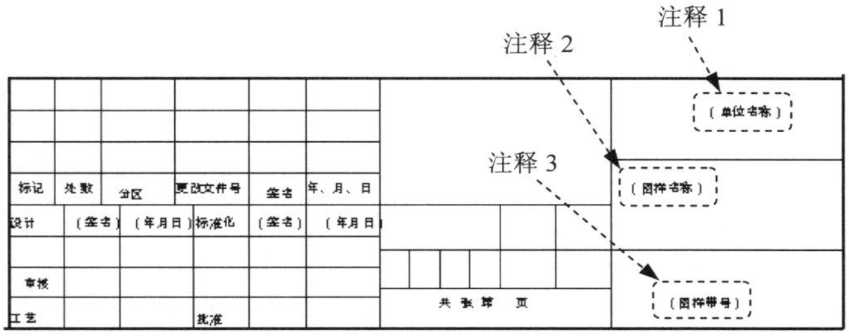

图 6.1.13　添加注释

Step 6　调整注释文字。选择图 6.1.13 所示的注释 1、注释 2 和注释 3，右击，在弹出的快捷菜单中选择 对齐 ➡ ▯ 竖直对齐 (F) 命令，将注释 1、注释 2 和注释 3 竖直对齐。以同样的方式对齐其他注释，完成后的对齐效果如图 6.1.14 所示。

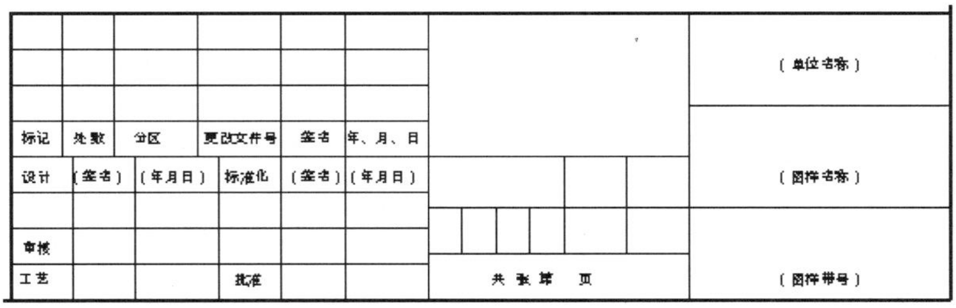

图 6.1.14　对齐注释文字

说明：为了将零件模型的属性自动反映在工程图中的模型名称、模型号以及图纸比例、当前时间等，就要设置属性链接。

Step 7　添加属性链接。

（1）选择连接文字注释。单击图 6.1.13 所示的注释 2"（图样名称）"，系统弹出图 6.1.15 所示的"注释"对话框，单击 文字格式(T) 区域中的 按钮，系统弹出图 6.1.16 所示的"链接到属性"对话框。

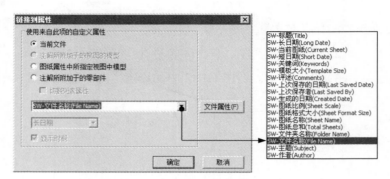

图 6.1.15　"注释"对话框　　　　　　　图 6.1.16　"链接到属性"对话框

（2）在"链接到属性"对话框中选中 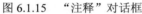 单选项，在图 6.1.16 所示的下拉列表中选择 SW-文件名称(File Name) 选项。

（3）单击 确定 按钮，关闭"链接到属性"对话框，完成对注释 2 "（图样名称）"属性链接的添加。

（4）以同样的方式，为其他注释添加链接属性。将"（年月日）"添加属性链接到 SW-短日期(Short Date) ，还可以根据需要添加其他属性链接，添加"属性链接"后如图 6.1.17 所示（添加的属性链接在创建工程图时会自动反映到图形中）。

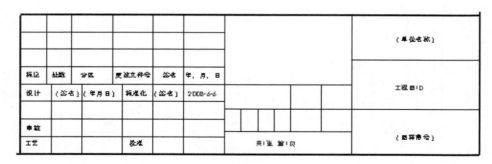

图 6.1.17　完成"属性链接"

（5）选择下拉菜单 编辑(E) ➞ 图纸 (H) 命令，退出图纸的编辑状态。

Task4. 为图纸设置 GB 环境

Step 1　选择命令。选择下拉菜单 工具(T) ➞ 选项 (P)...命令，系统弹出"系统选项（s）—普通"对话框。

Step 2 单击 文档属性(D) 选项卡，在该选项卡的左侧选择 绘图标准 选项，在对话框中进行图 6.1.18 所示的设置。

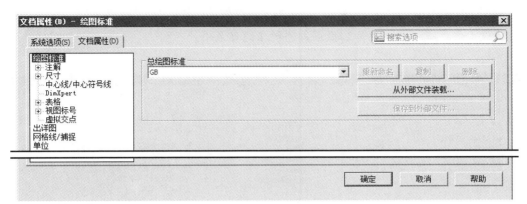

图 6.1.18 "文档属性（D）-绘图标准"对话框（一）

Step 3 在 文档属性(D) 选项卡的左侧选择 尺寸 选项，在对话框中进行图 6.1.19 所示的设置。

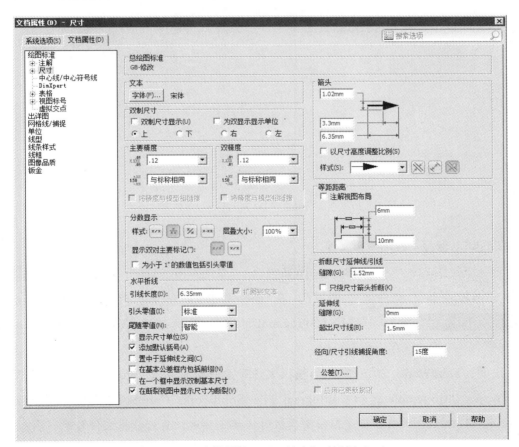

图 6.1.19 "文档属性（D）-尺寸"对话框（二）

Step 4 在 文档属性(D) 选项卡的左侧选择 出详图 选项，设置参数如图 6.1.20 所示，单击 确定 按钮。

说明：在设置好工程图模板后，还需要将其添加到"新建 SolidWorks 文件"对话框中，就是将设置好的模板文件添加到模板文件所在的目录中。

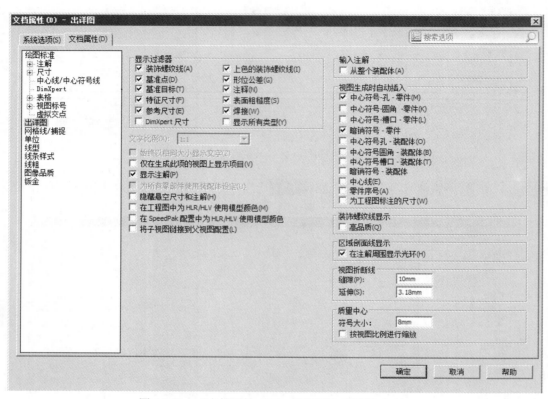

图 6.1.20 "文档属性（D）-出详图"对话框（三）

Task5. 保存工程图模板文件

选择下拉菜单 文件(F) ➡ 💾 保存(S) 命令，系统弹出"另存为"对话框，在 文件名(N): 后的文本框中输入文件名"模板"，在 保存类型(T): 后的下拉列表中选择文件类型 工程图模板 (*.drwdot)，选择路径 C:\ProgramData\SolidWorks\SolidWorks 2013\templates，单击 保存(S) 按钮，保存工程图模板。

说明：SolidWorks 2013 默认的模板文件目录一般是在 C:\ProgramData\SolidWorks\SolidWorks 2013\templates 和 C:\Program Files\SolidWorks Corp\SolidWorks\lang\chinese-simplified\Tutorial，所以在新建工程图模板时应该正确地设置好模板文件目录，具体设置过程如下：

Step **1** 选择命令。选择 [工具(T)] ➡ [选项(P)]...命令，弹出 "系统选项（s）–普通"
对话框。

Step **2** 选择要设置的项目。在 [系统选项(S)] 选项卡下单击 [文件位置] 选项，弹出 "系统选项"
对话框，在 [显示下项的文件夹(S):] 下拉列表中选择 [文件模板] 选项。

Step **3** 更改目录设置。单击 [添加(D)...] 按钮选择模板文件的目录，单击 [确定] 按钮，
关闭 "系统选项（s）– 文件位置" 对话框，完成模板文件目录的设置。

6.2　新建工程图

在学习本节前，请先将随书光盘中 sw13_system_file 文件夹中的 "模板.DRWDOT" 文件复制到 C:\ProgramData\SolidWorks\SolidWorks 2013\templates（模板文件目录）文件夹中。

说明：如果 SolidWorks 软件的模板文件不在该目录中，则需要根据用户的安装目录找到相应的文件夹。

下面介绍新建工程图的一般操作步骤。

Step **1** 选择命令。选择下拉菜单 [文件(F)] ➡ [新建(N)]...命令，系统弹出 "新建 SolidWorks 文件" 对话框。

Step **2** 选择模板类型。在 "新建 SolidWorks 文件" 对话框中单击 [高级] 按钮，选择 [模板] 下的 "模板" 选项，以选择创建工程图文件，单击 [确定] 按钮，完成工程图的创建。

6.3　工程图视图

工程图视图主要用来表达部件模型的外部结构及形状，是按照三维模型的投影关系生成的。在 SolidWorks 的工程图模块中，视图包括基本视图、各种剖视图、局部视图、相对视图和折断视图等。下面分别以具体的实例来介绍各种视图的创建方法。

6.3.1　创建基本视图

基本视图包括主视图和投影视图，下面将分别介绍。

1. 创建主视图

下面以 footboard_bracket.SLDPRT 零件模型的主视图为例（图 6.3.1），说明创建主视图的一般操作过程。

图 6.3.1　零件模型的主视图

Step 1　新建一个工程图文件。

（1）选择命令。选择下拉菜单 文件(F) ➡ 📄 新建(N)... 命令，系统弹出"新建"对话框。

（2）选择新建类型。在"新建 SolidWorks 文件"对话框中选择 模板 下的"模板"选项，单击 确定 按钮，系统进入"工程图"环境。

说明：在工程图模块中，通过选择下拉菜单 插入(I) ➡ 工程视图(V) ➡
🖐 模型(M)... 命令（图 6.3.2），也可打开"模型视图"对话框。

图 6.3.2　"插入"下拉菜单

图 6.3.2 所示"插入"下拉菜单中的各命令说明如下：

A1：插入零件（或装配体）模型并创建基本视图。

A2：创建投影视图。

A3：创建辅助视图。

A4：创建全剖、半剖和阶梯剖等剖视图。

A5：创建局部放大图。

A6：创建相对视图。

A7：创建标准三视图，包括主视图、俯视图和左视图。

A8：创建局部剖视图。

A9：创建断开视图。

A10：创建剪裁视图。

A11：将一个工程视图精确叠加于另一个工程视图之上。

A12：创建空白视图。

A13：创建预定义的视图。

Step 2 选择零件模型。在系统 选择一零件或装配体以从之生成视图，然后单击下一步。 的提示下，单击 要插入的零件/装配体(E) ⌃ 区域中的 浏览(B)... 按钮，系统弹出"打开"对话框，在"查找范围"下拉列表中选择目录 D:\sw13\work\ch06\ch06.03\ch06.03.01，然后选择 footboard_bracket.SLDPRT，单击 打开 ▾ 按钮，载入模型。

说明：如果在 要插入的零件/装配体(E) ⌃ 区域的 打开文档: 列表框中已存在该零件模型，此时只需双击该模型就可将其载入。

Step 3 定义视图参数。

（1）在"模型视图"对话框的 方向(O) 区域中单击 按钮，再选中 ☑ 预览(P) 复选框，预览要生成的视图，选择视图数，如图 6.3.3 所示。

图 6.3.3 "方向"区域

（2）定义视图比例。在 比例(A) 区域中选中 ⦿ 使用自定义比例(C) 单选项，在其下方的列表框中选择 1:2 ，如图 6.3.4 所示。

Step 4 放置视图。将鼠标放在图形区，会出现视图的预览（图 6.3.5）；选取合适的放置位置单击，以生成主视图，如图 6.3.6 所示。

图 6.3.4 "比例"区域

图 6.3.5 主视图预览图

Step 5 单击 ✓ 按钮，完成操作。

说明：如果在生成主视图之前，在 选项(N) 区域中选中 ☑ 自动开始投影视图(A) 复选框，则在生成一个视图之后会继续生成其他投影视图。

2. 创建投影视图

投影视图包括仰视图、俯视图、右视图和左视图。下面以图 6.3.7 所示的视图为例，说明创建投影视图的一般操作过程。

图 6.3.6 主视图

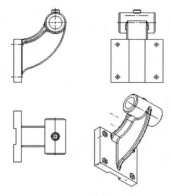

图 6.3.7 创建投影视图

Step 1 打开工程图文件 D:\sw13\work\ch06\ch06.03\ch06.03.01\template.SLDDRW，如图 6.3.6 所示。

Step 2 选择命令。选择下拉菜单 插入(I) ➡ 工程图视图(V) ➡ 投影视图(P)命令，在对话框中出现投影视图的虚线框。

Step 3 选择投影父视图。在系统 选择一投影的工程视图 的提示下，选择图 6.3.7 所示的主
视图作为投影的父视图。

说明：如果该视图中只有一个视图，系统默认选择该视图为投影的父视图。

Step 4 放置视图。在主视图的右侧单击，生成左视图；在主视图的下方单击，生成俯视
图；在主视图的右下方单击，生成轴测图。

Step 5 单击"投影视图"对话框中的 ✔ 按钮，完成操作。

6.3.2 视图的操作

1. 移动视图和锁定视图

在创建完主视图和投影视图后，如果它们在图样上的位置不合适、视图间距太小或太
大，用户可以根据自己的需要移动视图，具体方法为：将鼠标停放在视图的虚线框上，此
时光标会变成 ✛，按住鼠标左键，并移动至合适的位置后放开。

当视图的位置放置好以后，可以在该视图上右击，在弹出的快捷菜单中选择
锁住视图位置 (H) 命令，使其不能被移动。再次右击，在弹出的快捷菜单中选择
解除锁住视图位置 (H) 命令，该视图又可被移动。

2. 对齐视图

根据"高平齐、长对正"的原则（即左、右视图与主视图水平对齐，俯、仰视图与主
视图竖直对齐），移动投影视图时，只能横向或纵向移动视图。在特征树中选中要移动的
视图并右击，在弹出的快捷菜单中依次选择 视图对齐 ➡ 解除对齐关系 (A) 命令（图 6.3.8），
可移动视图至任意位置。当用户再次右击选择 视图对齐 ➡ 中心水平对齐 (D) 命令时，被
移动的视图又会自动与主视图沿中心线对齐。

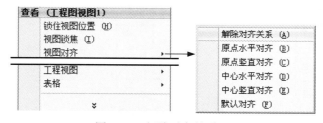

图 6.3.8 解除对齐关系

3. 旋转视图

右击要旋转的视图，在弹出的快捷菜单中依次选择 缩放/平移/旋转 ▸ ➡
🔄 旋转视图 (E) 命令，系统弹出图 6.3.9 所示的"旋转工程视图"对话框，在工程视图角
度文本框中输入要旋转的角度值后，单击 应用 按钮即可旋转视图，旋转完成后单击

关闭 按钮；也可直接将鼠标移至该视图中，按住鼠标左键并移动以旋转视图。

图 6.3.9 "旋转工程视图"对话框

4. 删除视图

要将某个视图删除，可先选中该视图并右击，然后在弹出的快捷菜单中选择 × 删除 (V) 命令，或选择要删除的视图直接按 Delete 键，系统弹出"确认删除"对话框，单击 是(Y) 按钮即可删除该视图。

6.3.3 视图的显示模式

在 SolidWorks 的工程图模块中选中视图，利用弹出的"工程视图"对话框可以设置视图的显示模式。下面介绍几种一般的显示模式。

- （线架图）：视图中的不可见边线以实线显示（图 6.3.10）。
- （隐藏线可见）：视图中的不可见边线以虚线显示（图 6.3.11）。
- （消除隐藏线）：视图中的不可见边线以实线显示（图 6.3.12）。
- （带边线上色）：视图以带边线上色零件的颜色显示（图 6.3.13）。
- （上色）：视图以上色零件的颜色显示（图 6.3.14）。

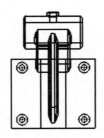 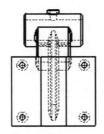 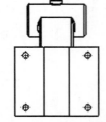

图 6.3.10 "线架图"模式　　图 6.3.11 "隐藏线可见"模式　　图 6.3.12 "消除隐藏线"模式

下面以图 6.3.10 为例，说明如何将视图设置为 显示状态。

Step 1　打开文件 D:\sw13\work\ch06\ch06.03\ch06.03.03\footboard_bracket.SLDDRW。

Step 2　选择要编辑的视图。在模型树中选择要编辑的视图并右击，在弹出的快捷菜单中选择 编辑特征 (B) 命令，系统弹出"工程视图 1"对话框。

Step **3**　选择"显示样式"。在"工程视图 1"对话框的显示样式区域中单击隐藏线可见按
钮 ◻（图 6.3.15）。

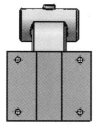
图 6.3.13　"带边线上色"模式

图 6.3.14　"上色"模式

图 6.3.15　"显示样式"对话框

Step **4**　单击 ✔ 按钮，完成操作。

说明：当在生成投影视图时在 显示样式(D) 区域选中 ☑ 使用父关系样式(U) 复选框，改变父
视图的显示状态时，与其保持父子关系的子视图的显示状态也会相应地发生变化，如果不
选中 ☑ 使用父关系样式(U) 复选框，则在改变父视图时，则与其保持父子关系的子视图的显示
状态不会发生变化。

6.3.4　创建辅助视图

辅助视图类似于投影视图，但它是垂直于现有视图中参考边线的展开视图。下面以图
6.3.16 为例，说明创建辅助视图的一般过程。

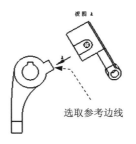
图 6.3.16　创建辅助视图

Step **1**　打开文件 D:\ sw13\work\ch06\ch06.03\ch06.03.04\checkpost.SLDDRW。

Step **2**　选择命令。选择下拉菜单 插入(I) ➡ 工程图视图(V) ➡ 辅助视图(A) 命
令，系统弹出"辅助视图"对话框。

Step **3**　选择投影参考线。在系统 选择展开视图的一个边线、轴、或草图直线。 的提示下，选取图
6.3.16 所示的直线作为投影的参考边线。

Step **4**　放置视图。选择合适的位置单击，放置辅助视图。

Step 5 在"辅助视图"对话框的 ⊞ 文本框中输入视图标号"A"。

Step 6 单击"工程视图"对话框中的 ✔ 按钮,完成操作。

6.3.5 创建全剖视图

全剖视图是用剖切面完全地剖开零件所得的剖视图。全剖视图主要用于表达内部形状复杂的不对称零件或外形简单的对称零件。下面以图 6.3.17 为例,说明创建全剖视图的一般过程。

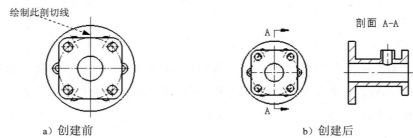

a)创建前   b)创建后

图 6.3.17　创建全剖视图

Step 1 打开文件 D:\ sw13\work\ch06\ch06.03\ch06.03.05\cutopen_all.SLDDRW。

Step 2 绘制剖切线。绘制图 6.3.17 所示的直线作为剖切线,然后选中。

Step 3 选择命令。选择下拉菜单 插入(I) ➡ 工程图视图(V) ➡ 剖面视图(S) 命令,系统弹出"剖面视图"对话框。

Step 4 在"剖面视图"对话框的 ⊞ 文本框中输入视图标号"A",单击 反转方向(L) 按钮。

Step 5 放置视图。选择合适的位置单击,生成全剖视图。

Step 6 单击"剖面视图 A-A"对话框中的 ✔ 按钮,完成操作。

6.3.6 创建半剖视图

当零件有对称面时,在零件的投影视图中,以对称线为界一半画成剖视图,另一半画成视图,这种组合的图形称为半剖视图。下面以图 6.3.18 所示的半剖视图为例,说明如何创建半剖视图的一般过程。

Step 1 打开工程图文件 D:\ sw13\work\ch06\ch06.03\ch06.03.06\cutopen_part.SLDDRW。

Step 2 选择命令。选择下拉菜单 插入(I) ➡ 工程图视图(V) ➡ 剖面视图(S) 命令,系统弹出"剖面视图"对话框。

Step 3 在"剖面视图"对话框中选择 半剖面 选项卡,在 半剖面 区域单击 ⚲ 按钮,然后选取图 6.3.19 所示的圆心。

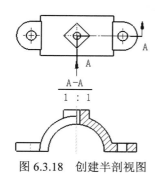

图 6.3.18　创建半剖视图

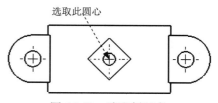

图 6.3.19　选取剖切点

Step 4　放置视图。在"剖面视图"对话框的 文本框中输入视图标号 A，选择合适的位置单击以生成半剖视图。

Step 5　单击"剖面视图 A-A"对话框中的 按钮，完成半剖视图的创建。

　　说明：如果生成的剖视图与结果不一致，可以单击 反转方向(L) 按钮来调整。

6.3.7　创建阶梯剖视图

　　阶梯剖视图属于 2D 截面视图，其与全剖视图在本质上没有区别，只是阶梯剖视图的截面是偏距截面，创建阶梯剖视图的关键是创建好偏距截面，可以根据不同的需要创建偏距截面来实现阶梯剖视图，以达到充分表达视图的需要。下面以图 6.3.20 所示的阶梯剖视图为例，说明创建阶梯剖视图的一般过程。

Step 1　打开文件 D:\ sw13\work\ch06\ch06.03\ch06.03.07\cutopen_ladder.SLDDRW。

Step 2　选择命令。选择下拉菜单 插入(I) ➡ 工程图视图(V) ➡ 剖面视图(S) 命令，系统弹出"剖面视图"对话框。

Step 3　选取切割线类型。在 切割线 区域单击 按钮，取消选中 自动启动剖面实体 复选框。

Step 4　然后选取图 6.3.21 所示的圆心 1，在系统弹出的快捷菜单中单击 按钮，在图 6.3.21 所示的位置 2 处单击，在图 6.3.21 所示的圆心 3 处单击，单击 按钮。

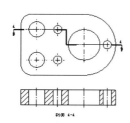

图 6.3.20　创建阶梯剖视图

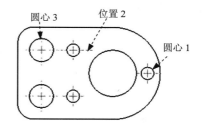

图 6.3.21　选取剖切线

Step 5　放置视图。在"剖面视图"对话框的 文本框中输入视图标号 A，然后选择合适的位置单击以生成阶梯剖视图。

说明：如果生成的剖视图与结果不一致，可以单击 反转方向(L) 按钮来调整。

Step 6 单击"剖面视图 A-A"对话框中的 ✔ 按钮，完成阶梯剖视图的创建。

6.3.8 创建旋转剖视图

旋转剖视图是完整的截面视图，但它的截面是一个偏距截面（因此需要创建偏距剖截面），其显示绕某一轴的展开区域的截面视图，且该轴是一条折线。下面以图 6.3.22 为例，说明创建旋转剖视图的一般过程。

Step 1 打开工程图文件 D:\ sw13\work\ch06\ch06.03\ch06.03.08\cutopen_rotary.SLDDRW。

Step 2 选择命令。选择下拉菜单 插入(I) ➡ 工程图视图(V) ➡ ↱ 剖面视图(S) 命令，系统弹出"剖面视图"对话框。

Step 3 选取切割线类型。在 切割线 区域单击 ♪◟ 按钮，取消选中 □ 自动启动剖面实体 复选框。

Step 4 选取图 6.3.23 所示的圆心 1、圆心 2、圆心 3，然后单击 ✔ 按钮。

Step 5 放置视图。在"剖面视图"对话框的 ᴬ⁺ᴬ 文本框中输入视图标号 A，然后选择合适的位置单击以生成旋转剖视图。

说明：如果生成的剖视图与结果不一致，可以单击 反转方向(L) 按钮来调整。

Step 6 单击"剖面视图 A-A"对话框中的 ✔ 按钮，完成旋转剖视图的创建。

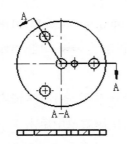

图 6.3.22　创建旋转剖视图

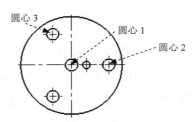

图 6.3.23　选取剖切点

6.3.9 创建局部剖视图

用剖切面局部地切开零件所得的剖视图，称为局部剖视图。下面以图 6.3.24 为例，说明创建局部剖视图的一般过程。

Step 1 打开文件 D:\ sw13\work\ch06\ch06.03\ch06.03.09\cutopen_part.SLDDRW。

Step 2 选择命令。选择下拉菜单 插入(I) ➡ 工程图视图(V) ➡ ⬛ 断开的剖视图(B)... 命令，系统弹出"断开的剖视图"对话框。

Step 3 绘制剖切范围。绘制图 6.3.25 所示的样条曲线作为剖切范围。

图 6.3.24　创建局部剖视图　　　　　　　　图 6.3.25　绘制剖切范围

Step 4　选择深度参考。选取图 6.3.26 所示的圆作为深度参考放置视图。

Step 5　选中"断开的剖视图"对话框（图 6.3.27）中的 ☑ 预览(P) 复选框，预览生成的
视图。

Step 6　单击"断开的剖视图"对话框中的 ✓ 按钮，完成操作。

说明： 如果生成的剖视图的剖面线间距较大可双击进行调整。

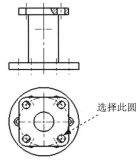

图 6.3.26　选取深度参考放置视图　　　　图 6.3.27　"断开的剖视图"对话框

6.3.10　创建局部视图

　　局部视图是将零件的某一部分结构用大于原图形所采用的比例画出的图形，根据需要
可画成视图、剖视图和断面图，放置时应尽量放在被放大部位的附近。下面以图 6.3.28 为
例，说明创建局部放大图的一般过程。

Step 1　打开文件 D:\ sw13\work\ch06\ch06.03\ch06.03.10\zoom_in_part.SLDDRW。

Step 2　选择命令。选择下拉菜单 插入(I) ➡ 工程图视图(V) ➡ Ⓐ 局部视图(D) 命
令，系统弹出"局部视图"对话框。

Step 3　绘制视图范围。绘制图 6.3.28 所示的圆作为剖切范围。

Step **4** 定义缩放比例。在"局部视图 1"对话框的 **比例(S)** 区域中选中 ⊙ 使用自定义比例(C) 单选项，在其下方的下拉列表中选择比例为 1:1 （图 6.3.29）。

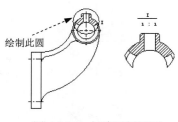

图 6.3.28　创建局部视图　　　　　　　　图 6.3.29　定义视图比例

Step **5** 放置视图。选择合适的位置单击以放置视图。

Step **6** 单击"局部视图 1"对话框中的 ✔ 按钮，完成操作。

6.3.11　创建折断视图

在机械制图中，经常遇到一些细长形的零部件，若要反映整个零件的尺寸形状，需用大幅面的图纸来绘制。为了既节省图纸幅面，又可以反映零件形状尺寸，在实际绘图中常采用折断视图。折断视图指的是从零件视图中删除选定的视图部分，将余下的两部分合并成一个带折断线的视图。下面以图 6.3.30 所示的折断视图为例，说明创建折断视图的一般过程。

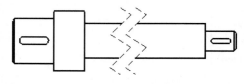

图 6.3.30　创建折断视图

Step **1** 打开工程图文件 D:\ sw13\work\ch06\ch06.03\ch06.03.11\rupture.SLDDRW。

Step **2** 选择命令。选择下拉菜单 插入(I) ➡ 工程图视图(V) ➡ 〰 断裂视图(K) 命令，系统弹出"断裂视图"对话框。

Step **3** 选取图 6.3.31 所示的视图为要断裂的视图。

Step **4** 放置第一条折断线，如图 6.3.31 所示。

Step **5** 放置第二条折断线，如图 6.3.31 所示。

Step **6** 设置断裂视图参数。在 断裂视图设置(B) 区域的 缝隙大小: 文本框中输入数值 3，在 折断线样式: 下拉列表中选择 锯齿线切断 （图 6.3.32）。

图 6.3.31　选择断裂视图和放置折断线

Step 7　单击"断裂视图"对话框中的 ✔ 按钮，完成操作。

图 6.3.32 所示"断裂视图设置"区域的"折断线样式"下拉列表中各选项的说明如下：

● **锯齿线切断**：折断线为锯齿线（图 6.3.31）。

● **直线切断**：折断线为直线（图 6.3.33）。

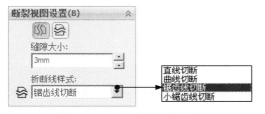

图 6.3.32　选择锯齿线切断

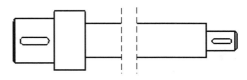

图 6.3.33　"直线切断"折断样式

● **曲线切断**：折断线为曲线（图 6.3.34）。

● **小锯齿线切断**：折断线为小锯齿线（图 6.3.35）。

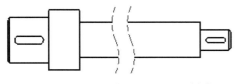

图 6.3.34　"曲线切断"折断样式

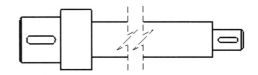

图 6.3.35　"小锯齿线切断"折断样式

6.4　尺寸标注

　　工程图中的尺寸标注是与模型相关联的，而且模型中的尺寸修改会反映到工程图中。通常用户在生成每个零件特征时就会生成尺寸，然后将这些尺寸插入各个工程视图中。在模型中改变尺寸会更新工程图，在工程图中改变尺寸，模型也会发生相应的改变。

　　SolidWorks 的工程图模块具有方便的尺寸标注功能，既可以由系统根据已有约束自动地标注尺寸，也可以由用户根据需要手动标注。

6.4.1　自动标注尺寸

"自动标注尺寸"命令可以一步生成全部的尺寸标注（图 6.4.1），其操作过程如下：

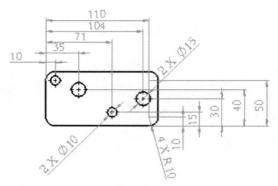

图 6.4.1　自动生成尺寸（以基准方式）

Step 1　打开文件 D:\sw13\work\ch06\ch06.04\ch06.04.01\automotive_dimlinear. SLDDRW。

Step 2　选择命令。选择下拉菜单 工具(T) ➡ 标注尺寸(S) ➡ 🔷 智能尺寸(S) 命令，系统弹出图 6.4.2 所示的"尺寸"对话框，单击 自动标注尺寸 选项卡，系统弹出图 6.4.3 所示的"自动标注尺寸"对话框。

图 6.4.2　"尺寸"对话框

图 6.4.3 所示"自动标注尺寸"对话框中各命令的说明如下：

● 要标注尺寸的实体(E) 区域：
  ☑ ⊙ 所有视图中实体(L)：标注所选视图中所有实体的尺寸。
  ☑ ○ 所选实体(S)：只标注所选实体的尺寸。
● 水平尺寸(H) 区域：水平尺寸标注方案控制的尺寸类型包括以下几种：
  ☑ 链：以链的方式生成尺寸，如图 6.4.4 所示。
  ☑ 基准：以基准尺寸的方式生成尺寸，如图 6.4.1 所示。
  ☑ 尺寸链：以尺寸链的方式生成尺寸，如图 6.4.5 所示。
  ☑ ⊙ 视图以上(A)：将尺寸放置在视图上方。
  ☑ ⊙ 视图以下(W)：将尺寸放置在视图下方。

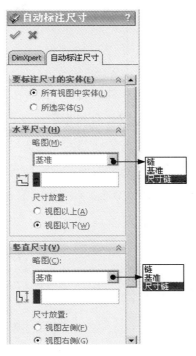

图 6.4.3　"自动标注尺寸"对话框

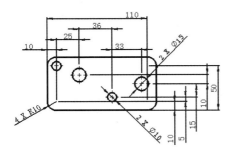

图 6.4.4　以链的方式生成尺寸

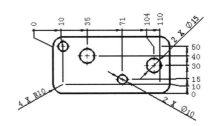

图 6.4.5　以尺寸链的方式生成尺寸

- **整直尺寸(V)** 区域类似于 **水平尺寸(H)** 区域。
  - ☑ ○ 视图左侧(F)：将尺寸放置在视图左侧。
  - ☑ ⊙ 视图右侧(G)：将尺寸放置在视图右侧。

Step 3　在要标注尺寸的实体区域选择 ⊙ 所有视图中实体(L) 单选项，在 **水平尺寸(H)** 区域选中 ⊙ 视图以上(A) 单选项，在 略图(M) 下拉列表中选择 **基准** 选项；在 **整直尺寸(V)** 区域中 略图(M) 下拉列表中选择 **基准** 选项。

Step 4　选取要标注尺寸的视图。

　　说明：本例中只有一个视图，所以系统默认将其选中。在选择要标注尺寸的视图时，必须要在视图以外、视图虚线框以内的区域单击。

Step 5　单击 ✔ 按钮，完成操作。

6.4.2　手动标注尺寸

　　当自动生成尺寸不能全面地表达零件的结构，或在工程图中需要增加一些特定的标注时，就需要手动标注尺寸。这类尺寸受零件模型所驱动，所以又常被称为"从动尺寸"。手动标注的尺寸与零件或组件具有单向关联性，即这些尺寸受零件模型所驱动，当零件模型的尺寸改变时，工程图中的尺寸也随之改变；但这些尺寸的值在工程图中不能被修改。选择 工具(T) 下拉菜单中的 标注尺寸(S) 命令，系统弹出图 6.4.6 所示的"标注尺寸"子菜单，使用该菜单可以标注尺寸。

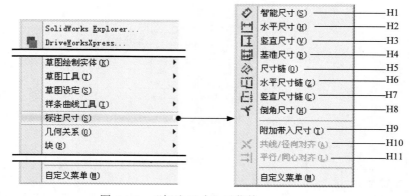

图 6.4.6　"标注尺寸"子菜单

　　图 6.4.6 所示"标注尺寸"下拉菜单的说明如下：

H1：根据用户选取的对象以及光标位置，智能地判断尺寸类型。

H2：创建水平尺寸。

H3：创建竖直尺寸。

H4：创建基准尺寸。

H5：创建尺寸链，包括水平尺寸链和竖直尺寸链，且尺寸链的类型（水平或竖直）由用户所选点的方位来定义。

H6：创建水平尺寸链。

H7：创建竖直尺寸链。

H8：创建倒角尺寸。

H9：添加工程图附加带入的尺寸。

H10：使所选尺寸共线或径向对齐。

H11：使所选尺寸平行或同心对齐。

下面将详细介绍标注基准尺寸、尺寸链和倒角尺寸的方法。

1. 标注基准尺寸

基准尺寸为用于工程图中的参考尺寸，用户无法更改其数值或使用其数值来驱动模型。下面以图 6.4.7 为例，说明标注基准尺寸的一般操作过程。

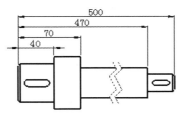

图 6.4.7　标注基准尺寸链

Step 1　打开文件 D:\sw13\work\ch06\ch06.04\ch06.04.02\norm_size_chain.SLDDRW。

Step 2　选择命令。选择下拉菜单 工具(T) ➡ 标注尺寸(S) ➡ 基准尺寸(B) 命令。

Step 3　依次选取图 6.4.8 所示的直线 1、直线 2、直线 3、直线 4 和直线 5。

Step 4　按下 Esc 键，完成操作。

2. 标注水平尺寸链

尺寸链为从工程图或草图中的零坐标开始测量的尺寸组，在工程图中，它们属于参考尺寸，用户不能更改其数值或者使用其数值来驱动模型。下面以图 6.4.9 为例，说明标注水平尺寸链的一般操作过程。

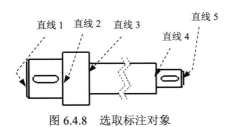

图 6.4.8　选取标注对象

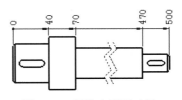

图 6.4.9　标注水平尺寸链

Step 1　打开文件 D:\sw13\work\ch06\ch06.04\ch06.04.02\level _size_chain.SLDDRW。

Step 2　选择命令。选择下拉菜单 工具(T) ➡ 标注尺寸(S) ➡ 水平尺寸链(Z)命令。

Step 3　选择尺寸放置位置。在系统 选择一个边线/顶点后再选择尺寸文字标注的位置。 的提示下，选取图 6.4.8 所示的直线 1，选择合适的位置单击以放置第一个尺寸。

Step 4　依次选取图 6.4.8 所示的直线 2、直线 3、直线 4 和直线 5。

Step 5　单击"尺寸"对话框中的 ✔ 按钮，完成操作。

3. 标注竖直尺寸链

下面以图 6.4.10 为例，说明标注竖直尺寸链的一般操作过程。

Step 1 打开文件 D:\sw13\work\ch06\ch06.04\ch06.04.02 \ on_edge_chain.SLDDRW。

Step 2 选择命令。选择下拉菜单 工具(T) ➡ 标注尺寸(S) ➡ 竖直尺寸链(C)命令。

Step 3 定义尺寸放置位置。在系统 选择一个边线/顶点后再选择尺寸文字标注的位置。的提示下，选取图 6.4.9 所示的直线 1，选择合适的位置单击，以放置第一个尺寸。

Step 4 依次选取图 6.4.11 所示的圆心 1、圆心 2、圆心 3、圆心 4 和直线 2。

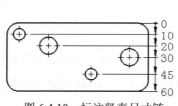

图 6.4.10 标注竖直尺寸链

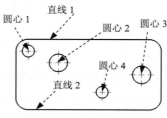

图 6.4.11 选取标注对象

Step 5 单击"尺寸"对话框中的 ✔ 按钮，完成操作。

4. 标注倒角尺寸

下面以图 6.4.12 为例，说明标注倒角尺寸的一般操作过程。

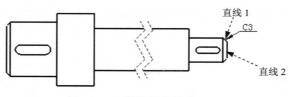

图 6.4.12 标注倒角尺寸

Step 1 打开文件 D:\sw13\work\ch06\ch06.04\ch06.04.02\ chamfer.SLDDRW。

Step 2 选择命令。选择下拉菜单 工具(T) ➡ 标注尺寸(S) ➡ 倒角尺寸(H) 命令。

Step 3 选取倒角边。在系统 选择倒角的边线、参考边线，然后选择文字位置 的提示下，依次选取图 6.4.12 所示的直线 1 和直线 2。

Step 4 放置尺寸。选择合适的位置单击，以放置尺寸。

Step 5 定义标注尺寸的文字类型。在图 6.4.13 所示的 标注尺寸文字(T) 区域单击 C1 按钮。

Step 6 单击"尺寸"对话框中的 ✔ 按钮，完成操作。

图 6.4.13 "标注尺寸文字"对话框

图 6.4.13 所示"标注尺寸文字"区域的说明如下：

● 1x1 ：距离 × 距离，如图 6.4.14 所示。

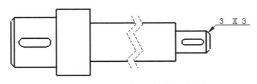

图 6.4.14 "距离×距离"样式

● 1x45° ：距离 × 角度，如图 6.4.15 所示。

● 45°x1 ：角度 × 距离，如图 6.4.16 所示。

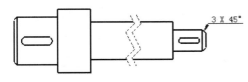 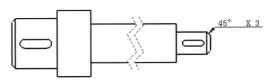

图 6.4.15 "距离×角度"样式   图 6.4.16 "角度×距离"样式

● C1 ：C 距离，如图 6.4.12 所示。

6.5 标注尺寸公差

下面标注图 6.5.1 所示的尺寸公差，说明标注尺寸公差的一般操作过程。

Step **1** 打开文件 D:\ sw13\work\ch06\ch06.05\size_tolerance.SLDDRW。

Step **2** 选择命令。选择下拉菜单 工具(T) ➡ 标注尺寸(S) ➡ 智能尺寸(S)命令，系统弹出"尺寸"对话框。

Step **3** 标注图 6.5.1 所示的直线长度。

Step 4 定义公差。在"尺寸"对话框的 公差/精度(P) 区域中设置图 6.5.2 所示的参数。

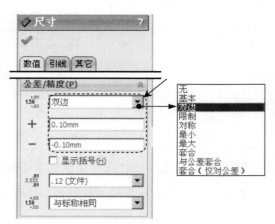

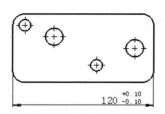

图 6.5.1 标注尺寸公差   图 6.5.2 "尺寸"对话框

Step 5 单击"尺寸"对话框中的 ✅ 按钮，完成操作。

6.6 尺寸的操作

从 6.5 节"尺寸标注"的操作中，我们会注意到，由系统自动显示的尺寸在工程图上有时会显得杂乱无章，如尺寸相互遮盖，尺寸间距过松或过密，某个视图上的尺寸太多，出现重复尺寸（例如：两个半径相同的圆标注两次）等，这些问题通过尺寸的操作工具都可以解决，尺寸的操作包括尺寸（包括尺寸文本）的移动、隐藏和删除，尺寸的切换视图，修改尺寸线和尺寸延长线，修改尺寸的属性。下面分别对它们进行介绍。

1. 移动尺寸

移动尺寸及尺寸文本有以下三种方法：

● 拖拽要移动的尺寸，可在同一视图内移动尺寸。

● 按住 Ctrl 键拖拽尺寸，可将尺寸复制至另一个视图。

● 按住 Shift 键拖拽尺寸，可将尺寸移至另一个视图。

2. 隐藏与显示尺寸

隐藏尺寸及尺寸文本的方法：选中要隐藏的尺寸并右击，在弹出的快捷菜单中选择 隐藏 (K) 命令。选择 视图(V) 下拉菜单中的 🦋 隐藏/显示注解 (H) 命令，此时被隐藏的尺寸呈灰色，选择要显示的尺寸，再按 Esc 键即可将其显示。

6.7 标注基准特征符号

下面标注图 6.7.1 所示的基准特征符号。操作过程如下：

Step 1 打开文件 D:\ sw13\work\ch06\ch06.07\norm_character_sign.SLDDRW。

Step 2 选择命令。选择下拉菜单 插入(I) ➡ 注解(A) ➡ |A| 基准特征符号(U)... 命令，系统弹出"基准特征"对话框。

Step 3 设置参数。在 标号设定(S) 区域的 **A** 文本框中输入 A，取消选中 □ 使用文件样式(U) 复选框，单击 ♀ 和 ✔ 按钮（图 6.7.2）。

Step 4 放置基准特征符号。选取图 6.7.1 所示的边线，在合适的位置处单击。

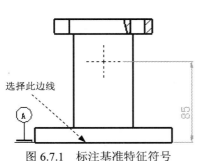

图 6.7.1 标注基准特征符号

图 6.7.2 "基准特征"对话框

Step 5 单击 ✔ 按钮，完成操作。

6.8 标注形位公差

形位公差包括形状公差和位置公差，是针对构成零件几何特征的点、线、面的形状和位置误差所规定的公差。下面标注图 6.8.1 所示的形位公差，操作过程如下：

Step 1 打开文件 D:\ sw13\work\ch06\ch06.08\geometric_tolerance.SLDDRW。

Step 2 选择命令。选择下拉菜单 插入(I) ➡ 注解(A) ➡ |回| 形位公差(T)... 命令，系统弹出"形位公差"对话框和"属性"对话框。

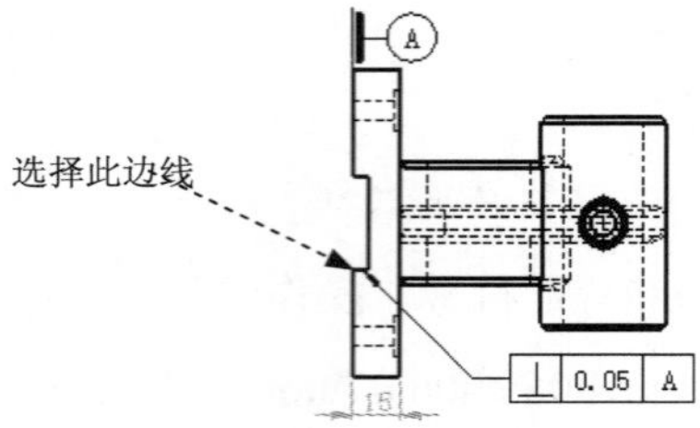

选择此边线

图 6.8.1　形位公差的标注

Step 3　定义形位公差（图 6.8.2）。

（1）在"属性"对话框中单击 符号 区域的 ▾ 按钮，然后单击 ⊥ 按钮。

（2）在 公差1 文本框中输入公差值 0.05。

（3）在 主要 文本框中输入基准符号 A。

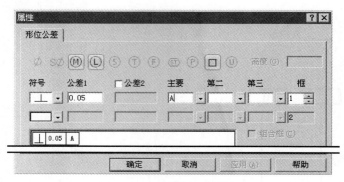

图 6.8.2　"属性"对话框

Step 4　放置基准特征符号。选取图 6.8.1 所示的边线，再选择合适的位置单击，以放置形位公差。

Step 5　单击 确定 按钮，完成操作。

6.9　标注表面粗糙度

表面粗糙度是指加工表面上具有较小的间距和峰谷所组成的微观几何特征。下面标注图 6.9.1 所示的表面粗糙度，操作过程如下：

Step 1　打开文件 D:\ sw13\work\ch06\ch06.09\surfaceness.SLDDRW。

Step 2　选择命令。选择下拉菜单 插入(I) ➡ 注解(A) ➡ √ 表面粗糙度符号 (F)... 命令，系统弹出"表面粗糙度"对话框。

Step 3　定义表面粗糙度符号。在"表面粗糙度"对话框设置图 6.9.2 所示的参数。

Step 4 放置表面粗糙度符号。选取图 6.9.1 所示的边线放置表面粗糙度符号。

Step 5 单击 ✔ 按钮，完成操作。

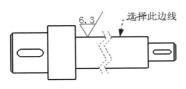

图 6.9.1　表面粗糙度的标注

图 6.9.2　放置表面粗糙度符号

6.10　注释文本

在工程图中，除了尺寸标注外，还应有相应的文字说明，即技术要求，如工件的热处理要求、表面处理要求等。所以在创建完视图的尺寸标注后，还需要创建相应的注释标注。

选择下拉菜单 插入(I) ➡ 注解(A) ➡ **A** 注释(N)..命令，系统弹出"注释"对话框，利用该对话框可以创建用户所要求的属性注释。

6.10.1　创建注释文本

下面创建图 6.10.1 所示的注释文本。操作过程如下：

Step 1 打开文件 D:\ sw13\work\ch06\ch06.10\ch06.10.1\text_01.SLDDRW。

Step 2 选择命令。选择下拉菜单 插入(I) ➡ 注解(A) ➡ **A** 注释(N)..命令（图 6.10.2），系统弹出图 6.10.2 所示的"注释"对话框。

技术要求
1. 未注圆角R2.0
2. 调质处理200HBS

图 6.10.1　创建注释文本

图 6.10.2　"注释"对话框

Step **3** 选择引线类型。单击 **引线(L)** 区域中的 按钮。

Step **4** 创建文本 1。在图形区单击一点放置注释文本 1，在弹出的注释文本框中输入图 6.10.3 所示的注释文本，文本格式如图 6.10.4 所示。

图 6.10.3　创建文本 1

图 6.10.4　文本格式

Step **5** 创建文本 2。在注释文本框中输入图 6.10.5 所示的注释文本，文本格式如图 6.10.6 所示。

图 6.10.5　创建文本 2

图 6.10.6　文本格式

Step **6** 单击 按钮，完成操作。

说明：单击"注释"对话框的 **引线(L)** 区域中的 按钮，出现注释文本的引导线，拖动引导线的箭头至图 6.10.7 所示的直线，再调整注释文本的位置，单击 按钮即可创建带有引导线的注释文本，结果如图 6.10.7 所示。

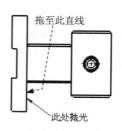

图 6.10.7　添加带有引导线的注释文本

6.10.2　注释文本的编辑

下面以图 6.10.8 为例，说明编辑注释文本的一般操作过程。

Step **1** 打开工程图 D:\ sw13\work\ch06\ch06.10\ch06.10.2\text_02.SLDDRW。

Step **2** 双击要编辑的文本，系统弹出"格式化"对话框和"注释"对话框。

Step **3** 编辑文本，使之如图 6.10.8 所示。

Step **4** 选取图 6.10.9 所示的文本，在"格式化"对话框中单击 *I* 按钮。

Step **5** 单击"注释"对话框中的 按钮，完成操作。

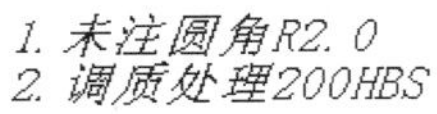

1. 未注圆角R2.0
2. 调质处理200HBS
图 6.10.8 编辑文本

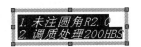

1. 未注圆角R2.0
2. 调质处理200HBS
图 6.10.9 选取文本

6.11 剖面视图中筋（肋）剖面线的处理方法

在创建剖面视图时，当剖切平面通过筋（肋）或类筋特征的对称平面时，按照国标规定：筋（肋）或类筋特征的剖面不画剖面线，而是用粗实线将筋（肋）或类筋特征的剖面与相邻的剖面部分分开。

SolidWorks 软件在创建剖面视图时并不能区分筋（肋）或类筋特征和其他特征，因而建立的剖面视图不符合国标（图 6.11.1），为了符合国标要求，在创建剖面视图后需要对剖面视图做一些更改，如图 6.11.2 所示。

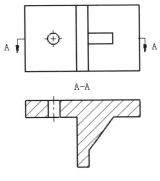

A
A
A-A
图 6.11.1 剖视图（更改前）

A
A
A-A
图 6.11.2 剖视图（更改后）

为了达到图 6.11.2 所示的符合国标要求的剖面视图效果，在 SolidWorks 工程图中处理筋（肋）或类筋特征结构的剖面有两种方法：方法一，绘制剖面区域，并进行剖面线的填充；方法二，以拉伸特征代替筋（肋）或类筋特征，并取消合并结果，然后在工程图中删除“拉伸”特征中的剖面线。下面介绍这两种处理办法的具体操作过程。

方法一：通过绘制剖面区域，进行剖面线重新填充

Step 1 打开工程图文件 D:\sw13\work\ch06\ch06.11\ch06.11.01\ribbed.SLDDRW。

Step 2 取消剖面线。选择生成的剖面视图，在弹出的“区域剖面线/填充”对话框（图 6.11.3）中选择 ⊙ 无(N) 单选项，即取消剖面线，取消选中 □ 材质剖面线(M) 复选项，结果如图 6.11.4 所示。

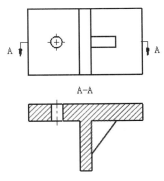

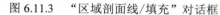

图 6.11.3　"区域剖面线/填充"对话框

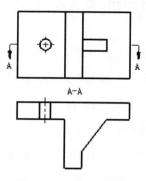

图 6.11.4　取消剖面线

Step 3　绘制分离轮廓。选择下拉菜单 工具(T) ➡ 草图绘制实体(K) ➡ 直线(L) 命令，绘制图 6.11.5 所示的封闭轮廓。该轮廓将筋板剖面和其邻近剖面轮廓分开。

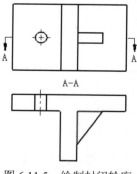

图 6.11.5　绘制封闭轮廓

Step 4　定义剖面线。

（1）选择命令。选择下拉菜单 插入(I) ➡ 注解(A) ➡ 区域剖面线/填充(T)命令，系统弹出"区域剖面线/填充"对话框。

（2）定义剖面线属性。在 属性(P) 区域选中 ⊙ 剖面线(H) 单选项，指定剖面线的类型和比例，如图 6.11.6 所示。

（3）选择添加剖面线的范围。选择 Step2 中建立的封闭轮廓以外的剖面封闭轮廓。

Step 5　单击对话框中的 ✓ 按钮，完成对剖面线的修改，如图 6.11.7 所示。

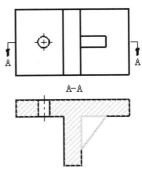

图 6.11.6　"区域剖面线/填充"对话框　　　　图 6.11.7　剖面线填充

方法二： 以拉伸特征代替筋（肋）或类筋特征，并取消合并结果

Step 1　打开模型文件 D:\sw13\work\ch06\ch06.11\ch06.11.02\ribbed_02.SLDDRW。

说明：此时的模型中没有"筋"特征，而是用"拉伸"特征代替了"筋"特征，并且没有合并结果，模型中有两个实体。

Step 2　删除替代"筋"的"拉伸"特征的剖面线。在替代"筋"的"拉伸"特征的剖面线处单击（图 6.11.8），系统弹出图 6.11.9 所示的"区域剖面线/填充"对话框。取消选中 □ 材质剖面线(M) 复选框，在 应用到(T): 下拉列表中选中 局部范围 选项，然后选中 ○ 无(N) 单选项，单击 ✓ 按钮，完成剖面线的删除，结果如图 6.11.10 所示。

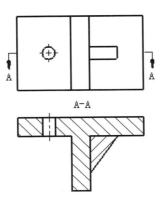

图 6.11.8　创建剖面视图

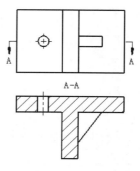

图 6.11.9 "区域剖面线/填充"对话框　　图 6.11.10 完成处理

6.12　SolidWorks 软件的打印出图

打印出图是 CAD 工程设计中必不可少的一个环节。在 SolidWorks 软件的工程图模块中，选择下拉菜单 文件(F) ➡ 打印(P)...命令，就可进行打印出图操作。

下面举例说明工程图打印的一般步骤。

Step 1　打开工程图 D:\sw13\work\ch06\ch06.12\footboard_bracket.SLDDRW。

Step 2　选择命令。选择下拉菜单 文件(F) ➡ 打印(P)...命令，系统弹出"打印"对话框。

Step 3　选择打印机。在"打印"对话框的 名称(N): 下拉列表中选择 Microsoft Office Document Image Writer 选项。

说明：在名称下拉列表中显示的是当前已连接的打印机，不同的用户可能会出现不同的选项。

Step 4　定义页面设置。

（1）单击"打印"对话框中的 页面设置(S)... 按钮，系统弹出"页面设置"对话框。

（2）定义打印比例。在 ● 比例(S): 文本框中输入数值 100，以选择 1:1 的打印比例。

（3）定义打印纸张的大小。在 大小(Z): 下拉列表中选择 A4 选项。

（4）选择工程图颜色。在 工程图颜色 选项组中选择 ● 黑白(B) 单选项。

（5）选择方向。在 方向 选项组中选中 ● 纵向(P) 单选项，单击 确定 按钮，完成页面设置（图 6.12.1）。

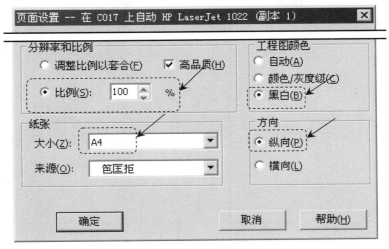

图 6.12.1　"页面设置"对话框

　选择打印范围。在"打印"对话框的 打印范围 区域中选中 ⊙ 所有图纸(A) 单选项，单击"打印"对话框中的 关闭 按钮。

Step 6　打印预览。选择下拉菜单 文件(F) ➡ 🔍 打印预览(V) 命令，系统弹出打印预览界面，可以预览工程图的打印效果。

　　说明：在 Step5 中也可直接单击 确定 按钮，打印工程图。

Step 7　在打印预览界面中单击 打印(P)... 按钮，系统弹出"打印"对话框，单击该对话框中的 确定 按钮，即可打印工程图。

6.13　SolidWorks 工程图设计综合实际应用 1

本例将介绍图 6.13.1 所示零件的工程图设计，操作过程如下：

Task1. 打开工程图文件

Step 1　打开工程图模板文件 D:\ sw13\work\ch06\ch06.13\footboard_bracket.SLDDRW。

Step 2　选择命令。选择下拉菜单 插入(I) ➡ 工程图视图(V) ➡ 🖉 模型(M)... 命令，系统弹出图 6.13.2 所示的"模型视图"对话框。

Step 3　插入零件模型。单击"模型视图"对话框中的 浏览(B)... 按钮，系统弹出"打开"对话框；在该对话框中选择零件模型 D:\sw13\work\ch06\ch06.13\footboard_bracket.SLDPRT，单击 打开 ▾ 按钮。

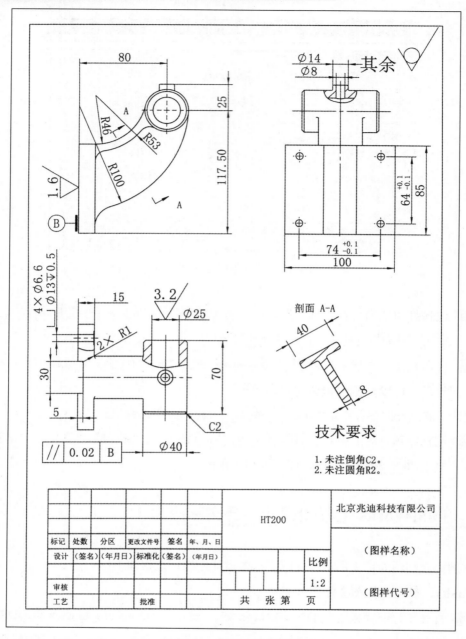

图 6.13.1　踏脚支架工程图

Task2.　创建基本视图

Step 1　定义视图的参数。

（1）定义视图方向。在 **方向(O)** 区域中单击 □ 按钮，选中 ☑ 预览(P) 复选框，预览要生成的视图。

（2）定义视图比例。在 **比例(A)** 区域中选中 ⊙ 使用图纸比例(E) 单选项。

Step **2**　放置主视图。将鼠标放在图形区，会出现主视图的预览，选择合适的放置位置单击，以生成主视图（图 6.11.3）。

Step **3**　在主视图的正下方单击，以生成俯视图，在主视图的右侧单击，生成左视图，如图 6.13.4 所示。

图 6.13.2　"模型视图"对话框

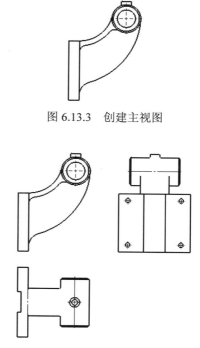

图 6.13.3　创建主视图

图 6.13.4　创建基本视图

Step **4**　单击"投影视图"对话框中的 ✓ 按钮，完成操作。

说明：生成的视图在模型圆角处会出现"切边"，应隐藏切边：在视图区域右击，在弹出的快捷菜单中选择 切边 ➡ 切边不可见 (C) 命令，即可隐藏切边。

Task3. 创建图 6.13.5 所示的局部剖视图

Step **1**　定义剖切范围。在左视图中绘制图 6.13.6 所示的圆作为剖切范围并将其选中。

Step **2**　选择命令。选择下拉菜单 插入(I) ➡ 工程图视图(V) ➡ 断开的剖视图(B)... 命令，系统弹出"断开的剖视图"对话框。

Step **3**　选择深度参考。选取图 6.13.7 所示的圆作为深度参考。

Step **4**　选中"断开的剖视图"对话框中的 ☑ 预览(P) 复选框，预览生成的视图。

Step **5**　单击"断开的剖视图"对话框中的 ✓ 按钮，完成操作。

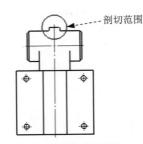

图 6.13.5　创建局部剖视图　　　图 6.13.6　绘制剖切范围　　　图 6.13.7　定义深度参考

Task4. 创建图 6.13.8 所示的断开的剖视图 1

Step 1　选择命令。选择下拉菜单 插入(I) ➡ 工程图视图(V) ➡ 断开的剖视图 (B)... 命令。

Step 2　定义剖切范围。在俯视图中绘制图 6.13.9 所示的样条曲线作为剖切范围。

Step 3　选择深度参考。选取图 6.13.10 所示的圆作为深度参考。

Step 4　选中"断开的剖视图"对话框中的 ☑ 预览(P) 复选框，预览生成的视图。

Step 5　单击"断开的剖视图"对话框中的 ✔ 按钮，完成操作。

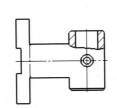

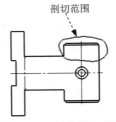

图 6.13.8　创建断开的剖视图 1　　　图 6.13.9　绘制剖切范围　　　图 6.13.10　定义深度参考

Task5. 创建图 6.13.11 所示的断开的剖视图 2

Step 1　选择命令。选择下拉菜单 插入(I) ➡ 工程图视图(V) ➡ 断开的剖视图 (B)... 命令。

Step 2　定义剖切范围。绘制图 6.13.12 所示的样条曲线作为剖切范围。

Step 3　选择深度参考。选取图 6.13.13 所示的圆作为深度参考。

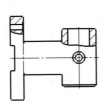

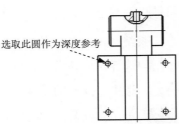

图 6.13.11　创建断开的剖视图 2　　　图 6.13.12　绘制剖切范围　　　图 6.13.13　定义深度参考

Step **4** 选中"断开的剖视图"对话框中的 ☑ 预览(P) 复选框,预览生成的视图。

Step **5** 单击"断开的剖视图"对话框中的 ✅ 按钮,完成操作。

Task6. 创建图 6.13.14 所示的剖面视图

Step **1** 绘制剖切线。选择下拉菜单 工具(T) ➡ 草图绘制实体(K) ➡ ╲ 直线(L) 命令,绘制图 6.13.15 所示的直线作为剖切线。

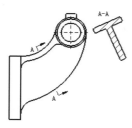 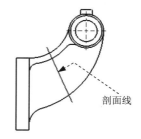

图 6.13.14 剖面视图   图 6.13.15 选取剖面线

Step **2** 选取图 6.13.16 所示的直线,再选择下拉菜单 插入(I) ➡ 工程图视图(V) ➡ ⇄ 剖面视图(S) 命令,系统弹出"剖面视图"对话框,单击 确定 按钮,在对话框的 文本框中输入视图标号 A,并选中图 6.13.16 所示对话框中的 ☑ 只显示切面(N) 复选框。

图 6.13.16 "剖面视图"对话框

Step **3** 放置视图。选择合适的位置单击,生成局部剖视图,如图 6.13.14 所示。

说明:如果生成的剖视图与结果不一致,可以单击 反转方向(L) 按钮来调整。

Step **4** 单击"剖面视图 A-A"对话框中的 ✅ 按钮,完成操作。

Task7. 调整视图的位置

在图 6.13.14 所示的视图区域选择视图 A-A 右击,在弹出的快捷菜单中选择 视图对齐 ➡ 解除对齐关系 (A) 命令,然后将鼠标停放在视图 A-A 的虚线框上,此时光标会变成 ✥,按住鼠标左键并移动至合适的位置后放开,如图 6.13.17 所示。

Task8. 添加图 6.13.17 所示的尺寸标注

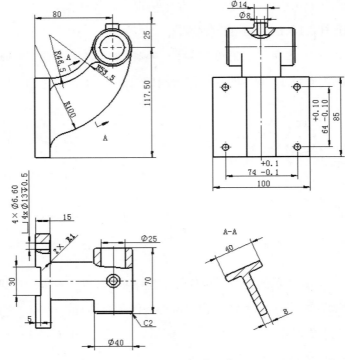

图 6.13.17　标注尺寸

Task9. 添加图 6.13.18 所示的基准特征符号

Step 1 选择下拉菜单 插入(I) ➡ 注解(A) ➡ 🅰 基准特征符号(U)... 命令，系统弹出"基准特征"对话框。

Step 2 在 标号设定(S) 区域的 **A** 文本框中输入 B，取消选中 ☐ 使用文件样式(U) 复选框，单击 🔾 和 ✔ 按钮。

Step 3 放置基准特征符号。选取图 6.13.18 所示的边线放置基准特征符号。

Step 4 单击 ✔ 按钮，完成操作。

Task10. 标注图 6.13.19 所示的形位公差

Step 1 选择下拉菜单 插入(I) ➡ 注解(A) ➡ 🔲 形位公差(T)... 命令，系统弹出"形位公差"对话框和"属性"对话框。

Step 2 定义形位公差。

（1）在"属性"对话框中单击 符号 区域中的 ▾ 按钮中的 ∥ 按钮。

（2）在 公差1 文本框中输入公差值 0.02。

（3）在 主要 文本框中输入基准符号 B。

（4）在 引线(L) 区域选择引线类型 ✓。

Step 3　放置基准特征符号。选取图 6.13.19 所示的尺寸，在选择合适的位置单击，以放置形位公差。

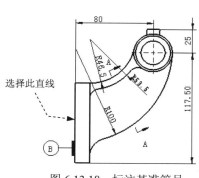

图 6.13.18　标注基准符号

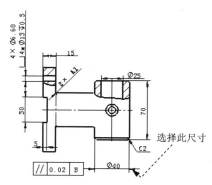

图 6.13.19　标注基准符号

Step 4　单击 确定 按钮，完成操作。

Task11. 标注图 6.13.20 所示的表面粗糙度

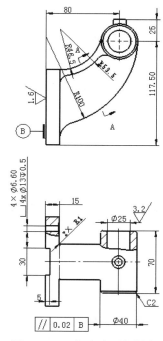

图 6.13.20　标注表面粗糙度

Step 1　选择下拉菜单 插入(I) ➡ 注解(A) ➡ ✓ 表面粗糙度符号(F) 命令，系统弹出"表面粗糙度"对话框。

Step 2　定义表面粗糙度符号。在"表面粗糙度"对话框中设置图 6.13.21 所示的参数。

图 6.13.21 放置表面粗糙度符号

Step 3 放置表面粗糙度符号。选取图 6.13.20 所示的边线放置表面粗糙度符号,结果如图 6.13.20 所示。同样标注其他表面粗糙度。

Step 4 单击 ✔ 按钮,完成操作。

Task12. 创建图 6.13.22 所示的注释文本

Step 1 创建文本 1。

（1）选择命令。选择下拉菜单 插入(I) ➡ 注解(A) ➡ A 注释(N)...命令,系统弹出"注释"对话框。

（2）定义引线类型。单击 引线(L) 区域中的 按钮。

（3）创建文本 1。在图形区单击一点放置注释文本 1,在弹出的注释文本框中输入图 6.13.23 所示的注释文本,文本格式如图 6.13.24 所示。

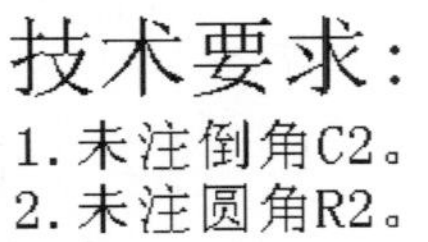

技术要求:
1.未注倒角C2。
2.未注圆角R2。

图 6.13.22 创建注释文本

图 6.13.23 创建文本 1

图 6.13.24 "格式化"工具条

Step 2 创建文本 2。在注释文本框中输入图 6.13.25 所示的注释文本,文本格式如图 6.13.26 所示。

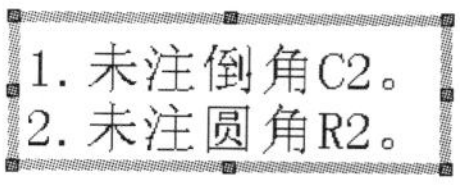

```
1. 未注倒角C2。
2. 未注圆角R2。
```
图 6.13.25　创建文本 2

图 6.13.26　"格式化"工具条

Step 3 单击 ✓ 按钮，完成操作。

Task13. 创建图 6.13.27 所示的注释文本

Step 1 选择命令。选择下拉菜单 插入(I) ➡ 注解(A) ➡ A 注释(N).. 命令，系统弹出"注释"对话框。

Step 2 定义引线类型。单击 引线(L) 区域中的 ✦ 按钮。

Step 3 创建文本 3。在图形区单击一点放置注释文本 3，在弹出的注释文本框中输入图 6.13.28 所示的注释文本，文本格式如图 6.13.29 所示。

图 6.13.27　注解 3

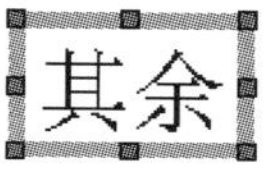

图 6.13.28　注释文本

图 6.13.29　注释文本

Step 4 创建表面粗糙度符号。在图 6.13.30 所示的"注释"对话框的 文字格式(T) 区域选择单击 ✓ 按钮，系统弹出"表面粗糙度"对话框，在 符号(S) 区域选择表面粗糙度符号类型 ✓ ，单击"表面粗糙度"对话框中的 ✓ 按钮，关闭"表面粗糙度"对话框。

图 6.13.30　"注释"对话框

Step 5 单击"注释"对话框中的 ✓ 按钮，完成注释 3 的创建。

Task14. 保存文件

选择下拉菜单 文件(F) ➡ 🖫 另存为(A)... 命令，系统弹出"另存为"对话框，将文件命名为 footboard_bracket_ok.SLDDRW，单击 保存(S) 按钮保存。

6.14   SolidWorks 工程图设计综合实际应用 2

图 6.14.1 所示的是一个轴类零件的工程图，其中运用了创建轴类零件工程图时常用的折断视图。

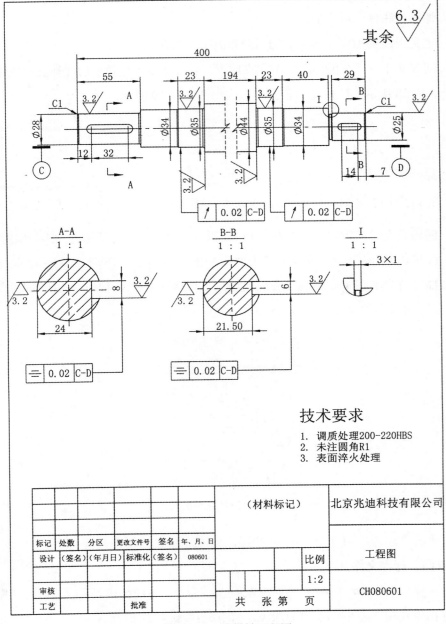

图 6.14.1   阶梯轴工程图

Task1. 打开工程图文件

Step 1 打开工程图模板文件 D:\ sw13\work\ch06\ch06.14\axes.SLDDRW。

Step 2 选择命令。选择下拉菜单 插入(I) ➡ 工程图视图(V) ➡ 模型 (M)… 命令，系统弹出"模型视图"对话框。

Step 3 插入零件模型。单击"模型视图"对话框中的 浏览(B)… 按钮，系统弹出"打开"对话框；在该对话框中选择零件模型 D:\sw13\work\ch06\ch06.14\axes.SLDPRT，单击 打开 按钮。

Task2. 创建基本视图

Step 1 定义视图的参数。

（1）定义视向。在 方向(O) 区域中单击 按钮，再选中 ☑ 预览(P) 复选框，预览要生成的视图。

（2）定义视图比例。在 比例(A) 区域中选中 ⊙ 使用自定义比例(C) 单选项，在其下方的列表框中选择 1:2。

Step 2 放置视图。将鼠标放在图形区，会出现主视图的预览，选择合适的放置位置单击，以生成主视图，如图 6.14.2 所示。

图 6.14.2　创建主视图

Step 3 单击"工程图视图"对话框中的 ✔ 按钮，完成操作。

Task3. 创建图 6.14.3 所示的断裂视图

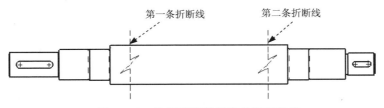

图 6.14.3　选择断裂视图和放置折断线

Step 1 选择下拉菜单 插入(I) ➡ 工程图视图(V) ➡ 断裂视图(K) 命令，系统弹出"断裂视图"对话框。

Step 2 选择要断裂的视图，如图 6.14.3 所示。

Step 3 放置第一条折断线，如图 6.14.3 所示。

Step 4 放置第二条折断线，如图 6.14.3 所示。

Step **5** 设置参数。在 断裂视图设置(B) 区域的 缝隙大小: 文本框中输入数值 5，再在 折断线样式: 下拉列表中选择 小锯齿线切断 。

Step **6** 单击"断裂视图"对话框中的 ✓ 按钮，完成操作，如图 6.14.4 所示。

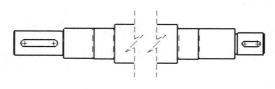

图 6.14.4 创建断裂视图

Task4. 创建图 6.14.5 所示的剖面视图

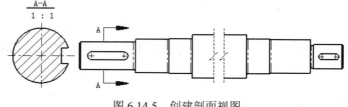

图 6.14.5 创建剖面视图

Step **1** 选择命令。选择下拉菜单 插入(I) ➡ 工程图视图(V) ➡ 剖面视图(S) 命令，系统弹出"剖面视图"对话框。

Step **2** 选取切割线类型。在 切割线 区域单击 按钮，然后在图 6.14.6 所示的合适位置上单击，以确定放置位置。

在此位置处单击

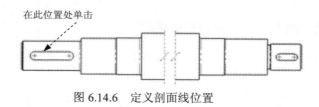

图 6.14.6 定义剖面线位置

Step **3** 定义剖面视图。在"剖面视图"对话框的 文本框中输入视图标号 A，并在图 6.14.6 所示的对话框 剖面视图(V) 区域选中 ☑ 只显示切面(N) 复选项。

说明：剖视图方向根据情况而定。

Step **4** 定义缩放比例。在图 6.14.7 所示的"剖面视图"对话框 比例(S) 区域中选中 ⦿ 使用自定义比例(C) 单选项，在其下拉列表中选择 1:1 选项。

Step **5** 定义视图放置位置。选择合适的位置单击，生成全剖视图。

Step **6** 单击"剖面视图"对话框中的 ✓ 按钮，完成操作。

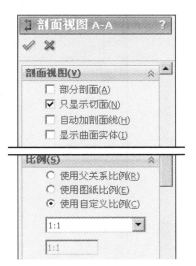

图 6.14.7　"剖面视图"对话框

Task5．添加图 6.14.8 所示的全剖视图

参照 Task4 中剖面视图创建的方法，添加图 6.14.8 所示的全剖视图。

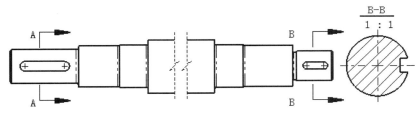

图 6.14.8　添加全剖视图

Task6．调整视图位置

Step 1　解除视图对齐。在视图 A-A 虚线处右击，在弹出的快捷菜单中选择 视图对齐 ➡ 解除对齐关系 (A) 命令；在视图 B-B 虚线处右击，在弹出的快捷菜单中选择 视图对齐 ➡ 解除对齐关系 (A) 命令。

Step 2　移动视图。将鼠标停放在视图 A-A 的虚线框上，此时光标会变成 ，按住鼠标左键并移动至合适的位置后放开。将鼠标停放在视图 B-B 的虚线框上，光标变成 时，按住鼠标左键并移动至合适的位置后放开。

Step 3　对齐视图。在视图 A-A 区域右击，在弹出的快捷菜单中选择 视图对齐 ➡ 中心水平对齐 (C) 命令，此时鼠标样式变成 时，单击视图 B-B，此时视图 A-A 与视图 B-B 沿中心线水平对齐，如图 6.14.9 所示。

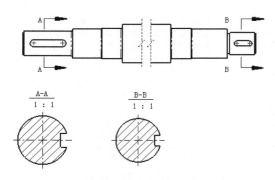

图 6.14.9　调整视图位置

Task7.　为主视图添加中心线

Step **1**　选择命令。选择下拉菜单 [插入(I)] ➡ [注解(A)] ➡ [中心线(L)…]命令，系
统弹出图 6.14.10 所示的对话框。

图 6.14.10　"中心线"对话框

Step **2**　选取图 6.14.11 所示的圆柱面，此时系统会为所选的圆柱添加中心线，单击中心
线两端点，拉伸中心线至适合长度。

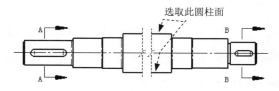

图 6.14.11　添加中心线

Step **3**　单击"中心线"对话框中的 ✓ 按钮，完成中心线的添加。

Task8.　添加图 6.14.12 所示的局部视图

Step **1**　选择命令。选择下拉菜单 [插入(I)] ➡ [工程图视图(V)] ➡ [局部视图(D)] 命
令，系统弹出"局部视图"对话框。

Step **2**　定义视图范围。绘制图 6.14.12 所示的圆作为视图范围。

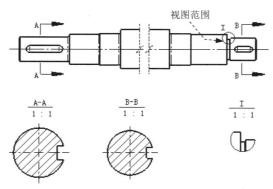

视图范围

图 6.14.12　创建局部视图

Step 3 定义缩放比例。在"局部视图"对话框的 **比例(S)** 区域中选中 ⊙ 使用自定义比例(C) 单选项，并在其下拉列表中选择 **1:1** 选项。

Step 4 放置视图。选择合适的位置单击，放置视图。

Step 5 单击"局部视图"对话框中的 ✔ 按钮，完成操作。

Task9. 添加图 6.14.13 所示的尺寸标注

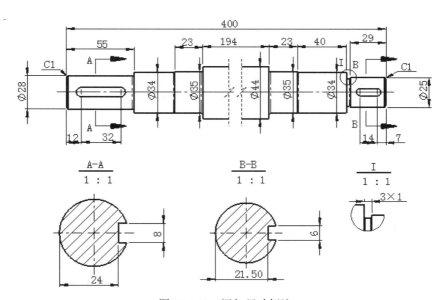

图 6.14.13　添加尺寸标注

注意： 在标注键槽深度时，应按住 Shift 键来选取圆的边线。

Task10. 标注图 6.14.14 所示的表面粗糙度

Step 1 选择下拉菜单 插入(I) ➡ 注解(A) ➡ √ 表面粗糙度符号(F). 命令，系统弹出"表面粗糙度"对话框。

Step 2 放置表面粗糙度符号，如图 6.14.14 所示。

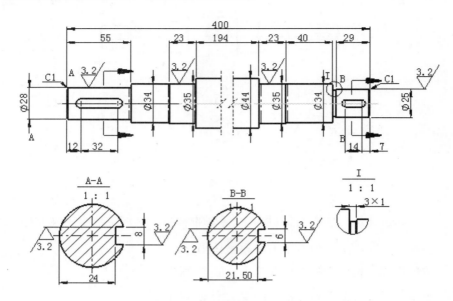

图 6.14.14　添加表面粗糙度标注

Task11. 标注图 6.14.15 所示的基准符号

Step 1 选择下拉菜单 插入(I) ➡ 注解(A) ➡ [A] 基准特征符号(U)... 命令，系统弹出"基准特征"对话框。

Step 2 在 标号设定(S) 区域的 A 文本框中输入 C，取消 □ 使用文件样式(U) 复选框，单击 [♀] 和 [✔] 按钮。

Step 3 放置基准特征符号。分别选择图 6.14.15 所示的两尺寸放置基准特征符号。

Step 4 单击 ✔ 按钮，完成操作。

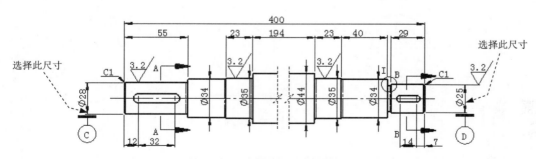

图 6.14.15　添加基准特征符号

Task12. 添加图 6.14.16 所示的形位公差
Task13. 创建图 6.14.17 所示的注释文本

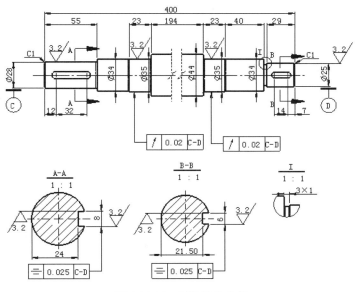

图 6.14.16　标注形位公差

技术要求

1. 调质处理200-220HBS
2. 未注圆角R1
3. 表面淬火处理

图 6.14.17　创建注释文本

Step 1　创建文本 1。

（1）选择命令。选择下拉菜单 插入(I) ➡ 注解(A) ➡ A 注释(N) 命令，系统弹出"注释"对话框。

（2）定义引线类型。单击 引线(L) 区域中的 按钮。

（3）创建文本 1。在图形区单击一点放置注释文本 1，在弹出的注释文本框中输入图 6.14.18 所示的注释文本，文本格式如图 6.14.19 所示。

图 6.14.18　创建文本 1

图 6.14.19　"格式化"工具条

Step 2 创建文本 2。在注释文本输入框中输入图 6.14.20 所示的注释文本，文本格式如图 6.14.21 所示。

```
1.  调质处理200-220HBS
2.  未注圆角R1
3.  表面淬火处理
```

图 6.14.20　创建文本 2

图 6.14.21　"格式化"工具条

Step 3 单击 ✔ 按钮，完成操作。

Task14. 创建图 6.14.22 所示的注释文本

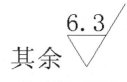

图 6.14.22　注释 3

Step 1 选择命令。选择下拉菜单 插入(I) ➡ 注解(A) ➡ A 注释(N). 命令，系统弹出"注释"对话框。

Step 2 定义引线类型。单击 引线(L) 区域中的 ⊿ 按钮。

Step 3 创建文本 3。在图形区单击一点放置注释文本 3，在弹出的注释文本框中输入图 6.14.23 所示的注释文本，文本格式如图 6.14.19 所示。

其余

图 6.14.23　注释文本

Step 4 创建表面粗糙度符号。在图 6.14.24 所示的"注释"对话框 文字格式(T) 区域选择单击 √ 按钮，系统弹出图 6.14.25 所示的"表面粗糙度"对话框，在 符号(S) 区域选择表面粗糙度符号类型 √，在 符号布局 区域输入图 6.14.25 所示的表面粗糙度值，单击"表面粗糙度"对话框中的 ✔ 按钮，关闭"表面粗糙度"对话框。

Step 5 单击"注释"对话框中的 ✔ 按钮，完成注释 3 的创建。

图 6.14.24　"注释"对话框　　　　图 6.14.25　"表面粗糙度"对话框

Task15. 保存文件

选择下拉菜单 文件(F) ➡ 另存为(A)... 命令，系统弹出"另存为"对话框，将文件命名为 axes_ok.slddrw，单击 保存(S) 按钮保存。

7
钣金设计

7.1　钣金设计入门

　　本章主要介绍了钣金设计概念及 SolidWorks 钣金中的菜单和工具条，它们是钣金设计入门的必备知识，希望读者在认真学习本章后对钣金的基本知识有一定的了解。

7.1.1　钣金设计概述

　　钣金件是利用金属的可塑性，针对金属薄板（一般是指 5mm 以下）通过弯边、冲裁、成形等工艺，制造出单个零件，然后通过焊接、铆接等装配成完整的钣金件。其最显著的特征是同一零件的厚度一致。由于钣金成形具有材料利用率高、重量轻、设计及操作方便等特点，所以钣金件的应用十分普遍，几乎占据了所有行业，如机械、电器、仪器仪表、汽车和航空航天等行业。在一些产品中钣金零件占全部金属制品的 80%左右，图 7.1.1 所示的为常见的几种钣金零件。

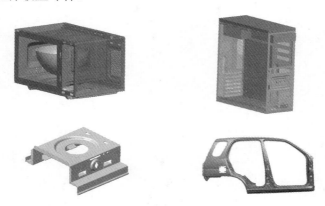

图 7.1.1　常见的几种钣金件

使用 SolidWorks 软件创建钣金件的一般过程如下：

（1）新建一个"零件"文件，进入建模环境。

（2）以钣金件所支持或保护的内部零部件大小和形状为基础，创建基体-法兰（基础钣金）。

例如设计机床床身护罩时，先要按床身的形状和尺寸创建基体-法兰。

（3）创建其余法兰。在基体-法兰创建之后，往往需要在其基础上创建另外的钣金，即边线-法兰、斜接法兰等。

（4）在钣金模型中，还可以随时创建一些实体特征，如（切除）拉伸特征、孔特征、圆角特征和倒角特征等。

（5）进行钣金的折弯。

（6）进行钣金的展开。

（7）创建钣金件的工程图。

7.1.2　钣金菜单及其工具条

在学习本节时，请先打开 D:\sw13\work\ch07\ch07.01\disc.SLDPR 钣金件模型文件。SolidWorks 2013 版本的用户界面包括设计树、下拉菜单区、工具栏按钮区、任务窗格、状态栏以及"自定义"菜单等。

下拉菜单中包含创建、保存、修改模型和设置 SolidWorks 环境的一些命令。钣金设计的命令主要分布在 插入(I) ➡ 钣金(H) 子菜单中。

工具栏中的命令按钮为快速进入命令及设置工作环境提供了极大的方便，用户可以根据具体情况定制工具栏。在工具栏处右击，在弹出的快捷菜单中确认 钣金(H) 选项被激活（ 钣金(H) 前的 按钮被按下），"钣金（H）"工具栏（图 7.1.2）显示在工具栏按钮区。

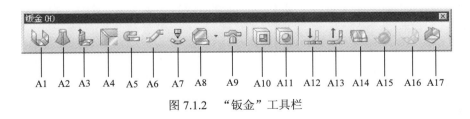

图 7.1.2　"钣金"工具栏

A1：基体-法兰/薄片　　　　　A10：拉伸切除

A2：放样折弯　　　　　　　　A11：简单直孔

A3：边线法兰　　　　　　　　A12：展开

A4: 斜接法兰   A13: 折叠

A5: 褶边   A14: 展开

A6: 转折   A15: 不折弯

A7: 绘制的折弯   A16: 插入折弯

A8: 边角   A17: 切口

A9: 成形工具

注意：用户会看到有些菜单命令和按钮处于非激活状态（呈灰色，即暗色），这是因为它们目前还没有处在发挥功能的环境中，一旦它们进入有关的环境，便会自动激活。

在用户操作软件的过程中，状态栏的消息区会实时地显示当前操作、当前的状态以及与当前操作相关的提示信息等，以引导用户操作。

7.2 钣金法兰

本节详细介绍了基体-法兰/薄片、边线-法兰、斜接法兰、褶边和平板特征的创建方法及技巧，通过典型范例的讲解，读者可快速掌握这些命令的创建过程，并领悟其中的含义。另外还介绍了折弯系数的设置和释放槽的创建过程。

7.2.1 基体-法兰

1. 基体-法兰概述

使用"基体-法兰"命令可以创建出厚度一致的薄板，它是一个钣金零件的"基础"，其他的钣金特征（如成形、折弯、拉伸等）都需要在这个"基础"上创建，因而基体-法兰特征是整个钣金件中最重要的部分。

选取"基体-法兰"命令的两种方法如下：

方法一：从下拉菜单中选择特征命令。选择下拉菜单 插入(I) ➡ 钣金(H) ➡ 基体法兰(A)... 命令。

方法二：从工具栏中获取特征命令。在"钣金（H）"工具栏中单击"基体-法兰"按钮 。

注意：只有当模型中不含有任何钣金特征时，"基体-法兰"命令才可用，否则"基体-法兰"命令将会成为"薄片"命令，并且每个钣金零件模型中最多只能存在一个"基体-法兰"特征。

"基体-法兰"的类型：基体-法兰特征与实体建模中的凸台-拉伸特征相似，都是通过特征的横断面草图拉伸而成，而基体-法兰特征的横断面草图可以是单一开放环草图、单一封闭环草图或者多重封闭环草图，根据不同类型的横断面草图，所创建的基体-法兰也各不相同，下面将详细讲解三种不同类型的基体-法兰特征的创建过程。

2. 创建基体-法兰的一般过程

首先使用"开放环横断面草图"创建基体-法兰。

在使用"开放环横断面草图"创建基体-法兰时，需要先绘制横断面草图，然后给定钣金壁厚度值和深度值，则系统将轮廓草图延伸至指定的深度，生成基体-法兰特征，如图7.2.1 所示。

图 7.2.1　用"开放环横断面草图"创建基体-法兰

下面以图 7.2.1 所示的模型为例，说明"开放环横断面草图"创建基体-法兰的一般操作过程。

Step 1　新建模型文件。选择下拉菜单 文件(F) ➡ 新建(N)... 命令，在系统弹出的"新建 SolidWorks 文件"对话框中选择"零件"模块，单击 确定 按钮，进入建模环境。

Step 2　选择命令。选择下拉菜单 插入(I) ➡ 钣金(H) ➡ 基体法兰(A)... 命令。

Step 3　定义特征的横断面草图。

（1）定义草图基准面。选取前视基准面作为草图基准面。

（2）定义横断面草图。在草绘环境中绘制图 7.2.2 所示的横断面草图。

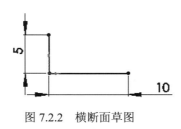

图 7.2.2　横断面草图

（3）选择下拉菜单 插入(I) ➡ 退出草图 命令，退出草绘环境，此时系统弹出图7.2.3 所示的"基体法兰"对话框。

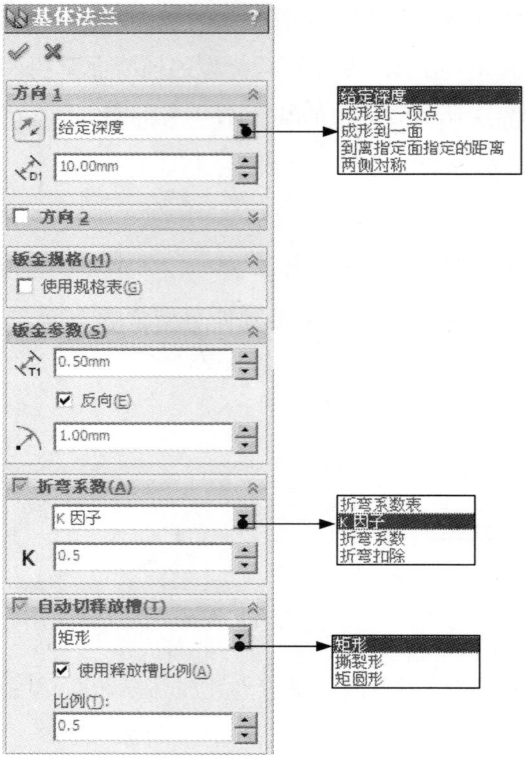

图 7.2.3　"基体法兰"对话框

Step 4　定义钣金参数属性。

（1）定义深度类型和深度值。在**方向 1**区域的下拉列表中选择给定深度选项，在文本框中输入深度 10.0。

说明：也可以拖动图 7.2.4 所示的箭头改变深度和方向。

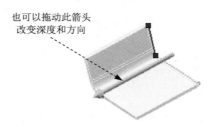

图 7.2.4　设置深度和方向

（2）定义钣金参数。在**钣金参数(S)**区域的文本框中输入厚度 0.5，选中反向(E) 复选框，在文本框中输入圆角半径 1.0。

（3）定义钣金折弯系数。在**折弯系数(A)**区域的文本框中选择 K 因子，把文本框 **K** 因子系数改为 0.5。

（4）定义钣金自动切释放槽类型。在 □ **自动切释放槽(T)** 区域的文本框中选择 矩形 选项，选中 ☑ **使用释放槽比例(A)** 复选框，在 比例(T): 文本框中输入比例系数 0.5。

Step 5　单击 ✔ 按钮，完成基体-法兰特征的创建。

说明：当完成基体-法兰 1 的创建后，系统将自动在设计树中生成 ⊞ 🔲 钣金 和 ⊞ 🔳 平板型式 两个特征。用户可对 ⊞ 🔳 平板型式 特征进行压缩或解压缩，把模型折叠或展平。

Step 6　保存钣金零件模型。选择下拉菜单 文件(F) ➡ 🖫 保存(S) 命令，将零件模型命名为 Base_Flange.01_ok.SLDPRT，即可保存模型。

关于"开放环横断面草图"的几点说明：

● 在单一开放环横断面草图中不能包含样条曲线。

● 单一开放环横断面草图中的所有尖角无需进行创建圆角，系统会根据设定的折弯半径在尖角处生成"基体折弯"特征，从上面例子的设计树中可以看到，系统自动生成了一个"基体折弯"特征，如图 7.2.5 所示。

图 7.2.3 所示的"基体法兰"对话框中各选项的说明如下：

● **方向1** 区域的下拉列表用于设置基体-法兰的拉伸类型。

● **钣金规格(M)** 区域用于设定钣金零件的规格。

　　☑　☑ 使用规格表(G)：选中此复选框，则使用钣金规格表设置钣金规格。

● **钣金参数(S)** 区域用于设置钣金的参数。

　　☑　↖T1：设置钣金件的厚度值。

　　☑　☑ 反向(E)：定义钣金厚度的方向（图 7.2.6）。

　　☑　↘：设置钣金的折弯半径值。

图 7.2.5　设计树

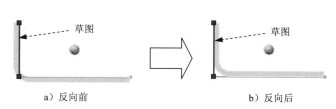

a）反向前　　　　　　　　b）反向后

图 7.2.6　设置厚度的方向

接下来使用"封闭环横断面草图"创建基体-法兰。

使用"封闭环横断面草图"创建基体-法兰时，需要先绘制横断面草图（封闭的轮廓），然后给定钣金厚度值。

下面以图 7.2.7 所示的模型为例，来说明用"封闭环横断面草图"创建基体-法兰的一般操作过程。

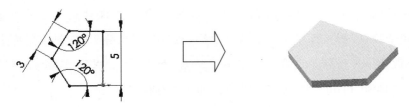

图 7.2.7　用"封闭环横断面草图"创建基体-法兰

Step 1　新建模型文件。选择下拉菜单 文件(F) ➡ 新建(N)... 命令，在系统弹出的"新建 SolidWorks 文件"对话框中选择"零件"模块，单击 确定 按钮，进入建模环境。

Step 2　选择命令。选择下拉菜单 插入(I) ➡ 钣金(H) ➡ 基体法兰(A)... 命令。

Step 3　定义特征的横断面草图。选取前视基准面作为草图基准面，绘制图 7.2.7 所示的横断面草图。

Step 4　定义钣金参数属性。

（1）定义钣金参数。在 钣金参数(S) 区域的文本框 中输入厚度 0.5。

（2）定义钣金折弯系数。在 折弯系数(A) 区域的文本框中选择 K 因子，在 K 因子系数文本框输入 0.5。

（3）定义钣金自动切释放槽类型。在 自动切释放槽(T) 区域的文本框中选择 矩形 选项，选中 使用释放槽比例(A) 复选框，在 比例(T): 文本框中输入比例系数 0.5。

Step 5　单击 ✓ 按钮，完成基体-法兰特征的创建。

Step 6　保存钣金零件模型。选择下拉菜单 文件(F) ➡ 保存(S) 命令，将零件模型命名为 Base_Flange.02_ok.SLDPRT，即可保存模型。

最后使用"多重封闭环横断面草图"创建基体-法兰。

下面以图 7.2.8 所示的模型为例，来说明用"多重封闭环横断面草图"创建基体-法兰的一般操作过程。

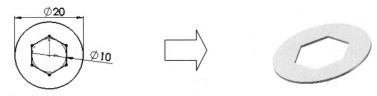

图 7.2.8　用"多重封闭环横断面草图"创建基体-法兰

Step 1　新建模型文件。选择下拉菜单 文件(F) ➡ 📄 新建(N)... 命令，在系统弹出的 "新建 SolidWorks 文件" 对话框中选择 "零件" 模块，单击 确定 按钮，进入建模环境。

Step 2　选择命令。选择下拉菜单 插入(I) ➡ 钣金(H) ➡ 🗋 基体法兰(A)... 命令。

Step 3　定义特征的横断面草图。选取前视基准面作为草图基准面，绘制图 7.2.8 所示的横断面草图。

Step 4　定义钣金参数属性。

（1）定义钣金参数。在 钣金参数(S) 区域的文本框 📏 中输入厚度 0.5。

（2）定义钣金折弯系数。在 ☑ 折弯系数(A) 区域的文本框中选择 K 因子，在 K 因子系数文本框输入数值 0.5。

（3）定义钣金自动切释放槽类型。在 ☑ 自动切释放槽(T) 区域的文本框中选择 矩形 选项，选中 ☑ 使用释放槽比例(A) 复选框，在 比例(T): 文本框中输入比例系数 0.5。

Step 5　单击 ✔ 按钮，完成基体-法兰特征的创建。

Step 6　保存零件模型。选择下拉菜单 文件(F) ➡ 🖫 保存(S) 命令，将零件模型命名为 Base_Flange.03_ok.SLDPRT，即可保存模型。

7.2.2　折弯系数

折弯系数包括折弯系数表、K-因子、折弯系数和折弯扣除数值。

1. 折弯系数表

折弯系数表包括折弯半径、折弯角度和钣金件的厚度值。可以在折弯系数表中指定钣金件的折弯系数或折弯扣除值。

一般情况下，有两种格式的折弯系数表：一种是嵌入的 Excel 电子表格，另一种是扩展名为 *.btl 的文本文件。这两种格式的折弯系数表有如下区别：嵌入的 Excel 电子表格格式的折弯系数表只可以在 Microsoft Excel 软件中进行编辑，当使用这种格式的折弯系数表，与别人共享零件时，折弯系数表自动包括在零件内，因为其已被嵌入；而扩展名为 *.btl 的文本文件格式的折弯系数表，其文字表格可在一系列应用程序中编辑，当使用这种格式的折弯系数表，与别人共享零件时，必须记住要同时共享其折弯系数表。

可以在单独的 Excel 对话框中编辑折弯系数表。

注意：

● 如果有多个折弯厚度表的折弯系数表，半径和角度必须相同。例如，假设将一新的折弯半径值插入有多个折弯厚度表的折弯系数表，必须在所有表中插入新数值。

● 除非有 SolidWorks 2000 或早期版本的旧制折弯系数表，推荐使用 Excel 电子表格。

2. K-因子

K-因子为代表钣金件中性面在钣金件厚度中的位置。

当选择 K-因子作为折弯系数时，可以指定 K-因子折弯系数表。SolidWorks 应用程序自带 Microsoft Excel 格式的 K-因子折弯系数表格。其文件位于 SolidWorks 应用程序的安装目录 SolidWorks\lang\chinese-simplified\Sheetmetal Bend Tables\kfactor base bend table.xls。也可通过使用钣金规格表来应用基于材料的默认 K-因子。K-因子的含义如图 7.2.9 所示。

带 K 因子的折弯系数使用以下计算公式：

$$BA = \pi(R + KT)A/180$$

计算公式中各字母所代表的含义说明如下：

BA —— 折弯系数；

R —— 内侧折弯半径（mm）；

K —— K 因子，$K = t / T$；

T —— 材料厚度（mm）；

t —— 内表面到中性面的距离（mm）；

A —— 折弯角度（经过折弯材料的角度）。

3. 折弯扣除数值

在生成折弯时，可以通过输入数值来给任何一个钣金折弯指定一个明确的折弯扣除值。折弯扣除值的含义如图 7.2.10 所示。

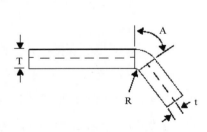

图 7.2.9　定义 K-因子

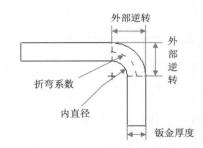

图 7.2.10　定义折弯扣除值

注意： 按照定义，折弯扣除为折弯系数与双倍外部逆转之间的差。

7.2.3　边线–法兰

边线-法兰是在已存在的钣金壁的边缘上创建出简单的折弯和弯边区域，其厚度与原有钣金厚度相同。

1. 选择"边线-法兰"命令

方法一： 从下拉菜单中选择 [插入(I)] ➡ [钣金(H)] ➡ [🐾 边线法兰 (E)]...命令。

方法二： 从工具栏中选择特征命令。在"钣金（H）"工具栏中单击"边线-法兰"按钮 [🐾]。

2. 创建边线-法兰的一般过程

在创建边线-法兰特征时，必须先在已存在的钣金中选取某一条边线或多条边作为边线-法兰钣金壁的附着边，所选的边线可以是直线，也可以是曲线，其次需要定义边线-法兰特征的尺寸，设置边线-法兰特征与已存在钣金壁夹角的补角值。

下面以图 7.2.11 所示的模型为例，说明定义一条附着边创建边线-法兰钣金壁的一般操作过程。

a）创建前   b）创建后

图 7.2.11　定义一条附着边创建边线-法兰特征

Step 1 打开文件 D:\sw13\work\ch07\ch07.02\ch07.02.03\Edge_Flange_01.SLDPRT。

Step 2 选择命令。选择下拉菜单 [插入(I)] ➡ [钣金(H)] ➡ [🐾 边线法兰 (E)]...命令。

Step 3 定义附着边。选取图 7.2.12 所示的模型边缘为边线-法兰的附着边。

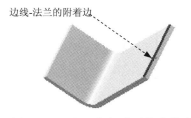

图 7.2.12　选取边线-法兰的附着边

Step 4 定义法兰参数。

（1）定义法兰角度值。在图 7.2.13 所示的"边线-法兰"对话框中 [角度(G)] 区域的 [🖉] 文本框中输入角度值 90.0。

（2）定义长度类型和长度值。

① 在"边线-法兰"对话框 [法兰长度(L)] 区域的 [🖉] 下拉列表中选择 [给定深度] 选项。

② 方向如图 7.2.14 所示，在 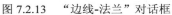 文本框中输入深度值 7.0。

图 7.2.13　"边线-法兰"对话框

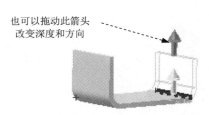

也可以拖动此箭头
改变深度和方向

图 7.2.14　设置深度和方向

③ 在此区域中单击"外部虚拟交点"按钮 。

（3）定义法兰位置。在 **法兰位置(N)** 区域中，单击"材料在外"按钮 ，取消选中
 剪裁侧边折弯(T) 和 等距(F) 复选框。

Step 5 　单击 ✓ 按钮，完成边线-法兰的创建。

Step 6 　选择下拉菜单 文件(F) ➡ 另存为(A)... 命令，将零件模型命名为
　　　　Edge_Flange_01_ok.SLDPRT，即可保存模型。

图 7.2.13 所示的"边线-法兰"对话框中各选项的说明如下：

● **法兰参数(P)** 区域

　☑ 　图标旁边的文本框：用于收集所选取的边线-法兰的附着边。

　☑ 编辑法兰轮廓(E) 按钮：单击此按钮后，系统弹出"轮廓草图"对话框，并进
　　　入编辑草图模式，在此模式下可以编辑边线-法兰的轮廓草图。

　☑ ☑ 使用默认半径(U) ：是否使用默认的半径。

　☑ 文本框：用于设置边线-法兰的折弯半径。

　☑ 文本框：用于设置边线-法兰之间的缝隙距离，如图 7.2.15 所示。

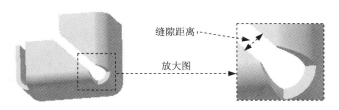

图 7.2.15 设置缝隙距离

- **角度(G)** 区域
    - ☑ 📐 文本框：可以输入折弯角度的值，该值是与原钣金所成角度的补角，几种折弯角度如图 7.2.16 所示。

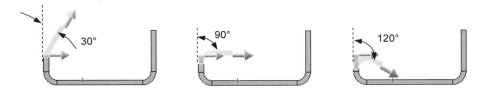

图 7.2.16 设置折弯角度值

    - ☑ 🔲 文本框：单击以激活此文本框，用于选择面。
    - ☑ **⊙与面垂直(N)**：创建后的边线-法兰与选择的面垂直，如图 7.2.17 所示。
    - ☑ **⊙与面平行(R)**：创建后的边线-法兰与选择的面平行，如图 7.2.18 所示。

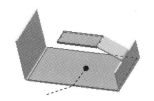

图 7.2.17 与面垂直　　　　　　图 7.2.18 与面平行

- **法兰长度(L)** 区域
    - ☑ **给定深度** 选项：创建确定深度尺寸类型的特征。
    - ☑ 🔼 按钮：单击此按钮，可切换折弯长度的方向（图 7.2.19）。
    - ☑ 📐 文本框：用于设置深度值。
    - ☑ "外部虚拟交点" 按钮 🔀：边线-法兰的总长是从折弯面的外部虚拟交点处开始计算，直到折弯平面区域端部为止的距离，如图 7.2.20a 所示。

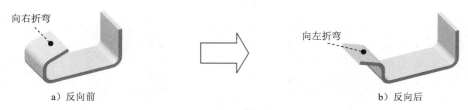

a）反向前　　　　　　　　　　　　　　b）反向后

图 7.2.19　设置折弯长度的方向

☑　"内部虚拟交点"按钮：边线-法兰的总长是从折弯面的内部虚拟交点处开始计算，直到折弯平面区域端部为止的距离，如图 7.2.20b 所示。

☑　"双弯曲"按钮：边线-法兰的总长距离是从折弯面相切虚拟交点处开始计算，直到折弯平面区域的端部为止的距离（只对大于 90° 的折弯有效），如图 7.2.20c 所示。

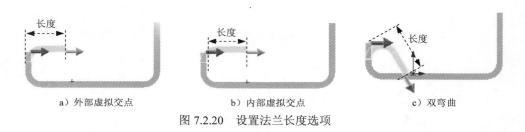

a）外部虚拟交点　　　　　　　b）内部虚拟交点　　　　　　　c）双弯曲

图 7.2.20　设置法兰长度选项

☑　成形到一顶点选项：特征在拉伸方向上延伸，直至与指定顶点所在的面相交（此面必须与草图基准面平行），如图 7.2.21 所示。

● 法兰位置(N) 区域

☑　"材料在内"按钮：边线-法兰的外侧面与附着边平齐，如图 7.2.22 所示。

图 7.2.21　成形到一顶点

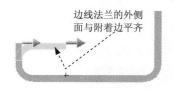

边线法兰的外侧面与附着边平齐

图 7.2.22　材料在内

☑　"材料在外"按钮：边线-法兰的内侧面与附着边平齐，如图 7.2.23 所示。

☑　"折弯在外"按钮：把折弯特征直接加在基础特征上来创建材料而不改变基础特征尺寸，如图 7.2.24 所示。

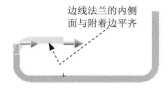

图 7.2.23　材料在外

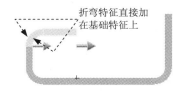

图 7.2.24　折弯在外

☑　"虚拟交点的折弯"按钮 ⬜：把折弯特征加在虚拟交点处，如图 7.2.25 所示。

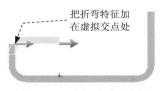

图 7.2.25　虚拟交点的折弯

☑　　"与折弯相切"按钮 ◣：把折弯特征加在折弯相切处（只对大于 90 度的折弯有效）。

☑　　☑ 剪裁侧边折弯(T) 复选框：是否移除邻近折弯的多余材料，如图 7.2.26 所示。

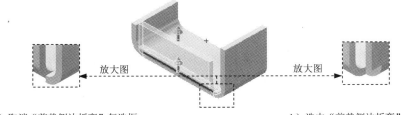

a）取消"剪裁侧边折弯"复选框　　　　　　　　　　　b）选中"剪裁侧边折弯"复选框

图 7.2.26　设置"剪裁侧边折弯"

☑　　☑ 等距(F) 复选框：选择以等距法兰。

下面以图 7.2.27 所示的模型为例，来说明定义多条附着边创建边线-法兰钣金壁的一般操作过程。

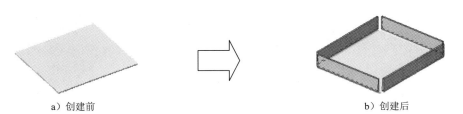

a）创建前　　　　　　　　　　　　　　　　b）创建后

图 7.2.27　定义多条附着边创建边线-法兰特征

Step **1** 打开文件 D:\sw13\work\ch07\ch07.02\ch07.02.03\Edge_Flange_02.SLDPRT。

Step **2** 选择命令。选择下拉菜单 插入(I) ➡ 钣金(H) ➡ 边线法兰(E)...命令。

Step **3** 定义特征的边线。选取图 7.2.28 所示模型上的四条边线为边线-法兰的附着边。

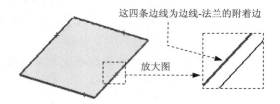

这四条边线为边线-法兰的附着边

放大图

图 7.2.28 选取边线-法兰的附着边

Step **4** 定义边线法兰属性。

（1）定义法兰参数。在"边线-法兰"对话框的 **法兰参数(P)** 区域的 文本框中输入缝隙距离值 1.0。

（2）定义法兰角度值。在 **角度(G)** 区域的 文本框中输入角度值 90.0。

（3）定义长度类型和长度值。

① 在"边线-法兰"对话框 **法兰长度(L)** 区域的 下拉列表中选择 给定深度 选项。

② 在 文本框中输入深度值 5.0。

③ 在此区域中单击"内部虚拟交点"按钮 。

（4）定义法兰位置。在 **法兰位置(N)** 区域中，单击"折弯在外"按钮 ，取消 □ **剪裁侧边折弯(T)** 和 □ **等距(F)** 复选框。

Step **5** 单击 按钮，完成边线-法兰的创建。

Step **6** 选择下拉菜单 文件(F) ➡ 另存为(A)... 命令，将零件模型命名为 Edge_Flange_02_ok.SLDPRT，即可保存模型。

下面以图 7.2.29 所示的模型为例，来说明选取弯曲的边线为附着边创建边线-法兰钣金壁的一般操作过程。

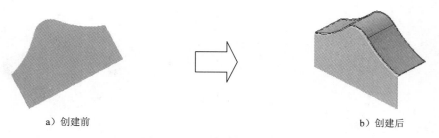

a）创建前   b）创建后

图 7.2.29 创建边线-法兰特征

Step **1** 打开文件 D:\sw13\work\ch07\ch07.02\ch07.02.03\Edge_Flange_03.SLDPRT。

Step **2** 选择命令。选择下拉菜单 插入(I) ➡ 钣金 (H) ➡ 📐 边线法兰 (E)... 命令。

Step **3** 定义特征的边线：选取图 7.2.30 所示的三条边线为边线-法兰的附着边。

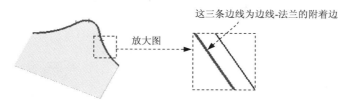

这三条边线为边线-法兰的附着边

放大图

图 7.2.30 选取边线-法兰的附着边

Step **4** 定义边线法兰属性。

（1）定义折弯半径。在"边线-法兰"对话框的 法兰参数(P) 区域中取消选中 ☐ 使用默认半径(U) 复选框，在 ⟍ 文本框中输入折弯半径值 0.5。

（2）定义法兰角度值。在 角度(G) 区域的 ⟋ 文本框中输入角度值 90.0。

（3）定义长度类型和长度值。

① 在"边线-法兰"对话框 法兰长度(L) 区域的 ⟋ 下拉列表中选择 给定深度 选项。

② 在 ⟋D 文本框中输入深度值 20.0。

③ 在此区域中单击"内部虚拟交点"按钮 ⬰。

（4）定义法兰位置。在 法兰位置(N) 区域中单击"折弯在外"按钮 ⬰，取消选中 ☐ 剪裁侧边折弯(T) 和 ☐ 等距(F) 复选框。

Step **5** 单击 ✔ 按钮，完成边线-法兰特征的创建。

Step **6** 选择下拉菜单 文件(F) ➡ 📄 另存为(A)... 命令，将零件模型命名为 Edge_Flange_03_ok.SLDPRT，即可保存模型。

3. 自定义边线-法兰的形状

在创建边线-法兰钣金壁后，用户可以自由定义边线-法兰的形状。下面以图 7.2.31 所示的模型为例，说明自定义边线-法兰形状的一般过程。

a）编辑前   b）编辑后

图 7.2.31 编辑边线-法兰的形状

Step 1 打开文件 D:\sw13\work\ch07\ch07.02\ch07.02.03\Edge_Flange_04.SLDPRT。

Step 2 选择编辑特征。在设计树的 ⊞ 🗎 边线-法兰2 上右击，在弹出的快捷菜单中选择🔩 命令，系统自动转换为编辑草图模式。

Step 3 编辑草图。修改后的草图，如图 7.2.32 所示；退出草绘环境，完成边线-法兰特征 的创建。

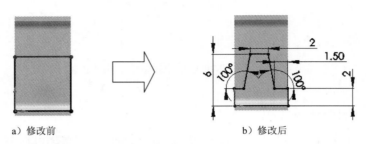

a）修改前   b）修改后

图 7.2.32 修改横断面草图

Step 4 选择下拉菜单 文件(F) ➡ 📄 另存为(A)... 命令，将零件模型命名为 Edge_Flange_04_ok.SLDPRT，即可保存模型。

7.2.4 释放槽

1. 释放槽概述

当附加钣金壁部分地与附着边相连，并且弯曲角度不为 0 时，需要在连接处的两端创建释放槽，也称减轻槽。

SolidWorks 2013 系统提供的释放槽分为三种：矩形释放槽、矩圆形释放槽和撕裂形释放槽。

在附加钣金壁的连接处，将主壁材料切割成矩形缺口构建的释放槽为矩形释放槽，如图 7.2.33 所示。

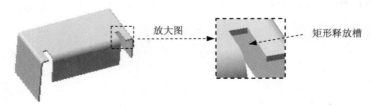

放大图   矩形释放槽

图 7.2.33 矩形释放槽

在附加钣金壁的连接处，将主壁材料切割成矩圆形缺口构建的释放槽为矩圆形释放槽，如图 7.2.34 所示。

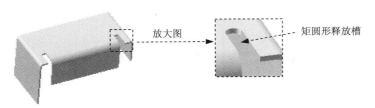

图 7.2.34　矩圆形释放槽

撕裂形释放槽分为切口撕裂形释放槽和延伸撕裂形释放槽两种。

● 切口撕裂形释放槽

在附加钣金壁的连接处，通过垂直切割主壁材料至折弯线处构建的释放槽为切口撕裂形释放槽，如图 7.2.35 所示。

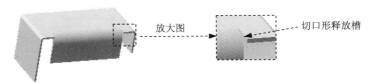

图 7.2.35　切口形撕裂释放槽

● 延伸撕裂形释放槽

在附加钣金壁的连接处用材料延伸折弯构建的释放槽为延伸撕裂形释放槽，如图 7.2.36 所示。

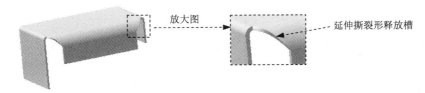

图 7.2.36　延伸撕裂形释放槽

2. 创建释放槽的一般过程

Step 1　打开文件 D:\sw13\work\ch07\ch07.02\ch07.02.04\Edge_Flange_relief.SLDPRT。

Step 2　创建图 7.2.37 所示的边线-法兰特征。

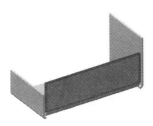

图 7.2.37　创建释放槽

Chapter 7

（1）选择命令。选择下拉菜单 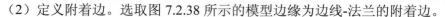 命令。

（2）定义附着边。选取图 7.2.38 所示的模型边缘为边线-法兰的附着边。

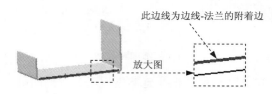

图 7.2.38　定义边线-法兰的附着边

（3）定义边线法兰属性。

①　定义折弯半径。在"边线-法兰"对话框的 **法兰参数(P)** 区域中取消选中 □ 使用默认半径(U) 复选框，在 文本框中输入折弯半径值 3.0。

②　定义法兰角度值。在"边线-法兰"对话框 **角度(G)** 区域中的 文本框中输入角度值 90.0。

③　定义长度类型和长度值。在"边线-法兰"对话框 **法兰长度(L)** 区域的 下拉列表中选择 给定深度 选项，在 文本框中输入深度值 20.0，设置折弯方向，参照图 7.2.37 所示模型，单击"内部虚拟交点"按钮 。

（4）定义法兰位置。在 **法兰位置(N)** 区域中，单击"材料在内"按钮 ，取消 □ 剪裁侧边折弯(T) 和 □ 等距(F) 复选框。

（5）定义钣金折弯系数。选中 ☑ 自定义折弯系数(A) 复选框，在"自定义折弯系数"区域的文本框中选择 K 因子，在 **K** 因子系数文本框输入数值 0.5。

（6）定义钣金自动切释放槽类型。选中图 7.2.39 所示的 ☑ 自定义释放槽类型(R) 复选框，在"自定义释放槽类型"区域的文本框中选择 撕裂形 选项，单击"切口"按钮 。

a）矩形释放槽

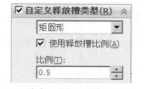
b）选中"使用释放槽比例"

c）撕裂形释放槽

图 7.2.39　"自定义释放槽类型"区域

（7）单击 ✔ 按钮，完成边线-法兰的创建。

（8）选择下拉菜单 文件(F) ➡ 另存为(A)... 命令，将零件模型命名为 Edge_Flange_relief_ok.SLDPRT，即可保存模型。

图 7.2.39 所示的 ☑ 自定义释放槽类型(R) 区域中各选项的说明如下：

● 矩形：将释放槽的形状设置为矩形。

● 矩圆形：将释放槽的形状设置为矩圆形。

　　☑ ☑ 使用释放槽比例(A) 复选框：是否使用释放槽比例，如果取消选中此复选框

　　可以在 ├W┤ 和 ¯I┐ 文本框中设置释放槽的宽度和深度。

　　☑ 比例(T)：文本框：设置矩形或矩圆形切除的尺寸与材料的厚度比例值。

● 撕裂形：将释放槽的形状设置为撕裂形。

　　☑ 🖉：设置为撕裂形释放槽。

　　☑ 🖉：设置为延伸撕裂形释放槽。

7.2.5　斜接法兰

1. 斜接法兰概述

"斜接法兰"是将一系列法兰创建到钣金零件的一条或多条边线上，创建"斜接法兰"时，首先必须以"基体-法兰"为基础生成"斜接法兰"特征的草图。

选取"斜接法兰"命令有如下两种方法：

方法一：选择下拉菜单 插入(I) ➡ 钣金 (H) ➡ 🗾 斜接法兰 (M)...命令。

方法二：在"钣金（H）"工具栏中单击 🗾 按钮。

2. 在一条边上创建斜接法兰

下面以图 7.2.40 所示的模型为例，讲述在一条边上创建斜接法兰的一般过程。

a）创建"斜接法兰"前　　　　　　　　b）创建"斜接法兰"后

图 7.2.40　斜接法兰

Step 1　打开文件 D:\sw13\work\ch07\ch07.02\ch07.02.05\Miter_Flange_01.SLDPRT。

Step 2　选择命令。选择下拉菜单 插入(I) ➡ 钣金 (H) ➡ 🗾 斜接法兰 (M)...命令。

Step 3　定义斜接参数。

（1）定义边线。选取图 7.2.41 所示的草图，系统弹出图 7.2.42 所示的"斜接法兰"对话框，系统默认图 7.2.43 所示的边线，图形中出现图 7.2.43 所示的斜接法兰的预览。

选此草图为斜接法兰轮廓

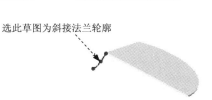

图 7.2.41　定义斜接法兰轮廓

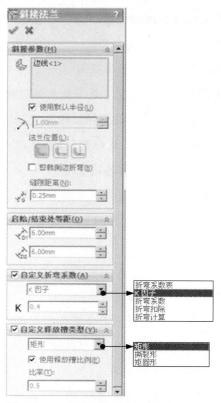

图 7.2.42　"斜接法兰"对话框

（2）定义法兰位置。在"斜接法兰"对话框的 **法兰位置(L):** 选项中，单击"材料在内"按钮 ⌐。

Step 4　定义启始/结束处等距。在"斜接法兰"对话框的 **启始/结束处等距(O)** 区域中，在 ⤸D1（开始等距距离）文本框中输入数值 6，在 ⤸D2（结束等距距离）文本框中输入数值 6，如图 7.2.44 所示为斜接法兰的预览。

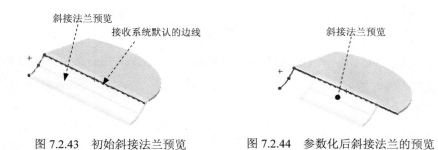

斜接法兰预览

接收系统默认的边线

斜接法兰预览

图 7.2.43　初始斜接法兰预览　　　　图 7.2.44　参数化后斜接法兰的预览

Step 5　定义折弯系数。在"斜接法兰"对话框中，选中 ☑ **自定义折弯系数(A)** 复选框，在此区域的下拉列表中选择 **K 因子** 选项，并在 **K** 后的文本框中输入数值 0.4。

Step 6 定义释放槽。在"斜接法兰"对话框中，单击选中 ☑ 自定义释放槽类型(Y): 复选框，在其下拉列表中选择 矩圆形 选项，在 ☑ 自定义释放槽类型(Y): 区域中单击选中 ☑ 使用释放槽比例(E) 复选框，并在 比例(T): 文本框中输入数值 0.5。

Step 7 单击"斜接法兰"对话框中的 ✅ 按钮，完成斜接法兰的创建。

Step 8 选择下拉菜单 文件(F) ➡ 📄 另存为(A)... 命令，将零件模型命名为 Miter_Flange_01_ok.SLDPRT，即可保存模型。

图 7.2.42 所示的"斜接法兰"对话框中的各项说明如下：

● 斜接参数(M) 区域：用于设置斜接法兰的附着边、折弯半径、法兰位置和缝隙距离。

 ☑ 🐾 沿边线列表框：用于显示用户所选择的边线。

 ☑ ☑ 使用默认半径(U) 复选框：单击消除此复选框后，可以在 📐 折弯半径文本框中输入半径值。

 ☑ 法兰位置(L)：法兰位置区域中提供了与边线法兰相同的法兰位置。

 ☑ 缝隙距离(N)：若同时选择多条边线时，在切口缝隙文本框中输入的数值则为相邻法兰之间的距离。

● 启始/结束处等距(O) 区域：用于设置斜接法兰的第一方向和第二方向的长度。如图 7.2.45 所示。

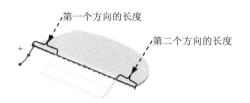

图 7.2.45　设置两个方向的长度

 ☑ 📏D1 "开始等距距离"文本框：用于设置斜接法兰附加壁的第一个方向的距离。

 ☑ 📏D2 "结束等距距离"文本框：用于设置斜接法兰附加壁的第二个方向的长度。

3. 在多条边上创建斜接法兰

下面以图 7.2.46 所示的模型为例，讲述在多条边上创建斜接法兰的一般操作过程。

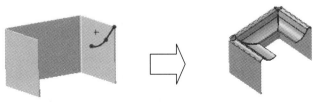

a）创建"斜接法兰"前　　　　　　b）创建"斜接法兰"后

图 7.2.46　创建斜接法兰

Step 1 打开文件 D:\sw13\work\ch07\ch07.02\ch07.02.05\Miter_Flange_02.SLDPRT。

Step 2 选择命令。选择下拉菜单 插入(I) ➡ 钣金(H) ➡ 斜接法兰(M)... 命令。

Step 3 定义斜接参数。

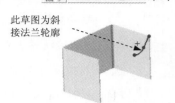

（1）定义斜接法兰轮廓。选取图 7.2.47 所示的草图为斜接法兰轮廓，系统将自动预览图 7.2.49 所示的斜接法兰。

图 7.2.47 定义斜接法兰轮廓

（2）定义斜接法兰边线。单击图 7.2.48 所示的相切按钮 ，系统自动捕捉到与默认边线相切的所有边线，图形中会出现图 7.2.49 所示的斜接法兰的预览。

图 7.2.48 定义边线

图 7.2.49 斜接法兰的预览

（3）设置法兰位置。在"斜接法兰"对话框的 法兰位置(L): 选项中，单击"材料在外"按钮 。

（4）定义缝隙距离。在"斜接法兰"对话框的 文本框中输入缝隙距离值 0.1。

Step 4 定义启始/结束处等距。在"斜接法兰"对话框的 启始/结束处等距(O) 区域中"开始等距距离" 文本框中输入数值 0，在"结束等距距离" 文本框中输入数值 0。

Step 5 定义折弯系数。在"斜接法兰"对话框中，单击选中 ☑ 自定义折弯系数(A) 复选框，在此区域的下拉列表中选择 K 因子 选项，并在 K 文本框中输入数值 0.4。

Step 6 单击"斜接法兰"对话框中的"完成"按钮 ，完成斜接法兰的创建。

Step 7 保存钣金零件模型。选择下拉菜单 文件(F) ➡ 另存为(A)... 命令，将零件模型命名为 Miter_Flange_02_ok.SLDPRT，即可保存模型。

7.2.6 薄片

"薄片"命令是在钣金零件的基础上创建薄片特征，其厚度与钣金零件的厚度相同。薄片的草图可以是"单一闭环"或"多重闭环"轮廓，但不能是开环轮廓。绘制草图的面或基准面的法线必须与基体-法兰的厚度方向平行。

1. 选择 "薄片" 命令

方法一：选择下拉菜单 插入(I) ➡ 钣金 (H) ➡ 🦖 基体法兰 (A)... 命令。

方法二：在 "钣金 (H)" 工具栏中单击 🦖 按钮。

2. 使用单一闭环创建薄片的一般过程

下面以图 7.2.50 所示的模型为例，来说明单一闭环创建薄片的一般操作过程。

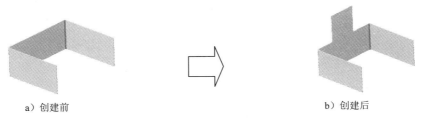

a）创建前   b）创建后

图 7.2.50 创建薄片特征

Step 1 打开文件 D:\sw13\work\ch07\ch07.02\ch07.02.06\Sheet_Metal_Tab.SLDPRT。

Step 2 选择命令。选择下拉菜单 插入(I) ➡ 钣金 (H) ➡ 🦖 基体法兰 (A)... 命令。

Step 3 绘制横断面草图。选取图 7.2.51 所示的模型表面为草图基准面，绘制图 7.2.52 所示的横断面草图。

选取此模型表面为草图基准面

图 7.2.51 定义草图基准面   图 7.2.52 横断面草图

Step 4 单击 "基体法兰" 对话框中的 ✔ 按钮，完成薄片 1 的创建。

Step 5 保存钣金零件模型。选择下拉菜单 文件(F) ➡ 📄 另存为 (A)... 命令，将零件模型以 Sheet_Metal_Tab_01_ok.SLDPRT.命名，即可保存模型。

3. 使用多重闭环创建薄片的一般过程

下面以图 7.2.53 所示的模型为例，来说明多重闭环创建薄片的一般操作过程。

a）创建前   b）创建后

图 7.2.53 创建薄片特征

Chapter 7

Step 1 　打开文件 D:\sw13\work\ch07\ch07.02\ch07.02.06\Sheet_Metal_Tab.SLDPRT。

Step 2 　选择命令。选择下拉菜单 插入(I) ➡ 钣金 (H) ➡ 🐾 基体法兰 (A)...命令。

Step 3 　绘制横断面草图。选取图 7.2.54 所示的模型表面为草图基准面，绘制图 7.2.55 所示的横断面草图。

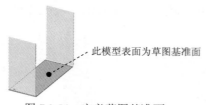

此模型表面为草图基准面

图 7.2.54　定义草图基准面

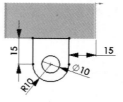

图 7.2.55　横断面草图

Step 4 　单击"基体法兰"对话框中的 ✔ 按钮，完成薄片 1 的创建。

Step 5 　保存钣金零件模型。选择下拉菜单 文件(F) ➡ 🔲 另存为 (A)...命令，将零件模型命名为 Sheet_Metal_Tab_02_ok .SLDPRT，即可保存模型。

7.3　折弯钣金体

　　对钣金件进行折弯是钣金成形过程中很常见的一种工序，通过折弯命令可以对钣金的形状进行改变，从而获得所需要的钣金件。本节在讲述折弯钣金体的时候，根据各种不同的实际情况都配备了范例，建议读者认真阅读每一个范例，从而迅速掌握本节的知识点。

7.3.1　绘制的折弯

　　"绘制的折弯"是将钣金的平面区域以折弯线为基准弯曲某个角度。在进行折弯操作时，应注意折弯特征仅能在钣金的平面区域建立，不能跨越另一个折弯特征。折弯线可以是一条或多条直线，各折弯线应保持方向一致且不相交，其长度无需与折弯面的长度相同。

　　钣金折弯特征包括如下四个要素：

● 　折弯线：确定折弯位置和折弯形状的几何线。

● 　固定面：折弯时固定不动的面。

● 　折弯半径：折弯部分的弯曲半径。

● 　折弯角度：控制折弯的弯曲程度。

1. 选择"绘制的折弯"命令

方法一：选择下拉菜单 插入(I) ➡ 钣金 (H) ➡ 🔧 绘制的折弯 (S)...命令。

方法二：在"钣金（H）"工具栏中单击"绘制的折弯"按钮 🔧。

2. 创建"绘制的折弯"的一般过程

下面以图 7.3.1 所示的模型为例，介绍折弯线为一条直线的"绘制的折弯"特征创建的一般过程。

a）折弯前   b）折弯后

图 7.3.1　绘制的折弯

Step 1　打开文件 D:\sw13\work\ch07\ch07.03\ch07.03.01\sketched_bend.SLDPRT。

Step 2　选择下拉菜单 插入(I) ➡ 钣金(H) ➡ 绘制的折弯(S)... 命令。

Step 3　定义特征的折弯线。

（1）定义折弯线基准面。选取图 7.3.2 的模型表面作为草图基准面。

（2）定义折弯线草图。在草绘环境中绘制图 7.3.3 所示的折弯线。

图 7.3.2　折弯线基准面　　　　　　图 7.3.3　折弯线

（3）选择下拉菜单 插入(I) ➡ 退出草图 命令，退出草绘环境，此时系统弹出图 7.3.4 所示的"绘制的折弯"对话框。

图 7.3.4 所示"绘制的折弯"对话框中各选项的说明如下：

图 7.3.4　"绘制的折弯"对话框

- "固定面"文本框：固定面是指在创建钣金折弯特征中固定不动的平面，该平面是折弯钣金壁的基准。

- "折弯中心线"按钮：单击该按钮，创建的折弯区域将均匀地分布在折弯线两侧。

- "材料在内"按钮：单击该按钮，折弯线将位于固定面所在平面与折弯壁的外表面所在平面的交线上。

- "材料在外"按钮：单击该按钮，折弯线位于固定面所在平面的外表面和折弯壁的内表面所在平面的交线上。

- "折弯在外"按钮📐：单击该按钮，折弯区域将置于折弯线的外侧。
- "反向按钮"按钮📐：该按钮用于更改折弯方向。单击该按钮，可以将折弯方向更改为系统给定的相反方向。再次单击该按钮，将返回原来的折弯方向。
- 📐文本框：在该文本框中输入的数值为折弯特征折弯部分的角度值。
- ☑ 使用默认半径(U) 复选框：该复选框默认为选中状态，取消该选项后才可以对折弯半径进行编辑。
- 📐文本框：在该文本框中输入的数值为折弯特征折弯部分的半径值。

Step 4 定义折弯线位置。在 折弯位置: 选项组中单击"材料在内"按钮📐。

Step 5 定义折弯固定面。在图 7.3.5 所示的位置处单击，确定折弯固定面。

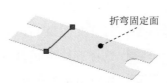

折弯固定面

图 7.3.5 折弯固定面

Step 6 定义折弯参数。在"折弯角度"文本框中输入数值 90.0；取消选中□ 使用默认半径(U) 复选框，在"折弯半径"📐文本框中输入数值 1.0；接受系统默认的其他参数设置值。

说明： 如果想要改变折弯方向，可以单击"反向"📐按钮。

Step 7 单击✔按钮，完成折弯特征的创建。

Step 8 保存零件模型。选择下拉菜单 文件(F) ➡ 📄 另存为(A)... 命令，将零件模型命名为 sketched_bend_1_ok.SLDPRT，即可保存模型

下面以图 7.3.6 所示的模型为例，讲述折弯线为多条直线时"绘制的折弯"特征创建的一般过程。

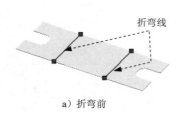
折弯线

a）折弯前　　　　　　　　　　　　　　　　b）折弯后

图 7.3.6 绘制的折弯

Step 1 打开文件 D:\sw13\work\ch07\ch07.03\ch07.03.01\sketched_bend.SLDPRT。

Step 2 选择下拉菜单 插入(I) ➡ 钣金(H) ➡ 🔧 绘制的折弯(S)... 命令。

Step 3 定义特征的折弯线。选取图 7.3.7 的模型表面作为草图基准面，绘制图 7.3.8 所示的折弯线。

Step 4 定义折弯线位置。在 折弯位置: 选项组中单击"材料在外"按钮📐。

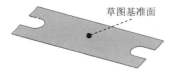

图 7.3.7　草图基准面

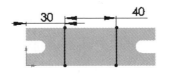

图 7.3.8　折弯线

Step 5　定义折弯固定面。在图 7.3.9 所示的位置处单击，确定折弯固定面。

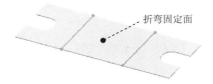

图 7.3.9　定义折弯固定面

Step 6　定义折弯参数。在"折弯角度"文本框中输入数值 60.0；取消 □ 使用默认半径(U) 复选框，在"折弯半径" ⬔ 文本框中输入数值 1.0；接受系统默认的其他参数设置值。

　　说明：如果想要改变折弯方向可以单击"反向"按钮 ⬔ 来改变折弯方向。

Step 7　单击 ✅ 按钮，完成折弯特征的创建。

Step 8　保存零件模型。选择下拉菜单 文件(F) ➡ 🗋 另存为(A)... 命令，将零件模型命名为 sketched_bend_2_ok.SLDPRT，即可保存模型。

7.3.2　褶边

　　"褶边"命令可以在钣金模型的边线上创建不同形状的卷曲，其壁厚与基体-法兰相同。在创建褶边时，须先在现有的基体-法兰上选取一条或多条边线作为褶边的附着边，其次需要定义其侧面形状及尺寸等参数。

　　1. 选择"褶边"命令

　　选取"褶边"命令有如下两种方法：

　　方法一：选择下拉菜单 插入(I) ➡ 钣金(H) ➡ 🔄 褶边(H)... 命令。

　　方法二：在"钣金（H）"工具栏中单击 🔄 按钮。

　　2. 创建褶边特征的一般过程

　　下面以图 7.3.10 所示的模型为例，说明在一条边上创建褶边的一般过程。

a）创建褶边前

b）创建褶边后

图 7.3.10　创建褶边特征

Chapter 7

Step **1**　打开文件 D:\sw13\work\ch07\ch07.03\ch07.03.02\Hem_1.SLDPRT。

Step **2**　选择命令。选择下拉菜单 插入(I)　➡　钣金(H)　➡　褶边(H)... 命令。

Step **3**　定义褶边边线。选取图 7.3.11 所示的边线为褶边边线。

图 7.3.11　定义褶边边线

注意：褶边边线必须为直线。

Step **4**　定义褶边位置。在"褶边"对话框的 边线(E) 区域中单击"折弯在外"按钮 。

Step **5**　定义类型和大小。

（1）定义类型。在"褶边"对话框的 类型和大小(T) 区域中单击"打开"按钮 。

（2）定义大小。在 （长度）文本框中输入数值 2.0；在 （缝隙距离）文本框中输入数值 0.5。

Step **6**　定义折弯系数。在"褶边"对话框中选中 ☑自定义折弯系数(A) 复选框，在此区域中的下拉列表中选择 K-因子 选项，并在 **K** 文本框中输入数值 0.5。

Step **7**　单击"褶边"对话框中的 ✔ 按钮，完成褶边特征的创建。

Step **8**　保存零件模型。选择下拉菜单 文件(F)　➡　另存为(A)... 命令，将零件模型命名为 Hem_1_ok.SLDPRT，即可保存模型。

"褶边"对话框中的各项说明如下：

- 边线(E) 列表框中显示用户选取的褶边边线。
  - ☑ "反向"按钮：单击该按钮，可以切换褶边的生成方向。
  - ☑ 材料在内：在成形状态下，褶边边线位于褶边区域的外侧。
  - ☑ 折弯在外：在成形状态下，褶边边线位于褶边区域的内侧。
- 类型和大小(T) 区域中提供了四种褶边形式，选择每种形式，都需要设置不同的几何参数。
  - ☑ 闭合：选择此类型后整个褶边特征的内壁面与附着边之间的垂直距离为 0.10，此距离不能改变。
  - ☑ （长度）文本框：在此文本框中输入不同的数值，可以改变褶边的长度。
  - ☑ 打开：选择此类型后可以定义褶边特征的内壁面与附着边之间的缝隙距离。
  - ☑ （缝隙距离）文本框：在此文本框中输入不同的数值，可以改变褶边特征的内壁面与附着边之间的垂直距离。

- ☑ ![撕裂形图标]撕裂形：创建撕裂形的褶边特征。
- ☑ ![角度图标]（角度）文本框：此角度只能在 180°～270° 之间。
- ☑ ![半径图标]（半径）文本框：在此文本框中输入不同的数值，可以改变撕裂形褶边内侧半径的大小。
- ☑ ![滚轧图标]滚轧：此类型包括"角度"和"半径"文本框，角度值在 0°～360° 之间。

下面以图 7.3.12 所示的模型为例，来说明在多条边上创建褶边的一般过程。

a）创建褶边前   b）创建褶边后

图 7.3.12　创建褶边特征

Step 1　打开文件 D:\sw13\work\ch07\ch07.03\ch07.03.02\Hem_1.SLDPRT。

Step 2　选择命令。选择下拉菜单 插入(I) ➡ 钣金(H) ➡ ![褶边图标] 褶边(H)... 命令。

Step 3　定义褶边边线。选取图 7.3.13 所示的边线为褶边边线。

选取这三条边线为褶边边线

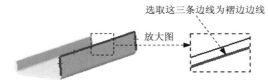

放大图

图 7.3.13　定义褶边边线

注意：同时在多条边线上创建褶边时，这些边线必须处于同一个平面上。

Step 4　定义褶边位置。在"褶边"对话框的 边线(E) 区域中单击"材料在内"按钮![图标]。

Step 5　定义类型和大小。

（1）定义类型。在"褶边"对话框的 类型和大小(T) 区域中单击"滚轧"按钮![图标]。

（2）定义大小。在 ![图标]（角度）文本框中输入数值 225.0，在 ![图标]（半径）文本框中输入数值 0.5。

Step 6　定义斜接缝隙。在 斜接缝隙 区域中的 ![图标]（缝隙距离）文本框中输入数值 0.5。

Step 7　定义折弯系数。在"褶边"对话框中，单击选中 ☑自定义折弯系数(A) 复选框。在此区域的下拉列表中选择 K-因子 选项，并在 **K** 文本框中输入数值 0.5。

Step 8　单击"褶边"对话框中的 ✔ 按钮，完成褶边特征的创建。

Step 9　保存零件模型。选择下拉菜单 文件(F) ➡ ![图标]另存为(A)... 命令，将零件模型命名为 Hem_2_ok.SLDPRT，即可保存模型。

7.3.3 转折

　　"转折"特征是在平整钣金件上创建两个成一定角度的折弯区域，并且在转折特征上创建材料。"转折"特征的折弯线位于放置平整的钣金件上，并且必须是一条直线，该直线不必是"水平"或"垂直"直线，折弯线的长度不必与折弯面的长度相同。

　　1. 选择"转折"命令

　　方法一：选择下拉菜单 插入(I) ➡ 钣金(H) ➡ 🔧 转折(J)... 命令。

　　方法二：在"钣金（H）"工具栏中单击"转折"按钮 🔧 。

　　2. 创建转折特征的一般过程

　　创建"转折"特征的一般步骤如下：

　　（1）定义转折特征的草绘平面。

　　（2）定义转折特征的草图。

　　（3）定义转折的固定平面。

　　（4）定义转折的参数（转折等距、转折位置、转折角度等）。

　　（5）完成转折特征的创建。

　　下面以如图 7.3.14 所示的模型为例，讲述创建"转折"特征的一般过程。

a）转折前　　　　　　　　　　　　　　b）转折后

图 7.3.14　转折的一般过程

Step 1　打开文件 D:\sw13\work\ch07\ch07.03\ch07.03.03\jog.SLDPRT。

Step 2　选择下拉菜单 插入(I) ➡ 钣金(H) ➡ 🔧 转折(J)... 命令。

Step 3　定义特征的折弯线。

　　（1）定义折弯线基准面。选取图 7.3.15 的模型表面作为草图基准面。

　　（2）定义折弯线草图。在草绘环境中绘制图 7.3.16 所示的折弯线。

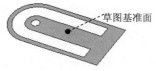

图 7.3.15　草图基准面

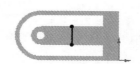

图 7.3.16　绘制折弯线

（3）选择下拉菜单 插入(I) → 退出草图 命令，退出草绘环境，此时系统弹出图 7.3.17 所示的“转折”对话框。

说明：在钣金零件的平面上绘制一条或多条直线作为折弯线，各直线应保持方向一致且不相交；折弯线的长度可以是任意的。

Step 4 定义折弯固定面。在图 7.3.18 所示的位置处单击，确定折弯固定面。

图 7.3.17 “转折”对话框

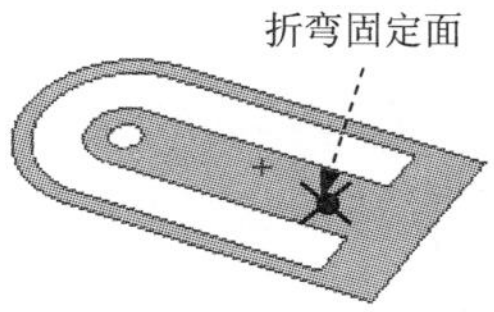

图 7.3.18 要选取的固定面

Step 5 定义折弯参数。取消选中 使用默认半径(U) 复选框，在“折弯半径”文本框中输入数值 0.5；定义“转折等距”的“终止条件”为 给定深度，在文本框中输入数值 20.0，在 尺寸位置: 下面的选项组中单击“外部等距”按钮；在 转折位置(P) 区域中单击“折弯中心线”按钮；在“折弯角度”文本框中输入数值 90.0；接受系统默认的其他参数设置值。

说明：若要改变折弯方向可单击“转折等距”下面的“反向”按钮。

Step 6 单击 ✓ 按钮，完成转折特征的创建。

Step 7 保存零件模型。选择下拉菜单 文件(F) → 另存为(A)... 命令，将零件模型命名为 jog_ok.SLDPRT，即可保存模型。

图 7.3.17 所示的“转折”对话框中按钮的功能说明如下：

- （固定面）：固定面是指在创建钣金折弯特征中，作为钣金折弯特征放置面的某一模型表面。
- 使用默认半径(U) 复选框：该复选框默认为选中状态，取消该选项后才可以对折弯半径进行编辑。

- ⟋文本框：在该文本框中输入的数值为折弯特征折弯部分的半径值。

- ⟋反向按钮：该按钮用于更改折弯方向。单击该按钮，可以将折弯方向更改为系统给定的相反方向。再次单击该按钮，将返回原来的折弯方向。

- ⟋后的下拉列表：该下拉列表用来定义"转折等距"的终止条件，包含 给定深度 、成形到一顶点 、 成形到一面 、 到离指定面指定的距离 等四个选项。

- ⟋D1后的文本框：在该文本框中输入的数值为折弯特征折弯部分的高度值。

- 尺寸位置:选项组中的各选项控制折弯高度类型。

  - ☑ ⬜（外部等距）：单击该按钮，转折的顶面高度距离是从折弯线的草绘平面开始计算，延伸至总高。

  - ☑ ⬜（内部等距）：单击该按钮，转折的等距距离是从折弯线的草绘平面开始计算，延伸至总高，再根据材料厚度来偏置距离。

  - ☑ ⬜（总尺寸）：单击该按钮，转折的等距距离是从折弯线的草绘平面的对面开始计算，延伸至总高。

- ☑ 固定投影长度(X) 复选框：选中此复选框，则转折的面保持相同的长度；取消此复选框，则转折特征不能创建材料而无法形成。

- 转折位置(P) 区域中的各选项控制折弯线所在位置的类型。

  - ☑ ⬜（折弯中心线）：单击该按钮，第一个转折折弯区域将均匀地分布在折弯线两侧。

  - ☑ ⬜（材料在内）：单击该按钮，折弯线位于固定面所在面和折弯壁的外表面之间的交线上。

  - ☑ ⬜（材料在外）：单击该按钮，折弯线位于固定面所在面和折弯壁的内表面所在平面的交线上。

  - ☑ ⬜（折弯在外）：单击该按钮，折弯特征将置于折弯线的某一侧。

- 转折角度(A) 区域中的各选项控制转折角度的大小。

  - ☑ ⬜（转折角度）文本框：在该文本框中输入的数值为转折特征的角度值。

7.3.4 展开

在钣金设计中，如果需要在钣金件的折弯区域创建剪裁或孔等特征，首先用展开命令将折弯特征展平，然后就可以在展平的折弯区域创建剪裁或孔等特征，这种展开与"平板形式"解除压缩来展开整个钣金零件是不一样的。

1. 选择"展开"命令

方法一： 选择下拉菜单 插入(I) ➡ 钣金(H) ➡ 🔽 展开(U)... 命令。

方法二： 在"钣金(H)"工具栏中单击"展开"按钮 🔽。

2. 创建展开特征的一般过程

应用展开的一般步骤如下：

（1）在钣金工具栏上选取"展开"命令按钮。

（2）定义"展开"特征的固定面。

（3）选择要展开的折弯。

（4）完成折弯的展开。

（5）在展开的钣金模型上创建特征。

下面以图 7.3.19 为例，讲述展开特征的一般创建过程。

Step 1 打开文件 D:\sw13\work\ch07\ch07.03\ch07.03.04\unfold.SLDPRT。

Step 2 选择下拉菜单 插入(I) ➡ 钣金(H) ➡ 🔽 展开(U)... 命令，系统弹出图 7.3.20 所示的"展开"对话框。

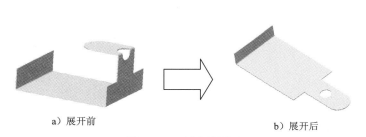

a）展开前　　　　　　　　　　　b）展开后

图 7.3.19　钣金的展开

图 7.3.20　"展开"对话框

图 7.3.20"展平"对话框中各按钮的说明如下：

● 🔧（固定面）按钮：选取固定面。以此面为基准展开所要展开的折弯特征。

● 🔷（展开的折弯）按钮：选取要展开的折弯特征。

● 收集所有折弯(A) 按钮：单击该按钮，系统自动将模型中所有的折弯特征全部选中。

Step 3 定义固定面。选取图 7.3.21 所示的模型表面为固定面。

Step 4 定义展开的折弯特征。在模型上单击图 7.3.22 所示的两个折弯特征，系统将所选的折弯特征显示在 要展开的折弯: 列表框中。

说明： 如果不需要将所有的折弯特征全部展开，则可以在 要展开的折弯: 列表框中选择不需要展开的特征，右击，在弹出的快捷菜单中选择 删除 (B) 命令。

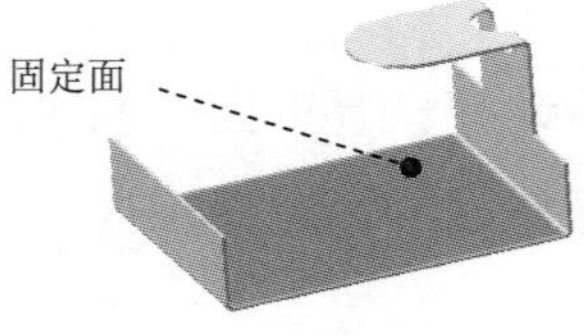

图 7.3.21　定义固定面　　　　　　　　图 7.3.22　定义展开的折弯特征

Step 5　在"展开"对话框中单击 ✓ 按钮，完成展开特征的创建。

　　说明： 在钣金设计中，首先用展开命令可以取消折弯钣金件的折弯特征，然后可以在展平的折弯区域创建裁剪或孔等特征，最后通过"折叠"命令将展开的钣金件折叠起来。

Step 6　保存零件模型。选择下拉菜单 文件(F) ➡ 📄 另存为(A)... 命令，将零件模型命名为 unfold_ok.SLDPRT，即可保存模型。

7.3.5　折叠

　　折叠与展开的操作方法相似，但是作用相反；通过折叠特征可以使展开的钣金零件重新回到原样。

　　1. 选择"折叠"命令

　　方法一： 从下拉菜单中获取特征命令。选择下拉菜单 插入(I) ➡ 钣金(H) ➡ 📂 折叠(F)... 命令。

　　方法二： 从工具栏中获取特征命令。单击"钣金（H）"工具栏上的"折叠"按钮📂。

　　2. 创建折叠特征的一般过程

　　创建"折叠"特征的一般步骤如下：

　　（1）在钣金工具栏上单击"折叠"命令按钮。

　　（2）定义"折叠"特征的固定面。

　　（3）选择要折叠的特征。

　　（4）完成折叠特征的创建。

　　下面以图 7.3.23 所示的模型为例，讲述创建"折叠"特征的一般过程。

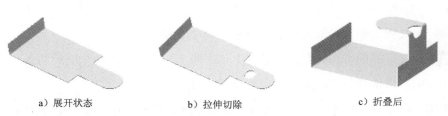

a）展开状态　　　　　b）拉伸切除　　　　　c）折叠后

图 7.3.23　折叠的一般过程

Step 1　打开文件 D:\sw13\work\ch07\ch07.03\ch07.03.05\fold.SLDPRT。

Step 2　在展开的钣金件上创建图 7.3.24 所示的"切除-拉伸"特征。

图 7.3.24　切除-拉伸 1

（1）选择命令。选择下拉菜单 插入(I) ➡ 切除(C) ➡ 拉伸(E)... 命令。

（2）定义特征的横断面草图。选取图 7.3.25 所示的模型表面作为草图基准面，绘制图 7.2.26 所示的横断面草图。

图 7.3.25　草图基准面

图 7.3.26　横断面草图

（3）定义切除深度属性。在 方向1 区域选中 ☑ 与厚度相等(L) 复选框与 ☑ 正交切除(N) 复选框，其他属性接受系统默认的参数设置值。

（4）单击对话框中的"完成"按钮 ✓ ，完成切除-拉伸特征的创建。

Step 3　创建折叠特征 1。

（1）选择特征命令。选择下拉菜单 插入(I) ➡ 钣金(H) ➡ 折叠(F)... 命令，系统弹出图 7.3.27 所示的"折叠"对话框。

图 7.3.27　"折叠"对话框

（2）定义固定面。选取图 7.3.28 所示的模型表面为固定面。

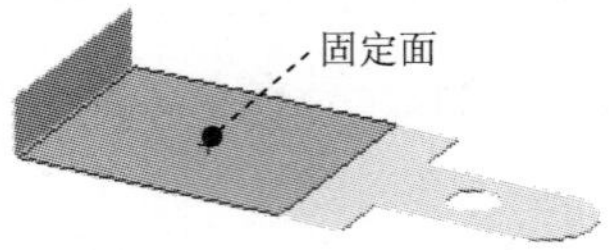

图 7.3.28　定义固定面

（3）定义折叠的折弯特征。在 **选择(S)** 区域中单击 **收集所有折弯(A)** 按钮。

Step 4　单击 ✓ 按钮，完成折叠特征的创建。

Step 5　保存零件模型。选择下拉菜单 **文件(F)** ➡ **另存为(A)...** 命令，将零件模型命名为 fold_ok.SLDPRT，即可保存模型。

图 7.3.27 所示的"折叠"对话框中各按钮的说明如下：

● （固定面）：在图 7.3.27 所示的对话框中激活该选项（该选项为默认选项），可以选择钣金零件的平面表面作为平板实体的固定面，在选定固定面后系统将以该平面为基准将展开的折弯特征折叠起来。

● （要折叠的折弯）：在图 7.3.27 所示的对话框中激活该选项，可以根据需要选择模型中可折叠的折弯特征，然后以已选择的参考面为基准将钣金零件折叠，以创建钣金实体。

● **收集所有折弯(A)**：单击该按钮，系统自动选中模型中所有可以折叠的折弯特征。

7.3.6　放样折弯

在以放样的方式产生钣金壁的时候，需要先定义两个不封闭的横断面草图，然后给定钣金的参数，系统便将这些横断面放样成薄壁实体。放样折弯相当于以放样的方式生成一个基体-法兰，因此放样的折弯不与基体-法兰特征一起使用。

1. 选择"放样的折弯"命令

方法一：选择下拉菜单 **插入(I)** ➡ **钣金(H)** ➡ **放样的折弯(L)...** 命令。

方法二：在"钣金（H）"工具栏中单击"展开"按钮 。

2. 创建放样折弯特征的一般过程

应用放样折弯的一般步骤如下：

（1）绘制两个单独的不封闭的横断面草图，且开口同向。

（2）选择"放样折弯"命令。

（3）定义放样折弯轮廓。

（4）定义放样折弯的厚度值。

（5）完成放样折弯特征的创建。

下面以图 7.3.29 为例，介绍创建放样的折弯特征的操作过程。

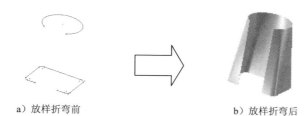

a）放样折弯前　　　　　　　　　　　　　b）放样折弯后

图 7.3.29　放样折弯

Step 1　新建一个零件模型文件，进入建模环境。

Step 2　创建图 7.3.30 所示的草图 1。

（1）选择命令。选择下拉菜单 插入(I) ➡ 草图绘制 命令。

（2）定义草图基准面。选取前视基准面为草图基准面，绘制图 7.3.30 所示的草图。

（3）选择下拉菜单 插入(I) ➡ 退出草图 命令，退出草绘环境。

图 7.3.30　草图 1

Step 3　创建图 7.3.31 所示的基准面 1。

（1）选择下拉菜单 插入(I) ➡ 参考几何体(G) ➡ 基准面(P)... 命令，系统弹出 "基准面" 对话框。

（2）定义偏移基准。选取前视基准面为偏移基准。

（3）定义偏移方向及距离。采用系统默认的偏移方向，在 ⊟ 后的文本框中输入数值 80.0。

（4）单击对话框中的 ✓ 按钮，完成基准面 1 的创建。

Step 4　创建图 7.3.32 所示的草图 2。

（1）选择命令。选择下拉菜单 插入(I) ➡ 草图绘制 命令。

（2）定义草图基准面。选取基准面 1 作为草图基准面，绘制图 7.3.32 所示的草图。

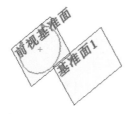

图 7.3.31　创建基准面 1

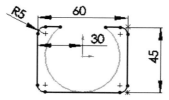

图 7.3.32　草图 2

（3）选择下拉菜单 插入(I) ➡ 退出草图 命令，退出草图设计环境。

说明：两个草图必须是开放的，并且开口同向；草图必须是光滑的，如果是有尖角的草图要进行圆角处理。

Step 5 创建图 7.3.33 所示的放样折弯特征。

图 7.3.33 放样折弯

（1）选择命令。选择下拉菜单 插入(I) ➡ 钣金 (H) ➡

放样的折弯 (L)··· 命令，系统弹出图 7.3.34 所示的"放样折弯"对话框。

（2）定义放样轮廓。依次选取草图 1 和草图 2 作为"放样折弯"的轮廓（图 7.3.35）。

图 7.3.34 "放样折弯"对话框

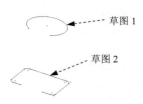

草图 1

草图 2

图 7.3.35 定义放样轮廓

（3）查看路径预览。单击上移按钮 ⬆ 调整轮廓的位置，查看不同位置时的放样结果。

（4）定义放样的厚度值。在"放样折弯"对话框的 厚度 文本框中输入数值 3.0。

说明：如果想要改变加材料方向，可以单击 厚度 文本框前面的"反向"按钮 来改变加材料方向。

（5）单击"放样折弯"对话框中的 ✔ 按钮，完成放样折弯特征的创建。

Step 6 保存零件模型。选择下拉菜单 文件(F) ➡ 保存(S) 命令，将零件模型命名为 lofted_bend_ok，即可保存模型。

图 7.3.34 所示的"放样折弯"对话框中各按钮的说明如下：

● 单击上移按钮 ⬆ 或下移按钮 ⬇ 来调整轮廓的顺序，或重新选择草图将不同的点连接在轮廓上。

● 厚度 区域：此区域是用来控制"放样折弯"的厚度值。

● "反向"按钮：单击此按钮可以改变加材料方向。

● 折弯线控制 区域：该区域可以设定控制平板形式的折弯线的粗糙度，包含下面两个选项。

　　☑ ⦿ 折弯线数量 ：通过增加折弯线数量的方法可以降低最大误差值。

　　☑ ○ 最大误差 ：通过设定最大误差值可以改变折弯处的光滑度。

7.4　钣金成形

本节详细介绍了 SolidWorks 2013 软件中创建成形特征的一般过程，以及定义成形工具文件夹的方法，通过本节提供的一些具体范例的操作，可以掌握钣金设计中成形特征的创建方法。

7.4.1　成形工具

在成形特征的创建过程中成形工具的选择尤其重要，有了一个很好的成形工具才可以创建完美的成形特征。在 SolidWorks 2013 中用户可以直接使用软件提供的成形工具或将其修改后使用，也可按要求自己创建成形工具。本节将详细讲解使用成形工具的几种方法。

1. 软件提供的成形工具

在任务窗格中单击"设计库"按钮 🛠，系统打开图 7.4.1 所示的"设计库"对话框。SolidWorks 2013 软件在设计库的 `forming tools`（成形工具）文件夹下提供了一套成形工具的实例，`forming tools`（成形工具）文件夹是一个被标记为成形工具的零件文件夹，包括 `embosses`（压凸）、`extruded flanges`（冲孔）、`lances`（切口）、`louvers`（百叶窗）和 `ribs`（肋）。`forming tools` 文件夹中的零件是 SolidWorks 2013 软件中自带的工具，专门用来在钣金零件中创建成形特征，这些工具称为标准成形工具。

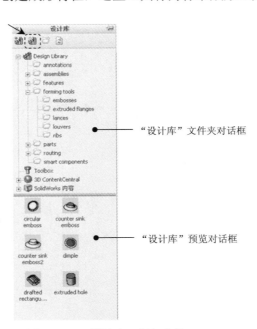

"设计库"文件夹对话框

"设计库"预览对话框

图 7.4.1　"设计库"任务窗格

说明：如果"设计库"对话框中没有 ⊞📁 design library 文件夹，可以按照下面的方法进行创建。

Step 1 在"设计库"对话框中单击"添加文件位置"按钮 📂 ，系统弹出"选取文件夹"对话框。

Step 2 在 查找范围(I): 下拉列表中找到 C:\Program Data\SolidWorks\SolidWorks 2013\design library 文件夹后，单击 [确定] 按钮。

2. 转换修改成形工具

在 SolidWorks 的"设计库"中提供了许多类型的成形工具，但是这些成形工具不是 *.sldftp 格式的文件，都是零件文件，而且在设计树中没有"成形工具"特征。

Step 1 在任务窗格中单击"设计库"按钮 📂 ，系统打开"设计库"对话框。

Step 2 打开系统提供的成形工具。在 📁 forming tools （成形工具）文件夹下的 📁 ribs（肋）子文件夹中找到 single rib.sldprt 文件，右击 single rib.sldprt 文件，从快捷菜单中选择"打开"命令。

Step 3 删除特征。

（1）在设计树中右击 ✏ Orientation Sketch ，在弹出的快捷菜单中选择 ✕ 删除…… (N) 命令。

（2）用同样的方法删除 ⊞ 🔲 Cut-Extrude1 和 ✏ Sketch3 。

Step 4 修改尺寸。单击设计树中 ⊞ 🔩 Boss-Extrude1 节点前的"+"，右击 ✏ Sketch2 特征，在弹出的快捷菜单中选择 🖉 命令，进入草图环境，将图 7.4.2 所示的尺寸"4"改成"6"，退出草图环境。

Step 5 创建成形工具。

（1）选择命令。选择下拉菜单 插入(I) ➡ 钣金(H) ➡ 🐱 成形工具 命令，系统弹出图 7.4.3 所示的"成形工具"对话框。

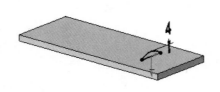

图 7.4.2 编辑草图

图 7.4.3 "成形工具"对话框

（2）定义成形工具属性。

① 定义停止面属性。激活"成形工具"对话框的 **停止面** 区域，选中图 7.4.4 所示的"停止面"。

停止面

图 7.4.4 选取停止面

② 定义移除面属性。由于不涉及移除，成形工具不选取移除面。

（3）单击 ✓ 按钮，完成成形工具的创建。

Step 6 转换成形工具。模型保存于 D:\sw13\work\ch07\ch07.04\form_tool，并命名为 form_tool_03，**保存类型 (T):** 为（*.sldftp）。

Step 7 将成形工具调入设计库。

（1）单击任务窗格中的"设计库"按钮，打开"设计库"对话框。

（2）在"设计库"对话框中单击"添加文件位置"按钮，系统弹出"选取文件夹"对话框，在 **查找范围 (I):** 下拉列表中找到 D:\sw13\work\ch07\ch07.04\form_tool 文件夹后，单击 **确定** 按钮。

（3）此时在设计库中出现 form_tool 节点，右击该节点，在弹出的快捷菜单中选择 **成形工具文件夹** 命令，确认 **成形工具文件夹** 命令前面显示 **✔** 符号。

3. 自定义成形工具

用户也可以自己设计并在"设计库"对话框中创建成形工具文件夹。

说明：在默认情况下，"C:\Program Data\SolidWorks\SolidWorks 2013\design library\forming tools"文件夹以及它的子文件夹被标记为成形工具文件夹。

选择"成形工具"命令有两种方法：选择 **插入 (I)** 下拉菜单 **钣金 (H)** 子菜单中的 **🔧 成形工具** 命令或者在"钣金（H）"工具栏中单击"成形工具"按钮 🔧。

在钣金件的创建过程中，使用到的成形工具有两种类型：不带移除面的成形工具和带移除面的成形工具。

下面以图 7.4.5 所示的成形工具为例，讲述不带移除面的成形工具的创建过程。

Step 1 打开文件 D:\sw13\work\ch07\ch07.04\form_tool_01.sldprt。

Step 2 创建成形工具 1。

（1）选择命令。选择下拉菜单 **插入 (I)** ➡ **钣金 (H)** ➡ **🔧 成形工具** 命令，系统弹出"成形工具"对话框。

（2）定义成形工具属性。激活"成形工具"对话框的 **停止面** 区域，选取图 7.4.5 所示的"停止面"。

停止面

图 7.4.5　选取停止面

（3）单击 ✔ 按钮，完成成形工具的创建。

Step 3　选择下拉菜单 文件(F) ➡ ▶ 另存为(A)... 命令，将模型保存于 D:\sw13\work\ch07\form_tool_sldprt。

Step 4　将成形工具调入设计库。

（1）单击任务窗格中的"设计库"按钮 📚，打开"设计库"对话框。

（2）在"设计库"对话框中单击"添加文件位置"按钮 📁，系统弹出"选取文件夹"对话框，在 查找范围(I): 下拉列表中找到 D:\sw13\work\ch07\ch07.04\form_tool_sldprt 文件夹后，单击 确定 按钮。

（3）此时在设计库中出现 📁 form_tool_sldftp 节点，右击该节点，在弹出的快捷菜单中选择 成形工具文件夹 命令，确认 成形工具文件夹 命令前面显示 ✔ 符号。

下面以图 7.4.6 所示的成形工具为例，讲述带移除面的成形工具的创建过程。

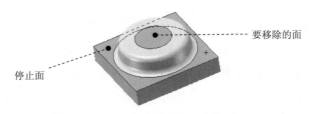

要移除的面

停止面

图 7.4.6　选取停止面和要移除的面

Step 1　打开文件 D:\sw13\work\ch07\ch07.04\ form_tool_02.SLDPRT。

Step 2　创建成形工具 1。

（1）选择命令。选择下拉菜单 插入(I) ➡ 钣金(H) ➡ 🔧 成形工具 命令，系统弹出 "成形工具"对话框。

（2）定义成形工具属性。

① 定义停止面属性。激活"成形工具"对话框的 **停止面** 区域，选取图 7.4.5 所示的

"停止面"。

② 定义移除面属性。激活"成形工具"对话框的 要移除的面 区域，选取图 7.4.5 所示的"要移除的面"。

（3）单击 ✓ 按钮，完成成形工具的创建。

Step 3 选择下拉菜单 文件(F) ➡ 📑 另存为(A)... 命令，把模型保存于 D:\sw13\work\ ch07\ ch07.04\form_tool_sldprt。

7.4.2 创建成形工具特征的一般过程

把一个实体零件（冲模）上的某个形状印贴在钣金件上而形成的特征，就是钣金成形特征。

1. 一般过程

使用"设计库"中的成形工具，应用到钣金零件上创建成形工具特征的一般过程如下：

（1）在"设计库"预览对话框中将成形工具拖放到钣金模型中要创建成形工具特征的表面上。

（2）在松开鼠标左键之前，根据实际需要，使用键盘上的 Tab 键，可以切换成形工具特征的方向。

（3）松开鼠标左键以放置成形工具。

（4）编辑草图以定位成形工具的位置。

（5）编辑定义成形特征以改变尺寸。

注意：设计库中的成形工具根据设计需要，可以从设计库中提取、修改、使用或自己设计创建到设计库中。

2. 实例 1

下面以图 7.4.7 所示的模型为例，来说明用"创建的成形工具"创建成形特征的一般过程。

成形冲模：包含成形形状的零件
a）成形工具

钣金件上的成形特征
b）钣金件

图 7.4.7 创建钣金成形特征

Step 1　打开文件 D:\sw13\work\ch07\ch07.04\SM_FORM_01.SLDPRT。

Step 2　单击任务窗格中的"设计库"按钮 ，打开"设计库"对话框。

Step 3　调入成形工具。

（1）选择成形工具文件夹。在"设计库"对话框中单击 form_tool_sldftp （创建的成形工具夹）。

（2）查看成形工具文件夹的状态。右击 form_tool_sldftp 文件夹，系统弹出图 7.4.8 所示的快捷菜单，确认 成形工具文件夹 命令前面显示 ✔ 符号（如果 成形工具文件夹 命令前面没有显示 ✔ 符号，可以在快捷菜单中选择 成形工具文件夹 命令以切换是否显示 ✔ 符号）。

说明：如果在查看某个成形工具文件夹的状态时，成形工具文件夹 命令前面没有显示 ✔ 符号，当使用该成形工具文件夹中的成形工具，在钣金件上创建成形特征时，将无法完成成形特征的创建，并且弹出图 7.4.9 所示的 SolidWorks 对话框。

图 7.4.8　快捷菜单

图 7.4.9　SolidWorks 对话框

Step 4　放置成形工具。

（1）选择成形工具。在"设计库"预览对话框中选择"form_tool_01"文件并拖动到图 7.4.10 所示的平面，此时系统弹出"成形工具特征"对话框。

说明：在松开鼠标左键之前，通过键盘中的 Tab 键可以更改成形特征的方向。

（2）在系统弹出的"成形工具特征"对话框中单击 ✔ 按钮，完成成形特征的创建。

（3）单击设计树中成形工具特征节点前的"+"，右击"草图 2"节点，在弹出的快捷菜单中选择 命令，进入草绘环境。

（4）编辑草图，如图 7.4.11 所示。退出草绘环境，完成成形特征 1 的创建。

拖到此平面

图 7.4.10　成形工具特征 1

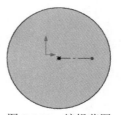

图 7.4.11　编辑草图

Step 5 保存零件模型。选择下拉菜单 文件(F) ➡️ 🖫 另存为 (A)... 命令，将零件模型命名为 SM_FORM_01_ok.SLDPRT，即可保存模型。

说明： 此时完成成形特征的创建，从模型上观察到成形特征太大或太小，不符合设计要求，可以修改成形工具的尺寸大小。

● 从设计库中打开成形工具。在设计树中右击 ⊞ A 注解，在弹出的快捷菜单中选择 显示特征尺寸 (C) 命令（确认命令的前面显示 ✔ 符号），此时成形模型上显示出尺寸。

● 修改成形工具的尺寸。在模型中，双击尺寸，将模具尺寸修改为符合设计的尺寸。

● 重建模型。在"标准"工具栏中单击"重建模型"按钮 🛢。

● 隐藏尺寸。再次在设计树中右击 ⊞ A 注解，在弹出的快捷菜单中选择 显示特征尺寸 (C) 命令（确认命令的前面不显示 ✔ 符号）。

7.5 钣金的其他处理方法

通过前几节的学习，已经熟悉了一些钣金设计的命令，应用这些命令来完成整个钣金件的设计还是不够的，下面将结合实例讲解钣金设计的其余命令。

7.5.1 切除-拉伸

在钣金设计中"切除-拉伸"特征是应用较为频繁的特征之一，它是在已有的零件模型中去除一定的材料，从而达到需要的效果。

1. 选择"切除-拉伸"命令

方法一： 选择下拉菜单 插入(I) ➡️ 切除(C) ➡️ 🖫 拉伸 (E)... 命令。

方法二： 在"钣金（H）"工具栏中单击"切除-拉伸"按钮 🖫。

2. 钣金与实体"切除-拉伸"特征的区别

若当前所设计的零件为钣金零件，则选择下拉菜单 插入(I) ➡️ 切除(C) ➡️ 🖫 拉伸 (E)... 命令（或在工具栏中单击"切除-拉伸"按钮 🖫），屏幕左侧会出现图 7.5.1 所示的对话框，该对话框比实体零件"切除-拉伸"对话框多了 ☑ 与厚度相等(L) 和 ☑ 正交切除(N) 两个复选框。

两种"切除-拉伸"去除材料特征的区别：当草图基准面与模型表面平行时，二者没有区别，但当不平行时，二者有明显的差异。在确认已经选中 ☑ 正交切除(N) 复选框后，钣金拉伸切除是垂直于钣金表面切除，形成垂直孔，如图 7.5.2 所示；实体（切除）拉伸是垂直于草绘平面切除，形成斜孔，如图 7.5.3 所示。

a) 钣金"切除-拉伸"对话框

b) 实体"切除-拉伸"对话框

图 7.5.1　两个"切除-拉伸"对话框

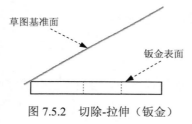

图 7.5.2　切除-拉伸（钣金）

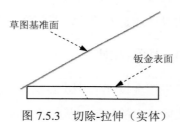

图 7.5.3　切除-拉伸（实体）

图 7.5.1 所示对话框的说明：

- ☑ 与厚度相等(L)：选中此复选框，切除深度与钣金壁厚相等。

- ☑ 正交切除(N)：选中此复选框，不管草绘平面是否与钣金表面平行，拉伸切除都是垂直于钣金表面去切除，形成垂直孔。

3. 拉伸切除的一般创建过程

生成"切除-拉伸"特征的步骤如下（以图 7.5.4 所示的模型为例）：

a）切除-拉伸前

b）切除-拉伸后

图 7.5.4　切除-拉伸

Step **1**　打开 D:\ sw13\work\ ch07\ch07.05\ch07.05.01\cut. SLDPRT 文件。

Step **2**　选择命令。选择下拉菜单 插入(I) ➡ 切除(C) ➡ 拉伸(E)... 命令，系统弹出图 7.5.5 所示的"拉伸"对话框。

Step **3**　定义特征的横断面草图。选取模型表面为草绘基准，绘制图 7.5.6 所示的横断面草图。

图 7.5.5　"拉伸"对话框

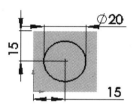

图 7.5.6　横断面草图

说明：单击 按钮可以改变切除方向。

Step **4**　选择下拉菜单 插入(I) ➡ 退出草图 命令，退出草绘环境，此时系统弹出"切除-拉伸"对话框。

Step **5**　定义切除-拉伸属性。在"切除-拉伸"对话框 方向1 区域的 下拉列表中选择 完全贯穿 选项，选中 ☑ 正交切除(N) 复选框。

Step **6**　单击对话框中的 ✓ 按钮，完成切除-拉伸的创建。

Step **7**　保存零件模型。选择下拉菜单 文件(F) ➡ 另存为(A)... 命令，将零件模型命名为 cut_ok. SLDPRT，即可保存模型。

7.5.2　边角剪裁

"边角剪裁"命令是在展开钣金零件的内边角边切除材料，其中包括"释放槽"及"折断边角"两个部分。"边角剪裁"特征只能在 平板型式 的解压状态下创建，当 平板型式 压缩之后，"边角剪裁"特征也随之压缩。

1. 选择"边角-剪裁"命令

方法一：选择下拉菜单 插入(I) ➡ 钣金(H) ➡ 边角剪裁(T)... 命令。

方法二：在工具栏中选择 ➡ 边角剪裁 命令。

2. 创建边角-剪裁特征的一般过程

下面将举例说明创建"边角-剪裁"释放槽的一般过程。

Step 1 打开 D：\ sw13\work\ch07\ch07.05\ch07.05.02\corner_dispose_01.SLDPRT。

Step 2 展平钣金件（图 7.5.7）。在设计树的 🗔 平板型式1 上右击，在弹出的菜单上选择 🔼 命令。

a）展平前　　　　　　　　　　b）展平后

图 7.5.7　展平钣金件

Step 3 创建释放槽，如图 7.5.8 所示。

（1）选择命令。选择下拉菜单 插入(I) ➡️ 钣金(H) ➡️ 🔧 边角剪裁(T)... 命令，系统弹出图 7.5.9 所示的"边角-剪裁"对话框。

（2）定义边角边线。选取图 7.5.10 所示的边线。

图 7.5.8　释放圆槽

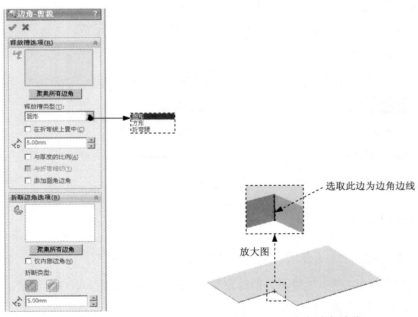

图 7.5.9　"边角-剪裁"对话框　　　　图 7.5.10　定义边角边线

说明：要想选取钣金模型中所有的边角边线，只需在 释放槽选项(R) 区域中单击 聚集所有边角 按钮。

（3）定义释放槽类型。在 释放槽选项(R) 区域的 释放槽类型(T)： 下拉列表中选择 圆形 选项。

（4）定义边角剪裁参数。在 🔽 文本框中输入半径值 5.0，其他采用参数的默认设置值。

Step 4 单击对话框中的 ✅ 按钮，完成边角-剪裁释放槽特征的创建。

Step 5 保存零件模型。选择下拉菜单 文件(F) ➡ 另存为(A)... 命令，将零件模型命名为 corner_dispose_01_ok. SLDPRT，即可保存模型。

图 7.5.9 所示 释放槽选项(R) 区域中各选项说明如下：

● 释放槽类型(T): 下拉列表中各选项说明：

☑ 选择 圆形 选项，释放槽将以图 7.5.8 所示圆形切除材料。

☑ 选择 方形 选项，释放槽将以图 7.5.11 所示方形切除材料。

☑ 选择 折弯腰 选项，释放槽将以图 7.5.12 所示折弯腰形状切除材料。

图 7.5.11 释放方形槽   图 7.5.12 释放折弯腰形槽

● ☑ 在折弯线上置中(C) : 只对被设置为 圆形 或 方形 的释放槽时可用，选中该复选框后，切除部分将平均在折弯线的两侧，如图 7.5.13 所示。

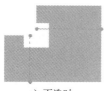

a) 不选时   b) 选取后

图 7.5.13 在折弯线上置中

● ☑ 与厚度的比例(A): 选中此复选框，系统将用钣金厚度的比例来定义切除材料的大小，▨ 文本框被禁用。

● ☑ 与折弯相切(T): 只能在 ☑ 在折弯线上置中(C) 复选框被选中的前提下使用，选中此复选框，将生成与折弯线相切的边角切除（图 7.5.14）。

a) 选取前   b) 选取后

图 7.5.14 与折弯相切

● ☑ 添加圆角边角 : 选中此复选框，系统将在内部边角上生成指定半径的圆角（图 7.5.15）。

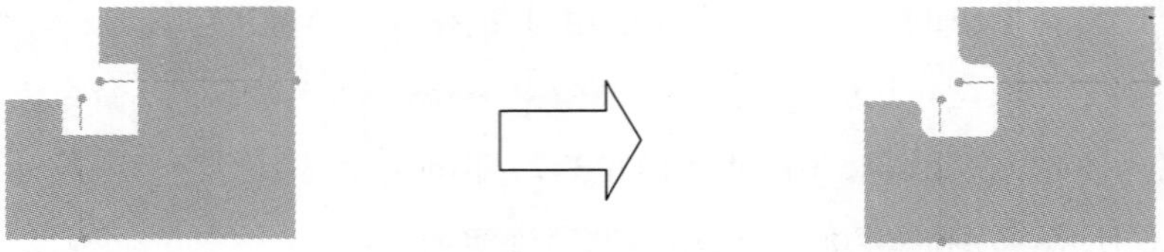

a）创建前

b）创建后

图 7.5.15　创建圆角边角

折断边角选项(B) 区域中各选项说明如下：

- **折断类型**：当在选项中单击"倒角"按钮 后，边角以倒角的形式生成。

- ☑ **仅内部边角(N)**：此复选框相当于过滤器，系统自动选中筛选掉外部边角。创建外部边角，在钣金件中切除材料；创建内部边角则是创建材料，如图 7.5.16 所示。

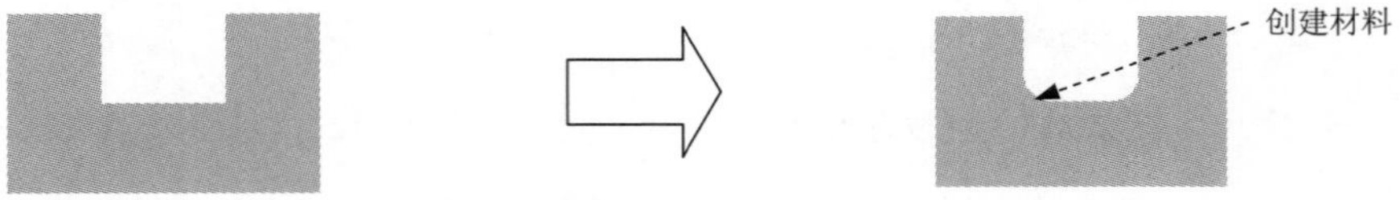

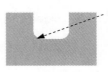

创建材料

a）创建前

b）创建后

图 7.5.16　创建边角-剪裁

下面将以图 7.5.17 所示模型为例，说明创建折断边角的一般过程。

a）创建前

b）创建后

图 7.5.17　创建折断边角

Step 1 打开文件 D:\sw13\work\ch07\ch07.05\ch07.05.02\ corner_ dispose_02. SLDPRT。

Step 2 展平钣金件。在设计树的 📄 平板型式1 上右击，在弹出的菜单上选择 ↑➡ 命令。

Step 3 创建折断边角。

（1）选择命令。选择下拉菜单 插入(I) ➡ 钣金 (H) ➡ 边角剪裁 (T)... 命令，系统弹出"边角-剪裁"对话框。

（2）选取边线。在 **折断边角选项(B)** 区域中单击 聚集所有边角 。

（3）定义折断类型。在 **折断类型**:选项中单击"圆角"按钮 。

Step 4 单击对话框中的 ✔ 按钮，完成折断边角的创建。

Step 5 保存零件模型。选择下拉菜单 文件(F) ➡ 另存为 (A)... 命令，将零件模型命名为 corner_ dispose_02_ok. SLDPRT，即可保存模型。

7.5.3　闭合角

"闭合角"命令可以将法兰通过延伸至大于 90° 法兰壁，使开放的区域闭合相关壁，并且在边角处进行剪裁以达到封闭边角的效果，它包括对接、重叠、欠重叠三种闭合形式。

1. 选择"闭合角"命令

方法一：选择下拉菜单 插入(I) ➡ 钣金(H) ➡ 闭合角(C)... 命令。

方法二：在工具栏中选择 ➡ 闭合角 命令。

2. 创建闭合角特征的一般过程

下面以图 7.5.18 所示的钣金件模型为例，说明创建闭合角的一般过程。

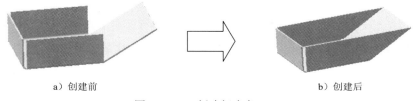

a）创建前　　　　　　　　　　　　　b）创建后

图 7.5.18　创建闭合角

Step 1　打开 D:\sw13\work\ ch07\ch07.05\ch07.05.03\ closed_corner. SLDPRT。

Step 2　选择命令。选择下拉菜单 插入(I) ➡ 钣金(H) ➡ 闭合角(C)... 命令，此时系统自动弹出图 7.5.19 所示的"闭合角"对话框。

Step 3　定义延伸面。选取图 7.5.20 所示的面组。

图 7.5.19　"闭合角"对话框

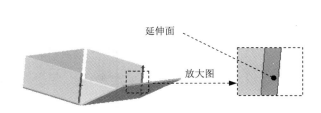

延伸面

放大图

图 7.5.20　定义延伸面

说明：要延伸的面可以是一个或多个。

Step 4 定义边角类型。在 `边角类型` 选项中单击"对接"按钮 <img_1/>。

Step 5 定义闭合角参数。在 文本框中输入缝隙距离 0.1。选中 ☑ `开放折弯区域(O)` 复选框。

Step 6 单击对话框中的 ✅ 按钮，完成闭合角的创建。

Step 7 保存零件模型。选择下拉菜单 `文件(F)` ➡ `另存为(A)...` 命令，将零件模型命名为 closed_corner_ok. SLDPRT，即可保存模型。

图 7.5.19 所示 `要延伸的面(F)` 区域中各选项说明如下：

● "单击 (对接)按钮后，所选面的延伸面到参照面的距离等于参照面的延伸面到所选面的距离。

● 单击 (重叠)按钮后，参照面的延伸面到所选面有一垂直距离。

● 单击 (欠重叠)按钮后，所选面到参照面有一垂直距离。

● (缝隙距离)文本框：在文本框中输入的数值就是延伸面与参照面之间的垂直距离。

● "重叠/欠重叠比例"按钮 只能在选择"重叠"按钮 或"欠重叠"按钮 后才可用，它可用来调整延伸面与参照面之间的重叠厚度。

● 选中 ☑ `开放折弯区域(O)` 复选框后生成的闭合角，如图 7.5.21 所示；取消选中 ☐ `开放折弯区域(O)` 复选框生成的闭合角，如图 7.5.22 所示。

图 7.5.21 不选中"开放折弯区域"复选框

图 7.5.22 选中"开放折弯区域"复选框

7.5.4 断裂边角

"断裂边角"命令是在钣金件的边线创建或切除材料，相当于实体建模中的"倒角"和"圆角"命令，但断裂边角命令只能对钣金件厚度上的边进行操作，而倒角/圆角能对所有的边进行操作。

1. 选择"断裂边角"命令

方法一：选择下拉菜单 `插入(I)` ➡ `钣金(H)` ➡ `断裂边角(K)...` 命令。

方法二：在工具栏中选择 ➡ `断开边角/边角剪裁` 命令。

2. 创建断裂边角特征的一般过程

下面以图 7.5.23 所示的模型为例，介绍"断裂边角"的创建过程。

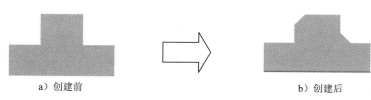

a) 创建前　　　　　　　　　　　　　　b) 创建后

图 7.5.23　断裂边角

Step 1　打开 D:\sw13\work\ ch07\ch07.05\ ch07.05.04\break_corner.SLDPRT。

Step 2　选择命令。选择下拉菜单 插入(I) ➡ 钣金(H) ➡ 断裂边角(K)... 命令，系统弹出图 7.5.24 所示的"断开边角"对话框。

Step 3　定义边角边线。选取图 7.5.25 所示的边线。

图 7.5.24　"断开边角"对话框

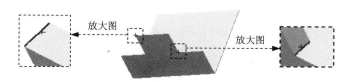

放大图　　　　　　　　放大图

图 7.5.25　定义边角边线

Step 4　定义折断类型。在"断开边角"对话框 折断边角选项(B) 区域的 折断类型: 选项中单击倒角按钮 ，在 文本框中输入距离值 5.0。

Step 5　单击对话框中的 按钮，完成断裂边角特征的创建。

Step 6　保存零件模型。选择下拉菜单 文件(F) ➡ 另存为(A)... 命令，将零件模型命名为 break_corner_ok.SLDPRT，即可保存模型。

图 7.5.25 所示 折断边角选项(B) 区域 折断类型 的选项说明如下：

● 单击 （倒角）按钮后，边角以倒角的形式生成，如图 7.5.26 所示。

● 单击 （圆角）按钮后，边角以圆角的形式生成，如图 7.5.26 所示。

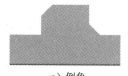

a) 倒角

b) 圆角

图 7.5.26　折断类型

7.5.5　将实体零件转换成钣金件

　　将实体零件转换成钣金件是另外一种设计钣金的方法，是通过"切口"和"折弯"两个命令将实体零件转换成钣金零件。"切口"命令可以切开类似盒子形状实体的边角，使转换后的钣金件能够顺利展开。"折弯"命令是实体零件转换成钣金件的钥匙，它可以将抽壳或具有薄壁特征的实体零件转换成钣金件。

　　下面以图 7.5.27 所示为例，讲述将实体零件转换成钣金零件的一般过程。

a）创建前　　　　　　　　　　　b）创建后

图 7.5.27　将实体零件转换成钣金零件

Task1.　创建切口特征，如图 7.5.28 所示

a）创建前　　　　　　　　　　　b）创建后

图 7.5.28　创建"切口"特征

Step 1　打开 D:\sw13\ work\ ch07\ch07.05\ch07.05.05\body_to_sm.SLDPRT。

Step 2　选择命令。选择下拉菜单 插入(I) ➡ 钣金(H) ➡ 切口(R)... 命令，系统弹出图 7.5.29 所示的"切口"对话框。

图 7.5.29　"切口"对话框

Step 3 定义切口参数。

（1）选取要切口的边线。选取图 7.5.30 所示的边线。

图 7.5.30 定义切口边线

说明：在"要切口的边线"区域 中，要选取的边线可以是外部边线、内部边线，还可以是线性草图实体。

（2）定义切口缝隙大小。在 切口参数(R) 区域的 （缝隙距离）文本框中输入数值 0.5。

Step 4 单击对话框中的 ✅ 按钮，完成切口的创建。

图 7.5.29 所示 切口参数(R) 区域的各选项说明如下：

● 单击 改变方向(C) 按钮，可以切换三种不同类型的切口方向。默认情况下，系统使用"双向"切口，如图 7.5.31 所示。

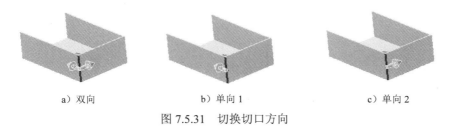

a）双向   b）单向 1   c）单向 2

图 7.5.31 切换切口方向

● （缝隙距离）文本框，就是切除材料后两法兰之间的距离。在 文本框中输入数值 1.0 和输入数值 3.0 的比较如图 7.5.32 所示。

a）输入 1.0   b）输入 3.0

图 7.5.32 切口缝隙

Task2. 创建折弯特征

Step 1 选择命令。选择下拉菜单 插入(I) ➡ 钣金 (H) ➡ 🪣 折弯 (B)... 命令，系统弹出图 7.5.33 所示的"折弯"对话框。

图 7.5.33　"折弯"对话框

Step 2　定义折弯参数。

（1）定义固定面或边线。选取图 7.5.34 所示的面为折弯固定面。

折弯固定面

图 7.5.34　定义折弯固定面

（2）定义折弯半径。在 **折弯参数(B)** 区域的 文本框中输入折弯半径值 0.5。

Step 3　定义折弯系数。在 **折弯系数(A)** 区域的文本框中选择 K 因子，把文本框 **K** 因子系数改为 0.5。

Step 4　定义自动切释放槽类型。在 **自动切释放槽(T)** 区域的"自动释放槽类型"下拉列表中选择 矩形 选项，"释放槽比例"文本框中输入比例系数 0.5。

Step 5　单击"完成"按钮 ，系统弹出图 7.5.35 所示的信息对话框，单击 确定 按钮，完成将实体零件转换成钣金件的转换。

图 7.5.35 "SolidWorks" 对话框

Step 6 保存零件模型。选择下拉菜单 文件(F) ➡ 另存为(A)... 命令，将零件模型命名为 body_to_sm_ok.SLDPRT，即可保存模型。

说明：当完成折弯特征的创建后，系统将自动创建 钣金1、 展开-折弯1、 加工-折弯1和 平板型式四个钣金特征，每一个特征都代表在实体模型转换成钣金件过程中的一个步骤。

- 钣金1 特征：表示进入钣金状态，用户可以利用该特征的 命令来对钣金参数进行修改。
- 展开-折弯1 特征：表示展开零件。它保存了"尖角"、"圆角"转换成"折弯"的所有信息。展开该特征的列表，可以看到每一个替代尖角和圆角的折弯。要想编辑尖角特征，可以利用该特征的 命令来实现。
- 加工-折弯1 特征：表示钣金件已经从展开状态切换到成形状态。
- 平板型式特征：解压缩该特征时，可以显示钣金零件的展开状态。

7.5.6 钣金设计中的镜像特征

钣金设计中的镜像钣金特征与实体的镜像特征基本相同，所不同的是钣金特征的镜像比实体镜像多了要镜像的实体功能；当镜像钣金体时，许多折弯也同时被镜像（唯一不被镜像的折弯是垂直并重合于镜像基准面的折弯）。可以镜像的钣金特征包括基体-法兰、边线-法兰、斜接法兰、褶边、闭合边角等。

1. 镜像钣金特征

下面以图 7.5.36 所示的模型为例，讲述镜像钣金特征的一般过程。

a）镜像前　　　　　　　　　　b）镜像后

图 7.5.36 镜像特征

Step 1 打开 D:\ sw13\work\ ch07\ch07.05\ ch07.05.06\mirror_body.SLDPRT。

Step 2 选择命令。选择下拉菜单 插入(I) ➡ 阵列/镜向(E) ➡ 🔲 镜向(M)... 命令，系统弹出"镜向"对话框。

说明：系统显示的"镜向"有误，应该改为"镜像"。

Step 3 定义镜像参数。

（1）定义镜像基准面。选取基准面 1 为镜像基准面。

（2）定义要镜像的特征。选取边线-法兰 1 和边线-法兰 2 作为要镜像的特征。

说明：当选取的基准面不在基体法兰的边线之间置中，而误选镜像特征，系统就会弹出"信息"对话框。

Step 4 单击 ✓ 按钮，完成镜像特征的创建。

Step 5 保存零件模型。选择下拉菜单 文件(F) ➡ 🔲 另存为(A)... 命令，将零件模型命名为 mirror_body_ok.SLDPRT，即可保存模型。

2. 镜像钣金实体

下面以图 7.5.37 所示的模型为例，讲述镜像钣金实体的一般过程。

要镜像的实体　　　镜像基准面

a）镜像前　　　　　　　　　　　　b）镜像后

图 7.5.37　　镜像实体

Step 1 打开 D:\ sw13\work\ ch07\ch07.05\ ch07.05.06\mirror_feature.SLDPRT。

Step 2 选择命令。选择下拉菜单 插入(I) ➡ 阵列/镜向(E) ➡ 🔲 镜向(M)... 命令，系统弹出图 7.5.38 所示的"镜向"对话框。

Step 3 定义镜像参数。

（1）定义镜像面。选取图 7.5.37a 所示的表面作为镜像基准面。

说明：镜像钣金实体时，镜像面为钣金零件中的厚度面，否则镜像后为两个实体。

（2）定义要镜像的实体。选取图 7.5.37a 所示的实体作为

图 7.5.38　"镜向"对话框

要镜像的实体。

（3）在 选项(O) 区域中选中 ☑ 合并实体(R) 和 ☑ 延伸视象属性(P) 复选框。

Step 4　单击 ✓ 按钮，完成镜像特征的创建。

Step 5　保存零件模型。选择下拉菜单 文件(F) ➡ 📄 另存为 (A)... 命令，将零件模型命
名为 mirror_feature_ok.SLDPRT，即可保存模型。

7.6　创建钣金工程图

　　钣金工程图的创建方法与一般零件基本相同，所不同的是钣金件的工程图需要创建平
面展开图。创建钣金工程图时，系统会自动创建一个"平板形式"的配置，该配置用于创
建钣金件展开状态的视图。所以，在创建带折弯特征的钣金工程图的时候，不需要展开钣
金件。

　　下面以图 7.6.1 所示的工程图为例，说明创建钣金工程图的一般过程。

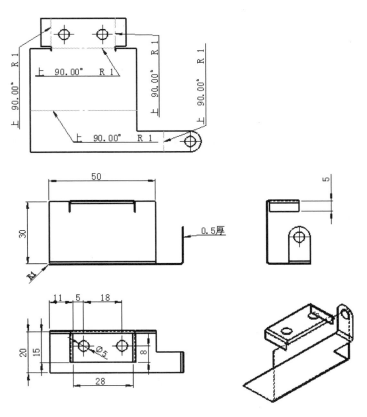

图 7.6.1　创建钣金工程图

Task1. 新建工程图

在学习本节前，请先将随书光盘中 sw13_system_file\模板.DRWDOT 文件复制到 C:\ProgramData\SolidWorks\SolidWorks 2013\templates（模板目录）文件夹中。

说明：如果 SolidWorks 软件不是安装在 C:\Program Files 目录中，则需要根据用户的安装目录找到相应的文件夹。

下面介绍新建工程图的一般操作步骤。

Step 1 选择下拉菜单 文件(F) ➡ 📄 新建(N)... 命令，系统弹出图 7.6.2 所示的"新建 SolidWorks 文件"对话框（一）。

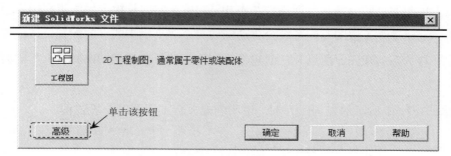

图 7.6.2 "新建 SolidWorks 文件"对话框（一）

Step 2 在"新建 SolidWorks 文件"对话框（一）中单击 高级 按钮，系统弹出图 7.6.3 所示的"新建 SolidWorks 文件"对话框（二）。

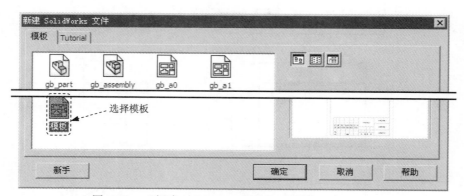

图 7.6.3 "新建 SolidWorks 文件"对话框（二）

Step 3 在"新建 SolidWorks 文件"对话框（二）中选择"模板"，以选择创建工程图文件，单击 确定 按钮，完成工程图的创建。

Task2. 创建图 7.6.4 所示的主视图

Step 1 选择零件模型。在"模型视图"对话框中的 选择一零件或装配体以从之生成视图，然后单击下一步。 系统提示下，单击要插入的零件/装配体(E) 区域中的 浏览(B)... 按钮，系统弹出"打开"对话框，在 "查找范围"下拉列表中选择目录 D:\sw13\work\ch07\ch07.06，然后选择 sm_drw.skdprt，单击 打开 按钮，系统弹出"模型视图"对话框。

Step 2　定义视图参数。

（1）在 方向(O) 区域中单击"前视"按钮 （图 7.6.4）。

（2）在 选项(N) 区域中取消选中 □ 自动开始投影视图(A) 复选框。

（3）选择比例。在 比例(A) 区域中选中 ⊙ 使用自定义比例(C) 单选项，在其下方的列表框中选择 1:1 选项（图 7.6.5）。

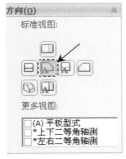

图 7.6.4　"方向"区域　　　　图 7.6.5　"比例"区域

Step 3　放置视图。将鼠标移动到模板中，选择合适的位置单击，以生成主视图，如图 7.6.6 所示。

Step 4　单击"工程图视图 1"对话框中的 ✔ 按钮，完成主视图的创建。

说明：如果在生成主视图之前，在 选项(N) 区域中选中 ☑ 自动开始投影视图(A) 复选框（图 7.6.7），则在生成一个视图之后会继续生成其投影视图。

图 7.6.6　主视图　　　　图 7.6.7　"选项"区域

Task3. 创建投影视图

投影视图包括仰视图、俯视图、轴测图和左视图等。下面以图 7.6.8 所示的视图为例，说明创建投影视图的一般操作过程。

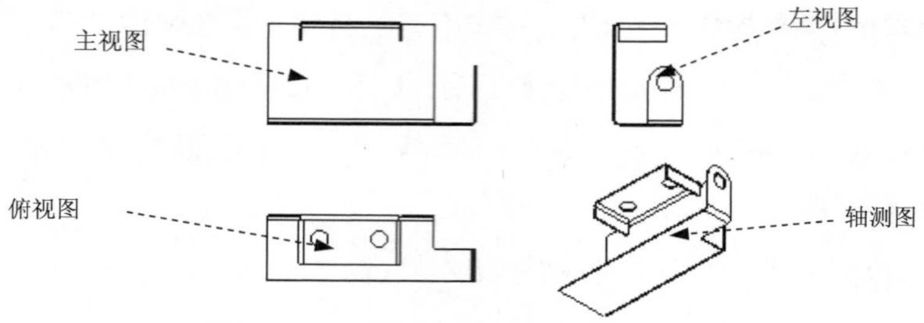

主视图

左视图

俯视图

轴测图

图 7.6.8　创建投影视图

Step 1　选择下拉菜单 插入(I) → 工程图视图(V) → 投影视图(P) 命令，在对话框中出现投影视图的虚线框。

Step 2　系统自动选取图 7.6.8 所示的主视图作为投影的父视图。

说明：如果该视图中只有一个视图，系统默认选择该视图为投影的父视图。

Step 3　放置视图。在主视图的右侧单击以生成左视图；在主视图的下方单击，以生成俯视图；在主视图的右下方单击，以生成等轴测图，并完成投影视图的创建。

Task4. 创建展开视图

钣金工程图的创建方法与一般零件基本相同，所不同的是钣金件的工程图需要创建平面展开图。下面以图 7.6.9 所示的视图为例，说明创建平面展开视图的一般操作过程。

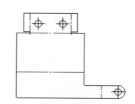

图 7.6.9　创建平面展开视图

Step 1　单击任务窗格中的"视图调色板"按钮 ，打开"视图调色板"对话框。

Step 2　单击"浏览"按钮 ，系统弹出"打开"对话框。在对话框中选取 D:\sw13\work\ch07\ch07.06\sm_drw.sldprt 文件打开。在"视图调色板"对话框中显示零件的视图预览（图 7.6.10），在"视图调色板"对话框选中 ☑ 输入注解 复选框。

Step 3　在打开的"视图调色板"对话框中，将"（A）平板型式"的视图拖到工程图模板中。

Step 4　放置视图。将鼠标移动到图形区，选择合适的放置位置单击，此时生成展开视图。

Step 5　调整视图比例。在系统弹出的"工程图视图 5"对话框的 比例(A) 区域中选中

⊙ 使用自定义比例(C) 单选项，在其下方的列表框中选择 1:1 选项。

Step 6 单击"工程图视图 5"对话框中的 ✅ 按钮，完成展开视图的创建。

Task5. 创建尺寸标注

工程图中的尺寸标注是与模型相关联的，而且模型中的尺寸修改会反映到工程图中。通常用户在生成每个零件特征时就会生成尺寸，然后将这些尺寸插入各个工程视图中。

Step 1 选择下拉菜单 工具(T) → 标注尺寸(S) → ◇ 智能尺寸(S) 命令，系统弹出图 7.6.11 所示的"尺寸"对话框。

图 7.6.10 "视图调色板"对话框

图 7.6.11 "尺寸"对话框

Step 2 定义尺寸标注。尺寸标注完成后的效果如图 7.6.12 所示。

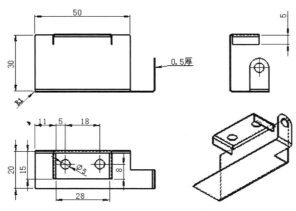

图 7.6.12 创建尺寸标注

Step **3** 调整尺寸。将尺寸调整到合适的位置。

Step **4** 单击"尺寸"对话框中的 ✔ 按钮，完成尺寸的标注。

Task6. 创建注释

Step **1** 选择下拉菜单 插入(I) ➡ 注解(A) ➡ **A** 注释(N)... 命令，系统弹出"注释"对话框。

Step **2** 定义放置位置。选取图 7.6.13 所示的边线，在合适的位置处单击。

Step **3** 定义注释内容。在注释文本框中输入"0.5 厚"。

Step **4** 单击 ✔ 按钮，完成注释的创建，如图 7.6.14 所示。

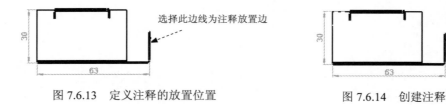

图 7.6.13　定义注释的放置位置　　　　　　　图 7.6.14　创建注释

Task7. 保存文件

选择下拉菜单 文件(F) ➡ 🖫 保存(S) 命令，将钣金工程图命名为 method1，保存类型为 drw，即可保存模型。

7.7　SolidWorks 钣金设计综合实际应用 1

范例概述：

本例讲解了钣金外罩的创建过程，通过对本例的学习，可以帮助读者加深对"基体-法兰"、"边线-法兰"、"断开-边角"和"薄片"等命令的了解，同时也可进一步掌握"边线-法兰"特征的创建方法。钣金件模型及设计树如图 7.7.1 所示。

图 7.7.1　钣金件模型及设计树

Step 1　新建模型文件。选择下拉菜单 文件(F) ➡️ 🗋 新建(N)... 命令，在系统弹出的
　　　　"新建 SolidWorks 文件"对话框中选择"零件"模块，单击 确定 按钮，进
　　　　入建模环境。

Step 2　创建图 7.7.2 所示的钣金基础特征——基体-法兰 1。

（1）选择命令。选择下拉菜单 插入(I) ➡️ 钣金(H) ➡️ 🐦 基体法兰(A)... 命令。

（2）定义特征的横断面草图。选取前视基准面作为草图基准面，绘制图 7.7.3 所示的
横断面草图。

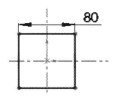

图 7.7.2　基体-法兰 1　　　　　　　　图 7.7.3　横断面草图

（3）定义钣金参数属性。

① 定义钣金参数。在 钣金参数(S) 区域的文本框 🖊T1 中输入厚度值 1.0，选中 ☑ 反向(E)
复选框。

② 定义钣金折弯系数。在 ☑ 折弯系数(A) 区域的下拉列表中选择 K因子，在 K 后的文
本框中输入 0.4。

③ 定义钣金自动切释放槽类型。在 ☑ 自动切释放槽(T) 区域的下拉列表中选择 矩形 选
项，选中 ☑ 使用释放槽比例(A) 复选框，在 比例(T): 文本框中输入比例系数 0.5。

（4）单击 ✓ 按钮，完成基体-法兰 1 的创建。

Step 3　创建图 7.7.4 所示的钣金特征——薄片 1。

（1）选择命令。选择下拉菜单 插入(I) ➡️ 钣金(H) ➡️ 🐦 基体法兰(A)... 命令。

（2）定义特征的横断面草图。选取前视基准面为草图基准面，绘制图 7.7.5 所示的横
断面草图。

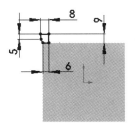

图 7.7.4　薄片 1　　　　　　　　　　图 7.7.5　横断面草图

（3）选中 ☑ 反向(E) 复选框，完成薄片 1 的创建。

Step 4 创建图 7.7.6 所示的钣金特征——断开-边角 1。

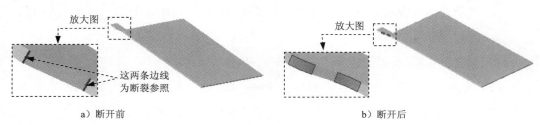

放大图

这两条边线
为断裂参照

放大图

a）断开前 b）断开后

图 7.7.6 断开-边角 1

（1）选择命令。选择下拉菜单 插入(I) ➡ 钣金(H) ➡ 断裂边角(K)... 命令，此时系统弹出"断开边角"对话框。

（2）定义断开边角的参照。选取图 7.7.6a 所示钣金上的两条边线为断裂边线参照。

（3）定义断开类型和断开半径。在 折断类型: 选项中将"圆角"按钮 按下，在 文本框中输入半径值 5.0。

（4）单击 按钮，完成断开-边角 1 的创建。

Step 5 创建图 7.7.7 所示的钣金特征——断开-边角 2。操作步骤参见 Step4，断开边角的边线如图 7.7.7a 所示，圆角半径值为 3.0。

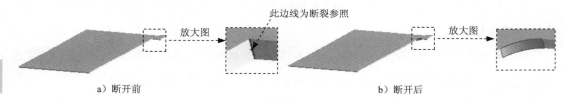

此边线为断裂参照

放大图

放大图

a）断开前 b）断开后

图 7.7.7 断开-边角 2

Step 6 创建图 7.7.8 所示的钣金特征——薄片 2。选择下拉菜单 插入(I) ➡ 钣金(H) ➡ 基体法兰(A)... 命令；选取前视基准面为草图基准面，绘制图 7.7.9 所示的横断面草图；选中 反向(E) 复选框，完成薄片 2 的创建。

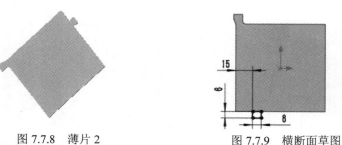

图 7.7.8 薄片 2

15

6

8

图 7.7.9 横断面草图

Step 7 创建图 7.7.10 所示的钣金特征——断开-边角 3。断裂步骤参见 Step4，断开边角的边线如图 7.7.10a 所示，圆角半径值为 3.0。

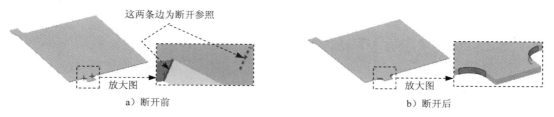

图 7.7.10 断开-边角 3

Step 8 创建图 7.7.11 所示的钣金特征——断开-边角 4。断裂步骤参见 Step4，折断边角的边线如图 7.7.11a 所示，圆角半径值为 3.0。

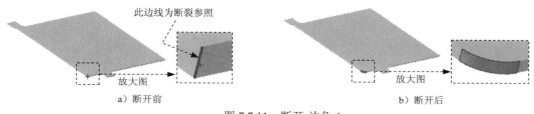

图 7.7.11 断开-边角 4

Step 9 创建图 7.7.12 所示的钣金特征——边线-法兰 1。

（1）选择命令。选择下拉菜单 插入(I) ➡ 钣金 (H) ➡ 边线法兰 (E)...命令。

（2）定义法兰轮廓边线。选取图 7.7.13 所示的 9 条边线为法兰轮廓边线。

图 7.7.12 边线-法兰 1   图 7.7.13 选取法兰轮廓边线

（3）定义法兰角度值。在 角度(G) 区域的 文本框中输入角度值 90.0。

（4）定义长度类型和长度值。在"边线法兰"对话框的 法兰长度(L) 区域的 下拉列表中选择 给定深度 选项，在 文本框中输入深度值 5.0。在此区域中单击"外部虚拟交点"按钮 。

（5）定义法兰位置。在 法兰位置(N) 区域中，单击"折弯在外"按钮 。

（6）单击 按钮，完成边线-法兰 1 的创建。

Step 10 创建图 7.7.14 所示的钣金特征——薄片 3。选择下拉菜单 插入(I) ➡ 钣金 (H)

➡️ 基体法兰(A)...命令；选取前视基准面为草图基准面，绘制图 7.7.15 所示的横断面草图；选中 ☑ 反向(F) 复选框，完成薄片 3 的创建。

图 7.7.14　薄片 3

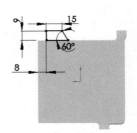

图 7.7.15　横断面草图

Step 11　创建图 7.7.16 所示的钣金特征——断开-边角 5。断裂步骤参见 Step4，折断边角的边线如图 7.7.16a 所示，圆角半径值为 5.0。

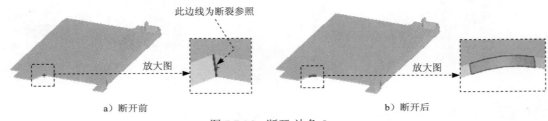

此边线为断裂参照

放大图　　　　　　　　　　放大图

a）断开前　　　　　　　　　　　　　　　b）断开后

图 7.7.16　断开-边角 5

Step 12　创建图 7.7.17 所示的钣金特征——边线-法兰 2。选择下拉菜单 插入(I) ➡️ 钣金(H) ➡️ 边线法兰(E)...命令。选取图 7.7.18 所示的五条边线为法兰轮廓边线；在 角度(G) 区域的 📐 文本框中输入角度值 90.0；在"边线法兰"对话框的 法兰长度(L) 区域的 📏 下拉列表中选择 给定深度 选项，在 📏 文本框中输入深度值 5.0，在此区域中单击"外部虚拟交点"按钮 ⚡；在 法兰位置(N) 区域中，单击"折弯在外"按钮 ⬜；单击 ✔ 按钮，完成边线-法兰 2 的创建。

这五条边为边线-法兰轮廓边线

放大图

图 7.7.17　边线-法兰 2　　　　　　　　图 7.7.18　选取边线-法兰轮廓边线

Step 13　创建图 7.7.19 所示的钣金特征——切除-拉伸 1。

（1）选择命令。选择下拉菜单 插入(I) ➡️ 切除(C) ➡️ 📦 拉伸(E)...命令。

（2）定义特征的横断面草图。选取前视基准面为草图基准面，绘制图 7.7.20 所示的横断面草图。

图 7.7.19   切除-拉伸 1

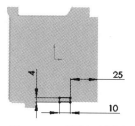

图 7.7.20   横断面草图

（3）定义切除深度属性。在 **方向 1** 区域中选中 ☑ **与厚度相等(L)** 复选框与 ☑ **正交切除(N)** 复选框，其他参数为默认设置值。

说明：单击 按钮可以改变切除方向。

（4）单击 ✅ 按钮，完成切除-拉伸 1 的创建。

Step 14   创建图 7.7.21 所示的钣金特征——边线-法兰 3。选择下拉菜单 **插入(I)** ➡ **钣金(H)** ➡ **边线法兰(E)**…命令；选取图 7.7.22 所示的三条边线为法兰轮廓边线；在 **角度(G)** 区域的 文本框中输入角度值 90.0；在 "边线法兰" 对话框的 **法兰长度(L)** 区域的 下拉列表中选择 **给定深度** 选项，在 文本框中输入深度值 5.0；在此区域中单击 "外部虚拟交点" 按钮 ；在 **法兰位置(N)** 区域中，单击 "折弯在外" 按钮 ；单击 ✅ 按钮，完成边线-法兰 3 的创建。

图 7.7.21   边线-法兰 3

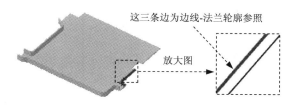

这三条边为边线-法兰轮廓参照

放大图

图 7.7.22   选取边线-法兰轮廓边线

Step 15   创建图 7.7.23 所示的钣金特征——边线-法兰 4。选择下拉菜单 **插入(I)** ➡ **钣金(H)** ➡ **边线法兰(E)**…命令；选取图 7.7.24 所示的边线为法兰轮廓边线；在 **角度(G)** 区域的 文本框中输入角度值 90.0；在 "边线法兰" 对话框的 **法兰长度(L)** 区域的下拉列表中选择 **给定深度** 选项；在 **法兰位置(N)** 区域中，单击 "折弯在外" 按钮 ；单

图 7.7.23   边线-法兰 4

击"法兰参数"区域的 编辑法兰轮廓(E) 按钮，编辑图 7.7.25 所示的轮廓；单击 完成 按钮，完成边线-法兰 4 的创建。

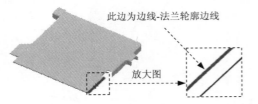

此边为边线-法兰轮廓边线

放大图

图 7.7.24　选取边线-法兰轮廓边线

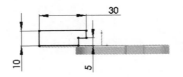

图 7.7.25　法兰轮廓

Step 16　创建图 7.7.26 所示的钣金特征——边线-法兰 5。选择下拉菜单 插入(I) ➡️ 钣金(H) ➡️ 边线法兰(E)... 命令；选取图 7.7.27 所示的边线为法兰轮廓边线；在 角度(G) 区域的 文本框中输入角度值 90.0；在"边线-法兰"对话框的 法兰长度(L) 区域的下拉列表中选择 给定深度 选项；在 法兰位置(N) 区域中，单击"折弯在外"按钮；单击"法兰参数"区域的 编辑法兰轮廓(E) 按钮，编辑图 7.7.28 所示的轮廓；单击 完成 按钮，完成边线-法兰 5 的创建。

图 7.7.26　边线-法兰 5

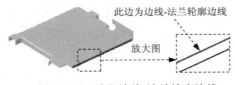

此边为边线-法兰轮廓边线

放大图

图 7.7.27　选取边线-法兰轮廓边线

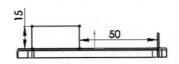

图 7.7.28　边线-法兰轮廓

Step 17　创建图 7.7.29 所示的钣金特征——镜像 1。

（1）选择命令。选择下拉菜单 插入(I) ➡️ 阵列/镜向(E) ➡️ 镜向(M)... 命令。

（2）定义镜像基准面。选取图 7.7.30 所示的上视基准面作为镜像基准面。

图 7.7.29　镜像 1

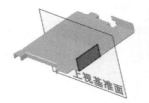

图 7.7.30　镜像基准面

（3）定义镜像对象。选取边线-法兰 5 作为镜像 1 的对象。

（4）单击 按钮，完成镜像 1 的创建。

Step 18 创建图 7.7.31 所示的钣金特征——断开-边角 6。操作步骤参见 Step4，断开边角的边线如图 7.7.31a 所示，圆角半径值为 3.0。

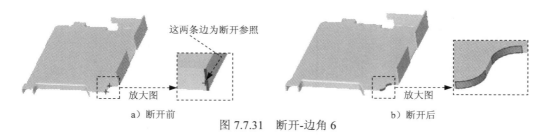

图 7.7.31　断开-边角 6

Step 19 创建图 7.7.32 所示的钣金特征——断开-边角 7。操作步骤参见 Step4，断开边角的边线（参照随书光盘选取这 12 条边为断开参照），圆角半径值为 1.0。

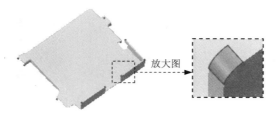

图 7.7.32　断开-边角 7

Step 20 创建图 7.7.33 所示的钣金特征——边线-法兰 6。选择下拉菜单 插入(I) ➡ 钣金(H) ➡ 边线法兰(E)... 命令；选取图 7.7.34 所示的五条边线为法兰轮廓边线；在 角度(G) 区域的 文本框中输入角度值 90.0；在"边线-法兰"对话框的 法兰长度(L) 区域的 下拉列表中选择 给定深度 选项，在 文本框中输入深度值 10.0；在此区域中单击"外部虚拟交点"按钮 ；在 法兰位置(N) 区域中，单击"折弯在外"按钮 ；单击 按钮，完成边线-法兰 6 的创建。

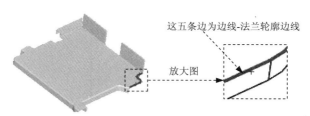

图 7.7.33　边线-法兰 6　　　　　　　图 7.7.34　选取边线-法兰轮廓边线

Step 21 创建图 7.7.35 所示的钣金特征——切除-拉伸 2。选择下拉菜单 插入(I) ➡ 切除(C) ➡ 拉伸(E)... 命令；选取图 7.7.35 所示的模型表面为草图基准面，绘制图 7.7.36 所示的横断面草图；在 方向1 区域的下拉列表中选择 成形到一面 选项，拉伸到图 7.7.37 所示的模型表面；单击 按钮，完成切除-拉伸 2 的创建。

Chapter **7**

草图基准面

拉伸到此面

放大图

图 7.7.35　切除-拉伸 2　　　　图 7.7.36　横断面草图　　　　图 7.7.37　定义拉伸深度

Step 22 创建图 7.7.38 所示的钣金特征——切除-拉伸 3。选择下拉菜单 插入(I) ➡ 切除(C) ➡ 📄 拉伸(E)... 命令；选取前视基准面为草图基准面，绘制图 7.7.39 所示的横断面草图；在 方向1 区域中选中 ☑ 与厚度相等(L) 复选框与 ☑ 正交切除(N) 复选框；其他参数为默认设置值；单击 ✔ 按钮，完成切除-拉伸 3 的创建。

图 7.7.38　切除-拉伸 3

图 7.7.39　横断面草图

Step 23 保存零件模型。选择下拉菜单 文件(F) ➡ 💾 保存(S) 命令，把模型命名为 SM_BOARD.SLDPRT 并保存。

7.8　SolidWorks 钣金设计综合实际应用 2

范例概述：

本例讲解了钣金固定架的设计过程，该设计过程分为创建成形工具和创建主体零件模型两个部分。成形工具的设计主要运用基本实体建模命令，其重点是将模型转换成成形工具；主体零件是由一些钣金基本特征构成的，其中要注意绘制的折弯和成形特征的创建方法。钣金件模型及设计树如图 7.8.1 所示。

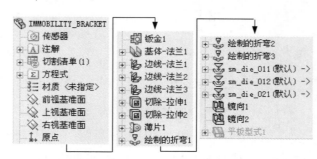

图 7.8.1　钣金件模型及设计树

Task1. 创建成形工具 1

成形工具模型及设计树如图 7.8.2 所示。

图 7.8.2　成形工具模型及设计树

Step 1 新建模型文件。选择下拉菜单 文件(F) ➡ 新建(N)... 命令，在系统弹出的 "新建 SolidWorks 文件"对话框中选择"零件"模块，单击 确定 按钮。

Step 2 创建图 7.8.3 所示的零件基础特征——凸台-拉伸 1。

（1）选择命令。选择下拉菜单 插入(I) ➡ 凸台/基体(B) ➡ 拉伸(E)... 命令。

（2）定义特征的横断面草图。选取前视基准面作为草图基准面，绘制图 7.8.4 所示的横断面草图。

图 7.8.3　凸台-拉伸 1

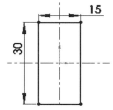

图 7.8.4　横断面草图

（3）定义拉伸深度属性。

① 定义深度方向。采用系统默认的深度方向。

② 定义深度类型和深度值。在"凸台-拉伸"对话框 方向1 区域的下拉列表中选择 给定深度 选项，在 文本框中输入深度值 5.0。

（4）单击 ✔ 按钮，完成凸台-拉伸 1 的创建。

Step 3 创建图 7.8.5 所示的草图 2。选择下拉菜单 插入(I) ➡ 草图绘制 命令；选取图 7.8.6 所示模型上的面为草图基准面，绘制图 7.8.5 所示的草图。

Step 4 创建图 7.8.6 所示的基准面 1。

（1）选择命令。选择下拉菜单 插入(I) ➡ 参考几何体(G) ➡ 基准面(P)... 命令。

（2）选择参照面。选取图 7.8.6 所示模型上的面为偏移基准面，在"等距距离"的文本框输入数值 3.0。

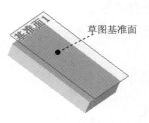

图 7.8.5　草图 2　　　　　　　　　图 7.8.6　基准面 1

（3）单击 ✅ 按钮，完成基准面 1 的创建。

Step 5　创建图 7.8.7 所示的草图 3。选择下拉菜单 `插入(I)` ➡ `草图绘制` 命令，选择基准面 1 为草图基准面，绘制图 7.8.7 所示的草图。

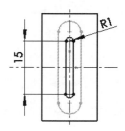

图 7.8.7　草图 3

Step 6　创建图 7.8.8 所示的零件特征——放样 1。

（1）选择命令。选择下拉菜单 `插入(I)` ➡ `凸台/基体(B)` ➡ `放样(L)...` 命令。

（2）定义特征的横断面草图。依次选取图 7.8.9 所示的草图 3、草图 2 为轮廓线。

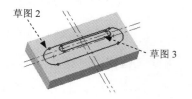

图 7.8.8　放样 1　　　　　　　　　图 7.8.9　选取轮廓

（3）单击 ✅ 按钮，完成放样 1 的创建。

Step 7　创建图 7.8.10 所示的零件特征——圆角 1。

（1）选择命令。选择下拉菜单 `插入(I)` ➡ `特征(F)` ➡ `圆角(U)...` 命令。

（2）定义圆角类型。采用系统默认的圆角类型。

（3）定义圆角对象。选取图 7.8.10a 所示的边线为要圆角的参照。

（4）定义圆角的半径。在 `圆角项目(I)` 区域的 文本框中输入圆角半径值 0.6，选中 `✔ 切线延伸(G)` 复选框。

（5）单击 ✅ 按钮，完成圆角 1 的创建。

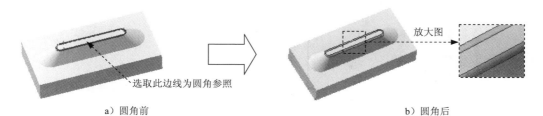

选取此边线为圆角参照

放大图

a）圆角前

b）圆角后

图 7.8.10　圆角 1

Step 8　创建图 7.8.11 所示的零件特征——圆角 2。选择下拉菜单 插入(I) ➡ 特征(F) ➡ 🍰 圆角(U)... 命令；选取图 7.8.11a 所示的边线为要圆角的参照；在 圆角项目(1) 区域的 🔧 文本框中输入圆角半径值 1.5，其他参数采用系统的默认设置值；单击 ✅ 按钮，完成圆角 2 的创建。

选取此边线为圆角参照

a）圆角前

b）圆角后

图 7.8.11　圆角 2

Step 9　创建图 7.8.12 所示的钣金特征——成形工具 1。

（1）选择命令。选择下拉菜单 插入(I) ➡ 钣金(H) ➡ ☎ 成形工具 命令。

（2）定义成形工具属性。激活"成形工具"对话框的 停止面 区域，选取图 7.8.12 所示的模型表面为成形工具的停止面。

（3）单击 ✅ 按钮，完成成形工具 1 的创建。

Step 10　保存零件模型。选择下拉菜单 文件(F) ➡ 💾 保存(S) 命令，把模型保存于 D:\sw13\work\ch07\ch07.07，并命名为 sm_die_01。

Task2. 创建成形工具 2

成形工具模型及设计树如图 7.8.13 所示。

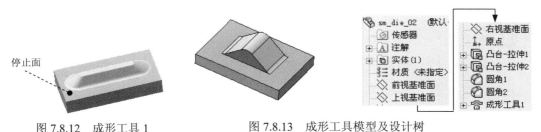

停止面

图 7.8.12　成形工具 1

图 7.8.13　成形工具模型及设计树

Step **1** 新建模型文件。选择下拉菜单 文件(F) ➡️ 新建(N)... 命令，在系统弹出的 "新建 SolidWorks 文件"对话框中选择"零件"模块，单击 确定 按钮。

Step **2** 创建图 7.8.14 所示的零件基础特征——凸台-拉伸 1。

（1）选择命令。选择下拉菜单 插入(I) ➡️ 凸台/基体(B) ➡️ 拉伸(E)... 命令。

（2）定义特征的横断面草图。选取前视基准面作为草图基准面，绘制图 7.8.15 所示的横断面草图。

图 7.8.14　凸台-拉伸 1

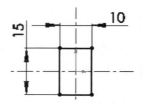

图 7.8.15　横断面草图

（3）定义凸台-拉伸深度属性。

① 定义深度方向。采用系统默认的深度方向。

② 定义深度类型和深度值。在"凸台-拉伸"对话框 **方向1** 区域的下拉列表中选择 给定深度 选项，输入深度值 2.0。

（4）单击 ✅ 按钮，完成凸台-拉伸 1 的创建。

Step **3** 创建图 7.8.16 所示的零件特征——凸台-拉伸 2。选择下拉菜单 插入(I) ➡️ 凸台/基体(B) ➡️ 拉伸(E)... 命令；选取右视基准面作为草图基准面，绘制图 7.8.17 所示的横断面草图；采用系统默认的深度方向，在对话框 **方向1** 区域的下拉列表中选择 两侧对称 选项，输入深度值 5.0；单击 ✅ 按钮，完成凸台-拉伸 2 的创建。

图 7.8.16　凸台-拉伸 2

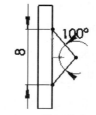

图 7.8.17　横断面草图

Step **4** 创建图 7.8.18 所示的零件特征——圆角 1。选择下拉菜单 插入(I) ➡️ 特征(F) ➡️ 圆角(U)... 命令；选取图 7.8.18a 所示的边线为圆角参照。在 **圆角项目(I)** 区域的 文本框中输入圆角半径值 1.5，其他参数采用系统的默认设置值；单击 ✅ 按钮，完成圆角 1 的创建。

选取此边线为圆角参照

a）圆角前　　　　　　　　　　　　　　　　　b）圆角后

图 7.8.18　圆角 1

Step 5　创建图 7.8.19 所示的零件特征——圆角 2。选择下拉菜单 插入(I) ➡ 特征(F) ➡ 圆角(U)... 命令；选取图 7.8.19a 所示的两条边线为圆角参照；在 圆角项目(I) 区域的 文本框中输入圆角半径值 1.0，其他参数采用系统的默认设置值；单击 按钮，完成圆角 2 的创建。

选取这两条边线为圆角参照

a）圆角前　　　　　　　　　　　　　　　　　b）圆角后

图 7.8.19　圆角 2

Step 6　创建图 7.8.20 所示的钣金特征——成形工具 1。

（1）选择命令。选择下拉菜单 插入(I) ➡ 钣金(H) ➡ 成形工具 命令。

（2）定义成形工具属性。激活"成形工具"对话框的 停止面 区域，选取图 7.8.21 所示的模型表面为成形工具的停止面；激活"成形工具"对话框的 要移除的面 区域，选取图 7.8.21 所示的模型表面为成形工具的移除面。

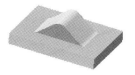

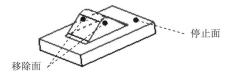

停止面

移除面

图 7.8.20　成形工具 1　　　　　图 7.8.21　移除面和停止面

（3）单击 按钮，完成成形工具 1 的创建。

Step 7　保存零件模型。选择下拉菜单 文件(F) ➡ 另存为(A)... 命令，把模型保存于 D:\sw13\work\ch07\ch07.08，并命名为 sm_die_02。

Step 8　将成形工具调入设计库。

（1）单击任务窗格中的"设计库"按钮 ，系统弹出"设计库"对话框。

（2）在"设计库"对话框中单击"创建文件位置"按钮 ，系统弹出"选取文件夹"

对话框，在 查找范围(I): 下拉列表中找到 D:\sw13\work\ch07\ch07.08 文件夹后，单击 确定 按钮。

（3）此时在设计库中出现 ch07 节点，右击该节点，在系统弹出的快捷菜单中选择 成形工具文件夹 命令，确认 成形工具文件夹 命令前面显示 ✔ 符号。完成成形工具调入设计库的设置。

Task3. 创建主体零件模型

Step 1 新建模型文件。选择下拉菜单 文件(F) ➡ 新建(N)... 命令，在系统弹出的"新建 SolidWorks 文件"对话框中选择"零件"模块，单击 确定 按钮，进入建模环境。

Step 2 创建图 7.8.22 所示的钣金基础特征——基体-法兰 1。

（1）选择命令。选择下拉菜单 插入(I) ➡ 钣金(H) ➡ 基体法兰(A)... 命令。

（2）定义特征的横断面草图。选取前视基准面作为草图基准面，绘制图 7.8.23 所示的横断面草图。

图 7.8.22　基体-法兰 1

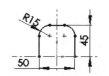

图 7.8.23　横断面草图

（3）定义钣金参数属性。

① 定义钣金方向。在 方向1 区域的文本框选择 两侧对称 选项，文本框 D1 中输入拉伸值为 22.0。

② 定义钣金参数。在 钣金参数(S) 区域的文本框 T1 中输入厚度值 0.5，文本框 中输入折弯半径为 0.2。

（4）单击 ✔ 按钮，完成基体-法兰 1 的创建。

Step 3 创建图 7.8.24 所示的钣金特征——边线-法兰 1。

（1）选择命令。选择下拉菜单 插入(I) ➡ 钣金(H) ➡ 边线法兰(E)... 命令。

（2）定义法兰轮廓边线。选取图 7.8.25 所示的边线为边线-法兰轮廓边线。

图 7.8.24　边线-法兰 1

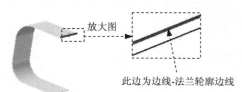

放大图

此边为边线-法兰轮廓边线

图 7.8.25　选取边线-法兰轮廓边线

（3）定义法兰角度值。在 **角度(G)** 区域的 文本框中输入角度值 90.0。

（4）定义长度类型和长度值。在"边线法兰"对话框的 **法兰长度(L)** 区域的 下拉列表中选择 **给定深度** 选项。

（5）定义法兰位置。在 **法兰位置(N)** 区域中，单击"材料在外"按钮。

（6）编辑法兰轮廓。单击"法兰参数"区域的 **编辑法兰轮廓(E)** 按钮，编辑图 7.8.26 所示的轮廓。

（7）单击 **完成** 按钮，完成边线-法兰 1 的创建。

Step **4** 创建图 7.8.27 所示的钣金特征——边线-法兰 2。选择下拉菜单 **插入(I)** ➡ **钣金(H)** ➡ **边线法兰(E)...** 命令；选取图 7.8.28 所示的边线为边线-法兰轮廓边线；在 **角度(G)** 区域的 文本框中输入角度值 90.0；在"边线法兰"对话框的 **法兰长度(L)** 区域的 下拉列表中选择 **给定深度** 选项；在 **法兰位置(N)** 区域中，单击"材料在外"按钮；单击"法兰参数"区域的 **编辑法兰轮廓(E)** 按钮，编辑图 7.8.29 所示的轮廓；单击 **完成** 按钮，完成边线-法兰 2 的创建。

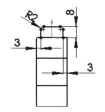

图 7.8.26　编辑法兰轮廓

图 7.8.27　边线-法兰 2

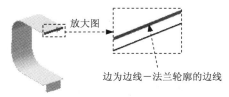

图 7.8.28　选取边线-法兰轮廓的边线

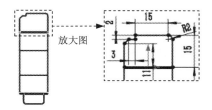

图 7.8.29　编辑法兰轮廓

Step **5** 创建图 7.8.30 所示的钣金特征——边线-法兰 3。选择下拉菜单 **插入(I)** ➡ **钣金(H)** ➡ **边线法兰(E)...** 命令；选取图 7.8.31 所示的边线为边线-法兰轮廓的边线；在 **角度(G)** 区域的 文本框中输入角度值 90.0；在"边线法兰"对话框的 **法兰长度(L)** 区域的 下拉列表中选择 **给定深度** 选项，在 文本框中输入深度值 3.0；在此区域中单击"外部虚拟交点"按钮；在 **法兰位置(N)** 区域中，单击"材料在外"按钮；单击 按钮，完成边线-法兰 3 的创建。

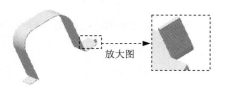

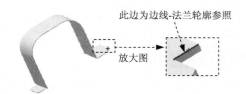

此边为边线-法兰轮廓参照

图 7.8.30　边线-法兰 3　　　　　图 7.8.31　选取边线-法兰轮廓的边线

Step 6　创建图 7.8.32 所示的钣金特征——切除-拉伸 1。

（1）选择命令。选择下拉菜单 插入(I) ➡ 切除(C) ➡ 拉伸(E)... 命令。

（2）定义特征的横断面草图。选取上视基准面为草图基准面，绘制图 7.8.33 所示的横断面草图。

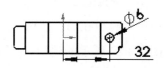

图 7.8.32　切除-拉伸 1　　　　　图 7.8.33　横断面草图

（3）定义切除-拉伸深度属性。在 方向1 区域中选中 ☑ 与厚度相等(L) 复选框与 ☑ 正交切除(N) 复选框；其他参数为默认设置值。

（4）单击对话框中的 ✔ 按钮，完成切除-拉伸 1 的创建。

Step 7　创建图 7.8.34 所示的钣金特征——切除-拉伸 2。选择下拉菜单 插入(I) ➡ 切除(C) ➡ 拉伸(E)... 命令；选取图 7.8.34 所示的模型表面为草图基准面，绘制图 7.8.35 所示的横断面草图；在 方向1 区域中选中 ☑ 与厚度相等(L) 复选框与 ☑ 正交切除(N) 复选框；单击 ✔ 按钮，完成切除-拉伸 2 的创建。

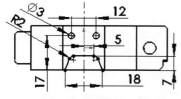

选取此平面为草图基准面

图 7.8.34　切除-拉伸 2　　　　　图 7.8.35　横断面草图

Step 8　创建图 7.8.36 所示的钣金特征——薄片 1。选择下拉菜单 插入(I) ➡ 钣金(H) ➡ 基体法兰(A)... 命令；选取图 7.8.34 所示的模型表面为草图基准面；绘制图 7.8.37 所示的横断面草图，完成薄片 1 的创建。

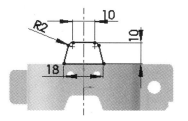

图 7.8.36　薄片 1　　　　　　　　　图 7.8.37　横断面草图

Step 9　创建图 7.8.38 所示的钣金特征——绘制的折弯 1。

（1）选择命令。选择下拉菜单 插入(I) ➡ 钣金(H) ➡ 绘制的折弯(S)... 命令。

（2）定义特征的折弯线。先定义折弯线基准面。选取图 7.8.39 的模型表面作为折弯线基准面，绘制图 7.8.40 所示的折弯线。

折弯线基准面

图 7.8.38　绘制的折弯 1　　　　　　图 7.8.39　折弯线基准面

（3）定义折弯固定面。选取图 7.8.41 所示的位置为折弯固定面。

选取此位置为折弯固定侧

图 7.8.40　绘制的折弯线　　　　　　图 7.8.41　固定面的位置

（4）定义钣金参数属性。在 折弯参数(P) 区域 折弯位置: 中单击"折弯中心线"按钮，在 文本框中输入折弯角度 45.0；取消选中 □ 使用默认半径(U) 复选框，在 文本框中输入折弯半径 0.2。

（5）单击 按钮，完成绘制的折弯 1 的创建。

Step 10　创建图 7.8.42 所示的钣金特征——绘制的折弯 2。选择下拉菜单 插入(I) ➡ 钣金(H) ➡ 绘制的折弯(S)... 命令；选取图 7.8.43 的模型表面作为折弯线基准面，绘制图 7.8.44 所示的折弯线；选取图 7.8.45 所示的位置为折弯固定面；在 折弯参数(P) 区域 折弯位置: 中单击"折弯中心线"按钮，在 文本框中输入折弯角度 45.0；取消选中 □ 使用默认半径(U) 复选框，在 文本框中输入折弯半径值 0.2；单击 按钮，完成绘制的折弯 2 的创建。

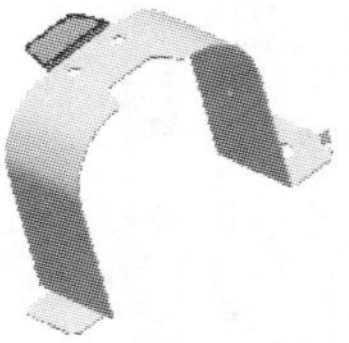

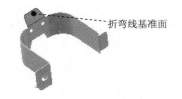

图 7.8.42　绘制的折弯 2

图 7.8.43　折弯线基准面

图 7.8.44　绘制的折弯线

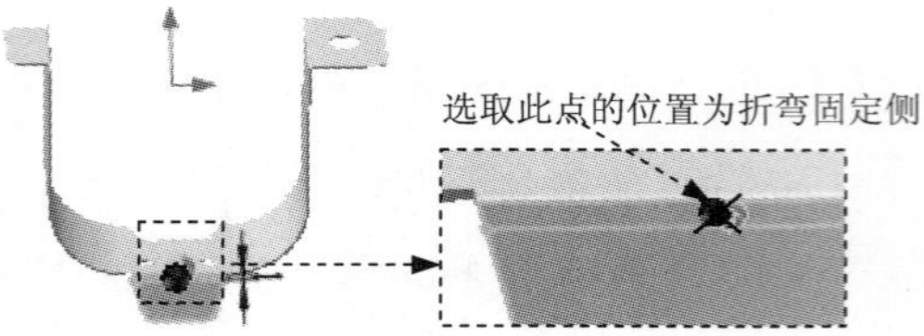

图 7.8.45　固定面的位置

选取此点的位置为折弯固定侧

Step **11**　创建图 7.8.46 所示的钣金特征——绘制的折弯 3。选择下拉菜单 插入(I) ➡ 钣金(H) ➡ 绘制的折弯(S)... 命令；选取图 7.8.47 的模型表面作为折弯线基准面，绘制图 7.8.48 所示的折弯线；选取图 7.8.48 所示的位置为折弯固定面；在 折弯参数(P) 区域 折弯位置: 中单击"折弯中心线"按钮，在 文本框中输入折弯角度值 90.0；取消选中 □ 使用默认半径(U) 复选框，在 文本框中输入折弯半径 0.2；单击 按钮，完成折弯 3 的创建。

选取此点的位置为折弯固定侧

图 7.8.46　绘制的折弯 3

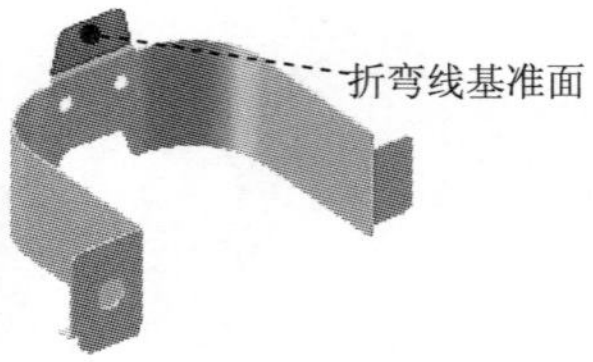

图 7.8.47　折弯线基准面

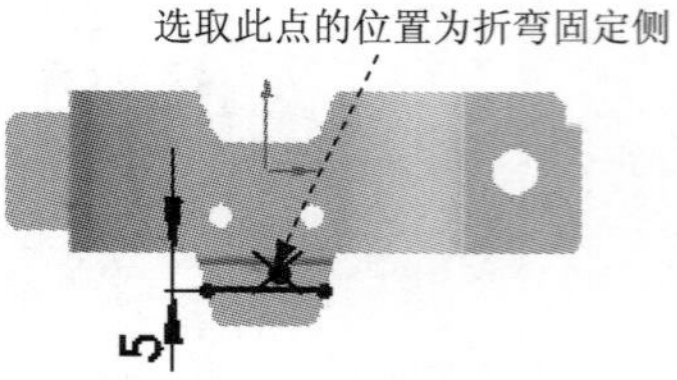

图 7.8.48　绘制的折弯线

Step **12**　创建图 7.8.49 所示的钣金特征——成形工具特征 1。

（1）单击任务窗格中的"设计库"按钮，打开"设计库"对话框。

（2）单击"设计库"对话框中的 ch07 节点，在设计库下部的列表框中选择"SM_DIE_01"文件，并拖动到图 7.8.50 所示的平面，将旋转角度定义为 0 度，在系统弹出的"成形工具特征"对话框中单击 按钮。

拖到该平面

图 7.8.49　成形工具特征 1

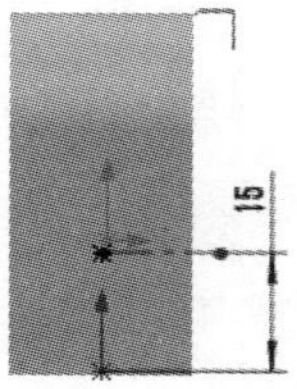

图 7.8.50　编辑草图

（3）单击设计树中 ![sm_die_011] 节点前的"+"，右击 ![(-) 草图19] 节点，在弹出的快捷菜单中选择 ![] 命令，进入草绘环境。

（4）编辑草图，如图 7.8.50 所示。退出草绘环境，完成成形工具特征 1 的创建。

说明：通过键盘中的 Tab 键可以更改成形特征的方向。

Step 13　创建图 7.8.51 所示的钣金特征——成形工具特征 2。步骤参见 Step11，选择 SM_DIE_01 文件作为成形工具，并拖动到图 7.8.51 所示的平面，编辑草图如图 7.8.52 所示。

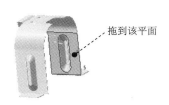

图 7.8.51　成形工具特征 2

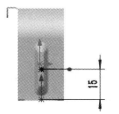

图 7.8.52　编辑草图

Step 14　创建图 7.8.53 所示的钣金特征——成形工具特征 3。

（1）单击任务窗格中的"设计库"按钮 ![]，打开"设计库"对话框。

（2）单击"设计库"对话框中的 ![ch07] 节点，在设计库下部的列表框中选择 "SM_DIE_02"文件，并拖动到图 7.8.53 所示的平面，将旋转角度定义为 0 度，在系统弹出的"成形工具特征"对话框中单击 ![] 按钮。

（3）单击设计树中 ![sm_die_021]节点前的"+" 加号，右击 ![(-) 草图23] 特征，在弹出的快捷菜单中选择 ![] 命令，进入草绘环境。

（4）编辑草图，如图 7.8.54 所示。退出草绘环境，完成成形工具特征 3 的创建。

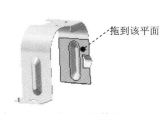

图 7.8.53　成形工具特征 3

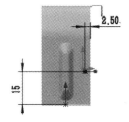

图 7.8.54　编辑草图

Step 15　创建图 7.8.55 所示的钣金特征——镜像 1。

（1）选择命令。选择下拉菜单 ![插入(I)] ➡ ![阵列/镜向(E)] ➡ ![镜向(M)]... 命令。

（2）定义镜像基准面。选取图 7.8.56 所示的前视基准面作为镜像基准面。

图 7.8.55　镜像 1

图 7.8.56　镜像基准面

（3）定义镜像对象。选取成形工具特征 3 作为镜像 1 的对象。

（4）单击对话框中的 ✓ 按钮，完成镜像 1 的创建。

Step 16　创建图 7.8.57 所示的钣金特征——镜像 2。选择下拉菜单 插入(I) ➡ 阵列/镜向(E) ➡ 🔲 镜向(M)... 命令。选取图 7.8.58 所示的右视基准面作为镜像基准面。选取成形工具特征 3 和镜像 1 作为镜像 2 的对象。单击 ✓ 按钮，完成镜像 2 的创建。

图 7.8.57　镜像 2

图 7.8.58　镜像基准面

Step 17　保存零件模型。选择下拉菜单 文件(F) ➡ 🖫 保存(S) 命令，把模型命名为 IMMOBILITY_BRACKET.SLDPRT 并保存。

8

焊件设计

8.1 概述

8.1.1 焊件设计概述

通过焊接技术将多个零件焊接在一起的零件称为焊件，焊件实际上是一个装配体，但是焊件在材料明细表中作为单独的零件来处理，所以在建模过程中仍然将焊件作为多实体零件来建模。

由于焊件方便灵活、价格便宜，材料的利用率高、设计及操作方便等特点，焊件的应用十分普遍，占据了很多行业，日常生活中也十分常见，图 8.1.1 为几种常见的焊件。

图 8.1.1　常见的几种焊件

在多实体零件中创建一个焊件特征，零件即被标识为焊件，形成焊件零件的设计环境，SolidWorks 的焊件功能可完成以下任务：

- 创建结构构件、角支撑、顶端盖和圆角焊缝;

- 利用特殊的工具对结构构件进行剪裁和延伸;

- 创建和管理子焊件;

- 管理切割清单并在工程图中建立切割清单。

使用 SolidWorks 软件创建焊件的一般过程如下:

(1) 新建一个"零件"文件,进入建模环境。

(2) 通过二维草绘或三维草绘功能创建框架草图。

(3) 根据框架草图创建结构构件。

(4) 对结构构件进行剪裁或延伸。

(5) 创建焊件切割清单。

(6) 创建焊件工程图。

8.1.2 下拉菜单及工具栏简介

1. 下拉菜单

焊件设计的命令主要分布在 插入(I) 下拉菜单的 焊件(W) 子菜单中,如图 8.1.2 所示。

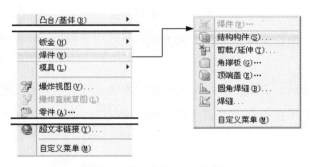

图 8.1.2 "焊件"子菜单

2. 工具栏

在工具栏处右击,在弹出的快捷菜单中确认 焊件(D) 选项被激活,"焊件"工具条(图 8.1.3)显示在工具栏按钮区。

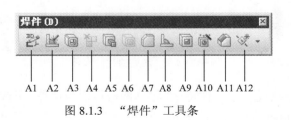

图 8.1.3 "焊件"工具条

图 8.1.3 所示的"焊件"工具栏的各按钮说明如下：

A1： 3D 草图   A7： 角撑板

A2： 焊件   A8： 焊缝

A3： 结构构件   A9： 拉伸切除

A4： 剪裁/延伸   A10： 异型孔向导

A5： 拉伸凸台/基体   A11： 倒角

A6： 顶端盖   A12： 参考几何体

8.2　结构构件

使用 2D 或 3D 草图定义焊件零件的框架草图，然后沿草图线段创建结构构件，生成图 8.2.1 所示的焊件。可使用线性或弯曲草图实体生成多个带基准面的 2D 草图、3D 草图或 2D 和 3D 草图组合。使用这种方法建立焊接零件时，只需建立焊件的框架草图，再分别选取框架草图中的线段生成不同的结构构件。

- 生成焊件轮廓
- 选择草图线段
- 指定结构构件轮廓的方向和位置
- 指定构件边角处理条件

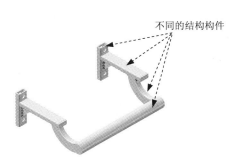

图 8.2.1　焊件

8.2.1　3D 草图的创建

在创建焊件时，经常使用 3D 草图来布局焊件的框架草图，焊件中的 3D 草图只能包含直线和圆弧。在管道及电力模块中，管筒和电缆系统中的 3D 草图可以通过样条曲线来创建，通过控制样条曲线的型值点位置、数量和相切控制点来改变样条曲线的形状。

1. 坐标系的使用

在创建 3D 草图时，坐标系的使用非常重要，使用 Tab 键在不同的平面（XY 平面、YZ 平面和 ZX 平面）之间切换，以创建出理想的 3D 草图。

3D 草图是三维空间的草图，但在用户绘制 3D 草图时仍然是在一个二维的平面上开始的，当用户激活绘图工具时，系统默认在前视基准面上绘制草图，在绘制的过程中，光标的下面显示当前草图所在的基准面。如果用户不切换坐标系，绘制的所有图形均位于当前的基准面上。

2. 3D 草图中样条曲线的绘制

3D 草图中的样条曲线主要用于软管（管筒）和电缆的线路布置，通过控制样条曲线的型值点位置、数量和相切控制点来改变样条曲线的形状。下面以图 8.2.2 所示的样条曲线为例，讲述 3D 草图中创建样条曲线的过程。

a）创建前　　　　　　　　　　　　　　　　b）创建后

图 8.2.2　样条曲线

Step 1 打开文件 D:\sw13\work\ch08\ch08.02\ch08.02.01\free_curve.SLDPRT。

Step 2 新建 3D 草图。选择下拉菜单 插入(I) ➡ 3D 草图 命令。

Step 3 创建样条曲线。选择下拉菜单 工具(T) ➡ 草图绘制实体(K) ➡ 样条曲线(S) 命令，绘制图 8.2.2a 所示的样条曲线（捕捉到两直线的端点）。

Step 4 创建相切约束。选择样条曲线分别与两条直线相切，结果如图 8.2.2b 所示。

Step 5 选择下拉菜单 插入(I) ➡ 3D 草图 命令，退出 3D 草图环境。

Step 6 保存文件。选择下拉菜单 文件(F) ➡ 另存为(A)... 命令，命名为 free_curve_ok 即可保存模型。

8.2.2　布局框架草图

结构构件是焊件中某个组成部分的称呼，它是焊件中的基本单元。而每个结构构件又必须包括两个要素：框架草图线段和轮廓，如图 8.2.3 所示。如果用"人体"来比喻结构构件的话，"轮廓"相当于人体的"肌肉"，而"框架草图线段"相当于人体的"骨头"。

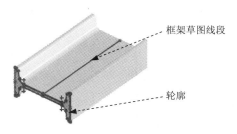

框架草图线段

轮廓

图 8.2.3　结构构件的组成

　　框架草图布局的好坏直接影响到整个焊件的质量与外观，布局出一个完美的框架草图是创建焊件的基础。框架草图的布局可以在 2D 或 3D 草图环境中进行，如果焊件结构比较复杂，可考虑用 3D 草图。下面分别讲解两种布局框架草图的过程。

　　1．布局 2D 草图的一般过程

　　下面以图 8.2.4 所示的框架草图来说明布局 2D 草图的一般过程。

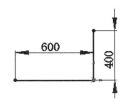

图 8.2.4　框架草图（2D 草图）

Step 1　选择命令。选择下拉菜单 插入(I) ➡ 草图绘制 命令。

Step 2　定义草图基准面。选取前视基准面为草图基准面。

Step 3　绘制草图。在草绘环境中绘制图 8.2.4 所示的草图。

Step 4　选择下拉菜单 插入(I) ➡ 退出草图 命令，退出草图设计环境。

Step 5　至此，2D 草图创建完毕。选择下拉菜单 文件(F) ➡ 保存(S) 命令，将模型命名为 2D_sketch，保存草图模型。

　　2．布局 3D 草图的一般过程

　　下面以图 8.2.5 所示的框架草图来说明布局 3D 草图的一般过程。

基准面3@3D草图1

基准面2@3D草图1

图 8.2.5　框架草图（3D 草图）

Step **1**　选择命令。选择下拉菜单 插入(I) ➡ 3D 草图 命令。

Step **2**　绘制矩形。在草绘环境中绘制图 8.2.6 所示的矩形。

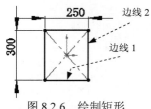

图 8.2.6　绘制矩形

Step **3**　创建几何关系。如图 8.2.6 所示，约束边线 1 沿 Z 方向，边线 2 沿 X 方向。

Step **4**　在图 8.2.6 所示的矩形上绘制图 8.2.7 所示的 4 条直线。

Step **5**　创建图 8.2.8 所示的 3D 草图基准面 2。

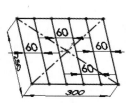

图 8.2.7　绘制直线

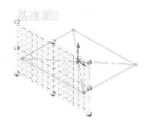

图 8.2.8　基准面 2

（1）选择命令。在工具栏中单击"基准面"按钮，系统弹出图 8.2.9 所示的"草图绘制平面"对话框。

图 8.2.9　"草图绘制平面"对话框

（2）定义 3D 草图基准面 2。选取前视基准面作为 `第一参考`，单击  按钮，选取图
8.2.6 所示的边线 2 为 `第二参考`，单击重合按钮 ☒。

（3）单击对话框中的 ✔ 按钮，完成 3D 基准面 2 的创建。

说明：因为系统将第一次选取的基准面（本例为前视基准面）作为基准面 1，所以此
步创建的是基准面 2。

`Step 6` 在基准面 2 上创建图 8.2.10 所示的三条直线。

图 8.2.10　创建直线

`Step 7` 创建图 8.2.11 所示的 3D 草图基准面 3。

（1）选择命令。在工具栏中单击"基准面"按钮 ▦。

（2）定义 3D 草图基准面 3。选取前视基准面作为 `第一参考`，单击 ◈ 按钮，选取
图 8.2.6 所示的边线 2 的对边为 `第二参考`，单击重合按钮 ☒。

（3）单击对话框中的 ✔ 按钮，完成 3D 基准面 3 的创建。

`Step 8` 在基准面 3 上创建图 8.2.12 所示的三条直线。

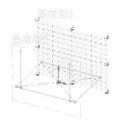

图 8.2.11　基准面 3

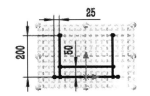

图 8.2.12　定义边角边线

`Step 9` 选择下拉菜单 `插入(I)` ➡ `3D 草图` 命令，完成 3D 草图的绘制。

`Step 10` 至此，3D 草图创建完毕。选择下拉菜单 `文件(F)` ➡ `保存(S)` 命令，将模型
命名为 3D_sketch，保存零件模型。

8.2.3　创建结构构件

1. 选取"结构构件"命令的方法

选取"结构构件"命令有如下两种方法：

方法一： 选择下拉菜单 `插入(I)` ➡ `焊件(W)` ➡ `结构构件(S)...` 命令。

方法二： 在"焊件（D）"工具栏中单击"结构构件"按钮 🔲。

2. 结构构件的一般创建过程

下面以图 8.2.13 所示的模型为例，介绍"结构构件"的创建过程。

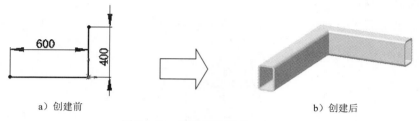

a）创建前   b）创建后

图 8.2.13 创建结构构件

Step 1 打开文件 D:\sw13\work\ch08\ch08.02\ch08.02.03\2D_sketch.SLDPRT。

Step 2 选择命令。选择下拉菜单 `插入(I)` ➡ `焊件(W)` ➡ `结构构件(S)...` 命令，

系统弹出图 8.2.14 所示的"结构构件"对话框。

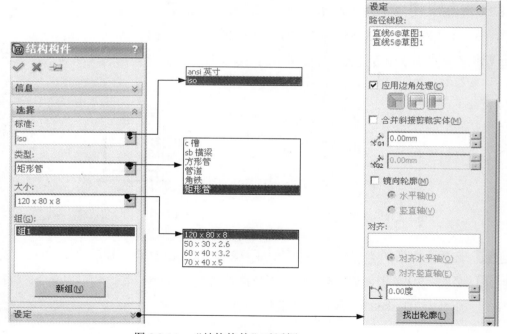

图 8.2.14 "结构构件"对话框

说明： 当选取 🔲 `结构构件(S)...` 命令后，系统自动在设计树中创建 🔨 焊件特征，系统

预定义的各种结构构件轮廓类型如图 8.2.15 所示。

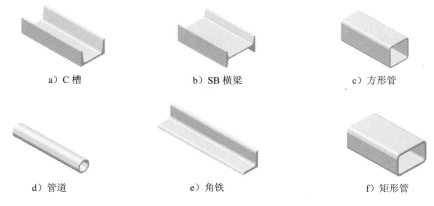

a）C 槽　　　　b）SB 横梁　　　　c）方形管

d）管道　　　　e）角铁　　　　f）矩形管

图 8.2.15　各种标准轮廓类型

图 8.2.14 所示"结构构件"对话框的 设定 区域中边角处理的说明如下：

- 选中 ☑ 应用边角处理(C) 复选框（在不涉及到边角处理时， 设定 区域中没有该复选框），会在其下方出现三种边角处理方法， ▢（终端斜接）、▢（终端对接 1）、▢（终端对接 2），三种处理方法的区别如图 8.2.16 所示。

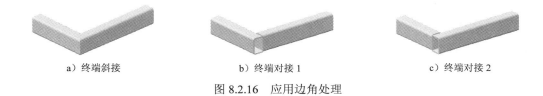

a）终端斜接　　　　b）终端对接 1　　　　c）终端对接 2

图 8.2.16　应用边角处理

- 选中 ▢ 镜向轮廓(M) 复选框，可选中 ⊙ 水平轴(H) 和 ⊙ 竖直轴(V) 单选项。其作用是沿水平轴或竖直轴反转轮廓。激活 对齐: 区域，选择一个参考元素（边线、构造线等）将轮廓的轴与选定的向量对齐。

- （旋转角度）文本框：用来调整结构构件轮廓以路径线段为旋转轴所旋转的角度。在旋转角度 文本框中输入数值 30、60、90、120，比较效果如图 8.2.17 所示。

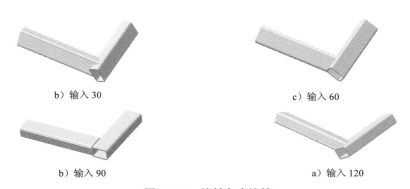

b）输入 30　　　　c）输入 60

b）输入 90　　　　a）输入 120

图 8.2.17　旋转角度比较

- 找出轮廓(L)：单击此按钮，将整屏显示轮廓，这时可以更改穿透点，默认的穿透点为草图原点。

Step 3 定义构件轮廓。在 标准: 下拉列表中选取 iso 选项；类型: 下拉列表中选择 矩形管 选项；在 大小: 下拉列表中选择 120 x 80 x 8 选项。

Step 4 定义构件路径线段（框架草图），依次选取图 8.2.18 所示的边线 1 和边线 2。

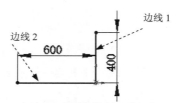

图 8.2.18　定义构件路径线段

Step 5 边角处理。在"结构构件"对话框的 设定 区域中选中 ☑ 应用边角处理(C) 复选框后，单击 ⊢ （终端斜接）按钮。

Step 6 更改穿透点。在 设定 区域中单击 找出轮廓(L) 按钮，将整屏显示轮廓草图，单击图 8.2.19 所示的虚拟交点 2，系统自动约束虚拟焦点 2 与框架草图的原点重合（图 8.2.20）。

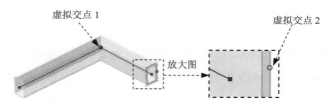

图 8.2.19　定义穿透点

图 8.2.20　更改穿透点后

Step 7 单击对话框中的 ✓ 按钮，完成结构构件的创建。

Step 8 选择下拉菜单 文件(F) ➡ 📄 另存为 (A)... 命令，将模型命名为 2D_sketch_ok，即可保存零件模型。

8.2.4 自定义构件轮廓

自定义构建轮廓就是自己绘制结构构件的轮廓草图,然后通过文件转换把绘制的轮廓草图转换成能够被"结构构件"命令所调用的结构构件轮廓。有些时候,系统提供的焊件结构构件轮廓不是用户需要的轮廓,这时就涉及到下载焊件轮廓或自定义焊件轮廓。

本节将通过具体的步骤来讲述自定义焊件轮廓创建结构构件的一般步骤。

Task1. 创建图 8.2.21 所示的构件轮廓

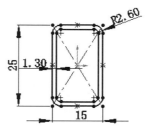

图 8.2.21　自定义轮廓草图

Step 1　创建目录。在 SolidWorks 安装目录\lang\chinese-simplified\weldment profiles\下,新建 custom\cartouche 文件夹。

Step 2　新建模型文件。选择下拉菜单 文件(F) ➡ 新建(N)... 命令,在系统弹出的"新建 SolidWorks 文件"对话框中选择"零件"模块,单击 确定 按钮,进入建模环境。

Step 3　选择命令。选择下拉菜单 插入(I) ➡ 草图绘制 命令。

Step 4　定义草图基准面。选取前视基准面为草图基准面。

Step 5　绘制草图。在草绘环境中绘制图 8.2.21 所示的草图。

Step 6　选择下拉菜单 插入(I) ➡ 退出草图 命令,退出草图设计环境。

Step 7　保存草图。

(1) 在设计树中选中 草图1 (非常重要)。

(2) 选择下拉菜单 文件(F) ➡ 保存(S) 命令,在 保存类型(T): 下拉列表中选取 Lib Feat Part (*.sldlfp) 类型。在 文件名(N): 文本框中输入 25×15×1.3,在 保存在(I): 下拉列表中选择 SolidWorks 安装目录\lang\chinese-simplified\weldment profiles\custom\cartouche,单击 保存(S) 按钮。

Task2. 创建图 8.2.22 所示的结构构件

Step 1　打开文件 D:\sw13\work\ch08\ch08.02\ch08.02.04\3D_sketch.SLDPRT。

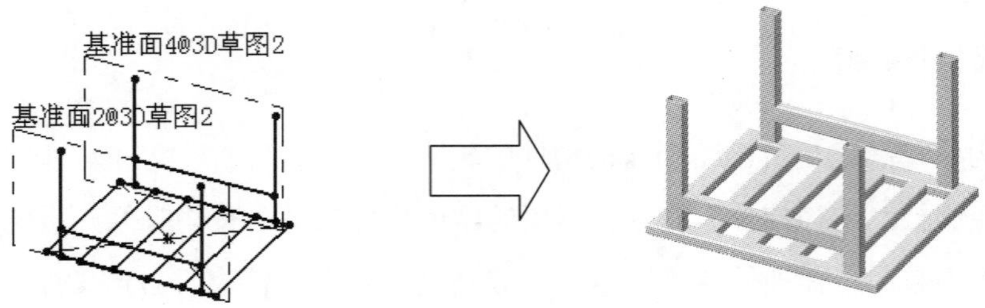

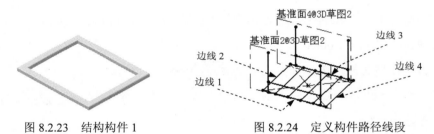

图 8.2.22　创建结构构件

Step **2**　创建图 8.2.23 所示的结构构件 1。选择下拉菜单 插入(I) ➡ 焊件(W) ➡
🔲 结构构件(S)... 命令。

Step **3**　定义构件轮廓。

（1）定义标准。在 标准: 下拉列表中选择 custom 选项。

（2）定义类型。在 类型: 下拉列表中选择 cartouche 选项。

（3）定义大小。在 大小: 下拉列表中选择 25x15x1.3 选项。

Step **4**　定义构件路径线段（框架草图）。依次选取图 8.2.24 所示的边线 1～边线 4。

图 8.2.23　结构构件 1　　　　　图 8.2.24　定义构件路径线段

Step **5**　更改穿透点。

（1）找出最佳虚拟交点。单击 找出轮廓(L) 按钮，在屏幕上放大的轮廓草图中显示图
8.2.25 所示的虚拟交点。

图 8.2.25　定义穿透点

说明：虚拟交点的位置和个数是在自定义轮廓时定义的，这里只能选取最佳的一个，并且把它约束到路径的草图原点上。

（2）调整视图方位。把结构构件轮廓草图调整到最佳位置（通常是使轮廓草图正视于屏幕）。

说明：每一个零件在视图中的最佳位置不一样，选取时要根据实际情况而定。

（3）选取虚拟交点。图 8.2.25 所示的虚拟交点是最佳穿透点，所以穿透点默认为图 8.2.25 的虚拟交点。

Step 6　边角处理。在 设定 区域中选中 ☑ 应用边角处理(C) 复选框，单击"终端斜接"按钮 ，在 （旋转角度）文本框中输入旋转角度值 270.0deg。

说明：此处可将 3D 草图隐藏，以便更清楚地观察生成构件的结果。

Step 7　单击对话框中的 ✔ 按钮，完成自定义轮廓结构构件 1 的创建。

Step 8　创建图 8.2.26 所示的结构构件 2。选择下拉菜单 插入(I) ➡ 焊件(W) ➡ 结构构件(S)... 命令。

图 8.2.26　结构构件 2

（1）定义标准。在 标准: 下拉列表中选择 custom 选项。

（2）定义类型。在 类型: 下拉列表中选择 cartouche 选项。

（3）定义大小。在 大小: 下拉列表中选择 25x15x1.3 选项。

Step 9　定义构件路径线段（布局草图）。依次选取图 8.2.27 所示的边线 1~边线 4。

图 8.2.27　定义构件路径线段

Step 10　边角处理。在 设定 区域中 （旋转角度）文本框中输入旋转角度值 90.0deg。

Step 11　单击对话框中的 ✔ 按钮，完成自定义轮廓结构构件 2 的创建。

Step 12　创建图 8.2.28 所示的结构构件 3。选择下拉菜单 插入(I) ➡ 焊件(W) ➡ 结构构件(S)... 命令。

Step 13　定义构件轮廓。

（1）定义标准。在 标准: 下拉列表中选择 custom 选项。

（2）定义类型。在 类型: 下拉列表中选择 cartouche 选项。

（3）定义大小。在 大小: 下拉列表中选择 25x15x1.3 选项。

Step 14 定义构件路径线段（布局草图）。依次选取图 8.2.29 所示的边线 1~边线 4。

图 8.2.28　结构构件 3

图 8.2.29　定义构件路径线段

Step 15 边角处理。在 设定 区域中 （旋转角度）文本框中输入旋转角度值 90.0deg。

Step 16 单击对话框中的 ✓ 按钮，完成结构构件 3 的创建。

Step 17 创建图 8.2.30 所示的结构构件 4。选择下拉菜单 插入(I) ➡ 焊件(W) ➡ 结构构件 (S)... 命令。

图 8.2.30　结构构件 4

Step 18 定义构件轮廓。

（1）定义标准。在 标准: 下拉列表中选择 custom 选项。

（2）定义类型。在 类型: 下拉列表中选择 cartouche 选项。

（3）定义大小。在 大小: 下拉列表中选择 25x15x1.3 选项。

Step 19 定义构件路径线段（布局草图）。依次选取图 8.2.31 所示的边线 1 和边线 2。

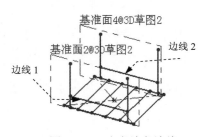

图 8.2.31　定义边角边线

Step 20 单击对话框中的 ✔ 按钮，完成结构构件 4 的创建。

Step 21 至此，"结构构件"的创建完毕。选择下拉菜单 文件(F) ➡️ 🖫 另存为(A)... 命令，

将模型命名为 3D_sketch_ok 即可保存零件模型。

8.3 剪裁/延伸结构构件

"剪裁/延伸"是对结构构件中相交的部分进行剪裁，或将另外的结构构件延伸至与其

他构件相交。

选取"剪裁/延伸"命令有如下两种方法：

方法一： 选择下拉菜单 插入(I) ➡️ 焊件(W) ➡️ 🗐 剪裁/延伸(T)... 命令。

方法二： 在工具栏中单击"剪裁/延伸"按钮 🗐 。

下面以图 8.3.1 所示的模型为例，来说明创建剪裁/延伸结构构件的一般过程。

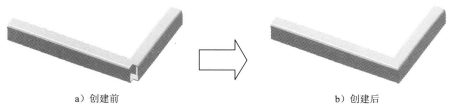

a）创建前   b）创建后

图 8.3.1 剪裁/延伸结构构件

Step 1 打开文件 D:\sw13\work\ch08\ch08.03\clipping_extend.SLDPRT。

Step 2 选择命令。选择下拉菜单 插入(I) ➡️ 焊件(W) ➡️ 🗐 剪裁/延伸(T)... 命令，

系统弹出图 8.3.2 所示的"剪裁/延伸"对话框。

图 8.3.2 "剪裁/延伸"对话框

说明："剪裁/延伸"对话框的 **剪裁边界** 区域会根据定义的边角类型而有所改变，当选择 ╔ （终端剪裁）选项时， **剪裁边界** 区域会出现 ⊙ 面/平面(F) 和 ⊙ 实体(B) 两个单选项，当选择其他三个按钮时，没有这两个单选项。

Step 3 定义边角类型。在 **边角类型** 区域中单击"终端斜接"按钮 ╔。

Step 4 定义要剪裁的实体。选取图 8.3.3 所示的实体 1。

Step 5 定义剪裁边界。在 **边角类型** 区域选中 ☑ 预览(P) 复选框和 ☑ 允许延伸(A) 复选框，然后选取图 8.3.3 所示的实体 2。

图 8.3.3 定义剪裁/延伸实体

Step 6 单击对话框中的 ✔ 按钮，完成剪裁/延伸的创建。

Step 7 选择下拉菜单 文件(F) ➡ 另存为(A)... 命令，并将其命名为 clipping_extend_01_ok。

图 8.3.2 所示的"剪裁/延伸"对话框中 **边角类型** 区域中各选项的说明如下：

- ╔：终端剪裁，如图 8.3.4 所示。
- ╔：终端斜接，如图 8.3.5 所示。

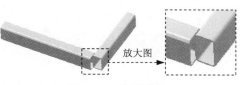
图 8.3.4 终端剪裁

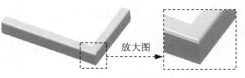
图 8.3.5 终端斜接

- ╔：终端对接 1，如图 8.3.6 所示。
- ╔：终端对接 2，如图 8.3.7 所示。

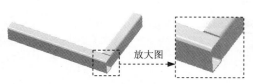
图 8.3.6 终端对接 1

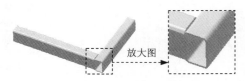
图 8.3.7 终端对接 2

8.4　角撑板

角撑板是在两个相交结构构件的相邻两个面之间创建的一块材料，起加固焊件的作用。"角撑板"命令可创建角撑板特征，它并不只限于在焊件中使用，也可用于其他任何零件中。角撑板包括"三角形"和"多边形"两种类型，值得注意的是角撑板没有轮廓草图。

选取"角撑板"命令有两种方法：

方法一：选择下拉菜单 插入(I) ➡ 焊件(W) ➡ 角撑板(G)… 命令。

方法二：在工具栏中单击"角撑板"按钮 。

8.4.1　三角形角撑板

下面以图 8.4.1 所示的模型为例，介绍创建三角形角撑板的一般过程。

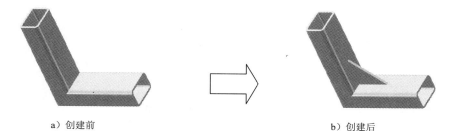

a）创建前　　　　　　　　　　　b）创建后

图 8.4.1　创建三角形角撑板

Step 1 打 开 文 件 D:\sw13\work\ch08\ch08.04\ch08.04.01\corner_prop up_board. SLDPRT。

Step 2 选取命令。选择下拉菜单 插入(I) ➡ 焊件(W) ➡ 角撑板(G)… 命令，系统弹出图 8.4.2 所示的"角撑板"对话框。

Step 3 定义支撑面。选取图 8.4.3 所示的面 1 和面 2 为支撑面。

图 8.4.2 所示"角撑板"对话框中各选项说明如下：

- 在 轮廓(P) 区域中选择"多边形轮廓"按钮 ，生成"角撑板"的形状如图 8.4.4 所示。

- 在 轮廓(P) 区域中选择"三角形轮廓"按钮 ，生成"角撑板"的形状如图 8.4.5 所示。

图 8.4.2　"角撑板"对话框

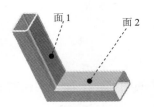

图 8.4.3　定义支撑面

图 8.4.4　多边形角撑板

图 8.4.5　三边形角撑板

- 当在 位置(L) 区域中把定位点设置为 ⚊ （轮廓定位于中点）时，厚度: 选项中选择 ≣ （轮廓线内边）、≣ （轮廓线两边）、≣ （轮廓线外边），则三种选项的区别如图 8.4.6 所示。

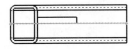　　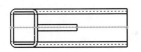　　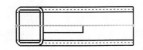

a）轮廓线内边　　　　　　　　b）轮廓线两边　　　　　　　　c）轮廓线外边

图 8.4.6　轮廓线定位于中点

- 在 位置(L) 区域中把定位点设置为 ⚊ （轮廓定位于起点）时，厚度: 选项中选择 ≣ （轮廓线内边）、≣ （轮廓线两边）、≣ （轮廓线外边），三个选项的区别如图 8.4.7 所示。

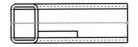　　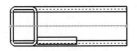　　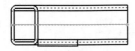

a）轮廓线内边　　　　　　　　b）轮廓线两边　　　　　　　　c）轮廓线外边

图 8.4.7　轮廓定位于起点

- 当在 位置(L) 区域中把定位点设置为 ⚊ （轮廓定位于端点）时，厚度: 选项中选择 ≣ （轮廓线内边）、≣ （轮廓线两边）、≣ （轮廓线外边），三个选项的区别如图 8.4.8 所示。

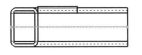

a）轮廓线内边

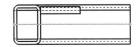

b）轮廓线两边

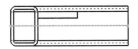

c）轮廓线外边

图 8.4.8　轮廓线定位于端点

Step **4**　定义轮廓。

（1）定义轮廓类型。在 **轮廓(P)** 区域中选择三角形轮廓 。

（2）定义轮廓参数。在 d1: 文本框中输入轮廓距离值 120.0；在 d2: 文本框中输入轮廓距离值 120.0。

说明：单击"反转轮廓 d1 和 d2 参数"按钮 ，可以交换"轮廓距离 d1"和"轮廓距离 d2"之间的距离。

（3）定义厚度参数。在 **厚度**: 选项中选取"轮廓线两边" ，在 文本框中输入角撑板厚度值 20.0。

说明：角撑板的厚度设置方式与筋的设置方式相同。值得注意的是：当在 **参数(A)** 中设置定位点时，厚度设置方式会随定位点的改变而改变（单击"轮廓定位于中点"按钮 除外）。

Step **5**　定义位置。在 **位置(L)** 区域中选择"轮廓定位于中点"按钮 。

说明：假如选中 ☑ 等距(O) 复选框，然后在 文本框中输入一个数值，角撑板就相对于原来位置"等距"一个距离。单击"反转等距方向"按钮 可以反转等距方向。

Step **6**　单击对话框中的 按钮，完成角撑板的创建。

Step **7**　保存焊件模型。选择下拉菜单 文件(F) ➡ 另存为(A)... 命令，并将其命名为 corner_prop up_board_ok。

8.4.2　多边形角撑板

下面以图 8.4.9 所示的模型为例，介绍创建多边形角撑板的一般过程。

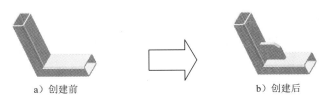

a）创建前　　　　　　　　　　b）创建后

图 8.4.9　多边形角撑板

Step **1**　打开文件 D:\sw13\work\ch08\ch08.04\ch08.04.02\corner_prop up_board. SLDPRT。

Step **2**　选取命令。选择下拉菜单 插入(I) ➡ 焊件(W) ➡ 角撑板(G)... 命令。

Step 3 定义支撑面。选取图 8.4.10 所示的面 1 和面 2 为支撑面。

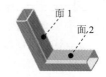

图 8.4.10　定义支撑面

Step 4 定义轮廓。

（1）定义轮廓类型。在 **轮廓(P)** 区域中选中多边形轮廓 。

（2）定义轮廓参数。在 d1: 文本框中输入轮廓距离值 120.0；在 d2: 文本框中输入轮廓距离值 120.0；在 d3: 文本框中输入轮廓距离值 90.0，选中 ⦿d4: 单选项，在其后的文本框内输入轮廓距离值 90.0。

（3）定义厚度参数。在 **厚度:** 选项中单击"轮廓线两边"按钮 ，在 文本框中输入角撑板厚度值 20.0。

Step 5 定义位置。在 **位置(L)** 区域中单击"轮廓定位于中点"按钮 。

Step 6 单击对话框中的 ✔ 按钮，完成角撑板的创建。

Step 7 保存焊件模型。选择下拉菜单 文件(F) ➡ 另存为(A)... 命令，并将其命名为 corner_prop up_board_ok。

8.5　顶端盖

顶端盖就是在结构构件的开放端创建的一块材料，用来封闭开放的端口。运用"顶端盖"命令，可以创建顶端盖特征，但是"顶端盖"命令只能应用于有线性边线的轮廓。

选取"顶端盖"命令有两种方法。

方法一：选择下拉菜单 插入(I) ➡ 焊件(W) ➡ 顶端盖(E)... 命令。

方法二：在工具栏中单击"顶端盖"按钮 。

下面以图 8.5.1 所示的模型为例，介绍"顶端盖"的创建过程。

a）创建前　　　　　　b）创建后

图 8.5.1　顶端盖

Step **1**　打开文件 D:\sw13\work\ch08\ch08.05\tectorial.SLDPRT。

Step **2**　选择命令。选择下拉菜单 插入(I) ➡ 焊件(W) ➡ ▭ 顶端盖 (E)… 命令，系统弹出图 8.5.2 所示的 "顶端盖"对话框。

Step **3**　定义顶端盖参数。

（1）定义所在面。激活 ▭ 选项，选取图 8.5.3 所示的面为顶端盖所在面。

图 8.5.2　"顶端盖"对话框

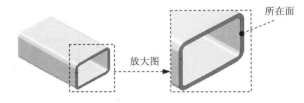

图 8.5.3　定义所在面

（2）定义厚度。在 ⟋ 文本框中输入厚度值 5.0。

Step **4**　定义等距参数。在 **等距(O)** 区域中选中 ☑ **使用厚度比率(U)** 复选框，在 ⟋ 文本框中输入厚度比例值 0.5，选中 ☑ **倒角边角(C)** 复选框，在 ⟋ 文本框中输入倒角距离值 3.0。

说明：取消选中 ☐ **使用厚度比率(U)** 复选框，则采用等距距离来定义结构构件边线到顶端盖边线之间的距离。

Step **5**　单击对话框中的 ✔ 按钮，完成顶端盖的创建。

Step **6**　保存焊件模型。选择下拉菜单 文件(F) ➡ ▮ 另存为 (A)… 命令，并将其命名为 tectoria_ok，保存零件模型。

8.6　圆角焊缝

圆角焊缝就是在交叉的焊件构件之间通过焊接而把焊件零件固定在一起的材料。"圆角焊缝"命令可在任何交叉的焊件构件之间创建焊缝特征。

选取"圆角焊缝"命令有如下两种方法：

方法一：选择下拉菜单 插入(I) ➡ 焊件(W) ➡ 圆角焊缝(B)... 命令。

方法二：在工具栏中单击"圆角焊缝"按钮 。

圆角焊缝有三种类型：全长圆角焊缝、间歇圆角焊缝和交错圆角焊缝。

8.6.1 全长圆角焊缝

如图 8.6.1 所示的模型是一个创建"全长圆角焊缝"的模型，其具体操作过程如下：

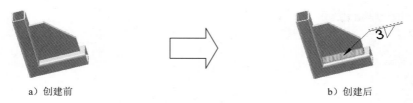

a）创建前   b）创建后

图 8.6.1   "全长"圆角焊缝

Step 1 打开文件 D:\sw13\work\ch08\ch08.06\ch08.06.01\garden_corner.SLDPRT。

Step 2 选择命令。选择下拉菜单 插入(I) ➡ 焊件(W) ➡ 圆角焊缝(B)... 命令，系统弹出图 8.6.2 所示的"圆角焊缝"对话框。

图 8.6.2   "圆角焊缝"对话框

Step 3 定义圆角焊缝各参数。

（1）定义类型。在 **箭头边(A)** 区域的下拉列表中选择 全长 选项。

（2）定义圆角大小。在 圆角大小: 文本框中输入焊缝大小值 3.0，选中 ☑ 切线延伸(G) 复选框。

（3）定义第一面组。选取图 8.6.3 所示的面 1。

（4）定义第二面组。选取图 8.6.3 所示的面 2。

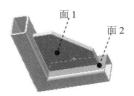

图 8.6.3　定义面组

说明：当 **箭头边(A)** 区域选择 **全长** / **间歇** 选项时，则在 **□ 对边(O)** 区域的"焊缝"类型不能选择 **交错** 选项；选中 **☑ 切线延伸(G)** 复选框，可在非平面、相切面定义"圆角焊缝"；定义完面组 1 和面组 2 后，系统自动为它们定义 **交叉边线:**。

Step 4　单击对话框中的 ✔ 按钮，完成全长圆角焊缝的创建。

Step 5　保存焊件模型。选择下拉菜单 **文件(F)** ➡ **另存为(A)...** 命令，并将其命名为 garden_corner_01_ok。

图 8.6.2 所示"圆角焊缝"对话框中各选项说明如下：

● **箭头边(A)** 区域包括设置焊缝的所有参数。

　☑ **全长**：设置焊缝为连续的，如图 8.6.4 所示，当选中该选项后，**圆角大小:** 文本框用于设置焊缝的圆角半径值。

　☑ **间歇**：设置焊缝为均匀间断的，如图 8.6.5 所示，当选中该选项后，其下面的参数将发生变化，如图 8.6.7 所示，其中 **焊缝长度:** 文本框用于设置每个焊缝段的长度；**节距:** 文本框用于设置每个焊缝起点之间的距离。

图 8.6.4　"全长"焊缝

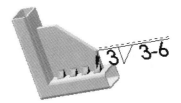

图 8.6.5　"间歇"焊缝

　☑ **交错**：选取该选项后系统将在构件的两侧生成焊缝，并且两侧的焊缝为交叉类型，如图 8.6.6 所示。另外，选择 **交错** 选项后，**□ 对边(O)** 区域将被激活，其设置与 **箭头边(A)** 区域的设置相同。

图 8.6.6 "交错"焊缝   图 8.6.7 选取"间歇"选项后

- ☑ **切线延伸(G)** 单选项：选中该单选项，系统在与交叉边线相切的边线生成焊缝。

- **第一组面**:列表框：用于显示选取的需要创建焊缝的第一面，另外，单击以激活该列表框后，可在图形区中选取需要创建焊缝的第一面。

- **第二组面**:列表框：用于显示选取的需要创建焊缝的第二面，另外，单击以激活该列表框后，可在图形区中选取需要创建焊缝的第二面。

- **交叉边线**:列表框：用于显示第一面与第二面的交线，该交线为系统自动计算，无需用户选取。

8.6.2 间歇圆角焊缝

如图 8.6.8 所示的模型的焊缝是通过创建"间歇"圆角焊缝创建的，创建间歇圆角焊缝的具体操作过程如下：

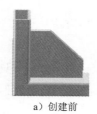 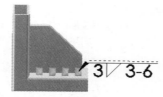

a）创建前   b）创建后

图 8.6.8 "间歇"圆角焊缝

Step 1   打开文件 D：\sw13\work\ch08\ch08.06\ch08.06.02\garden_corner.SLDPRT。

Step 2   选择命令。选择下拉菜单 插入(I) ➡ 焊件(W) ➡ ◣ 圆角焊缝(B)... 命令。

Step 3   定义"圆角焊缝"参数。

（1）定义类型。在 箭头边(A) 区域的下拉列表中选择 间歇 选项。

说明：当 箭头边(A) 区域选取 间歇 / 交错 选项后，☐ 对边(O) 定义的焊缝必须与 箭头边(A) 区域定义的焊缝对称。

（2）定义圆角大小。在 ◥ 文本框中输入焊缝大小 3.0，选中 ☑ 切线延伸(G) 复选框。

（3）定义焊缝长度。在 焊缝长度: 文本框中输入焊缝长度值 3.0。

（4）定义节距。在 节距: 文本框中输入焊缝节距值 6.0。

（5）定义第一面组。选取图 8.6.9 所示的面 1。

（6）定义第二面组。选取图 8.6.9 所示的面 2。

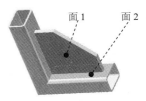

图 8.6.9   定义面组

Step 4   单击对话框中的 ✔ 按钮，完成间歇圆角焊缝的创建。

Step 5   保存焊件模型。选择下拉菜单 文件(F) ➡ 🖫 另存为(A)... 命令，并将其命名为 garden_corner_02_ok。

8.6.3   交错圆角焊缝

如图 8.6.10 所示的模型的焊缝是通过创建交错圆角焊缝完成的。创建交错圆角焊缝的具体操作过程如下：

a）创建前   b）创建后

图 8.6.10   "交错"圆角焊缝

Step 1   打开文件 D：\sw13\work\ch08\ch08.06\ch08.06.03\garden_corner.SLDPRT。

Step 2   选择命令。选择下拉菜单 插入(I) ➡ 焊件(W) ➡ ◣ 圆角焊缝(B)... 命令。

Step 3   定义"圆角焊缝"的各参数。

（1）定义类型。在 箭头边(A) 区域的下拉列表中选择 交错 选项。

说明：当选择 交错 选项后，☐ 对边(O) 复选框被自动选中，圆角大小: 区域和 焊缝长度: 区域中默认的参数都与 箭头边(A) 区域的相同，但是，除定义的类型不能修改外，圆角大小: 区

域和 焊缝长度: 区域都能修改。

（2）定义圆角大小。在 箭头边(A) 区域 文本框中输入焊缝大小值 3.0，选中 ☑ 切线延伸(G) 复选框。

（3）定义焊缝长度。在 焊缝长度: 文本框中输入焊缝长度值 3.0。

（4）定义节距。在 节距: 文本框中输入焊缝节距值 6.0。

（5）定义 箭头边(A) 区域面组。选取图 8.6.11 所示的面 1 为第一面组，选取图 8.6.11 所示的面 2 为第二面组。

（6）定义 ☑ 对边(O) 区域选项。在 文本框中输入焊缝大小值 3.0，在 焊缝长度: 文本框中输入焊缝长度值 3.0，选取图 8.6.11 所示的面 1 为第一面组，选取面 3 为第二面组。

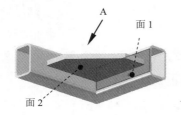
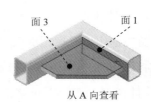

从 A 向查看

图 8.6.11　定义面组

Step 4　单击对话框中的 ✅ 按钮，完成交错圆角焊缝的创建。

Step 5　保存焊件模型。选择下拉菜单 文件(F) ➡ 📄 另存为(A)... 命令，并将其命名为 garden_corner _03_ok，保存零件模型。

图 8.6.12 所示的各"圆角焊缝"数值说明如下：

● 图 8.6.12a 中所示的"3"是指焊缝大小，代表圆角焊缝的长度。

● 图 8.6.12b 中所示的"3"是指焊缝大小，代表焊缝段的长度，只用于 间歇 或 交错 类型。

● 图 8.6.12b 中所示的"6"是指焊缝节距，代表一个焊缝起点与下一个焊缝起点之间的距离，只用于 间歇 及 交错 类型。

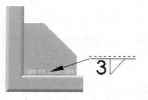
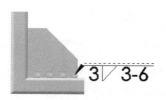
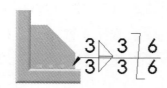

a）"全长"圆角焊缝　　　b）"间歇"圆角焊缝　　　c）"交错"圆角焊缝

图 8.6.12　各"圆角焊缝"数值

8 Chapter

8.7　子焊件

对于一个庞大的焊件，有时会因为某些原因而把它分解成很多独立的小焊件，这些小焊件就称为"子焊件"。子焊件可以单独保存，但是它与父焊件是相关联的。

下面以图 8.7.1 所示的焊件来说明创建子焊件的一般过程。

图 8.7.1　焊件模型及设计树

Step 1　打开文件 D:\sw13\work\ch08\ch08.07\domical_stool.SLDPRT。

Step 2　展开设计树中的 ⊞ ☲ 切割清单(16)，如图 8.7.2 所示。

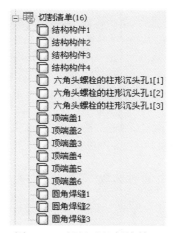

图 8.7.2　展开"切割清单"

说明：☐ ☲ 切割清单(16) 上的"16"是指切割清单里包括 16 个项目。

Step **3** 右击 🗂 结构构件1 节点，此时对应的结构构件高亮显示。在弹出的快捷菜单中选择 生成子焊件 (A) 命令，在设计树中 ⊟ 🔣 切割清单(16) 节点下面出现 ⊞ 🗂 子焊件1 (1) 文件夹，如图 8.7.3 所示。

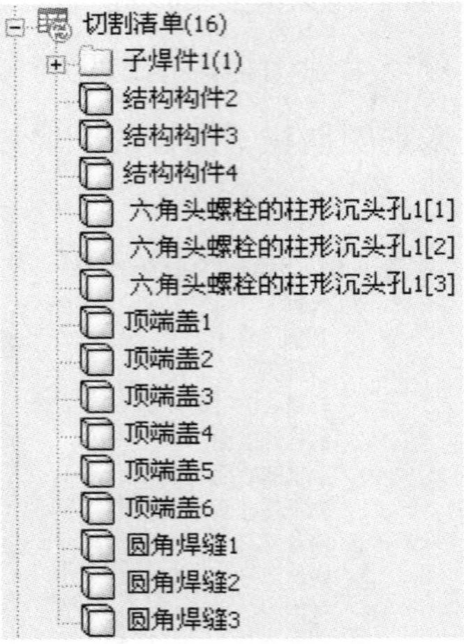

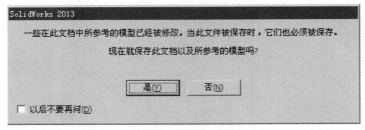

图 8.7.3 子焊件 1

Step **4** 右击 ⊞ 🗂 子焊件1 (1) 文件夹，在弹出的快捷菜单中选择 插入到新零件… (B) 命令，此时，"子焊件 1"在新窗口中打开，并弹出"另存为"对话框，将"子焊件 1"保存于 D:\sw13\work\ch08\ch08.07\ 目录中，并命名为 domical_stool_foot_01.SLDPRT。

Step **5** 单击 保存 (S) 按钮，系统会在屏幕中显示图 8.7.4 所示的"SolidWorks 2013"对话框，单击 是(Y) 按钮。

图 8.7.4 "SolidWorks 2013"对话框

Step **6** 切换窗口，在设计树中同时选取 🗂 结构构件2 、 🗂 结构构件3 、 🗂 顶端盖1 和 🗂 顶端盖2 ，参照 Step5 的操作方法将其保存为子焊件，命名为 domical_stool_foot_02.SLDPRT，则设计树中如图 8.7.5 所示。

说明：选取多个选项时，只需按住 Ctrl 键的同时分别单击要选取的项目即可。

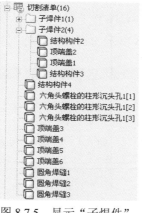

图 8.7.5　显示"子焊件"

8.8　焊件切割清单

焊件切割清单就是把焊件的各种属性、特征进行归类，并且用数据的形式展现出来的一个表格，焊件中相似的项目会被保存到同一个文件夹中，此文件夹称为"切割清单项目"。

下面将接着"子焊件"的创建过程来讲述生成"切割清单"的一般过程。

Step 1　打开文件 D:\sw13\work\ch08\ch08.08\domical_stool.SLDPRT。

Step 2　右击 切割清单(16) 节点，在弹出的快捷菜单中选择 更新 (I) 命令，此时设计树中的 切割清单(16) 自动变成 切割清单(16)，并且自动生成"切割清单项目"文件夹。

Step 3　展开 切割清单(16)，如图 8.8.1 所示。

说明："圆角焊缝"一般不被放到"切割清单项目"文件夹中。

Step 4　选取材料。在设计树的 材质 <未指定> 节点右击，在弹出的快捷菜单中选择 编辑材料 (A) 命令，系统弹出"材料"对话框，定义材质为 镀铬不锈钢，焊件变成图 8.8.2 所示的颜色。

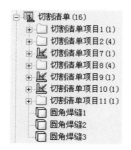

图 8.8.1　展开"切割清单"目录

图 8.8.2　"焊件"颜色

Step **5**   自定义属性。在设计树的 ⊾ 焊件 节点右击，在弹出的快捷菜单中选取 属性... (B)

选项，系统弹出图 8.8.3 所示的对话框，在对话框中编辑图 8.8.4 所示的属性。

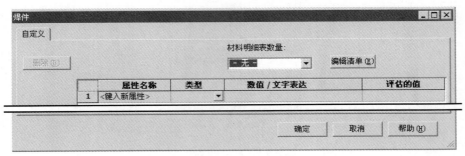

图 8.8.3　"焊件"对话框

图 8.8.4　"切割清单项目"属性对话框

说明：在图 8.8.4 所示的"焊件"属性对话框中添加自定义属性时，在 **属性名称** 列中需输入要添加的自定义类型，在 **类型** 列中可在其下拉列表中选择添加的自定义属性的数据类型，在 **数值 / 文字表达** 列中可在其下拉列表中选择自定义属性的数值或文字表达式。

自定义属性可以在"焊件特征"、"轮廓草图"、"切割清单项目"中定义：

- 焊件特征：定义后的焊件特征属性会自动显示在"切割清单项目"的属性中，系统允许选择一个默认值，或自定义"切割清单项目"的值。

- 轮廓草图：当给轮廓草图定义属性后，这些属性也会被"切割清单项目"继承。

- 切割清单项目：切割清单项目会自动继承"焊件特征"属性和"轮廓草图"属性，也可以在"切割清单项目"属性中自定义。

Step **6**   单击 确定 按钮，完成切割清单属性的定义。

Step **7**   保存焊件模型。选择下拉菜单 文件(F) ➡ 另存为(A)... 命令，并将其命名为 domical_stool_ok，保存零件模型。

8.9　焊件的加工处理

在焊件中，可以通过一些常规的命令（如拉伸、旋转、倒角、孔等）对整个焊件进行加工、处理，这个加工、处理过程与钣金件的关联设计过程相似。

Task1.　焊件的加工处理

下面以图 8.9.1 所示的模型为例，介绍创建切除-拉伸的一般过程。

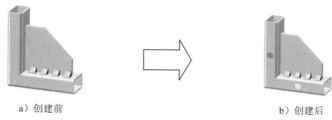

a）创建前　　　　　　　　　　　　b）创建后

图 8.9.1　切除-拉伸

Step 1　打开 D:\sw13\work\ch08\ch08.09\cut.SLDPRT。

Step 2　选择命令。选择下拉菜单 插入(I) ➡ 切除(C) ➡ 拉伸(E)... 命令。

Step 3　定义特征的横断面草图。选取图 8.9.2 所示的表面为草图基准面，绘制图 8.9.3 所示的横断面草图。

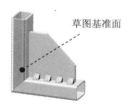

图 8.9.2　定义草图基准面

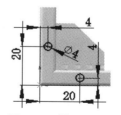

图 8.9.3　横断面草图

Step 4　定义切除-拉伸属性。在对话框 方向1 区域的下拉列表中选择 完全贯穿 选项。

Step 5　单击 ✔ 按钮，完成切除-拉伸的创建。

Step 6　保存焊件模型。选择下拉菜单 文件(F) ➡ 另存为(A)... 命令，并将其命名为 cut _ok，保存零件模型。

Task2.　非焊件的处理

在焊件中插入非焊件，通常都是在装配模块中完成，这样做的好处在于：

（1）不管是插入实体零件还是钣金类零件，都能非常容易地创建工程图，而且在材料明细表中能作为单独的项目处理。

（2）对于钣金件，这样插入能更好地运用"折弯"、"展开"等命令。

8.10　焊件工程图

焊件工程图的制作与其他工程图的制作一样，只不过焊件工程图中可以给独立的实体创建视图和切割清单。

8.10.1　创建独立实体视图

下面以图 8.10.1 所示的焊件为例，讲述创建独立实体视图的一般过程。

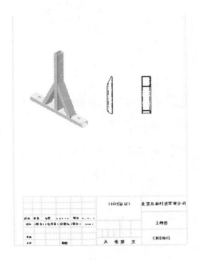

图 8.10.1　焊件模型、设计树及工程图

Step 1　打开文件 D:\sw13\work\ch08\ch08.10\ch08.10.01\bracket.SLDPRT。

Step 2　创建工程图前的设置。

（1）选择命令。选择下拉菜单 工具(T) ➡ 选项(P)... 命令。

（2）在 系统选项(S) 选项卡的选项列表中单击 工程图 下的 显示类型 选项，在 在新视图中显示切边 中选中 ⦿ 使用字体(U) 单选项，单击 确定 按钮，完成创建前的设置。

Step 3　新建图样文件。

（1）选择下拉菜单 文件(F) ➡ 新建(N)... 命令，系统弹出"新建 SolidWorks 文件"对话框（一）。

（2）在"新建 SolidWorks 文件"对话框（一）中单击 高级 按钮，系统弹出"新建 SolidWorks 文件"对话框（二）。

（3）在"新建 SolidWorks 文件"对话框（二）中选择"模板"，以选择创建工程图文件，单击 确定 按钮，完成工程图的创建。

Step 4 创建相对视图。

（1）选择命令。选择下拉菜单 插入(I) → 工程图视图(V) → 模型(M)...命令。

（2）选取模型。选取 bracket.SLDPRT 模型。

（3）创建一个"等轴测"视图，将比例设为 1:5。

（4）在工程图中定位视图，选择"上色"按钮，在图纸上的显示如图 8.10.2 所示。

Step 5 创建独立实体视图。

（1）选择命令。选择下拉菜单 插入(I) → 工程图视图(V) → 相对于模型(R) 命令，在界面的左侧弹出图 8.10.3 所示的"相对视图"对话框。

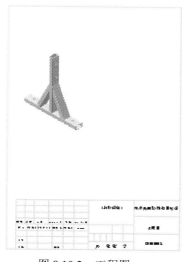

图 8.10.2　工程图

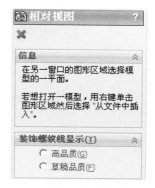

图 8.10.3　"相对视图"对话框

（2）切换窗口。选择下拉菜单 窗口(W) → bracket 命令，切换后窗口中出现图 8.10.4 所示的"相对视图"对话框。

（3）定义焊件模型界面中的"相对视图"对话框的参数。

① 选取实体。在"相对视图"对话框的 范围(S) 区域中选中 所选实体 单选项，选取图 8.10.5 所示的实体 1。

② 定义方向。在 方向(O) 区域的 第一方向: 的下拉列表中选择 前视 选项，并且选取图 8.10.5 所示的面 1；在 第二方向: 的下拉列表中选取 右视 选项，并且选取图 8.10.5 所示的面 2。

③ 单击 ✔ 按钮，完成"相对视图"的定义，系统自动切换到工程图界面，并且在界面的左侧出现图 8.10.6 所示的"相对视图"对话框。

图 8.10.4 "相对视图"对话框

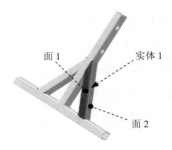

图 8.10.5 焊件模型

（4）定义"工程图"中的"相对视图"对话框。

① 定义显示样式。在 **显示样式(D)** 区域中单击"取消隐藏线"按钮 ⬜。

② 定义缩放比例。在 **比例缩放(S)** 区域选中 ⦿ **使用自定义比例(C)** 单选项，在下拉列表中选取 **1:5** 选项。在"工程图纸"上合适的位置单击，所选零件的前视图就出现在工程图中，如图 8.10.7 所示。

图 8.10.6 "相对视图"对话框

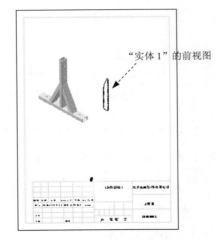

图 8.10.7 "实体 1"的前视图

Step 6 创建"投影视图"。

（1）选择命令。选择下拉菜单 **插入(I)** ➡ **工程图视图(V)** ➡ **🔲 投影视图(P)** 命令。

（2）定义投影视图。选取图 8.10.7 所示"实体 1"的前视图，在该视图的右侧合适的位置单击，确定投影视图的放置位置，如图 8.10.8 所示。

图 8.10.8 投影视图

Step 7 保存焊件工程图。选择下拉菜单 文件(F) ➡ 📄 另存为 (A)... 命令，并将其命名
为 bracket_dwg，保存零件模型。

8.10.2 创建切割清单

下面接着"创建投影视图"的创建过程来讲述"创建切割清单"的一般过程。

Step 1 打开文件 D:\sw13\work\ch08\ch08.10\ch08.10.02\bracket_dwg.SLDDRW。

Step 2 创建切割清单。

（1）选择命令。选择下拉菜单 插入(I) ➡ 表格 (A) ➡ 📊 焊件切割清单 (W)... 命
令，系统弹出图 8.10.9 所示的"焊件切割清单"对话框。

（2）指定视图。选取图 8.10.10 所示的视图，系统弹出图 8.10.11 所示的"焊件切割
清单"对话框。

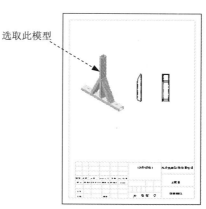

选取此模型

图 8.10.9 "焊件切割清单"对话框（一）

图 8.10.10 选取模型

（3）定义"焊件切割清单"对话框的各选项。在 表格位置(P) 区域中取消选中 □ 附加到定位点 复选框，其他参数采用系统默认的设置值。

（4）放置表格。单击 ✓ 按钮，移动鼠标至合适位置放置表格，如图 8.10.10 所示。

Step 3 在表格中创建一列。右击"说明"列，在弹出的快捷菜单中选择 插入 ➡️ 左列 (B)，弹出图 8.10.12 所示的"插入左列"对话框。

图 8.10.11 "焊件切割清单"对话框（二）

图 8.10.12 "插入左列"对话框

Step 4 定义"插入左列"对话框中的各选项。

（1）定义列属性类型。在 列属性(C) 区域中选中 ⊙ 切割清单项目属性(L) 单选项。

（2）定义表格项目。在 自定义属性(M): 的下拉列表中选择 材料 选项，此时 标题(E): 文本框的内容自动变成 材料。

（3）单击 ✓ 按钮，完成"插入左列"的设置。

说明： 标题(E): 文本框中的内容可以自定义。在 自定义属性(M): 下拉列表中选取任何一个选项，在"切割清单列表"的"插入列"中都会出现相应的已经定义的"焊件切割清单"属性（图 8.10.14）。

Step 5 编辑表格中一列。

（1）选择编辑列。单击"长度"列，系统弹出图 8.10.13 所示的"列"对话框。

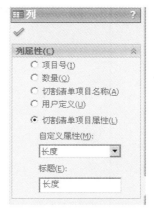

图 8.10.13　"列"对话框

（2）在 列属性(C) 区域中选中 ⊙ 切割清单项目属性(L) 单选项。

（3）在 自定义属性(M): 的下拉列表中选择 长度 选项， 标题(E): 文本框的内容自动变成"长度"。

（4）单击 ✓ 按钮，完成"长度列"的设置，调整表格列宽并将表格拖动到合适的位置，完成编辑的切割清单如图 8.10.14 所示。

项目号	数量	材料	说明	长度
1	2	普通碳钢		215.24
2	1	普通碳钢		400
3	1	普通碳钢		390.2

图 8.10.14　焊件切割清单

说明：当需要改变行高和列宽时，有以下两种方法：

● 右击"切割清单列表"单元格，从系统弹出的快捷菜单中选择 格式化 中的行高度、列宽、整个表选项，在系统弹出的对话框中输入适当的数值，单击 确定 按钮。

● 把光标放在"切割清单列表"单元格的边线上，按住左键拖动边线来改变行高和列宽。

Step 6　为各结构构件创建零件符号。

（1）选择命令。选择下拉菜单 插入(I) ➡ 注解(A) ➡ ① 零件序号(A)...命令，系统弹出"零件符号"对话框。

（2）零件符号设定。在 零件序号设定(B) 区域 样式: 下拉列表中选择 下划线 ，在 大小: 下拉列表中选择 1个字符 ，在 零件序号文字: 下拉列表中选择 项目数 选项。

（3）创建零件符号。在图 8.10.15 中实体 1 的位置单击，移动鼠标至点 1 的位置再次单击，完成零件号"1"的创建。以同样的方式创建其他零件号，如图 8.10.16 所示。

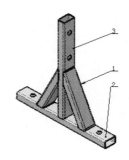

图 8.10.15　创建零件序号　　　　图 8.10.16　完成创建零件序号

Step 7　至此,"焊件工程图"创建完毕。选择下拉菜单 文件(F) ➡ 另存为(A)... 命令,
将模型命名为 bracket_dwg_ok,保存零件模型。

8.11　SolidWorks 焊件设计综合实际应用 1

范例概述:

　　本例运用了焊件的"结构构件"、"剪裁/延伸"、"圆角焊缝"命令,还综合运用了一些基本命令,如"放样"、"镜像"等命令,其中放样特征与"顶端盖"特征形成鲜明的对比,读者可以仔细观察它们的不同之处。特别强调的是本例综合运用了 2D 和 3D 草图,此方法值得借鉴。具体模型及设计树如图 8.11.1 所示。

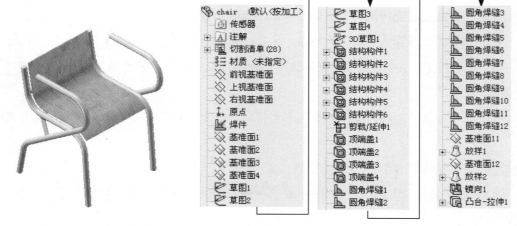

图 8.11.1　焊件模型及设计树

Task1.　创建结构构件轮廓 1

Step 1　新建模型文件。选择下拉菜单 文件(F) ➡ 新建(N)... 命令,在系统弹出的"新建 SolidWorks 文件"对话框中选择"零件"模块,单击 确定 按钮,进

入建模环境。

Step 2 创建草图。选择前视基准面为草绘基准面，绘制图 8.11.2 所示的草图。

Step 3 选择下拉菜单 插入(I) ➡ 退出草图 命令，退出草图设计环境。

Step 4 保存构件轮廓。

（1）单击设计树中的 草图1。

（2）选择下拉菜单 文件(F) ➡ 保存(S) 命令，在 保存类型(T): 下拉列表中选取 Lib Feat Part (*.sldlfp) 选项。在 文件名(N): 文本框中将草图命名为 30×26。

（3）把文件保存于 C:\Program Files\SolidWorks Corp\SolidWorks\lang\chinese-simplified\weldment profiles\custom\pipe。

Task2. 创建结构构件轮廓 2

Step 1 新建模型文件。选择下拉菜单 文件(F) ➡ 新建(N)... 命令，在系统弹出的 "新建 SolidWorks 文件" 对话框中选择 "零件" 模块，单击 确定 按钮，进入建模环境。

Step 2 创建草图。选择前视基准面为草绘基准面，绘制图 8.11.3 所示的草图。

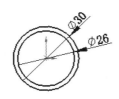

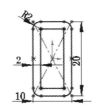

图 8.11.2　轮廓草图 1　　　　图 8.11.3　轮廓草图 2

Step 3 选择下拉菜单 插入(I) ➡ 退出草图 命令，退出草图设计环境。

Step 4 保存构件轮廓。

（1）单击设计树中的 草图1。

（2）选择下拉菜单 文件(F) ➡ 保存(S) 命令，在 保存类型(T): 下拉列表中选择 Lib Feat Part (*.sldlfp) 选项。在 文件名(N): 文本框中将草图命名为 20×10×2。

（3）把文件保存于 C:\Program Files\ SolidWorks Corp\SolidWorks\lang\chinese-simplified\weldment profiles\custom\rectangular tube 目录中。

Task3. 创建主体零件模型

Step 1 新建模型文件。选择下拉菜单 文件(F) ➡ 新建(N)... 命令，在系统弹出的 "新建 SolidWorks 文件" 对话框中选择 "零件" 模块，单击 确定 按钮，进入建模环境。

Step **2** 创建图 8.11.4 所示的基准面 1。

（1）选择下拉菜单 插入(I) ➡ 参考几何体(G) ➡ 🗌 基准面(P)...命令。

（2）选取前视基准面为参考面。

（3）定义偏移距离。按下"偏移距离"按钮⊢⊣，并在⊢⊣后的文本框中输入偏移距离值 225.0。

（4）单击 ✅ 按钮，完成基准面 1 的创建。

Step **3** 创建图 8.11.5 所示的基准面 2。选择下拉菜单 插入(I) ➡ 参考几何体(G)

➡ 🗌 基准面(P)... 命令；选取前视基准面为参考基准面，按下"偏移距离"按钮⊢⊣，并在⊢⊣后的文本框中输入偏移距离值 254.0；单击 ✅ 按钮，完成基准面 2 的创建。

图 8.11.4　基准面 1　　　　　图 8.11.5　基准面 2

Step **4** 创建图 8.11.6 所示的基准面 3。选择下拉菜单 插入(I) ➡ 参考几何体(G)

➡ 🗌 基准面(P)... 命令；选取参考面为前视基准面，按下"偏移距离"按钮⊢⊣，并在⊢⊣后的文本框中输入偏移距离值 225.0；选中 ☑ 反转 复选框；单击 ✅ 按钮，完成基准面 3 的创建。

Step **5** 创建图 8.11.7 所示的基准面 4。定义参考面为前视基准面，按下"偏移距离"按钮⊢⊣，并在⊢⊣后的文本框中输入偏移距离值 254.0，选中 ☑ 反转 复选框。

图 8.11.6　基准面 3　　　　　图 8.11.7　基准面 4

Step **6** 创建框架草图 1。选择下拉菜单 插入(I) ➡ 🗌 草图绘制 命令；选取基准面 1 为草图基准面，绘制图 8.11.8 所示的草图。

Step 7　创建框架草图 2。选择下拉菜单 插入(I) ➡ ⤷ 草图绘制 命令；选取基准面 2 为草图基准面，绘制图 8.11.9 所示的草图。

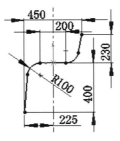

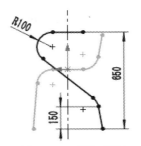

图 8.11.8　框架草图 1　　　　　　　图 8.11.9　框架草图 2

Step 8　以基准面 3 为草图基准面。选取草图 1 做参考，创建图 8.11.10 所示的框架草图 3。

Step 9　以基准面 4 为草图基准面。选取草图 2 做参考，创建图 8.11.11 所示的框架草图 4。

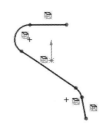

图 8.11.10　框架草图 3　　　　　　　图 8.11.11　框架草图 4

Step 10　创建图 8.11.12 所示的 3D 草图。

（1）选择命令。选择下拉菜单 插入(I) ➡ 🖊 3D 草图 命令。

（2）选择直线命令。分别连接图 8.11.12b 所示的点 1 和点 2，点 3 和点 4，点 5 和点 6，过点 3 做草图 4 上的直线 1 的垂线，过点 4 做草图 4 上的直线 2 的垂线。

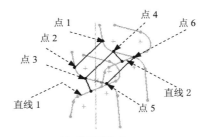

a）隐藏其他草图　　　　　　　b）选择连接点

图 8.11.12　3D 草图 1

（3）选择下拉菜单 插入(I) ➡ 🖊 3D 草图 命令，完成 3D 草图的绘制。

Step 11　创建图 8.11.13 所示的结构构件 1。

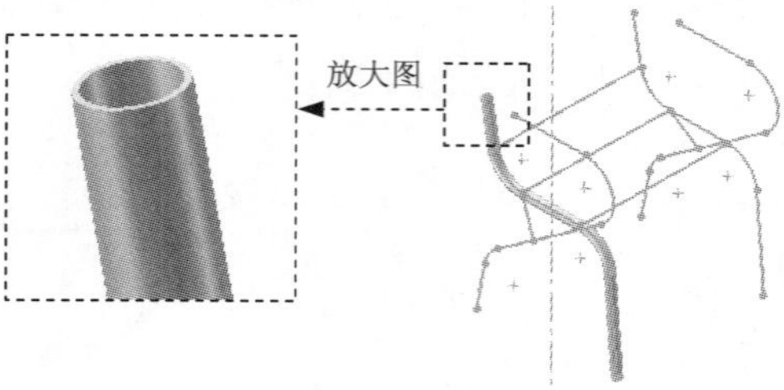

图 8.11.13　创建结构构件 1

（1）选择命令。选择下拉菜单 插入(I) ➡ 焊件(W) ➡ 结构构件(S)... 命令。

（2）定义各选项。

① 定义标准。在 标准: 下拉列表中选择 custom 选项。

② 定义类型。在 类型: 下拉列表中选择 管道 选项（目录文件名 "pipe" 在软件中自动翻译为 "管道"）。

③ 定义大小。在 大小: 下拉列表中选择 30x26 选项。

④ 定义路径线段。选取选取草图 3 为路径线段，在 设定 区域中选中 ☑ 合并圆弧段实体(M) 复选框。

（3）单击对话框中的 ✔ 按钮，完成结构构件 1 的创建。

Step 12　创建图 8.11.14 所示的结构构件 2。选择下拉菜单 插入(I) ➡ 焊件(W) ➡ 结构构件(S)... 命令；在 标准: 下拉列表中选取 custom 选项，在 类型: 下拉列表中选择 管道 选项，在 大小: 下拉列表中选择 30x26 选项；选取选取草图 4 为路径线段，在 设定 区域中选中 ☑ 合并圆弧段实体(M) 复选框；单击 ✔ 按钮，完成结构构件 2 的创建。

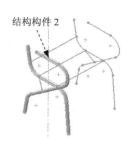

图 8.11.14　创建结构构件 2

Step 13　选择自定义轮廓，选择草图 1 和草图 2，创建图 8.11.15 所示的结构构件 3 和图 8.11.16 所示的结构构件 4。结构构件 3 和结构构件 4 的创建方法与结构构件 1 的类似，这里不再赘述。

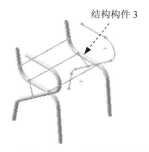

图 8.11.15 创建结构构件 3

图 8.11.16 创建结构构件 4

Step 14 创建图 8.11.18 所示的结构构件 5。选择下拉菜单 插入(I) ➡️ 焊件(W) ➡️ 🔲 结构构件(S)... 命令；在 标准: 下拉列表中选择 custom 选项，在 类型: 下拉列表中选择 矩形管 选项，在 大小: 下拉列表中选择 20X10X2 选项；选取图 8.11.17 所示的边线 1；单击 ✔️ 按钮，完成结构构件 5 的创建。

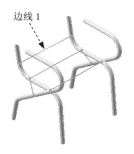

图 8.11.17 选取边线

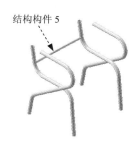

图 8.11.18 结构构件 5

Step 15 创建图 8.11.20 所示的结构构件 6。在 标准: 下拉列表中选择 custom 选项，在 类型: 下拉列表中选择 矩形管 选项，在 大小: 下拉列表中选择 20X10X2 选项；依次选取图 8.11.19 所示的直线 1、直线 2、直线 3 作为 组1 的路径线段，在 📐 文本框中输入旋转角度值为 90；然后单击 新组(N) 按钮，新建一个 组2，选取直线 4 为 组2 的路径线段；在 📐 文本框中输入旋转角度值为 90。

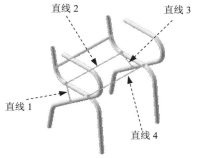

图 8.11.19 选取边线

图 8.11.20 结构构件 6

Chapter 8

Step **16** 创建图 8.11.21b 所示的剪裁/延伸 1。

（1）选择命令。选择下拉菜单 插入(I) ➡ 焊件(W) ➡ 剪裁/延伸(T)... 命令。

（2）定义边角类型。在 边角类型 区域中选取终端剪裁按钮 。

（3）定义要剪裁的实体。激活 要剪裁的实体 区域，选取结构构件 5 和结构构件 6 的实体为要剪裁的实体。

（4）定义剪裁边界。

① 定义剪裁边界类型。在 剪裁边界 区域中选中 ⊙ 实体(B) 单选项。

② 定义剪裁边界。选取结构构件 1、结构构件 2、结构构件 3 和结构构件 4，选中 ☑ 允许延伸(A) 复选框。

（5）单击对话框中的 ✓ 按钮，完成剪裁/延伸 1 的创建，如图 8.11.21b 所示。

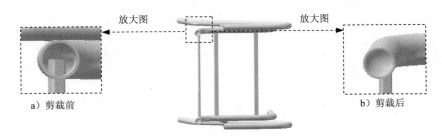

a）剪裁前　　　　　　　　　b）剪裁后

图 8.11.21　创建"剪裁/延伸 1"

Step **17** 创建图 8.11.22 所示的顶端盖 1。

（1）选择命令。选择下拉菜单 插入(I) ➡ 焊件(W) ➡ 顶端盖(E)... 命令。

（2）定义顶面。选取图 8.11.23 所示的面。

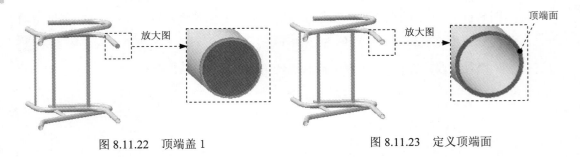

图 8.11.22　顶端盖 1　　　　　　　图 8.11.23　定义顶端面

（3）定义厚度。在 文本框中输入厚度值 2.0。

（4）定义等距参数。在 等距(O) 区域中取消选中 ☐ 使用厚度比率(U) 复选框，在 文本框中输入等距距离值 1.0。

（5）单击 ✓ 按钮，完成顶端盖的创建。

Step 18　创建图 8.11.25 所示的顶端盖 2。选取图 8.11.24 所示的面为顶面，厚度值为 2.0，等距距离值为 1.0。

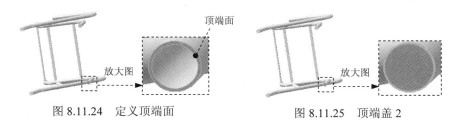

图 8.11.24　定义顶端面　　　　　　　图 8.11.25　顶端盖 2

Step 19　创建图 8.11.27 所示的顶端盖 3。选取图 8.11.26 所示的面为顶面，厚度值为 2.0，等距距离值为 1.0。

图 8.11.26　定义顶端面　　　　　　　图 8.11.27　顶端盖 3

Step 20　创建图 8.11.29 所示的顶端盖 4。选取图 8.11.28 所示的面为顶面，厚度值为 2.0，等距距离值为 1.0。

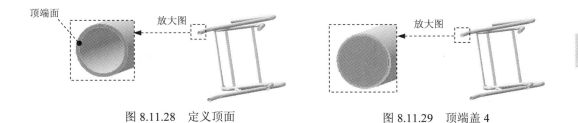

图 8.11.28　定义顶面　　　　　　　　图 8.11.29　顶端盖 4

Step 21　创建图 8.11.30 所示的圆角焊缝 1。

（1）选择命令。选择下拉菜单 插入(I) ➡ 焊件(W) ➡ 圆角焊缝(B)... 命令。

（2）定义"圆角焊缝"各参数。

① 定义类型。在 箭头边(A) 区域的下拉列表中选择 全长 选项。

② 定义圆角大小。在 圆角大小: 文本框中输入焊缝大小 3.0，选中 ☑ 切线延伸(G) 复选框。

③ 定义第一面组。选取图 8.11.31 所示的面 1。

④ 定义第二面组。选取图 8.11.31 所示的面 2。

（3）单击对话框中的 ✔ 按钮，完成圆角焊缝 1 的创建。

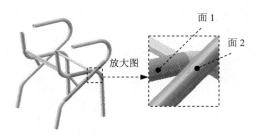

图 8.11.30 圆角焊缝 1　　　　　　　　　　图 8.11.31　定义面组

Step **22**　创建图 8.11.32 所示的圆角焊缝 2。创建方法与圆角焊缝 1 的创建方法相同。

图 8.11.32　圆角焊缝 2

Step **23**　创建图 8.11.33 所示的圆角焊缝 3。选择下拉菜单 插入(I) ➜ 焊件(W)

➜ 圆角焊缝(B)... 命令；在 箭头边(A) 区域的下拉列表中选择 全长 选项；

在 圆角大小 文本框中输入焊缝大小 3.0，选中 ☑ 切线延伸(G) 复选框；选取图 8.11.34

所示的面 1 为第一面组，选取图 8.11.34 所示的面 2 为第二面组；单击 ✓ 按钮，

完成圆角焊缝 3 的创建。

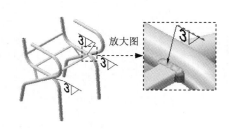 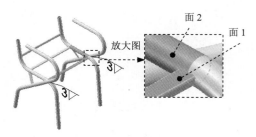

图 8.11.33　圆角焊缝 3　　　　　　　　　图 8.11.34　定义面组

Step **24**　创建图 8.11.35 所示的圆角焊缝 4~12。创建方法与圆角焊缝 3 的方法相同。

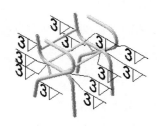

图 8.11.35　圆角焊缝 4~12

Step 25 选取图 8.11.36 所示的模型表面为草绘基准面，绘制图 8.11.37 所示的草图 18。

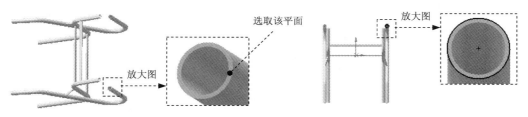

图 8.11.36　选取模型表面　　　　　　　图 8.11.37　草图 18

Step 26 创建图 8.11.38 所示的基准面 11。选取图 8.11.36 所示的模型表面为参考面，偏移距离值为 5.0mm。

Step 27 选取图 8.11.38 所示的基准面 11 为草绘基准面，绘制图 8.11.39 所示的草图 19。

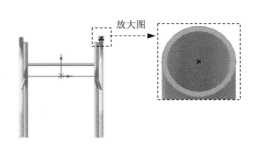

图 8.11.38　基准面 11　　　　　　　　图 8.11.39　草图 19

Step 28 创建图 8.11.40 所示的零件特征——放样 1。

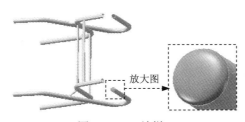

图 8.11.40　放样 1

（1）选择下拉菜单 插入(I) ➡ 凸台/基体(B) ➡ 放样(L)... 命令，系统弹出"放样"对话框。

（2）定义放样 1 特征的轮廓。依次选取草图 18 和草图 19 为放样 1 特征的轮廓。

（3）定义 起始/结束约束(C) 。在 开始约束(S): 下拉列表中选择 方向向量 选项，选取基准面 11 作为结束约束的方向向量，在 文本框中输入起始处相切长度值 1；在 结束约束(E) 下拉列表中选择 垂直于轮廓 选项，在 文本框中输入结束处相切长度值 1，其他参数采用系统默认设置值。

（4）单击对话框中的 ✔ 按钮，完成放样 1 的创建。

Step 29 创建图 8.11.42 所示的基准面 12。选取图 8.11.41 所示的模型表面为参考面，偏移距离值为 5.0mm。

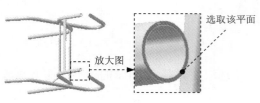

图 8.11.41　选取参考面　　　　　　　图 8.11.42　基准面 12

Step 30 选取图 8.11.41 所示的模型表面为草绘基准面，绘制图 8.11.43 所示的草图 20。

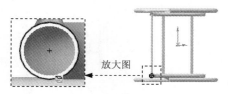

图 8.11.43　草图 20

Step 31 选取图 8.11.42 所示的基准面 12 为草绘基准面，绘制图 8.11.44 所示的草图 21。

Step 32 创建图 8.11.45 所示的零件特征——放样 2。选择下拉菜单 插入(I) ➡ 凸台/基体(B) ➡ 🔔 放样(L)... 命令；依次选取草图 20 和草图 21 为放样 2 的轮廓；在 起始/结束约束(C) 区域中的 开始约束(S): 下拉列表中选择 方向向量 选项，选取基准面 12 作为结束约束的方向向量，在 📐 文本框中输入起始处相切长度值 1；在 结束约束(E): 下拉列表中选择 垂直于轮廓 选项，在 📐 文本框中输入结束处相切长度值 1，其他参数采用系统默认设置值；单击 ✔ 按钮，完成放样 2 的创建。

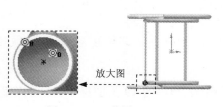
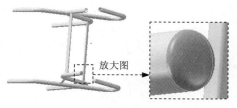

图 8.11.44　草图 21　　　　　　　图 8.11.45　放样 2

Step 33 创建图 8.11.46 所示的零件特征——镜像 1。

（1）选择命令。选择下拉菜单 插入(I) ➡ 阵列/镜向(E) ➡ 🖱 镜向(M)... 命令。

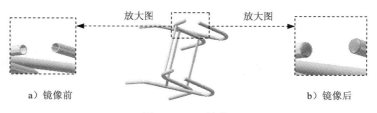

图 8.11.46　镜像 1

（2）定义镜像参数。选取前视基准面作为镜像基准面；选取放样 1 和放样 2 作为要镜像的特征；在 选项(O) 区域中选中 ☑ 几何体阵列(G) 复选框，在 特征范围(F) 区域中选中 ⊙ 所选实体(S) 单选项，选中 ☑ 自动选择(O) 复选框。

（3）单击 ✔ 按钮，完成镜像 1 的创建。

Step 34　创建图 8.11.47 所示的零件特征——凸台-拉伸 1。

图 8.11.47　凸台-拉伸 1

（1）选择命令。选择下拉菜单 插入(I) ➡ 凸台/基体(B) ➡ 拉伸(E)... 命令。

（2）定义特征的横断面草图。选取前视基准面作为草图基准面，绘制图 8.11.48 所示的横断面草图。

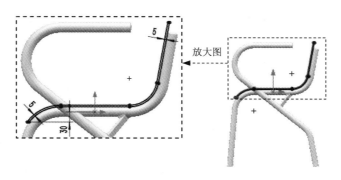

图 8.11.48　横断面草图

（3）定义拉伸深度属性。采用系统默认的深度方向，在"凸台-拉伸"对话框 方向1 区域的下拉列表中选择 给定深度 选项，输入深度值 205.0，选中 ☑ 方向2 区域，在 ☑ 方向2 区域的下拉列表中选择 给定深度 选项，输入拉伸深度值 205.0。

（4）单击 ✔ 按钮，完成凸台-拉伸 1 的创建。

Step 35　添加材质。在设计树的 ⊞ ⬚ 凸台-拉伸1 上右击，在系统弹出的菜单上选择

　　　　⬤▾ ➡ ⬚ 凸台-拉伸1 命令，在屏幕右侧弹出的"外观、布景和贴图"对话框的

　　　　"外观树"中选择 ⬚ 松木 选项，然后在"预览"对话框中选中"抛光松木 2"

　　　　材质图标，在 ⬤ 抛光松木 2　　　　? 对话框中单击 ✔ 按钮，完成材质的设置。

　　　　添加材质后的模型如图 8.11.49 所示。

图 8.11.49　添加材质

Step 36　至此，焊件模型创建完毕。选择下拉菜单 文件(F) ➡ 🖫 保存(S) 命令，将模

　　　　型命名为 chair.SLDPRT，即可保存零件模型。

8.12　SolidWorks 焊件设计综合实际应用 2

范例概述：

　　本例是一个支架的创建过程，在创建时运用了"结构构件"、"剪裁/延伸"、"角撑板"、
"圆角焊缝"命令，其中详细讲解了自定义焊件轮廓的方法。具体模型及设计树如图 8.12.1
所示。

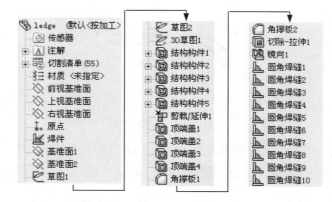

图 8.12.1　零件模型及设计树

Task1. 创建结构构件轮廓 1

Step 1 新建模型文件。选择下拉菜单 文件(F) ➡ 新建(N)... 命令，在系统弹出的"新建 SolidWorks 文件"对话框中选择"零件"模块，单击 确定 按钮，进入建模环境。

Step 2 绘制草图。选取前视基准面为草绘基准面，绘制图 8.12.2 所示的草图。

Step 3 选择下拉菜单 插入(I) ➡ 退出草图 命令，退出草图设计环境。

Step 4 保存构件轮廓。

（1）选择下拉菜单 文件(F) ➡ 保存(S) 命令，在 保存类型(T): 下拉列表中选择 Lib Feat Part (*.sldlfp) 选项。在 文件名(N): 文本框中将草图命名为 22×18。

（2）把文件保存于 C:\Program Files\SolidWorks Corp\SolidWorks\lang\chinese-simplified\weldment profiles\custom\pipe。

Task2. 创建结构构件轮廓 2

Step 1 新建模型文件。选择下拉菜单 文件(F) ➡ 新建(N)... 命令，在系统弹出的"新建 SolidWorks 文件"对话框中选择"零件"模块，单击 确定 按钮，进入建模环境。

Step 2 绘制草图。选取前视基准面为草绘基准面，绘制图 8.12.3 所示的草图。

注意：在绘制轮廓草图时应在草图中直线的中点处绘制点，以便在选择对接时正确选择穿透点。

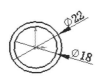

图 8.12.2　轮廓草图 1

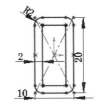

图 8.12.3　轮廓草图 2

Step 3 选择下拉菜单 插入(I) ➡ 退出草图 命令，退出草图设计环境。

Step 4 保存构件轮廓。

（1）选择下拉菜单 文件(F) ➡ 保存(S) 命令，在 保存类型(T): 下拉列表中选取 Lib Feat Part (*.sldlfp) 选项。在 文件名(N): 文本框中将草图命名为 20×10×2。

（2）将文件保存于 C:\Program Files\SolidWorks Corp\SolidWorks\lang\chinese-simplified\weldment profiles\custom\rectangular tube。

Task3. 创建主体零件模型

Step 1 新建模型文件。选择下拉菜单 文件(F) ➡ 新建(N)... 命令，在系统弹出的

"新建 SolidWorks 文件"对话框中选择"零件"模块，单击 确定 按钮，进入建模环境。

Step 2 创建图 8.12.4 所示的基准面 1。

图 8.12.4 基准面 1

（1）选择下拉菜单 插入(I) ➡ 参考几何体(G) ➡ 基准面(P)... 命令。

（2）选取前视基准面为参考面。

（3）定义偏移距离。按下"偏移距离"按钮，并在后的文本框中输入偏移距离 100.0。

（4）单击 按钮，完成基准面 1 的创建。

Step 3 创建图 8.12.5 所示的基准面 2。选择下拉菜单 插入(I) ➡ 参考几何体(G) ➡ 基准面(P)... 命令；选取前视基准面为参考面，按下"偏移距离"按钮，并在后的文本框中输入偏移距离 100.0，选中 ☑反转 复选框；单击 按钮，完成基准面 2 的创建。

图 8.12.5 基准面 2

Step 4 创建草图 1。选择下拉菜单 插入(I) ➡ 草图绘制 命令；选取基准面 1 为草图基准面，绘制图 8.12.6 所示的草图。

Step 5 创建草图 2。选择下拉菜单 插入(I) ➡ 草图绘制 命令；选取基准面 2 为草图基准面，绘制图 8.12.7 所示的草图。

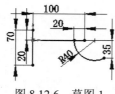

图 8.12.6 草图 1

图 8.12.7 草图 2

Step 6 绘制图 8.12.8 所示的 3D 草图 1。

（1）选择命令。选择下拉菜单 插入(I) ➡ 3D 3D 草图 命令。

（2）在图 8.12.8 所示的点 1 和点 2 之间创建一条直线。

（3）选择下拉菜单 插入(I) ➡ 3D 3D 草图 命令，完成 3D 草图的绘制。

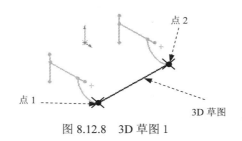

图 8.12.8　3D 草图 1

Step 7 创建图 8.12.9 所示的结构构件 1。

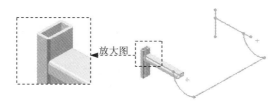

图 8.12.9　创建结构构件 1

（1）选择命令。选择下拉菜单 插入(I) ➡ 焊件(W) ➡ 结构构件(S)... 命令。

（2）定义各选项。

① 定义标准。在 标准: 下拉列表中选择 custom 选项。

② 定义类型。在 类型: 下拉列表中选择 矩形管 选项。

③ 定义大小。在 大小: 下拉列表中选择 20X10X2 选项。

④ 定义路径线段。选取图 8.12.10 所示的直线 1 作为 组1 的路径线段，然后单击 新组(N) 按钮，新建一个 组2，然后选取直线 2 作为 组2 的路径线段。

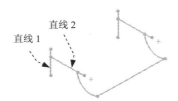

图 8.12.10　选择路径线段

（3）单击对话框中的 ✔ 按钮，完成结构构件 1 的创建。

Chapter 8

Step 8 创建图 8.12.12 所示的结构构件 2。选取图 8.12.11 所示的直线 1 作为 **组1** 的路径线段，然后单击 新组(N) 按钮，新建一个 **组2**，然后选取直线 2 作为 **组2** 的路径线段；创建方法与结构构件 1 的类似。

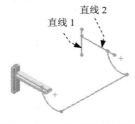

图 8.12.11　选择路径线段

图 8.12.12　创建结构构件 2

Step 9 创建图 8.12.13 所示的结构构件 3。选择下拉菜单 插入(I) ➡ 焊件(W) ➡ 结构构件(S)... 命令；在 标准: 下拉列表中选择 custom 选项，在 类型: 下拉列表中选择 矩形管 选项，在 大小: 下拉列表中选择 20X10X2 选项；选取图 8.12.14 所示的圆弧 1 为路径线段，在 文本框中输入旋转角度值 90；单击 找出轮廓(L) 按钮，在屏幕上放大的轮廓草图中选取图 8.12.15 所示的点为穿透点。

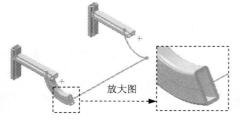

图 8.12.13　结构构件 3

图 8.12.14　选择路径线段

图 8.12.15　更改穿透点

Step 10 创建图 8.12.16 所示的结构构件 4。选取图 8.12.17 所示的圆弧 2 为路径线段，在 文本框中输入旋转角度值 90；单击 找出轮廓(L) 按钮，在屏幕上放大的轮廓草图中选取图 8.12.18 所示的点为穿透点；创建方法与结构构件 3 的类似。

图 8.12.16　结构构件 4

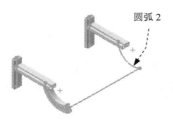

图 8.12.17　选择路径线段

图 8.12.18　更改穿透点

Step 11 创建图 8.12.19 所示的结构构件 5。在 标准: 下拉列表中选择 custom 选项，在 类型:
下拉列表中选择 管道 选项，在 大小: 下拉列表中选择 22×18 选项；选取图 8.12.20
所示的直线 1。

图 8.12.19　结构构件 5

图 8.12.20　选取边线

Step 12 创建图 8.12.21b 所示的剪裁/延伸 1。

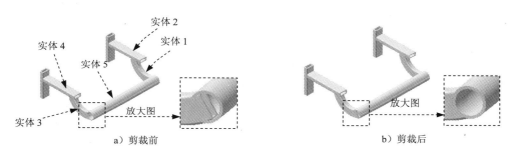

图 8.12.21　创建"剪裁/延伸 1"

（1）选择命令。选择下拉菜单 插入(I) ➡ 焊件(W) ➡ 剪裁/延伸(T)... 命令。

（2）定义边角类型。在 边角类型 区域中单击"终端剪裁"按钮 。

（3）定义要剪裁的实体。激活 要剪裁的实体 区域，选取图 8.12.21a 所示的实体 1 和实
体 3 为要剪裁的实体。

（4）定义剪裁边界。

① 定义剪裁边界类型。在 剪裁边界 区域中选中 实体(B) 单选项。

② 定义剪裁边界。选取图 8.12.21a 所示的实体 2、实体 4 和实体 5，取消选中
允许延伸(A) 复选框；确定要保留的实体。

③ 定义切除类型。在 剪裁边界 区域中单击"实体之间的封顶切除"按钮 。

（5）单击对话框中的 ✓ 按钮，完成剪裁/延伸 1 的创建。

Step 13 创建图 8.12.22 所示的顶端盖 1。

（1）选择命令。选择下拉菜单 插入(I) ➡ 焊件(W) ➡ 顶端盖(E)... 命令。

（2）定义顶端面。选取图 8.12.23 所示的面为顶端面。

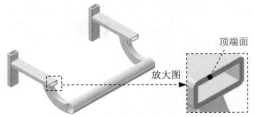

图 8.12.22　顶端盖 1　　　　　　　　　　　图 8.12.23　定义顶端面

（3）定义厚度。在 后的文本框中输入厚度值 2.0。

（4）定义等距参数。在 **等距(O)** 区域中取消选中 □ 使用厚度比率(U) 复选框，在 文本框中输入等距距离值 1.0，选中 ☑ 倒角边角(C) 复选框，在 后的文本框中输入倒角距离值 1.0。

（5）单击对话框中的 按钮，完成顶端盖 1 的创建。

Step 14　创建图 8.12.25 所示的顶端盖 2。选取图 8.12.24 所示的面为顶端面，厚度值为 2.0，等距距离值为 1.0，倒角距离值为 1.0。

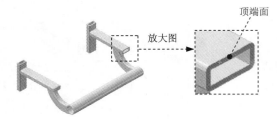

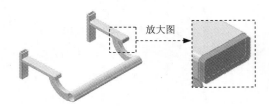

图 8.12.24　定义顶端面　　　　　　　　　　图 8.12.25　顶端盖 2

Step 15　创建图 8.12.27 所示的顶端盖 3。选取图 8.12.26 所示的面为顶端面，厚度值为 2.0，等距距离值为 1.0。

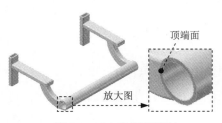

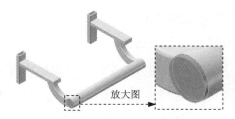

图 8.12.26　定义顶端面　　　　　　　　　　图 8.12.27　顶端盖 3

Step 16　创建图 8.12.29 所示的顶端盖 4。选取图 8.12.28 所示的面为顶端面，厚度值为 2.0，等距距离值为 1.0。

Step 17　创建图 8.12.30 所示的角撑板 1。

（1）选择命令。选择下拉菜单 插入(I) ➡ 焊件(W) ➡ 角撑板 (G)… 命令。

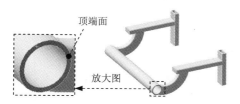
图 8.12.28　定义顶端面

图 8.12.29　顶端盖 4

（2）定义支撑面。选取图 8.12.31 所示的面 1 和面 2 为支撑面。

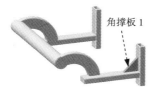
图 8.12.30　角撑板 1

图 8.12.31　定义支撑面

（3）定义轮廓。

① 定义轮廓类型。在 **轮廓(P)** 区域中选择"三角形轮廓"按钮 。

② 定义轮廓参数。在 d1: 文本框中输入轮廓距离值 25.00；在 d2: 文本框中输入轮廓距离值 25.00。

③ 定义厚度参数。在 **厚度:** 区域中单击"两边"按钮 ，在 文本框中输入角撑板厚度值 5.00。

（4）定义参数。在 **位置(L)** 区域中单击"轮廓定位于中点"按钮 。

（5）单击对话框中的 按钮，完成角撑板 1 的创建。

Step 18　创建图 8.12.33 所示的角撑板 2。选取图 8.12.32 所示的面 1 和面 2 为支撑面；在 **轮廓(P)** 区域中选中"三角形轮廓"按钮 ；在 d1: 文本框中输入轮廓距离值 25.00；在 d2: 文

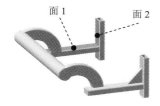
图 8.12.32　定义支撑面

图 8.12.33　角撑板 2

本框中输入轮廓距离值 25.00；在 **厚度:** 区域中单击"两边"按钮 ，在 文本框中输入角撑板厚度值 5.00；在 **位置(L)** 区域中单击"轮廓定位于中点"按钮 。

Step **19** 创建图 8.12.34 所示的零件特征——切除-拉伸 1。

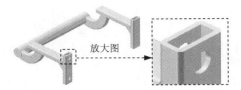

图 8.12.34 切除-拉伸 1

（1）选择命令。选择下拉菜单 插入(I) ➡ 切除(C) ➡ 🗔 拉伸(E)... 命令。

（2）定义特征的横断面草图。选取右视基准面作为草图基准面，绘制图 8.12.35 所示的横断面草图。

图 8.12.35 横断面草图

（3）定义拉伸深度属性。

① 定义深度方向。采用系统默认的深度方向。

② 定义深度类型和深度值。在"切除-拉伸"对话框 方向1 区域单击 ⚲ 按钮，并在其后的下拉列表中选择 完全贯穿 选项，在"切除-拉伸"对话框 ☑ 方向2 区域的下拉列表中选择 给定深度 选项，输入深度值 10.0。

（4）单击 ✅ 按钮，完成切除-拉伸 1 的创建。

Step **20** 创建图 8.12.36 所示的零件特征——镜像 1。

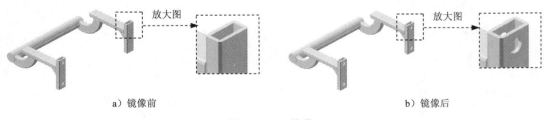

a）镜像前　　　　　　　　　　　　　　b）镜像后

图 8.12.36 镜像 1

（1）选择命令。选择下拉菜单 插入(I) ➡ 阵列/镜向(E) ➡ 🗔 镜向(M)... 命令。

（2）定义镜像参数。

① 定义镜像基准面。选取前视基准面作为镜像基准面。

② 定义要镜像的特征。选取切除-拉伸 1 作为要镜像的特征。

③ 在 **选项(O)** 区域中选中 ☑ **几何体阵列(G)** 复选框。在 **特征范围(F)** 区域中选择 ⦿ **所选实体(S)** 单选项，选中 ☑ **自动选择(O)** 复选框。

（3）单击 ✔ 按钮，完成镜像1的创建。

Step 21 创建图8.12.37所示的圆角焊缝1。

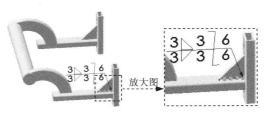

图8.12.37 圆角焊缝1

（1）选择命令。选择下拉菜单 **插入(I)** ➡ **焊件(W)** ➡ ◢ **圆角焊缝(B)...** 命令。

（2）定义"圆角焊缝"各参数。

① 定义类型。在 **箭头边(A)** 区域的下拉列表中选择 **交错** 选项。

② 定义圆角大小。在 ◿T1 文本框中输入焊缝大小3.0。选中 ☑ **切线延伸(G)** 复选框。

③ 定义焊缝长度。在 **焊缝长度:** 文本框中输入焊缝长度值3.0。

④ 定义节距。在 **节距:** 文本框中输入焊缝节距值6.0。

（3）定义 **箭头边(A)** 区域面组。选取图8.12.38所示的面1为第一面组，选取图8.12.38所示的面2为第二面组。

（4）定义 ☑ **对边(O)** 区域选项。在 ◿T1 文本框中输入焊缝大小3.0，在 **焊缝长度:** 文本框中输入焊缝长度值3.0；选取图8.12.38所示的面1为第一面组，选取面3为第二面组。

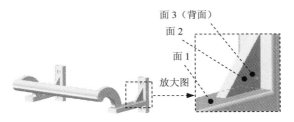

图8.12.38 定义区域面组

（5）单击对话框中的 ✔ 按钮，完成圆角焊缝1的创建。

Step 22 创建图8.12.39所示的圆角焊缝2、圆角焊缝3和圆角焊缝4，创建方法与圆角焊缝1的创建方法相同。

Step 23 创建图8.12.40所示的圆角焊缝5。选择下拉菜单 **插入(I)** ➡ **焊件(W)** ➡ ◢ **圆角焊缝(B)...** 命令。在 **箭头边(A)** 区域的下拉列表中选取 **全长** 选项；在

SolidWorks 2013 宝典

圆角大小: 文本框中输入焊缝大小 2.0。选中 ☑ 切线延伸(G) 复选框；选取图 8.12.41 所示的面 1 为第一面组，选取图 8.12.41 所示的面 2 为第二面组；单击 ✔ 按钮，完成圆角焊缝 5 的创建。

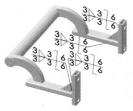

图 8.12.39　圆角焊缝 2~4

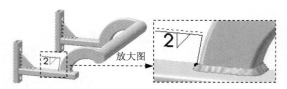

图 8.12.40　圆角焊缝 5

Step 24　创建图 8.12.42 所示的圆角焊缝 6。创建方法与圆角焊缝 5 的创建方法相同。

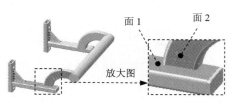

图 8.12.41　定义面组

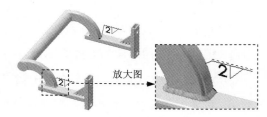

图 8.12.42　圆角焊缝 6

Step 25　创建图 8.12.44 所示的圆角焊缝 7。选取图 8.12.43 所示的面 1 为第一面组，面 2 为第二面组，在 箭头边(A) 区域的下拉列表中选择 全长 选项；在 圆角大小: 文本框中输入焊缝大小 2.0，选中 ☑ 切线延伸(G) 复选框。

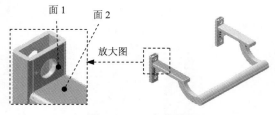

图 8.12.43　定义面组

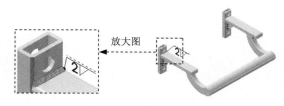

图 8.12.44　圆角焊缝 7

Step 26　创建图 8.12.45 所示的圆角焊缝 8。创建方法与圆角焊缝 8 的创建方法相同。

Step 27　创建图 8.12.47 所示的圆角焊缝 9。选取图 8.12.46 所示的面 1 为第一面组，面 2 为第二面组；在 箭头边(A) 区域的下拉列表中选择 全长 选项；在 圆角大小: 文本框中输入焊缝大小 2.0。选中 ☑ 切线延伸(G) 复选框。

510

图 8.12.45　圆角焊缝 8

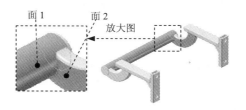

图 8.12.46　定义面组

Step 28　创建图 8.12.48 所示的圆角焊缝 10。创建方法与圆角焊缝 9 的创建方法相同。

图 8.12.47　圆角焊缝 9

图 8.12.48　圆角焊缝 10

Step 29　至此，模型创建完毕。选择下拉菜单 文件(F) ➡ 📁 保存(S) 命令，将模型命名为 ledge.SLDPRT，保存零件模型。

9

模型的外观设置与渲染

在产品设计完成后，还要对产品模型进行必要的渲染，这也是产品设计中的一个重要环节。产品的外观对于产品的宣传有着极大的作用。在过去的产品后期处理中，大多数是通过其他软件来对产品的外观进行处理。

SolidWorks 软件有自带的图像处理软件插件 PhotoWorks，用于对模型进行渲染。通过对产品模型的材质、光源、背景、图像品质及图像输出格式的设置，可以使模型外观变得更加逼真。

9.1 外观设置

在创建零件和装配三维模型时，通过单击 ⬚、⬚、⬚、⬚ 和 ⬚ 按钮，可以使模型显示为不同的线框或着色状态，但是在实际产品的设计中，这些显示状态是远远不够的，因为他们无法表达产品的颜色、光泽、质感等外观特点，而要表达产品的这些外观特点还需要对模型进行外观的设置，如设置模型的颜色、表面纹理和材质，然后再进行进一步的渲染处理。

9.1.1 颜色

SolidWorks 提供的添加颜色效果是指为模型表面赋予某一种特定的颜色。为模型添加或修改外观颜色，只改变模型的外观视觉效果，而不改变其物理特性。

在默认情况下，模型的颜色没有指定。用户可以通过以下方法来定义模型的颜色：

Step 1 打开文件 D:\sw13\work\ch09\ch09.01\ch09.01.01\example.SLDPRT。

Step **2** 选择命令。选择下拉菜单 编辑(E) ➡ 外观(A) ➡ 🔴 外观(A)... 命令，系统弹出图 9.1.1 所示的"颜色"对话框和"外观、布景和贴图"任务窗格。

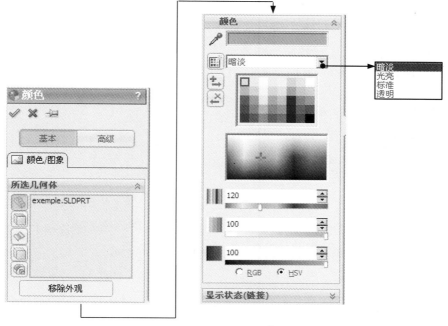

图 9.1.1　"颜色"对话框

说明：打开软件后第一次使用该命令时，系统弹出 color 对话框和"外观、布景和贴图"任务窗格。

Step **3** 定义颜色属性。系统自动选取图 9.1.2 所示的模型为编辑对象；在"颜色"对话框的 颜色 区域中设置模型的颜色（图 9.1.1），模型将自动显示为编辑后的颜色，如图 9.1.3 所示。

图 9.1.2　编辑颜色前的模型

图 9.1.3　编辑颜色后的模型

图 9.1.1 所示的"颜色"对话框中各选项说明如下：

● 所选几何体 类型有以下几种：

　☑ 🔳（选择零件）：用来选取零件。指定所选的零件外观颜色。

　☑ 🔳（选取面）：用来选取平面。指定模型的一个或多个平面的外观颜色。

☑ （选择曲面）：用来选取曲面。指定模型的一个或多个曲面的外观颜色。

☑ （选择实体）：用来指定模型实体的外观颜色。

☑ （选择特征）：用来选取特征。指定模型的一个或多个特征的外观颜色。

● 在 **颜色** 区域的 下拉列表中有黯淡（图 9.1.4）、光亮（图 9.1.5）、标准（图 9.1.6）、透明（图 9.1.7）四种颜色设置类型。选择一种颜色类型（参见随书光盘文件 D:\sw13\work\ch09\ch09.01\ch09.01.01\ok\example.doc）。

图 9.1.4　黯淡

图 9.1.5　光亮

图 9.1.6　标准

图 9.1.7　透明

Step 4　在"颜色"对话框中选择 高级 选项卡，单击 照明度 选项卡，系统弹出图 9.1.8 所示的"颜色"对话框，设置模型的照明度属性。

图 9.1.8　"颜色"对话框

Step 5　单击 按钮，完成外观颜色的设置。

9.1.2　纹理

为模型添加外观纹理，可以将 2D 的纹理应用到模型或装配体的表面，这样可以使零件模型的外观视觉效果更加逼真。在系统默认状态下，纹理没有指定。用户可以进一步对模型的外观纹理进行设置。下面讲解零件添加纹理的一般步骤。

Step 1 打开文件 D:\sw13\work\ch09\ch09.01\ch09.01.02\example.SLDPRT。

Step 2 选择命令。选择下拉菜单 编辑(E) ➡ 外观(A) ➡ 🔵 外观(A)...命令，系统弹出"颜色"对话框和"外观、布景和贴图"窗口（图 9.1.9）。

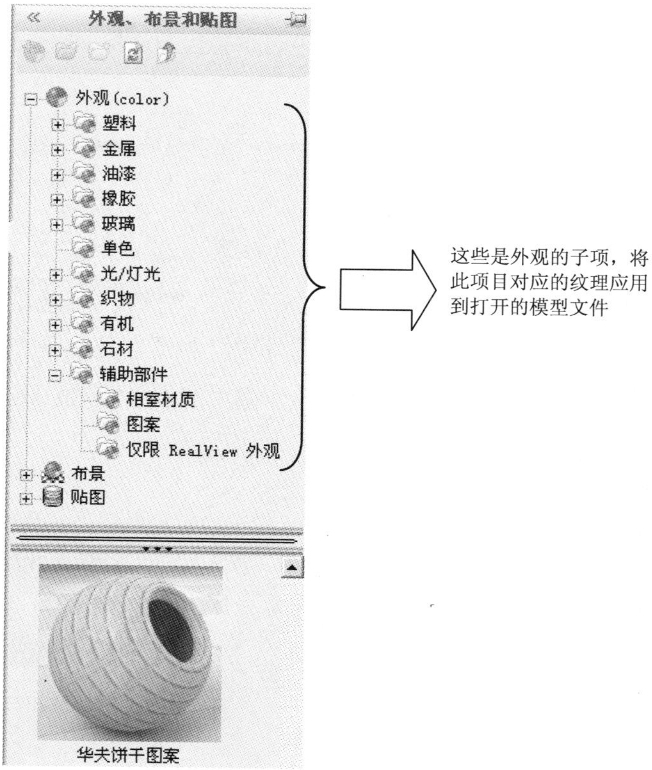

图 9.1.9 "外观、布景和贴图"窗口

Step 3 定义编辑纹理的对象。系统默认选取图 9.1.10 所示的模型为编辑纹理的对象。

Step 4 在"外观、布景和贴图"窗口中单击 ⊞ 🔵 外观(color) 节点，再单击 ⊞ 🗁 辅助部件节点，选择 ⊞ 🗁 辅助部件 节点下的 🗁 图案 文件夹，在纹理预览区域双击 华夫饼干图案 ，即可将纹理添加到模型中，结果如图 9.1.11 所示。

图 9.1.10 添加纹理前的模型

图 9.1.11 添加纹理后的模型

Step 5 单击 ✓ 按钮，完成纹理的添加。

9.1.3　材质

SolidWorks 提供的材质是指在为模型赋予一种材质时，同时改变其物理属性和外观视觉效果。将材质应用于模型的操作步骤如下：

Step 1　打开模型文件 D:\sw13\work\ch09\ch09.01\ch09.01.03\example.SLDPRT，如图 9.1.12 所示。

Step 2　选择命令。选择下拉菜单 编辑(E) ➡ 外观(A) ➡ 材质(M)...命令，系统弹出"材料"对话框。

Step 3　定义材质类型。根据需要可以在"材料"对话框中设置材质属性，如选择 solidworks materials 节点下的 木材 ➡ 柚木 材质。

Step 4　单击 应用(A) 按钮，将材质应用到零件中，材质名称出现在模型设计树中。应用材质后的零件如图 9.1.13 所示（参见随书光盘文件 D:\sw13\work\ch09\ch09.01\ch09.01.03\ok\example.doc）。

图 9.1.12　应用材质前的模型

图 9.1.13　应用材质后的模型

9.2　灯光设置

通过上一节的学习可粗略地了解设置零件外观的一般过程，在制作模型时，除外观颜色、外观纹理和材质外，光源也会影响模型的外观，使用正确的光源可以使模型的显示效果更加逼真。

9.2.1　环境光源

"环境光源"是从所有方向均匀地照亮模型的光源，该光源为系统光源，用户无法删除，但可以关闭该光源及修改其属性。下面讲解修改环境光源属性的操作步骤。

Step 1　打开模型文件 D:\sw13\work\ch09\ch09.02\ch09.02.01\example.SLDPRT。

Step 2　选择命令。选择下拉菜单 视图(V) ➡ 光源与相机(L) ➡ 属性(P) ➡ 环境光源命令，系统弹出图 9.2.1 所示的"环境光源"对话框。

图 9.2.1　"环境光源"对话框

在"环境光源"对话框中可以执行以下操作：

- 单击 编辑颜色(E)... 按钮，系统弹出图 9.2.2 所示的"颜色"对话框，根据需要在"颜色"对话框中选择其他颜色的光源环境来代替默认的白色光源环境。

- 拖动"环境光源"滑块可以调整"环境光源"的强度，从左到右光源强度递增。在图 9.2.1 所示的"环境光源"对话框中将弱光光源设置为 0.06，效果如图 9.2.3 所示；在"环境光源"对话框中将强光光源设置为 0.4，效果如图 9.2.4 所示（参见随书光盘文件 D:\sw13\work\ch09\ch09.02\ch09.02.01\ok\example.doc）。

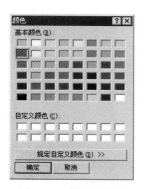

图 9.2.2　颜色调色板

图 9.2.3　弱光效果

图 9.2.4　强光效果

Step 3　设置环境光源。在图 9.2.5 所示的"环境光源"对话框中设置"环境光源"强度值为 0.66，选择颜色为红色，单击 ✓ 按钮，效果如图 9.2.6 所示。

图 9.2.5　设置"环境光源"

图 9.2.6　"环境光源"效果

9.2.2 线光源

线光源是单一方向的平行光，是距离模型无限远的一束光柱。用户可以选择打开或关闭、添加或删除线光源，也可以修改现有线光源的强度、颜色及位置。下面讲解修改线光源属性的操作步骤。

Step 1 打开模型文件 D:\sw13\work\ch09\ch09.02\ch09.02.02\example.SLDPRT。

Step 2 选择命令。选择下拉菜单 视图(V) ➡ 光源与相机(L) ➡ 属性(P) ➡ 线光源 1 命令，系统弹出图 9.2.7 所示的"线光源 1"对话框。

Step 3 设置线光源属性。在"线光源 1"对话框的 基本(B) 区域中设置环境光源的强度、线光源的明暗度以及线光源的光泽度，具体参数如图 9.2.7 所示；光源位置(L) 区域中的纬度、经度都是用来设置光源在环境中的位置，编辑线光源后的效果如图 9.2.8 所示；单击 ✅ 按钮，完成线光源的设置。

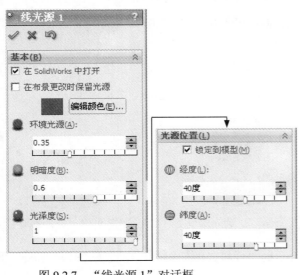

图 9.2.7 "线光源 1"对话框

图 9.2.8 编辑线光源后的效果

9.2.3 聚光源

聚光源是一个中心位置为最亮点的锥形的聚焦光源，可以指定投射至模型的区域，同线光源相同。用户可以修改聚光源的各种属性。下面讲解添加聚光源的操作过程。

Step 1 打开模型文件 D:\sw13\work\ch09\ch09.02\ch09.02.03\example.SLDPRT。

Step 2 选择命令。选择下拉菜单 视图(V) ➡ 光源与相机(L) ➡ 添加聚光源(S) 命令，系统弹出图 9.2.9 所示的"聚光源 1"对话框。

Step **3**　设置聚光源属性。"聚光源"对话框包括 基本 和 PhotoView 两个选项卡。

（1）在 基本 选项中包括 基本(B) 和 光源位置(L) 两个区域。

① 在 基本(B) 区域设置聚光源的颜色、明暗度和光泽度，具体参数设置如图 9.2.9 所示。

② 在 光源位置(L) 区域中设置聚光源的位置和圆锥角，如图 9.2.9 所示。

注意：此处激活 PhotoView 360 插件后才有这两个选项卡。

（2）在 PhotoView 选项中对聚光源的明暗度、柔边和阴影进行设置。

Step **4**　完成各项设置后，视图区如图 9.2.10 所示，单击 ✔ 按钮，完成聚光源的创建。

图 9.2.9　"聚光源 1"对话框　　　　　　　图 9.2.10　聚光源

图 9.2.9 所示 光源位置(L) 区域中的部分选项说明如下：

- ↗x、↗y、↗z 文本框：这三个文本框用于定义聚光源的 X、Y、Z 坐标。
- ↗x、↗y、↗z 文本框：这三个文本框用于定义聚光源投射点的 X、Y、Z 坐标。
- ⌐ 圆锥角：指定聚光源投射的角度，角度越小，所生成的光束越窄。

9.2.4　点光源

点光源位于指定的坐标处，是一个非常小的光源。点光源向所有方向都发射光线。下面讲解创建点光源的操作过程。

Step **1**　打开模型文件 D:\sw13\work\ch09\ch09.02\ch09.02.04\example.SLDPRT。

Step **2**　选择命令。选择下拉菜单 视图(V) ➡ 光源与相机(L) ➡ ☼ 添加点光源(P) 命令，系统弹出图 9.2.11 所示的"点光源 1"对话框。

Step 3　在"点光源 1"对话框中可以编辑点光源的颜色、明暗度、光泽度等参数属性。设置参数如图 9.2.11 所示。

Step 4　设置完成后，单击 ✓ 按钮，完成点光源的创建；结果如图 9.2.12 所示。

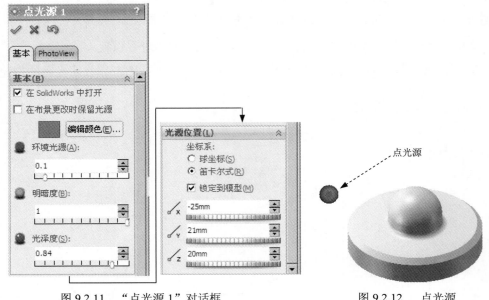

图 9.2.11　"点光源 1"对话框　　　　　　　图 9.2.12　　点光源

9.3　相机

在模型中添加相机之后，可以通过相机的透视图来查看模型，这与直接在视图区查看模型有所不同，改变相机位置或参数的同时可以精确地调整模型在相机透视图中的显示方位。下面将详细讲解添加相机的一般步骤。

Step 1　打开模型文件 D:\sw13\work\ch09\ch09.03\exemple.SLDPRT。

Step 2　选择命令。选择下拉菜单 视图(V) ➡ 光源与相机 (L) ➡ 添加相机 (C) 命令，系统弹出"相机 1"对话框，同时在图形区右侧弹出相机透视图窗口。

Step 3　选择相机类型。在图 9.3.1 所示的"相机 1"对话框的 相机类型 区域中选择相机类型为 ⊙ 浮动 ，选中 ☑ 显示数字控制 、 ☑ 将三重轴与相机对齐 和 ☑ 锁定除编辑外的相机位置 复选框。

Step 4　定义相机位置。在图 9.3.1 所示的"相机 1"对话框的 相机位置 区域设置相机所在的空间坐标，🔲X文本框中输入数值 110，🔲Y文本框中输入数值 120，🔲Z文本框中输入数值 110。

Step 5　设置相机旋转角度。在图 9.3.1 所示的"相机 1"对话框的 **相机旋转** 区域设置相机的旋转角度：文本框中输入数值-135，文本框中输入数值-35，文本框中输入数值 0。选中 ☑ 透视图 复选框，在其下的下拉列表中选择 自定义角度 选项。

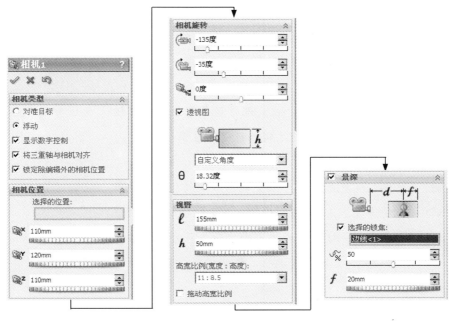

图 9.3.1　"相机 1"对话框

Step 6　设置相机视野。在图 9.3.1 所示的"相机 1"对话框的 **视野** 区域中，在 l 文本框中输入数值 155，在 h 文本框中输入数值 50。

Step 7　设置景深。在图 9.3.1 所示的"相机 1"对话框中选中 ☑ **景深** 复选框，☑ **景深** 区域将被展开，激活 ☑ 选择的锁焦: 下的文本框后，在模型中选取图 9.3.2 所示的边线为锁焦边线，在 文本框中输入数值 50，在 f 文本框中输入数值 20。

选取此边线

图 9.3.2　选取锁焦边线

Step 8　单击 ✓ 按钮，完成相机的添加。

图 9.3.1 所示的"相机 1"对话框中各选项的说明如下。

● **相机类型** 区域：用于设置相机的类型及其基本设置。

☑ ○ 对准目标：当拖动相机的位置或更改其他属性时，相机始终保持在指定的目标点。

☑ ⊙ 浮动：当拖动相机的位置或更改其他属性时，相机不锁定到任何目标点。

☑ ☑ 显示数字控制：选择该复选框后，可以使用精确的数值来确定相机在空间的位置（即为相机指定空间坐标）。

☑ ☑ 将三重轴与相机对齐：选择该复选框后，相机将与三重轴的方向重合，此选项只有使用 ⊙ 浮动 类型时有效。

☑ ☑ 锁定除编辑外的相机位置：选择该复选框后，在相机视图中不能使用旋转、平移等视图命令，但编辑相机视图时除外。

- 相机旋转 区域：用于确定相机的方向。

  ☑ 偏航 (左右)：用于确定左右方向的相机角度。

  ☑ 俯仰（上下）：用于确定上下方向的相机角度。

  ☑ 滚动 (扭曲)：用于确定垂直于屏幕方向的相机角度。

  ☑ ☑ 透视图：选取该复选框，说明模型以透视图方式显示。

  ☑ θ：用于确定视图的高度。

- 视野 区域：用于定义相机的镜头尺寸。

  ☑ h：用于确定视图的高度，θ 与 h 只需更改一个即可，它们的比值为 37:100。

  ☑ ℓ：用于定义视图的距离。

- 景深 区域：该区域只有激活 PhotoView 360 插件之后才会出现，是用于定义相机的对焦参数。

  ☑ ☑ 选择的锁焦：选中该复选框后，需要在模型中选取点、线或面作为相机的对焦参照，系统将在用户指定的位置产生一个平面，这个平面称为"对焦基准面"。

  ☑ %：由于选取了曲线作为对焦参照，该文本框中输入的数值为曲线的比率值。

  ☑ f：系统将根据该文本框中的数值在对焦基准面的两侧各产生一个基准面，但它们与对焦基准面的距离是不等的，这两个基准面可以大致地指明失焦位置。

9.4　PhotoView 360 渲染

9.4.1　PhotoView 360 渲染概述

通过 SolidWorks 提供的 PhotoView 360 插件可以对产品进行材质、光源、背景以及贴图等设置并进行渲染，以输出照片级的高质量的宣传图片。

1. PhotoView 360 插件的激活

在 SolidWorks 安装完整的情况下，选择下拉菜单 工具(T) ➡ 插件(D)...命令，系统弹出图 9.4.1 所示的"插件"对话框。选中☑ ⦿ PhotoView 360 复选框，单击 确定 按钮，完成 PhotoView 360 插件的激活。

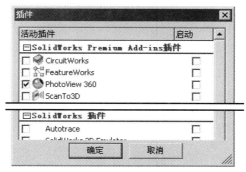

图 9.4.1　"插件"对话框

2. PhotoView 360 工具条及菜单简介

完成 PhotoView 360 插件的激活后，SolidWorks 的工作界面中将出现图 9.4.2 所示的"PhotoView 360"工具栏。

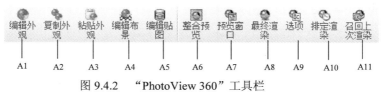

图 9.4.2　"PhotoView 360"工具栏

图 9.4.2 所示的"PhotoView 360"工具栏各按钮的说明如下：

A1（编辑外观）：为选择几何体指定一个外观。

A2（复制外观）：可以从一个实体中复制外观。

A3（粘贴外观）：可以将复制的外观粘贴至另一个实体。

A4（编辑布景）：为当前激活的文件指定一个景观。

A5（编辑贴图）：为选择的几何体指定一个贴图。

A6（整合预览）：在图形区域预览当前模型的渲染效果。

A7（预览窗口）：当更改后要求重建模型时，更新间断。在重建完成后，更新继续。

A8（最终渲染）：显示统计及渲染结果。

A9（选项）：单击该按钮后，系统将弹出"PhotoView 360 选项"对话框，可以在该对话框中进行渲染设置。

A10（排定渲染）：使用"排定渲染"对话框在指定时间进行渲染并将之保存到文件。

A11（召回上次渲染）：对最后定义的区域进行渲染。

选择下拉菜单 PhotoView 360 命令，系统弹出图 9.4.3 所示的 PhotoView 360 下拉菜单。

图 9.4.3　PhotoView 360 下拉菜单

9.4.2　外观

PhotoView 360 提供的外观效果是指在不改变材质物理属性的前提下，给模型添加近似于外观的视觉效果。

启动 PhotoView 360 插件，进入外观设置界面。

方法一： 选择下拉菜单 编辑(E) ➡ 外观(A) ➡ 外观(A)...命令，系统弹出"颜色"对话框和"外观、布景和贴图"窗口，进入外观设置界面。

方法二： 选择下拉菜单 PhotoView 360 ➡ 编辑外观(A)...命令，系统进入外观设置界面。

为模型添加外观的具体步骤如下：

Step 1　打开模型文件 D:\sw13\work\ch09\ch09.04.02\exemple.SLDPRT。

Step 2　选择命令。选择下拉菜单 PhotoView 360 ➡ 编辑外观(A)...命令，系统弹出"颜色"对话框和"外观、布景和贴图"任务窗口。

Step 3　选择要编辑的对象。系统默认选取图 9.4.4 所示的模型。

a）编辑外观前　　　　　　　　　　　　　　b）编辑外观后

图 9.4.4　编辑外观

Step **4**   编辑外观。在"外观、布景和贴图"任务窗口中单击展开 ⊞ ● 外观(color) 节点，再单击 ⊞ 辅助部件 节点，选择 ⊞ 辅助部件 节点下的 图案 文件夹，在纹理预览区域双击 方格图案2 。

Step **5**   设置高级选项。

（1）单击 高级 按钮，打开图 9.4.5 所示的"高级"选项卡。

（2）设置映射。单击 映射 选项卡，系统弹出"映射"选项卡，在 映射 区域的下拉列表中选择"自动"选项；在 大小/方向 区域依次选中 ☑ 固定高宽比例(F) 、☑ 将宽度套合到选择(D) 、☑ 将高度套合到选择(E) 、☑ 水平镜向 和 ☑ 竖直镜向 复选框。

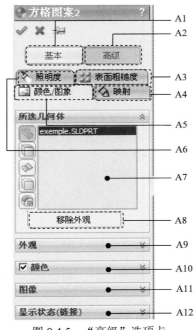

图 9.4.5   "高级"选项卡

对图 9.4.5 所示"高级"选项卡中各选项说明如下：

A1：外观基本设置选项。单击进入外观设置基本选项。

A2：外观高级设置选项。单击进入外观设置高级选项。

A3：外观定义表面变形或隆起。

A4：调整外观大小、方向和位置。

A5：编辑用来定义外观的颜色和图像。

A6：定义光源如何与外观互相作用。

A7：模型所选元素、要操作的元素。

A8：单击移除所选元素的外观颜色。

A9：外观区域。编辑外观。

A10：颜色区域。编辑外观颜色。

A11：图像区域。编辑外观纹理。

A12：显示状态（链接）区域。编辑显示状态。

（3）设置照明度。单击 照明度 选项卡，在 漫射量(D): 下的文本框中输入数值 0.7，光泽量(S): 下的文本框中输入数值 0.45， 光泽传播: 下的文本框中输入数值 0.1， 反射量(E): 下的文本框中输入数值 0.2， 透明量(T): 下的文本框中输入数值 0.2。

Step 6　单击 ✔ 按钮，完成对模型外观的设置，如图 9.4.4b 所示。

9.4.3　布景

PhotoView 360 的布景是为渲染提供一个渲染空间，为模型提供逼真的光源和场景效果。设置布景的属性，是通过图 9.4.6 所示的"编辑布景"来完成的。通过布景编辑器，可对渲染空间的背景、前景、环境和光源进行设置。

图 9.4.6　"编辑布景"对话框

为模型添加外观的具体步骤如下：

Step 1　打开模型文件 D:\sw13\work\ch09\ch09.04.03\exemple.SLDPRT。

Step 2　选择命令。选择下拉菜单 PhotoView 360 ➡ 编辑布景(S)... 命令，系统弹出图 9.4.6 所示的"编辑布景"对话框和"外观、布景和贴图"任务窗口。

Step 3　定义场景。在"外观、布景和贴图"窗口中单击 布景 节点，选择该节点下的 演示布景 文件夹，在演示布景预览区域双击 厨房背景 ，即可将布景添加到模型中。

Step 4　设置"编辑布景"参数。

（1）单击 高级 选项卡；在 楼板大小/旋转(F) 区域选中 ☑ 固定高宽比例 复选框，取消选中 ☐ 自动调整楼板大小(S) 复选框，在 ☐ 文本框中输入数值 200，在 ☐ 文本框中输入数值 200，

在  文本框中输入数值 0。

（2）单击 照明度 选项卡；在 PhotoView 照明度 区域中的
渲染明暗度 文本框中输入 1，在 布景反射度: 文本框中输入数值 1。

Step 5 单击 ✔ 按钮，完成布景的添加。

Step 6 单击"预览窗口"按钮 🔄，对模型进行渲染，渲染
后的效果如图 9.4.7 所示。

图 9.4.7 设置布景后

9.4.4 贴图

贴图是利用现有的图像文件对模型进行渲染贴图。

下面介绍贴图的一般过程。

Step 1 打开模型文件 D:\sw13\work\ch09\ch09.04\ch09.04.04\exemple.SLDPRT。

Step 2 选中命令。选择下拉菜单 PhotoView 360 ➡ 📋 编辑贴图(D)... 命令，系统弹出图
9.4.8 所示的"贴图"对话框和"外观、布景和贴图"任务窗口。

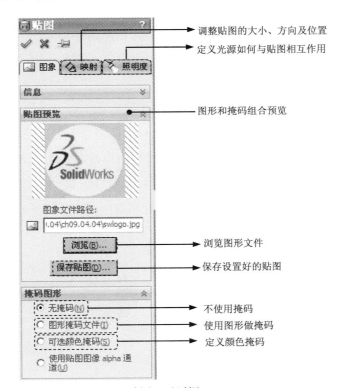

图 9.4.8 "贴图"对话框

Step 3 添加贴图文件。在 贴图预览 区域中的 图象文件路径: 下单击 浏览(B)... 按钮，添加贴
图文件 D:\sw13\work\ch09\ch09.04\ch09.04.04\logo.jpg，在 掩码图形 区域中选中

○ 无掩码(N) 单选项。

Step 4 调整贴图。

（1）设置贴图的映射。单击 映射 选项卡，切换到图 9.4.9 所示的"映射"选项卡，在 所选几何体 区域单击 按钮，选取图 9.4.10 所示的面为贴图面；在 映射 区域的下拉列表中选择 投影 选项，在 → 后的文本框中输入水平位置-1.0，在 ↑ 后的文本框中输入竖直位置-2.0。

图 9.4.9 "映射"选项卡

（2）设置贴图大小和方向。在 大小/方向 区域中取消选中 □ 固定高宽比例(F) 复选框，在 后的文本框中输入宽度值 120.0，在 后的文本框中输入宽度值 120.0，在 后的文本框中输入贴图旋转角度值 240.0。

Step 5 单击 ✓ 按钮，完成贴图的添加，添加贴图后的模型如图 9.4.11 所示。

图 9.4.10 选取贴图面

图 9.4.11 贴图效果

9.4.5 PhotoView 360 渲染选项

PhotoView 360 渲染选项用来供普通系统选项切换应用程序属性，在 PhotoView 360 渲染选项中所作的更改，会影响到要渲染以及渲染后的文件。

下面通过一个实例介绍模型渲染时设置 PhotoView 360 渲染选项的具体操作过程。

Step 1　打开模型文件 D:\sw13\work\ch09\ch09.04\ch09.04.05\exemple.SLDPRT。

Step 2　选择命令。选择下拉菜单 PhotoView 360 ➡ 📠 选项(O)...命令，系统弹出图 9.4.12 所示的"PhotoView 360 选项"对话框。

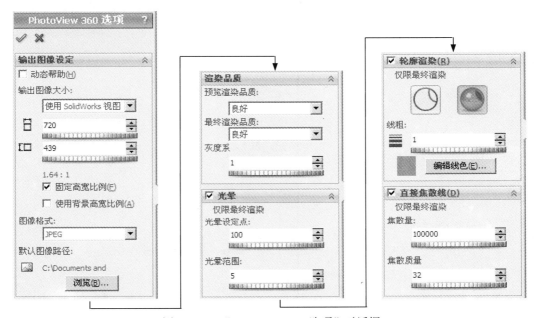

图 9.4.12　"PhotoView 360 选项"对话框

图 9.4.12 所示的"PhotoView 360 选项"对话框个别功能介绍如下：

● ⬤渲染轮廓和实体模型：先渲染图像，再计算额外的轮廓线，渲染完成后显示渲染的图像和轮廓线。

● ◗只随轮廓渲染：先渲染图像，再计算额外的轮廓线，渲染完成后只显示轮廓线。

● ☰线粗：在其后的文本框内可以设置轮廓线的粗细。

Step 3　参数设置。在 输出图像设定 区域中选中 ☑ 动态帮助(H) 复选框，在 输出图像大小: 下拉列表中选择 使用 SolidWorks 视图 选项，选中 ☑ 固定高宽比例(F) 复选框；在 渲染品质 区域中的 灰度系 文本框中输入数值 1；选中对话框中的 ☑ 光晕 复选框，在 光晕设定点: 文本框中输入数值 100，在 光晕范围: 文本框中输入数值 5；选中对话框中的 ☑ 轮廓渲染(R) 复选框，单击 仅限最终渲染 选项下的 ◗ 按钮，并在 ☰ 文本框中输入数值 1；选中对话框中的 ☑ 直接焦散线(D) 复选框，其他参数采用系统默认设置值。

Step 4　单击 ✔ 按钮，关闭 PhotoView 360 系统选项对话框，完成 PhotoView 360 系统选项的设置。

9.5　SolidWorks 渲染的实际应用 1

范例概述：

本例介绍的是一个玻璃杯的渲染过程。在渲染前，为模型添加外观、布景和外观颜色，并添加环境光源等,值得注意的是调节光源的颜色和光源的位置,它直接影响到渲染的效果。

`Step 1` 打开模型文件 D:\sw13\work\ch09\ch09.05\cup.SLDPRT 文件，如图 9.5.1 所示。

图 9.5.1　打开模型

`Step 2` 设置模型外观。

（1）选择命令。选择下拉菜单 `PhotoView 360` ➡ `编辑外观(A)...`命令，系统弹出"颜色"对话框和"外观、布景和贴图"任务窗口。

（2）定义外观。在"外观、布景和贴图"任务窗口中单击 `外观(color)` 前的节点，再单击 `玻璃` 节点，选择该节点下的 `光泽` 文件夹，然后在外观预览区域双击 `透明玻璃`，即可将外观添加到模型中。

（3）设置外观颜色。单击 `颜色` 区域中的 `文本框，系统弹出图 9.5.2 所示的"颜色"对话框，选择图 9.5.2 所示的颜色，在 后的下拉列表中选择 `透明` 选项。

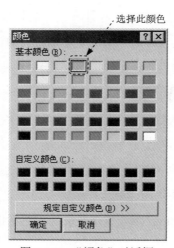

图 9.5.2　"颜色"对话框

（4）设置照明度。单击 高级 按钮，再单击 照明度 选项卡，切换到图 9.5.3 所示的"照明度"选项卡，设置参数如图 9.5.3 所示。

（5）单击 ✅ 按钮，完成外观的设置；设置外观后的模型如图 9.5.4 所示。

图 9.5.3　"照明度"选项卡　　　　图 9.5.4　添加"外观"

Step 3　设置模型布景。

（1）选择命令。选择下拉菜单 PhotoView 360 ➡ 编辑布景(S)... 命令，系统弹出"编辑布景"对话框和"外观、布景和贴图"任务窗口。

（2）设置工作间环境。在"外观、布景和贴图"窗口中单击 ⊞ 布景节点，选择该节点下的 工作间布景文件夹，在布景预览区域双击 反射黑地板，即可将布景添加到模型中。

（3）设置编辑布景参数。在图 9.5.5 所示的"编辑布景"对话框中，在 楼板(F) 区域中的 将楼板与此对齐:下拉列表中选择 所选基准面 选项，选取图 9.5.6 所示的面 1 为基准面，单击 按钮调整反转楼板方向；在 背景 区域的下拉列表中的选择 梯度 选项，单击 顶部渐变颜色:下的文本框设置颜色为纯黑色，单击 底部渐变颜色:下的文本框设置颜色为纯白色，并选中 ☑ 保留背景 复选框。

（4）设置照明度。单击 照明度 按钮，系统弹出图 9.5.7 所示的"编辑布景"对话框，"照明度"选项卡的具体设置如图 9.5.7 所示。

图 9.5.5　"编辑布景"对话框

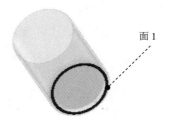

图 9.5.6　选取"楼板"面

图 9.5.7　设置"照明度"选项卡

（5）单击 ✔ 按钮，完成布景的编辑。

Step 4　设置光源。

（1）添加聚光源。选择下拉菜单 视图(V) ➡ 光源与相机(L) ➡ 🔦 添加聚光源(S) 命令，系统弹出"聚光源 1"对话框，如图 9.5.8 所示，同时在图形区显示一个光源。

（2）编辑聚光源的位置。在对话框的 光源位置(L) 区域选中 ⊙ 笛卡尔式(R) 单选项，选中 ☑ 锁定到模型(M) 复选框，在 ✐x 后的文本框中输入数值 500，在 ✐y 后的文本框中输入数值 1200，在 ✐z 后的文本框中输入数值 -400，在 ✐x 后的文本框中输入数值 0，在 ✐y 后的文本框中输入数值 0，在 ✐z 后的文本框中输入数值 0，在 ⬝ 后的文本框中输入锥角度数值 30；单击 ✔ 按钮，完成聚光源 1 的设置。

（3）添加点光源。选择下拉菜单 视图(V) ➡ 光源与相机(L) ➡ ☼ 添加点光源(P) 命令，系统弹出"点光源 1"对话框，如图 9.5.9 所示，同时在图形区显示一个光源。

（4）编辑点光源的位置。在 光源位置(L) 区域选中 ⊙ 笛卡尔式(R) 单选项，选中 ☑ 锁定到模型(M) 复选框，在 ✐x 后的文本框中输入数值 0，在 ✐y 后的文本框中输入数值 200，在 ✐z 后的文本框中输入数值 -100，单击 ✔ 按钮，完成点光源 1 的设置。

图 9.5.8　"聚光源 1"对话框

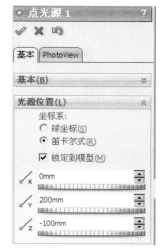

图 9.5.9　"点光源 1"对话框

Step 5　设置渲染选项。

（1）选择命令。选择下拉菜单 PhotoView 360 ➡ 选项(0)...命令，系统弹出的"PhotoView 360 选项"对话框。

（2）参数设置。在 输出图像设定 区域中选中 ☑ 动态帮助(H) 复选框，在 输出图像大小: 下拉列表中选择 使用 SolidWorks 视图 选项，在 ⬒ 下的文本框中输入数值 640，选中 ☑ 固定高宽比例(F) 复选框；在 渲染品质 区域中的 灰度系 文本框中输入数值 2.1；选中对话框中的 ☑ 光晕 复选框和的 ☑ 轮廓渲染(R) 复选框，单击 仅限最终渲染 选项下的 ⬤ 按钮，并在 ☰ 文本框中输入数值 1；选取对话框中 ☑ 直接焦散线(D) 复选框，其他参数采用系统默认设置值。

（3）单击 ✔ 按钮，关闭"PhotoView 360 选项"对话框，完成 PhotoView 360 选项的设置。

Step 6　渲染并保存文件。

（1）选择命令。选择下拉菜单 PhotoView 360 ➡ 最终渲染 (F) 命令，系统弹出的"最终渲染"窗口。

（2）设置渲染后图形文件的属性。单击窗口中的 保存图像 按钮，系统弹出 Save Image 对话框，在下拉列表中选择文件保存的路径为 D:\sw13\work\ch09\ch09.05\ok。在 文件名 (N): 后的文本框中设置图像文件名为 cup，在 保存类型 (T): 后的下拉列表中选择 Windows BMP (*.BMP) 选项，

单击 保存(S) 按钮，最终渲染效果如图 9.5.10 所示。

图 9.5.10　渲染效果

（3）单击 ✕ 按钮，关闭"最终渲染"窗口，即可保存文件。

Step 7　保存文件。选择下拉菜单 文件(F) ➡ 📄 另存为(A)... 命令，将模型命名为 cup_ok。

9.6　SolidWorks 渲染的实际应用 2

范例概述：

本例介绍的是在模型表面贴图的渲染过程。在渲染前，为模型添加材质和布景，并添加环境光源等，最后在模型表面添加贴图，达到要渲染的目的，如图 9.6.1 所示。

a)　图像文件

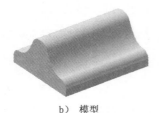

b)　模型

c)　最终渲染效果

图 9.6.1　添加贴图渲染

具体操作过程如下：

Step 1　打开模型 D:\sw13\work\ch09\ch09.06\block.SLDPRT 文件，如图 9.6.2 所示。

Step 2　设置模型外观。

（1）选择命令。选择下拉菜单 PhotoView 360 ➡ 🔴 编辑外观(A)...命令，系统弹出"颜色"对话框和"外观、布景和贴图"任务窗口。

（2）定义外观。在"外观、布景和贴图"任务窗口中单击 ⊞ 🔴 外观(color) 前的节点，依次单击 ⊞ 🟤 石材 ➡ ⊞ 🟢 建筑 ➡ 🟢 大理石 文件夹，然后在外观预览区域双击 米色大理石2，即可将外观添加到模型中。

（3）单击 ✓ 按钮，完成外观的设置。设置外观后的模型如图 9.6.3 所示。

图 9.6.2　打开模型

图 9.6.3　添加外观后的模型

Step 3　添加贴图。

（1）选择命令。选择下拉菜单 PhotoView 360 ➡ 📑 编辑贴图(D)...命令，系统弹出图 9.6.4 所示的"贴图"对话框。

（2）添加贴图文件。在 贴图预览 区域中的 图象文件路径: 下单击 浏览(B)... 按钮，添加贴图文件 D:\sw13\work\ch09\ch09.06\logo.bmp；选中 掩码图形 中的 ◉ 图形掩码文件(I) 单选项，系统弹出 掩码图形 区域，如图 9.6.5 所示，单击 浏览(B)... 按钮添加光盘中的贴图文件 D:\sw13\work\ch09\ch09.06\logo.bmp；在 掩码图形 区域中选中 ☑ 反转掩码 复选框。

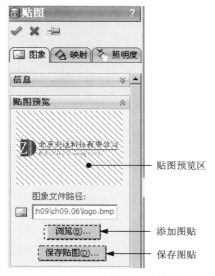

图 9.6.4　"贴图"对话框

图 9.6.5　"掩码图形"区域

（3）调整贴图。

① 设置贴图的映射。单击 映射 选项卡，在"贴图"对话框中切换到图 9.6.6 所示的"映射"选项卡，在 所选几何体 区域单击 按钮，选取图 9.6.7 所示的面为贴图面；在 映射 区域下拉列表中选择 投影 选项，在 → 后的文本框中输入水平位置 1.0，在 ↑ 后的文本框中输入竖直位置 1.0。

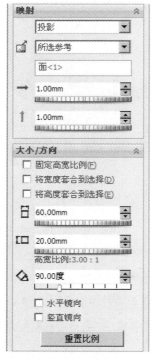

图 9.6.6　设置"贴图"的大小、方向

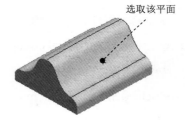

选取该平面

图 9.6.7　选择要贴图的面

② 设置贴图大小和方向。在 大小/方向 区域中取消选中 固定高宽比例(F) 复选框，在 后的文本框中输入宽度数值 60.0，在 后的文本框中输入宽度 20.0，在 后的文本框中输入贴图旋转角度数值 90.0。

（4）单击 按钮，完成贴图的添加，添加贴图后的模型如图 9.6.8 所示。

图 9.6.8　添加贴图后的模型

Step 4　设置模型布景。

（1）选择命令。选择下拉菜单 PhotoView 360 ➡ 编辑布景(S)... 命令，系统弹出"编辑布景"对话框和"外观、布景和贴图"任务窗口。

（2）设置工作间环境。在"外观、布景和贴图"窗口中单击 ⊞ 布景 节点，选择该节点下的 工作间布景 文件夹，在布景预览区域双击 灯卡 ，即可将布景添加到模型中。

Step 5　渲染并保存文件。

（1）选择命令。选择下拉菜单 PhotoView 360 ➡ 最终渲染(F) 命令，系统弹出"最终渲染"窗口。

（2）设置渲染后图形文件的属性。单击窗口中的 保存图像 按钮，系统弹出 Save Image 对话框，在下拉列表中选择文件保存的路径为 D:\sw13\work\ch09\ch09.06\ok。在 文件名(N): 后的文本框中设置图像文件名为block，在 保存类型(T): 后的下拉列表中选择 Windows BMP (*.BMP) 选项，单击 保存(S) 按钮，最终渲染效果如图 9.6.9 所示。

图 9.6.9　最终渲染效果

（3）单击 X 按钮，关闭"最终渲染"窗口，即可保存文件。

Step 6　保存文件。选择下拉菜单 文件(F) ➡ 另存为(A)... 命令，将模型命名为 block_ok。

10

运动仿真及动画

10.1 概述

在 SolidWorks 2013 中，通过运动算例功能可以快速、简洁地完成机构的仿真运动及动画设计。运动算例可以模拟图形的运动及装配体中部件的直观属性，它可以实现装配体运动的模拟、物理模拟以及 COSMOSMotion，并可以生成基于 Windows 的 AVI 视频文件。

装配体运动是通过添加马达进行驱动来控制装配体的运动，或者决定装配体在不同时间时的外观。通过设定键码点，可以确定装配体运动从一个位置跳到另一个位置所需的顺序。

物理模拟用于模拟装配体上的某些物理特性效果，包括模拟马达、弹簧、阻尼及引力在装配体上的效应。

COSMOSMotion 用于模拟和分析，并输出模拟单元（力、弹簧、阻尼、摩擦等）在装配体上的效应，它是更高一级的模拟，包含所有在物理模拟中可用的工具。

本节重点讲解装配体运动的模拟，装配体运动可以完全模拟各种机构的运动仿真及常见的动画。下面以本章最后的范例——牛头刨床运动模拟为例，对运动算例的界面进行讲解，其运动算例的界面如图 10.1.1 所示。

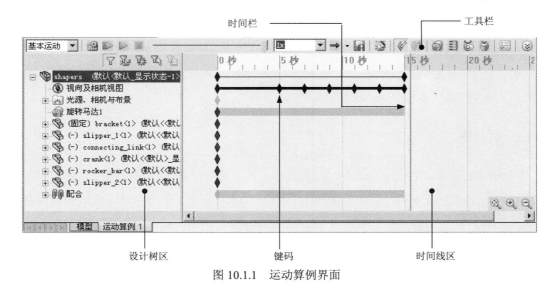

图 10.1.1 运动算例界面

图 10.1.1 所示运动算例界面中的工具栏如图 10.1.2 所示，对其中的选项说明如下：

图 10.1.2 运动算例界面工具栏

- 基本运动 ▼：通过下拉列表选择运动类型。包括动画、基本运动和 COSMOSMotion

- 三个选项，通常情况下只能看到前两个选项。

- ：计算运动算例。

- ：从头播放。

- ：播放。

- ：停止播放。

- 1x ▼：通过此下拉列表选择播放速度，有七种播放速度可选。

- → ▾：通过此下拉列表选择播放模式，包括 → 播放模式：正常 、 播放模式：循环 和 ↔ 播放模式：往复 三种播放模式。

- ：保存动画。此时保存的动画主要为 avi 格式，也可以保存动画的一部分。

- ：动画向导。通过动画向导可以完成各种简单的动画。

- ：自动键码。通过自动键码可以为拖动的零部件在当前时间栏生成键码。

- ：添加/更新键码。在当前所选的时间栏上添加键码或更新当前的键码。

- ：添加马达。添加马达来控制零部件的移动，由马达驱动。

- ：弹簧。在两个零部件之间添加弹簧。

- ：接触。定义选定零部件的接触类型。

- 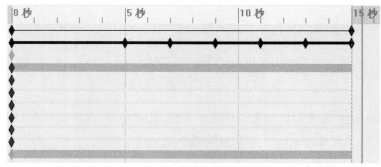：引力。给选定零部件添加引力，使零部件绕装配体移动。
- ：运动算例属性。可以设置包括装配体运动、物理模拟和一般选项的多种属性。
- ：折叠 MotionManager。通过单击此按钮，可以在完整运动算例界面和工具栏
- 之间切换。

10.1.1　时间线

时间线是用来设定和编辑动画时间的标准界面，可以显示出运动算例中动画的时间和类型。将图 10.1.1 所示的时间线区域放大，如图 10.1.3 所示，从图中可以观察到时间线区被竖直的网格线均匀分开，并且竖直的网格线和时间标识相对应。时间标识是从 00:00:00 开始的，竖直网格线之间的距离可以通过单击运动算例界面右下角的 或 按钮控制。

图 10.1.3　"时间线"区域

10.1.2　时间栏

时间线区域中的黑色竖直线即为时间栏，它表示动画的当前时间。通过定位时间栏，可以显示动画中当前时间对应的模型的更改。

定位时间栏的方法：

（1）单击时间线上对应的时间栏，模型会显示当前时间的更改。

（2）拖动选中的时间栏到时间线上的任意位置。

（3）选中一时间栏，按一次空格键后时间栏会沿时间线往后移动一个时间增量。

10.1.3　更改栏

在时间线上连接键码点之间的水平栏即为更改栏，它表示在键码点之间的一段时间内所发生的更改。更改内容包括：动画时间长度、零部件运动、模拟单元属性更改、视图定向（如缩放、旋转）、视象属性（如颜色外观或视图的显示状态）。

根据实体的不同，更改栏使用不同的颜色来区别零部件和类型的不同更改。系统默认的更改栏的颜色如下：

- 驱动运动：蓝色。
- 从动运动：黄色。
- 爆炸运动：橙色。
- 外观：粉红色。

10.1.4　关键点与键码点

时间线上的◆称为键码，键码所在的位置称为"键码点"，关键位置上的键码点称为"关键点"，在键码操作时需注意以下事项：

- 拖动装配体的键码（顶层）只更改运动算例的持续时间。
- 所有的关键点都可以复制、粘贴。
- 除了 0 秒时间标记处的关键点外，其他都可以剪切和删除。
- 按住 Ctrl 键可以同时选中多个关键点。

10.2　动画向导

动画向导可以帮助初学者快速生成运动算例，通过动画向导可以生成的运动算例包括以下几项：

- 旋转零件或装配体模型。
- 爆炸或解除爆炸（只有在生成爆炸视图后才能使用）。
- 物理模拟（只有在运动算例中计算了模拟之后才可以使用）。
- COSMOSMotion（只有安装了插件并在运动算例中计算结果后才可以使用）。

10.2.1　旋转零件

下面以图 10.2.1 所示的模型做旋转零件的运动算例，具体讲解动画向导的使用方法。

Step 1　打开文件 D:\sw13\work\ch10\ch10.02\ch10.02.01\coffee _cup.SLDPRT。

Step 2　展开运动算例界面。在图形区将模型调整到合适的角度。在屏幕左下角单击 运动算例1 按钮，展开运动算例界面，如图 10.2.2 所示。

图 10.2.1　咖啡杯模型

10
Chapter

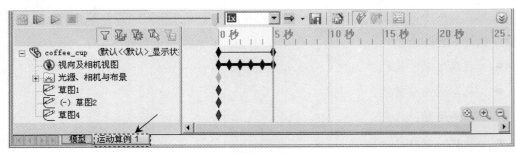

图 10.2.2　运动算例界面

Step 3 选择旋转类型。在运动算例界面的工具栏中单击 按钮，系统弹出"选择动画
类型"对话框，如图 10.2.3 所示，选中 ⊙ 旋转模型 (R) 单选项（本例中使用的是零
件模型，所以只有 ⊙ 旋转模型 (R) 单选项可选）。

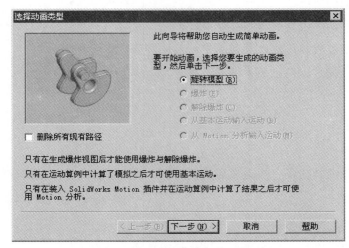

图 10.2.3　"选择动画类型"对话框

Step 4 选择旋转轴。在"选择动画类型"对话框中单击 下一步 (N) > 按钮，系统切换到"选
择一旋转轴"对话框，其中的设置如图 10.2.4 所示。

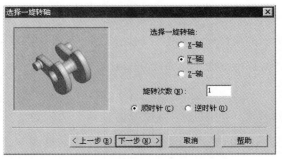

图 10.2.4　"选择一旋转轴"对话框

图 10.2.4 所示的"选择一旋转轴"对话框中的选项说明如下：

- ⊙ X-轴：指定旋转轴为 X 轴。
- ⊙ Y-轴：指定旋转轴为 Y 轴。
- ⊙ Z-轴：指定旋转轴为 Z 轴。
- 旋转次数(N)：这里规定旋转一周为一次，旋转次数即为旋转的周数。
- ⊙ 顺时针(C)：指定旋向为顺时针旋转。
- ⊙ 逆时针(O)：指定旋向为逆时针旋转。

Step 5 单击 下一步(N) > 按钮，系统切换到"动画控制选项"对话框，在 时间长度(秒) 文本框中输入数值 5.0，在 开始时间(秒)(S)：文本框中输入数值 0，单击 完成 按钮，完成运动算例的创建，运动算例界面如图 10.2.5 所示。

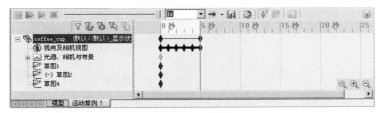

图 10.2.5 运动算例界面

Step 6 播放动画。在运动算例界面的工具栏中单击 ▷ 按钮，可以观察零件在视图区中作的旋转运动。

Step 7 至此，运动算例完毕。选择下拉菜单 文件(F) ➡ 另存为(A)… 命令，命名为 coffee_cup_ok，即可保存模型。

10.2.2 装配体爆炸动画

通过运动算例中的动画向导功能可以模拟装配体的爆炸效果，下面以图 10.2.6b 所示的滑动轴承底座爆炸后的模型为例，讲解装配体爆炸动画。

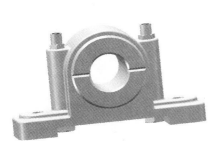

a）爆炸前

b）爆炸后

图 10.2.6 滑动轴承底座

Step 1 打开文件 D:\sw13\work\ch10\ch10.02\ch10.02.02\sliding_bearing.SLDASM。

Step 2 选择下拉菜单 插入(I) ➡ 爆炸视图(V)...命令，系统弹出"爆炸"对话框。

Step 3 创建图 10.2.7b 所示的爆炸步骤 1。在图形区选取图 10.2.7a 所示的两个螺母。选择 Z 轴（蓝色箭头）为移动方向，在"爆炸"窗口的设定(I)区域的"爆炸距离" 后输入数值 100，单击 应用(P) 按钮，单击 完成(D) 按钮，完成第一个零件的爆炸移动。

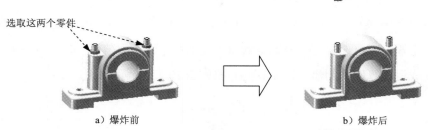

a）爆炸前　　　　　　　　　　　　　b）爆炸后

图 10.2.7　爆炸步骤 1

Step 4 创建图 10.2.8b 所示的爆炸步骤 2。操作方法参见 Step3，爆炸零件为图 10.2.8a 所示的上盖。爆炸方向为 Z 轴方向，爆炸距离值为 80。

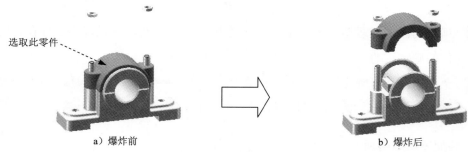

a）爆炸前　　　　　　　　　　　　　b）爆炸后

图 10.2.8　爆炸步骤 2

Step 5 创建图 10.2.9b 所示的爆炸步骤 3。操作方法参见 Step3，爆炸零件为图 10.2.9a 所示的两个键。爆炸方向为 Z 轴方向，爆炸距离值为 60。

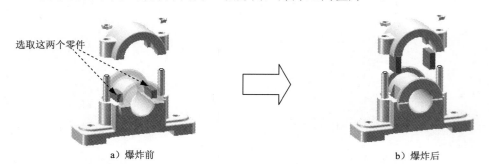

a）爆炸前　　　　　　　　　　　　　b）爆炸后

图 10.2.9　爆炸步骤 3

Step 6 创建图 10.2.10b 所示的爆炸步骤 4。操作方法参见 Step3，爆炸零件为图 10.2.10a 所示的零件。爆炸方向为 Z 轴方向，爆炸距离值为 40。

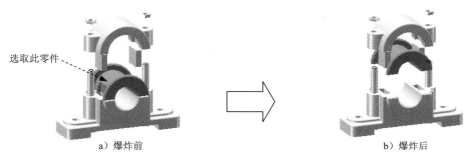

选取此零件

a）爆炸前

b）爆炸后

图 10.2.10　爆炸步骤 4

Step 7 创建图 10.2.11b 所示的爆炸步骤 5。操作方法参见 Step3，爆炸零件为图 10.2.11a 所示的零件。爆炸方向为 Z 轴方向，爆炸距离值为 20。

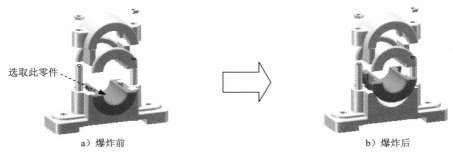

选取此零件

a）爆炸前

b）爆炸后

图 10.2.11　爆炸步骤 5

Step 8 创建图 10.2.12b 所示的爆炸步骤 6。操作方法参见 Step3，爆炸零件为图 10.2.12a 所示的两个零件。单击 按钮，采用 Z 轴反方向为爆炸方向，爆炸距离值为 100，在"爆炸"对话框中单击 按钮，完成装配体的爆炸操作。

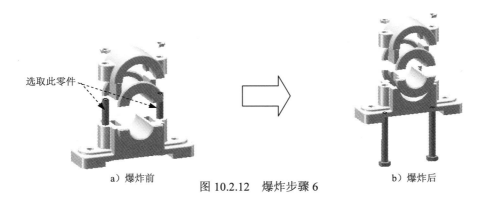

选取此零件

a）爆炸前

图 10.2.12　爆炸步骤 6

b）爆炸后

Step 9 展开运动算例界面。单击 运动算例1 按钮，展开运动算例界面。

Step 10 在运动算例界面的工具栏中单击 按钮，系统弹出"选择动画类型"对话框，如图 10.2.13 所示，选中 爆炸(E) 单选项。

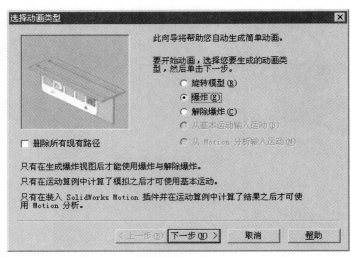

图 10.2.13 "选择动画类型"对话框

说明：本例中使用的是装配体模型，而且已经生成了爆炸视图，所以 旋转模型(R)、 爆炸(E) 和 解除爆炸(C) 选项可选。

Step 11 单击 下一步(N) > 按钮，系统切换到"动画控制选项"对话框，在 时间长度(秒) 文本框中输入数值 10.0，在 开始时间(秒)(S): 文本框中输入数值 0，单击 完成 按钮，完成运动算例的创建，运动算例界面如图 10.2.14 所示。

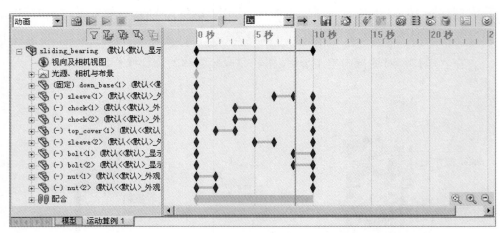

图 10.2.14 运动算例界面

Step 12 播放动画。在运动算例界面的工具栏中单击 按钮，可以观察装配体的爆炸运动。

Step 13 至此，运动算例完毕。选择下拉菜单 文件(F) ➡ 📄 另存为(A)... 命令，命名为 sliding_bearing_ok，即可保存模型。

10.3 保存动画

当一个运动算例操作完成之后，需要将结果保存，运动算例中有单独的保存动画的功能，可以将 SolidWorks 中的动画保存为基于 Windows 的 AVI 格式的视频文件。

下面以上一节中的装配体爆炸动画为例，介绍保存动画的操作过程。

在运动算例界面的工具栏中单击 📷 按钮，系统弹出图 10.3.1 所示的"保存动画到文件"对话框。

图 10.3.1 "保存动画到文件"对话框

图 10.3.1 所示的"保存动画到文件"对话框中各选项的说明如下：

● 保存类型(T)：运动算例中生成的动画可以保存为三种格式：Microsoft .avi 文件格式、系列.bmp 文件格式和系列.trg 文件格式（通常情况下将动画保存为.avi 文件格式）。

● 时间排定(H)：单击此按钮，系统会弹出"视频压缩"对话框，如图 10.3.2 所示（通过"视频压缩"对话框可以设定视频文件的压缩程序和质量，压缩比例越小，生成的文件也越小，同时，图像的质量也较差）。在"视频压缩"对话框中单击 确定 按钮，系统弹出"预定动画"对话框，如图 10.3.3 所示。在"预定动画"对话框中可以设置任务标题、文件名称、保存文件路径和开始/结束时间等。

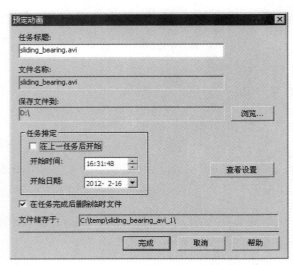

图 10.3.2 "视频压缩"对话框   图 10.3.3 "预定动画"对话框

- <u>渲染器(R)</u>：包括"SolidWorks 屏幕"和"PhotoView"两个选项，其中只有在安装了 PhotoView 之后，"PhotoView"选项才可见。

- <u>图象大小与高宽比例(M)</u>：设置图像的大小与高宽比例。

- <u>画面信息</u>：用于设置动画的画面信息，包括以下选项：

  ☑ <u>每秒的画面(F)</u>：在此选项的文本框中输入每秒的画面数，设置画面的播放速度。

  ☑ ⦿ <u>整个动画(N)</u>：保存整个动画。

  ☑ ○ <u>时间范围(T)</u>：只保存一段时间内的动画。

设置完成后，在"保存动画到文件"对话框中单击 保存(S) 按钮，然后在系统弹出的"视频压缩"对话框中单击 确定 按钮，即可保存动画。

10.4 视图属性

运动算例中可以动画显示零件和装配体的视图属性，包括零件和装配体的隐藏/显示以及外观设置等。下面以图 10.4.1 所示的装配体模型为例，讲解视图属性在运动算例中的应用。

Step 1 打开文件 D:\sw13\work\ch10\ch10.04\attribute.SLDPRT。

Step 2 展开运动算例界面。单击 运动算例 1 按钮，展开运动算例界面。

Step 3 添加键码。在 ⊞ 🐾 (固定) shaft<1> 节点对应的"2 秒"时间栏上右击，弹出图 10.4.2 所示的快捷菜单，在快捷菜单中选择 ◆⁺ 放置键码(K) 命令，此时时间栏区域如图 10.4.3 所示。

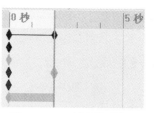

图 10.4.1　装配体模型　　　　图 10.4.2　快捷菜单　　　　图 10.4.3　时间栏区域

Step **4**　在运动算例界面的设计树中单击 ⊞ 🔧 (固定) shaft<1> 节点前的 "+"，展开 ⊞ 🔧 (固定) shaft<1> 零件的子节点，此时可以看到每个属性都对应有键码。

Step **5**　在 特 征 设 计 树 中 选 择 ⊞ 🔧 (固定) shaft<1> 节 点 ， 然 后 选 择 下 拉 菜 单 编辑(E) ➡ 外观(A) ➡ 🔴 外观(A)...命令，系统弹出 "颜色" 对话框。

Step **6**　在 "颜色" 对话框的 颜色 区域中选择图 10.4.4 所示的颜色类型，其他参数采用系统默认设置值，然后在 "颜色" 对话框中单击 ✅ 按钮，完成颜色的设置，模型颜色如图 10.4.5 所示。

图 10.4.4　选择颜色类型

图 10.4.5　模型颜色

Step **7**　在 ⊞ 🔧 (固定) shaft<1> 节点对应的 "0 秒" 时间栏上的键码右击，从弹出的快捷菜单中选择 📋 复制(C) 命令，在 ⊞ 🔧 (固定) shaft<1> 节点对应的 "5 秒" 时间栏上右击，从弹出的快捷菜单中选择 📋 粘帖(P) 命令，此时在 "5 秒" 时间栏上出现新的键码。

说明："0 秒" 时间栏上的键码粘贴到 "5 秒" 时间栏上，则定义在 "5 秒" 时模型表现出来的视图属性和 "0 秒" 时间是相同的。

Step 8　在 ⊞ 🖑 (固定) shaft<1> 节点对应的 "10 秒" 时间栏上右击，从弹出的快捷菜单中
选择 📋 粘帖(P) 命令，此时在 "10 秒" 时间栏上出现新的键码。

Step 9　隐藏 shaft 零件。右击 ⊞ 🖑 (固定) shaft<1> 节点，在弹出的快捷菜单中选择
🕸 隐藏 (A) 命令，隐藏 shaft 零件。

Step 10　保存动画。在运动算例界面的工具栏中单击 ▷ 按钮，可以观察装配件视图属性
的变化，在工具栏中单击 📷 按钮，命名为 attribute，保存动画。

Step 11　至此，运动算例完毕。选择下拉菜单 文件(F) ➡ 📄 另存为(A)... 命令，命名为
attribute_ok，即可保存模型。

10.5　视图定向

运动算例中可以动画显示零件和装配体的视图方位，或者是否使用一个或多个相机。
在做其他运动算例时，通过使用控制视图方位动画生成和播放的选项，可以不捕捉这些移
动而旋转、平移及缩放模型。

下面以如图 10.5.1 所示的装配体模型为例，讲解视图定向的操作过程。

图 10.5.1　装配体模型

Step 1　打开文件 D:\sw13\work\ch10\ch10.05\attribute_02.SLDASM。

Step 2　展开运动算例界面。单击 运动算例1 按钮，展开运动算例界面。

Step 3　在运动算例界面的设计树中右击 🌐 视向及相机视图 节点，在弹出的快捷菜单中选择
🔧 禁用观阅键码播放 (B) 命令。

Step 4　调整视图。在 🌐 视向及相机视图 节点对应的 "0 秒" 时间栏上右击，在弹出的快捷
菜单中选择 视图定向 ➡ 📇 前视 (A) 命令，将视图调整到前视图。

Step 5　添加键码。在 🌐 视向及相机视图 节点对应的 "5 秒" 时间栏上右击，然后在弹出的
快捷菜单中选择 ◆⁺ 放置键码(K) 命令，在时间栏上添加键码。

Step 6　调整视图。新添加的键码上右击，在弹出的快捷菜单中选择 视图定向 ➡
🎲 等轴测 (G) 命令，将视图调整到前视图。

Step 7　保存动画。在运动算例界面的工具栏中单击 ▷ 按钮，可以观察装配件视图的旋
转，在工具栏中单击 ▦ 按钮，命名为 attribute_02，保存动画。

Step 8　至此，运动算例完毕。选择下拉菜单 文件(F) ➡ ▷ 另存为(A)... 命令，命名为
attribute_02_ok，即可保存模型。

10.6　插值动画模式

　　运动算例中可以控制键码点之间更改的加速或减速运动。运动速度的更改是通过插值
模式来控制的。但是，插值模式只有在键码之间存在连续值变化的事件中才可以应用。例
如，零部件运动，视图属性更改的动画等。

　　下面以图 10.6.1 所示的模型为例，讲解插值动画模式的创建过程。

图 10.6.1　打开模型

Step 1　打开文件 D:\sw13\work\ch10\ch10.06\shift.SLDASM，模型如图 10.6.1 所示，此时
零件 ball 在图的位置 A。

Step 2　展开运动算例界面。单击 运动算例1 按钮，展开运动算例界面。

Step 3　在 ⊞ 🔖 (-) ball<1> 节点对应的"5 秒"时间栏上单击，然后将"ball"零件拖动到
图 10.6.2 所示的位置 B。

图 10.6.2　拖动"ball"零件

　　说明： 此步操作中，请确认"自动键码"按钮 🗝 处于按下状态，否则无法自动生成动
画序列。

Step 4　编辑键码。在 ⊞ 🔖 (-) ball<1> 节点对应的"5 秒"时间处的键码点上右击，系统
弹出图 10.6.3 所示的快捷菜单，选择 插值模式(I) ➡ ⌣ 渐入(I) 命令，更改滚
珠移动速度。

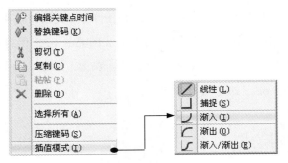

图 10.6.3　快捷菜单

图 10.6.3 所示的快捷菜单中的说明如下：

- ▨ 线性(L)：默认设置。指零部件以匀速从位置 A 移到位置 B。
- ▨ 捕捉(S)：零部件将停留在位置 A，直到时间到达第二个关键点，然后捕捉到位置 B。
- ▨ 渐入(I)：零部件开始慢速移动，但随后会朝着位置 B 方向加速移动。
- ▨ 渐出(O)：零部件开始快速移动，但随后会朝着位置 B 方向加速移动。
- ▨ 渐入/渐出(E)：部件在接近位置 A 和位置 B 的中间位置过程中加速移动，然后在接近位置 B 过程中减速移动。

Step 5　保存动画。在运动算例界面的工具栏中单击 ▷ 按钮，可以观察滚珠移动速度的改变，在工具栏中单击 ▤ 按钮，命名为 shift，保存动画。

Step 6　至此，运动算例完毕。选择下拉菜单 文件(F) ➡ ▨ 另存为(A)... 命令，命名为 shift_ok，即可保存模型。

10.7　马达

马达是指通过模拟各种马达类型的效果而绕装配体移动零部件的模拟单元，它不是力，强度不会根据零部件的大小或质量变化。

下面以如图 10.7.1 所示的装配体模型为例，讲解旋转马达的动画操作过程。

Step 1　打开文件 D:\sw13\work\ch10\ch10.07\cpu_fan.SLDASM。

Step 2　展开运动算例界面。单击 运动算例1 按钮，展开运动算例界面。

图 10.7.1　装配体模型

Step 3　添加马达。在运动算例工具栏后单击 ▨ 按钮，系统弹出图 10.7.2 所示的"马达"

对话框。

Step 4 编辑马达。在"马达"对话框的 **零部件/方向(D)** 区域中激活马达方向，然后在图形区选取图 10.7.3 所示的模型表面，在 **运动(M)** 区域的类型下拉列表中选择 **等速** 选项，调整转速为 80RPM，其他参数采用系统默认设置值，在"马达"对话框中单击 ✅ 按钮，完成马达的添加。

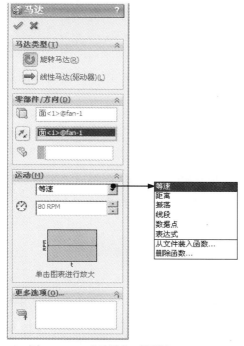

图 10.7.2 "马达"对话框

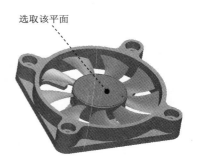

图 10.7.3 选取旋转零件

图 10.7.2 所示的"马达"对话框的 **运动(M)** 区域中的运动类型的说明如下：

- **等速**：选择此类型，马达的转速值为恒定。

- **距离**：选择此类型，马达只在设定的距离内进行操作。

- **振荡**：选择此类型后，设定振幅和频率来控制马达。

- **线段**：插值可选项有 **位移**、**速度** 和 **加速度** 三种类型，选定插值项后，为插值时间设定值。

- **数据点**：插值可选项有 **位移**、**速度** 和 **加速度** 三种类型，选定插值项后，为插值时间和测量设定值，然后选取插值类型。插值类型包括 **立方样条曲线**、**线性** 和 **Akima 样条曲线** 三个选项。

- **表达式**：表达式包括 **位移**、**速度** 和 **加速度** 三种类型。在选择表达式类型之后，可以输入不同的表达式。

Step 5 保存动画。在运动算例界面的工具栏中单击 ▷ 按钮，可以观察动画，在工具栏中单击 ▦ 按钮，命名为 cpu_fan，保存动画。

Step 6 至此，运动算例完毕。选择下拉菜单 文件(F) ➡ 🖫 另存为(A)... 命令，命名为 cpu_fan_ok，即可保存模型。

10.8　配合在动画中的应用

通过改变装配体中的配合参数，可以生成一些直观、形象的动画，如图 10.8.1 所示的装配体中，通过改变距离配合的参数，可以生成模拟小球跳动的动画。下面将介绍具体的操作方法。

Step 1 新建一个装配体模型文件，进入装配体环境，系统弹出"开始装配体"对话框。

Step 2 引入阶梯。在"开始装配体"对话框中单击 浏览(B)... 按钮，在弹出的"打开"对话框中选择 D:\sw13\work\ch10\ch10.08\ladder.SLDPRT，然后单击对话框中的 打开(O) 按钮，单击 ✔ 按钮，将零件固定在原点位置，如图 10.8.2 所示。

Step 3 引入球。

（1）选择下拉菜单 插入(I) ➡ 零部件(O) ➡ 🐾 现有零件/装配体(E)... 命令，系统弹出"插入零部件"对话框。

（2）单击"插入零部件"对话框中的 浏览(B)... 按钮，在系统弹出的"打开"对话框中选取 D:\sw13\work\ch10\ch10.08\ball.SLDPRT，单击 打开(O) 按钮，将零件放置到图 10.8.3 所示的位置。

图 10.8.1　装配体模型

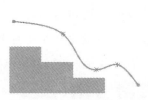
图 10.8.2　引入阶梯

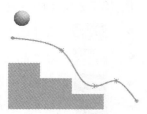
图 10.8.3　引入球

注意： 此时，将装配体模型调整到图 10.8.4 所示的大概位置，方便观看动画。

Step 4 添加配合使零件部分定位。

（1）选择下拉菜单 插入(I) ➡ 🖉 配合(M)...命令，系统弹出"配合"对话框。

（2）添加"重合"配合。单击"配合"对话框中的 ⟋ 按钮，在设计树中选取"ball"零件的原点和图 10.8.5 所示的曲线 1 重合，单击快捷工具条中的 ✅ 按钮。

（3）添加"距离"配合。单击"配合"对话框中的 [⊢] 按钮，在设计树中选取"ball"
零件的原点和图 10.8.6 所示的曲线端点 1，输入距离值 1.0，单击快捷工具条中的 [✓] 按钮。

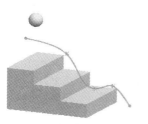
图 10.8.4　调整大概位置

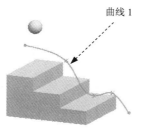
图 10.8.5　"重合"配合

图 10.8.6　"距离"配合

Step 5　展开运动算例界面。单击 运动算例1 按钮，展开运动算例界面。

Step 6　添加键码。在 ⊟ ⑩⑩ 配合节点下的 ⊞ ⊢→ 距离1 (ball<1>,ladder<1>) 子节点对应的"5 秒"时间
栏上右击，然后在弹出的快捷菜单中选择 ◊＋ 放置键码 (K) 命令，在时间栏上添加键码。

Step 7　修改距离。双击新添加的键码，系统弹出"修改"对话框，在图 10.8.7 所示的"修
改"对话框中输入尺寸值 170，然后单击 [✓] 按钮，完成尺寸的修改后的装配体如
图 10.8.8 所示。

图 10.8.7　"修改"对话框

图 10.8.8　修改尺寸的结果

Step 8　保存动画。在运动算例界面的工具栏中单击 [▦] 按钮，可以观察球随着曲线移动，
在工具栏中单击 [▦] 按钮，命名为 assort_move，保存动画。

Step 9　至此，运动算例完毕。选择下拉菜单 文件(F) ➡ [▤] 保存(S) 命令，命名为
assort，即可保存模型。

10.9　相机动画

基于相机的动画与以"装配体运动"生成的所有动画相同，通过在时间线上放置时间
栏定义相机属性更改发生时的时间点及定义对相机属性所作的更改。可以更改的相机属性
包括位置、视野、滚转、目标点位置和景深，其中只有在渲染动画中才能设置景深属性。

在运动算例中有两种方法生成基于相机的动画：

第一种方法为通过添加键码点，并在键码点处更改相机的位置、景深、光源等属性来生成动画。

第二种方法需要通过相机撬。将相机附加到相机撬上，然后就可以像动画零部件一样动画相机。

下面以图 10.9.1 所示的装配体模型为例，介绍相机动画的创建过程。

Step 1 新建一个装配体模型文件，进入装配体环境，系统弹出"开始装配体" 对话框。

Step 2 引入管道。在"开始装配体"对话框中单击 浏览(B)... 按钮，在弹出的"打开"对话框中选择保存路径下的零部件模型 D:\sw13\work\ch10\ch10.09\tube.SLDPRT，然后单击对话框中的 打开(O) 按钮，单击 ✔ 按钮将零件固定在原点位置，如图 10.9.2 所示。

Step 3 引入相机撬。

（1）选择下拉菜单 插入(I) ➡ 零部件(O) ➡ 🔧 现有零件/装配体(E)... 命令，系统弹出"插入零部件"对话框。

（2）单击"插入零部件"对话框中的 浏览(B)... 按钮，在系统弹出的"打开"对话框中选取 D:\sw13\work\ch10\ch10.09\tray.SLDPRT，单击 打开(O) 按钮，将零件放置到图 10.9.3 所示的位置。

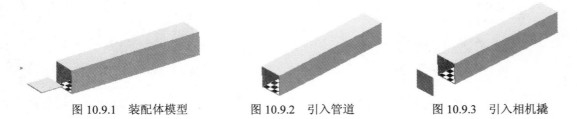

图 10.9.1　装配体模型　　　　图 10.9.2　引入管道　　　　图 10.9.3　引入相机撬

Step 4 添加配合使零件完全定位。

（1）选择下拉菜单 插入(I) ➡ 📎 配合(M)... 命令，系统弹出"配合"对话框。

（2）添加"距离"配合 1。单击"配合"对话框中的 ⊢⊣ 按钮，在图形中选取图 10.9.4a 所示的面 1 和面 2，输入距离值 20.0，单击快捷工具条中的 ✔ 按钮，结果如图 10.9.4b 所示。

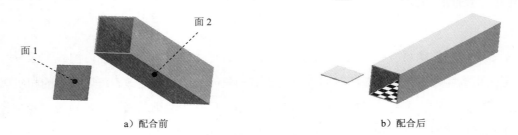

面 2

面 1

a）配合前　　　　　　　　　　　b）配合后

图 10.9.4　添加"距离"配合 1

（3）添加"距离"配合 2。单击"配合"对话框中的 ⊟ 按钮，在图形中选取图 10.9.5a 所示的面 1 和管道的端面，输入距离值 320.0，单击快捷工具条中的 ✅ 按钮，结果如图 10.9.5b 所示。

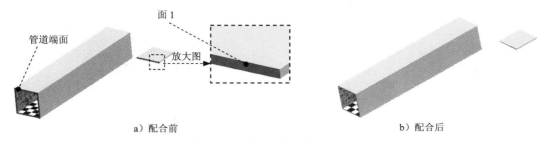

a）配合前 b）配合后

图 10.9.5　添加"距离"配合 2

（4）添加"重合"配合。单击"配合"对话框中的 ⟋ 按钮，选取图 10.9.6 所示的面 1 和面 2 重合，单击快捷工具条中的 ✅ 按钮。

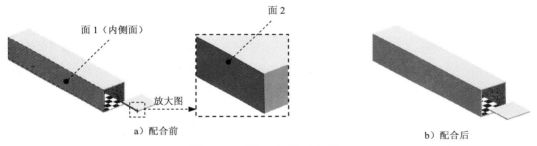

a）配合前 b）配合后

图 10.9.6　添加"重合"配合

Step 5　添加相机。

（1）选择下拉菜单 视图(V) ➡ 光源与相机(L) ➡ 添加相机(C) 命令，打开"相机 1"对话框，同时图形窗口中打开一个垂直双视图视口，左侧为相机，右侧为相机视图。

（2）在"相机 1"对话框中激活 目标点 区域，在图形中选取图 10.9.7 所示的点 1 为目标点；激活 相机位置 区域，选取图 10.9.7 所示的点 2 为相机的位置；激活 相机旋转 区域，选取图 10.9.7 所示的面 1 来设定卷数，其他参数设置如图 10.9.8 所示，设定完成后相机视图如图 10.9.9 所示。

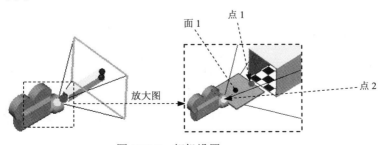

面 1　点 1

放大图

点 2

图 10.9.7　相机设置

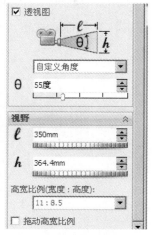

☑ 透视图

自定义角度

θ   55度

视野

ℓ   350mm

h   364.4mm

高宽比例(宽度 : 高度):

11 : 8.5

☐ 拖动高宽比例

图 10.9.8　设置参数

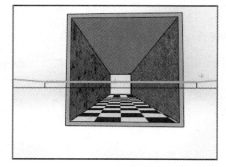

图 10.9.9　相机视图

（3）在"相机 1"对话框中单击 ✅ 按钮，完成相机的设置。

Step 6　展开运动算例界面。单击 运动算例1 按钮，展开运动算例界面。

Step 7　添加键码。在 ⊟ ⬭⬭ 配合 节点下的 ⊞ ⊢ 距离2 (tube<1>,tray<1>) 子节点对应的"5 秒"时间栏上右击，然后在弹出的快捷菜单中选择 ◆⁺ 放置键码(K) 命令，在时间栏上添加键码。

Step 8　编辑键码。双击新添加的键码，系统弹出"修改"对话框，在"修改"对话框中输入尺寸值 0，然后单击 ✅ 按钮，完成尺寸的修改。

Step 9　在运动算例界面的设计树中右击 🌐 视向及相机视图 节点，在弹出的快捷菜单中选择 🖉 禁用观阅键码播放 (B) 命令。

Step 10　添加键码。在 ⊟ 🔦 光源、相机与布景 节点下的 📷 相机1 子节点对应的"5 秒"时间栏上右击，然后在弹出的快捷菜单中选择 ◆⁺ 放置键码(K) 命令，在时间栏上添加键码。

Step 11　编辑键码。双击新添加的键码，系统弹出"相机 1"对话框，在 相机旋转 区域 θ 的文本框中输入 20deg，其他选项采用系统默认设置值，单击 ✅ 按钮，完成相机的设置。

Step 12　调整到相机视图。右击 🖉 视向及相机视图 节点对应的键码，在系统弹出的快捷菜单中选择 📷 相机视图 命令。

Step 13　保存动画。在运动算例界面的工具栏中单击 ▷ 按钮，可以观察相机穿越管道的运动，在工具栏中单击 🎞 按钮，命名为 camera，保存动画。

Step 14　至此，运动算例完毕。选择下拉菜单 文件(F) ➡ 💾 保存(S) 命令，命名为camera，即可保存模型。

10.10 SolidWorks 运动仿真综合实际应用

范例概述：

本例详细讲解了牛头刨床机构仿真动画的设计过程，使读者进一步熟悉 SolidWorks 中的动画操作。本例中重点要求读者掌握装配的先后顺序，注意不能使各零部件之间完全约束，牛头刨床机构如图 10.10.1 所示。

图 10.10.1 牛头刨床机构

Step 1 新建一个装配模型文件。进入装配体环境，系统弹出"开始装配体"对话框。

Step 2 添加支架模型。

（1）引入零件。单击"开始装配体"对话框中的 浏览(B)... 按钮，在系统弹出的"打开"对话框中选择 D:\sw13\work \ch10\ch10.10\bracket.SLDPRT，单击 打开(0) 按钮。

（2）单击 ✔ 按钮，将模型固定在原点位置，如图 10.10.2 所示。

Step 3 添加图 10.10.3 所示的零件——滑块 1 并定位。

图 10.10.2 添加支架模型

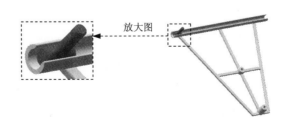

放大图

图 10.10.3 添加滑块 1

（1）引入零件。

① 选择命令，选择下拉菜单 插入(I) ➡ 零部件(D) ➡ 🐾 现有零件/装配体(E)... 命令，系统弹出"插入零部件"对话框。

② 单击"插入零部件"对话框中的 浏览(B)... 按钮，在系统弹出的"打开"对话框

中选择 slipper_1.SLDPRT，单击 打开(0) 按钮。

③ 将零件放置到图 10.10.4 所示的位置。

（2）添加配合，使零件定位。

① 选择命令。选择下拉菜单 插入(I) ➡ ⬛ 配合(M)... 命令，系统弹出"配合"对话框。

② 添加"同轴心"配合。单击 标准配合(A) 区域中的 ◎ 按钮，选取图 10.10.4 所示的两个面为同轴心面，单击快捷工具条中的 ✔ 按钮。

③ 添加"重合"配合。单击 标准配合(A) 区域中的 ⟋ 按钮，选取图 10.10.5 所示的两个上视基准面为重合面，单击快捷工具条中的 ✔ 按钮。

④ 单击"配合"对话框的 ✔ 按钮，完成零件的定位。

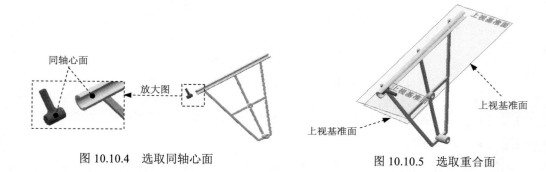

图 10.10.4　选取同轴心面　　　　　　　图 10.10.5　选取重合面

Step 4　添加图 10.10.6 所示的连杆并定位。

（1）引入零件。

① 选择命令。选择下拉菜单 插入(I) ➡ 零部件(O) ➡ 🖑 现有零件/装配体(E)... 命令，系统弹出"插入零部件"对话框。

② 单击"插入零部件"对话框中的 浏览(B)... 按钮，在弹出的"打开"对话框中选取 connecting_link.SLDPRT，单击 打开(0) 按钮。

③ 将零件放置在合适的位置。

（2）添加配合，使零件不完全定位。

① 选择命令。选择下拉菜单 插入(I) ➡ ⬛ 配合(M)... 命令，系统弹出"配合"对话框。

② 添加"同轴心"配合。单击 标准配合(A) 区域中的 ◎ 按钮，选取图 10.10.7 所示的两个面为同轴心面，单击快捷工具条中的 ✔ 按钮。

③ 单击"配合"对话框的 ✔ 按钮，完成零件的定位。

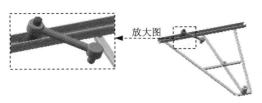

图 10.10.6　添加连杆零件

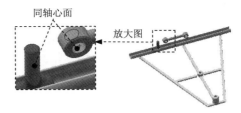

图 10.10.7　选取同轴心面

Step 5　添加图 10.10.8 所示的曲柄并定位。

（1）引入零件。

① 选择命令。选择下拉菜单 插入(I) ➡ 零部件(O)

➡ 现有零件/装配体(E)... 命令，系统弹出"插入零部件"

对话框。

图.10.10.8　添加曲柄零件

② 单击"插入零部件"对话框中的 浏览(B)... 按钮，

在弹出的"打开"对话框中选取 crank.SLDPRT，单击 打开(O) 按钮。

③ 将零件放置于合适的位置。

（2）添加配合，使零件完全定位。

① 选择命令。选择下拉菜单 插入(I) ➡ 配合(M)... 命令，系统弹出"配合"对话框。

② 添加"同轴心"配合。单击 标准配合(A) 区域中的 ◎ 按钮，选取图 10.10.9 所示的两个面为同轴心面，在"配合"对话框中单击"配合对齐"的"同向对齐" 按钮，单击对话框中的 ✓ 按钮。

③ 添加"重合"配合。单击 标准配合(A) 区域中的 ⊿ 按钮，选取图 10.10.10 所示的两个面为重合面，单击快捷工具条中的 ✓ 按钮。

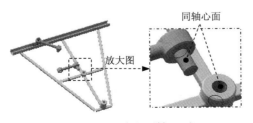

图 10.10.9　选取同轴心面

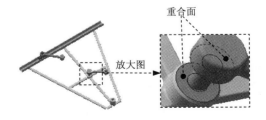

图 10.10.10　选取重合面

④ 单击"配合"对话框的 ✓ 按钮，完成零件的定位。

Step 6　添加图 10.10.11 所示的摇杆并定位。

摇杆

图 10.10.11 添加摇杆零件

（1）引入零件。

① 选择命令。选择下拉菜单 插入(I) ➡ 零部件(O) ➡ 现有零件/装配体(E)... 命令，系统弹出"插入零部件"对话框。

② 单击"插入零部件"对话框中的 浏览(B)... 按钮，在弹出的"打开"对话框中选择 rocker_bar.SLDPRT，单击 打开(O) 按钮。

③ 将零件放置于合适的位置。

（2）添加配合，使零件完全定位。

① 选择命令。选择下拉菜单 插入(I) ➡ 配合(M)...命令，系统弹出"配合"对话框。

② 添加"同轴心"配合。单击 标准配合(A) 区域中的◎按钮，选取图 10.10.12 所示的两个面为同轴心面，再选择"配合对齐"的"同向对齐"按钮，单击对话框中的✓按钮。

③ 添加"重合"配合。单击 标准配合(A) 区域中的人按钮，选取图 10.10.12 所示的两个面为重合面，单击快捷工具条中的✓按钮。

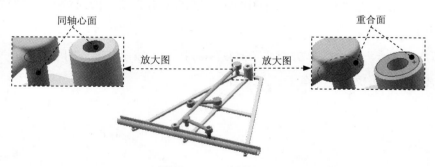
同轴心面　　　　　　　　　　　　　　　　重合面
放大图　　　　放大图

图 10.10.12 定义配合

④ 添加"同轴心"配合。单击 标准配合(A) 区域中的◎按钮，选取图 10.10.13 所示的两个面为同轴心面，再选择"配合对齐"的"同向对齐"按钮，单击对话框中的✓按钮。

⑤ 添加"重合"配合。单击 标准配合(A) 区域中的人按钮，选取图 10.10.13 所示的两个面为重合面，单击快捷工具条中的✓按钮。

⑥ 单击"配合"对话框的✓按钮，完成零件的定位。

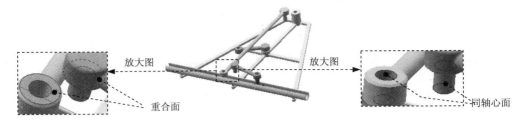

图 10.10.13 定义配合

Step **7** 添加图 10.10.14 所示的滑块 2 并定位。

（1）引入零件。

① 选择命令。选择下拉菜单 插入(I) ➡ 零部件(O)

➡ 现有零件/装配体(E)... 命令，系统弹出"插入零部件"

对话框。

图 10.10.14 添加滑块零件

② 单击"插入零部件"对话框中的 浏览(B)... 按钮，

在弹出的"打开"对话框中选取 slipper_2.SLDPRT，单击 打开(O) 按钮。

③ 将零件放置于图 10.10.15 所示的位置。

图 10.10.15 定义配合

（2）添加配合，使零件定位。

① 选择命令。选择下拉菜单 插入(I) ➡ 配合(M)... 命令，系统弹出"配合"对

话框。

② 添加"同轴心"配合。单击 标准配合(A) 区域中的 ◎ 按钮，选取图 10.10.15 所示的

两个面为同轴心面，单击快捷工具条中的 ✔ 按钮。

③ 添加"同轴心"配合。单击 标准配合(A) 区域中的 ◎ 按钮，选取图 10.10.15 所示的

两个面为同轴心面，单击快捷工具条中的 ✔ 按钮。

④ 单击"配合"对话框的 ✔ 按钮，完成零件的定位。

Step **8** 在图形区将模型调整到合适的角度。单击 运动算例1 按钮，展开运动算例界面。

Step **9** 在运动算例工具栏中选择运动算例类型为 基本运动，然后单击 按钮，系统弹出

"马达"对话框。

Step 10 在"马达"对话框的 **零部件/方向(D)** 区域中激活马达方向，然后在图形区选取图 10.10.15 所示的模型表面，系统显示马达方向如图 10.10.16 所示，在 **运动(M)** 区域 的类型下拉列表中选择 **等速** 选项，调整转速为 100.0RPM，其他参数采用系统默 认设置值，在"马达"对话框中单击 ✅ 按钮，完成马达的设置。

Step 11 在运动算例界面的工具栏中单击 按钮，系统弹出"选择动画类型"对话框， 选中 ⊙ **旋转模型(R)** 单选项。

Step 12 单击 **下一步(N) >** 按钮，系统切换到"选择一旋转轴"对话框，采用系统默认的设 置值。

Step 13 单击 **下一步(N) >** 按钮，系统切换到"动画控制选项"对话框，在 **时间长度(秒)** 文本 框中输入数值 10.0，在 **开始时间(秒)(S):** 文本框中输入数值 5.0，单击 **完成** 按 钮，完成运动算例的创建。

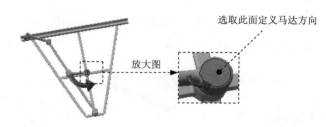

图 10.10.16　定义马达方向

Step 14 在运动算例界面的工具栏中单击 ▷ 按钮，观察零件的旋转运动，在工具栏中单 击 按钮，命名为 shapers，保存动画。

Step 15 运动算例完毕。选择下拉菜单 **文件(F)** ➡ **保存(S)** 命令，命名为 shapers 即 可保存模型。

模具设计

11.1　模具设计概述

　　注射模具设计一般包括两大部分：模具元件设计和模架的设计。模具元件是注射模具的关键部分，其作用是构建零件的结构和形状，模具元件包括型芯（凸模）、型腔（凹模），浇注系统（注道、流道、流道滞料部、浇口等）、型芯、滑块、销等。模架一般包括固定侧模板、移动侧模板、顶出销、回位销、冷却水线、加热管、止动销、定位螺栓和导柱等。

　　SolidWorks 软件常应用于塑料模具设计及其他类型的模具设计，设计过程中可以创建型腔、型芯、滑块、斜销等，而且非常容易使用，同时可以提供快速的、全面的、三维实体的注射模具设计解决方案。模具插件提供给模具设计者一系列工具，用于生成模架及其他标准件。它可以帮助设计者减少产品从设计到制造的设计时间，从而大幅度提高生产率。同时它的设计过程和方法所包含的设计理论对模具初学者也具有极强的指导意义。

11.2　模具设计的一般过程

　　使用 SolidWorks 软件进行模具设计的一般过程为：

　　（1）创建模具模型。

　　（2）对模具模型进行拔模分析。

　　（3）对模具模型进行底切分析。

　　（4）缩放模型比例。

　　（5）创建分型线。

（6）创建分型面。

（7）对模具模型进行切削分割。

（8）创建模具零件。

由于载入模架（包括对推出系统、浇注系统、水线等进行布局）不是 SolidWorks 软件的自带功能，所以本章节不进行介绍。一般来说，使用 SolidWorks 模具设计包含以上几个步骤，其具体的过程可根据模型的复杂程度进行设计。

下面以创建图 11.2.1 所示的儿童赛车遥控上盖的模具为例，说明使用 SolidWorks 软件设计模具的一般过程。

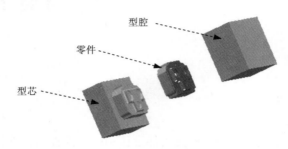

图 11.2.1　儿童赛车遥控上盖实例

Task1. 导入模具模型

打开文件 D:\sw13\work\ch11\ch11.02\remote_control_cover.SLDPRT，如图 11.2.2 所示。

图 11.2.2　儿童赛车遥控上盖

说明：将模型导入到 SolidWorks 时（直接将模型用 SolidWorks 打开），如果使用的模型不是由 SolidWorks 创建的，可以使用输入/输出工具将模型从另一三维软件导入到 SolidWorks 中。但输入这类模型文件时，该模型中可能会有"破面"等缺陷，SolidWorks 软件针对这些问题提供了输入诊断工具，此工具可修复不良曲面，将修复的曲面缝合成闭合曲面，然后使闭合曲面生成实体。

Task2. 拔模分析

Step 1　在"模具工具"工具栏中单击 按钮，系统弹出"拔模分析"对话框。

Step 2　定义拔模参数。

（1）选取拔模方向。选取前视基准面为拔模方向。

（2）定义拔模角度。在拔模角度 ⬜ 文本框中输入数值 1.0。

（3）显示计算结果。选中 ☑ 面分类 复选框，在 颜色设定 区域中显示出各类拔模面的个

数，如图 11.2.3 所示，同时，模型中对应显示不同的拔模面。

Step 3　单击"拔模分析"对话框中的 ✓ 按钮，单击"模具工具"工具栏中的 🔲 按钮，

完成拔模分析。

说明：本例中的模型不需要拔模面和跨立面，即此模型可以顺利脱模。

Task3. 底切分析

Step 1　在"模具工具"工具栏中单击 🔲 按钮，系统弹出"底切分析"对话框。

Step 2　选取拔模方向。选取前视基准面作为拔模方向，单击"反向"按钮 🔲。

Step 3　显示计算结果。系统自动在 底切面 区域中显示各类底切面的个数，结果如图 11.2.4

所示。

图 11.2.3　"拔模分析"对话框

图 11.2.4　"底切分析"对话框

Step 4　单击"底切分析"对话框中的 ✓ 按钮，单击"模具工具"工具栏中的 🔲 按钮，

完成底切分析。

说明：本例中不存在封闭和跨立底切面，所以不需要添加边侧型芯。如果模型中存在

多个实体，在进行底切分析时要指定单一实体进行分析。

Task4. 设置缩放比例

Step 1　在"模具工具"工具栏中单击 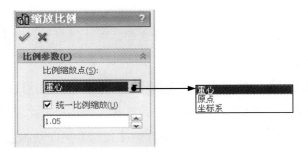按钮，系统弹出"缩放比例"对话框。

Step 2　定义比例参数。

（1）选择比例缩放点。在 比例参数(P) 区域的 比例缩放点(S): 下拉列表中选择 重心 选项。

（2）设定比例因子。选中 ☑ 统一比例缩放(U) 复选框，在其文本框中输入数值 1.05，如图 11.2.5 所示。

图 11.2.5　"缩放比例" 对话框

Step 3　单击"缩放比例"对话框中的 ✔ 按钮。完成比例缩放的设置。

Task5. 创建分型线

Step 1　在"模具工具"工具栏中单击 按钮，系统弹出"分型线"对话框，如图 11.2.6 所示。

图 11.2.6　"分型线"对话框（一）

Step 2　设定模具参数。

（1）选取拔模方向。选取前视基准面作为拔模方向。

（2）定义拔模角度。在拔模角度  文本框中输入数值 1。

（3）定义分型线。选中 ☑ 用于型心/型腔分割(U) 复选框。

（4）单击 拔模分析(D) 按钮，在 **分型线(P)** 区域中显示出所有的分型线段，如图 11.2.7 所示，同时在模型中显示系统自动判断的分型线，如图 11.2.8 所示。

图 11.2.7　"分型线"对话框（二）

图 11.2.8　分型线

Step 3　单击"分型线"对话框中的 ✅ 按钮，完成分型线的创建。

Task6．关闭曲面

Step 1　在"模具工具"工具栏中单击 🔧 按钮，系统弹出"关闭曲面"对话框，如图 11.2.9 所示。

图 11.2.9　"关闭曲面"对话框

Step **2** 确认闭合面。系统自动选取图 11.2.10 所示的封闭环，默认为接触类型（此时可以在"关闭曲面"对话框的 **边线(E)** 区域中删除不需要关闭的环，也可以在模型中选取其他封闭环作为关闭曲面的参照）。

Step **3** 接受系统默认的封闭环参照，单击对话框中的 ✅ 按钮，完成图 11.2.11 所示的关闭曲面的创建。

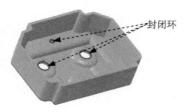

图 11.2.10　封闭环

图 11.2.11　关闭曲面

Task7. 创建分型面

Step **1** 在"模具工具"工具栏中单击 ⊖ 按钮，系统弹出"分型面"对话框。

Step **2** 定义分型面。

（1）定义分型面类型。在 **模具参数(M)** 区域中选中 ⊙ **垂直于拔模(P)** 单选项。

（2）定义分型线。系统默认选取"分型线 1"。

（3）定义分型面的大小。在"反转等距方向"按钮 ▰ 的文本框中输入数值 40.0，其他选项采用系统默认设置值，如图 11.2.12 所示。

Step **3** 单击"分型面"对话框中的 ✅ 按钮，完成分型面的创建，如图 11.2.13 所示。

图 11.2.12　"分型面"对话框

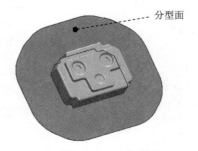

图 11.2.13　分型面

Task8. 切削分割

Stage1. 定义切削分割块轮廓

Step 1　选择命令。选择下拉菜单 插入(I) ➡ ☑ 草图绘制 命令，系统弹出"编辑草图"对话框。

Step 2　绘制草图。选取前视基准面为草图基准面，绘制图 11.2.14 所示的横断面草图。

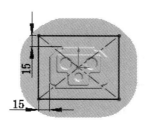

图 11.2.14　横断面草图

Step 3　选择下拉菜单 插入(I) ➡ ☑ 退出草图 命令，完成横断面草图的绘制。

Stage2. 定义切削分割块

Step 1　在"模具工具"工具栏中单击☒按钮，系统弹出图 11.2.15 所示的"信息"对话框。

Step 2　选择草图。选择 Stage2 中绘制的横断面草图，系统弹出"切削分割"对话框。

Step 3　定义块的大小。在 块大小(B) 区域的方向 1 深度 ⚸ 文本框中输入数值 60.0，在方向 2 深度 ⚸ 文本框中输入数值 40.0，如图 11.2.16 所示。

图 11.2.15　"信息"对话框　　　　图 11.2.16　"切削分割"对话框

说明：在"切削分割"对话框中，系统会自动在 型心(C) 区域中显示型芯曲面实体，在 型腔(A) 区域中显示型腔曲面实体，在 分型面(P) 区域中显示分型面曲面实体。

Step 4 单击"切削分割"对话框中的 ✅ 按钮，完成图 11.2.17 所示的切削分割块的创建。

Task9. 创建模具零件

Stage1. 隐藏曲面实体

将模型中的型腔曲面实体、型芯曲面实体和分型面实体隐藏，这样可使屏幕简洁，方便后续的模具开启操作。

图 11.2.17　切削分割块

在设计树中，右击 曲面实体(3) 节点下的 型腔曲面实体(1)，从弹出的快捷菜单中选择 命令；按同样的步骤，将 型心曲面实体(1) 和 分型面曲面实体(1) 隐藏。

Stage2. 开模步骤 1：移动型腔

Step 1 选择命令。选择下拉菜单 插入(I) ➡ 特征(F) ➡ 移动/复制(V)... 命令，系统弹出图 11.2.18 所示的"移动/复制实体"对话框。

图 11.2.18　"移动/复制实体"对话框

Step 2 选取移动对象。选取图 11.2.19 所示的型腔作为要移动的实体。

Step 3 定义移动距离。在 平移 区域的 ΔZ 文本框中输入数值 120.0。

Step 4 单击"移动/复制实体"对话框中的 ✅ 按钮，完成图 11.2.20 所示的型腔的移动。

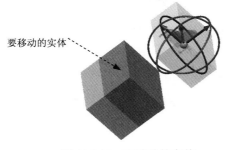 

图 11.2.19　要移动的实体　　　　　图 11.2.20　移动型腔

图 11.2.18 所示的"移动/复制实体"对话框中各选项的说明如下：

- **要移动/复制的实体**：在此区域可以选取要移动或复制的实体。

  - ☑ ☑ **复制(C)**：选中此复选框，就会显示  图标，可在  文本框中输入要复制的个数，本例中不需要复制，所以没有选中 ☐ 复制(C) 复选框。

- **平移**：此区域用来设置移动或复制实体的位置。

  - ☑ **ΔX**、**ΔY**、**ΔZ**：在其后的文本框中输入坐标值定义平移的方向和位置，也可以在模型中选择平移参考体(线性实体、坐标系或顶点)，在平移参考体 📄 文本框中会显示出选取的参考体，用户可以输入或选取平移的位置。

- **旋转**：此区域用来设置移动或复制实体的旋转原点及角度。选择 **旋转** 选项，展开"旋转"区域，如图 11.2.21 所示，用户可在 **旋转** 区域中设置相应的旋转原点及旋转角度；若单击 **约束(O)** 按钮，将展开对话框中的约束部分，在展开的对话框中用户可定义实体之间的配合关系。

图 11.2.21　"移动/复制实体"对话框

Stage3. 开模步骤 2：移动型芯

Step 1 选择命令。选择下拉菜单 插入(I) ➡ 特征(F) ➡ 🔧 移动/复制(Y)... 命令，系统弹出"移动/复制实体"对话框。

Step 2 选取移动对象。选取型芯作为移动的对象。

Step 3 定义移动距离。在 平移 区域的 ΔZ 文本框中输入数值-100.0。

Step 4 单击对话框中的 ✔ 按钮，完成如图 11.2.22 所示型芯的移动。

图 11.2.22　移动型芯

Stage4. 编辑颜色

Step 1 选择命令。选择下拉菜单 编辑(E) ➡ 外观(A) ➡ 🔴 外观(A)... 命令，系统弹出"颜色"对话框和"外观、布景和布景"任务窗口。

Step 2 选择编辑对象。在设计树中选择 ⊞ 🔯 切削分割1 为编辑对象。

Step 3 设置常用类型。在"生成新样块"按钮 🖿 的下拉列表中选择 透明 选项，在 颜色 区域中选择图 11.2.23 所示的颜色。

Step 4 设置光学属性。

（1）单击 高级 按钮，打开图 11.2.24 所示的"高级"选项卡。

（2）设置照明度。单击 🔅 照明度 选项卡，打开照明度区域，在 透明量(I): 下的文本框中输入数值 0.75。

Step 5 单击"颜色"对话框中的 ✔ 按钮，完成颜色编辑，如图 11.2.25 所示。

Stage5. 保存模具元件

Step 1 保存型腔。在设计树中，右击 ⊞ 🔳 实体(3) 节点下的 🔲 实体-移动/复制1 （即型腔实体），从系统弹出的快捷菜单中选择 插入到新零件... ⑥ 命令，在系统弹出的"另存为"对话框中，设置文件名称为"remote_control_cover_cavity.sldprt"，单击 保存(S) 按钮。然后关闭此对话框。

图 11.2.23　"颜色"对话框

图 11.2.24　"高级"选项卡

图 11.2.25　编辑颜色

Step 2　保存型芯。在设计树中，右击 ⊞ 📦 **实体(3)** 节点下的 📦 **实体-移动/复制2** （即型芯实体），从系统弹出的快捷菜单中选择 **插入到新零件...** ⓖ 命令，在系统弹出的"另存为"对话框中，设置文件名称为"remote_control_cover_core.sldprt"。单击 **保存(S)** 按钮。然后关闭此对话框。

Step **3** 保存设计结果。选择下拉菜单 文件(F) ➡ 保存(S) 命令，即可保存模具设计
结果。

11.3 分析诊断工具

模具分析诊断工具包括拔模分析和底切分析，用于分析零件模型是否可以进行模具设
计，分析诊断工具会诊断出零件模型不适合模具设计的区域，然后再利用修正工具对零件
模型进行修改。

11.3.1 拔模分析

使用此工具可以检查模型表面的拔模角度。在进行模具设计时，首先要考虑的问题就
是能否使产品从模具中顺利地脱模；在进行塑料零件的模具设计时应使用此工具检查零件
模型表面的拔模情况，如果零件模型表面的拔模无法顺利脱模，则设计者需要考虑修改零
件模型，使零件能够从模具中顺利地拔出。

下面以图 11.3.1 所示的模型为例，讲解拔模分析工具的应用。

图 11.3.1 拔模分析

Step **1** 打开文件 D:\sw13\work\ch11\ch11.03\ch11.03.01\ remote_control.SLDPRT。

Step **2** 在"模具工具"工具栏中单击 按钮，系统弹出"拔模分析"对话框。

Step **3** 定义分析参数。

（1）选取拔模方向。选取上视基准面作为拔模方向。

（2）定义拔模角度。在拔模角度 文本框中输入数值 3.0。

（3）显示计算结果。选中 ☑ 面分类 和 ☑ 查找陡面 复选框，在 颜色设定 区域中显示出各
类拔模面的个数，如图 11.3.2 所示，同时，模型中对应显示不同的拔模面。

Step **4** 单击"拔模分析"对话框中的 按钮，单击"模具工具"工具栏中的 按钮，
完成图 11.3.3 所示的拔模分析结果。

图 11.3.2　"拔模分析"对话框

图 11.3.3　分析结果

图 11.3.2 所示的"拔模分析"对话框中各选项的说明如下：

- **分析参数** 区域主要是定义拔模的方向及相关参数。

  ☑ （反向）：单击此按钮，可以更改拔模方向；

  ☑ （拔模角度）：用户可以在其文本框中输入一个角度值作为参考角度，系统将该参考角度与模型中现有的拔模角度进行比较。

  ☑ ☑面分类：选中该复选框后，系统可根据拔模角度检查模型上的所有面，并用不同的颜色进行分类标记。

  ☑ ☑查找陡面：选中该复选框后，如果模型包含曲面，将会显示一些拔模角度比参考角度更小的面。

- **颜色设定** 区域用来显示拔模面并可编辑面的颜色。

  ☑ 显示/隐藏开关：单击此按钮，使拔模面在显示与隐藏之间切换。

  ☑ 正拔模：用于显示正拔模面，正拔模面是指面相对于拔模方向的角度大于参考角度。

  ☑ 需要拔模：显示需要校正的任何面，这些面同拔模方向成一个角度，此角度大于负参考角度但小于正参考角度，通常情况下，竖直面显示为需要拔模的面。

- ☑ 负拔模：用于显示负拔模面，负拔模面是指面相对于拔模方向的角度小于参考角度。

- ☑ 跨立面：显示既包含正拔模又包含负拔模的面。通常这些面需要进行分割。

- ☑ 正陡面：显示既包含正拔模又包含需要拔模的面，但只有曲面才能显示这种情况。

- ☑ 负陡面：显示既包含负拔模又包含需要拔模的面，但只有曲面才能显示这种情况。

11.3.2 底切分析

底切分析工具用于查找模型中被围困的区域，如果零件中存在这样的区域，则该区域必须通过侧型芯才能使零件顺利脱模，在开模的过程中，侧型芯运动的方向与主型芯的运动方向垂直。

下面以图 11.3.4 所示的模型为例，来说明底切分析的一般操作过程。

图 11.3.4 底切分析特征

Step 1　打开文件 D:\sw13\work\ch11\ch11.03\ ch11.03.02\ emit_cover .SLDPRT。

Step 2　在"模具工具"工具栏中单击 按钮，系统弹出"底切分析"对话框。

Step 3　选取拔模方向。选取前视基准面作为拔模方向。

Step 4　显示计算结果。在 底切面 区域中显示各类底切面的个数，结果如图 11.3.5 所示。

说明：在 封闭底切: 的红色列表框中显示数值 16，说明此模型中需要添加侧型芯成形，需要添加侧型芯的区域如图 11.3.6 所示。

Step 5　单击"底切分析"对话框中的 按钮，单击"模具工具"工具栏中的 按钮，完成底切分析。

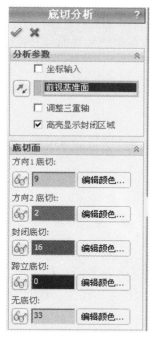

图 11.3.5　"底切分析"对话框

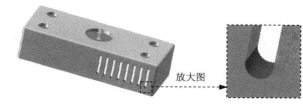

图 11.3.6　封闭底切区域

图 11.3.5 所示的"底切分析"对话框中的各选项说明如下：

- **分析参数** 区域：在整个模型中确定拔模中性面。

  - ☑ **坐标输入**：选中该复选框后，出现图 11.3.7 所示的"底切分析"对话框，用户可以在 **分析参数** 区域的 X、Y 和 Z 文本框中设定坐标值。

图 11.3.7　"底切分析"对话框

  - ☑ （反向）：单击此按钮，可以更改拔模方向。

- **底切面** 区域：该区域用于显示检查的结果。

  - ☑ **方向1底切**：该文本框中显示的数值代表零件或分型线之上不可见的面。

  - ☑ **方向2底切t**：该文本框中显示的数值代表从零件或分型线以下不可见的面。

  - ☑ **封闭底切**：该文本框中显示的数值代表从零件以上或以下不可见的面。

☑ 跨立底切：该文本框中显示的数值代表以双向拔模的面。

☑ （显示/隐藏开关）：单击此按钮，使拔模面在显示与隐藏之间切换。

11.4 移动面

移动面工具可以直接在实体或曲面模型上进行等距、平移或旋转面等操作。通过此工具可以修正模型的形状，从而保证模型能够顺利地从模具中脱出。

Step 1 打开文件 D:\sw13\work\ch11\ch11.04\batten.SLDPRT。

Step 2 在"模具工具"工具栏中单击 按钮，系统弹出"移动面"对话框。

Step 3 创建移动面。

（1）定义移动面类型。在 **移动面(M)** 区域中选中 ⊙ 平移(T) 单选项。

（2）选取移动面和移动方向。选取图 11.4.1a 所示的面作为移动面；选取图 11.4.1a 所示的边线作为移动方向。

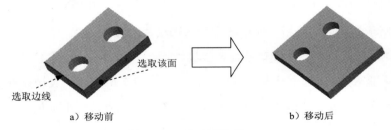

a）移动前   b）移动后

图 11.4.1 移动面特征

（3）定义平移距离。在 **参数(P)** 区域的 文本框中输入数值 30.0，如图 11.4.2 所示。

图 11.4.2 "移动面"对话框

Step **4**　单击"移动面"对话框中的 ✅ 按钮，完成图 11.4.1b 所示移动面的创建。

图 11.4.2 所示的"移动面"对话框中各选项说明如下：

● **移动面(M)**：该区域主要用于定义要移动面的特征。
  ☑ ⊙ **等距(O)**：选中该单选项后，所选面或特征将以指定距离等距移动。
  ☑ ⊙ **平移(T)**：选中该单选项后，所选面或特征将以指定距离在所选方向上平移。
  ☑ ⊙ **旋转(R)**：选中该单选项后，所选面或特征将以指定角度绕所选轴旋转。
  ☑ ▭ （要移动的面）：在其文本框中显示选择的面或特征。

● **参数(P)**：该区域主要用于定义移动面的方向。
  ☑ ↗ （方向参考）：选择一基准面、平面、线性边线或参考轴来指定移动面或特征的方向，但只用于平移。
  ☑ ↖ （轴参考）：当选中 ⊙ **旋转(R)** 单选项时，此选项被激活。选择一个模型边线或轴作为旋转面或特征的基准轴。
  ☑ ☑ **反转方向(F)**：选中该复选框后，可改变移动面的方向。
  ☑ ⟨ （距离）：可在其文本框中设定移动面或特征的距离（只应用于等距和平移）。

本书第 5 章已对曲面的拉伸曲面、放样曲面、缝合曲面、裁剪曲面和延伸曲面等做了详细的介绍，所以本节中将不再介绍。

11.5　分型工具

在 SolidWorks 模具设计中，分型工具具有十分重要的作用，它包括分型线、关闭曲面、分型面、切削分割和型芯等工具。通过这些工具才能把模具顺利开模，从而把产品从模具中脱出。

11.5.1　分型线

分型线位于型芯曲面和型腔曲面之间，处于模具零件的边线上，它可以用来生成分型面并建立模型的分开曲面。一般在模型缩放比例和应用拔模角度后再生成分型线。

下面以图 11.5.1 所示的模型为例，说明创建分型线的一般过程。

Step **1**　打开文件 D:\sw13\work\ch11\ch11.05\ch11.05.01\case_shell.SLDPRT。

Step **2**　在"模具工具"工具栏中单击 ⊖ 按钮，系统弹出"分型线"对话框。

Step **3**　设定模具参数。

（1）选取拔模方向。选取上视基准面作为拔模方向。

（2）定义拔模角度。在拔模角度 ⬛ 文本框中输入数值 1.0。

（3）选中 ☑ 用于型心/型腔分割(U) 复选框，单击 拔模分析(D) 按钮，此时系统并没有自动搜索到封闭环作为分型线，而是提示选择形成闭合环的边线。

Step 4　选择引导线。选取图 11.5.2 所示的模型边线作为分型线引导线。

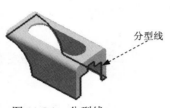

图 11.5.1　分型线

图 11.5.2　选择引导线

Step 5　创建分型线。通过单击图 11.5.3 所示"分型线"对话框中的 ⬛ 和 ⬛ 按钮，选取封闭的轮廓作为分型线。

图 11.5.3　"分型线"对话框

Step 6 单击"分型线"对话框中的 ✅ 按钮，完成分型线的创建，如图 11.5.4 所示。

图 11.5.4　分型线

图 11.5.3 所示的"分型线"对话框中的各选项说明如下：

- **信息**：此区域显示当前要操作的步骤。

- **模具参数(M)**：该区域用于定义拔模分析参数。

  ☑ 🛠：单击此按钮，可以更改拔模方向。

  ☑ 📐：可在该文本框中设定一个角度值，若分析结果是小于此数值的拔模面，表示为无拔模。

  ☑ ☑ 用于型心/型腔分割(U)：选中该复选框后，将生成一分型线用于定义型芯/型腔的分割。

  ☑ ☑ 分割面(S)：选中该复选框后，将自动分割模型中的跨立面。

  ☑ ◉ 于 +/- 拔模过渡(A)：当选中 ☑ 分割面(S) 复选框后，在选中该单选项后，将分割正负拔模之间的跨立面。

  ☑ ◉ 于指定的角度(T)：当选中 ☑ 分割面(S) 复选框后，在选中该单选项后，将按指定的拔模角度分割跨立面。

- **分型线(P)**：该区域用于定义分型线。

  ☑ 🛑（边线）：在该列表框中显示所选择的分型线名称。在分型线选项中，可选择一个名称以标注在图形区域中识别边线，也可在图形区域中选择一边线从分型线中添加或移除，右击并选择消除选择选项来清除分型线中的所有选择的边线。如果分型线不完整，就会在图形区域中有一红色箭头在边线的端点处出现，表示可能有下一条边线，会出现以下选项：

    ☑ 🖰（添加所选边线）：接受系统默认的边线作为分型线的一部分。

    ☑ 🔄（选择下一边线）：更改系统默认的边线，选择下一条与当前边线连续的边线。

    ☑ 🔍（放大所选边线）：放大所选择边线的区域。

11.5.2 关闭曲面

关闭曲面是沿分型线或连续环的边线来生成曲面修补,从而关闭通孔(通孔会连接型芯曲面和型腔曲面,一般称为破孔),关闭曲面一般要在生成分型线以后创建。

下面以图 11.5.5 所示的模型为例,说明创建关闭曲面的一般过程。

a) 关闭前   b) 关闭后

图 11.5.5   关闭曲面

Step 1   打开文件 D:\sw13\work\ch11\ch11.05\ ch11.05.02\lath.SLDPRT。

Step 2   在"模具工具"工具栏中单击 按钮,系统弹出"关闭曲面"对话框,如图 11.5.6 所示。

图 11.5.6   "关闭曲面"对话框

Step 3　确认闭合面。系统自动选取封闭环，默认为接触类型。

Step 4　接受系统默认的封闭环参照，单击"关闭曲面"对话框中的 ✅ 按钮，完成图 11.5.5b 所示的关闭曲面的创建。

图 11.5.6 所示的"关闭曲面"对话框中各选项说明如下：

- 信息：在该区域中显示当前模具的模型状态。

- 边线(E)：该区域用于定义关闭区域及关闭曲面类型。

　　☑　⬦（边线）：在列表框中显示为关闭曲面所选择的边线或分型线的名称。可以在模型上选取一条边线或分型线来添加或移除要关闭的区域。

　　☑　☑ 缝合(K)：选中该复选框后，将每个关闭曲面缝合到型腔和型芯曲面，这样 ⬦ 型腔曲面实体 和 ⬦ 型心曲面实体 分别包含一曲面实体。当取消选中复选框，曲面修补不缝合到型芯曲面及型腔曲面，这样 ⬦ 型腔曲面实体 和 ⬦ 型心曲面实体 包含多个分散的曲面实体。

　　☑　☑ 过滤环(F)：选中该复选框后，系统自动判断无效的环，然后将其过滤掉，但有时系统判断不够准确，此时就不要选中此复选框。

　　☑　☑ 显示预览(W)：选中该复选框后，可以在图形区域中预览修补曲面。

　　☑　☑ 显示标注(C)：选中该复选框后，将为每个环在图形区域中显示标注，可通过单击标注更改接触类型。

- 重设所有修补类型(R)：在该区域中设置修补类型。

　　☑　○（全部不填充）：不生成曲面，在此情况下，需要通过选择一个封闭环，然后选择此选项来识别通孔。

　　☑　○（全部相触）：在所选的边界内生成曲面，是自动选择环曲面填充的默认类型。

　　☑　⊕（全部相切）：在所选的边界内生成曲面，可保持修补到相临面的相切，可以单击箭头来更改相切的面。

11.5.3　分型面

　　分型面是沿分型线向外延伸的曲面，用于将模具型腔和型芯分离，为下一步的切削分割作准备。若要生成切削分割，在模型树的 ⊞ ⬦ 曲面实体(3) 文件夹中必须包括三种曲面实体：型腔曲面实体、型芯曲面实体和分型面实体。

Step 1　打开文件 D:\sw13\work\ch11\ch11.05\ ch11.05.03\case_shell.SLDPRT。

Step 2　在"模具工具"工具栏中单击 ⬦ 按钮，系统弹出"分型面"对话框。

Step 3 创建分型面。

（1）定义分型面类型。在 **模具参数(M)** 区域中选中 ⊙ **垂直于拔模(P)** 单选项。

（2）选取分型线。选取图 11.5.7a 所示的分型线 1。

（3）定义分型面大小。在"反转等距方向"按钮 ⤢ 的文本框中输入数值 25.0。

（4）定义平滑类型和大小。单击"平滑"按钮 ▣，在距离 ⤢D₁ 文本框中输入数值 1.25，其他选项采用系统默认设置值，如图 11.5.8 所示。

Step 4 单击"分型面"对话框中的 ✓ 按钮，完成图 11.5.7b 所示分型面的创建。

a）创建前   b）创建后

图 11.5.7　创建分型面

图 11.5.8　"分型面"对话框

图 11.5.8 所示的"分型面"对话框中的各选项说明如下：

- **模具参数(M)**：该区域用于定义分型面类型。

  - ☑ ⦿ **相切于曲面(T)**：选中该单选项后，分型面与分型线的曲面相切。
  - ☑ ⦿ **正交于曲面(C)**：选中该单选项后，分型面与分型线的曲面正交。
  - ☑ ⦿ **垂直于拔模(P)**：选中该单选项后，分型面与拔模方向垂直，此类型为最常用的类型，也是系统默认的设置。

- **分型线(L)**：该区域用于显示所选的分型线。

  - ☑ ⧅ （边线）：在列表框中显示为选择分型线的名称。在分型线选项中，可以在图形区域中选择边线并从分型线区域中添加或移除；也可以右击并选择 **消除选择 (A)** 命令来清除此区域中所有选择的边线。也可以手工选择边线，在图形区域中选择一条边线，然后使用选择工具来完成环。

- **分型面(F)** 区域：该区域用于设置分型面的相关参数。

  - ☑ ⦝ （反转等距方向）：单击此按钮，可更改分型面从分型线延伸的方向。
  - ☑ ⦧ （角度）：对于与曲面相切或正交于曲面，可设定一个值，将会把角度从垂直更改到拔模方向。
  - ☑ ⬙ （尖锐）：此选项为系统默认的曲面过渡类型。
  - ☑ ⬙ （平滑）：为相邻边线之间设定一距离值。数值越大，在相邻边线之间生成的曲面越平滑。

- **选项(O)** 区域：该区域用于定义分型面与其他面的关系。

  - ☑ ☑ **缝合所有曲面(K)**：选中该复选框后，系统会自动缝合曲面。
  - ☑ ☑ **显示预览(S)**：选中该复选框后，可以在图形区域中预览生成的曲面。

11.5.4　切削分割

在定义完分型面后，即可使用切削分割工具将模型分割成形芯和型腔。若对模型进行切削分割，曲面实体文件夹中应包括型芯曲面实体、型腔曲面实体以及分型面实体三部分。

下面以图 11.5.9 所示的模型为例，说明创建切削分割的一般过程。

Stage1. 绘制分割轮廓

Step 1　打开文件 D:\sw13\work\ch11\ch11.05\\ch11.05.04\soleplate.SLDPRT。

Step 2　选择命令。选择下拉菜单 插入(I) ➜ ✐ 草图绘制 命令，系统弹出"编辑草图"对话框。

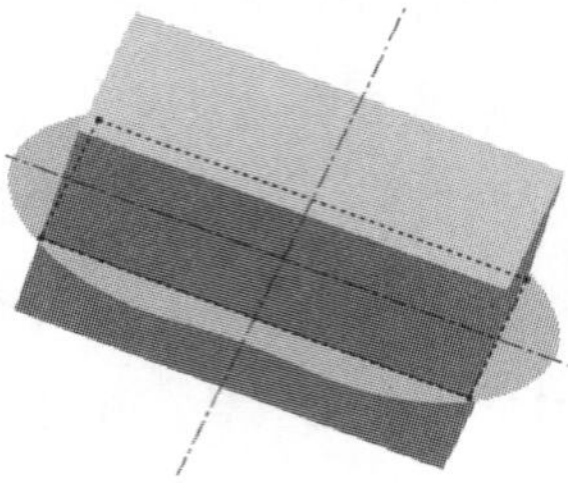

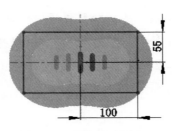

图 11.5.9　切削分割

Step 3　绘制草图。选取前视基准面为草图基准面，绘制图 11.5.10 所示的横断面草图。

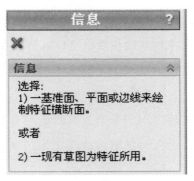

图 11.5.10　横断面草图

Step 4　选择下拉菜单 插入(I) ➡️ 退出草图 命令，完成横断面草图的绘制。

Stage2. 切削分割

Step 1　在"模具工具"工具栏中单击 按钮，系统弹出图 11.5.11 所示的"信息"对话框。

图 11.5.11　"信息"对话框

Step 2　选择草图。选取 Stage1 中绘制的横断面草图，此时系统弹出"切削分割"对话框。

Step 3　定义块大小。在 块大小(B) 区域的方向 1 深度 文本框中输入数值 60.0，在方向 2 深度 文本框中输入数值 40.0，如图 11.5.12 所示。

Step 4　单击"切削分割"对话框中的 按钮，完成切削分割的创建。

图 11.5.12 "切削分割"对话框

图 11.5.12 所示"切削分割"对话框中的各选项说明如下：

- **块大小(B)**：该区域用于定义切削分割块的大小。

  ☑ 方向 1 深度 ：可在其文本框中输入一个数值，表示型腔块的厚度。

  ☑ 方向 2 深度 ：可在其文本框中输入一个数值，表示型芯块的厚度。

  ☑ ☑ 连锁曲面(I) 选项，选中该复选框后，将会沿分型面的邻边生成连锁曲面，用于阻止型芯和型腔块大的移动。

- **型腔(A)**：该区域用于显示型腔的曲面实体。

- **型心(C)**：该区域用于显示型芯的曲面实体。

- **分型面(P)**：该区域用于显示分型面的曲面实体。

11.5.5　型芯

　　当零件模型在开模方向的法向有孔或凸台时，就需要有侧型芯才能顺利开模，型芯工具主要是从切削实体中抽取几何体来生成形芯特征，除此之外，还可以用于创建和剪裁顶杆。

　　下面以图 11.5.13 所示的模型为例，说明用型芯工具分模的一般过程。

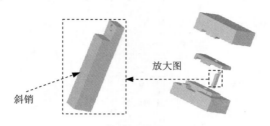

图 11.5.13　型芯特征

Stage1.　创建基准面

Step 1　打开文件 D:\sw13\work\ch11\ch11.05\ch11.05.05\box_cover.SLDPRT。

Step 2　选择命令。选择下拉菜单 插入(I) ➡ 参考几何体(G) ➡ 基准面(P)... 命令，系统弹出"基准面"对话框。

Step 3　选择参考实体。选取上视基准面作为参考实体。

Step 4　定义等距距离。在偏移距离 文本框中输入数值 20.0。

Step 5　单击"基准面"对话框中的 按钮，完成图 11.5.14 所示的基准面 2。

Stage2.　绘制草图

Step 1　选择下拉菜单 插入(I) ➡ 草图绘制 命令。

Step 2　绘制草图。选取基准面 2 为草图基准面，绘制图 11.5.15 所示的横断面草图。

Step 3　选择下拉菜单 插入(I) ➡ 退出草图 命令，完成横断面草图的绘制。

图 11.5.14　基准面 2

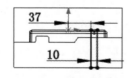

图 11.5.15　横断面草图

Stage3.　创建斜销

Step 1　在"模具工具"工具栏中单击 按钮，系统弹出"信息"对话框。

Step 2　选择草图。选取 Stage2 中绘制的横断面草图，此时系统弹出"型芯"对话框。

Step 3　选择从中抽取实体，在设计树中选择 实体(3) 节点下的 切削分割1[2] 作为从中抽取的实体。

Step 4　定义抽取实体深度。在 参数(P) 区域的沿抽取方向 文本框中输入数值 13.0，其余选项采用系统默认设置值，如图 11.5.16 所示。

Step 5　单击"型芯"对话框中的 按钮，完成图 11.5.17 所示的斜销的创建。

图 11.5.16　"型芯"对话框

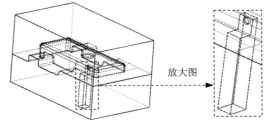

放大图

图 11.5.17　斜销的创建

图 11.5.16 所示的"型芯"对话框中的各选项说明如下：

- **选择(S)** 区域：该区域用于确定型芯的边界草图、抽取型芯的方向等。

  ☑ ：在此选项的列表框中显示型芯的边界草图。

  ☑ ：单击此按钮，可更改抽取型芯的方向。

  ☑ ：在此选项的列表框中显示从中抽取型芯的模具实体的名称。

- **参数(P)** 区域：各选项的功能如下：

  ☑ （拔模开关）：单击此按钮，可在文本框中输入数值，定义拔模角度。

  ☑ ☑ **向外拔模(O)**：选中该复选框后，将会生成向外拔模的角度。

  ☑ （终止条件）：可在该文本框中输入一数值，定义沿抽取方向的深度。

  ☑ ☑ **顶端加盖(C)**：选中该复选框后，将会定义型芯的终止面（在模具胚料实体内）。

Stage4．开启模具，显示斜销元件

Step 1　移动型腔。

（1）选择命令。选择下拉菜单 插入(I) ➡ 特征(F) ➡ 移动/复制(V)... 命令，系统弹出"移动/复制实体"对话框。

（2）选取移动的实体。选取图 11.5.18 所示的型腔作为移动的实体。

（3）定义移动距离。在 平移 区域的 ΔZ 文本框中输入数值-100.0。

（4）单击"移动/复制实体"对话框中的 ✅ 按钮，完成图 11.5.19 所示的型腔的移动。

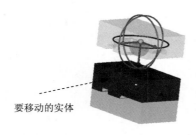

图 11.5.18　要移动的实体

图 11.5.19　移动型腔

Step **2** 移动型芯。

（1）选择命令。选择下拉菜单 插入(I) ➡ 特征(F) ➡ 🔧 移动/复制(V)... 命令，系统弹出"移动/复制实体"对话框。

（2）选取移动的实体。选取型芯作为移动的实体。

（3）定义移动距离。在 平移 区域的 ΔZ 文本框中输入数值 100.0。

（4）单击"移动/复制实体"对话框中的 ✅ 按钮，完成图 11.5.20 所示的型芯的移动。

Step **3** 移动斜销。

（1）选择命令。选择下拉菜单 插入(I) ➡ 特征(F) ➡ 🔧 移动/复制(V)... 命令，系统弹出"移动/复制实体"对话框。

（2）选取移动的实体。选取斜销作为移动的实体。

（3）定义移动距离。在 平移 区域的 ΔY 文本框中输入数值-20.0，在 ΔZ 文本框中输入数值 25.0。

（4）单击"移动/复制实体"对话框中的 ✅ 按钮，完成图 11.5.21 所示的斜销的移动。

图 11.5.20　移动型芯

图 11.5.21　移动斜销

介绍完模具工具以后，将通过范例来进一步介绍模具的设计方法，其中包括带侧型芯的模具、带滑块的塑料模具，通过介绍模具范例的创建过程，希望读者能够熟练掌握模具设计的方法和技巧。

11.6　SolidWorks 模具设计实际应用 1

范例概述：

该例介绍了一个上盖零件的模具设计，在零件模型侧壁多了一个通孔，如果开模方向仍然是竖直方向，那么孔的轴线方向就与开模方向垂直，这就需要设计侧型芯模具元件才能顺利脱模。下面介绍图 11.6.1 所示的模具设计的一般过程。

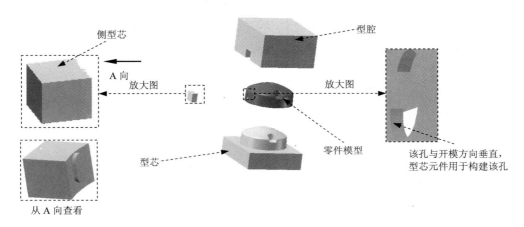

图 11.6.1　带侧型芯的模具设计

Task1.　导入零件模型

打开文件 D:\sw13\work\ch11\ch11.06\instance_right_cover.SLDPRT，如图 11.6.2 所示。

图 11.6.2　零件模型

Task2.　拔模分析

Step 1　在"模具工具"工具栏中单击 按钮，系统弹出"拔模分析"对话框。

Step 2　设定分析参数。

（1）选取拔模方向。选取上视基准面作为拔模方向。

（2）定义拔模角度。在拔模角度 文本框中输入数值 1.0。

（3）选取检查面。在 **分析参数** 区域中选中 ☑ **面分类** 和 ☑ **查找陡面** 复选框，在 **颜色设定** 区域中显示各类拔模面的个数，同时，模型中对应显示不同的拔模面。

Step 3 单击"拔模分析"对话框中的 ✔ 按钮，单击"模具工具"工具栏中的 按钮，完成拔模分析。

Task3. 底切分析

Step 1 在"模具工具"工具栏中单击 按钮，系统弹出"底切分析"对话框。

Step 2 选取拔模方向。选取上视基准面作为拔模方向。

Step 3 观察底切面的颜色。系统自动在 **底切面** 区域中显示图 11.6.3 所示的结果。

注意：在 **封闭底切:** 的红色列表框中显示数值 2，说明此所辖区域的空间需要添加侧型芯成形，如图 11.6.4 所示封闭底切的区域。

图 11.6.3 "底切分析"对话框

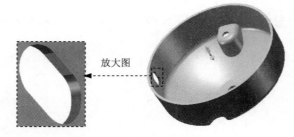

图 11.6.4 封闭底切区域

Step 4 单击"底切分析"对话框中的 ✔ 按钮，单击"模具工具"工具栏中的 按钮，完成底切分析。

Task4. 定义缩放比例

Step 1 在"模具工具"工具栏中单击 按钮，系统弹出"缩放比例"对话框。

Step 2 设定比例参数。

（1）选择比例缩放点。在 **比例参数(P)** 区域的 比例缩放点(S): 下拉列表中选择 **重心** 选项。

（2）设定比例因子。选中☑ 统一比例缩放(U) 复选框，在其文本框中输入数值 1.05，如图 11.6.5 所示。

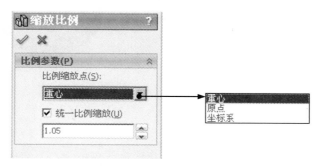

图 11.6.5　"缩放比例"对话框

Step 3　单击"缩放比例"对话框中的 ✔ 按钮，完成模型比例缩放的设置。

Task5. 创建分型线

Step 1　在"模具工具"工具栏中单击🡆按钮，系统弹出"分型线"对话框。

Step 2　设定模具参数。

（1）选取拔模方向。选取上视基准面作为拔模方向。

（2）定义拔模角度。在拔模角度 🡅文本框中输入数值 1.0。

（3）定义分型线。选中☑ 用于型心/型腔分割(U) 复选框，单击 拔模分析(D) 按钮。

Step 3　定义分型线。选取图 11.6.6 所示的边线作为分型线。

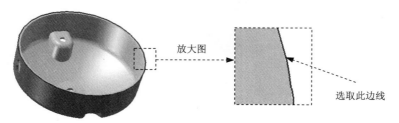

放大图

选取此边线

图 11.6.6　定义分型线

Step 4　单击"分型线"对话框中的 ✔ 按钮，完成分型线的创建。

Task6. 关闭曲面

Step 1　在"模具工具"工具栏中单击🡆按钮，系统弹出"关闭曲面"对话框。

Step 2　选取边链。系统默认选取图 11.6.7a 所示的边链。

Step 3　单击"关闭曲面"对话框中的 ✔ 按钮，完成图 11.6.7b 所示的关闭曲面的创建。

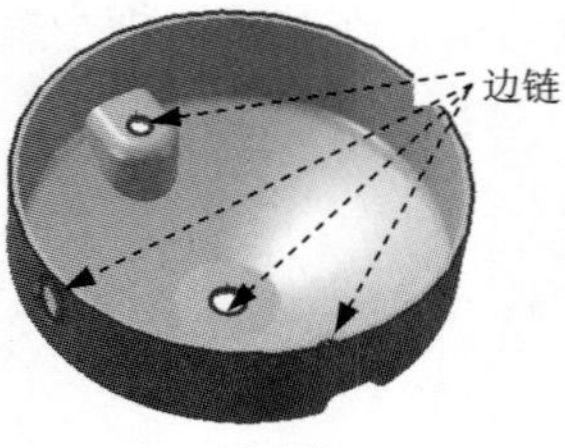

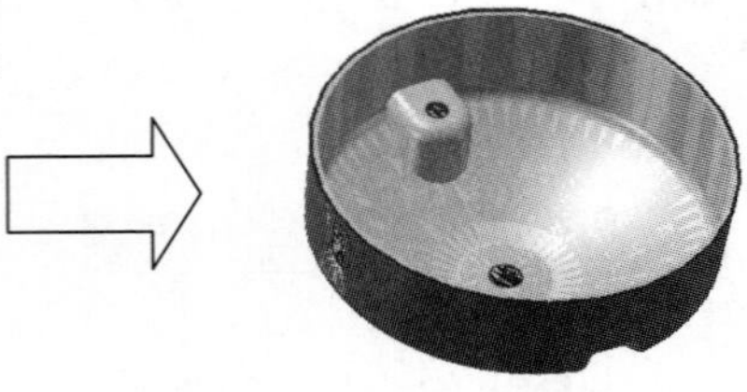

a）创建前　　　　　　　　　　b）创建后

图 11.6.7　关闭曲面

Task7.　创建分型面

Step 1　在"模具工具"工具栏中单击 ⬚ 按钮，系统弹出"分型面"对话框。

Step 2　设定分型面。

（1）定义分型面类型。在 模具参数(M) 区域中选中 ⊙ 垂直于拔模(P) 单选项。

（2）选取分型线。在设计树中选取分型线 1。

（3）定义分型面的大小。在"反转等距方向"按钮 ⬚ 的文本框中输入数值 40.0，并单击 ⬚ 按钮。

（4）定义平滑类型和大小。单击"平滑"按钮 ⬚，在距离 ⬚ 文本框中输入数值 1.50，其他选项采用系统默认设置值。

Step 3　单击"分型面"对话框中的 ✅ 按钮，完成分型面的创建，如图 11.6.8 所示。

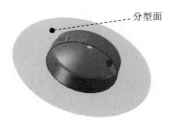

图 11.6.8　分型面

Task8.　切削分割

Stage1.　绘制分割轮廓

Step 1　选择命令。选择下拉菜单 插入(I) ➡ ⬚ 草图绘制 命令，系统弹出"编辑草图"对话框。

Step 2　绘制草图。选取上视基准面为草图基准面，绘制图 11.6.9 所示的横断面草图。

Step 3　选择下拉菜单 插入(I) ➡ ⬚ 退出草图 命令，完成横断面草图的绘制。

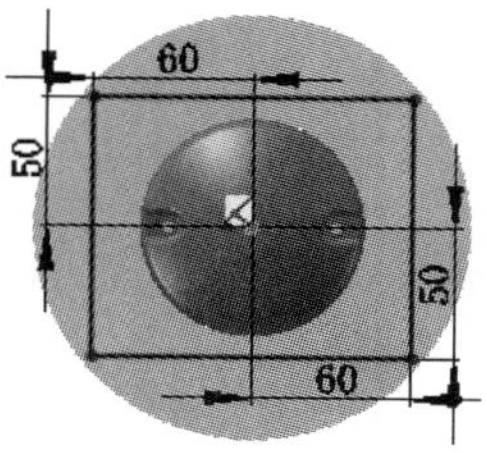

图 11.6.9　横断面草图

Stage2. 切削分割

Step **1**　在"模具工具"工具栏中单击 按钮，系统弹出"信息"对话框。

Step **2**　定义草图。选取 Stage1 中绘制的横断面草图，系统弹出"切削分割"对话框。

Step **3**　定义块的大小。在 **块大小(B)** 区域的方向 1 深度 文本框中输入数值 60.0，在方向 2 深度 文本框中输入数值 30.0。

说明：系统会自动在 **型心(C)** 区域中出现生成的型芯曲面实体，在 **型腔(A)** 区域中出现生成的型腔曲面实体，在 **分型面(P)** 区域中出现生成的分型面曲面实体。

Step **4**　单击"切削分割"对话框中的 按钮，完成图 11.6.10 所示的切削分割的创建。

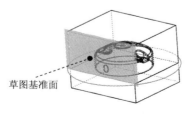

图 11.6.10　切削分割

Task9. 创建侧型芯

Stage1. 绘制侧型芯草图

Step **1**　选择命令。选择下拉菜单 插入(I) ➡ 草图绘制 命令　，系统弹出"编辑草图"对话框。

Step **2**　选取草图基准面。选取图 11.6.11 所示的模型表面为草图基准面。

草图基准面

图 11.6.11　草图基准面

Chapter 11

Step **3** 绘制草图。绘制图 11.6.12 所示的横断面草图。

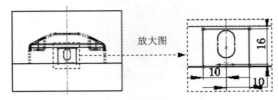

图 11.6.12　横断面草图

Step **4** 选择下拉菜单 插入(I) ➡ 📄 退出草图 命令，完成横断面草图的绘制。

Stage2. 创建侧型芯

Step **1** 在"模具工具"工具栏中单击 按钮，系统弹出"信息"对话框。

Step **2** 选择草图。选择 Stage1 中绘制的横断面草图，此时系统弹出"型芯"对话框。

Step **3** 选择从中抽取的实体。在设计树中选择 ⊟ 🗂 实体(3) 节点下的 🗂 切削分割1[2] 作为从中抽取的实体。

Step **4** 定义抽取实体深度和方向，在 选择(S) 区域中单击 按钮，在 参数(P) 区域的沿抽取方向 文本框中输入数值 15.0。

Step **5** 单击"型芯"对话框中的 ✅ 按钮，完成图 11.6.13 所示的侧型芯的创建。

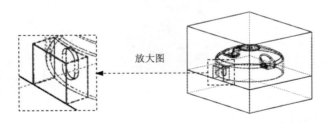

图 11.6.13　侧型芯

Task10. 创建模具零件

Stage1. 将曲面实体隐藏

将模型中的型腔曲面实体、型芯曲面实体和分型面实体隐藏后，则工作区中模具模型中的这些元素将不显示，这样可使屏幕简洁，方便后面的模具开启操作。

Step **1** 隐藏曲面实体。在设计树中，右击 ⊞ 🗂 曲面实体(3) 节点下的 ⊞ 🗂 型腔曲面实体(1)，从系统弹出的快捷菜单中选择 命令；同样的操作步骤,把 ⊞ 🗂 型心曲面实体(1) 和 🗂 分型面实体(1) 隐藏。

Step **2** 显示上色状态。单击"视图"工具栏中的"上色"按钮 ，即可将模型的虚线框显示方式切换到上色状态。

Stage2. 开模步骤 1：移动侧型芯

Step 1 选择命令。选择下拉菜单 插入(I) ➡ 特征(F) ➡ 移动/复制(V)... 命令，系统弹出"移动/复制实体"对话框。

Step 2 选取移动的实体。选取侧型芯作为移动的实体。

Step 3 定义移动距离。在 平移 区域的 ΔZ 文本框中输入数值-100.0。

Step 4 单击"移动/复制实体"对话框中的 ✅ 按钮，完成图 11.6.14 所示的侧型芯的移动。

Stage3. 开模步骤 2：移动型腔

Step 1 选择命令。选择下拉菜单 插入(I) ➡ 特征(F) ➡ 移动/复制(V)... 命令，系统弹出"移动/复制实体"对话框。

Step 2 选取移动的实体。选取图 11.6.15 所示的型腔作为移动的实体，

图 11.6.14 移动侧型芯

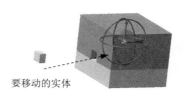

要移动的实体

图 11.6.15 要移动的实体

Step 3 定义移动距离。在 平移 区域的 ΔY 文本框中输入数值 80.0。

Step 4 单击"移动/复制实体"对话框中的 ✅ 按钮，完成图 11.6.16 所示的型腔的移动。

Stage4. 开模步骤 3：移动主型芯

Step 1 同开模步骤 2，选取主型芯作为移动的实体，在 平移 区域的 ΔY 文本框中输入数值-80.0。

Step 2 单击"移动/复制实体"对话框中的 ✅ 按钮，完成图 11.6.17 所示的主型芯的移动。

图 11.6.16 移动型腔

图 11.6.17 移动主型芯

Stage5. 保存模具元件

Step 1 保存侧型芯。在设计树中，右击 ⊞ 🔲 实体(4) 节点下的 🔲 实体-移动/复制1（即侧型芯实体），从系统弹出的快捷菜单中选择 插入到新零件... (G)命令，在"另存为"对

话框中，设置文件名称为"instance_right_cover_core_01.sldprt"。然后关闭此文件。

Step 2 保存型腔。右击 ⊞ ⓖ 实体(4) 节点下的 ⬜ 实体-移动/复制2（即型腔实体），从系统弹出的快捷菜单中选择 插入到新零件... ⓖ 命令，在"另存为"对话框中，设置文件名称为"instance_right_cover_cavity.sldprt"。然后关闭文件。

Step 3 保存主型芯。右击 ⊞ ⓖ 实体(4) 节点下的 ⬜ 实体-移动/复制3（即主型芯实体）从系统弹出的快捷菜单中选择 插入到新零件... ⓖ 命令，在"另存为"对话框中，设置文件名称为"instance_right_cover_core.sldprt"。 然后关闭此文件。

Step 4 保存设计结果。选择下拉菜单 文件(F) ➡ 🖫 保存(S) 命令，即可保存模具设计结果。

11.7　SolidWorks 模具设计实际应用 2

范例概述：

本例介绍了一个盒体上盖的模具设计，在零件模型侧壁包含两个通孔，这就需要设计滑块装置，因而在设计过程中会多出滑块的设计，此处是读者学习的重点。下面介绍图 11.7.1 所示的模具设计过程。

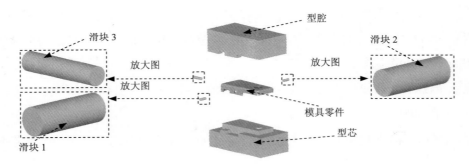

图 11.7.1　带滑块的模具设计

Task1.　导入模具模型

打开文件 D:\sw13\work\ch11\ch11.07\box_cover.SLDPRT，如图 11.7.2 所示。

图 11.7.2　零件模型

Task2. 拔模分析

Step 1　在"模具工具"工具栏中单击 按钮，系统弹出"拔模分析"对话框。

Step 2　设定分析参数。

（1）选取拔模方向。选取前视基准面作为拔模方向。

（2）定义拔模角度。在拔模角度 文本框中输入数值 3.0。

（3）选取检查面。在 分析参数 区域中选中 ☑ 面分类 和 ☑ 查找陡面 复选框，在 颜色设定 区域中显示出各类拔模面的个数。

Step 3　单击"拔模分析"对话框中的 ✔ 按钮，单击"模具工具"工具栏中的 按钮，完成拔模分析。

Task3. 底切分析

Step 1　在"模具工具"工具栏中单击 按钮，系统弹出"底切分析"对话框。

Step 2　选取拔模方向。选取前视基准面作为拔模方向，单击"反向"按钮 。

Step 3　观察底切面的颜色。系统自动在 底切面 区域中显示图 11.7.3 所示的结果。

注意：在 跨立底切 的蓝色列表框中显示数值 3，说明此所辖区域的空间需要添加滑块成形，跨立底切区域如图 11.7.4 所示。

图 11.7.3　"底切分析"对话框

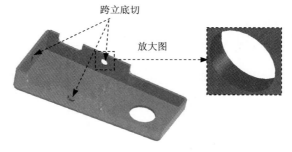

图 11.7.4　跨立底切区域

Step 4　单击"底切分析"对话框中的 ✔ 按钮，单击"模具工具"工具栏中 按钮，完成底切分析。

Task4. 设置缩放比例

Step 1　在"模具工具"工具栏中单击🔘按钮，系统弹出"缩放比例"对话框。

Step 2　设定比例参数。

（1）选择比例缩放点。在 **比例参数(P)** 区域的 比例缩放点(S): 下拉列表中选择 **重心** 选项。

（2）设定比例因子。选中☑ 统一比例缩放(U) 复选框，在其文本框中输入数值 1.05。

Step 3　单击"缩放比例"对话框中的 ✔ 按钮，完成比例缩放的设置。

Task5. 创建分型线

Step 1　在"模具工具"工具栏中单击⊖按钮，系统弹出"分型线"对话框。

Step 2　设定模具参数。

（1）选取拔模方向。选取前视基准面作为拔模方向。

（2）定义拔模角度。在拔模角度 📐 文本框中输入数值 3.0。

（3）定义分型线。选中☑ 用于型心/型腔分割(U) 复选框，单击 **拔模分析(D)** 按钮；完成模具参数的设定。

Step 3　定义分型线。通过单击"分型线"对话框中🔍和🔄按钮，选取图 11.7.5 所示的边链作为分型线。

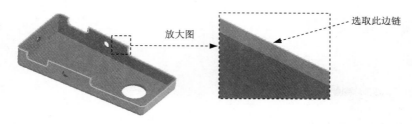

图 11.7.5　定义分型线

Step 4　单击"分型线"对话框中的 ✔ 按钮，完成分型线的创建。

Task6. 关闭曲面

Step 1　在"模具工具"工具栏中单击🪣按钮，系统弹出"关闭曲面"对话框。

Step 2　选取边链。接受系统默认的封闭环，如图 11.7.6 所示。

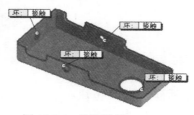

图 11.7.6　选取边链

Step **3** 单击"关闭曲面"对话框中的 ✔ 按钮，完成关闭曲面的创建。

Task7. 创建分型面

Step **1** 在"模具工具"工具栏中单击 按钮，系统弹出"分型面"对话框。

Step **2** 设定分型面。

（1）定义分型面类型。在 **模具参数(M)** 区域中选中 ⊙ 垂直于拔模(P) 单选项。

（2）选取分型线。系统默认选取分型线 1。

（3）定义分型面的大小。在"反转等距方向"按钮 的文本框中输入数值 40.0。

（4）定义平滑类型和大小。单击"平滑"按钮，在距离 文本框中输入数值 1.60，其他选项采用系统默认设置值。

Step **3** 单击"分型面"对话框中的 ✔ 按钮，完成图 11.7.7 所示的分型面的创建。

图 11.7.7 分型面

Task8. 切削分割

Stage1. 绘制分割轮廓

Step **1** 选择命令。选择下拉菜单 插入(I) ➡ 草图绘制 命令，系统弹出"编辑草图"对话框。

Step **2** 绘制草图。选取前视基准面作为草图基准面，绘制图 11.7.8 所示的横断面草图。

Step **3** 选择下拉菜单 插入(I) ➡ 退出草图 命令，完成分割轮廓的绘制。

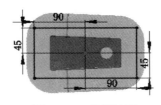

图 11.7.8 分割轮廓

Stage2. 切削分割

Step **1** 在"模具工具"工具栏中单击 按钮，系统弹出"信息"对话框。

Step **2** 选择草图。选择 Stage1 中绘制的横断面草图，系统弹出"切削分割"对话框。

Step 3 定义块的大小。在 块大小(B) 区域的方向 1 深度 文本框中输入数值 60.0，在方向
2 深度 文本框中输入数值 40.0。

说明：系统会自动在 型心(C) 区域中出现生成的型芯曲面实体，在 型腔(A) 区域中出现
生成的型腔曲面实体，在 分型面(P) 区域中出现生成的分型面曲面实体。

Step 4 单击"切削分割"对话框中的 按钮，完成切削分割的创建，如图 11.7.9 所示。

图 11.7.9 切削分割

Task9. 创建滑块元件

Stage1. 绘制草图 8

Step 1 选择命令。选择下拉菜单 插入(I) ➡ 草图绘制 命令，系统弹出"编辑草图"
对话框。

Step 2 定义草图基准面。选取图 11.7.10 所示的表面作为草图基准面。

Step 3 绘制草图。绘制图 11.7.11 所示的草图（使用"转换实体引用"命令）。

Step 4 选择下拉菜单 插入(I) ➡ 退出草图 命令，完成草图 8 的绘制。

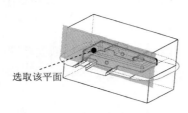

选取该平面

图 11.7.10 草图基准面

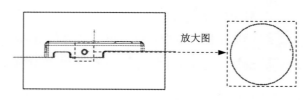

放大图

图 11.7.11 草图 8

Stage2. 绘制草图 9

Step 1 选择命令。选择下拉菜单 插入(I) ➡ 草图绘制 命令，系统弹出"编辑草图"
对话框。

Step 2 选取草图基准面。选取图 11.7.12 所示的模型表面为草图基准面。

Step 3 绘制草图。绘制图 11.7.13 所示的草图。

Step 4 选择下拉菜单 插入(I) ➡ 退出草图 命令，完成草图 9 的绘制。

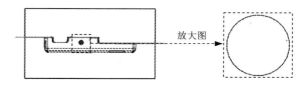

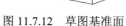

图 11.7.12　草图基准面　　　　　　图 11.7.13　草图 9

Stage3. 绘制草图 10

Step 1　选择命令。选择下拉菜单 插入(I) ➡ 草图绘制 命令，系统弹出 "编辑草图" 对话框。

Step 2　选取草图基准面。选取图 11.7.14 所示的表面为草图基准面。

Step 3　绘制草图。绘制图 11.7.15 所示的草图。

Step 4　选择下拉菜单 插入(I) ➡ 退出草图 命令，完成草图 10 的绘制。

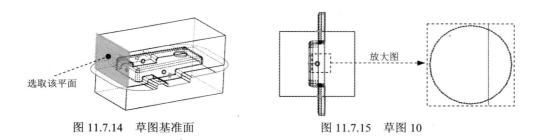

图 11.7.14　草图基准面　　　　　　图 11.7.15　草图 10

Stage4. 创建滑块 1

Step 1　在 "模具工具" 工具栏中单击 按钮，系统弹出 "信息" 对话框。

Step 2　选择草图。选取绘制的草图 8，此时系统弹出 "型芯" 对话框。

Step 3　选择从中抽取的实体。在设计树中选择 实体(3)节点下的 切削分割1[1] 作为从中抽取的实体。

Step 4　定义抽取实体深度和方向。在 选择(S) 区域中确认 按钮被按下，在 参数(P) 区域的沿抽取方向 文本框中输入数值 20.0，取消选中 顶端加盖(C) 复选框。

Step 5　单击 "型芯" 对话框中的 按钮，完成图 11.7.16 所示的滑块 1 的创建。

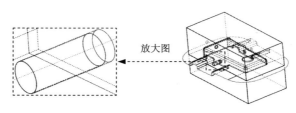

图 11.7.16　滑块 1

Stage5. 创建滑块 2

Step 1 在"模具工具"工具栏中单击 按钮，系统弹出"信息"对话框。

Step 2 选择草图。选取绘制的草图 9，此时系统弹出"型芯"对话框。

Step 3 选择从中抽取的实体。在设计树中选择 □ ⓖ 实体(3)节点下的 型心1[1]作为从中抽取的实体。

Step 4 定义抽取实体深度和方向。在 选择(S) 区域中确认 按钮被按下，在 参数(P) 区域的沿抽取方向 文本框中输入数值 20.0，取消选中 □ 顶端加盖(C) 复选框。

Step 5 单击"型芯"对话框中的 按钮，完成图 11.7.17 所示的滑块 2 的创建。

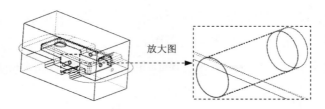

图 11.7.17　滑块 2

Stage6. 创建滑块 3

Step 1 在"模具工具"工具栏中单击 按钮，系统弹出"信息"对话框。

Step 2 选择草图。选取绘制的草图 10，此时系统弹出"型芯"对话框。

Step 3 选择从中抽取的实体。在设计树中选择 □ ⓖ 实体(3)节点下的 型心2[1]作为从中抽取的实体。

Step 4 定义抽取实体的深度和方向。在 选择(S) 区域中确认 按钮被按下，在 参数(P) 区域的沿抽取方向 文本框中输入数值 30.0，取消选中 □ 顶端加盖(C) 复选框。

Step 5 单击"型芯"对话框中的 按钮，完成图 11.7.18 所示的滑块 3 的创建。

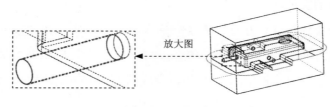

图 11.7.18　滑块 3

Task10. 创建模具零件

Stage1. 将曲面实体隐藏

将模型中的型腔曲面实体、型芯曲面实体和分型面实体隐藏后，则工作区的模具模型中的这些元素将不显示，这样可使屏幕简洁，方便后面的模具开启操作。

Step 1　隐藏曲面实体。在设计树中，右击 ⊞ ◈ 曲面实体(3) 节点下的 ⊞ ◈ 型腔曲面实体(1)，
　　　　从系统弹出的快捷菜单中选择 ◈ 命令；同样的操作步骤，把 ⊞ ◈ 型心曲面实体(1) 和
　　　　◈ 分型面实体(1) 隐藏。

Step 2　显示上色状态。单击"视图"工具栏中的"上色"按钮 ◣，即可将模型的虚线框
　　　　显示方式切换到上色状态。

Stage2. 开模步骤 1：移动滑块 1

Step 1　选择命令。选择下拉菜单 插入(I) ➡ 特征(F) ➡ ◈ 移动/复制(V)... 命令，
　　　　系统弹出"移动/复制实体"对话框。

Step 2　选取移动的实体。选取滑块 1 作为移动的实体。

Step 3　定义移动距离。在 平移 区域的 ΔY 文本框中输入数值 100.0。

Step 4　单击"移动/复制实体"对话框中的 ✓ 按钮，完成图 11.7.19 所示的滑块 1 的移动。

图 11.7.19　移动滑块 1

Stage3. 开模步骤 2：移动滑块 2

Step 1　选择命令。选择下拉菜单 插入(I) ➡ 特征(F) ➡ ◈ 移动/复制(V)... 命令，
　　　　系统弹出"移动/复制实体"对话框。

Step 2　选取移动的实体。选取滑块 2 作为移动的实体。

Step 3　定义移动距离。在 平移 区域的 ΔY 文本框中输入数值-100.0。

Step 4　单击"移动/复制实体"对话框中的 ✓ 按钮，完成图 11.7.20 所示的滑块 2 的移动。

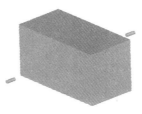

图 11.7.20　移动滑块 2

Stage4. 开模步骤 3：移动滑块 3

参考开模步骤 2，选取滑块 3，在 平移 区域的 ΔX 文本框中输入 - 100.0，完成图 11.7.21

Chapter 11

所示的滑块 3 的移动。

图 11.7.21　移动滑块 3

Stage5. 开模步骤 4：移动型腔

Step 1　选择命令。选择下拉菜单 插入(I) ➡ 特征(F) ➡ 🔧 移动/复制 (V)... 命令，系统弹出"移动/复制实体"对话框。

Step 2　选取移动的实体。选取图 11.7.22 所示的型腔作为移动的实体。

Step 3　定义移动距离。在 平移 区域的 ΔZ 文本框中输入数值-100.0。

Step 4　单击"移动/复制实体"对话框中的 ✔ 按钮，完成图 11.7.23 所示的型腔的移动。

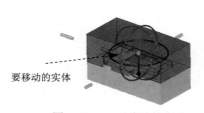

要移动的实体

图 11.7.22　要移动的实体

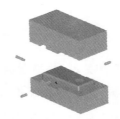

图 11.7.23　移动型腔

Stage6. 开模步骤 5：移动型腔

参考开模步骤 4，选取型芯，在 平移 区域的 ΔZ 文本框中输入数值 100.0，完成图 11.7.24 所示的型芯的移动。

图 11.7.24　移动型芯

Stage7. 保存模具元件

Step 1　保存滑块 1。在设计树中，右击 ⊞ ⓖ 实体(6) 节点下的 ⬚ 实体-移动/复制1 ，从系统弹出的快捷菜单中选择 插入到新零件... ⓖ 命令，在"另存为"对话框中，设置文件名称为"box_cover_slider_01"，然后关闭此文件。

Step 2　用同样的方法将另外两个滑块保存，设置文件名称分别为"box_cover_取 slider_02"和"box_cover_slider_03"，然后关闭此对话框。

Step 3　保存型腔。在设计树中，右击 ⊞ ⓖ 实体(6) 节点下的 ⬚ 实体-移动/复制4 ，从系统弹出的快捷菜单中选择 插入到新零件... ⓖ 命令，在"另存为"对话框中，设置文件名称为"box_cover_cavity.sldprt"，然后关闭此文件。

Step 4　保存型芯。单击 ⊞ ⓖ 实体(6) 节点下的 ⬚ 实体-移动/复制5 （即型芯实体），从系统弹出的快捷菜单中选择 插入到新零件... ⓖ 命令，在"另存为"对话框中，设置文件名称为"box_cover_core.sldprt"，然后关闭此文件。

Step 5　保存设计结果。选择下拉菜单 文件(F) ➡ 🖫 保存 (S) 命令，即可保存模具设计结果。

12

管路与电气设计

12.1 概述

在液压或电气设备的设计及制造过程中，管路与电气设计是不可缺少的一部分，使用 SolidWorks 中的 Routing 插件，用户可以快速、高效地进行管路与电气设计的操作。本章将重点讲解如何使用 Routing 插件在 SolidWorks 中进行管路与电气设计。通过 Routing 插件可以在装配体中完成管道、管筒、电缆/电线的 3D 参数建模；也可以直接或间接地通过线夹和零部件的接头自动生成管道、管筒和电缆/电线，并能够创建完整的材料明细表，另外，创建完成后的管道、管筒和电缆/电线将作为实体零部件，并生成特殊类型的子装配体（线路装配体）。

12.2 Routing 插件

12.2.1 Routing 插件的激活

Routing 是 SolidWorks 组件中的一个插件，只有激活该插件后才可以使用，激活 Routing 插件后，系统会增加用于管路设计和电缆布线的工具栏和下拉菜单。激活 Routing 插件的操作步骤如下：

Step 1 选择命令。选择下拉菜单 工具(T) ➡ 插件(D)... 命令，系统弹出图 12.2.1 所示的"插件"对话框。

Step 2 在"插件"对话框中选中 ☑ SolidWorks Routing ☑ 复选框，如图 12.2.1 所示。

Step 3 单击 确定 按钮，完成 Routing 插件的激活。

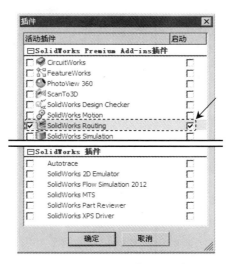

图 12.2.1　"插件"对话框

12.2.2　Routing 插件的工作界面

打开文件 D:\sw13\work\ch12\ch12.02\ch12.02.02\piping_model_ok.SLDASM，如图 12.2.2 所示。

图 12.2.2　Routing 插件的工作界面

说明：当打开上述装配文件时，图 12.2.2 所示的 Routing 工具栏按钮区的工具是不全的，需将 ![Routing 工具(R)]、![电气(E)]、![管道设计(P)]、![线路] 和 ![软管设计(F)] 工具栏激活。

12.2.3 Routing 工具栏的命令介绍

工具栏中的命令按钮为快速进入命令及设置工作环境提供了极大的方便，使用工具栏中的命令按钮能够高效地提高作图速度，用户也可以根据具体情况定制工具栏。

注意：用户会看到有些菜单命令和按钮处于非激活状态（呈灰色，即暗色），这是因为它们目前还没有处在发挥功能的环境中，一旦它们进入有关的环境，便会自动激活。

图 12.2.3 所示的"线路"工具栏中的按钮说明如下：

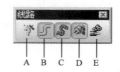

图 12.2.3 "线路"工具栏

A：Routing 快速提示。单击该按钮，弹出"您想做什么？"对话框，可以通过该对话框中的提示进行操作。

B：管道设计。单击该按钮，弹出"管道设计（P）"工具栏，该工具栏中包括管道线路创建的基本命令。

C：软管设计。单击该按钮，弹出"软管设计（F）"工具栏，该工具栏包括软管线路创建的基本命令。

D：电气设计。单击该按钮，弹出"电气（E）"工具栏，该工具栏包括电气线路创建的基本命令。

E：Routing 工具。单击该按钮，弹出"Routing 工具（R）"工具栏，该工具栏包括管道线路、管筒线路和电气线路编辑的基本命令。

图 12.2.4 所示的"管道设计"工具栏中的按钮说明如下：

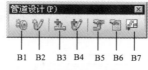

图 12.2.4 "管道设计"工具栏

B1：通过拖/放来开始。从设计库拖放管道法兰到图形区域来创建管道线路。

B2：启始于点。通过在装配体中创建的管道连接点来定义管道线路开端。

B3：添加配件。对现有的管道线路插入点来添加配件。

B4：添加点。通过在装配体中创建管道连接点来生成和结束管道线路。

B5：编辑线路。对现有的管道线路进行编辑。

B6：线路属性。编辑现有的管道线路属性。

B7：管道工程图。对现有管道装配体进行工程图创建。

图 12.2.5 所示的"软管设计"工具栏中的按钮说明如下：

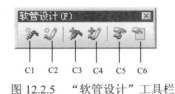

图 12.2.5　"软管设计"工具栏

C1：通过拖/放来开始。通过从设计库拖放管筒法兰到图形区域来创建管筒线路。

C2：启始于点。通过在装配体中创建管筒连接点来定义管筒线路开端。

C3：添加配件。对现有的管筒线路接合点添加配件。

C4：添加点。通过在装配体中创建管道原点来生成和结束管筒线路。

C5：编辑线路。对现有的管筒线路进行编辑。

C6：线路属性。编辑现有的管筒线路属性。

图 12.2.6 所示的"电气"工具栏中的按钮说明如下：

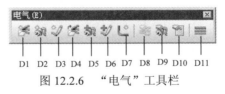

图 12.2.6　"电气"工具栏

D1：按"从/到"开始。通过输入指定的 Excel 文件来生成电气零部件和电缆/电线。

D2：通过拖/放来开始。通过从设计库拖放电气接头到图形区域来创建电气线路。

D3：启始于点。通过在装配体中创建电气连接点来定义电气线路的开端。

D4：重新输入"从/到"。重新通过输入指定的 Excel 文件来生成电气零部件和电缆/电线。

D5：插入接头。在图形区域放置要选择插入的电气接头。

D6：添加点。通过在装配体中创建电气线路的原点来生成和结束电气线路。

D7: 添加折弯。在现有的电气线路（两个或三个线段的线路）中选择一个接合点来添加折弯。

D8: 编辑电线。对现有的电线进行编辑或添加新的电线。

D9: 编辑电气线路。对现有的电气线路进行编辑。

D10: 线路属性。编辑现有的电气线路属性。

D11: 平展线路。对现有的电气线路进行平面展开并显示该电气线路的长度。

图 12.2.7 所示的"Routing 工具"工具栏中的按钮说明如下：

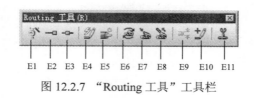

图 12.2.7 "Routing 工具"工具栏

E1: Routing 快速提示。单击该按钮，弹出"您想做什么"对话框，可以通过该对话框中的提示进行操作。

E2: 生成连接点。使用该命令可以在现有的装配体或零件中创建管筒、装配式管道和电气连接点。

E3: 生成线路点。使用该命令可以在现有的装配体或零件中创建线路点。

E4: 自动步路。使用该命令可以快捷、高效地将管道、管筒或电气线路布置好。

E5: 覆盖层。

E6: 旋转线夹。

E7: 步路通过线夹。选择现有的线路通过线夹。

E8: 从线夹脱钩。使现有的穿过线夹的线路从线夹中脱离出来。

E9: 更改线路直径。

E10: 修复线路。修复不合适的线路，主要用于修复折弯处折弯半径过小的情况。

E11: 分割线路。

12.2.4　Routing 插件的选项设置

在使用 Routing 进行管路的设计之前，需要先了解 Routing 中一些选项的设置，选项设置的操作步骤如下：

Step 1　选择命令。选择下拉菜单 工具(T) ➡ 选项(P)... 命令，弹出"系统选项-普通"对话框。

Step **2**　步路设置。在 系统选项(S) 列表框中选择 步路 选项，在"系统选项（S）-步路"对话框的右侧部分（图 12.2.8）可以对 Routing 的一些选项进行设置。

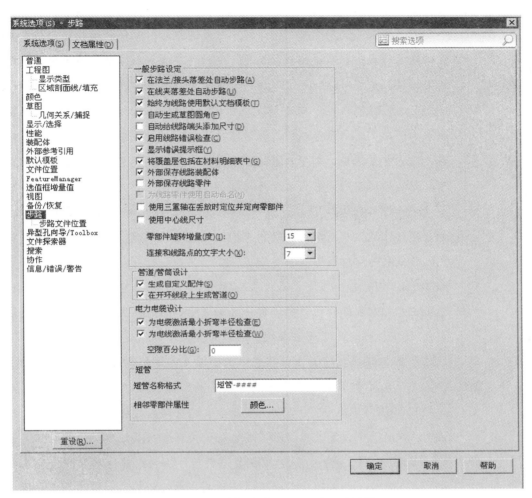

图 12.2.8　"系统选项（S）-步路"对话框

图 12.2.8 所示"系统选项（S）-步路"对话框中的 步路 选项的有关功能说明如下：

● 一般步路设定 区域用于设置创建管道、管筒和电气的 3D 线路等选项。

　　☑ **☑ 在法兰/接头落差处自动步路(A)**：选中该复选框后，通过拖/放零部件（如法兰、管道配件、管筒配件和电气接头等）到装配体中时，系统将自动生成线路子装配体并开始步路。

　　☑ **☑ 在线夹落差处自动步路(U)**：选中该复选框后，在编辑管筒线路和电气线路的状态下，通过从库文件中拖/放线夹放置于线路中，线路将自动穿过放置的线夹，从而自动生成样条曲线。

☑   ☑ **为线路零件使用自动命名(N)**：选中该复选框后，则软件会自动为线路零件添加名称，取消选中该复选框，则软件在生成线路零件或装配体时将要求用户指定其名称。

☑   ☑ **始终为线路使用默认文档模板(T)**：选中该复选框后，软件自动指定步路文件位置的默认模板。取消选中该复选框，则软件在生成线路装配体时将要求用户指定模板。

☑   ☑ **自动生成草图圆角(F)**：选中该复选框后，则用户在绘制草图时，自动在交叉点添加圆角（圆角半径以所选弯管零件、折弯半径或最大电缆直径为基础）。取消选中该复选框，则用户在绘制草图时，自动在交叉点处以直角显示。另外，此选项仅应用于管道装配体路径的 3D 草图。

☑   ☑ **自动给线路端头添加尺寸(D)**：选中该复选框后，在开始步路和添加到线路时，会自动标注从接头或配件延伸出来的线路端头的长度，从而确保这些线路段在接头或配件移除时可正确更新。

☑   **零部件旋转增量(度)(I)**下拉列表：在拖/放过程中，用户可以通过按住 Shift 键 + 左右方向键来旋转拖放的零部件（如弯管、T 型接头、线夹和十字型接头等），该下拉列表用于设置每按一次方向键使零部件旋转的角度值。

☑   **连接和线路点的文字大小(X)**下拉列表：用于设置连接和线路点的文字大小。

● **管道/管筒设计**区域主要用于设置管道/管筒接头的配置。

☑   ☑ **生成自定义配件(S)**：选中该复选框后，系统自动生成标准弯管接头的自定义配置。取消选中该复选框，则需要自行定义弯管接头配置。

☑   ☑ **在开环线段上生成管道(O)**：选中该复选框后，法兰或其他零部件的末端会生成管道或管筒（即末端生成的管道管筒为开环线段）。

☑   **电力电缆设计**区域用于设置系统检查。

☑   ☑ **为电缆激活最小折弯半径检查(E)**：选中该复选框后，若线路中圆弧或样条曲线的折弯半径小于电缆库中电缆指定的最小值，系统将提示错误。

☑   ☑ **为电线激活最小折弯半径检查(W)**：选中该复选框后，若线路中圆弧或样条曲线的折弯半径小于电缆库中电线所指定的最小值，系统将提示错误。

☑   **空隙百分比(G)**：用于设定实际安装中可能产生的下垂、扭结等情况。

12.2.5 Routing 插件的设计分类

通过 SolidWorks 中的 Routing 插件可以完成如下设计：

- 管道设计：一般指硬管道，主要通过螺纹连接或焊接方法将弯头和管道连接成管道系统。在 SolidWorks 中，管道系统称为 "Pipe"，如图 12.2.9 所示。

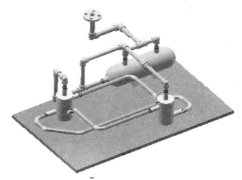

图 12.2.9　管道设计

- 软管（管筒）设计：一般用于设计折弯管、塑性管，在软管管道系统中，折弯处不需要添加弯头附件，主要通过胶水或捆扎方法与接头连接成管道系统，管筒称为 "Tube"，如图 12.2.10 所示。

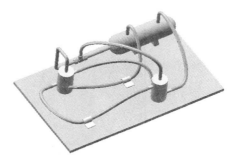

图 12.2.10　管筒设计

- 电气设计：主要用于电气传输设备中的电缆/电线线路的布置，完成电气传输设备中三维电缆/电线设计和工程图中的电线清单，如图 12.2.11 所示。

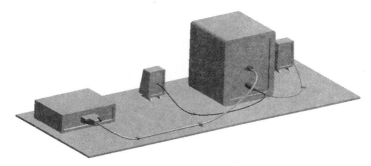

图 12.2.11　电力设计

12.3 创建管道线路

在创建管道线路时，用户还应对 Routing 插件中的设计库有一定的了解，详细介绍请参见 12.4 节。在创建管道线路时，用户要熟练掌握 3D 草图的创建，详细的 3D 草图创建请参见本书 8.2.1 节的介绍。

管道线路主要由硬管、螺纹管、弯头和相关配件等组成。创建管道线路的一般方法有：

- 通过拖/放来创建管道线路。
- 通过正交自动步路创建管道线路。
- 创建非直角管道线路。

12.3.1 通过拖/放来创建管道线路

SolidWorks 设计库中提供了大量管道、软管（管筒）和电气方面的标准零部件以方便用户使用。下面以创建图 12.3.1 所示的管道线路为例，介绍通过从设计库中拖/放零部件来创建管道线路的一般过程。

图 12.3.1　通过拖/放来创建管道线路

Step 1　新建一个装配体，进入装配环境，关闭系统弹出的"开始装配体"对话框。

Step 2　保存文件。选择下拉菜单 文件(F) ➡ 📙 保存(S) 命令，命名为 drag and drop。

注意：

- 进入装配环境后，需确认已将 Routing 插件激活。
- 只有保存装配体文件之后，才可以将设计库的零件拖/放到装配体中。

Step 3　选择命令。选择下拉菜单 Routing ➡ 管道设计(P) ➡ 🔧 通过拖/放来开始(D) 命令，系统弹出"信息"对话框和设计库，如图 12.3.2 所示。

Step 4　定义零部件。打开设计库中的 routing\piping\flanges 文件夹，选择 slip on weld flange 法兰为拖/放对象，如图 12.3.3 所示。

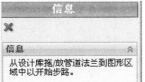

图 12.3.2 "信息"对话框和设计库

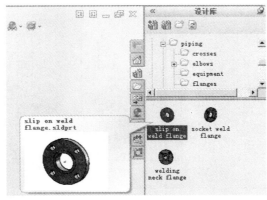

图 12.3.3 定义零部件

Step 5 定义法兰配置。将法兰拖放到图形区域，此时系统弹出图 12.3.4 所示的"选择配置"对话框，选择 Slip On Flange 150-NPS0.5 选项为法兰的配置，单击 确定(O) 按钮。

图 12.3.4 "选择配置"对话框

Step 6 定义线路属性。完成以上操作后，系统弹出图 12.3.5 所示的"线路属性"对话框，在该对话框中进行以下操作：

（1）选择管道类型。取消选中 □ 线路规格(R) 复选框，单击 管道(P) 区域的 文本框

后的浏览按钮 … ，在系统弹出的"打开"对话框中选择 routing\piping\pipes\pipe.sldprt 文件，单击 打开(O) 按钮。

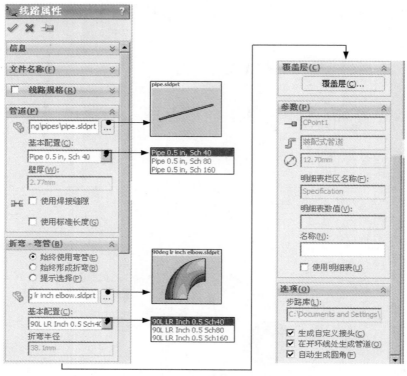

图 12.3.5　"线路属性"对话框

（2）选择管道的基本配置。在 管道(P) 区域的 基本配置(C): 下拉列表中选择 Pipe 0.5 in, Sch 40 选项。

（3）选择弯管类型。在 折弯-弯管(B) 区域中选中 ⊙ 始终使用弯管(E) 单选项，然后单击 🍂 文本框后的"浏览"按钮 … ，在系统弹出的"打开"对话框中选择 routing\piping\elbows\90 degrees\90deg lr inch elbow.sldprt 文件，单击 打开(O) 按钮。

（4）选择弯管的基本设置。在 折弯-弯管(B) 区域的 基本配置(C): 下拉列表中选择 90L LR Inch 0.5 Sch40 选项，其他选项采用系统默认设置值。

（5）完成以上操作，如图 12.3.5 所示，单击对话框中的 ✔ 按钮，完成线路属性的定义。

图 12.3.5 所示的"线路属性"对话框中各选项说明如下。

- 管道(P) 区域：用于选择管道类型并确定管道的基本配置。

  ☑ 🍂文本框：该文本框中显示选择的管道类型，在默认情况下，系统会自动选择一种管道。用户可通过单击该文本框后的"浏览"按钮 … ，在弹出的"打开"对话框中选择所需要的管道类型（如硬管、螺纹管和自定义的管道）。

☑ **基本配置(C)** 下拉列表：在确定管道类型后，该下拉列表用于确定一种管道的配置来定义管道的大小。

☑ **壁厚(W)**：此项是根据用户选择的管道类型不同而变化的，属于只读数据。

● **折弯 - 弯管(B)** 区域：用于选择弯管类型并确定弯管的基本配置。

☑ ⊙ **始终使用弯管(E)**：选择该单选项后，表示管道的折弯处使用标准的弯管。

☑ ⊙ **始终形成折弯(B)**：选择该单选项后，用户需要为管道的折弯处指定折弯半径。

☑ ⊙ **提示选择(P)**：选择该单选项后，在生成管道时系统自动提示选择弯管或折弯。

☑ 🖑 **文本框**：在默认情况下，系统会自动选择一种弯管。用户可通过单击该文本框后的浏览按钮...，在弹出的"打开"对话框中选择所需要的管道类型（如 45°弯管和 90°弯管）。

☑ **基本配置(C)** 下拉列表：在确定弯管类型后，该下拉列表用于确定一种弯管的配置来定义弯管的大小及折弯角度。

☑ **折弯半径文本框**：若选中 ⊙ **始终使用弯管(E)** 单选项，系统自动定义管道的折弯半径。若选中 ⊙ **始终形成折弯(B)** 单选项，则需要用户在 折弯半径 文本框中输入管道的折弯半径（必须大于或等于系统默认的折弯半径）。

● **参数(P)** 区域：该区域内的选项皆为只读选项。

☑ ⊣◻：显示当前使用的连接点名称。

☑ ⎍：显示当前线路类型为装配式管道。

☑ ⊘：显示当前标称（名义）直径。

☑ **明细表栏区名称(F)**：若选中"使用明细表"，该文本框显示明细表的系列零件设计表名称。

☑ **明细表数值(V)**：若选中"使用明细表"，该文本框显示明细表的系列零件设计表数值。

● **选项(O)** 区域中可以设置如下内容：

☑ **步路库(L)**：指定管路零部件的存储位置。

☑ ☑ **生成自定义接头(C)**：选中该复选框，系统自动生成标准弯管接头的自定义配置。

☑ ☑ **在开环线处生成管道(O)**：选中该复选框，在定义法兰或其他零部件的末端时，将生成管道或管筒。

☑ ☑ **自动生成圆角(F)**：在绘制 3D 草图的交叉处自动添加圆角。

Step 7 绘制 3D 草图作为管道线路。完成以上操作后，系统自动进入 3D 草图环境，绘制图 12.3.6 所示的线路草图。

注意：在绘制草图前应将视图方向切换到右视视图。

Step 8 单击"退出草绘"按钮 ，完成结果如图 12.3.7 所示。

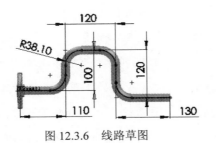

图 12.3.6　线路草图

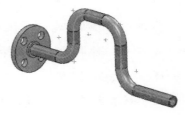

图 12.3.7　最终结果

Step 9 退出编辑状态。单击 装配体 工具条中的"编辑零部件"按钮 。

说明：如图 12.3.7 所示的管道线路中，除法兰外，其余部分由两类零件组成，其中梅红色为 Step6 中（1）所选取的管道类型；黄色为 Step6 中（3）所选取的弯管类型。

Step 10 保存文件。选择下拉菜单 文件(F) ➡ 保存(S) 命令，完成通过拖/放来创建管道线路。

12.3.2　通过正交自动步路创建管道线路

通过"自动步路"命令能够快捷、高效地将管道、管筒或电气线路布置好。"自动步路"命令只有在编辑管道线路时才可使用，即在 3D 草图环境中。下面以创建图 12.3.8 所示的管道为例，介绍通过"自动步路"命令创建管道线路的一般过程。

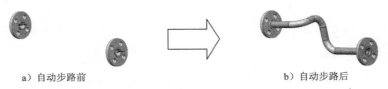

a）自动步路前　　　　　　　　　　　　　　b）自动步路后

图 12.3.8　创建自动步路

Step 1 打开文件 D:\sw13\work\ch12\ch12.03.02\ch12.03.02\automatism circuitry.SLDASM。

Step 2 定义开始步路点。选取图 12.3.9 所示的 CPoint1 并右击，在系统弹出的快捷菜单中选择 开始步路 (N) 命令，系统弹出"线路属性"对话框。

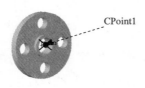

CPoint1

图 12.3.9　选择步路点

注意：若打开文件后法兰上没有显示步路点，则选择下拉菜单 视图(V) ➡
🔀 步路点(R) 命令，显示步路点。

Step 3 定义线路属性。

（1）选择管道和基本配置。取消选中 ☐ 线路规格(R) 复选框，单击 管道(P) 区域中的
浏览按钮 … ，在弹出的"打开"对话框中选择 routing\piping\pipes\pipe.sldprt 文件，单击
打开(O) 按钮；在 基本配置(C): 下拉列表中选择 Pipe 0.5 in, Sch 40 选项。

（2）选择弯管和基本配置。在 折弯 - 弯管(B) 区域中单击"浏览"按钮 … ，在弹出的"打
开"对话框中选择 routing\piping\elbows\90degrees\90deg lr inch elbow.sldprt 文件，单击
打开(O) 按钮；在 基本配置(C): 下拉列表中选择 90L LR Inch 0.5 Sch40 选项。

（3）单击 ✔ 按钮，系统进入 3D 草图环境。

Step 4 将点添加到线路。选择另一法兰的 CPoint1 并右击，在系统弹出的快捷菜单中选
择 添加到线路 (G) 命令。

Step 5 自动步路。

（1）选择命令。选择下拉菜单 Routing ➡ Routing 工具(R) ➡ ✏ 自动步路 (A)
命令，系统弹出图 12.3.10 所示的"自动步路"对话框。

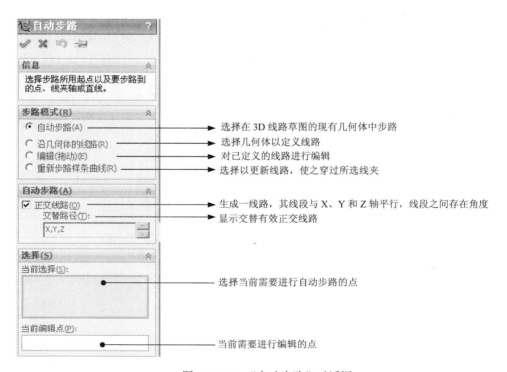

图 12.3.10 "自动步路"对话框

（2）选择步路点。选取图 12.3.11 所示的点 1 和点 2 为当前需要自动步路的点。

（3）单击 ✅ 按钮，完成自动步路的定义。

Step 6　定义管道长度。在"草图"工具栏中单击 ◇ ▾ 按钮，定义图 12.3.12 所示的长度。

图 12.3.11　选择步路点

图 12.3.12　定义管道长度

Step 7　单击"退出草绘"按钮 🔙，完成管道线路的绘制。

Step 8　退出编辑状态。单击 装配体 工具条中的"编辑装配体"按钮 🔳，结果如图 12.3.8b 所示。

Step 9　保存文件。选择下拉菜单 文件(F) ➡ 🖫 保存(S) 命令，完成管道线路的自动步路。

12.3.3　创建非直角管道线路

在现实生活中有很多管道线路是非直角的，如排水管道等。在创建非直角管道线路时，用户可以在"线路属性"对话框中选择使用交替弯管（如库中包含的 45°度弯管）来完成。下面介绍图 12.3.13 所示的非直角管道线路的一般创建过程。

Task1.　步路线路

Step 1　打开文件 D:\sw13\work\ch12\ch12.03\ch12.03.03\not right angle.SLDASM。

Step 2　定义开始步路点。选取图 12.3.14 所示的 CPoint1 并右击，在系统弹出的快捷菜单中选择 开始步路 (N) 命令，系统弹出"线路属性"对话框。

图 12.3.13　非直角管道

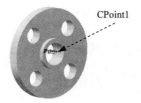

图 12.3.14　选择步路点

Step 3　定义线路属性。

（1）选择管道和基本配置。取消选中 ☐ 线路规格(R) 复选框，单击 管道(P) 区域中的"浏览"按钮 …，在系统弹出的"打开"对话框中选择 routing\piping\pipes\pipe.sldprt 文件，单击 打开(O) 按钮；在 基本配置(C) 下拉列表中选择 Pipe 0.5 in, Sch 40 选项。

（2）选择弯管和基本配置。在 折弯 - 弯管(B) 区域中单击"浏览"按钮…，在弹出的"打开"对话框中选择 routing\piping\threaded fittings（npt）\threaded elbow--90deg.sldprt 文件，单击 打开(O) 按钮；在 基本配置(C): 下拉列表中选择 CLASS 2000 THREADED ELBOW, .50 IN 选项，如图 12.3.15 所示。

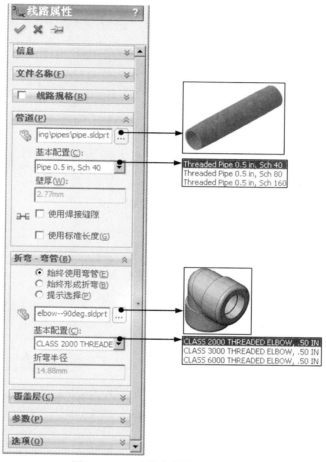

图 12.3.15　"线路属性"对话框

（3）单击对话框中的 ✅ 按钮，完成线路属性的定义。

Task2. 添加弯管

Step 1　绘制图 12.3.16 所示的线路草图。

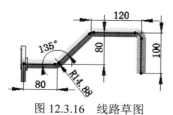

图 12.3.16　线路草图

Step **2** 单击"退出草图"按钮 ↰，完成线路草图的绘制，此时系统弹出"折弯－弯管"对话框。

Step **3** 定义折弯弯管。在弹出的"折弯－弯管"对话框中单击"浏览"按钮 浏览(B)... ，在弹出的"打开"对话框中选择 threaded elbow--45deg.sldprt 文件，然后单击 打开(O) 按钮，如图 12.3.17 所示。

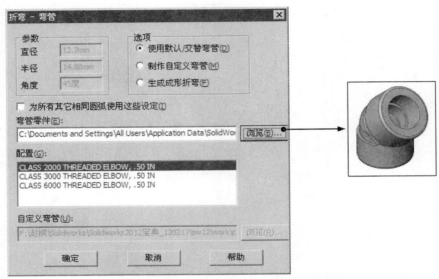

图 12.3.17　"折弯－弯管"对话框

Step **4** 定义弯管配置。在 配置(G): 的列表框中选择 CLASS 2000 THREADED ELBOW, .50 IN ，单击 确定 按钮，完成第一个折弯处弯管的添加。

Step **5** 参照 Step3~ Step4 完成第二个折弯处弯管的添加。

Step **6** 退出编辑状态。单击 装配体 工具条中的"编辑装配体"按钮 ⊙，结果如图 12.3.13 所示。

Step **7** 保存文件。选择下拉菜单 文件(F) ➡ 保存(S) 命令，完成非直角管道线路的创建。

12.4　管路与电气设计库

12.4.1　系统自带设计库

SolidWorks 为用户提供了大量用于管路设计及电缆布线时需要的标准零部件，在设计过程中，只需将这些标准件调出使用即可，这样可以快速、高效地完成管路和电气设计的操作。

（1）螺纹管零部件位于文件夹"C:\Documents and Settings\All Users\Application Data\SolidWorks\SolidWorks 2013\design library\routing\piping\threaded fittings (npt)"中，如表 12.4.1 所示。

表 12.4.1　螺纹管零部件

异径管和端盖	
threaded reducer	threaded cap

硬管和弯头		
threaded steel pipe	threaded elbow--90deg	threaded elbow--45deg

三通、斜三通和四通		
threaded tee	threaded lateral	threaded cross

连接器和连接管		
threaded half-coupling	threaded coupling	threaded union

（2）硬管零部件位于文件夹"C:\Documents and Settings\All Users\Application Data\Solid Works\SolidWorks 2013\design library\routing\piping 中，如表 12.4.2 所示。

表 12.4.2　硬管零部件

异径管		
eccentric reducer		reducer
法兰		
slip on weld flange	welding neck flange	welding neck flange
45°弯头		
45deg 3r inch elbow	welding neck flange	45deg lr metric elbow
硬管和三通管		
pipe	reducing outlet tee inch	straight tee inch
四通管		
reducing outlet cross inch	straight cross inch	straight cross metric
90°弯管			
90deg 3r inch elbow	90deg lr inch elbow	90deg lr metric elbow	90deg sr inch elbow

（3）软管零部件位于文件夹 "C:\Documents and Settings\All Users\Application Data\Solid Works\SolidWorks 2013\design library\routing\tubing" 中，如表 12.4.3 所示。

表 12.4.3　软管零部件

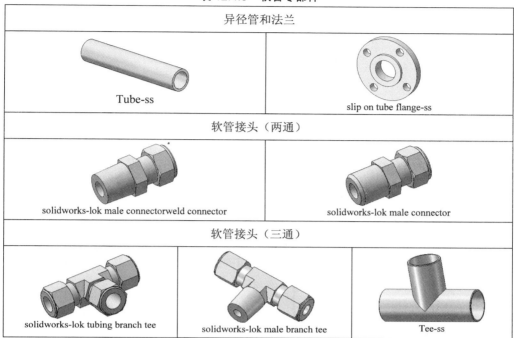

异径管和法兰	
Tube-ss	slip on tube flange-ss
软管接头（两通）	
solidworks-lok male connectorweld connector	solidworks-lok male connector
软管接头（三通）	
solidworks-lok tubing branch tee	solidworks-lok male branch tee	Tee-ss

（4）导管零部件位于文件夹"C:\Documents and Settings\All Users\Application Data\Solid Works\SolidWorks 2013\design_library\routing\conduit"中，如表 12.4.4 所示。

表 12.4.4　导管零部件

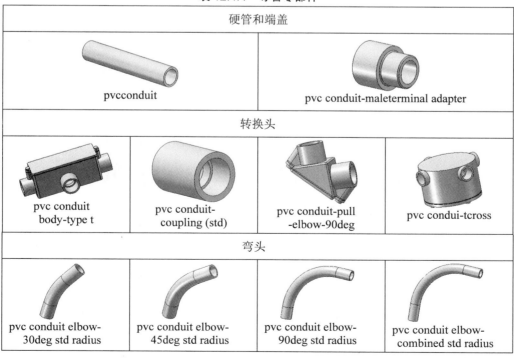

硬管和端盖			
pvcconduit		pvc conduit-maleterminal adapter	
转换头			
pvc conduit body-type t	pvc conduit-coupling (std)	pvc conduit-pull-elbow-90deg	pvc condui-tcross
弯头			
pvc conduit elbow-30deg std radius	pvc conduit elbow-45deg std radius	pvc conduit elbow-90deg std radius	pvc conduit elbow-combined std radius

（5）总成零部件位于文件夹"C:\Documents and Settings\All Users\Application Data\Solid Works\SolidWorks 2013\design library\routing\assembly fittings"中，如表 12.4.5 所示。

表 12.4.5　总成零部件

三通总成和阀门	
assemblyfitting without acp	2incontrolvalve

（6）电气零部件位于文件夹"C:\Documents and Settings\All Users\ApplicationData\Solid Works\SolidWorks 2013\design library\routing\electrical"中，如表 12.4.6 所示。

表 12.4.6　电气零部件

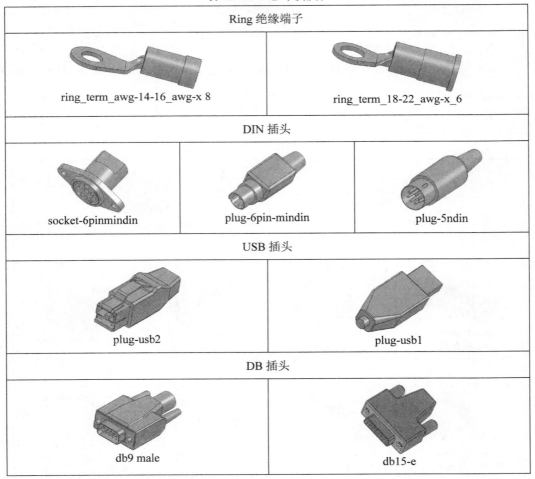

Ring 绝缘端子		
ring_term_awg-14-16_awg-x 8		ring_term_18-22_awg-x_6
DIN 插头		
socket-6pinmindin	plug-6pin-mindin	plug-5ndin
USB 插头		
plug-usb2		plug-usb1
DB 插头		
db9 male		db15-e

续表

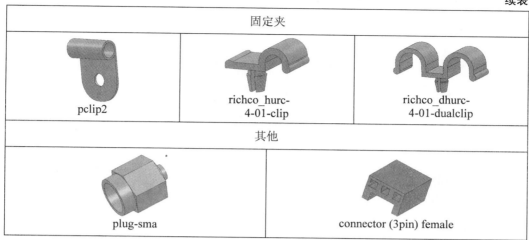

固定夹
pclip2   richco_hurc-4-01-clip   richco_dhurc-4-01-dualclip
其他
plug-sma   connector (3pin) female

12.4.2　自定义库零件

当使用系统自带的设计库无法完成理想的管道设计时，则需要用户自定义设计库中的零部件。本节将介绍使用零件设计表参数创建管道零件和弯管零件。

管道零件是管道线路中最重要的零件，为了与其他零件进行匹配并且让系统自动识别将其添加到系列零件设计表中，管道零件中的尺寸、草图及特征的名称必须特别指定。下面将列出管道零件所需的命名信息。

（1）草图基准面名称命名为"管道草图"或"Pipe Sketch"。

（2）管道横断面草图中包括位于原心的两个同心圆，将这两个圆的直径尺寸分别命名为"外径@管道草图"或"OuterDiameter@PipeSketch"和"内径@管道草图"或"InnerDiameter@PipeSketch"。

（3）管道零件是由拉伸特征产生的。

① 拉伸特征命名为"拉伸基体-拉伸"或"Extrusion"。

② 拉伸深度命名为"长度@拉伸"或"Length@Extrusion"。

（4）管道零件需要创建一个过滤器草图，该草图由一个位于原点的构造线圆及该圆的直径尺寸组成，用于定义管道的名义直径。

① 过滤器草图命名为"过滤器草图"或"FilterSketch"。

② 圆的直径尺寸命名为"标称直径@过滤草图"或"NominalDiameter@FilterSketch"。

（5）管道零件需要其规格及管道识别符号，用于识别或筛选管道的规格。将"配置特定"的属性名称命名为"＄属性@管道标识符"或"＄PRP@PipeIdentifier"。

下面以图 12.4.1 所示的管道零件为例，讲解半径 45mm 的 "PVC0.007 塑化" 管道的一般创建过程。

图 12.4.1　管道设计

Task1.　创建管道零件

Stage1.　定义材料

Step 1　新建一个零件文件。

Step 2　选择命令。选择下拉菜单 编辑(E) ➡ 外观(A) ➡ ⧉ 材质(M)... 命令，系统弹出 "材料" 对话框。

Step 3　选择材料。在 "材料" 对话框中单击 ⊞ ⧉ 塑料 节点，选择 PVC 0.007 塑化 材料。

Step 4　单击 应用(A) 按钮，将材质应用到零件中，完成材料的定义。

Stage2.　管道草图

Step 1　创建管道草图。

（1）选择命令。选择下拉菜单 插入(I) ➡ ⧉ 草图绘制 命令，系统弹出 "编辑草图" 对话框。

（2）定义草图基准面。选取前视基准面为草图基准面。

（3）绘制图 12.4.2 所示的管道草图。在添加 Ø50 和 Ø65 尺寸时，在 "尺寸" 对话框的 主要值(V) 区域的文本框中分别将两个尺寸命名为 "内径" 和 "外径"。

图 12.4.2　管道草图

（4）退出草图。选择下拉菜单 插入(I) ➡ ⧉ 退出草图 命令，完成管道草图的绘制。

Step 2　定义特征属性。

（1）右击设计树中的 ⧉ 草图1，在系统弹出的快捷菜单中选择 ⧉ 特征属性... 命令，此时系统弹出图 12.4.3 所示的 "特征属性" 对话框。

图 12.4.3　"特征属性"对话框

（2）在 名称(N): 文本框中将名称"草图 1"更改为"管道草图"，单击 确定 按钮。

Stage3. 创建拉伸特征

Step 1　创建基体特征——凸台-拉伸 1。

（1）选择下拉菜单 插入(I) ➡ 凸台/基体(B) ➡ 拉伸(E)... 命令。

（2）选取管道草图为横断面草图，此时系统弹出"凸台-拉伸"对话框。

（3）定义拉伸深度属性。在"凸台-拉伸"对话框的 方向1 区域中选择拉伸类型为 给定深度 ，然后输入深度值为 100.0。

（4）单击对话框中的 ✅ 按钮，完成图 12.4.4 所示的凸台-拉伸 1 的创建。

图 12.4.4　拉伸

Step 2　编辑拉伸基体参数。

（1）定义特征属性。右击设计树中的 凸台-拉伸1，在系统弹出的快捷菜单中选择 特征属性... 命令，此时系统弹出"特征属性"对话框；在 名称(N): 文本框中将名称"凸台-拉伸 1"更改为"拉伸"，单击 确定 按钮。

（2）右击设计树中的 注解，在系统弹出的快捷菜单中选择 显示特征尺寸(C) 命令。在模型中单击尺寸 100，在弹出的"尺寸"对话框的 主要值(V) 区域的文本框中将"D1@拉伸"更改为"长度"，单击对话框中的 ✅ 按钮。

Stage4. 创建过滤器草图

Step 1　选取命令。选择下拉菜单 插入(I) ➡ 草图绘制 命令。

Step 2 绘制过滤器草图。

（1）定义草绘平面。选取前视基准面为草绘平面。

（2）绘制草图。绘制图 12.4.5 所示的构造圆，在添加 Ø45 时，在"尺寸"对话框 主要值(V) 区域的文本框中将"D1@草图 2"名称更改为"标称直径"。

图 12.4.5　过滤器草图

（3）退出草图。选择下拉菜单 插入(I) ➡ 退出草图 命令，完成过滤器草图的创建。

Step 3 编辑特征属性。

（1）用鼠标右击设计树中的 草图2，在系统弹出的快捷菜单中选择 特征属性... 命令，此时系统弹出"特征属性"对话框。

（2）在 名称(N): 文本框中将"草图 2"的名称更改为"过滤草图"，单击 确定 按钮。

Task2. 生成"配置"

Stage1. 指定"配置"属性

Step 1 选择命令。选择下拉菜单 文件(F) ➡ 属性(I)... 命令，系统弹出"摘要信息"对话框。

Step 2 定义 配置特定 选项卡参数。在"摘要信息"对话框中单击 配置特定 选项卡，在 属性名称 文本框中输入"管道识别符号"；在 类型 下拉列表中选择 文字 选项；在 数值 / 文字表达 文本框中输入"自定义 100×65×50"；按 Enter 键，自动生成一行信息，执行同样的操作步骤，创建后的结果如图 12.4.6 所示。

	属性名称	类型		数值 / 文字表达	评估的值
1	管道识别符号	文字	▼	自定义100×65×50	自定义100×65×50
2	外径	文字	▼	65	65
3	内径	文字	▼	50	50
4	长度	文字	▼	100	100
5	<键入新属性>		▼		

图 12.4.6　定义参数

Step 3 单击 确定 按钮，完成配置属性的指定。

Stage2. 插入"系列零件设计表"生成"配置"

Step 1 选择命令。选择下拉菜单 插入(I) ➡ 表格(T) ➡ 设计表(D)... 命令，此时系统弹出"系列零件设计表"对话框。采用默认设置,单击对话框中的 ✓ 按钮。

Step 2 选取尺寸。弹出"尺寸"对话框,如图 12.4.7 所示,按住 Ctrl 键选取对话框中的四个选项,单击 确定 按钮。

Step 3 编辑表格。单击设计树顶部的 按钮,在弹出的设计树中右击 ⊞ 表格 节点下的 系列零件设计表,在系统弹出的快捷菜单中选择 编辑表格 (B) 命令,此时系统弹出图 12.4.8 所示的"添加行和列"对话框,在 参数(P) 列表框中选择图 12.4.8 所示的选项,单击 确定(O) 按钮。

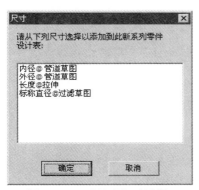

图 12.4.7 "尺寸"对话框

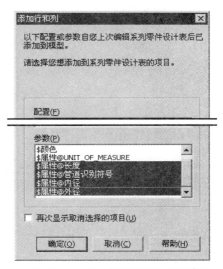

图 12.4.8 "添加行和列"对话框

Step 4 设置单元格。在图 12.4.9 所示的需要编辑的单元格上右击,在系统弹出的快捷菜单中选择 设置单元格格式 (F)... 命令,此时系统弹出"单元格格式"对话框,在 数字 区域的 分类(C): 列表框中选择 常规,单击 确定 按钮,完成单元格的设置。

	A	B	C	D	E	F	G	H	I
1	系列零件设计表是为:			零件1					
2		内径@管道草图	外径@管道草图	长度@拉伸	标称直径@过滤草图	$属性@长度	$属性@管道识别符号	$属性@内径	$属性@外径
3	管道1	50	65	100	45	100	100×65×50	50	65
4	管道2	65	80	120	55	120	120×80×65	65	80
5	管道3	80	100	150	70	150	150×100×80	80	100

图 12.4.9 系列零件设计表

Step 5 定义管道参数。在系列零件设计表中输入管道的相关参数，如图 12.4.9 所示。单击绘图区中的 ✔ 按钮，完成管道参数的定义。

Step 6 显示配置。右击设计树中的 ─✕ 管道1，在弹出的快捷菜单中选择 显示配置 (A) 命令，系统显示"管道 1"的创建结果，如图 12.4.10a 所示。

Step 7 参照 Step6 的操作，显示"管道 2"和"管道 3"，结果如图 12.4.10 所示。

a）管道 1   b）管道 2   c）管道 3

图 12.4.10   显示配置

Task3. 添加管道零件到设计库

Step 1 选择命令。在设计树中选取 🖐 零件1 （管道1并右击，在弹出的快捷菜单中选择 🏠 添加到库 (G)命令，此时系统弹出"添加到库"对话框。

Step 2 定义添加位置。可以将该管道零件添加到文件夹" design library\routing\piping\pipes"中。

Step 3 单击 ✔ 按钮，完成添加管道零件到设计库的操作。

12.4.3 弯管零件

弯管（Elbow）零件同样需要与其他零件进行匹配，其尺寸、草图及特征的名称也同样需要特别指定，由于弯管零件与管道零件基本相同，这里就不再赘述。

下面以图 12.4.11 所示的 PVC 刚性 90° 弯管为例，讲解创建弯管零件的一般过程。

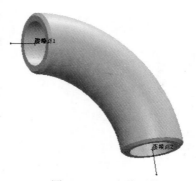

图 12.4.11   弯管零件

Task1. 创建弯管零件

Stage1. 定义材料

Step 1　新建一个零件文件。

Step 2　选择命令。选择下拉菜单 编辑(E) ➡ 外观(A) ➡ ⋮≡ 材质(M)... 命令，系统弹出"材料"对话框。

Step 3　选择材料。在"材料"对话框中单击 ⊞ ⋮≡ 塑料 节点，选择 PVC 硬质 材料。

Step 4　单击 应用(A) 按钮，将材质应用到零件中，完成材料的定义。

Stage2. 弯管圆弧和弯管截面

Step 1　创建弯管圆弧。

（1）选择命令。选择下拉菜单 插入(I) ➡ ⌇ 草图绘制 命令，系统弹出"编辑草图"对话框。

（2）定义草图基准面。选取前视基准面为草图基准面。

（3）绘制图 12.4.12 所示的草图。在添加"R40"和"90°"尺寸时，在"尺寸"对话框的 主要值(V) 区域的文本框中分别将两个尺寸命名为折弯半径和折弯角度。

图 12.4.12　弯管圆弧

（4）退出草图。选择下拉菜单 插入(I) ➡ ⌇ 退出草图 命令，完成弯管圆弧的绘制。

（5）定义特征属性。右击设计树中的 ⌇ 草图1 ，在弹出的快捷菜单中选择 ▤ 特征属性... 命令，此时系统弹出图 12.4.13 所示的"特征属性"对话框，在 名称(N): 文本框中将名称"草图 1"更改为"弯管圆弧"，单击 确定 按钮。

图 12.4.13　"特征属性"对话框

Step 2 创建弯管截面。

（1）选择命令。选择下拉菜单 插入(I) ➡️ 草图绘制 命令，系统弹出"编辑草图"对话框。

（2）定义草图基准面。选取上视基准面为草图基准面。

（3）绘制图 12.4.14 所示的草图。在添加"40"和"Ø 22"尺寸时，在"尺寸"对话框的 主要值(V) 区域的文本框中分别将两个尺寸命名为"折弯半径"和"直径"。

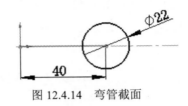

图 12.4.14　弯管截面

（4）退出草图。选择下拉菜单 插入(I) ➡️ 退出草图 命令，完成弯管截面的绘制。

（5）定义特征属性。右击设计树中的 草图2，在系统弹出的快捷菜单中选择 特征属性... 命令，此时系统弹出"特征属性"对话框。在 名称(N): 文本框中将名称"草图 2"更改为"弯管截面"，单击 确定 按钮。

Step 3 链接数值。

（1）显示特征尺寸。用鼠标右击设计树中的 注解，在系统弹出的快捷菜单中选择 显示特征尺寸 (C)选项。

（2）定义链接数值。

① 选择下拉菜单 工具(T) ➡️ 方程式 (Q)... 命令，系统弹出"方程式"对话框，如图 12.4.15 所示。

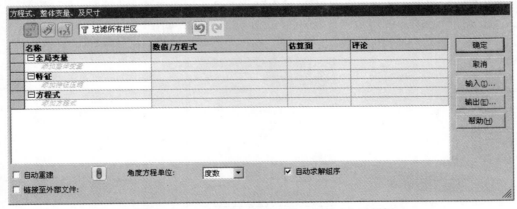

图 12.4.15　"方程式、整体变量、及尺寸"对话框

② 在"方程式、整体变量、及尺寸"对话框的 □**方程式** 文本框中单击，然后在图形中依次选取"R40"尺寸和"40"尺寸，单击 确定 按钮，完成链接数值。

Stage3. 创建弯管

Step **1** 创建扫描基体。

（1）选择命令。选择下拉菜单 插入(I) ➡ 凸台/基体(B) ➡ ☺ 扫描(S)... 命令，此时系统弹出"扫描"对话框。

（2）定义扫描轮廓和路径。选取弯管截面为扫描轮廓；选取弯管圆弧为扫描路径。

（3）单击对话框中的 ✔ 按钮，完成图 12.4.16 所示的扫描基体的创建。

图 12.4.16　扫描基体

Step **2** 定义特征属性。

（1）右击设计树中的 ☺ 扫描1 节点，在弹出的快捷菜单中选择 ☺ **特征属性**... 命令，此时系统弹出"特征属性"对话框。

（2）在 名称(N): 文本框中将名称"扫描 1"更改为"弯管"，单击 确定 按钮。

Stage4. 创建弯管抽壳

Step **1** 选择命令。选择下拉菜单 插入(I) ➡ 特征(F) ➡ ▣ 抽壳(S)... 命令，此时系统弹出"抽壳 1"对话框。

Step **2** 定义移除面和厚度。选取图 12.4.17 所示的面为移除对象；在 参数(P) 区域的 文本框中输入数值 3。

移除面

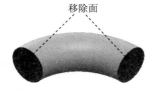

图 12.4.17　定义移除面

Step **3** 单击对话框中的 ✔ 按钮，完成抽壳特征的创建。

Step **4** 编辑特征属性。右击设计树中的 ▣ 抽壳1 ，在弹出的快捷菜单中选择 ☺ **特征属性**... 命令，此时系统弹出"特征属性"对话框；在 名称(N): 文本框中将名称"抽壳 1"更改为"弯管抽壳"，单击 确定 按钮。

Stage5. 创建弯管倒角

Step 1 选取命令。选择下拉菜单 插入(I) ➡ 特征(F) ➡ ◇ 倒角(C)...命令，此时系统弹出"倒角"对话框。

Step 2 定义倒角边线。选取图 12.4.18 所示的边线为倒角对象。

选取两条边线

图 12.4.18 定义倒角边线

Step 3 定义倒角距离和角度。在 倒角参数(C) 区域的 文本框中输入数值 1，在 文本框中输入数值 45。

Step 4 单击对话框中的 ✓ 按钮，完成倒角特征的创建。

Step 5 编辑特征属性。右击设计树中的 ◇ 倒角1，在弹出的快捷菜单中选择 特征属性... 命令，此时系统弹出"特征属性"对话框；在 名称(N): 文本框中将"倒角 1"的名称更改为"弯管倒角"，单击 确定 按钮。

Stage6. 创建草图点

Step 1 选择命令。选择下拉菜单 插入(I) ➡ 草图绘制 命令，系统弹出"编辑草图"对话框。

Step 2 定义草图基准面。选取前视基准面为草图基准面。

Step 3 绘制图 12.4.19 所示的两个点，约束到中点。

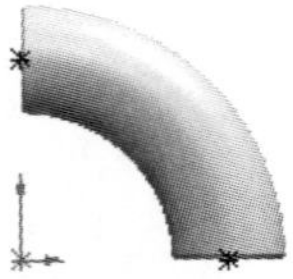

图 12.4.19 绘制草图点

Step 4 退出草图。选择下拉菜单 插入(I) ➡ 退出草图 命令，完成草图点的绘制。

Step 5 编辑特征属性。右击设计树中的 草图3 节点，在弹出的快捷菜单中选择 特征属性... 命令，此时系统弹出"特征属性"对话框；在 名称(N): 文本框中将"草图 1"的名称更改为"草图点"，单击 确定 按钮。

Task2. 生成连接点和线路点

连接点（CPoint）是位于接头零件（法兰、弯管、电气接头等）端口中心处的一个点，用于定义相邻管道线路的开始或终止位置。

线路点（RPoint）用于确定管道线路零件的安装位置。在具有多个端口的接头中（如 T 型或十字型），添加线路点之前必须在接头的轴线交叉点处生成一个草图点。

下面介绍在该弯管上创建连接点和线路点的一般过程。

Stage1. 创建连接点

Step 1　选择命令。选择下拉菜单 Routing ➡ Routing 工具(R) ➡ ▭ 生成连接点(C) 命令，此时系统弹出"连接点"对话框（一）。

Step 2　定义连接点。选择图 12.4.20 所示的弯管端面和草图点来定义连接点。

Step 3　定义线路类型。在 ⌐ 下拉列表中选择 装配式管道 选项，如图 12.4.21 所示。

（1）在 参数(P) 区 域 中 单 击 选择管道(P) 按 钮，系 统弹出"连接点"对话框（二），如图 12.4.22 所示。

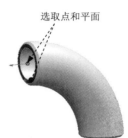

图 12.4.20　定义连接点

图 12.4.21　"连接点"对话框（一）

图 12.4.22　"连接点"对话框（二）

（2）选择管道。在 管道(P) 区域中单击"浏览"按钮 ... ，选择 routing\piping\pipe.sldprt.sldprt 文件。

（3）定义管筒的基本配置。在 基本配置(C): 下拉列表中选择 Pipe 0.5 in, Sch 40 选项。

Step 4 定义管道类型。

Step 5 单击两次对话框中的 ✔ 按钮，完成连接点 1 的创建。

Step 6 参照 Step1～ Step5 完成连接点 2 的创建，如图 12.4.23 所示。

图 12.4.23　连接点 2

图 12.4.21 所示的"连接点"对话框（一）中的各选项说明如下：

- 信息 区域：提示用户下步需要进行的操作。

- 选择(S) 区域中包括 ⬚ 、 ⌐ 和 □ 反向(R) 三个选项。

  ☑ ⬚ 列表框：该列表框中显示选择的基准面、面或点。

  ☑ ⌐ 下拉列表：在该下拉列表中选择连接点的类型。

  ☑ □ 反向(R) 复选框：该复选框用于更改连接点的方向。

- 参数(P) 区域：用于定义连接点的一些参数。

  ☑ ⊘ 标称（名义）直径：对于管道和管筒零件，该文本框用于定义零件的端口和步路段截面的名义直径；对于电气接头，该文本框用于定义接头可容纳的最大电缆直径。

  ☑ 选择管道(P) 按钮：单击此按钮后，系统弹出图 12.4.28 所示的"连接点"对话框（二），可以在该对话框中选择一个管道零件。

  ☑ 端头长度(S): 文本框：该文本框中的数值表示接头或配件插入到线路中时，从接头或零件所延伸的那部分电缆端头的长度。

  ☑ 明细表栏区名称(F): 文本框：若选择了使用规格，则该文本框中显示规格的系列零件设计表名称（仅对于管道和管筒）。

  ☑ 明细表数值(V): 文本框：若选择了使用规格，则该文本框中显示规格的系列零件设计表数值（仅对于管道和管筒）。

☑ 端口 ID:文本框: 用于在从 P&ID 文件定义线路设计装配体时指定设备步路端口。如果没有端口 ID, SolidWorks Routing 会从具有最接近相符直径的端口连接设备（仅对于管道和管筒）。

Stage2. 创建线路点

Step 1 选择命令。选择下拉菜单 Routing ➡ Routing 工具(R) ➡ 生成线路点(R) 命令, 此时系统弹出"步路点"对话框, 如图 12.4.24 所示。

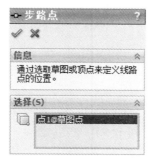

图 12.4.24 "步路点"对话框

Step 2 定义线路点。选取图 12.4.25 所示的草图点来定义线路点。

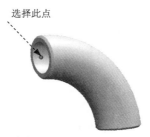

图 12.4.25 定义线路点

Step 3 单击对话框中的 ✅ 按钮, 完成线路点的创建。

12.5 编辑管道线路

创建管道线路后, 可以通过编辑线路和子装配体来改变线路草图、添加或者删除配件。一般管道线路在 编辑线路(E) 状态下可以进行如下操作:

- 管道的连接
- 管道线路的分割
- 添加配件

● 管道的移除

● 添加覆盖层

12.5.1　管道的连接

管道的连接是在 T 字或十字交叉之间创建管道，并且对这些管道进行切除处理。下面以图 12.5.1 所示的管道为例，说明管道连接的创建过程。

a）连接前　　　　　　　　　　　　b）连接后（剖面图）

图 12.5.1　管道的连接

Stage1. 添加线路

Step 1　打开文件 D:\sw13\work\ch12\ch12.05\ch12.05.01\pipeline_join.SLDASM。

Step 2　选择命令。选择下拉菜单 Routing ➡ 管道设计 (P) ➡ 编辑线路 (E) 命令，进入 3D 草图环境。

Step 3　绘制图 12.5.2 所示的线路草图。

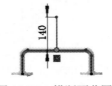

图 12.5.2　横断面草图

Stage2. 添加法兰配件

Step 1　选择命令。选择下拉菜单 Routing ➡ 管道设计 (P) ➡ 添加配件 (F) 命令，系统弹出 12.5.3 所示的"添加配件"对话框。

图 12.5.3　"添加配件"对话框

Step 2   定义接合点。选取图 12.5.4 所示线段的端点为接合点，此时系统弹出"打开"对话框。

图 12.5.4   定义接合点

Step 3   选择法兰类型和配置。在系统弹出的"打开"对话框中选择 piping\flanges\slip on weld flange.sldprt 文件，单击 打开(O) 按钮；系统弹出"选择配置"对话框，选取图 12.5.5 所示的 Slip On Flange 150-NPS0.5 配置。

图 12.5.5   "选择配置"对话框

Step 4   单击 确定(O) 按钮，完成法兰配件的添加，如图 12.5.6 所示。

图 12.5.6   添加法兰配件

Step 5   单击"退出草图"按钮 。

说明：当退出草图时，将会有一些管道自动隐藏，此时需要用户将管道改为显示状态。

Step 6   创建剖视图 1。

（1）选择命令。选择 视图(V) ➡ 显示(D) ➡ 剖面视图(V) 命令。

（2）定义视图剖面。选择上视基准面为视图剖面。

（3）单击对话框中的 按钮，完成剖视图的创建，如图 12.5.7 所示。

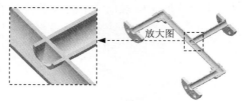

图 12.5.7 剖视图 1

Stage3. 管道连接

Step 1 选择命令。选择下拉菜单 Routing ➡ 管道设计 (P) ➡ 编辑线路 (E) 命令，进入 3D 草绘环境。

Step 2 选择连接点。选取图 12.5.8 所示的连接点并右击，在系统弹出的快捷菜单中选择 连接 (L) 命令。

Step 3 单击 "退出草图" 按钮 ，退出 3D 草图环境。

Step 4 查看编辑结果。将管道连接处放大，以方便查看编辑结果，如图 12.5.9 所示。

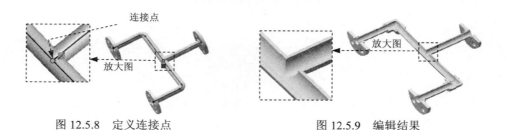

图 12.5.8 定义连接点   图 12.5.9 编辑结果

Step 5 退出编辑状态。单击 装配体 工具条中的 "编辑装配体" 按钮 。

Step 6 保存文件。选择下拉菜单 文件(F) ➡ 保存(S) 命令，完成管道连接的创建。

12.5.2 通过分割线路来添加配件

通过 分割线路 (S) 命令可以将一条管道线路分割成多条管道线路，并可以在分割出来的线路上添加配件。下面以图 12.5.10 所示的管道为例，讲解通过分割线路添加配件的一般过程。

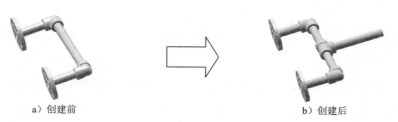

a）创建前   b）创建后

图 12.5.10 创建分割线路来添加配件

Stage1. 分割线路

Step 1 打开文件 D:\sw13\work\ch12\ch12.05\ch12.05.02\partition_append_fittings.SLDASM。

Step 2 选择命令。选择下拉菜单 Routing ➡ 管道设计(P) ➡ 编辑线路(E)命令，进入 3D 草绘环境。

Step 3 创建分割点。

（1）选择命令。选择下拉菜单 Routing ➡ Routing 工具(R) ➡ 分割线路(S)命令。

（2）添加尺寸。创建图 12.5.11 所示的分割点并添加尺寸。

Step 4 绘制图 12.5.12 所示的线路草图。

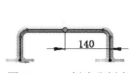
图 12.5.11　创建分割点

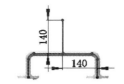
图 12.5.12　横断面草图

Stage2. 添加配件

Step 1 选择命令。选择下拉菜单 Routing ➡ 管道设计(P) ➡ 添加配件(F)命令，系统弹出图 12.5.13 所示的"添加配件"对话框。

Step 2 选择连接点。选取图 12.5.14 所示线段的分割点为接合点，此时系统弹出"打开"对话框。

图 12.5.13　"添加配件"对话框

图 12.5.14　选择分割点

Step 3 选择接头类型和配置。

（1）在弹出的"打开"对话框中选择 routing\piping\threaded fittings(npt)\threaded tee.sldprt 文件，单击 打开(O) 按钮。

（2）调整配件位置。单击鼠标右键可以调整配件位置，再单击鼠标左键可以确定配件放置位置，在弹出的"选择配置"对话框中，选取图 12.5.15 所示的 CLASS 2000 THREADED TEE, .50 IN 选项，单击 确定(O) 按钮。

Step 4 单击"退出草图"按钮（此时有些管道会隐藏，这里要将管道显示出来）。

12 Chapter

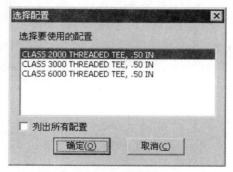

图 12.5.15 "选择配置"对话框

Step 5 退出编辑状态。单击 装配体 工具条中的"编辑装配体"按钮，结果如图 12.5.10b 所示。

Step 6 保存文件。选择下拉菜单 文件(F) ➡ 保存(S) 命令，完成通过创建分割线路来添加配件。

12.5.3 移除管道

下面以图 12.5.16 所示的管道为例，说明移除管道的操作过程。

a）移除前   b）移除后

图 12.5.16 移除管道

Step 1 打开文件 D:\sw13\work\ch12\ch12.05\ch12.05.03\eliminate_pipeline.SLDASM。

Step 2 选择命令。选择下拉菜单 Routing ➡ 管道设计(F) ➡ 编辑线路(E) 命令。

Step 3 选取要移除的管道线段。右击图 12.5.17 所示的管道线段，在系统弹出的快捷菜单中选择 移除管道 命令。

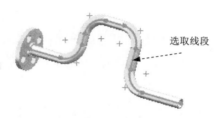

选取线段

图 12.5.17 选取线段

Step 4 单击"退出草图"按钮 ↳⃥，退出 3D 草图环境。

Step 5 退出编辑状态。单击 装配体 工具条中的"编辑装配体"按钮 ⊕。

Step 6 保存文件。选择下拉菜单 文件(F) ➡ 💾 保存(S) 命令，完成移除管道的创建。

12.5.4 添加覆盖层

添加覆盖层可以通过在"线路属性"对话框中创建，也可以在编辑管道线路时进行创建。在编辑管道线路时可以使用 🖌 覆盖层(V) 命令来创建一段管道线路上不同厚度的覆盖层。下面以图 12.5.18 所示的模型为例，说明添加覆盖层的创建过程。

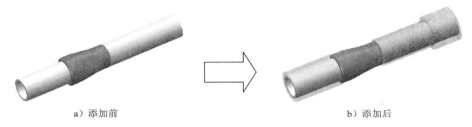

a）添加前   b）添加后

图 12.5.18 添加覆盖层

Stage1. 添加第一段覆盖层

Step 1 打开文件 D:\sw13\work\ch12\ch12.05\ch12.05.04\append bestrow floor.SLDASM。

Step 2 选择下拉菜单 Routing ➡ 管道设计(P) ➡ 🛠 编辑线路(E) 命令。

Step 3 选择命令。选择下拉菜单 Routing ➡ Routing 工具(R) ➡ 🖌 覆盖层(V) 命令，系统弹出"覆盖层"对话框。

Step 4 定义覆盖对象。选取图 12.5.19 所示的线段为覆盖对象，选中 ⊙ 创建自定义覆盖层 单选项，如图 12.5.20 所示。

◁———— 选取线段

图 12.5.19 选取线段

Step 5 定义覆盖层材料。单击"覆盖层"对话框中的 选择材料(S) 按钮，系统弹出"材料"对话框，单击 ⊞ ≔ 其它非金属 节点，选择 橡胶 选项，单击 应用(A) 按钮，完成材料的定义。

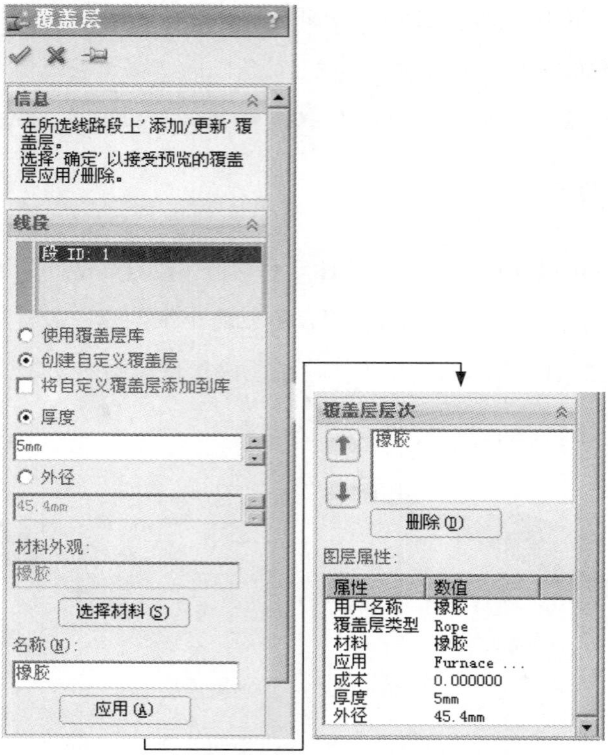

SolidWorks 2013 宝典

图 12.5.20　"覆盖层"对话框

Step 6　定义覆盖厚度。在"覆盖层"对话框 线段 区域的 ⊙ 厚度 文本框中输入数值 5.0，单击 应用(A) 按钮。

Step 7　单击对话框中的 ✓ 按钮，完成该线段覆盖层的添加。

图 12.5.20 所示的"覆盖层"对话框的各选项说明如下：

● 信息 区域：显示当前要操作的步骤。

● 线段 区域：

☑ ⊙ 使用覆盖层库：选中该单选项后，可根据需要在库中对覆盖层的类型进行选择。

☑ ⊙ 创建自定义覆盖层：选中该单选项后，可设置自定义的覆盖层的参数。

☑ ☑ 将自定义覆盖层添加到库：选中该复选框后，会将自定义的覆盖层加载到设计库中。

☑ ⊙ 厚度：该选项用于定义覆盖层的厚度，且必须在选中 ⊙ 创建自定义覆盖层 单选项的情况下才能用， ⊙ 厚度 与 ⊙ 外径 只需更改一个即可。

☑ 材料外观：此文本框中显示当前所选择的材料名称。

650

☑ 选择材料(S) ：单击该按钮，系统弹出"材料"对话框，在该对话框中选择覆盖的材料。

☑ 名称(N)：此文本框中显示指定的材料默认名称。用户也可以为正编辑的覆盖层实例编辑名称。

☑ 应用(A) ：单击该按钮后，可以在线路装配体中生成覆盖层实例。

● 覆盖层层次 区域：显示线路装配体中的所有覆盖层实例。

☑ 删除(D) ：用于删除当前所选择的覆盖层实例。

☑ 图层属性：：用于显示当前所选择的覆盖层实例属性。

Stage2. 添加第二段覆盖层

Step 1 选择命令。选择下拉菜单 Routing ➡ Routing 工具(R) ➡ 🛠 分割线路(S) 命令。

Step 2 创建分割点。在图 12.5.21 所示的线段上创建分割点，标注尺寸为 30.0。

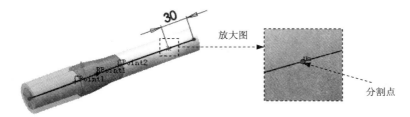

图 12.5.21 分割点

Step 3 选择命令。选择下拉菜单 Routing ➡ Routing 工具(R) ➡ 🖌 覆盖层(V) 命令。

Step 4 定义覆盖对象。选取图 12.5.22 所示的线段为添加覆盖层的对象。

Step 5 定义覆盖材料和厚度。选择覆盖材料为橡胶；覆盖厚度值为 2.0。

Step 6 单击对话框中的 ✔ 按钮。完成图 12.5.23 所示的第二段覆盖层的添加。

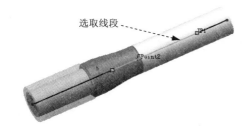

图 12.5.22 定义覆盖线段

图 12.5.23 第二段覆盖层

Stage3. 添加第三段覆盖层

Step 1 参照上述步骤创建第三段覆盖层，覆盖材料为橡胶；覆盖厚度值为 6.0。结果如图 12.5.18b 所示。

Step 2 单击"退出草图"按钮 ⤴️，退出 3D 草图环境（此时有些管道会隐藏，这里要将管道显示出来）。

Step 3 退出编辑状态。单击 装配体 工具条中的"编辑装配体"按钮 📝。

Step 4 保存文件。选择下拉菜单 文件(F) ➡ 💾 保存(S) 命令，完成覆盖层的添加。

12.6 创建软管（管筒）线路

管筒线路与管道线路类似，不同的是管道线路在折弯处使用弯管，而管筒线路不需要。管筒可以是刚性管筒，也可以是变形的软管或韧性管。创建管筒线路的一般方法有：

- 标准管筒的创建。
- 在行程中创建/结束管筒线路。
- 通过拖放创建管筒线路。
- 创建刚性管筒自动步路。
- 创建软性管筒自动步路。

12.6.1 创建标准管筒

标准管筒的信息存储在 Excel 电子表格中，用户可以使用 Excel 电子表格文件来定义管筒，也可以通过编辑 Excel 电子表格文件中的内容来自定义管筒。下面介绍使用现有 Excel 电子表格文件来创建标准管筒的一般过程。

Step 1 新建一个装配体文件。进入装配环境，关闭系统自动弹出的"开始装配体"对话框。

Step 2 保存文件。选择下拉菜单 文件(F) ➡ 💾 保存(S) 命令。在弹出的"另存为"对话框的 文件名(N): 文本框中输入装配体的名称为 standard_tube，单击 保存(S) 按钮。

Step 3 选择命令。选择下拉菜单 Routing ➡ 软管设计(F) ➡ 标准管筒(S) 命令，系统弹出图 12.6.1 所示的"标准管筒"对话框。

Step 4 定义管筒长度。在 管筒定义(T) 区域的 长度(L): 文本框中输入数值 500.0。

Step 5 插入管筒。单击对话框中的 插入管筒(I) 按钮，将两个零部件插入到工作区中如图 12.6.2 所示的摆放位置（可随意摆放），系统弹出图 12.6.3 所示的"SolidWorks"对话框，单击 是(Y) 按钮。

Step 6 单击"自动步路"对话框中的 ✔️ 按钮，完成自动步路的创建。

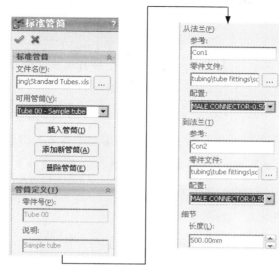

图 12.6.1　"标准管筒"对话框

图 12.6.2　摆放位置

图 12.6.3　"SolidWorks"对话框

图 12.6.1 所示的"标准管筒"对话框中各选项说明如下：

● **标准管筒** 区域：

☑ **文件名(E)**：单击该选项后的"浏览"按钮...，可以浏览到定义标准管筒的 Excel 文件。

☑ **可用管筒(V)**：在该选项的下拉列表中可以选择标准管筒，如自行添加一个或多个新的管筒后，在该选项的下拉列表中就可以选择。

☑ **插入管筒(I)**：单击该按钮可以将选定的标准管筒插入到装配体中。

☑ **添加新管筒(A)**：单击该按钮可以创建新的标准管筒，并在 Excel 文件中生成新的项目。

☑ **删除管筒(E)**：单击该按钮可以删除管筒，并可以删除 Excel 文件中的项目。

● **管筒定义(T)** 区域：

☑ **零件号(P)**：显示当前所选择的管筒零件号；或在添加新管筒时，在该文本框中输入新的零件号。

☑ 说明:: 显示当前所选择的管筒的说明; 或在添加新管筒时, 在该文本框中输入新的说明。

☑ 从法兰(F) 下的 参考:文本框: 显示第一个接头或法兰的参考名称; 或在添加新管筒时, 在该文本框中输入新的管筒的值。

☑ 从法兰(F) 下的 零件文件:文本框: 显示第一个接头或法兰的零件名称, 单击该选项后的 "浏览" 按钮…, 可以根据需要选择不同种类的接头或法兰。

☑ 从法兰(F) 下的 配置:下拉列表: 为管筒选择一个配置以定义接头或法兰的大小。

☑ 到法兰(T) 下的 参考:: 显示第二个接头或法兰的参考名称; 或在添加新管筒时, 在该文本框中输入新的管筒的值。

☑ 到法兰(T) 下的 零件文件:文本框: 显示第二个接头或法兰的零件名称, 单击该选项后的 "浏览" 按钮…, 用户可以根据需要选择不同种类的接头或法兰。

☑ 到法兰(T) 下的 配置:下拉列表: 定义接头或法兰类型后, 在此项的下拉列表中可以选择一配置来定义接头或法兰的大小。

☑ 长度(L):文本框: 用于显示管筒的长度; 或在添加新管筒时, 在该文本框中输入新的管筒长度值。

Step 7 修复线路。

(1) 定义修复线段。选取图 12.6.4 所示的线段作为修复线段。

(2) 调整修复线段路径。将样条线的中点删除, 然后对端点的位置进行调整, 结果如图 12.6.5 所示。

图 12.6.4 修复线段

图 12.6.5 调整修复线段路径

Step 8 单击 "退出草图" 按钮 ，退出 3D 草图环境。

Step 9 退出编辑状态。单击 装配体 工具条中的 "编辑装配体" 按钮 。结果如图 12.6.6 所示。

图 12.6.6 标准管筒

Step 10 保存文件。选择下拉菜单 文件(F) ➡ 保存 (S) 命令, 完成标准管筒的创建。

12.6.2　在行程中创建/结束管筒线路

通过"起始于点"创建管筒线路与管道线路相似，都是通过 <img> 启始于点 (P) 命令以所有当前线路中没有连接点的线路创建管筒或管道。下面介绍图 12.6.7 所示的通过"起始于点"创建管筒线路的一般过程。

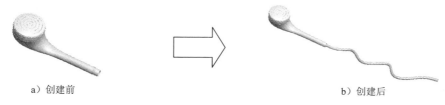

a）创建前　　　　　　　　　　　　　　　　b）创建后

图 12.6.7　起始于点管筒线路

Step 1　打开文件 D:\sw13\work\ch12\ch12.06\ ch12.06.02\ journey_tube.SLDASM。

Step 2　创建连接点。

（1）选择命令。选择下拉菜单 Routing ➡ 软管设计 (F) ➡ <img> 启始于点 (P) 命令，系统弹出图 12.6.8 所示的"连接点"对话框（一）。

图 12.6.8　"连接点"对话框（一）

（2）定义创建连接点的基准面。选取图 12.6.9 所示的表面为连接点的基准面。

（3）定义线路类型。在 <img> 下拉列表中选择 管筒 选项。

（4）选择管筒。单击 参数(P) 区域中的 选择管筒(T) 按钮，系统弹出图 12.6.10 所示的"连接点"对话框（二）。

图 12.6.9　定义创建连接点的基准面　　　图 12.6.10　"连接点"对话框（二）

（5）定义管筒和基本配置。单击 **管筒(T)** 区域中的"浏览"按钮 …，在弹出的"打开"对话框中选择 routing\tubing\ tubes\ tube-ss.sldprt，单击 **打开(O)** 按钮；在 **基本配置(C):** 下拉列表中选择 **Tube .500in OD X .010in Wall** 选项。

（6）在两个"连接点"对话框中都单击 ✅ 按钮，完成连接点的创建，系统弹出"线路属性"对话框。

Step 3　定义线路属性。在 **管筒(T)** 区域中选中 ☑ **使用软管(U)** 复选框；在 **折弯 - 弯管(B)** 区域中选中 ⊙ **中心线** 单选项。单击对话框中的 ✅ 按钮，完成线路属性的定义。

Step 4　创建管筒线路。在"草图"工具栏中单击 🖊▾ 按钮，在 ZX 平面内绘制图 12.6.11所示的样条曲线，绘制后系统会出现图 12.6.12 所示的"SolidWorks"对话框，单击 **确定** 按钮。

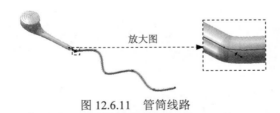

图 12.6.11　管筒线路

图 12.6.12　"SolidWorks"对话框

说明：此时会弹出"SolidWorks"对话框是因为在创建的样条曲线中有一处或多处的折弯半径小于名义直径，需要对线路进行调整。调整方法可以是手动对样条曲线的型值点位置进行编辑，还可以采用前面介绍的通过 🛠 修复线路(I) (M)命令来完成线路的调整。

Step 5 调整线路。手动对样条曲线的型值点位置进行编辑，直到线路中没有红色的区域出现，完成线路的调整。

Step 6 单击"退出草图"按钮 ✒，退出 3D 草图环境。

Step 7 退出编辑状态。单击 装配体 工具条中的"编辑装配体"按钮 ⊕。结果如图 12.6.7b 所示。

Step 8 保存文件。选择下拉菜单 文件(F) ➡ 🖫 保存(S) 命令，完成在行程中创建/结束管筒线路。

12.6.3 通过拖/放来创建管筒线路

使用"通过拖/放来开始"命令来创建管筒线路与管道线路相似。下面介绍通过拖/放标准管筒法兰来创建管筒线路的一般过程（图 12.6.13）。

图 12.6.13 通过拖放的管筒线路

Step 1 新建一个装配体，进入装配环境，关闭系统自动弹出的"开始装配体"对话框。

Step 2 保存装配文件。选择下拉菜单 文件(F) ➡ 🖫 保存(S) 命令，命名为 drag_found_tube。

Step 3 选择命令。选择下拉菜单 Routing ➡ 软管设计(F) ➡ 🛠 通过拖/放来开始(D)命令，系统弹出"信息"对话框和设计库，如图 12.6.14 所示。

Step 4 选取配件。打开设计库中的\routing\tubing\flanges 文件夹，选择"slip on tube flange-ss"法兰为拖放对象。

Step 5 定义法兰配置。将法兰拖放到图形区域中，系统弹出图 12.6.15 所示的"选择配置"对话框，选择 Tube Flange 2-150 配置，单击 确定(O) 按钮，系统弹出"线路属性"对话框。

Step 6 定义线路属性。在 管筒(T) 区域中选中 ☑ 使用软管(U) 复选框；在 折弯 - 弯管(B) 区域中选中 ⊙ 中心线 单选项，单击对话框中的 ✔ 按钮，完成线路属性的定义。

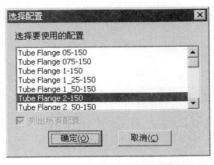

图 12.6.14　"信息"对话框和设计库　　　　图 12.6.15　"选择配置"对话框

Step 7　定义管筒路径。系统进入草绘环境中。在"草图"工具栏中单击 🔨 按钮，在 YZ 平面内绘制图 12.6.16 所示的管筒路径，绘制后系统弹出图 12.6.17 所示的 "SolidWorks"对话框，单击 确定 按钮。

图 12.6.16　管筒路径

图 12.6.17　"SolidWorks"对话框

Step 8　调整路径。手动对图 12.6.16 所示的管筒线路上的型值点位置进行编辑，直到没有红色的区域出现。

Step 9　单击"退出草图"按钮 🔨，退出 3D 草图环境。

Step 10　退出编辑状态。单击 装配体 工具条中的"编辑装配体"按钮 🔘。结果如图 12.6.13 所示。

Step 11　保存文件。选择下拉菜单 文件(F) ➡ 💾 保存(S) 命令，完成通过拖/放来创建管筒线路。

12.6.4　创建刚性管筒自动步路

在管筒线路中自动步路可以分为刚性管筒自动步路和软性管筒自动步路。刚性管筒是以正交形式创建的管筒线路，而软性管筒是以样条曲线形式创建的管筒线路。下面以图 12.6.18 所示的模型为例，介绍创建刚性管筒自动步路的一般过程。

a）创建前　　　　　　　　　　　　　　b）创建后

图 12.6.18　创建刚性管筒自动步路

Step 1　打开文件 D：\sw13\work\ch12\ch12.06\ch12.06.04\right-angle_ circuitry.SLDASM。

Step 2　定义线路属性。

（1）定义开始步路点。选取图 12.6.19 所示的"CPoint2"并右击，在弹出的快捷菜单中选择 开始步路 命令，系统弹出"线路属性"对话框。

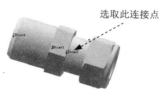

选取此连接点

图 12.6.19　定义连接点

（2）选择管筒。在 管筒(T) 区域中单击"浏览"按钮…，选择 routing\tubing\tubes\tube-ss.sldprt 文件。

（3）定义管筒的基本配置。在 基本配置(C) 下拉列表中选择 Tube .500in OD X .010in Wall 选项。

（4）其他线路属性的配置采用默认设置值，单击对话框中的 ✓ 按钮，完成线路属性的定义。

Step 3　将点添加到线路。选取另一接头上的"CPoint2"并右击，在弹出的快捷菜单中选择 添加到线路 命令，系统将自动添加线路。

Step 4　自动步路。

（1）选择命令。选择下拉菜单 Routing ➡ Routing 工具(R) ➡ 🖉 自动步路(A) 命令，系统弹出图 12.6.20 所示的"自动步路"对话框。

（2）定义自动步路。在 自动步路(A) 区域中选中 ☑ 正交线路(O) 复选框，选取图 12.6.21 所示的点 1 和点 2 为当前自动步路的点。

Chapter 12

图 12.6.20　"自动步路"对话框

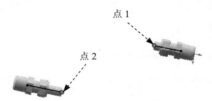

图 12.6.21　选取自动步路点

图 12.6.20 所示"自动步路"对话框中各选项的说明如下：

- 信息 区域：显示当前要进行的操作。

- 步路模式(R) 区域：用于确定一种步路的方式。

  ☑ ⊙ 自动步路(A)：选择自动步路的起点和终点或线夹轴或直线。

  ☑ ⊙ 沿几何体的线路(R)：选择几何体来定义线路。

  ☑ ○ 编辑（拖动）(E)：选择需要编辑的点或直线，通过拖放来调整线路。

  ☑ ○ 重新步路样条曲线(R)：首先选择一样条曲线进行编辑，然后选择步路所穿越
  的线夹轴，以重新步路样条曲线。

- 选择(S) 区域：用于显示用户所选择的对象。

  ☑ 当前选择(S)：显示当前选择线路上的点、线或实体。

  ☑ 当前编辑点(P)：显示当前编辑的点。

- 自动步路(A) 区域：用于设置自动步路的相关参数。

  ☑ ☑ 正交线路(O)：选中该选项后，系统将创建一条与 X、Y 和 Z 轴平行的线段。

  ☑ 交替路径(T)：显示交替有效的正交线路。

  ☑ 折弯半径(B)：定义线路中的折弯半径。

（3）单击对话框中的 ✅ 按钮，完成自动步路的定义。

说明： 在创建自动步路时还可以直接选择需要自动步路的某一个点并右击，在弹出的快捷菜单中选择 ⚡ 自动步路(A) (H) 命令，系统弹出"自动步路"对话框，再选取另一需要连接的自动步路点，使用该方法更为快捷。

Step 5　添加尺寸。添加图 12.6.22 所示的尺寸。

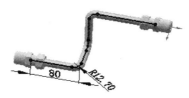

图 12.6.22　添加尺寸

Step 6　单击"退出草图"按钮 ⮐，退出 3D 草图环境。

Step 7　退出编辑状态。单击 装配体 工具条中的"编辑装配体"按钮 📦，结果如图 12.6.18b 所示。

Step 8　保存文件。选择下拉菜单 文件(F) ➡ 💾 保存(S) 命令，完成刚性管筒自动步路的创建。

12.6.5　创建软性管筒自动步路

下面介绍图 12.6.23 所示的创建软性管筒自动步路的一般过程。

a）创建前　　　　　　　　　　　　　　　　　　b）创建后

图 12.6.23　自动步路

Step 1　打开文件 D:\sw13\work\ch12\ch12.06\ch12.06.05\automatism_circuitry.SLDASM。

Step 2　定义线路属性。

（1）定义开始步路点。选取图 12.6.24 所示的"CPoint2"并右击，在弹出的快捷菜单中选择 开始步路 命令，系统弹出"线路属性"对话框。

（2）选择管筒。在 管筒(T) 区域中单击"浏览"按钮 …，选择 routing\tubing\tubes\tube-ss.sldprt 文件。

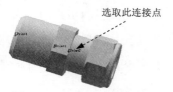

选取此连接点

图 12.6.24　定义连接点

（3）定义管筒的基本配置。在 基本配置(C): 下拉列表中选择 Tube .500in OD X .010in Wall 选项，选中 ☑ 使用软管(U) 复选框。

（4）其他线路属性的配置采用默认设置值，单击对话框中的 ✅ 按钮，完成线路属性的定义。

Step 3　将点添加到线路。选取另一接头上的"CPoint2"并右击，在弹出的快捷菜单中选择 添加到线路 命令，系统将自动添加到线路。

Step 4　自动步路。

（1）定义自动步路起点。选取图 12.7.25 所示的"点 1"并右击，在弹出的快捷菜单中选择 ⚡ 自动步路 (A) 命令，系统弹出"自动步路"对话框。

（2）定义自动步路终点。选取图 12.6.25 所示的"点 2"为自动步路的终点。

（3）单击对话框中的 ✅ 按钮，完成自动步路的定义，结果如图 12.6.26 所示。

点 1

点 2

图 12.6.25　选取自动步路点

图 12.6.26　完成自动步路

Step 5　单击"退出草图"按钮 ↩，退出 3D 草图环境。

Step 6　退出编辑状态。单击 装配体 工具条中的"编辑装配体"按钮 ⊚，结果如图 12.6.23b 所示。

Step 7　保存文件。选择下拉菜单 文件(F) ➡ 🖫 保存 (S) 命令，完成软性管筒的自动步路。

12.7　编辑软管（管筒）线路

完成管筒线路的创建后，可以通过编辑线路和子装配体来改变线路草图、添加或者删除配件。编辑管筒线路与编辑管道线路类似，都包括更改线路直径、添加配件、移除管筒/管道线路、管筒/管道的连接和添加覆盖层。本节主要介绍更改管筒线路的直径和输出管道/管筒数据。

12.7.1　更改线路直径

通过 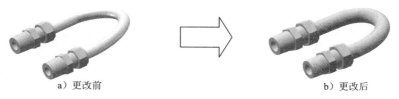 更改线路直径(D) 命令可以更改整体的线路直径,包括管筒/管道线路直径和线路上相关配件的直径。下面以图 12.7.1 为例来说明更改线路直径的一般过程。

a)更改前　　　　　　　　b)更改后

图 12.7.1　更改线路直径

Step 1　打开文件 D:\sw13work\ch12\ch12.07\ch12.07.01\ rejigger_diameter.SLDASM。

Step 2　选择命令。选择下拉菜单 Routing ➡ 软管设计(F) ➡ 编辑线路(E) 命令。

Step 3　更改线路直径。

(1)选择命令。选择下拉菜单 Routing ➡ Routing 工具(R) ➡ 更改线路直径(D) 命令,系统弹出图 12.7.2 所示的"更改线路..."对话框(一)。

说明:在更改线路直径时可以直接选择需要更改的线段并右击,在弹出的快捷菜单中选择 更改线路直径(D) (I) 命令进行线路直径的更改,使用该方法更加快捷。

(2)选取更改线路。选取图 12.7.3 所示的线路为要更改的线路,此时系统弹出"更改线路..."对话框(二)。

图 12.7.2　"更改线路..."对话框(一)

选取线路

图 12.7.3　更改线路

(3)设置线路数值。在对话框的 第一配件(F) 区域中选中 ☑ 驱动 复选框,然后选择 MALE CONNECTOR-0.625Tx0.500 NPT 选项;在 第二配件(S) 区域中选择 MALE CONNECTOR-0.625Tx0.500 NPT 选项,取消选中 ☐ 自动选择弯管和管道(E) 复选框,在 管道(P) 区域中 为管道选择配置(P): 下拉列表中选择 Tube .625in OD X .020in Wall 选项,如图 12.7.4 所示。

12 Chapter

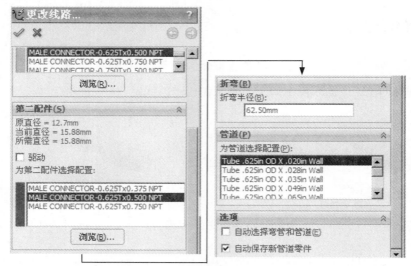

图 12.7.4　"更改线路"对话框（二）

图 12.7.4 所示"更改线路"对话框中各选项说明如下：

● 选项 区域中包括 ☑ 自动选择弯管和管道(F)。和 ☑ 自动保存新管道零件。两个复选框。

　　☑ ☑ 自动选择弯管和管道(F)。：选中该复选框后，允许软件自动根据驱动接头的直径及规格选择弯管和管道的配置。

　　☑ ☑ 自动保存新管道零件。：选中该复选框后，软件自动为新的管段创建新的零件文件。若取消选中该复选框，则软件会询问保存新管段的位置。

● 第一配件(F) 区域中选项说明如下。

　　☑ ☑ 驱动：选中该复选框后，表示其他配件的选择必须与第一配件的选择相匹配。

　　☑ 为第一配件选择配置(F)：：在该列表框中显示第一配件的所有配置。

● 第二配件(S) 区域中选项说明如下。

　　☑ ☑ 驱动：选中该复选框后，表示其他配件的选择必须与第二配件的选择相匹配。

　　☑ 为第二配件选择配置：：在该列表框中显示第二配件的所有配置。

　　☑ 折弯(B) 区域：该区域中只包括 折弯半径(B)： 一个文本框，该文本框中显示管筒的折弯半径，也可以在该文本框中输入新的折弯半径。

● 管道(P) 区域中的 为管道选择配置(P)： 列表框中显示选择的管道配置。

（4）单击对话框的 ✔ 按钮，完成线路参数的设置。

Step 4　单击"退出草图"按钮 🔧，退出 3D 草图环境。

Step **5**　退出编辑状态。单击 装配体 工具条中的"编辑装配体"按钮 ，结果如图
12.7.1b 所示。

12.7.2　输出管道/管筒数据

　　通过 输出管道/管筒数据 (a) 命令可以将管道/管筒数据输出，并通过创建材料明细表生
成管道/管筒的项目号、零件号、数量和说明等。下面介绍输出管道/管筒数据的一般过程。

Step **1**　打开文件 D:\sw13\work\ch12\ch12.07\ch12.07.02\output_ data.SLDASM。

Step **2**　输出管道/管筒数据。

　　（1）选择命令。在设计树中选择 (固定) RouteAssy1-output_data<1>(默认<显示状态-1>)
并右击，在系统弹出的快捷菜单中选择 输出管道/管筒数据 (D)命令，弹出"线路输出"对
话框。

　　（2）定义线路输出。在对话框的 输出选项(O) 区域中选中 ☑ 从原点开始(S) 复选框，选中
⊙ 管筒折弯系数表 和 ⊙ 交叉点(I) 单选项，选中 ☑ 盖写现有文件(W) 复选框，单击 输出(X) 按
钮；在 输出文件格式(E) 区域中选中 ⊙ 普通 html(P) 单选项；结果如图 12.7.5 所示。

图 12.7.5　"线路输出"对话框

　　（3）单击对话框中的 ✔ 按钮，完成线路输出的操作。

图 12.7.5 所示"线路输出"对话框中各选项说明如下：

● 线路装配体(R) 区域：用于选择步路装配体的零部件。

- **输出选项(O)** 区域：用于设置一些相关线路输出的选项。
  - ☑ ☑ **从原点开始(S)**：选中该复选框，则数据开始的第一个点在线路装配体的原点上；取消选中该复选框，则数据开始的第一个点在管筒开始步路处。
  - ☑ ⊙ **管道数据**(.pcf)(P)：选中此单选项，输出管道和管筒设计数据为 PCF 格式。
  - ☑ ⊙ **管筒折弯系数表**：选中此单选项，为使用带折弯的管筒或管道的线路装配体生成折弯系数表。
  - ☑ **输出(X)**：单击此按钮可以生成输出文件，输出的文件名称在文本框中显示。

- **输出文件格式(E)** 区域：用于设置线路输出的格式。
  - ☑ ⊙ **只限文字(T)**：选中此单选项，生成带折弯数据表的 ASCII 文字文件。
  - ☑ ⊙ **普通** html(P)：选中此单选项，生成带折弯数据的 HTML 文件和带折弯数据的 ASCII 文字文件。
  - ☑ ⊙ **图形** html(G)：选中此单选项，生成带图形页眉的 HTML 文件和带折弯数据的 ASCII 文件。
  - ☑ ☑ **生成标题页(H)**：该选项用于 HTML 文件中。选中该复选框后，在生成的 HTML 文件包括文件名称、单位、交叉点数据等。
  - ☑ ☑ **生成图像(M)**：该选项只可用于 HTML 文件。选中该复选框后，在生成的 HTML 文件中将生成装配体.jpg 图像。
  - ☑ ☑ **由逗号分隔(A)**：选中该选项后，则在 ASCII 文字文件的数值之间添加逗号。

- **输出的文件(F)** 区域各选项说明如下：
  - ☑ （观阅所选文件）：单击此按钮可以查看生成的文件。
  - ☑ （复制所有文件）：单击此按钮后系统会弹出浏览文件夹对话框，选择一文件夹将文件复制到该文件夹中。
  - ☑ （发送包含所有文件的电子邮件）：单击此按钮后可以将文件压缩成 Zip 格式，然后使用电子邮件发送。

Step 3 查看文件。生成的数据文件位于 D:\sw13\work\ch12\ch12.07\ch12.07.02\output_data 文件夹中，通过记事本将该文件打开，如图 12.7.6 所示。

Step 4 创建工程图。

（1）新建一个工程图。选择下拉菜单 文件(F) ➡ 新建 (N)... 命令。在弹出的对话框中单击"工程图"图标，然后单击 确定 按钮。

图 12.7.6　数据文件

（2）选取模型。在弹出的"模型视图"对话框的 要插入的零件/装配体(E) ∧ 区域的 打开文档: 列表框中双击该模型。

说明：单击"视图布局"工具栏中的"模型视图"按钮 ，可进入其对话框。

（3）载入工程图。单击 方向(O) 区域中的等轴测按钮 ，在图形区中单击，即可将等轴测视图载入到工程图中，单击对话框中的 ✓ 按钮。

Step 5　插入表格。

（1）选择命令。选择下拉菜单 插入(I) ➡ 表格(T) ➡ 材料明细表(B)... 命令，单击上一步创建的视图，系统弹出"材料明细表"对话框。

（2）定义材料明细表。选中 ● 仅限顶层 单选项，单击对话框中的 ✓ 按钮。

（3）将表格插入到图形区域。单击系统弹出的对话框的 ✓ 按钮，然后单击图形区域中的某一处。

（4）在绘图区调整表格，将"说明"列删除，得到如图 12.7.7 所示的工程图。

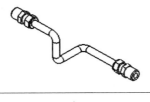

项目号	零件号	数量
1	MALE CONNECTOR-0.500Tx0.500 PIPE	2
2	RouteAssy1-output_ data	1

图 12.7.7　工程图

Step 6　保存文件。选择下拉菜单 文件(F) ➡ 🖫 保存(S) 命令，完成输出管道/管筒数据的创建。

12.8　电气设计

Routing 插件中的电气部分主要用于电气传输设备中的电缆/电线的布置。主要包括电气导管的创建、通过拖/放来创建电气线路、通过"从/到"输入 Excel 文件来输出电气零部件和电缆/电线、电缆/电线的添加、线夹的使用和标准电缆的创建。

12.8.1　创建电气刚性导管

电气刚性导管与管道的创建类似，由刚性管和弯管接头组成。可以通过 3D 草图来创建电气导管线路。下面介绍创建图 12.8.1 所示的电气刚性导管的一般过程。

　　　　a）创建前　　　　　　　　　　　　　　　　　　b）创建后

图 12.8.1　电力刚性导管

Step 1　打开文件 D:\sw13\work\ch12\ch12.08\ch12.08.01\rigidity_pipe.SLDASM。

Step 2　定义选项设置。选择下拉菜单 工具(T) ➡ ≣≣ 选项(P)... 命令，系统弹出"系统选项（S）–普通"对话框，单击 系统选项(S) 按钮，在其列表框中选择 步路 选项，在 一般步路设定 区域中取消选中 □ 自动生成草图圆角(F) 复选框，单击 确定 按钮。

Step 3　添加端盖

（1）选择命令。选择下拉菜单 Routing ➡ 电气(E) ➡ 🔧 通过拖/放来开始(D) 命令，系统弹出图 12.8.2 所示的"信息"对话框和"设计库"。

（2）选择零部件。打开设计库中的 routing\conduit 文件夹，选择"pvc conduit--male terminal adapter"（端盖）为拖/放对象。

（3）定义端盖拖/放位置。将端盖拖放到图形区域中的圆孔位置，系统弹出图 12.8.3 所示的"选择配置"对话框。

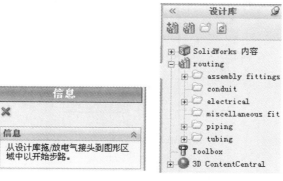

图 12.8.2　"信息"对话框和"设计库"

图 12.8.3　"选择配置"对话框

（4）定义端盖配置。在"选择配置"对话框中选择 O.5inAdapter 配置，单击 确定(O) 按钮，在弹出的"线路属性"对话框中单击 ✖ 按钮，结果如图 12.8.4 所示。

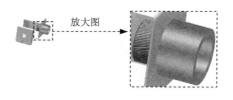

放大图

图 12.8.4　添加端盖后

Step 4　参照 Step3，在另一装配体上添加一端盖。

Step 5　显示步路点。选择下拉菜单 视图(V) ➡ 步路点(R) 命令，然后单击工具栏中的"重建模型"按钮 。

Step 6　定义开始步路点。右击其任意端盖上的"CPoint1-conduit"，在弹出的快捷菜单中选择 开始步路 命令，系统弹出图 12.8.5 所示的"线路属性"对话框。

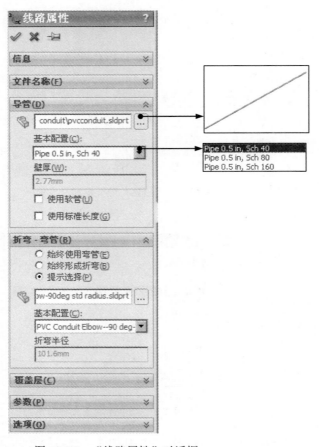

图 12.8.5　"线路属性"对话框

Step 7　定义线路属性。

（1）定义导管。单击 导管(D) 区域中的"浏览"按钮 ··· ，在系统弹出的"打开"对话框中选择 routing\conduit\ pvcconduit.sldprt 文件，单击 打开(O) 按钮。

（2）定义导管的基本配置。在"线路属性"对话框 导管(D) 区域的 基本配置(C): 下拉列表中选择 Pipe 0.5 in, Sch 40 选项。

（3）定义折弯－弯管。在"线路属性"对话框 折弯 - 弯管(B) 区域中选中 ⊙ 提示选择(P) 单选项。

（4）单击对话框中的 ✓ 按钮，完成线路属性的定义。

Step 8　将点添加到线路。右击另一端盖上的"CPoint1-conduit"，在弹出的快捷菜单中单击 添加到线路 命令。

Step 9　添加尺寸。标注从自动步路延伸出来的导管长度值为 100.0，如图 12.8.6 所示。

图 12.8.6　添加尺寸

Step **10**　创建 3D 草图。

（1）绘制第一条直线。在 YZ 平面内绘制图 12.8.7 所示的直线。

（2）绘制第二条直线。在 YZ 平面内绘制图 12.8.8 所示的直线。

图 12.8.7　绘制第一条直线　　　　图 12.8.8　绘制第二条直线

（3）合并端点。选取导管的两个端点为合并对象，在弹出的"属性"对话框中单击 ☑ 合并(C) 按钮。

（4）单击对话框中的 ✔ 按钮，合并结果如图 12.8.9 所示。

图 12.8.9　合并端点

Step **11**　添加转换头。

（1）选择零部件。打开设计库中的 routing\conduit 文件夹，选择"pvc conduit--pull-elbow-90deg"转换头为添加对象。

（2）定义转换头位置和配置。将转换头拖放到图 12.8.10 所示的折弯点。系统弹出"选择配置"对话框；选择 0.5" PVC Conduit Pull Elbow 配置，单击 确定(O) 按钮，完成转换头位置和配置的定义。

Step **12**　参照 Step11，再添加两个"conduit--pull-elbow-90deg"转换头零部件，添加后的结果如图 12.8.11 所示。

图 12.8.10　折弯点　　　　图 12.8.11　添加其他的转接头

Step 13　单击"退出草图"按钮 ，退出 3D 草图环境。

Step 14　退出编辑状态。单击 装配体 工具条中的"编辑装配体"按钮 。

Step 15　保存文件。选择下拉菜单 文件(F) ➡ 保存 (S) 命令，完成电气刚性导管的创建。

12.8.2　创建电气导管 BOM 表

BOM 表可以根据用户在产品设计过程中设定的一些特定参数（如管道长度），统计当前使用的零件号、项目号、数量和类型等。下面介绍创建电气导管 BOM 表的一般过程。

Step 1　打开文件 D:\sw13\work\ch12\ch12.08\ch12.08.02\establish_BOM.SLDASM。

Step 2　隐藏路线 1。右击 路线1 节点下的 (-) 3D草图1，在弹出的快捷菜单中单击隐藏按钮 。

Step 3　创建工程图。

（1）新建一个工程图。选择下拉菜单 文件(F) ➡ 新建(N)... 命令，在弹出的对话框中点击"工程图"图标，然后单击 确定 按钮。

（2）选取模型。在弹出的"模型视图"对话框的 要插入的零件/装配体(E) 区域的 打开文档: 列表框中双击该模型。

说明：单击"视图布局"工具栏中的"模型视图"按钮 ，进入其对话框。

（3）定义视图方向。单击 方向(O) 区域中的等轴测按钮 ，在图形区中单击一处，即可将等轴测视图载入到工程图中，单击对话框中的 按钮。

Step 4　插入表格。

（1）选择命令。选择下拉菜单 插入(I) ➡ 表格 (T) ➡ 材料明细表 (B)... 命令，单击上一步创建的视图，系统弹出"材料明细表"对话框。

（2）定义材料明细表。在"材料明细表"对话框的 材料明细表类型(Y) 区域中选中 缩进 单选项，然后在其下拉菜单中选择 简单编号 选项，在 零件配置分组(G) 区域中选中 将同一零件的配置显示为单独项目 单选项，单击对话框中的 按钮。

（3）将表格插入到图形区域。单击图形区域中的某一处，完成表格的插入。

Step 5 编辑表格。在表格中任意处单击，此时显示表格边框，双击表格中的 C（说明）列，系统弹出图 12.8.12 所示的属性界面，在 列类型: 下拉列表中选择 ROUTE PROPERTY 选项；在 属性名称: 下拉列表中选择 SW管道长度 选项，结果如图 12.8.13 所示。

项目号	零件号	SW管道长度	数量
1	up_shell		2
2	down_shell		2
3	0.5inAdapter		2
4	RouteAssy1-establish_BOM		1
4.1	0.5″ PVC Conduit Pull Elbow		3
4.2	0.5 in, Schedule 40	89.21mm	1
4.3	0.5 in, Schedule 40, 1	91.92mm	1
4.4	0.5 in, Schedule 40, 2	122.48mm	1
4.5	0.5 in, Schedule 40, 3	237.48mm	1

列类型:
ROUTE PROPERTY
属性名称:
SW管道长度

图 12.8.12　属性界面　　　　　　　　　图 12.8.13　工程图

Step 6 保存文件。选择下拉菜单 文件(F) ➡ 📁 保存(S) 命令，完成电气导管 BOM 的创建。

12.8.3　将电气线路添加到电气导管

在电气设计中，电气线路需要穿过电气导管并延伸至电气零部件上。下面介绍将电气线路添加到电气导管的一般过程。

Step 1 打开文件 D:\sw13\work\ch12\ch12.08\ch12.08.03\append_ wire.SLDASM。

Step 2 隐藏路线 1。右击 ⊞ ⌐ 路线1 节点下的 ⅔ (-) 3D草图1，在弹出的快捷菜单中单击隐藏按钮 👓。

Step 3 添加电气插头。

（1）选择命令。选择下拉菜单 Routing ➡ 电气(E) ➡ 🔩 通过拖/放来开始(D)命令，系统弹出"信息"对话框和"设计库"。

（2）选择零部件。打开设计库中的 routing\electrical 文件夹，选择 "socket-6pinmindin.sldprt" 插头为拖放对象。

（3）定义插头放置位置。将插头拖放到图形区域中的圆孔位置，单击系统弹出的对话框中的 ✖ 按钮。

（4）参照步骤（2）和（3），在另一装配体的圆孔位置添加插头，结果如图 12.8.14
所示。

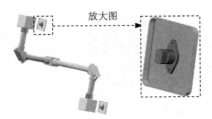

放大图

图 12.8.14　添加插头

Step 4　添加端盖上的连接点到线路。

（1）选择命令。选择下拉菜单 Routing ➡ 电气(E) ➡ 编辑线路(E)命令，进入
3D 草绘环境。

（2）将点添加到线路。右击其中一个端盖上的"CPoint2-electrical"，在弹出的快捷菜
单中单击 添加到线路 命令。

（3）参照步骤（2），将另一端盖上的"CPoint2-electrical"添加到线路。

Step 5　添加插头上的连接点到线路。

（1）右击设计树中 (-) socket-6pinmindin<1> 节点下的 CPoint1 ，在弹出的快捷菜
单中选择 添加到线路 命令。

（2）同操作步骤（1），将另一插头上的"CPoint1"添加到线路。

Step 6　创建电气线路 1。

（1）选择命令。选择下拉菜单 Routing ➡ Routing 工具(R) ➡ 自动步路(A)命令，
弹出"自动步路"对话框。

（2）选择步路点。选取图 12.8.15 所示的两条电线的端点。

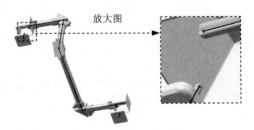

放大图

图 12.8.15　选择电线端点

（3）调整电线路径。在"自动步路"对话框的 步路模式(R) 区域中选中 ⊙ 编辑（拖动）(E)
单选项，调整电线线路。

（4）单击"自动步路"对话框 ✓ 按钮，完成电气线路 1 的创建，如图 12.8.16 所示。

Step 7 创建电气线路 2。同操作步骤 Step6，创建图 12.8.17 所示的电气线路 2。

图 12.8.16　电力线路 1　　　　　　　　　图 12.8.17　电力线路 2

Step 8 单击"退出草图"按钮 ，在设计树中将电气导管显示出来。

Step 9 退出编辑状态。单击 装配体 工具条中的"编辑装配体"按钮 。

Step 10 保存文件。选择下拉菜单 文件(F) ➡ 保存(S) 命令，完成将电气线路添加到电气导管。

12.8.4　编辑电缆/电线库

在 Routing 插件的电力库中，可以对"电缆/电线库"进行编辑，也可以通过编辑 Excel 文件，然后以"….xml"格式文件输入到电缆库中。下面介绍通过编辑"电缆/电线库"并将其应用到线路中的一般过程。

Step 1 打开文件 D:\sw13\work\ch12\ch12.08\ch12.08.04\amend_ warehouse.SLDASM。

Step 2 编辑电线。

（1）选择命令。选择下拉菜单 Routing ➡ 电气(E) ➡ 编辑线路(E) 命令，进入 3D 草绘环境。

（2）选择命令。选择下拉菜单 Routing ➡ 电气(E) ➡ 编辑电线(W) 命令，系统弹出"编辑电线"对话框。

（3）选择库文件。单击"编辑电线"对话框中的"添加电线"按钮 ，弹出"电力库"对话框。

（4）选择电线。在 选择电线 下拉列表框中选择"20 red"，单击 添加 按钮，如图 12.8.18 所示，单击 确定 按钮，完成电线的选择。

（5）选择路径。在"编辑电线"对话框中单击 选择路径(S) 按钮，依次选取图 12.8.19 所示的线段，如图 12.8.20 所示，单击对话框中的 按钮，完成路径的选择。

（6）单击"编辑电线"对话框中的 按钮，完成电线的编辑。

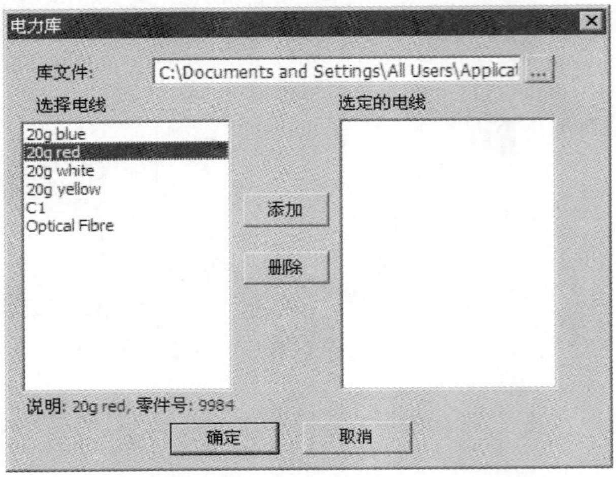

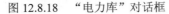

图 12.8.18　"电力库"对话框

图 12.8.19　选取路径

Step 3　查看电气特性。

（1）选择命令。右击模型中的任意电线，在弹出的快捷菜单中单击 电力特性 命令。系统弹出图 12.8.21 所示的"电气特性"对话框。

图 12.8.20　"编辑电线"对话框

图 12.8.21　"电力特性"对话框

（2）查看电线清单。在"电气特性"对话框的 电线清单 区域中显示了现有的一条电线，同时 属性 区域中显示了该电线的属性，单击对话框中的 ✓ 按钮。

说明：如果是多条电线，分别单击 电线清单 区域中的电线，可以在 属性 区域中分别显示电线的属性。

Step 4 单击"退出草图"按钮 ⮌，退出 3D 草图环境。

Step 5 退出编辑状态。单击 装配体 工具条中的"编辑装配体"按钮 ⑨。

Step 6 保存文件。选择下拉菜单 文件(F) ➡ 💾 保存(S) 命令，完成电缆/电线库的编辑。

12.8.5 创建电气软管

创建电气软管和电气刚性管类似，不同的是电气刚性管在折弯处使用弯管接头，而电气软管是管道轮廓沿着一条样条曲线扫描而成的，折弯处无需弯管连接。下面介绍创建图 12.8.22 所示的电气软管的一般过程。

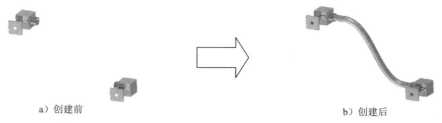

a）创建前   b）创建后

图 12.8.22 电力刚性导管

Stage1. 创建电气导管线路

Step 1 打开文件 D:\sw13\work\ch12\ch12.08\ch12.08.05\tube.SLDASM。

Step 2 显示步路点。选择下拉菜单 视图(V) ➡ 🔧 步路点(R) 命令，然后单击工具栏中的"重建模型"按钮 ⑧。

Step 3 定义开始步路点。右击任意端盖上的"CPoint1-conduit"，在弹出的快捷菜单中单击 开始步路 按钮，弹出"线路属性"对话框。

Step 4 定义线路属性。

（1）选择导管。单击 导管(D) 区域中的浏览按钮 ...，在弹出的"打开"对话框中选择 routing\conduit\ pvcconduit.sldprt 文件，单击 打开(O) 按钮。

（2）选择导管的基本配置。在"线路属性"对话框的 导管(D) 区域的 基本配置(C): 下拉列表中选择 Pipe 0.5 in, Sch 40 选项，选中 ☑ 使用软管(U) 复选框。

（3）定义折弯－弯管。在"线路属性"对话框的 折弯 - 弯管(B) 区域中选中 ⊙ 始终形成折弯(B) 单选项，采用系统默认的折弯半径。

（4）单击对话框中的 ✔ 按钮，完成线路属性的定义。

Step 5 将点添加到线路。右击另一端盖上的"CPoint1-conduit"，在弹出的快捷菜单中单击 添加到线路 按钮。

Step 6 创建自动步路。

（1）选择命令。选择下拉菜单 Routing ➡ Routing 工具(R) ➡ 🖉 自动步路(A)命令。

（2）选取步路点。选取图 12.8.23 所示的两个端头的端点。

（3）调整电线路径。在"自动步路"对话框的 步路模式(R) 区域中选中 ⊙ 编辑（拖动）(E) 单选项，调整电线线路，如图 12.8.24 所示。

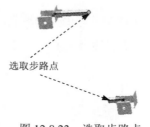

图 12.8.23　选取步路点　　　　　图 12.8.24　自动步路

（4）单击"自动步路"对话框中的 ✔ 按钮，完成自动步路的创建。

Step 7 单击"退出草图"按钮 ↪，退出 3D 草图环境。

Stage2. 添加电气插头

Step 1 选择命令。选择下拉菜单 Routing ➡ 电气(E) ➡ 🖉 通过拖/放来开始(D)命令，弹出"信息"对话框和"设计库"。

Step 2 选择零部件。打开设计库中的 routing\ electrical 文件夹，选择 socket-6pinmindin 插头为拖放对象。

Step 3 定义插头的放置位置。将插头拖放到图形区域中的圆孔位置，单击系统弹出的对话框中的 ✖ 按钮。

Step 4 同样的操作步骤，在另一装配体的圆孔位置添加插头，添加后的结果如图 12.8.25 所示。

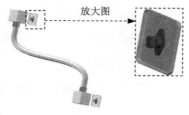

图 12.8.25　添加插头

Stage3. 添加电气线路

Step 1 选择命令。选择下拉菜单 Routing ➡ 电气(E) ➡ 🖉 编辑线路(E)命令，进入 3D 草绘环境。

Step **2** 添加端盖上的连接点到线路。

（1）右击任意一个端盖上的"CPoint2-electrical"，在弹出的快捷菜单中选择 添加到线路
命令。

（2）参照步骤（1），将另一端盖上的"CPoint2-electrical"添加到线路中。

Step **3** 添加插头上的连接点到线路。

（1）右击设计树中 ⊞ 🐚 (-) socket-6pinmindin<1> 节点下的 ⊞ ─□ CPoint1 ，在弹出的快捷菜
单中选择 添加到线路 命令。

（2）同操作步骤（1），将另一插头上的"CPoint1"添加到线路。

Step **4** 创建电气线路 1。

（1）选择命令。选择下拉菜单 Routing ➡ Routing 工具(R) ➡ 🗲 自动步路 (A)命
令，系统弹出"自动步路"对话框。

（2）选取步路点。选择图 12.8.26 所示的两条端头的端点。

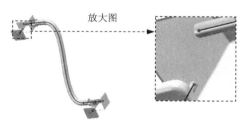

图 12.8.26 选择端点

（3）调整电线路径。在"自动步路"对话框的 步路模式(R) 区域中选中 ⊙ 编辑（拖动）(E)
单选项，调整电线线路，如图 12.8.27 所示。

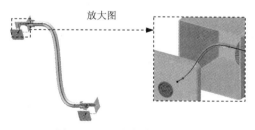

图 12.8.27 电力线路 1

（4）单击"自动步路"对话框的 ✅ 按钮，完成电气线路 1 的创建。

Step **5** 创建电气线路 2。同操作步骤 Step6，创建图 12.8.28 所示的电气线路 2。

Stage4. 编辑电线

Step **1** 选择命令。选择下拉菜单 Routing ➡ 电气(E) ➡ 🗲 编辑电线(W)命令，系统
弹出"编辑电线"对话框。

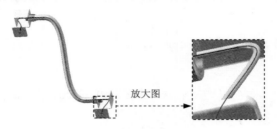

图 12.8.28 电力线路 2

Step 2 选择电力库。单击"编辑电线"对话框中的"添加电线"按钮，弹出"电力库"对话框，在 选择电线 下拉列表中选择"20g blue"和"20g red"，单击 添加 按钮，然后单击 确定 按钮。

Step 3 选择路径。在"编辑电线"对话框中单击 选择路径(S) 按钮。依次选取图 12.8.29 所示的线段，单击图 12.8.30 所示对话框中的 ✓ 按钮。

图 12.8.29 选取路径

图 12.8.30 "编辑电线"对话框

说明：该电气线路中包含两种类型的电线，分别为"20g blue"和"20g red"。

Step 4 完成电线编辑。单击"编辑电线"对话框中的 ✓ 按钮。

Stage5. 查看电气特性

Step 1 选择命令。右击模型的线路，在系统弹出的快捷菜单中选择 电气特性 命令，弹出图 12.8.31 所示的"电气特性"对话框。

Step 2 查看电线清单。在"电气特性"对话框的 电线清单 区域中显示了两条电线，选择其中的一条电线，在 属性 区域中将显示此条电线的属性，单击对话框中的 ✓ 按钮。

Step 3 单击"退出草图"按钮，退出 3D 草图环境。

Step 4 退出编辑状态。单击 装配体 工具条中的"编辑装配体"按钮。

Step 5 保存文件。选择下拉菜单 文件(F) ➡ 保存(S) 命令，完成电气软管的创建。

图 12.8.31　"电气特性"对话框

12.8.6　通过"按'从/到'开始"来生成装配体

通过"按'从/到'开始"命令是指输入指定的 Excel 文件来生成电气零部件和电缆/电线。下面介绍输入系统自带的 Excel 文件来生成电气零部件和电缆/电线的一般过程。

Step 1　新建一个装配体文件。进入装配环境，关闭系统自动弹出的"开始装配体"对话框。

Step 2　保存装配体文件。选择下拉菜单 文件(F) ➞ 保存(S) 命令，将文件命名为 create_assembly line。

Step 3　选择命令。选择下拉菜单 Routing ➞ 电气(E) ➞ 按'从/到'开始(F) 命令，系统弹出图 12.8.32 所示的"输入电气数据"对话框。

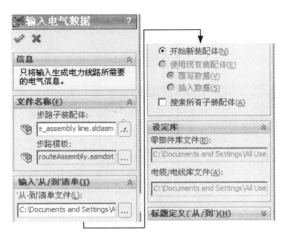

图 12.8.32　"输入电气数据"对话框

图 12.8.32 所示"输入电气数据"对话框中各选项说明如下：

- **文件名称(F)** 区域：用于设置装配体存储的位置及步路模板。
  - ☑ **步路子装配体：**：用于指定步路子装配体的存储位置。单击 **步路子装配体：** 后的"浏览"按钮...，可以设置存储位置。
  - ☑ **步路模板：**：用于选定步路的模板，一般采用系统的默认设置。
- **输入'从/到'清单(I)** 区域：用于设置一些关于清单的设置。
  - ☑ **'从-到'清单文件(L)：**：在该列表框中显示输入的 Excel 文件。
  - ☑ ⊙ **开始新装配体(N)**：选择该单选项，系统将输入'从-到'数据转到新的线路子装配体中。
  - ☑ ○ **使用现有装配体(E)**：选择该单选项，系统将输入'从-到'数据转到现有线路子装配体中。
  - ☑ ○ **覆写数据(V)**：选择该单选项，则将子装配体中的现有'从-到'数据覆盖。
  - ☑ ○ **插入数据(S)**：选择该单选项，可以添加新数据到现有数据中。
  - ☑ ☑ **搜索所有子装配体(A)**：选中该复选框，可以搜索与'从-到'清单中的零部件接头相符的装配体及所有子装配体。取消选中该复选框，只搜索装配体本身。
- **设定库** 区域：用于设置零部件库文件与电缆/电线库文件。
  - ☑ **零部件库文件(B)：**：用于指定零部件库的.xml 文件。
  - ☑ **电缆/电线库文件(A)：**：用于指定电缆/电线库的.xml 文件。
- **标题定义('从/到')(H)** 区域：用于将 Excel 文件中的标题文字输入到相应的标题定义栏区。

Step 4 选择清单文件。单击 **输入'从/到'清单(I)** 区域中的"浏览"按钮...，在系统弹出的对话框中选择"sample fromto.xls"文件，然后选中 ⊙ **开始新装配体(N)** 单选项。

Step 5 单击对话框中的 ✔ 按钮。完成电气数据的输入。此时系统弹出图 12.8.33 所示的"SolidWorks"对话框，单击 **是(Y)** 按钮。

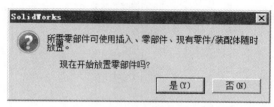

图 12.8.33　SolidWorks 对话框

Step 6 插入零部件。将零部件插入到工作区中，如图 12.8.34 所示的摆放位置，系统弹出图 12.8.35 所示的"SolidWorks"对话框，单击 **是(Y)** 按钮。

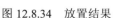

图 12.8.34 放置结果

图 12.8.35 "SolidWorks"

Step **7** 定义线路属性。采用系统的默认设置。单击对话框中的 ✅ 按钮，弹出"自动步路"对话框。

Step **8** 编辑自动步路。

（1）定义引导线。在"自动步路"对话框的 **步路模式(R)** 区域中选中 ⊙ 引导线(G) 单选项，出现图 12.8.36 所示的对话框，在 **引导线操作(N)** 区域中单击"将引导线转换到线路"按钮 ⏇。

（2）选择引导线。选取图 12.8.37 所示的两条引导线，单击"自动步路"对话框的 ✅ 按钮。

（3）编辑线路。在"自动步路"对话框的 **步路模式(R)** 区域中选中 ⊙ 编辑（拖动）(E) 单选项，调整电线线路，完成自动步路的编辑，如图 12.8.38 所示。

图 12.8.36 "自动步路"对话框

选取引导线

图 12.8.37 引导线

图 12.8.38 自动步路

Step **9** 单击对话框中的 ✅ 按钮，完成自动步路。

图 12.8.36 所示"自动步路"对话框中部分选项的说明如下：

● **步路模式(R)** 区域：用于选择一种步路模式。

　☑ ⊙ 自动步路(A)：定义自动步路的起点和终点或线夹轴或直线。

　☑ ⊙ 编辑(拖动)(E)：选择需要编辑的点或直线，通过拖动来调整线路。

- ☑ ⊙ 重新步路样条曲线(R)：首先选择一条样条曲线进行编辑，然后选择步路所穿越的线夹轴，以重新定义步路样条曲线。

- ☑ ⊙ 引导线(G)：选中该单选项，可以在电缆线路中预览电线。

● 引导线操作(N) 区域：该区域包括三种引导线的操作方法。

- ☑ 合并引导线以形成线路 ：合并两条或多条引导线以形成单一线路。若单击此按钮，选取图 12.8.39 所示的两条曲线，创建结果如图 12.8.40 所示。

- ☑ 将引导线连接到现有线路 ：若单击此按钮，选取图 12.8.40 所示的一条曲线和一个连接点，创建结果如图 12.8.40 所示。

图 12.8.39　合并引导线

图 12.8.40　连接到现有线路

- ☑ 引导线转换到线路 ：将一条或多条引导线转换成唯一的线路。

● 引导线(N) 区域：用于设置引导线的显示选项。

- ☑ 显示(D)：选中该复选框，可以关闭引导线显示并返回到自动步路模式。

- ☑ 更改时更新(U)：选中该复选框，可以对引导线作更改时自动更新显示。取消选中该复选框，单击更新引导线来手工更新显示。

- ☑ 按长度过滤引导线(F)：选中该复选框，将会按照长度过滤引导线的显示状态。

- ☑ 显示最短(S)：在 按长度过滤引导线(F) 复选框被选中时，用户可移动滑块，直到看到最短引导线。

- ☑ 显示最长(L)：在 按长度过滤引导线(F) 复选框被选中时，用户可移动滑块，直到看到最长引导线。

Step10 电气特性。

（1）选择命令。右击图 12.8.41 所示的线路，在弹出的快捷菜单中选择 电气特性 命令，弹出"电气特性"对话框。

（2）查看电线清单。在"电气特性"对话框的 电线清单 区域中显示了五条电线，单击其中的一条电线，就会在 属性 区域中显示此条电线的属性。单击对话框中的 ✓ 按钮。

Step11 单击"退出草图"按钮 ，退出 3D 草图环境。

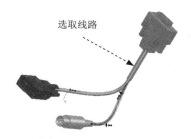

图 12.8.41　选取线路

Step 12　退出编辑状态。单击 装配体 工具条中的"编辑装配体"按钮。

Step 13　保存文件。选择下拉菜单 文件(F) ➡ 保存(S)命令，完成按"从/到"开始来生成装配体的创建。

12.8.7　通过添加线夹完成自动步路

在 SolidWorks 的电气设计中，可以从设计库中拖放线夹到装配体中完成自动步路，然后使用"旋转线夹"、"步路通过线夹"和"从线夹脱钩"命令对线夹进行编辑。下面介绍通过添加线夹完成自动步路的一般过程。

Task1．创建第一条线路

Stage1．开始步路

Step 1　打开文件 D:\sw13\work\ch12\ch12.08\ch12.08.07\ line_nip.SLDASM。

Step 2　开始步路。

（1）选取步路点。右击图 12.8.42 所示的第一个"CPoint1"，在系统弹出的快捷菜单中选择 开始步路 命令，弹出"线路属性"对话框。

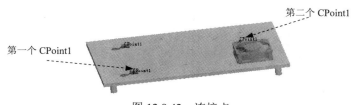

图 12.8.42　连接点

（2）编辑线路属性。在 电气(E) 区域的 外径(O) 文本框中更改数值为 2.0，单击对话框中的 ✔ 按钮。

（3）将点添加到线路。右击图 12.8.42 所示第二个"CPoint1"，在弹出的快捷菜单中选择 添加到线路 命令。

Stage2. 添加线夹

Step 1 添加线夹 1。

(1)选取线夹。打开设计库中的 routing\electrical 文件夹,选择"richco_hurc-4-01-clip." 线夹为拖放对象。

(2)定义拖放位置。将线夹拖放到底板上的圆孔处,调整后的结果如图 12.8.43 所示。

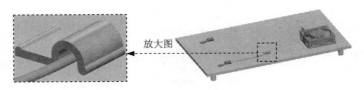

图 12.8.43　添加线夹 1

说明:在添加线夹时要保证添加到线路的点处于选中状态下。在线夹拖放到平板上的圆孔处时,可按住 Shift + 左右方向键来调整线夹的位置。

Step 2 添加线夹 2。将线夹拖放到图 12.8.44 所示的底板圆孔处,单击图 12.8.45 所示的 "插入零部件"对话框中的 ✖ 按钮。

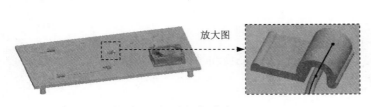

图 12.8.44　添加线夹 2　　　　　　　图 12.8.45　"插入零部件"对话框

Stage3. 创建自动步路

Step 1 选择命令。选择下拉菜单 Routing ➡ Routing 工具(R) ➡ 🖋 自动步路(A)命令,弹出"自动步路"对话框。

Step 2 选取步路点。选取图 12.8.46 所示的 2 个点作为步路点。

Step 3 单击对话框中的 ✔ 按钮,完成图 12.8.47 所示的自动步路的创建。

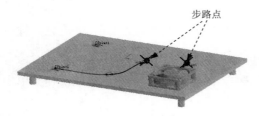

图 12.8.46　步路点　　　　　　　　　图 12.8.47　自动步路

Task2. 创建第二条线路

Stage1. 创建自动步路

Step 1 将点添加到线路。右击图 12.8.48 所示接头上的 CPoint1，在弹出的快捷菜单中选择 添加到线路 命令。

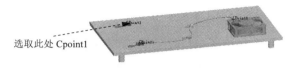

选取此处 Cpoint1

图 12.8.48　添加连接点到线路

Step 2 自动步路。

（1）选择命令。选择下拉菜单 Routing ➡ Routing 工具(R) ➡ 自动步路(A)命令，弹出"自动步路"对话框。

（2）选取步路点。选取图 12.8.49 所示的两个点作为步路点。

（3）单击对话框中的 ✅ 按钮。完成图 12.8.50 所示的自动步路的创建。

步路点

图 12.8.49　步路点

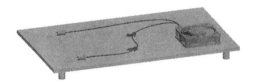

图 12.8.50　自动步路

Stage2. 添加线夹

Step 1 添加线夹 3。

（1）选取线夹。打开设计库中的 routing\electrical 文件夹，选择 richco_hurc-4-01-clip 线夹为拖放对象。

（2）定义拖/放位置。将线夹拖放到底板上的圆孔处（可以任意选择）。

Step 2 添加线夹 4，将线夹拖放到底板圆孔处。

Step 3 添加线夹 5。将线夹拖放到底板圆孔处，单击"插入零部件"对话框中的 ✖ 按钮。结果如图 12.8.51 所示。

图 12.8.51　添加零部件

Stage3. 旋转线夹

Step 1 选择命令。选择下拉菜单 Routing ➡ Routing 工具(R) ➡ 旋转线夹(L)命令，弹出"零部件旋转/对齐"对话框。

Step 2 定义旋转线夹。

（1）选取线夹。激活 要旋转的零部件(C) 中的区域，选取图 12.8.52 所示的线夹。

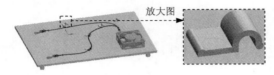

图 12.8.52　选取线夹

（2）定义旋转角度。在 旋转(R) 区域的 文本框中输入数值-90.0。

（3）单击对话框中的 按钮，完成图 12.8.53 所示的旋转线夹。

图 12.8.53　旋转线夹

Step 3 参照 Step1 和 Step2，旋转另一线夹，在 旋转(R) 区域的 文本框中输入数值-120.0。旋转结果如图 12.8.54 所示。

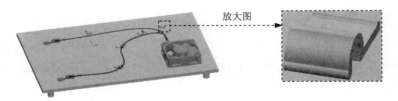

图 12.8.54　旋转线夹

Stage4. 将电线移到线夹

Step 1 选择命令。选择下拉菜单 Routing ➡ Routing 工具(R) ➡ 步路通过线夹(T)命令，弹出"步路通过线夹"对话框。

Step 2 选取线路。选取图 12.8.55 所示的电线和线夹的轴线。

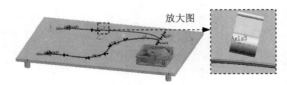

图 12.8.55　选取线路

说明：若线夹的轴线没有显示出来，可以在设计树中选取。

Step 3　单击对话框中的 ✅ 按钮，完成将电线移到线夹，如图 12.8.56 所示。

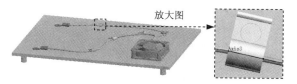

图 12.8.56　电线移到线夹

Task3. 编辑第一条线路

Stage1. 旋转线夹

Step 1　选择命令。选择下拉菜单 Routing ➡ Routing 工具(R) ➡ 🎯 旋转线夹(L) 命令，弹出"零部件旋转/对齐"对话框。

Step 2　定义旋转线夹。

（1）选取零部件。激活 要旋转的零部件(C) 中的区域，选取图 12.8.57 所示的线夹。

（2）定义旋转角度。在 旋转(R) 区域的 🔄 文本框中输入数值-90.0。

（3）单击对话框中的 ✅ 按钮，完成图 12.8.58 所示的旋转线夹。

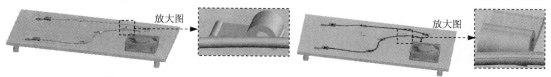

图 12.8.57　选择线夹　　　　　　　　图 12.8.58　旋转线夹

Stage2. 自动步路

Step 1　选择命令。选择下拉菜单 Routing ➡ Routing 工具(R) ➡ ⚡ 自动步路(A) 命令，弹出"自动步路"对话框

Step 2　选取曲线。在 步路模式(R) 区域中选择 ◉ 重新步路样条曲线(R) 单选项，选取图 12.8.59 所示的电线和线夹的轴线。

Step 3　单击对话框中的 ✅ 按钮，完成图 12.8.60 所示的自动步路的创建。

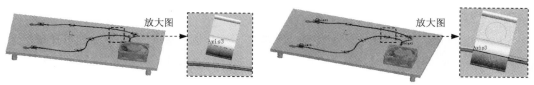

图 12.8.59　选取曲线　　　　　　　　图 12.8.60　自动步路

Stage3. 从线夹脱钩

Step 1 选择命令。选择下拉菜单 Routing ➡ Routing 工具(R) ➡ 从线夹脱钩(U) 命令，弹出"从线夹脱钩"对话框。

Step 2 选取线路段。在对话框的 选择(S) 区域中选中 ☑ 重新步路到最短路径(R) 复选框，选取图 12.8.61 所示的线段。

Step 3 单击对话框中的 ✓ 按钮，创建结果如图 12.8.62 所示。

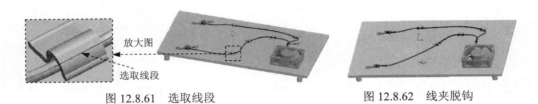

图 12.8.61 选取线段　　　　图 12.8.62 线夹脱钩

Stage4. 编辑电线

Step 1 选择命令。选择下拉菜单 Routing ➡ 电气(E) ➡ 编辑电线(W) 命令，弹出"编辑电线"对话框。

Step 2 选择电力库。单击"编辑电线"对话框中的"添加电线"按钮 ，弹出"电力库"对话框，在 选择电线 下拉列表中选择"20g blue"和"20g red"，单击 添加 按钮，然后单击 确定 按钮。

Step 3 选择路径。单击"编辑电线"对话框中的 选择路径(S) 按钮。选取前面创建的两条线路，单击对话框中的 ✓ 按钮。

Step 4 完成电线编辑。单击"编辑电线"对话框中的 ✓ 按钮。

Step 5 单击"退出草图"按钮 ，退出 3D 草图环境。

Step 6 退出编辑状态。单击 装配体 工具条中的"编辑装配体"按钮 。

Step 7 保存文件。选择下拉菜单 文件(F) ➡ 保存(S) 命令，完成线夹的创建。

12.9 SolidWorks 管路设计实际应用 1

范例概述：

本例详细介绍了管道设计的全过程，采用了螺纹管道和硬管的步路。在设计过程中，要注意 3D 草图的创建方法和步路点的选择顺序，不同的选择顺序会导致生成不同的管道路径。管道模型和设计树如图 12.9.1 所示。

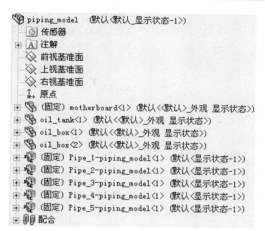

图 12.9.1　管道模型和设计树

Task1. 创建管道线路 1

Stage1. 创建第一条管道

图 12.9.2　装配体

Step 1　打开文件 D:\sw13 work\ch12\ch12.09\ch12.09.01\ piping_model.SLDASM，如图 12.9.2 所示。

Step 2　显示步路点。选择下拉菜单 视图(V) ➡ 步路点(R) 命令，然后单击工具栏中的"重建模型"按钮 8 。

Step 3　定义开始步路点。右击设计树中 oil_tank<1> 节点下的 连接点3 ，在系统弹出的快捷菜单中选择 开始步路 (H) 命令，弹出图 12.9.3 所示的"线路属性"对话框。

Step 4　定义线路属性。

（1）选择管道。取消选中 线路规格(R) 复选框，单击 管道(P) 区域中的"浏览"按钮 … ，在弹出的"打开"对话框中选择 piping\threaded fittings(npt)\ threaded steel pipe .sldprt 文件，单击 打开(O) 按钮。

（2）选择管道的基本配置。在"线路属性"对话框的 管道(P) 区域的 基本配置(C): 下拉列表中选择 Threaded Pipe 0.5 in, Sch 40 选项。

（3）选择弯管。在 折弯 - 弯管(B) 区域中单击"浏览"按钮 … ，在弹出的"打开"对话框中选择 piping\threaded fittings (npt) \threaded elbow--90deg .sldprt 文件，单击 打开(O) 按钮。

（4）选择弯管的基本设置。在"线路属性"对话框的 折弯 - 弯管(B) 区域的 基本配置(C): 下拉列表中选择 CLASS 2000 THREADED ELBOW, .50 IN 选项。

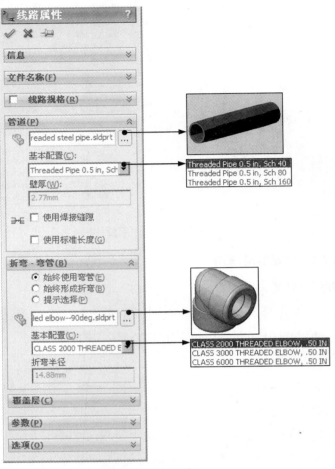

图 12.9.3 "线路属性"对话框

（5）单击对话框中的 ✔ 按钮，完成线路属性的定义。

Step 5 将点添加到线路。右击设计树中 ⊞ 🔩 oil_box<2> 节点下的 ⊞ ─□ 连接点2 ，在系统弹出的快捷菜单中选择 添加到线路 命令。

Step 6 标注尺寸。在线路的起始处和终止处添加尺寸 80.0，如图 12.9.4 所示。

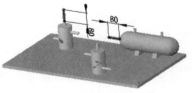

说明：添加尺寸时，在模型上标注时无效的必须在模型外部标注。

图 12.9.4 添加尺寸

Step 7 创建自动步路。

（1）选择命令。选择下拉菜单 Routing ➡ Routing 工具(R) ➡ 🖳 自动步路(A) 命令，弹出"自动步路"对话框。

（2）选取步路点。在模型中选取起始点和终止点作为步路点。

（3）单击对话框中的 ✔ 按钮，完成图 12.9.5 所示的第一条管道的创建。

图 12.9.5　第一条管道的创建

Stage2. 创建第二条管道

Step 1　将点添加到线路。右击设计树中 ⊞ 🗋 oil_box<1> 节点下的 ⊞ ━ 连接点2 ，在系统弹出的快捷菜单中选择 添加到线路 命令。

Step 2　添加尺寸。在线路的起始处添加尺寸数值 80.0，如图 12.9.6 所示。

Step 3　分割线路。

（1）选择命令。选择下拉菜单 Routing ➡ Routing 工具(R) ➡ ✂ 分割线路(S) 命令。

（2）创建分割点。在模型中单击图 12.9.6 所示的线段的中点作为要分割的点。

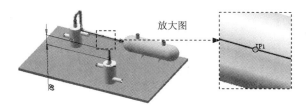

图 12.9.6　分割点

Step 4　自动步路。

（1）选择命令。选择下拉菜单 Routing ➡ Routing 工具(R) ➡ 🗐 自动步路(A) 命令，弹出"自动步路"对话框。

（2）选取步路点。在模型中依次选取 Step1 创建的线路端点和分割点作为步路点（注意选择顺序，不同的选择顺序将生成不同的管路）。

（3）单击对话框中的 ✔ 按钮，完成图 12.9.7 所示的第二条管道的创建。

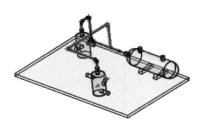

图 12.9.7　第二条管道的创建

Stage3. 添加三通管

`Step 1` 选取配件。打开设计库中的\routing\piping\threaded fittings（npt）文件夹，选择 threaded tee 接头为拖/放对象。

`Step 2` 定义配件位置。将接头拖到图形区域中的分割点处。

`Step 3` 定义接头配置。弹出"选择配置"对话框，如图 12.9.8 所示，选择 `CLASS 2000 THREADED TEE, .50 IN` 配置，单击 `确定(O)` 按钮。

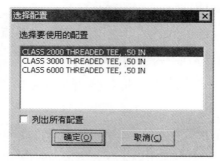

图 12.9.8 "选择配置"对话框

`Step 4` 完成三通管的添加，如图 12.9.9 所示。

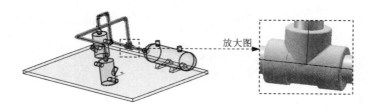

放大图

图 12.9.9 添加三通管

Stage4. 添加连接管

`Step 1` 分割线路。

（1）选择命令。选择下拉菜单 `Routing` ➡ `Routing 工具(R)` ➡ `分割线路(S)` 命令。

（2）选取分割点。在模型中单击图 12.9.10 所示的线段的中点作为要分割的点。

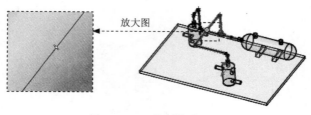

放大图

图 12.9.10 分割线路

Step 2 添加连接管。

（1）选取配件。打开设计库中的\routing\piping\threaded fittings（npt）文件夹，选择 threaded union 接头为拖/放对象。

（2）定义配件位置。将接头拖到图形区域中的分割点处。

（3）定义接头配置。弹出"选择配置"对话框，如图 12.9.11 所示，选择 `CLASS 3000 THREADED UNION, .500` 配置，单击 `确定(O)` 按钮，完成图 12.9.12 所示的连接管的添加。

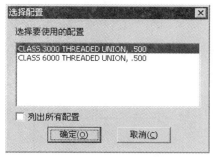

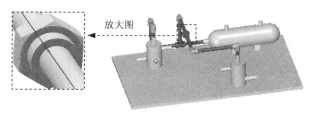

　　图 12.9.11　"选择配置"对话框　　　　图 12.9.12　连接管的添加

Step 3 单击"退出草图"按钮 ↩，退出 3D 草图环境。

Step 4 退出编辑状态。单击 `装配体` 工具条中的"编辑装配体"按钮 📦，完成图 12.9.13 所示的管道线路 1 的创建。

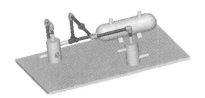

图 12.9.13　管道线路 1 的创建

Task2．创建管道线路 2

Step 1 定义开始步路点。右击设计树中 ⊞ 🔧 oil_box<2> 节点下的 ⊞ ⊸ `连接点1` ，在系统弹出的快捷菜单中选择 `开始步路` 命令，弹出"线路属性"对话框。

Step 2 定义线路属性。

（1）选择管道。取消选中 □ `线路规格(R)` 复选框，单击 `管道(P)` 区域中的"浏览"按钮 …，在弹出的"打开"对话框中选择 piping\pipes\ pipe.sldprt 文件，单击 `打开(O)` 按钮。

（2）选择管道的基本配置。在"线路属性"对话框的 `管道(P)` 区域的 `基本配置(C):` 下拉列表中选择 `Pipe 0.5 in, Sch 40` 选项。

（3）选择弯管。在 折弯 - 弯管(B) 区域中单击"浏览"按钮 ... ，在弹出的"打开"对话框中选择 piping\elbows\90 degrees\ 90deg lr inch elbow .sldprt 文件，单击 打开(O) 按钮。

（4）选择弯管的基本设置。在"线路属性"对话框的 折弯 - 弯管(B) 区域的 基本配置(C): 下拉列表中选择 90L LR Inch 0.5 Sch40 选项。

（5）单击对话框中的 ✅ 按钮。

Step 3 将点添加到线路。右击设计树中 ⊞ 🐷 oil_box<1> 节点下的 ⊞ ━━ 连接点1 ，在系统弹出的快捷菜单中选择 添加到线路 命令。

Step 4 标注尺寸。在管道线路的起始处添加尺寸 100.0，在管道终止处添加尺寸 80.0，如图 12.9.14 所示。

Step 5 创建管道线路。将视图切换至前视方向，绘制图 12.9.15 所示的线路草图。

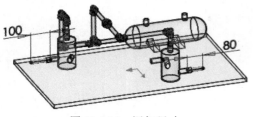

图 12.9.14　添加尺寸

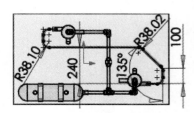

图 12.9.15　横断面草图

Step 6 单击"退出草图"按钮 ↩，弹出"折弯—弯管"对话框。

Step 7 定义折弯—弯管。

（1）选取弯管类型。在弹出的"折弯—弯管"对话框中单击"浏览"按钮 浏览(B)... ，选择 piping\elbows\45 degrees 文件，选取弯管类型为 45deg lr inch elbow.sldprt，单击 打开(O) 按钮，如图 12.9.16 所示。

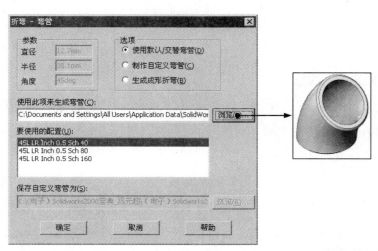

图 12.9.16　"折弯—弯管"对话框

（2）同操作（1），选取同样的折弯弯管，完成第二处折弯弯管的添加，然后单击 确定 按钮。

Step 8　退出编辑状态。单击 装配体 工具条中的"编辑装配体"按钮 ⊞，完成图 12.9.17 所示的管道线路 2 的创建。

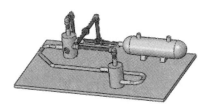

图 12.9.17　管道线路 2 的创建

Task3. 创建管道线路 3

Step 1　定义开始步路点点。右击设计树中 ⊞ 🗋 oil_box<2> 节点下的 ⊞ ─◦ 连接点4 ，在系统弹出的快捷菜单中选择 开始步路 命令，弹出"线路属性"对话框。

Step 2　定义线路属性。

（1）选择管道。取消选中 □ 线路规格(R) 复选框，单击 管道(P) 区域中的"浏览"按钮 …，在弹出的"打开"对话框中选择 piping\pipes\ pipe .sldprt 文件，单击 打开 (O) 按钮。

（2）选择管道的基本配置。在"线路属性"对话框的 管道(P) 区域的 基本配置(C): 下拉列表中选择 Pipe 0.5 in, Sch 40 选项。

（3）选择弯管。在 折弯 - 弯管(B) 区域中单击"浏览"按钮 …，在弹出的"打开"对话框中选择 piping\elbows\90 degrees\ 90deg lr inch elbow .sldprt 文件，单击 打开 (O) 按钮。

（4）选择弯管的基本设置。在"线路属性"对话框 折弯 - 弯管(B) 区域的 基本配置(C): 下拉列表中选择 90L LR Inch 0.5 Sch40 选项。

（5）单击对话框中的 ✓ 按钮。

Step 3　将点添加到线路。右击设计树中 ⊞ 🗋 oil_box<1> 节点下的 ⊞ ─◦ 连接点3 ，在系统弹出的快捷菜单中选择 添加到线路 命令。

Step 4　绘制管道线路。绘制图 12.9.18 所示的线路草图。

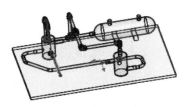

图 12.9.18　横断面草图

说明：此时绘制的直线是沿 Y 方向，长度要超过 Step4 创建的管道线路的延长线。

Step 5 合并端点。选取 Step5 绘制的管道线路端点和 Step4 创建的管道线路端点为合并对象，在弹出的"属性"对话框中单击 ✓ 合并(G) 按钮。

Step 6 单击"退出草图"按钮 ↪，弹出"折弯—弯管"对话框。

Step 7 定义折弯—弯管。在弹出的"折弯—弯管"对话框中单击 浏览(B)... 按钮，选择 piping\elbows\45 degrees 文件，选取弯管类型为 45deg lr inch elbow，单击 打开(O) 按钮，然后单击 确定 按钮，完成折弯弯管的选择。

Step 8 退出编辑状态。单击 装配体 工具条中的"编辑装配体"按钮 🔯，完成图 12.9.19 所示的管道线路 3 的创建。

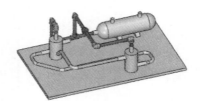

图 12.9.19　管道线路 3 的创建

Task4. 创建管道线路 4

Step 1 定义开始步路点点。右击设计树中 ⊞ 🍦 oil_box<2> 节点下的 ⊞ ━ 连接点3 ，在系统弹出的快捷菜单中选择 开始步路 命令，弹出"线路属性"对话框。

Step 2 定义线路属性。

（1）选择管道。取消选中 ☐ 线路规格(R) 复选框，单击 管道(P) 区域中的"浏览"按钮 … ，在弹出的"打开"对话框中选择 piping\tpipes\ pipe .sldprt 文件，单击 打开(O) 按钮。

（2）选择管道的基本配置。在"线路属性"对话框的 管道(P) 区域的 基本配置(C): 下拉列表中选择 Pipe 0.5 in, Sch 40 选项。

（3）选择弯管。在 折弯 - 弯管(B) 区域中单击"浏览"按钮 … ，在弹出的"打开"对话框中选择 piping\elbows\90 degrees\ 90deg lr inch elbow .sldprt 文件，单击 打开(O) 按钮。

（4）选择弯管的基本设置。在"线路属性"对话框的 折弯 - 弯管(B) 区域的 基本配置(C): 下拉列表中选择 90L LR Inch 0.5 Sch40 选项。

（5）单击对话框中的 ✓ 按钮。

Step 3 将点添加到线路。右击设计树中 ⊞ 🍦 oil_box<1> 节点下的 ⊞ ━ 连接点4 ，在系统弹出的快捷菜单中选择 添加到线路 命令。

Step 4 绘制管道线路。绘制图 12.9.20 所示的草图。

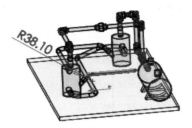

图 12.9.20　横断面草图

说明：此时绘制的直线是沿 Y 方向，长度可以任意设定。

Step 5　合并端点。选取 Step5 绘制的管道线路端点和 Step4 创建的管道线路端点为合并对象，在弹出的"属性"对话框中单击 ✓ 合并(G) 按钮。

Step 6　单击"退出草图"按钮 ↩，弹出"折弯—弯管"对话框。

Step 7　定义折弯—弯管。在弹出的"折弯—弯管"对话框中单击 浏览(B)... 按钮，选择 piping\elbows\45 degrees 文件，选取弯管类型为 45deg lr inch elbow，单击 打开(O) 按钮，然后单击 确定 按钮，完成折弯弯管的选择。

Step 8　退出编辑状态。单击 装配体 工具条中的"编辑装配体"按钮 ⚙，完成图 12.9.21 所示的管道线路 4 的创建。

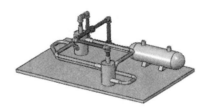

图 12.9.21　管道线路 4 的创建

Task5. 创建管道线路 5

Stage1. 创建第一条管道

Step 1　定义开始步路点。右击设计树中 ⊞ 🔩 oil_tank<1> 节点下的 ⊞ ─◻ 连接点2 ，在系统弹出的快捷菜单中选择 开始步路 (H) 命令，弹出"线路属性"对话框。

Step 2　定义线路属性。

（1）选择管道。取消选中 ☐ 线路规格(R) 复选框，单击 管道(P) 区域中的"浏览"按钮 ...，在弹出的"打开"对话框中选择 piping\threaded fittings(npt)\ threaded steel pipe .sldprt 文件，单击 打开(O) 按钮。

（2）选择管道的基本配置。在"线路属性"对话框 管道(P) 区域的 基本配置(C) 下拉列表中选择 Threaded Pipe 0.5 in, Sch 40 选项。

（3）选择弯管。在 折弯 - 弯管(B) 区域中单击"浏览"按钮 ... ，在弹出的"打开"对话框中选择 piping\threaded fittings（npt）\ threaded elbow--90deg .sldprt 文件，单击 打开(0) 按钮。

（4）选择弯管的基本设置。在"线路属性"对话框 折弯 - 弯管(B) 区域的 基本配置(C): 下拉列表中选择 CLASS 2000 THREADED ELBOW, .50 IN 选项。

（5）单击对话框中的 ✔ 按钮。

Step 3 将点添加到线路。右击设计树中 ⊞ 🖐 oil_tank<1> 节点下的 ⊞ ⊸▫ 连接点1 ，在系统弹出的快捷菜单中选择 添加到线路 命令。

Step 4 标注尺寸。在模型中添加图 12.9.22 所示的尺寸。

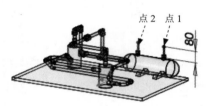

图 12.9.22　添加尺寸

Step 5 自动步路。选取图 12.9.22 所示的点 1 并右击，在系统弹出的快捷菜单中选择 ✍ 自动步路(A) 命令，弹出"自动步路"对话框，再选取点 2 为自动步路结束点，单击对话框中的 ✔ 按钮，完成自动步路。

Stage2. 创建第二条管道

Step 1 分割线路。

（1）选择命令。选择下拉菜单 Routing ➡ Routing 工具(R) ➡ 🔧 分割线路(S) 命令。

（2）选取分割点。在模型中单击图 12.9.23 所示的线段的中点作为要分割的点。

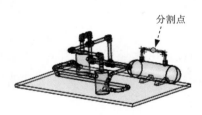

图 12.9.23　分割线路

Step 2 绘制管道线路。绘制图 12.9.24 所示的线路草图。

Step 3 添加异径管。

（1）选择零部件。打开设计库中的\routing\piping\reducers 文件夹，选择 reducer 异径管为拖/放对象。

（2）定义异径管配置。将异径管拖到图 12.9.24 所示的端点，弹出"选择配置"对话框，如图 12.9.25 所示，选择 REDUCER 0.75 x 0.5 SCH 80 配置。

（3）单击 确定(O) 按钮，完成异径管配件的添加，结果如图 12.9.25 所示。

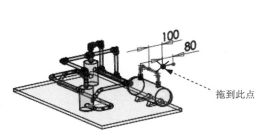

图 12.9.24　横断面草图

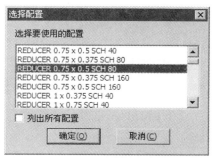

图 12.9.25　"选择配置"对话框

Step 4　合并管道。选取图 12.9.26 所示的分割点和端点为合并对象，在弹出的"属性"对话框中单击 √ 合并(G) 按钮。

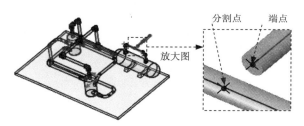

图 12.9.26　合并管道

Step 5　绘制线路。绘制图 12.9.27 所示的管道线路，并添加尺寸。

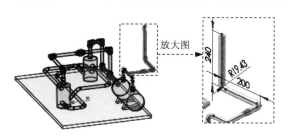

图 12.9.27　管道线路

Stage3. 添加法兰

Step 1　选择配件。打开设计库中的\routing\piping\flanges 文件夹，选择 slip on weld flanges 法兰盘为拖放对象。

Step 2　定义法兰盘配置。将法兰盘拖放到图形区域中管道的终点处，弹出"选择配置"对话框，选择 Slip On Flange 150-NPS0.75 配置，单击 确定(O) 按钮。结果如图 12.9.28 所示。

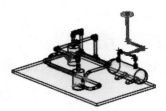

图 12.9.28　添加法兰

Stage4. 添加三通管

`Step 1` 选择配件。打开设计库中的\routing\piping\threaded fittings（npt）文件夹，选择
threaded tee 三通管为拖放对象。

`Step 2` 定义接头配置。将三通管拖放到创建的分割点处，弹出"选择配置"对话框，选
择 `CLASS 2000 THREADED TEE, .50 IN` 配置，单击 `确定(O)` 按钮，结果如图 12.9.29 所示。

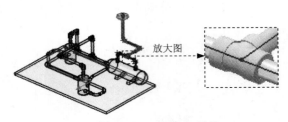

图 12.9.29　添加三通管

`Step 3` 单击"退出草图"按钮 ，弹出"折弯－弯管"对话框。

`Step 4` 定义折弯－弯管。在弹出的"折弯－弯管"对话框中单击 `浏览(B)...` 按钮，选择
piping\threaded fittings（npt）文件，选取弯管类型为 threaded elbow--90deg；单击
`打开(O)` 按钮。然后单击 `确定` 按钮，完成折弯弯管的选择。

`Step 5` 退出编辑状态。单击 `装配体` 工具条中的"编辑装配体"按钮 。

`Step 6` 保存文件。选择下拉菜单 `文件(F)` ➡ `保存 (S)` 命令，完成管道的设计。

12.10　SolidWorks 管路设计实际应用 2

范例概述：

本例详细介绍了管筒设计的全过程。管筒的设计和管道的设计有些区别，在创建管筒
时，有时系统自动生成的管筒折弯半径较小，这时可以通过系统提供的修复线路工具修复
线路，也可以手动调整样条曲线来调整管筒的折弯半径。管筒模型和设计树如图 12.10.1
所示。

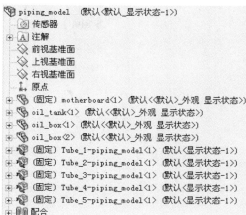

图 12.10.1　管筒模型和设计树

Task1. 创建管筒线路 1

Stage1. 创建刚性管筒

Step 1 打开文件 D:\sw13\work\ch12\ch12.10\ piping_model.SLDASM，如图 12.10.2 所示。

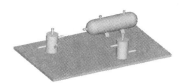

图 12.10.2　装配体

Step 2　显示步路点。选择下拉菜单 视图(V) ➡ 步路点(R) 命令，然后单击工具栏中的"重建模型"按钮 。

Step 3　定义开始步路点。右击设计树中 oil_tank<1> 节点下的 连接点3 ，在系统弹出的快捷菜单中选择 开始步路 选项，弹出图 12.10.3 所示的"线路属性"对话框。

Step 4　定义线路属性。

（1）选择管筒。单击 管筒(T) 区域中的"浏览"按钮…，在弹出的"打开"对话框中选择 routing\tubing\ tubes\tube-ss.sldprt 文件，单击 打开(0) 按钮。

（2）选择管筒的基本配置。在"线路属性"对话框 管筒(T) 区域的 基本配置(C): 下拉列表中选择 Tube ,.750in OD X .020in Wall 选项。

（3）单击对话框中的 按钮，进入 3D 草绘环境。

Step 5　将点添加到线路。右击设计树中 oil_box<1> 节点下的 连接点2 ，在系统弹出的快捷菜单中选择 添加到线路 命令。

图 12.10.3　"线路属性"对话框

Step 6 标注尺寸。在模型中添加图 12.10.4 所示的尺寸。

Step 7 创建自动步路。

（1）选择命令。选择下拉菜单 Routing ➡ Routing 工具(R) ➡ 自动步路(A)命令，弹出"自动步路"对话框。

（2）选取步路点。在 自动步路(A) 区域中选中 ☑ 正交线路(O) 复选框，将在模型中选取的起始点和终止点作为步路点。

（3）单击对话框中的 ✔ 按钮，完成图 12.10.5 所示的刚性管筒的创建。

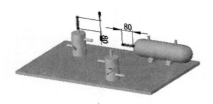

图 12.10.4　添加尺寸

图 12.10.5　刚性管筒的创建

Stage2. 添加三通管

Step 1 绘制线路草图。以图 12.10.6 所示的线段中点为起点，绘制一条沿 Z 轴方向的直线并添加尺寸。

Step 2 拖放零部件。

（1）选择配件。打开设计库中的\routing\tubing\tube fittings 文件夹，选择 solidworks_lok male branch tee 接头为拖/放对象。

（2）定义接头配置。将接头拖/放到图形区域中，弹出"选择配置"对话框，如图 12.10.7 所示，选择 MALE BRANCH TEE-0.750Tx0.750 NPT 配置，单击 确定(O) 按钮。

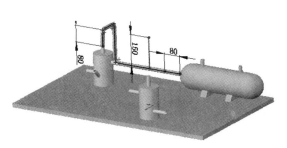

图 12.10.6　横断面草图

图 12.10.7　"选择配置"对话框

Step 3　完成三通管的添加，如图 12.10.8 所示。

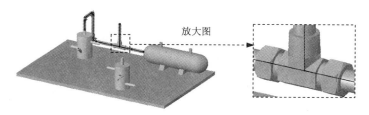

图 12.10.8　三通的添加

Stage3. 创建软性管筒

Step 1　将点添加到线路。右击设计树中 ⊞ 📦 oil_box<2> 节点下的 ⊞ ▬ 连接点2 ，在系统弹出的快捷菜单中选择 添加到线路 命令。

Step 2　创建自动步路。

（1）选择命令。选择下拉菜单 Routing ➡ Routing 工具(R) ➡ 🖉 自动步路(A) 命令，弹出"自动步路"对话框。

（2）选取步路点。在 自动步路(A) 区域中取消选中 □ 正交线路(O) 复选框，在模型中选取 Step1 创建的线路端点和图 12.10.9 所示的直线端点作为步路点。

（3）单击对话框中的 ✔ 按钮，完成软性管筒的创建。

Step 3　单击"退出草图"按钮 🖱️，退出 3D 草图环境。

Step 4　退出编辑状态。单击 装配体 工具条中的"编辑装配体"按钮 🖱️，完成图 12.10.9 所示的管筒线路 1 的创建。

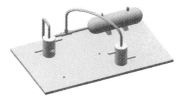

图 12.10.9　管筒线路 1 的创建

Task2. 创建管筒线路 2

Stage1. 添加线夹到设计库

说明：创建此管筒要用到管筒线夹，所以要将管筒线夹加载到设计库中。

Step 1 打开文件 D:\sw13\work\ch12\ch12.10\ tubing_clip.sldprt。

Step 2 添加到库。选择设计树中的 🔧 tubing_clip 并右击，在系统弹出的快捷菜单中选择 🔧 添加到库 (G) 命令，弹出"添加到库"对话框，在 保存到(S) 区域的 设计库文件夹: 列表中选择 routing\tubing\tube fittings 文件夹。

Step 3 单击对话框中的 ✅ 按钮，完成管筒线夹的添加。

Step 4 关闭管筒线夹窗口。

Stage2. 开始创建线路

Step 1 定义开始步路点。右击设计树中 ⊞ 🔧 oil_box<1> 节点下的 ⊞ �--□ 连接点1 ，在弹出的快捷菜单中选择 开始步路 命令，弹出"线路属性"对话框。

Step 2 定义线路属性。

（1）选择管筒。单击 管筒(T) 区域中的"浏览"按钮...，在弹出的"打开"对话框中选择 routing\tubing\ tubes\tube-ss.sldprt 文件，单击 打开(O) 按钮。

（2）选择管筒的基本配置。在 管筒(T) 区域的 基本配置(C): 下拉列表中选择 Tube .750in OD X .020in Wall 选项，选中 ☑ 使用软管(U) 复选框。

（3）单击对话框中的 ✅ 按钮，进入 3D 草绘环境。

Step 3 拖放管筒线夹。

（1）打开设计库中的\routing\tubing\tube fittings 文件夹，选择 tubing_clip 为拖/放对象。

（2）定义拖放位置。将库零件拖到底板上的圆孔处，如图 12.10.10 所示，单击图 12.10.11 所示"插入零部件"对话框的 ✖ 按钮。

图 12.10.10 添加线夹后

图 12.10.11 "插入零部件"对话框

Step 4 将点添加到线路。右击设计树中 ⊞ 🔧 oil_box<2> 节点下的 ⊞ �--□ 连接点3 ，在系统弹出的快捷菜单中选择 添加到线路 命令。

Step **5**　创建自动步路。选取图 12.10.12 所示的点 1 并右击，在系统弹出的快捷菜单中选择  自动步路(A) 命令，弹出"自动步路"对话框，再选取点 2 为自动步路结束点，单击对话框中的 ✔ 按钮，完成自动步路。

Step **6**　单击"退出草图"按钮 ↰，退出 3D 草图环境。

Step **7**　退出编辑状态。单击 装配体 工具条中的"编辑装配体"按钮 ⊙，完成图 12.10.13 所示的管筒线路 2 的创建。

图 12.10.12　选取步路点

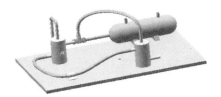

图 12.10.13　管筒线路 2 的创建

Task3. 创建管筒线路 3

Step **1**　定义开始步路点。右击设计树中 ⊞ 🧩 oil_box<1> 节点下的 ⊞ ━ 连接点4 ，在系统弹出的快捷菜单中选择 开始步路 命令，弹出"线路属性"对话框。

Step **2**　定义线路属性。

（1）选择管筒。单击 管筒(T) 区域中的"浏览"按钮 …，在弹出的"打开"对话框中选择 routing\tubing\ tubes\tube-ss .sldprt 文件，单击 打开(O) 按钮。

（2）选择管筒的基本配置。在"线路属性"对话框 管筒(T) 区域的 基本配置(C): 下拉列表中选择 Tube .750in OD X .020in Wall 选项，选中 ☑ 使用软管(U) 复选框。

（3）单击对话框中的 ✔ 按钮，进入 3D 草绘环境。

Step **3**　拖放管筒线夹。

（1）打开设计库中的\routing\tubing\tube fittings 文件夹，选择 tubing_clip 为拖/放对象。

（2）定义拖放位置。将库零件拖放到底板上的圆孔处，如图 12.10.14 所示，单击图 12.10.15 所示"插入零部件"对话框的 ✖ 按钮。

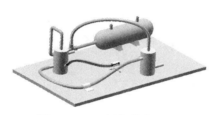

图 12.10.14　添加线夹

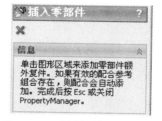

图 12.10.15　"插入零部件"对话框

Step 4　将点添加到线路。右击设计树中 ⊞ 🗊 oil_tank<1> 节点下的 ⊞ ━◻ 连接点2，在系统弹出的快捷菜单中选择 添加到线路 命令。

Step 5　创建自动步路。

（1）选择命令。选择下拉菜单 Routing ➡ Routing 工具 (R) ➡ 🗊 自动步路 (A) 命令，弹出"自动步路"对话框。

（2）选取步路点。选取图 12.10.16 所示的点 1 和点 2 为步路点，此时系统弹出图 12.10.17 所示的对话框，单击 确定 按钮。

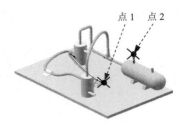

图 12.10.16　选取步路点

图 12.10.17　"SolidWorks"对话框

说明：此时会弹出"SolidWorks"对话框是因为在创建的样条曲线中有一处或多处的折弯半径小于名义直径，需要对线路进行修复。

（3）单击对话框中的 ✓ 按钮，完成自动步路。

Step 6　修复线路。

（1）选择命令。选择下拉菜单 Routing ➡ Routing 工具 (R) ➡ 🗊 修复线路 (I) 命令，弹出图 12.10.18 所示的"修复线路"对话框。

（2）选取修复线段。选取图 12.10.19 所示的线段作为修复线段。

图 12.10.18　"修复线路"对话框

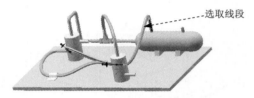

图 12.10.19　修复线段

（3）调整线路。在选择修复的线段后，系统以黄色的线段来显示修复后的线路，并且单击鼠标右键可以更改修复后的线段，确定合适的线路路径；单击左键则确定修复后的线段。

Step 7 单击"退出草图"按钮 ，退出 3D 草图环境。

Step 8 退出编辑状态。单击 装配体 工具条中的"编辑装配体"按钮 ，完成图 12.10.20 所示的管筒线路 3 的创建。

图 12.10.20 管筒线路 3 的创建

Task4. 创建管筒线路 4

Step 1 定义开始步路点。右击设计树中 oil_box<2> 节点下的 连接点1 ，在系统弹出的快捷菜单中选择 开始步路 命令，弹出"线路属性"对话框。

Step 2 定义线路属性。在 管筒(T) 区域中选中 使用软管(U) 复选框，其他参数设置采用默认值。单击对话框中的 按钮，进入 3D 草绘环境。

Step 3 将点添加到线路。右击设计树中 oil_tank<1> 节点下的 连接点1 ，在系统弹出的快捷菜单中选择 添加到线路 命令。

Step 4 创建自动步路。选取图 12.10.21 所示的点 1 并右击，在系统弹出的快捷菜单中选择 自动步路(A) (H) 命令，弹出"自动步路"对话框，再选取点 2 为自动步路结束点，单击对话框中的 按钮，完成自动步路。

Step 5 单击"退出草图"按钮 ，退出 3D 草图环境。

Step 6 退出编辑状态。单击 装配体 工具条中的"编辑装配体"按钮 ，完成图 12.10.22 所示的管筒线路 4 的创建。

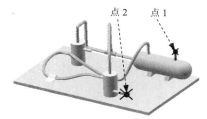

图 12.10.21 选取步路点

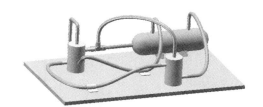

图 12.10.22 管筒线路 4 的创建

Task5. 创建管筒线路 5

Step 1 定义开始步路点。右击设计树中 oil_box<1> 节点下的 连接点3 ，在系统弹出的快捷菜单中选择 开始步路 (H) 命令，弹出"线路属性"对话框。

Step 2 定义线路属性。在 管筒(T) 区域中选中 使用软管(U) 复选框，其他参数设置采用默认值。单击对话框中的 按钮，进入 3D 草绘环境中。

Step 3 将点添加到线路。右击设计树中 oil_box<2> 节点下的 连接点4 ，在系统弹出的快捷菜单中选择 添加到线路 命令。

Step 4 创建自动步路。选取图 12.10.23 所示的点 1 并右击，在系统弹出的快捷菜单中选择 🖋 自动步路(A) 命令，弹出"自动步路"对话框，再选取点 2 为自动步路结束点，单击对话框中的 ✔ 按钮，完成自动步路。

Step 5 单击"退出草图"按钮 ↳，退出 3D 草图环境。

Step 6 退出编辑状态。单击 装配体 工具条中的"编辑装配体"按钮 📷，完成图 12.10.24 所示的管筒线路 5 的创建。

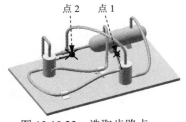

图 12.10.23 选取步路点

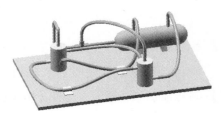

图 12.10.24 管筒线路 5 的创建

Step 7 保存文件。选择下拉菜单 文件(F) ➡ 💾 保存(S) 命令，完成管筒设计。

12.11 SolidWorks 电气设计实际应用

范例概述：

本例介绍音响中的电气线路设计过程，主要运用了通过拖放电气零部件来生成电气线路、添加线夹来完成自动步路、对线夹的编辑和添加电线等命令来完成电气线路的设计。模型和设计树如图 12.11.1 所示。

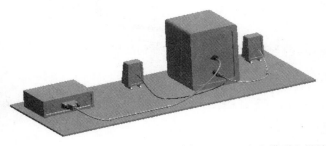

图 12.11.1 电力模型和设计树

Task1. 创建第一条线路

Step 1 打开文件 D:\sw13\work\ch12\ch12.11\electric_power.SLDASM，如图 12.11.2 所示。

Step **2**　添加插头 1。

（1）选择插头。在设计库中打开 routing\electrical 文件夹，选择 socket-6pinmindin 插头为拖放对象。

（2）定义插头放置位置。将插头拖放到图 12.11.3 所示的圆孔位置，弹出"线路属性"对话框。

图 12.11.2　装配体

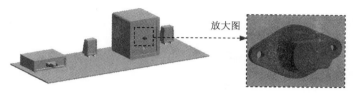

图 12.11.3　添加插头

Step **3**　定义线路属性。在 **电气(E)** 区域的 子类型(S) 下拉列表中选择 **电缆/电线** 选项，在 外径(O) 文本框中输入数值 6.0，单击对话框中的 ✔ 按钮。

Step **4**　将点添加到线路。右击图 12.11.4 所示的"CPoint1"，在系统弹出的快捷菜单中选择 **添加到线路** 命令。

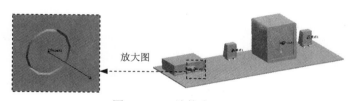

图 12.11.4　连接点

Step **5**　创建自动步路。

（1）选择命令。选择下拉菜单 Routing ➡ Routing 工具(R) ➡ 🖉 自动步路(A) 命令，弹出"自动步路"对话框。

（2）选取步路点。选取 Step3 和 Step4 中创建的电线的端点为步路点。

（3）单击对话框中的 ✔ 按钮，完成图 12.11.5 所示的自动步路的创建。

Step **6**　添加线夹 1。

说明： 添加线夹时，在 **选项(P)...** 列表框中选择 **步路** 选项，在 **一般步路设定** 区域中取消选中 □ **在线夹落差处自动步路(U)** 复选框。

（1）选取零部件。打开设计库中的 routing\electrical 文件夹，选择 richco_hurc-4-01-clip 线夹为拖放对象。

（2）定义拖/放位置。将线夹拖放到底板上图 12.11.7 所示的圆孔处。

（3）单击图 12.11.6 所示"插入零部件"对话框中的 ✖ 按钮，结果如图 12.11.7 所示。

图 12.11.5　自动步路　　　　　图 12.11.6　"插入零部件"对话框

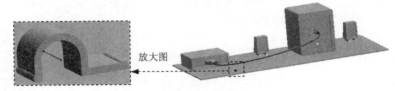

图 12.11.7　添加线夹 1

Step 7　添加线夹 2。同 Step6，将同一类型线夹拖放到底板的另一圆孔上，添加结果如图 12.11.8 所示。

图 12.11.8　添加线夹 2

Step 8　旋转线夹 1。

（1）选择命令。选择下拉菜单 Routing ➡ Routing 工具(R) ➡ 🔄 旋转线夹(L) 命令，弹出"零部件旋转/对齐"对话框。

（2）选取零部件。单击激活 要旋转的零部件(C) 中的区域，选取 Step6 中添加的线夹 1。

（3）定义旋转角度。在 旋转(R) 区域的 文本框中输入数值 90.0。

（4）单击对话框中的 ✔ 按钮，完成图 12.11.9 所示的旋转线夹。

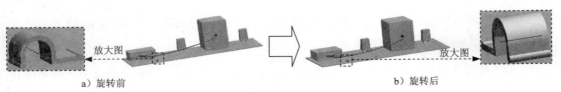

a）旋转前　　　　　　　　　　　　　　　b）旋转后

图 12.11.9　旋转线夹一

Step 9　旋转线夹 2。同 Step8，将线夹 2 旋转 - 90.0 度，旋转结果如图 12.11.10 所示。

图 12.11.10　旋转线夹 2

Step10　将电线移到线夹 1。

（1）选择命令。选择下拉菜单 Routing ➡ Routing 工具(R) ➡ 步路通过线夹(T) 命令，弹出"步路通过线夹"对话框。

（2）选取线路。选取图 12.11.11 所示的电线和线夹的轴线。

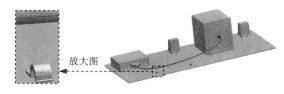

图 12.11.11　选取线路

（3）单击对话框中的 ✔ 按钮，完成图 12.11.12 所示的将电线移到线夹的创建。

图 12.11.12　线夹 2 移到电线上

Step11　参照 Step10，将电线移到线夹 2 中，如图 12.11.13 所示。

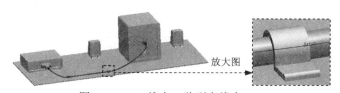

图 12.11.13　线夹 2 移到电线上

说明：若线夹的轴线没有显示，可以在设计树中选取线夹的轴线。

Step12　编辑电线。

（1）选择命令。选择下拉菜单 Routing ➡ 电气(E) ➡ 编辑电线(W) 命令，弹出"编辑电线"对话框。

（2）选择电力库。单击"编辑电线"对话框中的"添加电线"按钮 ，弹出"电力库"对话框，在 选择电线 下拉列表中选择"C1"，单击 添加 按钮，然后单击 确定 按钮。

（3）选择路径。单击"编辑电线"对话框中的 选择路径(S) 按钮。选取创建的电气线路，单击对话框中的 ✓ 按钮。

（4）完成电线编辑。单击"编辑电线"对话框中的 ✓ 按钮。

Step 13　电气特性。

（1）查看电气特性。右击创建的线路，在系统弹出的快捷菜单中选择 电气特性 命令，弹出"电气特性"对话框。

（2）查看电线清单。在"电气特性"对话框的 电线清单 区域中分别单击显示的四条电线，就会在 属性 区域中显示相应电线的属性，单击对话框中的 ✓ 按钮。

Step 14　单击"退出草图"按钮 ↩，退出 3D 草图环境。

Step 15　退出编辑状态。单击 装配体 工具条中的"编辑装配体"按钮 ⑩。

Task2. 创建第二条线路

Stage1. 创建第一段线路

Step 1　添加插头 2。

（1）选取插头。打开设计库中的 routing\electrical 文件夹，选择 plug-5pinndin 插头为拖放对象。

（2）定义插头的放置位置。将插头拖放到图 12.11.14 所示的圆孔位置，弹出"线路属性"对话框。

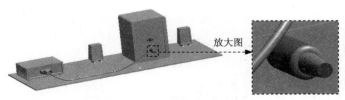

图 12.11.14　添加插头 2

Step 2　定义线路属性。在 电气(E) 区域的 子类型(S) 下拉列表中选择 电缆/电线 选项，在 外径(O) 文本框中输入数值 6.0，单击对话框中的 ✓ 按钮。

Step 3　将点添加到线路。右击图 12.11.15 所示的"连接点 1"，在系统弹出的快捷菜单中选择 添加到线路 命令。

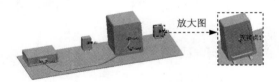

图 12.11.15　连接点

Step 4 自动步路。

（1）选择命令。选择下拉菜单 Routing ➡ Routing 工具(R) ➡  自动步路(A) 命令，弹出"自动步路"对话框。

（2）选取步路点。选取 Step2 和 Step3 中创建的电线的端点为步路点。

（3）单击对话框中的 ✅ 按钮，完成图 12.11.16 所示的自动步路的创建。

图 12.11.16 自动步路

Stage2. 创建第二段线路

Step 1 将点添加到线路。右击图 12.11.17 所示的连接点 1，在系统弹出的快捷菜单中选择 添加到线路 命令。

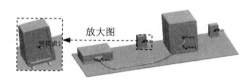

图 12.11.17 连接点

Step 2 创建自动步路。

（1）选取命令。选择下拉菜单 Routing ➡ Routing 工具(R) ➡  自动步路(A) 命令，弹出"自动步路"对话框。

（2）选取步路点。分别选取刚创建的电线的端点和创建第一段线路中 Step2 中（1）的电线的端点。

（3）单击对话框中的 ✅ 按钮，完成图 12.11.18 所示的结果。

图 12.11.18 自动步路

Stage3. 添加线夹

Step 1 添加线夹 3。

（1）选取线夹。打开设计库中的 routing\electrical 文件夹，选择"richco_hurc-4-01-clip"

线夹为拖放对象。

（2）定义拖放放置位置。将线夹拖放到底板上的圆孔处，添加后的结果如图 12.11.19 所示。

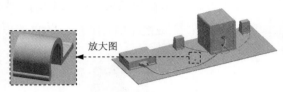

图 12.11.19　添加线夹 1

（3）单击"插入零部件"对话框中的 ✖ 按钮。

说明：在将线夹拖放到平板上的圆孔处时，可按住 Shift 和左右方向键来调整线夹的位置。

Step 2　添加线夹 4。同 Step1，添加后的结果如图 12.11.20 所示。

图 12.11.20　添加线夹 2

Step 3　将电线移到线夹 3。

（1）选择命令。选择下拉菜单 Routing ➡ Routing 工具(R) ➡ 步路通过线夹(T) 命令，弹出"步路通过线夹"对话框。

（2）选取线路。选取图 12.11.21 所示的电线和线夹的轴线。

图 12.11.21　选取线路

（3）单击对话框中的 ✔ 按钮，完成图 12.11.22 所示的将电线移到线夹的创建。

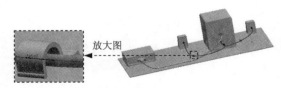

图 12.11.22　线夹一移到到电线

说明：若线夹的轴线没有显示，可在设计树中选取线夹的轴线。

Step 4　参照 Step3，将电线移到线夹 4，如图 12.11.23 所示。

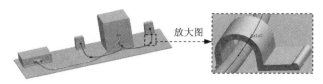

图 12.11.23　将线夹 2 移到电线

Stage4. 编辑电线。

Step 1　选择命令。选择下拉菜单 Routing ➡ 电气(E) ➡ 🧰 编辑电线(W) 命令，弹出"编辑电线"对话框。

Step 2　选择电力库。单击"编辑电线"对话框中的"添加电线"按钮🧰，弹出"电力库"对话框，在 选择电线 下拉列表中选择"20g blue"和"20g red"，单击 添加 按钮，然后单击 确定 按钮。

Step 3　选择路径。

（1）为"20g blue"电线选择路径。单击"编辑电线"对话框中的 选择路径(S) 按钮。选取图 12.11.24 所示的线段 1 和线段 2 为"20g blue"电线的路径，单击对话框中的 ✅ 按钮。

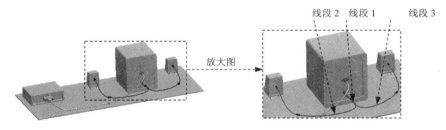

线段 2　线段 1　线段 3

放大图

图 12.11.24　选择路径

（2）为"20g red"电线选择路径。单击"编辑电线"对话框中的 选择路径(S) 按钮。选取图 12.11.24 所示的线段 1 和线段 3 为"20g red"电线的路径，单击对话框中的 ✅ 按钮。

（3）完成电线编辑。单击"编辑电线"对话框中的 ✅ 按钮。

Step 4　电气特性。

（1）查看电气特性。右击图 12.11.24 所示线段 1 处的电线，在系统弹出的快捷菜单中选择 电气特性 命令，弹出"电气特性"对话框。

（2）查看电线清单。在"电气特性"对话框的 电线清单 区域中显示电线，在 属性 区域中显示相应电线的属性。单击对话框中的 ✅ 按钮。

Step 5　修改线路外径。

（1）选取线路。右击图 12.11.24 所示的线段 2，在系统弹出的快捷菜单中选择 线路段属性... 命令，系统弹出"线路段属性"对话框。

（2）修改外径。在 电气(E) 区域的 外径(O) 文本框中输入数值 3.0，单击对话框中的 ✓ 按钮。

Step 6　参照 Step5，将图 12.12.24 所示的线段 3 的外径定义为 3.0。

Step 7　单击"退出草图"按钮 ，退出 3D 草图环境。

Step 8　退出编辑状态。单击 装配体 工具条中的"编辑装配体"按钮 。

Step 9　保存文件。选择下拉菜单 文件(F) ➡ 保存(S) 命令，完成电气设计。

13

结构分析

13.1　概述

在现代的先进制造领域中，经常会碰到的问题是计算和校验零部件的强度、刚度以及对机器整体或部件进行结构分析等。

一般情况下，运用力学原理已经得到了它们的基本方程和边界条件，但是能用解析方法求解的只是具有少数方程，性质比较简单，边界条件比较规则的问题。绝大多数工程技术问题很少有解析解。

处理这类问题通常有两种方法。

一种方法是引入简化假设，达到能用解析解法求解的地步，求得在简化状态下的解析解，这种方法并不总是可行的，通常可能导致不正确的解答。

另一种途径是保留问题的复杂性，利用数值计算的方法求得问题的近似数值解。

随着电子计算机的飞跃发展和广泛使用，已逐步趋向于采用数值方法来求解复杂的工程实际问题，而有限元法是这方面一个比较新颖并且十分有效的数值方法。

有限元法是根据变分法原理来求解数学物理问题的一种数值计算方法。由于工程上的需要，特别是高速电子计算机的发展与应用，有限元法才在结构分析矩阵方法的基础上，迅速地发展起来，并得到越来越广泛的应用。

有限元法所以能得到迅速的发展和广泛的应用，除了高速计算机的出现与发展提供了充分有利的条件以外，还与有限元法本身所具有的优越性分不开。其中主要有：

（1）可完成一般力学中无法解决的对复杂结构的分析问题。

（2）引入边界条件的办法简单，为编写通用化的程序带来了极大的简化。

（3）有限元法不仅适用于复杂的几何形状和边界条件，而且能应用于复杂的材料性质问题。它还成功地用来求解如热传导、流体力学以及电磁场、生物力学等领域的问题。它几乎适用于求解所有关于连续介质和场的问题。

有限元法的应用与电子计算机紧密相关，由于该方法采用矩阵形式表达，便于编制计算机程序，可以充分利用高速电子计算机所提供的方便。因而，有限元法已被公认为是工程分析的有效工具，受到普遍的重视。随着机械产品日益向高速、高效、高精度和高度自动化技术方向发展，有限元法在现代先进制造技术中的作用和地位也越来越显著，它已经成为现代机械产品设计中的一种重要的且必不可少的工具。

13.2　SolidWorks Simulation 插件

13.2.1　SolidWorks Simulation 插件的激活

SolidWorks Simulation 是 SolidWorks 组件中的一个插件，只有激活该插件后，才可以使用。激活 SolidWorks Simulation 插件后，系统会增加用于结构分析的工具栏和下拉菜单。激活 SolidWorks Simulation 插件的操作步骤如下：

Step 1　选择命令。选择下拉菜单 工具(T) ➡ 插件(D)... 命令，弹出图 13.2.1 所示的"插件"对话框。

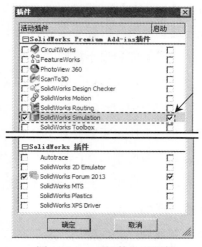

图 13.2.1　"插件"对话框

Step 2　在"插件"对话框中选中 ☑ SolidWorks Simulation ☑复选框，如图 13.2.1 所示。

Step 3　单击 确定 按钮，完成 SolidWorks Simulation 插件的激活。

13.2.2 SolidWorks Simulation 插件的工作界面

打开文件 D:\sw13\work\ch13\ch13.02\ok\analysis.SLDPRT，进入到 SolidWorks Simulation
环境后如图 13.2.2 所示。

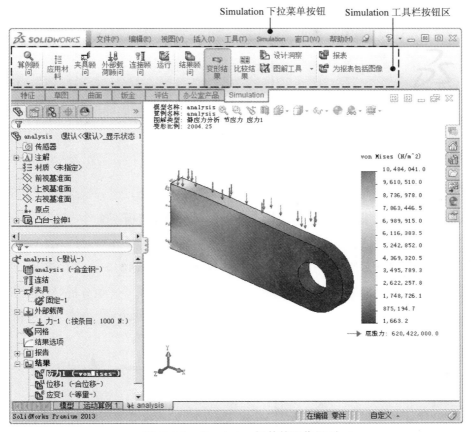

图 13.2.2　Simulation 插件的工作界面

13.2.3 Simulation 工具栏命令介绍

如图 13.2.3 所示，工具栏中的命令按钮为快速进入命令及设置工作环境提供了极大的
方便，使用工具栏中的命令按钮能够高效地提高工作效率，用户也可以根据具体情况定制
工具栏。

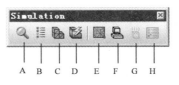

图 13.2.3　Simulation 工具栏

图 13.2.3 所示的 Simulation 工具栏中的按钮说明如下：

A：新算例。单击该按钮，系统弹出"算例"对话框，可以定义一个新的算例。

B：应用材料。单击该按钮，系统弹出"材料"对话框，可以给分析对象添加材料属性。

C：生成网格。单击该按钮，系统为活动算例生成实体/壳体网格。

D：运行。单击该按钮，系统为活动算例启动解算器。

E：应用控件。单击该按钮，为所选实体定义网格控制。

F：相触面组。单击该按钮，定义接触面组（面、边线、顶点）。

G：跌落测试设置。单击该按钮，可以定义跌落测试设置。

H：结果选项。单击该按钮，可以定义/编辑结果选项。

13.2.4 有限元分析的一般过程

在 SolidWorks 中进行有限元分析的一般过程如下：

Step 1 新建一个几何模型文件或者直接打开一个现有的几何模型文件，作为有限元分析的几何对象。

Step 2 新建一个算例。选择下拉菜单 Simulation ➡ 🔍 算例(S)… 命令，新建一个算例。

Step 3 应用材料。选择下拉菜单 Simulation ➡ 材料(T) 命令，给分析对象指定材料。

Step 4 添加边界条件。选择下拉菜单 Simulation ➡ 载荷/夹具(L) 命令，给分析对象添加夹具和外部载荷条件。

Step 5 划分网格。选择下拉菜单 Simulation ➡ 网格(M) ➡ 🗋 生成(C)… 命令，系统自动划分网格。

Step 6 求解。选择下拉菜单 Simulation ➡ 🗋 运行(U)… 命令，对有限元模型的计算工况进行求解。

Step 7 查看和评估结果。显示结果图解，对图解结果进行分析，评估设计是否符合要求。

13.2.5 有限元分析的选项设置

在开始一个分析项目之前，应该对有限元分析环境进行预设置，包括单位、结果文件及数据库存放地址、默认图解显示方法、网格显示、报告格式以及各种图标颜色设置等。

选择下拉菜单 Simulation ➡ 选项(O)… 命令，系统弹出"系统选项— 一般"对话框，在对话框中包括 系统选项 和 默认选项 两个选项卡，其中 系统选项 是针对所有算例的，可以对错误信息、网格颜色以及默认数据库的存放地址进行设置；默认选项 只针对新建的算例，包括算例中的各种设置。

Step 1 选择下拉菜单 Simulation ➡ 选项 (O)... 命令，系统弹出"系统选项— 一般"对话框。

Step 2 在"系统选项— 一般"对话框中单击 系统选项 选项卡，在左侧列表中选择普通选项，此时对话框如图 13.2.4 所示。

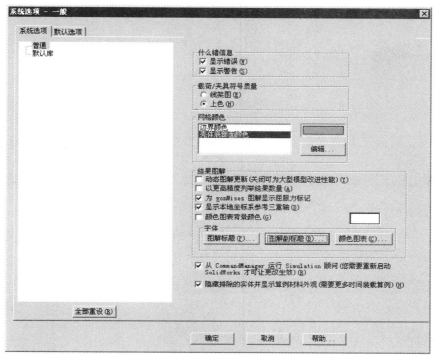

图 13.2.4　"系统选项——一般"对话框

Step 3 在"系统选项— 一般"对话框的左侧列表中选择默认库选项，此时对话框如图 13.2.5 所示，可以设置数据库的存放地址。

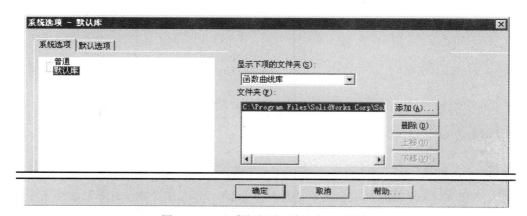

图 13.2.5　"系统选项—默认库"对话框

Step 4 在对话框中单击 默认选项 选项卡，在左侧列表中选择 单位 选项，此时对话框如图
13.2.6 所示，可以进行分析单位设置。

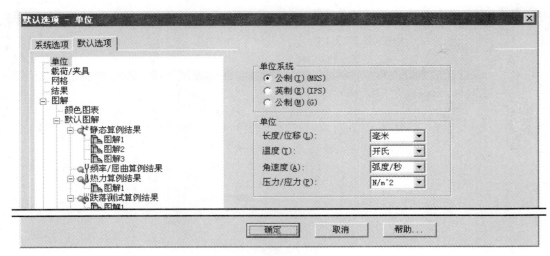

图 13.2.6 "默认选项—单位"对话框

Step 5 在 默认选项 选项卡的左侧列表中选择 载荷/夹具 选项，此时对话框如图 13.2.7 所示，
可以设置载荷以及夹具符号大小和符号显示颜色。

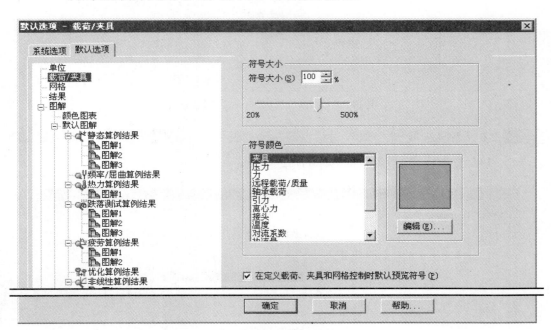

图 13.2.7 "默认选项—载荷/夹具"对话框

Step 6 在 默认选项 选项卡的左侧列表中选择 网格 选项，此时对话框如图 13.2.8 所示，可
以设置网格参数。

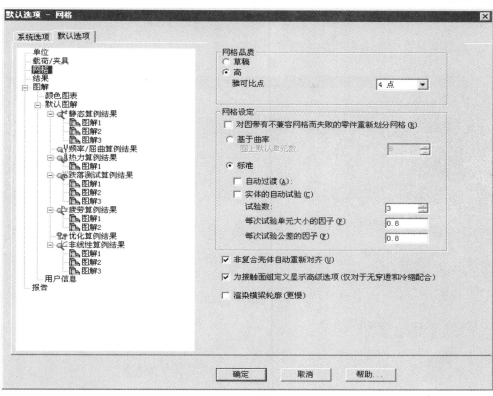

图 13.2.8 "默认选项—网格"对话框

Step **7** 在 **默认选项** 选项卡的左侧列表中选择**结果**选项，此时对话框如图 13.2.9 所示，可以设置默认解算器以及分析结果文件的存放地址。

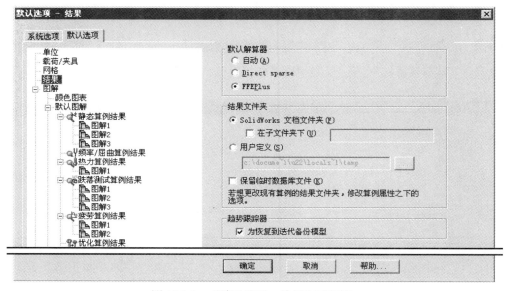

图 13.2.9 "默认选项—结果"对话框

Step 8　在 默认选项 选项卡的左侧列表中选择颜色图表选项，此时对话框如图 13.2.10 所示，
可以设置颜色图表的显示位置、宽度、数字格式以及其他默认选项。

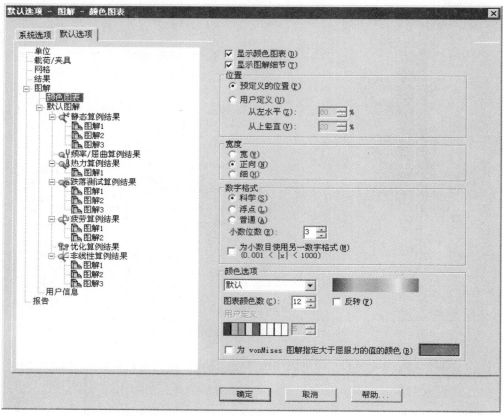

图 13.2.10　"默认选项—图解—颜色图表"对话框

Step 9　在 默认选项 选项卡的左侧列表中选择 图解1 选项，此时对话框如图 13.2.11 所示，
可以设置各图解的结果类型以及结果分量。

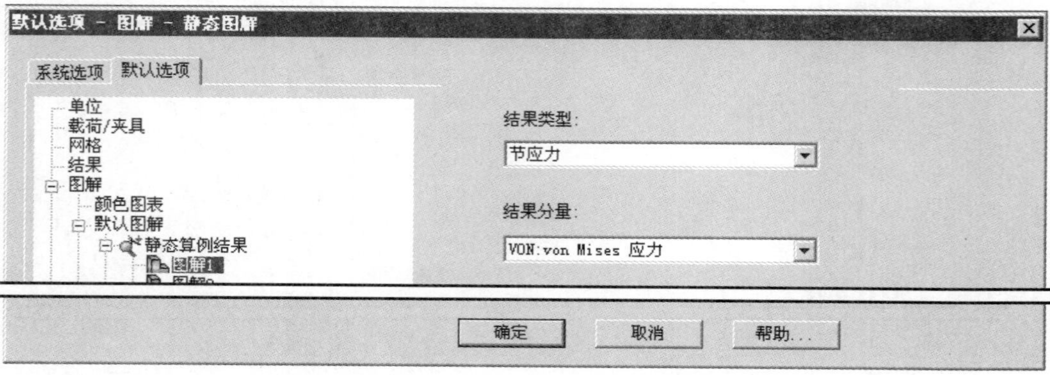

图 13.2.11　"默认选项—图解—动态图解"对话框

Step 10　在 **默认选项** 选项卡的左侧列表中选择**用户信息**选项，此时对话框如图 13.2.12 所示，可以设置用户基本信息，包括公司名称、公司标志以及作者名称。

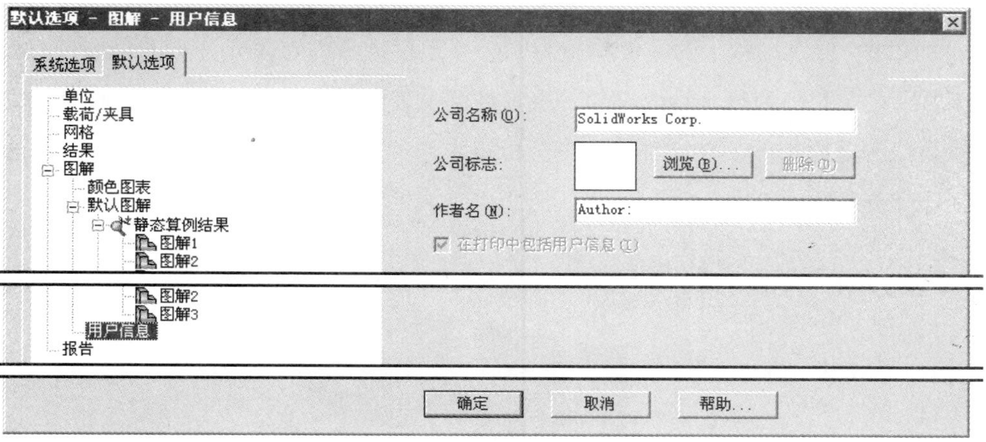

图 13.2.12　"默认选项—图解—用户信息"对话框

Step 11　在 **默认选项** 选项卡的左侧列表中选择**报告**选项，此时对话框如图 13.2.13 所示，可以设置分析报告格式。

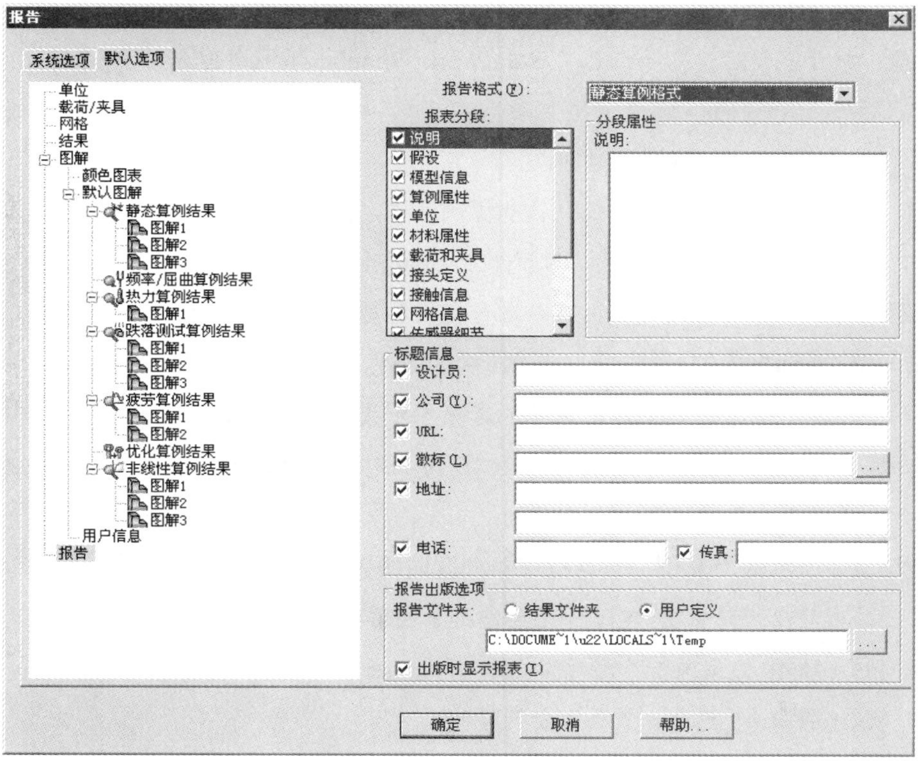

图 13.2.13　"报告"对话框

13.3　SolidWorks 零件有限元分析实际应用

下面以图 13.3.1 所示的零件模型为例，介绍机械零件有限元分析的一般过程。如图 13.3.1 所示是一材料为合金钢的零件，在零件的上表面（面 1）上施加 1000N 的力，零件侧面（面 2）是固定面，在这种情况下分析该零件的应力、应变及位移分布，分析零件在这种工况下是否会被破坏。

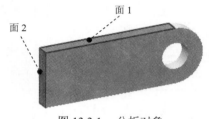

图 13.3.1　分析对象

13.3.1　打开模型文件，新建分析算例

Step 1　打开文件 D:\sw13\work\ch13\ch13.03\ analysis.SLDPRT。

　　注意：打开零件后，需确认已将 SolidWorks Simulation 插件激活。

Step 2　新建一个算例。选择下拉菜单 Simulation ➡ 🔍 算例(S)… 命令，系统弹出图 13.3.2 所示的"算例"对话框。

Step 3　定义算例类型。采用系统默认的算例名称，在"算例"对话框的 类型 区域中单击 "静应力分析"按钮 ，即新建一个静态分析算例。

　　说明：选择不同的算例类型，可以进行不同类型的有限元分析。

Step 4　单击对话框中的 ✅ 按钮，完成算例的新建。

　　说明：新建一个分析算例后，在导航选项卡中模型树下方会出现算例树，如图 13.3.3 所示。在有限元分析过程中，对分析参数以及分析对象的修改都可以在算例树中进行，另外，分析结果的查看也要在算例树中进行。

　　图 13.3.2 所示的"算例"对话框中 类型 区域的各选项说明如下：

- 　（静应力分析）：定义一个静态的分析算例。
- 　（频率）：定义一个频率分析算例。
- 　（屈曲）：定义一个屈曲分析算例。
- 　（热力）：定义一个热力分析算例。

- （跌落测试）：定义跌落测试分析算例。
- （疲劳）：定义一个疲劳分析算例。
- （非线性）：定义一个非线性分析算例。
- （线性动力）：定义一个线性动力的分析算例。
- （压力容器设计）：定义一个压力容器分析算例。
- （子模型）：由于不可能获取大型装配体或多实体模型的精确结果，故在使用粗糙网格时，可使用高品质网格或更精细的网格增加选定实体的求解精度。

图 13.3.2　"算例"对话框　　　　　　　　　　图 13.3.3　导航选项卡

13.3.2　应用材料

Step 1 选择下拉菜单 Simulation ➞ 材料(T) ➞ 应用材料到所有(Y)… 命令，系统弹出图 13.3.4 所示的"材料"对话框。

Step 2 在对话框的材料列表中依次单击 solidworks materials ➞ 钢 前的节点，然后在展开列表中选择 合金钢 材料。

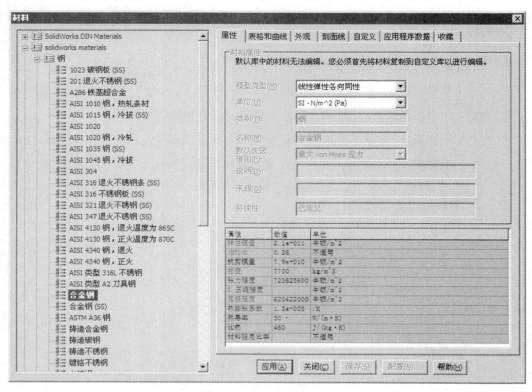

图 13.3.4 "材料"对话框

Step 3 单击对话框中的 应用(A) 按钮，将材料应用到模型中。

Step 4 单击对话框中的 关闭(C) 按钮，关闭"材料"对话框。

注意：如果需要的材料在材料列表中没有提供，可以根据需要自定义材料，具体操作请参看本书第 3 章的相关内容。

13.3.3 添加夹具

进行静态分析时，模型必须添加合理约束，使之无法移动，在 SolidWorks 中提供了多种夹具来约束模型，夹具可以添加到模型的点、线和面上。

Step 1 选择下拉菜单 Simulation ➡ 载荷/夹具(L) ➡ 夹具(I)... 命令，系统弹出图 13.3.5 所示的"夹具"对话框。

Step 2 定义夹具类型。在对话框的 标准（固定几何体） 区域下单击 按钮，即添加固定几何体约束。

Step 3 定义约束面。在图形区选取图 13.3.6 所示的模型表面为约束面，即将该面完全固定。

说明： 添加夹具后，就完全限制了模型的空间运动，此模型在没有弹性变形的情况下是无法移动的。

`Step 4` 单击对话框中的 ✔ 按钮，完成夹具的添加。

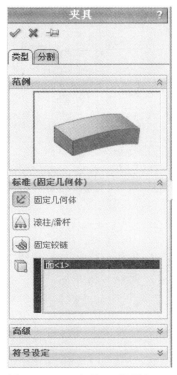

图 13.3.5 "夹具"对话框（一）

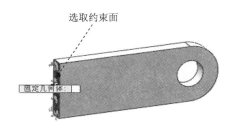

图 13.3.6 定义约束面

图 13.3.5 所示的"夹具"对话框（一）中各选项说明如下：

- **标准 (固定几何体)** 区域各选项说明如下：
  - ☑ 📐 (固定几何体)：也称为刚性支撑，即所有的平移和转动自由度均被限制。几何对象被完全固定。
  - ☑ 📐 (滚柱/滑杆)：使用该夹具使指定平面能够自由地在平面上移动，但不能在平面上进行垂直方向的移动。
  - ☑ 📐 (固定铰链)：使用铰链约束来指定只能绕轴运动的圆柱体，圆柱面的半径和长度在载荷下保持不变。
- **高级(使用参考几何体)** 区域（图 13.3.7）各选项说明如下：
  - ☑ 📐 (对称)：该选项针对平面问题；它允许面内位移和绕平面法线的转动。
  - ☑ 📐 (圆周对称)：物体绕一特定轴周期性旋转时，对其中一部分加载该约束类型可形成旋转对称体。

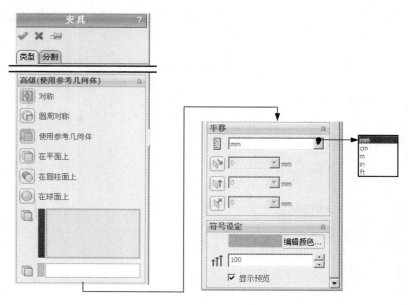

图 13.3.7 "夹具"对话框（二）

☑ （使用参考几何体）：这个约束保证约束只在点、线或面的设计方向上，而在其他方向上可以自由运动，可以指定所选择的基准平面、轴、边、面上的约束方向。

☑ （在平面上）：通过对平面的三个主方向进行约束，可设定沿所选方向的边界约束条件。

☑ （在圆柱面上）：与"在平面上"相似，但是圆柱面的三个主方向是在柱坐标系统下定义的，该选项在允许圆柱面绕轴线旋转的情况下非常有用。

☑ （在球面上）：与"在平面上"和"在圆柱面上"相似，但是球面的三个主方向是在球坐标系统下定义的。

● **平移** 区域（图 13.3.7）:主要用于设置远程载荷。

☑ 文本框: 用于定义平移单位。

☑ 按钮: 单击该按钮，可以设置沿基准面方向 1 的偏移距离。

☑ 按钮: 单击该按钮，可以设置沿基准面方向 2 的偏移距离。

☑ 按钮: 单击该按钮，可以设置垂直于基准面方向的偏移距离。

● **符号设定** 区域: 用于设置夹具符号的颜色和显示大小。

13.3.4 添加外部载荷

在模型中添加夹具后，必须向模型中添加外部载荷（或力）才能进行有限元分析，在

SolidWorks 中提供了多种外部载荷，外部载荷可以添加到模型的点、线和面上。

Step 1 选择下拉菜单 Simulation ➡ 载荷/夹具 (L) ➡ ⬇ 力 (F)... 命令，系统弹出图 13.3.8 所示的"力/扭矩"对话框。

Step 2 定义载荷面。在图形区选取图 13.3.9 所示的模型表面为载荷面。

Step 3 定义力参数。在对话框的 **力/扭矩** 区域的 ⬇ 文本框中输入力的大小值为 1000N，选中 ⊙ 法向 单选项，其他选项采用系统默认设置值。

Step 4 单击对话框中的 ✔ 按钮，完成外部载荷力的添加。

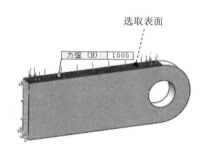

选取表面

图 13.3.8　"力/扭矩"对话框　　　　图 13.3.9　定义载荷面

图 13.3.8 所示的"力/扭矩"对话框中 力/扭矩 区域的各选项说明如下：

- ⬇（力）：单击该按钮，在模型中添加力。

- 🔧（扭矩）：单击该按钮，在模型中添加扭矩。

- ⊙ 法向 单选项：选中该选项，使添加的载荷力与选定的面垂直。

- ⊙ 选定的方向 单选项：选中该选项，使添加的载荷力的方向沿着选定的方向。

- 📏 下拉列表：用来定义力的单位制，包括以下三个选项：

  ☑ SI（公制）：国际单位制。

  ☑ English (IPS)（英制）：英寸镑秒单位制。

  ☑ Metric (G)（公制）：米制单位制。

- ☑ 反向 单选项：选中该选项，使力的方向反向。
- ⊙ 按条目 单选项：选中该选项，如果添加的载荷力作用在多个面上，则每个面上的作用力均为给定的力值。
- ⊙ 总数 单选项：选中该选项，如果添加的载荷力作用在多个面上，则每个面上的作用力总和为给定的力值。

在 SolidWorks 中提供了多种外部载荷，在算例树中右击 ⬇️外部载荷，系统弹出图 13.3.10 所示的快捷菜单，在快捷菜单中选择一种载荷即可向模型中添加该载荷。

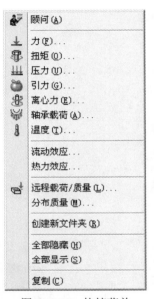

图 13.3.10　快捷菜单

图 13.3.10 所示的快捷菜单中的各选项说明如下：

- 力：沿所选的参考面（平面、边、面或轴线）所确定的方向，对一个平面、一条边或一个点施加力或力矩，注意只有在壳单元中才能施加力矩，壳单元的每个节点有六个自由度，可以承担力矩，而实体单元每个节点只有三个自由度，不能直接承担力矩，如果要对实体单元施加力矩，必须先将其转换成相应的分布力或远程载荷。
- 扭矩：适用于圆柱面，按照右手规则绕参考轴施加力矩。转轴必须在 SolidWorks 中定义。
- 压力：对一个面作用压力，可以是定向的或可变的，如水压。
- 引力：对零件或装配体指定线性加速度。
- 离心力：对零件或装配体指定角速度或加速度。

- 轴承载荷：在两个接触的圆柱面之间定义轴承载荷。

- 远程载荷/质量：通过连接的结果传递法向载荷。

- 分布质量：分布载荷就是施加到所选面，以模拟被压缩（或不包含在模型中）的零件质量。

13.3.5 生成网格

模型在开始分析之前的最后一步就是网格划分，模型将被自动划分成有限个单元，默认情况下，SolidWorks Simulation 采用等密度网格，网格单元大小和公差是系统基于 SolidWorks 模型的几何形状外形自动计算的。

网格密度直接影响分析结果的精度。单元越小，离散误差越低，但相应的网格划分和解算时间也越长。一般来说，在 SolidWorks Simulation 分析中，默认的网格划分都可以使离散误差保持在可接受的范围之内，同时使网格划分和解算时间较短。

Step 1 选择下拉菜单 Simulation ➡ 网格(M) ➡ ⬚ 生成(C)… 命令，系统弹出图 13.3.11 所示的"网格"对话框，在对话框中采用系统默认的参数设置值。

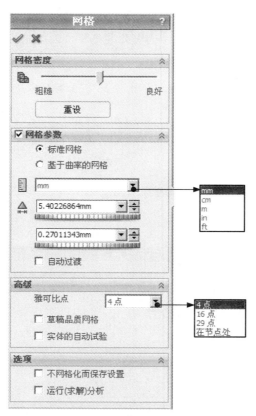

图 13.3.11 "网格"对话框

图 13.3.11 所示的"网格"对话框中的各选项说明如下：

- **网格密度** 区域:主要用于粗略定义网格单元大小。
  - ☑ 🎚滑块：滑块越接近粗糙，网格单元越粗糙；滑块越接近良好，网格单元越精细。
  - ☑ **重设** 按钮：单击该按钮，网格参数回到默认值，重新设置网格参数。
- ☑ **网格参数** 区域：主要用于精确定义网格参数。
  - ☑ ⊙ **标准网格** 单选项：选中该单选项，用单元大小和公差来定义网格参数。
  - ☑ ⊙ **基于曲率的网格** 单选项：选中该单选项，使用曲率方式定义网格参数。
  - ☑ 📏文本框：用于定义网格单位制。
  - ☑ ⛰文本框：用于定义网格单元整体尺寸大小，其下面的文本框用于定义单元公差值。
  - ☑ ☑ 自动过渡 复选框：选中此复选框，在几何模型的锐边位置自动进行过渡。
- **高级** 区域：用于定义网格质量。
  - ☑ 雅可比点 文本框：用于定义雅可比值。
  - ☑ ☑ 草稿品质网格 复选框：选中此复选框，网格采用一阶单元，质量粗糙。
  - ☑ ☑ 实体的自动试验 复选框：选中此复选框，网格采用二阶单元，质量较高。
- **选项** 区域：用于网格的其他设置。
  - ☑ ☑ 不网格化而保存设置 复选框：选中此复选框，不进行网格划分，只保存网格划分的参数设置。
  - ☑ ☑ 运行(求解)分析 复选框：选中此复选框，单击对话框中的 ✓ 按钮后，系统即进行解算。

Step 2 单击对话框中的 ✓ 按钮，系统弹出图 13.3.12 所示的"网格进展"对话框，显示网格划分进展；完成网格划分后的结果如图 13.3.13 所示。

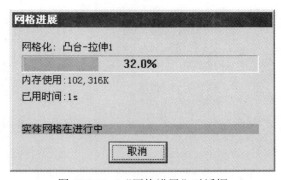

图 13.3.12 "网格进展"对话框

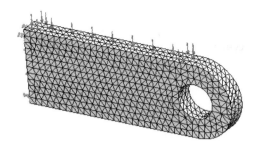

图 13.3.13　划分网格

13.3.6　运行算例

网格划分完成后就可以进行解算了。

Step **1**　选择下拉菜单 Simulation ➡ 运行 (U)… 命令，系统弹出图 13.3.14 所示的对话框，显示求解进程。

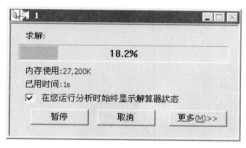

图 13.3.14　"求解"对话框

Step **2**　求解结束之后，在算例树的结果下面生成应力、位移和应变图解，如图 13.3.15 所示。

图 13.3.15　模型树

13.3.7　结果查看与评估

求解完成后，就可以查看结果图解，并对结果进行评估。下面介绍结果的一些查看方法。

Step **1** 在算例树中右击 应力1 (-vonMises-)，系统弹出图 13.3.16 所示的快捷菜单，在弹出的快捷菜单中选择 显示(S) 命令，系统显示图 13.3.17 所示的应力（vonMises）图解。

图 13.3.16　快捷菜单

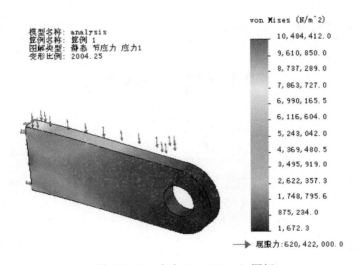

图 13.3.17　应力（vonMises）图解

注意：应力（vonMises）图解一般为默认显示图解，即解算结束之后显示出来的就是该图解了，所以，一般情况下，该步操作可以省略。

说明：从结果图解中可以看出，在该种工况下，零件能够承受的最大应力为 10.5MPa，而该种材料（前面定义的合金钢）的最大屈服应力为 620MPa，即在该种工况下，零件可以安全工作。

Step **2** 在算例树中右击 位移1 (-合位移-)，在弹出的快捷菜单中选择 显示(S) 命令，系统显示图 13.3.18 所示的位移（合位移）图解。

说明：位移（合位移）图解反映零件在该种工况下发生变形的趋势，从图解中可以看出，在该种工况下，零件发生变形的最大位移是 0.009mm，变形位移是非常小的，这种变形在实际中也是观察不到的，在图解中看到的变形实际上是放大后的效果。

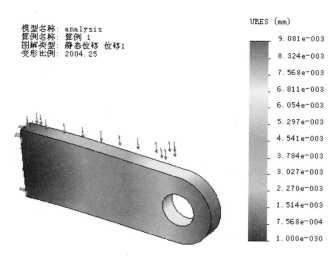

图 13.3.18　位移（合位移）图解

Step 3　在算例树中右击 应变1（-等量-），在弹出的快捷菜单中选择 显示(S)命令，系统显
示图 13.3.19 所示的应变（等量）图解。

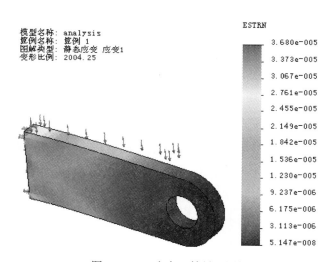

图 13.3.19　应变（等量）图解

结果图解可以通过几种方法进行修改，以控制图解中的内容、单位、显示以及注解。

在算例树中右击 应力1（-vonMises-），在弹出的快捷菜单中选择 编辑定义 (E)...命令，系
统弹出图 13.3.20 所示的"应力图解"对话框。

图 13.3.20 所示的"应力图解"对话框中的各选项说明如下：

● 显示区域主要选项说明如下：

☑ 下拉列表：用于控制显示的分量。

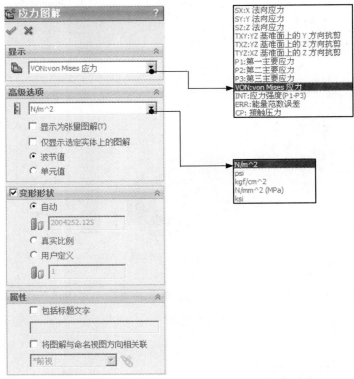

图 13.3.20　　"应力图解"对话框

●　高级选项　区域主要选项说明如下：

☑　　📏 下拉列表：用于定义单位。

☑　　☑ 显示为张量图解(T) 复选框：选中该复选框，显示主应力的大小和方向，如图
　　　13.3.21 所示。

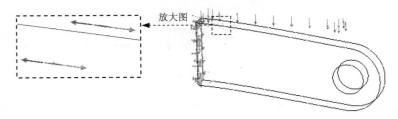

图 13.3.21　显示为张量图解

☑　　◉ 波节值 单选项：选中该单选项，以波节值显示应力图解（图 13.3.22），此
　　　时应力图解看上去比较光顺。

☑　　◉ 单元值 单选项：选中该单选项，以单元值显示应力图解（图 13.3.23），此
　　　时应力图解看上去比较粗糙。

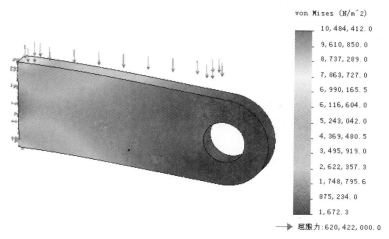

图 13.3.22   波节应力

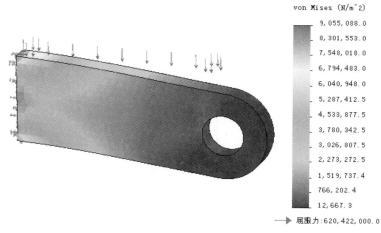

图 13.3.23   单元应力

说明: 波节应力和单元应力一般是不同的, 但是两者间的差异太大则说明网格划分不够精细。

- **变形形状** 区域: 主要用于定义图解变形比例。
  - ☑ ⊙ 自动 单选项: 选中该单选项, 系统自动设置变形比例。
  - ☑ ⊙ 真实比例 单选项: 选中该单选项, 图解采用真实变形比例。
  - ☑ ⊙ 用户定义 单选项: 选中该单选项, 用户自定义变形比例, 在 文本框中输入比例值。

在算例树中右击 应力1 (-vonMises-), 在弹出的快捷菜单中选择 图表选项 (0)... 命令, 系统显示图 13.3.24 所示的 "图表选项" 对话框。

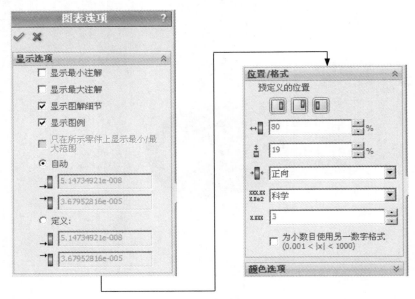

图 13.3.24　"图表选项"对话框

图 13.3.24 所示的"图表选项"对话框中的各选项说明如下：

● 显示选项 区域主要选项说明如下：

☑ ☑ 显示最小注解 复选框：在模型中显示最小注解（图 13.3.25）。

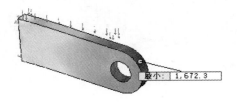

图 13.3.25　显示最小注解

☑ ☑ 显示最大注解 复选框：在模型中显示最大注解（图 13.3.26）。

图 13.3.26　显示最大注解

☑ ☑ 显示图解细节 复选框：显示图解细节，包括模型名称、算例名称、图解类型和变形比例（图 13.3.27）。

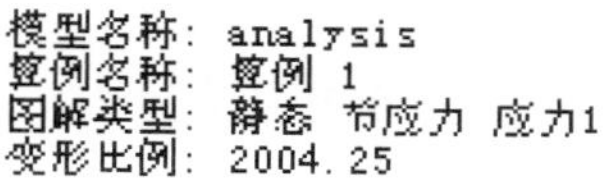

```
模型名称: analysis
算例名称: 算例 1
图解类型: 静态 节应力 应力1
变形比例: 2004.25
```

图 13.3.27　显示图解细节

☑ ☑显示图例 复选框: 显示图例 (图 13.3.28)。

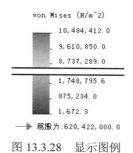

图 13.3.28　显示图例

☑ ⊙ 自动 单选项: 选中该单选项, 系统自动显示图例的最大值和最小值。

☑ ⊙ 定义:单选项: 选中该单选项, 用户自定义显示图例的最大值和最小值, 在 ↑▌文本框中输入图例最大值, 在 ↓▌文本框中输入图例最小值。

● 位置/格式 区域主要选项说明如下:

☑ 预定义的位置 区域: 用于定义显示图例的显示位置。

☑ XXX.XX／X.Xe2 下拉列表: 用于定义数值显示方式, 包括科学、浮点和普通三种方式。

☑ X.XXX 文本框: 用于定义小数位数。

● 颜色选项 区域: 主要用于定义显示图例的颜色方案 (图 13.3.29)。

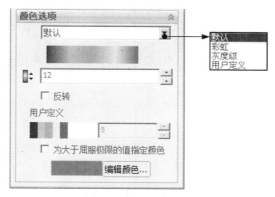

图 13.3.29　颜色选项区域

☑ 默认选项: 采用默认颜色方案显示图例, 一般情况下, 解算后的显示均为默认的颜色方案显示。

☑ 彩虹选项：采用彩虹颜色方案显示图例（图 13.3.30a）。

☑ 灰度级选项：采用灰度颜色方案显示图例（图 13.3.30b）。

☑ 用户定义选项：用户自定义颜色方案显示图例。

☑ ☐ 反转复选框：反转颜色显示。

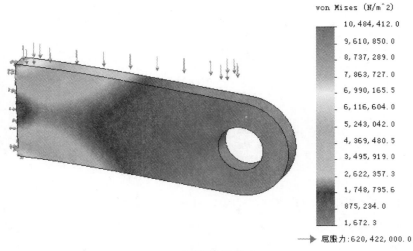

a）彩虹颜色显示

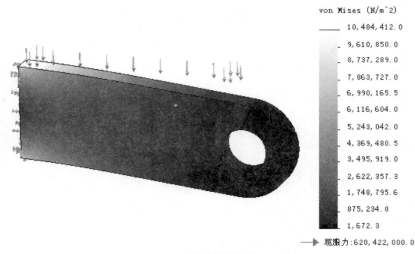

b）灰度颜色显示

图 13.3.30　颜色选项

在算例树中右击 应力1 (-vonMises-)，在弹出的快捷菜单中选择 设定(T)... 命令，系统显示图 13.3.31 所示的"设定"对话框。

图 13.3.31 "设定"对话框

图 13.3.31 所示的"设定"对话框中的各选项说明如下：

- **边缘选项**区域：主要用于定义边缘显示样式。
    - ☑ **点**选项：边缘用连续点显示（图 13.3.32a）。
    - ☑ **直线**选项：边缘用曲线显示（图 13.3.32b）。
    - ☑ **离散**选项：边缘离散显示（图 13.3.32c）。
    - ☑ **连续**选项：边缘连续显示（图 13.3.32d）。

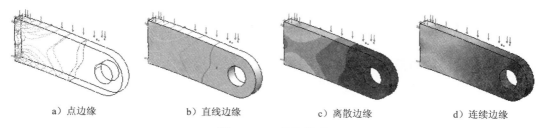

a）点边缘   b）直线边缘   c）离散边缘   d）连续边缘

图 13.3.32 边缘类型

- **边界选项**区域：用于定义边界显示样式。
    - ☑ **无**选项：无边界显示（图 13.3.33a）。
    - ☑ **模型**选项：显示模型边界线（图 13.3.33b）。
    - ☑ **网格**选项：显示网格边线（图 13.3.33c）。
    - ☑ **编辑颜色...**按钮：单击该按钮，可以编辑边界线颜色。

Chapter 13

745

a）无边界

a）模型边界

a）网格边界

图 13.3.33　边界类型

● **变形图解选项** 区域：主要用于定义变形图解的显示。

☑　　 ☑ **将模型叠加于变形形状上** 单选项：选中该单选项，原始模型显示在图解中（图
13.3.34）。

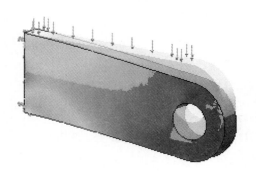

图 13.3.34　将模型叠加于变形形状上

13.3.8　其他结果图解显示工具及报告文件

1. 截面剪裁

在评估结果的时候，有时需要知道实体内部的应力分布情况，使用 🔲 **截面剪裁 (C)...** 工
具，可以定义一个截面去剖切模型实体，然后在剖切截面上显示结果图解。下面介绍截面
剪裁工具的使用方法。

Step 1　选择下拉菜单 Simulation ➡ 结果工具 (T) ➡ 🔲 **截面剪裁 (C)...** 命令，系统弹
　　　　出图 13.3.35 所示的"截面"对话框。

Step 2　定义截面类型。在对话框中单击"基准面"按钮 🔲，即设置一个平面截面。

Step 3　选取截面。在对话框中激活 🔲 后的文本框，然后在模型树中选取上视基准面作为
　　　　截面，此时显示的结果图解如图 13.3.36 所示。

注意：剪裁截面可以根据需要最多添加六个截面。

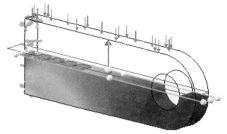

图 13.3.35　"截面"对话框　　　　图 13.3.36　图解结果显示

图 13.3.35 所示的"截面"对话框中的各选项说明如下：

- **截面 1** 区域：用于定义截面类型和截面位置。
  - ☑ █ 按钮：定义一个平面截面来剖切实体（图 13.3.37a）。
  - ☑ ▦ 按钮：定义一个圆柱面截面来剖切实体（图 13.3.37b）。
  - ☑ ◉ 按钮：定义一个球截面来剖切实体（图 13.3.37c）。

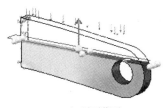

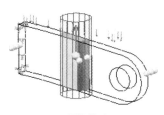

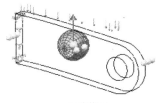

a）平面截面　　　　　　　b）圆柱截面　　　　　　　c）球截面

图 13.3.37　截面类型

- **选项** 区域：用于定义剪裁截面的显示方式。
  - ☑ ▣ 按钮：单击该按钮，系统图解显示多个截面交叉的部分（图 13.3.38a）。
  - ☑ ▦ 按钮：单击该按钮，系统图解显示多个截面联合的部分（图 13.3.38b）。
  - ☑ ☑ **显示横截面** 复选框：选中该复选框，显示横截面。

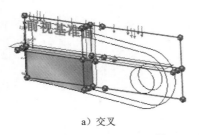

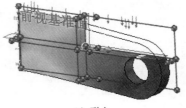

     a）交叉   b）联合

图 13.3.38　截面显示方式

☑　　✔ 只在截面上加图解 复选框：选中该复选框，只在截面上显示图解（图 13.3.39）。

☑　　✔ 在模型的未切除部分显示轮廓 复选框：选中该复选框，在未剖切部分显示轮廓
（图 13.3.40）。

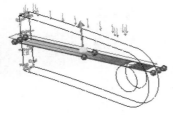

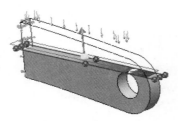

图 13.3.39　在截面上显示图解　　　　　　　图 13.3.40　未切除部分显示图解

☑　　🔳按钮：截面显示开关。

☑　　重设 按钮：单击该按钮，重新设置截面。

2．ISO 剪裁

在评估结果的时候，有时需要知道某一区间之间的图解显示，使用 🔲 Iso 剪裁(I)... 工
具，可以定义若干个等值区间，以查看该区间的图解显示。下面介绍 ISO 剪裁工具的使用
方法。

Step 1　选择下拉菜单 Simulation ➡ 结果工具(T) ➡ 🔲 Iso 剪裁(I)...命令，系统弹
出图 13.3.41 的"ISO 剪裁"对话框。

说明：在使用 ISO 剪裁工具时，应在应力显示的情况下进行。

Step 2　定义等值 1。在对话框的 等值1 文本框中输入数值 8000000（8MPa）。

Step 3　定义等值 2。在对话框的 ✔等值2 文本框中输入数值 1500000（1.5MPa），图解结
果如图 13.3.42 所示。

注意：ISO 剪裁等值可以根据需要最多添加六个等值。

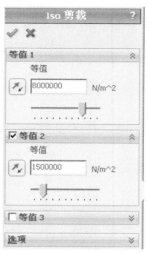

图 13.3.41　"ISO 剪裁"对话框

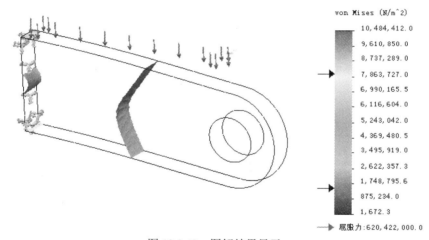

图 13.3.42　图解结果显示

3. 探测

在评估结果的时候，有时需要知道实体上某一特定位置的参数值，使用 ✐ 探测(0)… 工具，可以探测某一位置上的应力值，还可以以表格或图解的形式显示图解参数值。下面介绍探测的使用方法。

Step 1　选择下拉菜单 Simulation ➡ 结果工具(T) ➡ ✐ 探测(0)… 命令，系统弹出图 13.3.43 所示的"探测结果"对话框。

Step 2　定义探测类型。在"探测结果"对话框的 选项 区域选中 ◉ 在位置 单选项。

Step 3　定义探测位置。在图 13.3.44 所示的模型位置单击，在对话框的 结果 区域显示探测结果，如图 13.3.44 所示。

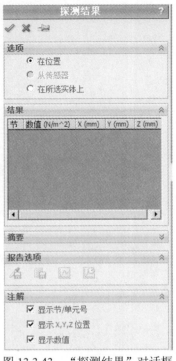

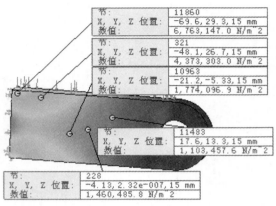

图 13.3.43 "探测结果"对话框

图 13.3.44 探测结果

Step 4 查看探测结果图表。在对话框的 报告选项 区域中单击"图解"按钮 ，系统弹出
图 13.3.45 所示的探测结果图表。

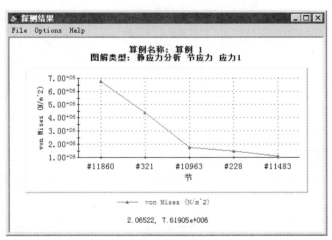

图 13.3.45 "探测结果"图表

图 13.3.43 所示的"探测结果"对话框中的各选项说明如下：

● 选项 区域主要选项说明如下：

☑ ◉ 在位置 单选项：选中该选项，选取特定的位置进行探测。

☑ ⊙ 从传感器 单选项：选中该选项，对传感器进行探测。

☑ ⊙ 在所选实体上 单选项：选中该选项，对所选择的点、线或面进行探测。选中该选项，然后选取图 13.3.46 所示的面为探测实体，单击对话框中的 更新 按钮，在 结果 区域显示该面上的探测结果，同时，在对话框中的 摘要 区域显示主要参数值（图 13.3.47）。

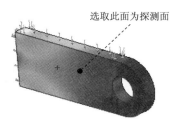

选取此面为探测面

图 13.3.46 定义探测实体

图 13.3.47 "探测结果"对话框

● 报告选项 区域：用于保存探测结果文件，可以将结果保存为一个文件、图表或传感器。

4. 动画

在评估结果的时候，有时需要了解模型在工况下的动态应力分布情况，使用 ▷ 动画(A)... 工具，可以观察应力动态变化并生成基于 Windows 的视频文件。下面介绍动画的操作方法。

Step **1** 选择下拉菜单 Simulation ➡ 结果工具 (T) ➡ ▷ 动画 (A)... 命令，系统弹出图 13.3.48 所示的"动画"对话框。

Step **2** 在"动画"对话框的 **基础** 区域单击"停止"按钮 ▣，在 ⛏ 文本框中输入画面数为 20，然后展开 ✓ **保存为 AVI 文件** 区域，单击 选项... 按钮，系统弹出图 13.3.49 所示的"视频压缩"对话框，单击 确定 按钮，然后单击 ... 按钮，选择保存路径，单击"播放"按钮 ▷，观看动画效果，单击对话框中的 ✓ 按钮。

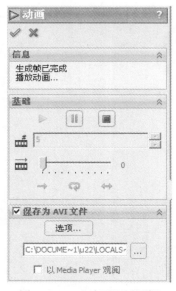

图 13.3.48 "动画"对话框   图 13.3.49 "视频压缩"对话框

5. 生成分析报告

在完成各项分析以及评估结束之后，一般需要生成一份完整的分析报告，以方便查阅、演示或存档。使用 📋 报告 (R)... 工具，可以采用任何预先定义的报表样式出版成 HTML 或 Word 格式的报告文件。下面介绍其操作方法。

Step **1** 选择下拉菜单 Simulation ➡ 📋 报告 (R)... 命令，系统弹出图 13.3.50 所示的"报告选项"对话框。

Step **2** 对话框中的各项设置如图 13.3.50 所示。

Step **3** 单击对话框中的 出版 按钮，系统弹出图 13.3.51 所示的"生成报表"对话框，显示报表生成进度。

Step **4** 选择下拉菜单 文件 (F) ➡ 💾 保存 (S) 命令，保存分析结果。

图 13.3.50　"报告选项"对话框

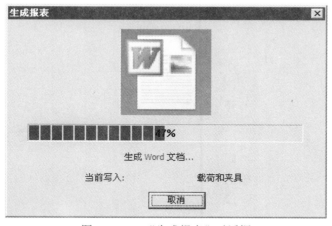

图 13.3.51　"生成报表"对话框

13.4　SolidWorks 装配体有限元分析实际应用

当分析一个装配体时，需要考虑各零部件之间是如何接触的，这样才能保证创建的数学模型能够正确计算接触时的应力和变形。

下面以图 13.4.1 所示的装配模型为例，介绍装配体的有限元分析的一般过程。

图 13.4.1　装配体分析

如图 13.4.1 所示是一简单机构装置的简化装配模型，机构左端面固定，当 10000N 的拉力作用在连杆右端面时，分析连杆上的应力分布，设计强度为 120MPa。

Stage1．打开模型文件，新建算例

Step 1　打开文件 D:\sw13\work\ch13\ch13.04\asm_analysis.SLDASM。

Step 2　新建一个算例。选择下拉菜单 Simulation ➡ 🔍 算例(S)… 命令，系统弹出图 13.4.2 所示的"算例"对话框。

图 13.4.2　"算例"对话框

Step **3** 定义算例类型。输入算例名称为 asm_analysis，在"算例"对话框的 **类型** 区域中
单击"静应力分析"按钮⫶，即新建一个静态分析算例。

Step **4** 单击对话框中的 ✅ 按钮，完成算例的新建。

Stage2．应用材料

Step **1** 选择下拉菜单 Simulation ➡ 材料(T) ➡ ⟨⟨ 应用材料到所有(Y)… 命令，系统
弹出"材料"对话框。

Step **2** 在对话框的材料列表中依次单击⟨⟨ **solidworks materials** ➡ ⟨⟨ **钢** 前的节点，然
后在展开的列表中选择⟨⟨ **合金钢 (SS)** 材料（图 13.4.3）。

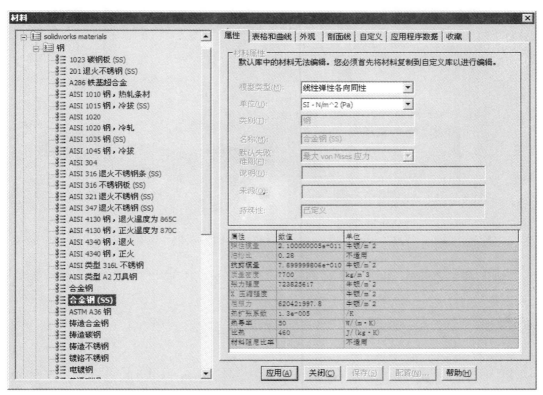

图 13.4.3　"材料"对话框

Step **3** 单击对话框中的 **应用(A)** 按钮，将材料应用到模型中。

Step **4** 单击对话框中的 **关闭(C)** 按钮，关闭"材料"对话框。

Stage3．添加夹具

Step **1** 选择下拉菜单 Simulation ➡ 载荷/夹具(L) ➡ ⫶ 夹具(I)… 命令，系统弹出
图 13.4.4 所示的"夹具"对话框。

Step **2** 定义夹具类型。在对话框中的 标准 (固定几何体) 区域下单击 ☑ 按钮，即添加固定几何体约束。

Step **3** 定义约束面。在图形区选取图 13.4.5 所示的模型表面为约束面，即将该面完全固定。

图 13.4.4 "夹具"对话框

图 13.4.5 选取固定面

说明：添加夹具后，就完全限制了模型的空间运动，此模型在没有弹性变形的情况下是无法移动的。

Step **4** 单击对话框中的 ✅ 按钮，完成夹具的添加。

Stage4. 添加外部载荷

Step **1** 选择下拉菜单 Simulation ➡ 载荷/夹具 (L) ➡ 力 (F)... 命令，系统弹出图 13.4.6 所示的 "力/扭矩" 对话框。

Step **2** 定义载荷面。在图形区选取图 13.4.7 所示的模型表面为载荷面。

Step **3** 定义力参数。在对话框的 力/扭矩 区域的 ↓ 文本框中输入力的大小值为 10000N，选中 ◉ 法向 单选项，选中 ☑ 反向 复选框，调整力的方向，其他选项采用系统默认设置值。

Step **4** 单击对话框中的 ✅ 按钮，完成外部载荷力的添加。

图 13.4.6　"力/扭矩"对话框

图 13.4.7　定义载荷面

Stage5．设置全局接触

对于装配体的有限元分析，必须考虑的就是各零部件之间的装配接触关系，只有正确添加了接触关系，才能够保证最后分析的可靠性。该实例中底座和连杆之间是用一销钉连接的，三个零件之间两两接触，所以要考虑接触关系。

Step 1　在算例树中右击 全局接触 (-接合-)，在弹出的快捷菜单中选择 编辑定义(E)... 命令，系统弹出图 13.4.8 所示的"零部件相触"面组。

Step 2　在对话框的 接触类型 区域中选中 接合(无间隙) 单选项，然后激活 零部件 区域的文本框，在图形区选取三个零件作为接触零部件，单击对话框中的 ✔ 按钮。

图 13.4.8 所示的"零部件相触"对话框中的各选项说明如下：

● 接触类型 区域的主要选项说明如下：

　☑ 无穿透 单选项：选中该单选项，表示两个接触的对象只接触但不能相互穿透（相交）。

　☑ 接合(无间隙) 单选项：选中该单选项，表示两个接触的对象之间无间隙。

　☑ 允许贯通 单选项：选中该单选项，表示两个接触的对象之间是可以贯通的。

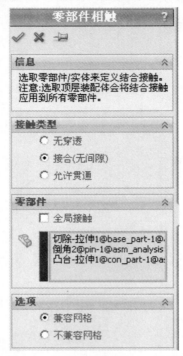

图 13.4.8　"零部件相触"对话框

- **零部件** 区域的主要选项说明如下：
  - ☑ □全局接触 复选框：选中此复选框，启用全局接触。
- **选项** 区域主要选项说明如下：
  - ☑ ◉兼容网格 单选项：选中此单选项，在划分网格时，各接触对象之间的网格是兼容的。
  - ☑ ◉不兼容网格 单选项：选中此单选项，在划分网格时，各接触对象之间的网格是不兼容的。

Stage6. 划分网格

模型在开始分析之前的最后一步就是网格划分，模型将被自动划分成有限个单元，默认情况下，SolidWorks Simulation 采用中等密度网格，在该实例中对网格进行一定程度的细化，目的就是使分析结果更加接近于真实水平。

Step 1 选择下拉菜单 Simulation ➡ 网格 (M) ➡ 🔳 生成 (C)… 命令，系统弹出图 13.4.9 所示的"网格"对话框。

Step 2 设置网格参数。在对话框中选中 ☑网格参数 区域，选中 ◉ 标准网格 单选项，然后在 🔺 文本框中输入单元大小为 6。

Step 3 单击对话框中的 ✓ 按钮，完成网格划分，结果如图 13.4.10 所示。

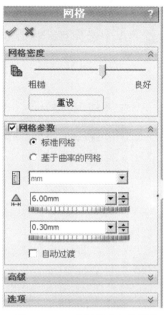

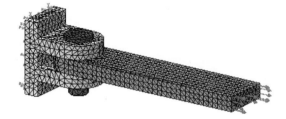

图 13.4.9　"网格"对话框　　　　图 13.4.10　网格划分

Stage7．运行分析

网格划分完成后就可以进行解算了。

Step 1　选择下拉菜单 Simulation ➡ 运行 (U)… 命令，系统弹出图 13.4.11 所示的对话框，显示求解进程。

Step 2　求解结束之后，在算例树的结果下面生成应力、位移和应变图解，如图 13.4.12 所示。

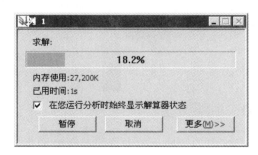

图 13.4.11　"求解"对话框

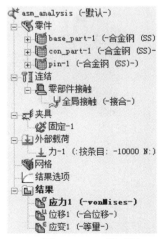

图 13.4.12　模型树

Stage8. 查看分析结果

Step 1 在算例树中右击 🔩 应力1 (-vonMises-)，在弹出的快捷菜单中选择 显示(S) 命令，系统显示图 13.4.13 所示的应力（vonMises）图解。

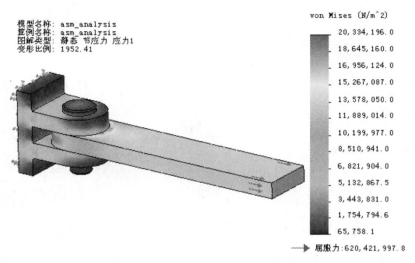

图 13.4.13 应力图解

Step 2 在算例树中右击 🔩 位移1 (-合位移-)，在弹出的快捷菜单中选择 显示(S) 命令，系统显示图 13.4.14 所示的位移（合位移）图解。

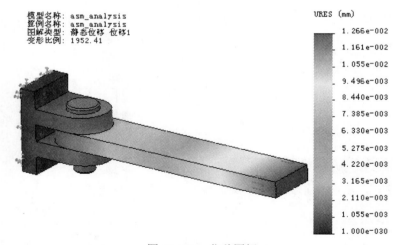

图 13.4.14 位移图解

Step 3 在算例树中右击 🔩 应变1 (-等量-)，在弹出的快捷菜单中选择 显示(S) 命令，系统显示图 13.4.15 所示的应变（等量）图解。

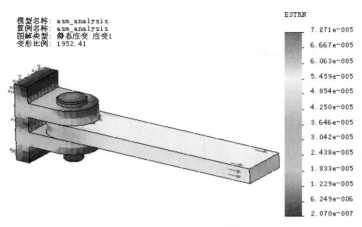

模型名称: asm_analysis
算例名称: asm_analysis
图解类型: 静态应变 应变1
变形比例: 1952.41

图 13.4.15 应变图解

本范例中希望了解是否有超过设计许用应力 120MPa 的 vonMises 应力存在,为了判断 vonMises 应力是否超过最大值,可以更改图解选项。

在算例树中右击 应力1 (-vonMises-),系统弹出图 13.4.16 所示的快捷菜单,在弹出的快捷菜单中选择 图表选项 (D)... 命令,系统显示图 13.4.17 所示的"图表选项"对话框。

图 13.4.16 快捷菜单

图 13.4.17 "图标选项"对话框

在对话框的 显示选项 区域中选中 定义: 单选项,设置最小值为 0,最大值为 120MPa。此时应力图解结果如图 13.14.18 所示。从应力图解中可以看出,没有超出许用应力的地方,表示设计是合理的。

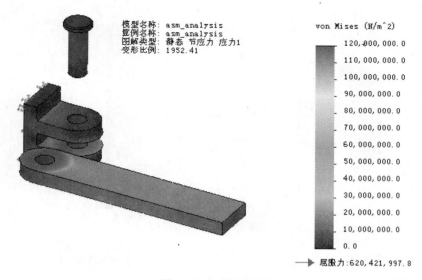

图 13.4.18 应力图解

14

振动分析

14.1 概述

14.1.1 振动分析概述

从广义上讲，如果表示某一种运动的物理量作时而增大时而减小的反复变化，就可以称这种运动为振动。

振动现象在自然界中普遍存在，比如心脏的搏动、耳膜和声带的振动；汽车、火车、飞机及机械设备的振动；家用电器、钟表的振动；地震以及声、电、磁、光的波动等。

在这些振动现象中，一部分是有利的，比如耳膜的振动让我们能够听见声音；还有一部分振动是不利的，比如机械设备的振动、地震等，常常是造成机械和结构恶性破坏和失效的直接原因。

在实际工程设计中可以进行振动分析，得到动态响应，进而对工程设计进行反馈。

14.1.2 SolidWorks 振动分析类型

在 SolidWorks 中进行振动分析主要有以下四种类型：

- 动态分析：用来求解随时间变化的载荷对结构或者部件的影响。与静力分析不同，动力分析要考虑随时间变化的力载荷以及它对阻尼和惯性的影响。这往往会出现结构受载荷没有达到平衡状态，或者围绕平衡状态振动，其位移、应力等都是时间的函数。

- 谐波分析：简谐运动处理起来是比较简单的，但是很多振动系统的运动却不是简谐的。然而，很多情况下的振动是周期的，任何关于时间的周期函数都能展开成傅立叶级数，即用无线多个正弦函数和余弦函数的和表示，我们将这种分析方法称为谐波分析。

- 随机振动分析：用于研究系统对于一定功率谱密度函数（PSD）的响应，载荷输入是在一定频率范围内的力或者加速度的谱密度函数，由于谱密度函数是根据时间取样的，所以取样时间越长，曲线的准确度越高。

- 响应波谱分析：用于预测受到基础激励（强迫振动）的结构峰值响应的分析方法。取代耗时的时间域瞬态分析，可以采用响应谱分析快速地近似分析结构的峰值响应（如动应力等）。响应谱分析可以作为一种设计工具。它用于计算结构对多频信息瞬态激励的响应，这些激励可能来源于地震、飞行噪声/飞行过程、导弹发射等，频谱是载荷时间历程在频率域上的表示法，可以使用响应波谱分析而非时间历程分析，来估测结构对随机载荷或与时间有关的载荷环境（例如地震、风载荷、海浪载荷、喷气发动机推力或火箭发动机振动）的响应。

14.1.3　SolidWorks 振动分析的一般流程

在 SolidWorks 中进行振动分析之前首先要运行一次静力分析，然后运行一次频率分析，最后进行相关类型的振动分析。

下面以一个简单的模型为例，介绍在 SolidWorks 中进行振动分析的一般操作过程。并且在分析过程中将动态分析和静态分析做了对比，让读者更加深刻地理解动态分析与静态分析的区别。

14.2　动态分析的一般过程

在运行动态分析之前，首先要运行一次静态算例，以验证静态应力是低于材料屈服强度的。然后逐渐增大载荷，研究不同情况下的结果。如果载荷加载足够慢，静态算例的结果能够很好地体现模型的性能，然而，如果载荷加载非常突然，则静态算例的结果会有很大不同。

如图 14.2.1 所示的弹性支撑零件，材料为合金钢，其左端下部为完全固定约束，右端边线位置承受一个大小为 20N 的瞬态载荷，分析此时的动态响应。

图 14.2.1　弹性支撑零件

Task1. 静力分析

下面使用线性静态分析求解该问题，假定作用力加载十分缓慢，所有惯性和阻力效应都可以忽略。

Step 1　打开文件 D:\sw13\work\ch14\ch14.02\analysis_support.SLDPRT。

Step 2　新建一个静态分析算例。选择下拉菜单 Simulation ➡ 🔍 算例(S)··· 命令，系统弹出图 14.2.2 所示的"算例"对话框，输入算例名称 Static，在"算例"对话框的 类型 区域中单击"静应力分析"按钮 🔍，单击对话框中的 ✅ 按钮，完成静态分析算例的创建。

图 14.2.2　"算例"对话框

Step 3　定义材料属性。选择下拉菜单 Simulation ➡ 材料(T) ➡ ▤ 应用材料到所有 (Y)··· 命令，系统弹出图 14.2.3 所示的"材料"对话框，在对话框的材料列表中依次单击 ▤ solidworks materials ➡ ▤ 钢 前的节点，然后在展开列表中选择 ▤ 合金钢 材料，单击对话框中的 应用(A) 按钮，将材料应用到模型中；单击 关闭(C) 按钮，关闭"材料"对话框。

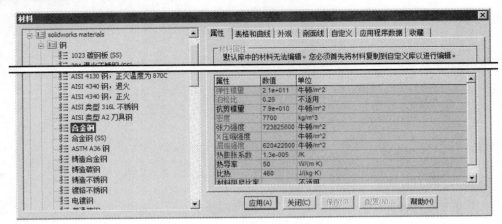

图 14.2.3 "材料"对话框

Step 4 定义夹具。选择下拉菜单 `Simulation` ➡ `载荷/夹具(L)` ➡ `夹具(I)...` 命令，系统弹出图 14.2.4 所示的"夹具"对话框，在对话框的 `标准(固定几何体)` 区域中单击"固定几何体"按钮 ，在图形区选取图 14.2.5 所示的端面为约束面，单击对话框中的 按钮，完成夹具的定义。

图 14.2.4 "夹具"对话框

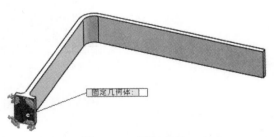

图 14.2.5 添加夹具

Step 5 添加力。选择下拉菜单 `Simulation` ➡ `载荷/夹具(L)` ➡ `力(F)...` 命令，系统弹出图 14.2.6 所示的"力/扭矩"对话框，在图形区选取图 14.2.7 所示的模型边线为载荷对象，在对话框的 `力/扭矩` 区域单击"力"按钮 ，选中 `选定的方向`

单选项，选取上视基准面为方向参考；在 **力** 区域中单击"垂直于基准面"按钮 ，在其后的文本框中输入力的大小值 20N，选中 ☑ 反向 复选框，单击对话框中的 ✔ 按钮，完成外部载荷力的添加。

图 14.2.6　"力/扭矩"对话框

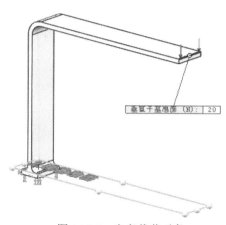

垂直于基准面 (N)：20

图 14.2.7　定义载荷对象

Step 6　划分网格。选择下拉菜单 Simulation ➡ 网格 (M) ➡ 🅱 生成 (C)… 命令，系统弹出图 14.2.8 所示的"网格"对话框，在对话框中采用系统默认参数设置；单击 ✔ 按钮，系统此时会弹出"网格进展"对话框，经过大概两秒的进程，网格划分结果如图 14.2.9 所示。

图 14.2.8　"网格"对话框

图 14.2.9　划分网格

Step 7　运行算例。选择下拉菜单 Simulation ➡ 🅱 运行 (U)… 命令，系统弹出图 14.2.10 所示的对话框，显示求解进程。

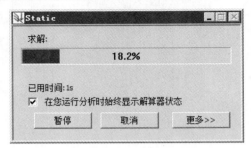

图 14.2.10　"Static" 对话框

Step 8　查看应力结果图解。在算例树中右击 应力1 (-vonMises-)，在系统弹出的快捷菜单中选择 显示(S) 命令，系统显示图 14.2.11 所示的应力（vonMises）图解。

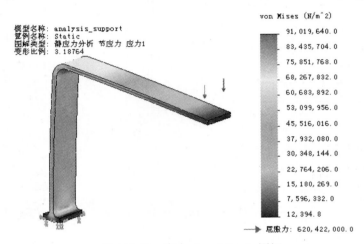

图 14.2.11　应力（vonMises）图解

Step 9　查看位移图解。在算例树中右击 位移1 (-合位移-)，在弹出的快捷菜单中选择 显示(S) 命令，系统显示图 14.2.12 所示的位移（合位移）图解。

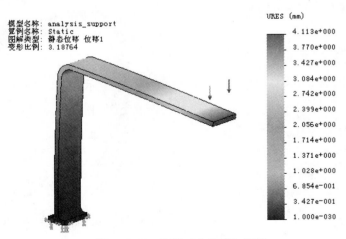

图 14.2.12　位移（合位移）图解

Task2. 频率分析

一般而言，在尝试动态分析之前，首先需要先运行一次频率分析。自然频率和振动模式在结构特征中是非常重要的，它们可以提供一些预见性的信息，例如一个结构件如何发生摆动，以及载荷是否会激发某些重要模式。

线性动态分析将使用模态分析的方法进行求解，由于这个方法需要用到结构的自然频率模式，因此在进行实际的线性动态分析之前需要先进行频率分析。

Step 1 新建一个频率分析算例。选择下拉菜单 Simulation

➡ 🔍 算例(S)… 命令，系统弹出图 14.2.13 所示的"算例"对话框，输入算例名称 frequency，在"算例"对话框的 类型 区域中单击"频率"按钮 ，单击对话框中的 ✔ 按钮，完成频率分析算例的创建。

图 14.2.13 "算例"对话框

Step 2 定义材料属性。选择下拉菜单 Simulation ➡

材料(T) ➡ ▤ 应用材料到所有(Y)… 命令，系统弹出"材料"对话框。在对话框的材料列表中依次单击 ▤ solidworks materials ➡ ▤ 钢 前的节点，然后在展开列表中选择 ▤ 合金钢 材料，单击对话框中的 应用(A) 按钮，将材料应用到模型中；单击 关闭(C) 按钮，关闭"材料"对话框。

Step 3 因为完成该频率算例所需要的夹具和网格与 Task1 中的静态算例相同，所以使用复制粘贴的方法将静态算例中的夹具和网格复制到新建的频率算例中（具体操作请参看随书光盘录像）。

Step 4 选择下拉菜单 Simulation ➡ 📝 运行(U)… 命令，运行频率算例。

Step 5 查看频率结果。在算例树中右击 结果 选项，在弹出的快捷菜单中选择 ▦ 列举共振频率…命令，系统弹出图 14.2.14 所示的"列举模式"对话框，在对话框中列举出该零件的前五个自然频率，然后单击 关闭(C) 按钮。

注意：从"列举模式"对话框中可以看到，最大周期大约为 0.01s，下面查看的图解分别是这些频率下的变形。

Step 6 查看结果图解。在算例树中右击 位移1（合位移 - 模式形状 1-），在弹出的快捷菜单中选择 显示(S)命令，系统显示图 14.2.15 所示的位移 1 图解。

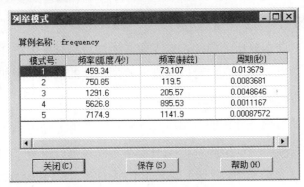

图 14.2.14　"列举模式"对话框

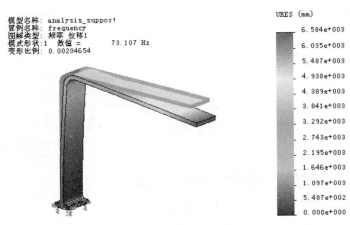

图 14.2.15　位移 1 结果图解

说明：设置叠加样式显示的操作方法：在算例树中右击 位移1（-合位移 - 模式形状 1-），在弹出的快捷菜单中选择 设定(T)...命令，系统弹出图 14.2.16 所示的"设定"对话框，在该对话框中选中 将模型叠加于变形形状上 复选框，在其下的文本框中输入透明度值 0.28。

图 14.2.16　"设定"对话框

Step 7 参照 Step6 的步骤，查看其余位移的结果图解，如图 14.2.17~14.2.20 所示。

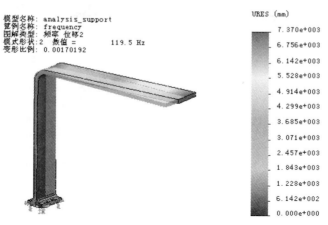

图 14.2.17　位移 2 结果图解

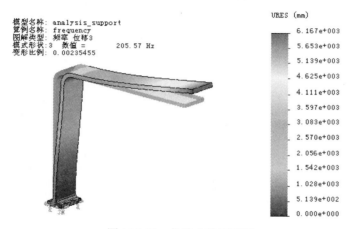

图 14.2.18　位移 3 结果图解

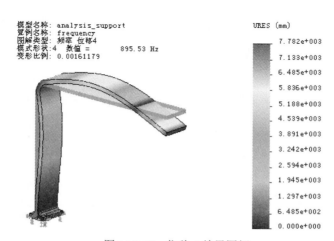

图 14.2.19　位移 4 结果图解

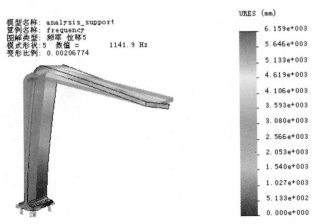

图 14.2.20　位移 5 结果图解

说明：位移的大小并不代表振动结构的真实位移，在频率分析中，如果结构件在给定模式下发生振动，位移大小可以确定结构上特定位置相对于其他位置的位移。

在静态算例中，假定力是不随时间变化的。下面将介绍两种情况的实例：在第一个加载的实例中，载荷在 0.5s 内由 0 缓慢上升至 20N；在第二个加载实例中，载荷在 0.05s 内由 0 快速上升至 20N。

Task3. 动态分析（缓慢作用力）

本部分将分析在缓慢加载的作用下弹性钢板的瞬态响应。模态分析需要自然频率和振动模式，为了继续进行线性动态分析，必须首先完成频率分析。

Step 1 新建一个线性动力分析算例。选择下拉菜单 Simulation ➡ 🔍 算例(S)… 命令，系统弹出图 14.2.21 所示的"算例"对话框，输入算例名称 slow_dynamic，在"算例"对话框的 **类型** 区域中单击"线性动力"按钮 ，在 **选项** 区域单击"模态时间历史"按钮 ，单击对话框中的 ✔ 按钮，完成线性动力分析算例的创建。

Step 2 定义材料属性。选择下拉菜单 Simulation ➡ 材料(T) ➡ 应用材料到所有(Y)… 命令，系统弹出"材料"对话框。在对话框的材料列表中依次单击 solidworks materials ➡ 钢 前的节点，然后在展开列表中选择 合金钢 材料，单击对话框的 应用(A) 按钮，将材料应用到模型中；单击 关闭(C) 按钮，关闭"材料"对话框。

图 14.2.21　"算例"对话框

Step 3 使用复制粘贴的方法将静态算例中的夹具和网格复制到新建的线性动态算例中（具体操作请参看随书光盘）。

Step 4 添加力。选择下拉菜单 Simulation ➡ 载荷/夹具(L) ➡ ⊥ 力(F)... 命令，系统弹出"力/扭矩"对话框，在图形区选取图 14.2.22 所示的模型边线为载荷对象，在对话框的 力/扭矩 区域单击"力"按钮 ⊥ ，选中 ⊙ 选定的方向 单选项，选取上视基准面为方向参考；在 力 区域中单击"垂直于基准面"按钮 ⬈ ，在其后的文本框中输入力的大小值 20N，选中 ☑ 反向 复选框，在 随时间变化 区域选中 ⊙ 曲线 单选项，单击 编辑... 按钮（图 14.2.23），系统弹出图 14.2.24 所示的"时间曲线"对话框，在该对话框中进行如图 14.2.24 所示的设置，单击 确定 按钮，单击对话框中的 ✅ 按钮，完成外部载荷力的添加。

图 14.2.22　定义载荷对象

图 14.2.23　"力/扭矩"对话框

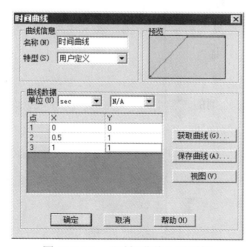

图 14.2.24　"时间曲线"对话框

说明：图 14.2.24 所示的"时间曲线"对话框中的表格区域的 X 栏表示的是时间（秒），Y 栏表示的是乘法因子。

Step 5 设置算例属性。

（1）设置频率选项。在算例树中右击 `slow_dynamic`，在弹出的快捷菜单中选择 属性(Q)… 命令，系统弹出图 14.2.25 所示的"模态时间历史"对话框（一），单击 频率选项 选项卡，在对话框中选中 ⦿ 频率数(N) 单选项，输入频率数为 10；在 不兼容接合选项 区域选中 ⦿ 自动 单选项；在 解算器 区域选中 ⦿ 自动(A) 单选项。

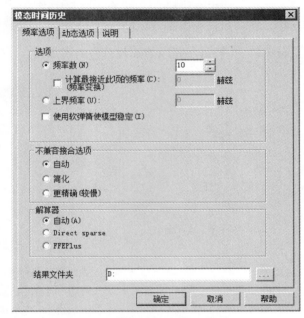

图 14.2.25　"模态时间历史"对话框（一）

说明：此处在 ⦿ 频率数(N) 文本框中输入 10，表示使用 10 个频率数来表示这个模型的动态特性。

（2）设置动态选项。在图 14.2.26 所示的"模态时间历史"对话框（二）中单击 动态选项 选项卡，在对话框的 开始时间: 文本框中输入 0，在 结束时间: 文本框中输入 1，在 时间增量: 文本框中输入 0.000088；单击对话框中的 确定 按钮。

说明：此处输入的时间增量是用于分析的频率模式下最小时间周期的 1/10 左右，根据之前的计算，最小周期约为 0.00088s，所以此处使用的时间增量为 0.000088s。增量的数量可以通过总时间除以时间增量来计算，在该实例中，一共有 11364 个增量。

Step 6 设置结果选项。在算例树中右击 ⌐ 结果选项，在弹出的快捷菜单中选择 编辑/定义(E)…命令，系统弹出图 14.2.27 所示的"结果选项"对话框，在该对话

框的 **保存结果** 区域中选中 ⊙ **对于所指定的解算步骤** 选项，在 **数量** 区域中依次选中
☑ **位移和速度** 、⊙ **绝对** 和 ☑ **应力和反作用力**；在 ☑ **解算步骤 - 组1** 区域的 **开始:** 后输入 1，
在 **结束:** 后输入 10000，在 **增量:** 后输入 10；单击对话框中的 ✔ 按钮。

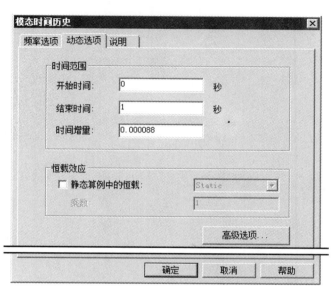

图 14.2.26 "模态时间历史"对话框（二）

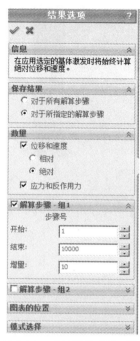

图 14.2.27 "结果选项"对话框

Step 7 选择下拉菜单 [Simulation] ➡ [🗹 运行 (U)…] 命令，运行算例。

Step 8 查看结果图解。在算例树中右击 📄 位移1 (-合位移-)，在弹出的快捷菜单中选择
显示 (S) 命令，系统显示图 14.2.28 所示的位移 1 图解。

说明：从结果图解中可以看出，该种情况下，最大位移为 4.076mm，几乎和 Static 算例中的位移结果（4.113mm）相同，原因是加载的力的作用很缓慢，这也是静态分析最基本的假设之一。

Step 9 查看响应图表。选择下拉菜单 [Simulation] ➡ [结果工具 (T)] ➡ [🖊 探测 (O)…]
命令，系统弹出图 14.2.29 所示的"探测结果"对话框，在对话框中选中 ⊙ **在位置**
单选项，然后选取图 14.2.30 所示的模型顶点作为探测位置，单击 **报告选项** 区域
的"响应"按钮 📈，系统弹出图 14.2.31 所示的"响应图表"结果窗口。

说明：从响应图表中可以看出，完成载荷加载之后，弹性零件会持续振荡，实际上，这种振荡会由于阻尼的影响随时间消失，因为本例中没有阻尼，所以振荡将没有衰减地一直持续下去。

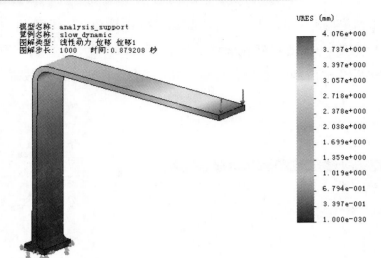

图 14.2.28　位移 1 结果图解

图 14.2.29　"探测结果"对话框

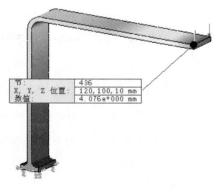

图 14.2.30　选取位置点

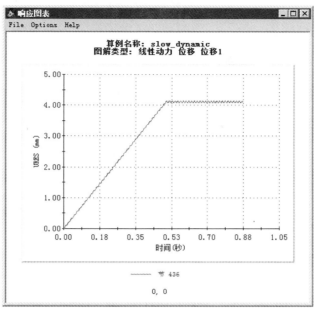

图 14.2.31　"响应图表"结果窗口

　　说明：位移结果图解显示的是给定时间步长的位移值，响应图表显示的是振荡结果，它是关于所选位置的时间函数。实际上，在进行动态分析过程中，查看整个模型的最大位移值也是很重要的。下面介绍在所有保存的时间步长中定位整个模型的最大值的操作方法。

Step 10　查看结构的最大位移。在算例树中右击 位移1 (-合位移-)，在弹出的快捷菜单中选择 编辑定义(E)... 命令，系统弹出图 14.2.32 所示的"位移图解"对话框，单击 图解步长 区域的"穿越所有步长的图解边界"按钮 ，选中 最大 单选项，单击对话框中的 按钮；系统显示图 14.2.33 所示的最大位移结果图解。

图 14.2.32　"位移图解"对话框

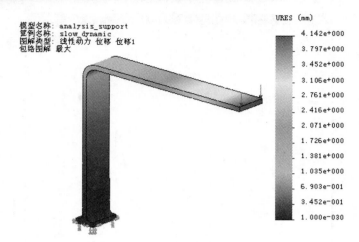

图 14.2.33　最大位移结果图解

说明：

（1）从图 14.2.33 所示的结果图解中可以看出，最大位移值为 4.142mm，该结果与给定时间步中得到的最大位移值（4.076mm）比较接近，但只是一种巧合，一般地，从所有保存的时间步中得到的最大值将会明显不同。需要再次注意的是，图 14.2.33 图解中的结果与最初的静态分析的结果（4.113mm）非常接近，这个同样是因为加载载荷非常缓慢的结果。

（2）前面结果图解中的最大位移并不是模型的真实最大位移，前面步骤中绘制的是从所有保存的时间步中得到的最大位移，由于设置了结果选项，每隔 10 次才保存一次结果，因此，真正的最大值可能并没有保存下来；还有另外一个原因可能是没有正确选择时间步，或者没有在求解中纳入保证获取准确结果的数量足够的模式。

Task4. 动态分析（快速作用力）

下面分析快速加载作用力时模型上的瞬态响应。

Step 1　新建算例。右击 slow_dynamic，在弹出的快捷菜单中选择 复制(D) 命令，系统弹出图 14.2.34 所示的"定义算例名称"对话框，输入新算例名称"fast_dynamic"，单击 确定 按钮。

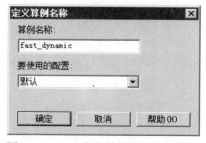

图 14.2.34　"定义算例名称"对话框

Step **2**　编辑定义力。在算例树中展开 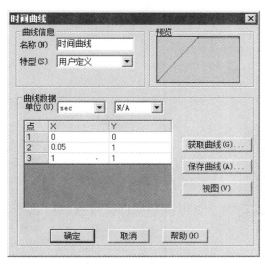外部载荷前的节点，右击 力-1（:按条目: -20 N:），在弹出的快捷菜单中选择 编辑定义(E)...命令，系统弹出"力/扭矩"对话框，单击 随时间变化 区域的 编辑... 按钮，系统弹出图 14.2.35 所示的"时间曲线"对话框，编辑对话框如图 14.2.35 所示，单击 确定 按钮，单击对话框中的 按钮。

图 14.2.35　"时间曲线"对话框

Step **3**　选择下拉菜单 Simulation ➡ 运行(U)...命令，运行算例。

Step **4**　查看结果图解。在算例树中右击 位移1（-合位移-），在弹出的快捷菜单中选择 显示(S)命令，系统显示图 14.2.36 所示的位移 1 图解。

说明：从结果图解中可以看出，该种情况下，最大位移为 3.833mm，和 Static 算例中的位移结果（4.113mm）有较大不同，原因是加载的力作用很快，是由惯性效应导致的。

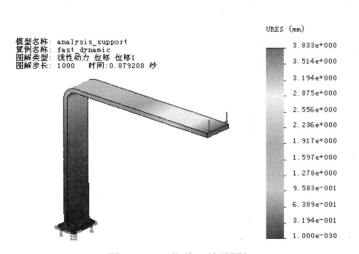

图 14.2.36　位移 1 结果图解

Step 5 显示穿越所有时间步的图解。在算例树中右击 🔲 位移1（-合位移-），在弹出的快捷菜单中选择 编辑定义(E)... 命令，系统弹出"位移图解"对话框，单击 图解步长 区域的"穿越所有步长的图解边界"按钮 🔄，选中 ⊙ 最大 单选项，单击对话框中的 ✔ 按钮；系统显示图 14.2.37 所示的最大位移结果图解。

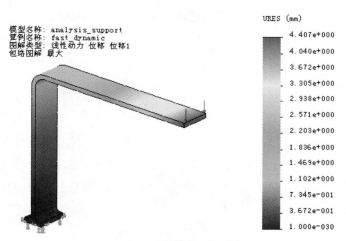

图 14.2.37　最大位移结果图解

Step 6 查看响应图表。选择下拉菜单 Simulation ➡ 结果工具(T) ➡ 探测(O)... 命令，系统弹出"探测结果"对话框，在对话框中选中 ⊙ 在位置 单选项，然后选取图 14.2.38 所示的模型顶点作为探测位置，单击 报告选项 区域的"响应"按钮 📈，系统弹出图 14.2.39 所示的"响应图表"结果窗口。

说明：此处的响应图解与算例 slow_dynamic 中的响应图解相比具有更高的振荡幅度。

图 14.2.38　选取位置点

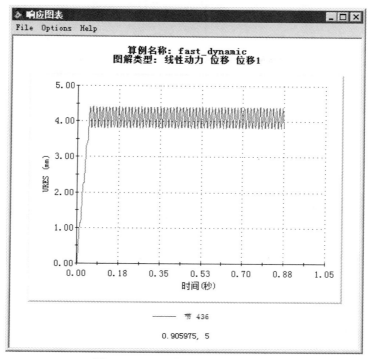

图 14.2.39 "响应图表"结果窗口

15

大型装配技术

15.1 概述

15.1.1 大型装配体概述

大型装配体并非通过组件的数量或者物理属性来定义的，一般情况下，我们把在操作过程中会耗费所有系统资源并且影响生产效率的文件定义为大型装配体。

具体来讲，作为大型装配体一般具有以下特点：

（1）体型庞大。

● 需要创建一些布局将所有组件导入并装配到合适位置。

● 管理、计算数量庞大的组件都需要足够大的内存，这将直接导致生产效率的下降。

（2）复杂性。

● 包含很多参数化关联。

● 包含大量的约束配合关系。

● 占用计算机资源。

● 包含大量不同的组件，即使是更大更快的计算机处理速度也会变慢。

● 导入的数据一定会被定位和加载。

● 复杂几何体的重建非常困难。

大型装配体设计不仅体现在装配体方面，在零件和工程图方面也同样重要。设计大型装配体需要结合多个系统模块和学科知识，主要包括零部件设计、零件库、自定义组件、Toolbox 零件、焊接件、布线系统、引用的外部组件以及客户文件等。

如何判断是在对大型装配体进行操作呢？若以下性能缓慢就意味着这是一个大型装配体。

- 打开、关闭和保存时间。
- 重建模型时间。
- 创建工程图文件。
- 模型查看。
- 插入组件。
- 零件/装配体/草图之间的切换。
- 添加配合约束。

15.1.2 大型装配体解决方法

大型装配体和项目会导致系统明显减速的问题是由很多因素累加到一起引起的，因此要解决大型装配体问题，需要从多个方面综合考虑。

首先要对项目进行很好的规划，然后要进行高效的文件管理，还要保证系统的硬件配置比较高，最后就是在软件设置、零部件设计、装配体设计和工程图设计等方面综合考虑，才能够解决大型装配体在操作上的问题。

以下主要从软件设置、零部件设计、装配体设计和工程图设计等四个方面进行介绍。

15.2 软件设置

为了减少滞后时间，SolidWorks 和操作系统里有很多设置可以加速或者降低性能。SolidWorks 没有简单的一键优化设置，所以了解不同设置产生的作用极为重要，它可以帮助用户做出正确的选择。

15.2.1 SolidWorks 选项

SolidWorks 选项分为两种，一种是系统选项(图 15.2.1)；另一种是文档属性(图 15.2.2)。

系统选项适用于整个 SolidWorks 系统，它会影响在 SolidWorks 中的一些使用技巧和用户所做的一切操作，更改系统选项可以自定义用户的工作环境；而文档属性仅适用于打开的文件，并可用于创建文档模板的最初设置。

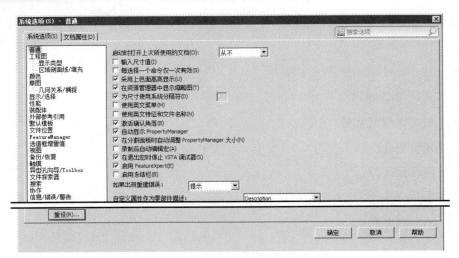

图 15.2.1　"系统选项"对话框

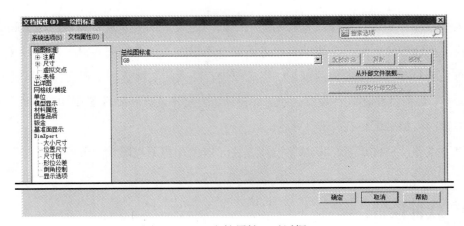

图 15.2.2　"文档属性"对话框

1. 工程图

在"系统选项"对话框的左侧列表区域中选中 **工程图** 对象，可以对工程图的各项选项进行设置。下面主要介绍这些选项中对绘图速度有关的选项。

- ☑ **拖动工程视图时显示内容(V)**：在拖动视图时会自动触发 SolidWorks 更新工程图视图。如果取消选中该选项，仅在停止拖动时视图内容才被重新计算，这样就消除了很多实时计算时间。

- ☑ **打开工程图时允许自动更新(W)**：取消选中该选项，打开工程图的速度会非常快，因为直到重建工程图之前所有的视图信息将不会更新。

- ☑ **生成视图时自动隐藏零部件(H)**：此选项隐藏的零部件在视图中是不可见的，就像完全封闭到另一个零件中一样。SolidWorks 必须计算视图中每个零件的可见度，做这些计算需要花费很多时间。

- ☑ 为具有上色和草稿品质视图的工程图保存面纹数据(T)：取消选中此选项，文件大小会减小，从而降低打开工程图时加载的数据量。如果在绘图中需要这个数据，它将从模型中被载入。该选项的缺点是不能用 eDrawings 查看图形。

2．工程图显示类型

在"系统选项"对话框的左侧列表区域中选中 显示类型 对象，可以对工程图显示类型进行设置。在对话框的 新视图的显示品质 区域中选中 ⊙ 高品质(L) 单选项，使所有的视图都在高品质下创建，此时的视图占用内存较多；选中 ⊙ 草稿品质(A) 单选项则会占用较少内存。

3．颜色

在"系统选项"对话框的左侧列表区域中选中 颜色 对象，然后在 背景外观(B): 区域中选中 ⊙ 素色(视区背景颜色在上)(P) 单选项，这样就避免了使用其他活动背景时由于模型的视角改变而进行重新计算。

4．性能/图像品质

性能和图像品质两个属性是相互关联的，在相应的对话框中单击 查看图像品质(G) 按钮或 查看性能(G) 按钮进行切换。

在"系统选项"对话框的左侧列表区域中选中 性能 对象，可以对性能的各项参数进行设置。

- ☐ 重建模型时验证(启用高级实体检查)(V)：该选项用于检查模型中的每个面，取消选中该选项，系统只会检查选中面周边的面，此选项对于确保生成一个质量很好的模型非常重要。

- 透明度 区域：设置透明度品质属性，当取消选中 ☐ 正常视图模式高品质(H) 和 ☐ 动态视图模式高品质(D) 选项，模型无论是静止还是移动，都可以低质量的显示透明，这也会使模型的平移和旋转速度加快；当模型固定时，选中 ☑ 正常视图模式高品质(H) 选项，透明度为高品质；当模型是移动或旋转时，选中 ☑ 动态视图模式高品质(D) 选项，透明度为高品质。

- 装配体 区域：用于设置装配体的各项性能。
    - ☑ ☐ 自动以轻化状态装入零部件(A)：该选项取决于装配体的复杂性和规模。大型装配体模式中有一个类似的选项，当装配体达到大型装配体的界限时自动以轻化状态载入零部件；如果用户经常打开的不是大型装配体，而是仅有很少零部件的项目，应该选中该选项。
    - ☑ ☐ 始终还原子装配体(S)：取消选中该选项，当装配体以轻化状态载入时，子装配体不会被自动还原。

☑ 检查过期轻量零部件：：一般情况下，用户应该确保零部件是最新的，当进行装配时为了防止使用已经被更改的零部件，在其后的下拉列表中选中 指示 选项，系统会显示所有过期的零件。

☑ 解析轻化零部件(S)：：如果是以轻化状态载入零部件，那么当执行某些任务时需要先还原这些零部件，如果在其后的下拉列表中选中 始终 选项，则可以省略该步骤。

☑ 装入时重建装配体(B)：：在其后的下拉列表中选中 始终 选项，当装配体被打开时将会被重建，可以避免使用过期的几何体而出现问题。

● ☑ 打开时无预览(较快)(W)：选中该选项，当文件打开时没有预览，则更多的内存可以用来加载文件，因此加载速度更快。

在"文档属性"对话框的左侧列表区域中选中 图像品质 对象，系统弹出图 15.2.3 所示的"文档属性（D）-图像品质"对话框，在该对话框中可以对图像品质的各项参数进行设置。

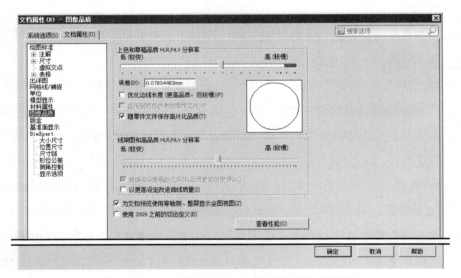

图 15.2.3　"文档属性（D）-图像品质"对话框

拖动 上色和草稿品质 HLR/HLV 分辨率 区域中的滑块会影响装配体和零件的上色显示及控制曲面的镶嵌阴影渲染；滑块越往右，边缘就会越平滑，但是会使性能降低。

当用户在装配环境下工作时，对于每一个零部件的图像品质都是通过文档属性对单个零部件进行控制的。选中 ☑ 应用到所有参考的零件文件(A) 选项，各零件的分辨率可以统一为一个分辨率。

取消选中 ☐ 随零件文件保存面片化品质(T) 选项会减少文件大小，但用户会丢失可视化数据，面片化保存的文件只有 SolidWorks 查看器和 eDrawing 才能打开。

5. 装配体

在"系统选项"对话框的左侧列表区域中选中 装配体 对象，用于设置大型装配体模式，其主要作用是通过关闭某些功能来提高性能，但是会增加更多的计算。

- ☑ 不保存自动恢复信息：定期保存工作进程是非常有益的，用户经常保存工作进程可以避免由于电脑死机带来的问题，否则使用自动恢复保存操作会花费大量时间并且中断工作流程。

- ☑ 隐藏所有基准面、基准轴、曲线、注解、等(H)。：选中该选项，隐藏所有基准面、基准轴、曲线、注释等，通过隐藏这些对象，计算量会减少很多。

- ☑ 不在上色模式中显示边线(E)：在大型装配体中计算所有边线是很耗时的，选中该选项，系统只以上色形式显示零部件，不显示其边线。

- ☑ 切换至装配体窗口时不进行重建：在处理大型装配体时，每一次更改之后重新计算装配体和约束是非常慢的，选中该选项，系统不会立即更新，用户可以做若干次更改之后仅重建一次即可。

6. 外部参考引用

设置外部参考引用对打开和保存装配体的性能有很大的影响，在"系统选项"对话框的左侧列表区域中选中 外部参考引用 对象，可以对外部参考引用的各项参数进行设置。

- ☑ 以只读方式打开参考文件(O)：选中该选项，当用户以只读方式打开一个装配体时，零部件同样是以只读方式打开。

- ☑ 不提示保存只读参考文件（放弃改变）(D)：一般和 ☑ 以只读方式打开参考文件(O) 选项配合使用，如果取消选中该选项，当保存装配体时，系统会对每一个零部件文件都做提示，在大型装配体中会耗费很多时间。

- ☑ 为外部参考引用查找文件位置(H)：选中该选项可以打开列在 文件位置 对话框中 参考的文件 列表中的文件。除非想要找的文件位置被移动了，这个选项可以被清除，否则，当遇到文件路径和特别长的情况时，文件打开时间会增加。

7. 默认模板

SolidWorks 中的一些操作是可以自动创建新的零件、装配体和工程图文件，在这种情况下，用户可以使用特殊的模板或者系统默认的模板，一般地，使用一个默认模板速度会更快，因为已经定义好的模板会节省点击鼠标的时间；如果从若干个模板中选择其中一个，那么默认模板会确保用户使用正确的模板。

选中 ◉ 提示用户选择文件模板(S) 单选项，在每新建一个文件时都可以选择模板文件。

8. 视图

视图过渡对于显示是有利的,它能让用户更容易地看到视图过渡的变化,但是降低了性能,当所有视图设置为"关"时,系统必须计算中心位置或者透明度,这将会耗费更多精力。

9. 备份/恢复

开启自动恢复功能,系统会花费大量的时间去保存文件,当用户的工作是没有规律的,最好是开启该功能;如果用户经常保存文档,最好关闭该功能,以便在需要的时候进行保存,就不会干扰正常的工作流程。

10. 文件探索器

和加载插件一样,用户应该选中经常使用的插件,用户每次选择文件探索器时,这些选定的位置就会被读取和填充到文件探索器中,不要选中不使用的位置,否则会浪费时间。

15.2.2 SolidWorks Rx

SolidWorks Rx 可以用于多个任务,帮助 SolidWorks 运行更快。为了提高性能,设置"诊断"和"系统维护"是非常有必要的。

选择 开始 ➡ 所有程序 ➡ SolidWorks 2013 ➡ SolidWorks 工具 ➡ SolidWorks Rx 命令,启动 SolidWorks Rx,其界面如图 15.2.4 所示。

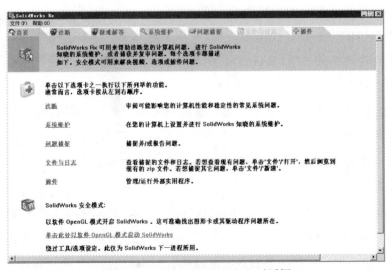

图 15.2.4 "SolidWorks Rx"对话框

1. 诊断

在 SolidWorks Rx 对话框中单击 诊断 选项卡,其界面如图 15.2.5 所示,其作用就是对系统和·SolidWorks 的设置进行检查，并使高亮部分被修复。

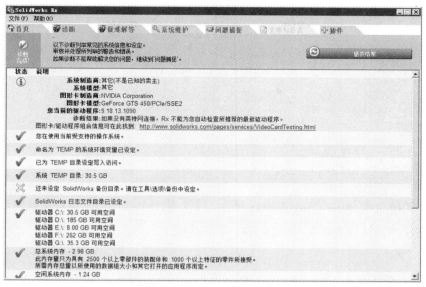

图 15.2.5　"SolidWorks Rx-诊断"对话框

2.　系统维护

在 SolidWorks Rx 对话框中单击 系统维护 选项卡，其界面如图 15.2.6 所示，用于清理来自于多个位置的临时文件，如运行的 Windows 磁盘检查和在多个硬盘上进行的碎片整理。单击界面中的"开始维护"按钮 开始维护，系统弹出图 15.2.7 所示的"系统维护设置"对话框，用于设置维护的时间区域。

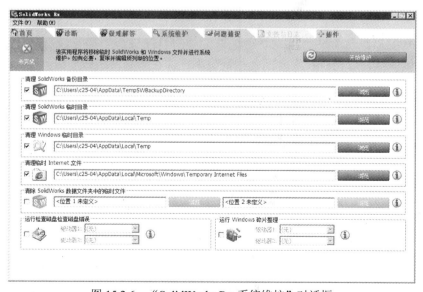

图 15.2.6　"SolidWorks Rx-系统维护"对话框

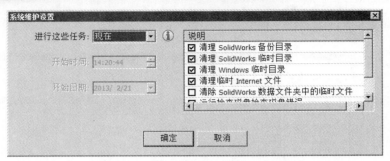

图 15.2.7　"系统维护设置"对话框

15.2.3　SolidWorks 插件

应该关闭所有不使用的 SolidWorks 插件，因为每一个插件都会消耗系统资源，每一个额外几何图形的计算都需要从 SolidWorks 吸收资源。

15.3　零部件设计

高质量有效的装配体取决于高质量有效的零件，零件是大型装配体的核心要素，它们需要被合理有效地创建，在开始零件设计前应该先有一个计划，高效地创建模型，正确地放置参考几何体。

零件建模的关键因素首先是创建设计意图，然后对零件结构进行规划。

15.3.1　零件原点

零件原点的位置通常是根据零件的几何形状和对称性来设置的。一般有以下两种情况：首先定位原点，以便于在没有配合的情况下零件在布局网格线中有一个正确的位置；第二，对于有关联的零件，原点是位于装配体原点投影到新零件正视平面的位置。

零件或装配体中的模型原点可以帮助用户快捷定位、配合及参考零部件。当用户在顶层装配中创建子装配和零件时，不要使用设备的坐标系设置模型原点，而是要根据零件中心或者零件位置来确定模型原点。

在创建图 15.3.1 所示的工字钢钢梁模型时，将模型的原点放置在草图的绝对中心，这样在插入钢梁到装配体时能够方便地将前视、上视和右视基准面放置到最佳位置。打开随书光盘文件 D:\sw13\work\ch15\ch15.03\point.SLDPRT，以供参考。

在创建大型装配体时，可以根据用户提供的坐标系，将原点重合于顶层装配体原点；机械装备中的大部分模型使用 X、Y、Z 坐标与其他对象的测量点来标注尺寸。

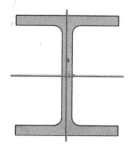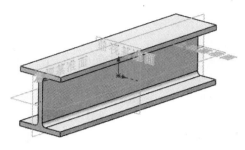

图 15.3.1　钢梁模型中心与零件原点重合

15.3.2　对称性

使用对称性创建装配体零件时可减少模型数量和降低配合的复杂性，当零件需要彼此居中对齐时更是如此。

镜像实体时使用对称性，可以缩短某些零件重建模型的时间。镜像实体所有面都会被阵列，故不必重新创建每一个几何特征。

15.3.3　特征

创建模型时应该提前做好规划，合理安排建模顺序，尽量减少特征数量，还要充分考虑模型以后的修改。

把倒角和圆角放在最后，并结合它们的特点与需要使后来的变化保持一致。把这些特征放在特征树的末尾有以下好处：

第一，在圆角和倒角之前添加特征，重建模型速度比较快。

第二，可以很容易地把圆角和倒角成组到文件夹，以便快速压缩和解除压缩。

15.3.4　关联建模和性能

可以从装配体内部创建零件，这些零件可以作为新的零件插入到装配体中，可以使用转换实体引用、等距边线等方法来创建零件。这类零件称为虚拟或关联零件。

大多数项目在设计阶段使用关联模型会大大节约时间，使用关联特征改变零件尺寸会减少很多工作量，通过关联特征带来的关联变化是可以预见的。

当以关联方式创建零件时，用户可以很好地利用已有零件进行复制、等距等操作完成其他相关零件的设计，提高了效率。

关联特征在建模中有很多优势，但是会引起性能缓慢。此外，在装配体中创建关联零件会导致原点创建在某些位置而不是在最理想的位置上。

当前特征和参考引用之间的关联关系保留在装配体中，控制配合关系必须依赖于零件位置，当装配体创建好后，关联特征也创建了额外的工作。少数的几个关联关系可能不会对装配重建速度产生较大影响，但是过多的关系可能会减慢速度。

15.3.5 零件配置

零件配置对大型装配体的速度和性能是有影响的。使用配置可以提高效率并且需要管理的文件也会更少，但是零件和装配的文件大小增加了，用户必须决定使用配置和控制文件哪个更重要、更好。

配置可以让用户以最快最简单的方式控制零件和装配体的很多变化，合理使用设计表则效果会更佳；当激活一个配置时，配置数据生成并存储在文件中，避免在复杂零件中出现性能问题。若每次访问配置都不得不创建配置数据，那就会产生延误，因为数据存储文件的大小将随配置的激活而增大。如果通过网络打开文件，或者通过网络把文件复制到本地工作文件夹中，由于很多的数据通过网络被复制，因此大文件就会降低性能。

当在装配体中使用一个零件，只有在装配体中被使用的零件配置信息才会被加载到内存中。例如，一个零件有 240 个配置，所有装配体中使用的激活的配置数据会被加载到内存中，如果零件的第二个实例被作为不同配置插入到装配体中，那么第二个配置的数据就会被加载到内存中，余下的 238 个配置将不会被加载到内存中。

一种增加装配体性能的方式是在打开装配体的时候选择简化配置。

15.3.6 简化配置

简化配置用来减少打开装配体时必须加载到 RAM 中的数据，这个配置仅对重要信息解除压缩。

重要的信息包括：

- 配合面：装配体中所有面都需要配合，这就需要一些规划去确保包含正确的曲面。
- 干涉面：所有表面显示了零件的体积及其边界，此信息用于确保这个零件与周边零件无干涉。

不重要信息包括：

- 装饰特征：装饰特征如圆角、倒角等，雕刻不应该包括在简化配置中。
- 细节特征。对于装配体来说，零件的细节特征是不需要的，这会引发额外的图形性能问题，因为它们需要许多小三角形来形成表面显示和阴影面，这类似于创建一个有限元网格模型。

15.3.7　阵列

正确使用阵列可以节省时间，还可以缩短模型重建时间。阵列特征的一个优势是在装配体的其他阵列中可以作为源使用（驱动特征阵列）。通过使用智能扣件，阵列可以作为源为装配体添加扣件。重建时间快是一个优势，因为阵列能替代配合控制扣件位置。

要避免在其他阵列上进行阵列，应该用所有特征生成单一阵列。

在设计树中尽可能把大的阵列特征向下移，这样可以先创建其他特征，阵列压缩时就不必担心父子关系。

15.3.8　模板

在建模过程中，设置一个好的模板可以节省很多时间，模板有以下几个好处：

- 设置文档属性。在模板中可以对文件属性进行设置，这样就可以一直继续建模而不用考虑调整设置。

- 视觉和物理属性的设置。视觉属性，如模型的背景显示可以设置为消除，以后有需要时再进行调整。在创建第一个几何体之前，正确的材料已经被添加到零件中。

- 自定义属性设置。可以预先填写很多项目，如单位名称、设计者及其他属性。

15.3.9　细节层次

当用户在设计过程中使用了外购零件时，零部件供应商一般都会提供详尽的细节信息。对于这些信息，根据设计需求，应该对外购零件做一些适当的细节简化。

对于零件建模来说，太多的细节会大大增加系统重建模型的时间，一般情况下，在建模过程中，需要从以下几个方面对模型上的细节部分进行控制。

（1）不创建螺纹特征。一旦在建模中创建了螺纹特征，会耗费相当多的再生模型时间。如果用户需要一个可视化的螺纹特征，可以选择下拉菜单 插入(I) ➡ 注解 (N) ➡ 装饰螺纹线 (D)... 命令，创建一个修饰螺纹特征；另外，还可以使用贴花方式在零件表面创建螺纹特征贴花图案，其效果与螺纹修饰特征类似（图 15.3.2c）。打开随书光盘文件 D:\sw13\work\ch15\ch15.03\screw.SLDPRT，以供参考。

（2）避免使用文字特征。一般情况下尽量不要在模型中创建图 15.3.3 所示的文本特征，这会在很大程度上增加重建模型时间，除非文本是铸件的一部分或者零件是需要加工的。

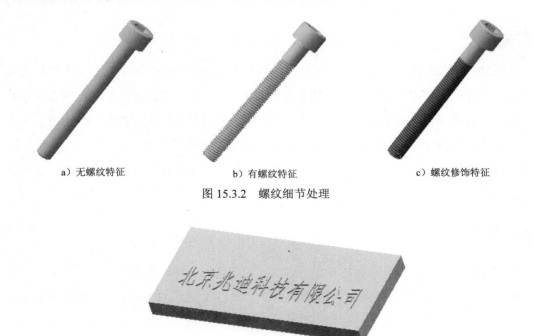

a）无螺纹特征　　　　　　b）有螺纹特征　　　　　　c）螺纹修饰特征

图 15.3.2　　螺纹细节处理

图 15.3.3　　文本特征

选择下拉菜单 工具(T) ➡ 🔧 特征统计 (F)... 命令，系统弹出图 15.3.4 所示的"特征统计"对话框，用于列出零件在重建过程中花费的时间以及零件中所包含的特征重建时间。从中不难看出，整个模型重建时间为 3.45s，其中 95.91%的时间在重建文本特征。打开随书光盘文件 D:\sw13\work\ch15\ch15.03\text_character.SLDPRT，以供参考。

图 15.3.4　　"特征统计"对话框

如果用户需要在模型中体现文本，可以使用贴花方式来代替。

（3）尽量减少不必要的细节特征建模（图 15.3.5），这一点对系统性能的提升有很大帮助。打开随书光盘文件 D:\sw13\work\ch15\ch15.03\appearance.SLDPRT，以供参考。

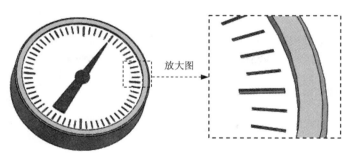

图 15.3.5　尽量减少不必要细节特征建模

（4）特征合并（图 15.3.6）。在建模过程中将大小相等的圆角、倒角特征或功能进行合并，使特征树尽量简洁（图 15.3.7）。打开随书光盘文件 D:\sw13\work\ch15\ch15.03\merge01.SLDPRT（merge02.SLDPRT），以供参考。

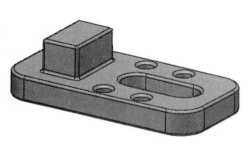

a）特征合并前　　　　　b）特征合并后

图 15.3.6　特征合并

图 15.3.7　简化特征树

（5）尽量使用简单特征代替复杂高级特征的建模。例如在创建某些零件特征时，既可以用旋转命令来创建，又可以用扫描命令来创建，这时应该优先考虑用旋转命令代替扫描命令来创建零件特征。复杂的高级特征会需要更长的生成和重建时间。

（6）尽量不要创建弹簧模型。一般可以使用圆柱管筒建模代替弹簧建模，如图 15.3.8 所示。打开随书光盘文件 D:\sw13\work\ch15\ch15.03\spring01.SLDPRT（spring02.SLDPRT），以供参考。

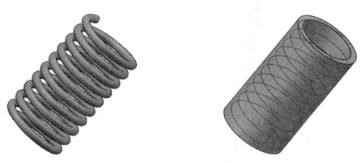

图 15.3.8　弹簧模型的简化

（7）完全定义草图。在设计过程中使每个草图完全定义，这是一个很好的设计习惯，能够有效避免重建过程中出现错误或者带来无意识的改变。

15.4　装配体设计

在大型工程设计中，大型装配体是第一个在性能方面有所减速的。当用户创建零件时，会发现即使是最困难的零件也比大型装配体容易处理，且速度要快得多。

15.4.1　打开装配体

当用户打开一个装配体时，目的是尽可能快速地找到所有需要的文件，并且只将完成当前工作所必需的信息加载到内存中。SolidWorks 搜索非必需文件路径或者加载额外的信息都会减慢性能，无论是必须要读取的文件还是把文件加载到内存中的时间，或者是装配体重建的时间都会增加。

15.4.2　外部参考引用搜索路径

当父文件被打开时，其中所有引用文件都被加载到内存中。对于装配体来说，零部件是否加载到内存中是根据保存装配体时零件的压缩状态来确定的。

SolidWorks 软件根据以下顺序搜索引用文档：

- 随机存取存储器。如果在内存中存在正确命名的文件，SolidWorks 会使用这个文件。
- 在系统选项中设置参考文件目录路径，目录中指定的目标将在项目存储的网格位置共享，这个目录的创建是可选的。
- 活动文档路径。当用户打开一个文档时，SolidWorks 将在同一个目录中搜索引用文件。
- 系统上一次打开文件的路径。这一路径适用于系统上一次打开过的引用文档。
- 上一次存储父文档时到引用文件定位位置的路径。
- 引用的文件位于父文件最后保存在原始磁盘驱动器时指定的路径中，这是与父文件一同存储的绝对路径名称。
- 如果仍然没有找到引用文档，SolidWorks 将会让用户选择浏览。当 SolidWorks 按照上面所列顺序进行过搜索仍然没有发现所需要的文档时，将反馈给用户进行手动搜索。

15.4.3　引用文档搜索路径

如果在参考文件选项中设置了指定的路径（图 15.4.1），SolidWorks 将会优先搜索指定目录。调用这个搜索有两大步骤，首先时将文件夹添加到参考文件目录中，SolidWorks 将按目录中文件夹的排列顺序搜索，直到找到文件，所以应将最有可能的目录排列在上面，可能性小的排在后面。

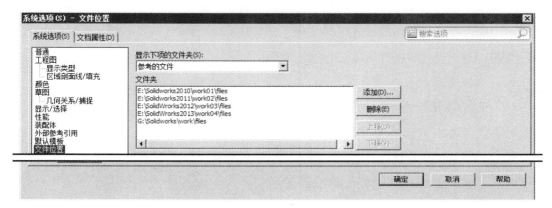

图 15.4.1　"系统选项（S）-文件位置"对话框

仅仅将文件夹添加到目录中并不会使这些位置被搜索，用户还必须在"系统选项"对话框的左侧列表中选中 外部参考引用 对象，然后在弹出的界面中选中 ☑ 为外部参考引用查找文件位置(H) 选项，当 SolidWorks 搜索完内存后，这一目录即会被搜索。如果没有选中该选项，SolidWorks 将会在搜索内存后跳过搜索目录，直接进入到第三步，直接打开文件所指的路径。

15.4.4　加载装配体

在 SolidWorks 较早的几个版本中，打开父文档（例如装配体或工程图）时，所有的引用文件都会被完全加载到内存中。同一时间内计算机所需要处理的数据量很大，由于硬件和性能的限制就导致装配体的大小受到限制。随着 SolidWorks 软件的不断升级，已经建立了很多不同的工具来限制必须加载到内存中的数据量，从而保证了 SolidWorks 以合理的速度运行。

15.4.5　将文件加载到内存中

为了加载非必需的数据到内存中，并且将必需的文件以较小的数据量加载。

1. 压缩状态

零部件在装配体中存在三种状态：压缩、轻化和还原。当零部件处于还原状态时，所有模型数据都会被加载到内存中，此时的模型是可以进行编辑的。

如果零部件处于压缩状态，任何模型数据都不会被加载到内存中。轻化是处于压缩状态和还原状态之间的模式，只是模型数据的某个子集会被加载到内存中。

2. 轻化零部件

在保持功能的基础上，减少内存数据加载量最好方法是以轻量模式载入零部件，此模式下占用的内存量仅为还原模式下的二分之一。

目前，对于轻化零部件可以进行如下操作：

● 添加/删除配合

● 干涉/碰撞检查

● 选择边线/表面参考/零部件

● 创建装配体特征

● 添加尺寸标注和注释

● 测量/剖面属性/质量属性

● 添加装配参考几何体

● 创建剖面视图/爆炸视图

● 有限选取零部件

● 物理模拟

轻化设置的具体方法如下：

（1）设置文件属性。选择"属性"命令，系统弹出图 15.4.2 所示的"零部件属性"对话框，在该对话框的 压缩状态 区域，可以设置压缩状态为轻化。当用户完成了对零部件属性的设置并返回到装配体时，可以将它再次设置为轻化模式来加速装配。

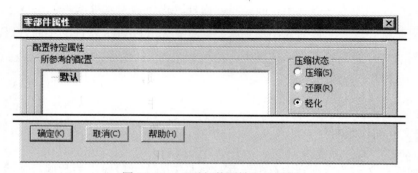

图 15.4.2 "零部件属性"对话框

（2）设置"打开"对话框。在图 15.4.3 所示的"打开"对话框的 模式 下拉列表中选择 轻化 选项，即可设置文件以轻化方式打开。

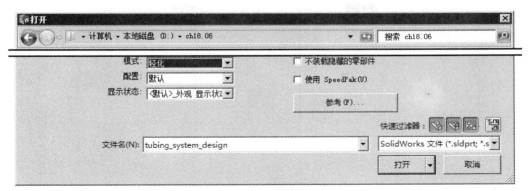

图 15.4.3 "打开"对话框

打开随书光盘文件 D:\sw13\work\ch15\ch15.04\tubing_system_design.SLDASM，以供参考。

（3）设置设计树。在装配体设计树中选中零部件然后右击，在弹出的快捷菜单中选择 设定为还原 (D)或者 设定为轻化 (E) 命令，选中子装配体或顶层装配体然后右击，在弹出的快捷菜单中选择 设定轻化到还原 (D) 或者 设定还原到轻化 (E)命令，可以设置选定对象的还原或者轻化状态。

3. 载入轻化零部件的方法

当组件数目超过了使用者设置的阈值时，"大型装配体模式"将自动开启。当装配体以"大型装配体模式"打开时，所有的组件都将以轻化模式加载。

在"系统选项"对话框的左侧列表区域中选中 装配体 对象，系统弹出图 15.4.4 所示的"系统选项（S）-装配体"对话框，在该对话框中可以设置大型装配体模式。

15.4.6 减少加载信息的其他方法

以下具体介绍在装配体中可以显著减少加载到内存中的信息量的方法。

1. 以特定配置打开

在"打开"对话框的 配置 下拉列表中选择 高级 选项，可以打开带有特定配置的组件，即使是装配体中被选中的配置不包含有简化配置的组件，仍然可以以该种配置打开。

当带有多个配置的零部件被打开时，只有激活的数据被检索。这使得以简化配置形式加载零部件的方式比以加载零部件细节的方式占有的内存少。

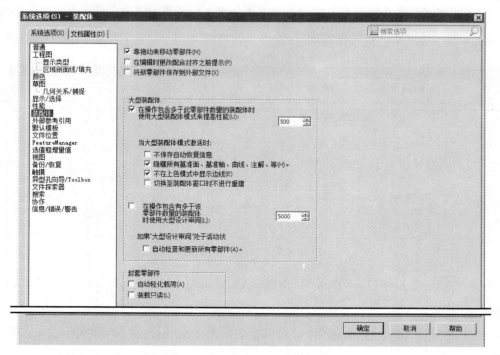

图 15.4.4　"系统选项（S）-装配体"对话框

2. 以显示状态打开

显示状态和配置在功能上有些一致的地方，一般地，配置是用来控制影响设计变化的，而显示状态用来控制零部件的显示和信息载入。

在"打开"对话框中选中 ☑ **不装载隐藏的零部件** 选项，会使系统性能更佳。

随着 SolidWorks 软件的不断升级，显示状态的功能也在不断增强，同时减少了需要多个配置的操作，在不同显示状态之间切换时，不需要进行重建，因此，显示状态的效率更高。此外，用户仅需要简化的配置，而不需要根据配合的表面需求考虑哪些特征需要被压缩。

3. SpeedPak 配置

SpeedPak 是一种保留所有引用文件，简化表示装配体的方式。为某一零件或某一装配体创建 SpeedPak 时，即指定了加载到内存的表面或零部件。装配体其余的部分仅有图形信息被加载。在复杂的大型装配体中，使用 SpeedPak 可以显著提高装配体性能和加快创建工程图的速度。

当一个复杂的大型装配体插入到一个更高层次的装配体时，SpeedPak 配置可以极大地提升软件性能。在常规配置下，只能通过压缩零部件来简化装配体，但是在 SpeedPak 模式下，不用通过压缩来简化装配体，因此可以用 SpeedPak 替换更高层次的装配体中某一个完整的装配体而不丢失引用文件。由于只有子零件和表面被使用了，所以极大地减少了内存使用量，提升了许多操作性能。

　　SpeedPak 配置主要应用于经常在其他装配体中使用的装配体。就好比将不同的发动机安装到汽车上，只需要发动机的表面与车身配合。如果需要修改发动机，通常是在发动机子装配中完成。

15.5　工程图设计

　　大型装配体工程图的运行与大型装配体一样有很多相同的挑战，因为两者有类似的结构和数据要求。像装配体一样，工程图依赖于已有的零部件信息，零部件信息无论对于工程图还是作为参考都必须是可用的。

15.5.1　快速查看

　　快速查看提供一个查看工程图内容的简单方法，在图 15.5.1 所示的"打开"对话框的 模式 下拉列表中选择 快速查看 选项，即可以快速查看工程图。打开随书光盘文件 D:\sw13\work\ch15\ch15.05\tubing_system_design.SLDDRW，以供参考。

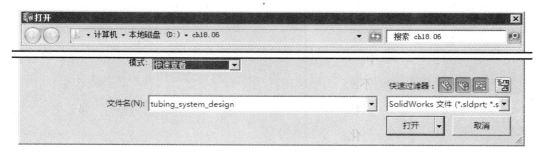

图 15.5.1　"打开"对话框

　　当用户使用快速查看方法打开一个工程图时，模型参数没有被加载，设计树是空的，工程图不能被编辑，标题栏也会显示图纸处于查看模式，图纸视图是可见的。视图是从存储在装配体文件中的图像上直接加载的，所以几乎是在瞬间可见。

　　当打开一个工程图包含多个视图时，用户可以选择加载所有、无、或者选定视图。

15.5.2　分离工程图

　　分离工程图是将存储工程图自身的参考和附加的数据进行分离，由于没有加载模型，以分离格式打开工程图会大大减少打开的时间。因为模型数据没有被加载到内存中，更多的内存就可以用于工程图数据的进程中，这也提高了大型装配体的工程图性能。

创建分离工程图以后，可以发送分离工程图给 SolidWorks 用户而不用发送模型文件，更新工程图模型还有更多控制。设计团队中的成员都可以独立地在工程图中添加细节和说明，其他成员可以编辑模型。当工程图和模型同步时，所有的细节和尺寸都会更新到工程图中，模型中的几何特性或者拓扑结构也会发生变化。

15.5.3 eDrawings

在设计审查或者客户想看以下设计进展的情况下，完整的 SolidWorks 图纸是没有必要的。此时，eDrawings 可以通过创建一个独立的文件节省很多时间，这个独立的文件相对于工程图和它的参考文件都小得多。eDrawings 可以快速达到用户的目的，还可以添加文件的审查数据。

15.5.4 性能和显示问题

在进行 SolidWorks 工程图设计时，有很多选项和技术用于提高 SolidWorks 进程的性能。

（1）隐藏视图。不需要的视图可以隐藏，隐藏后，由于视图不会被重新计算或者显示，所以可以节省处理能力；右击需要隐藏的视图，在弹出的快捷菜单中选择 隐藏 (J) 命令，即可隐藏视图。

（2）禁用动态高亮显示。当大型装配体模式被激活时，动态高亮显示选项要被禁止。这与在视图中选择零部件、边线、顶点和在设计树中选择零部件和特征有关系。

802